高等职业教育机械类专业系列教材

三维数字化建模与 3D 打印

袁 赟 袁 锋 编著

机 械 工 业 出 版 社

本书结合编者多年从事3D打印技术、CAD/CAM/CAE的教学和培训经验编写而成。全书共分9章：第1章为3D打印技术概述；第2章为3D打印典型工艺方法及应用；第3章为3D打印技术常用材料；第4章为3D打印切片软件的种类及使用方法；第5章为Prusa i3开源3D打印机的组装；第6章为蜗杆、蜗轮零件三维数字化设计与3D打印；第7章为滚动轴承零件三维数字化设计与3D打印；第8章为曲轴零件三维数字化设计与3D打印；第9章为摩托车反光镜三维逆向反求设计与3D打印。

本书采用UG NX12.0软件作为三维数字化建模设计软件，以图文并茂的形式，详细介绍了零件的设计过程和UG NX 12.0软件的操作方法，并配有操作过程的动画演示，帮助读者更加直观地了解并掌握UG NX软件的界面和操作步骤，易学易懂。选择本书作为教材的教师可登录www.cmpedu.com网站，注册、免费下载。

本书可作为高等职业院校3D打印技术相关专业的教材，也适合3D打印爱好者、中级用户，及各大中专院校机械、数控、模具、机电及相关专业的师生教学、培训和自学使用，也可作为研究生和各工厂企业从事3D打印、产品设计、CAD应用的广大工程技术人员的参考用书。

图书在版编目（CIP）数据

三维数字化建模与3D打印/袁赟，袁锋编著. —北京：机械工业出版社，2020.2

ISBN 978-7-111-64547-4

Ⅰ.①三…　Ⅱ.①袁…　②袁…　Ⅲ.①三维动画软件-教材②立体印刷-印刷术-教材　Ⅳ.①TP391.414②TS853

中国版本图书馆CIP数据核字（2020）第011123号

机械工业出版社（北京市百万庄大街22号　邮政编码100037）
策划编辑：汪光灿　责任编辑：汪光灿　赵文婕
责任校对：王　欣　封面设计：张　静
责任印制：孙　炜
天津嘉恒印务有限公司印刷
2020年4月第1版第1次印刷
184mm×260mm · 20印张 · 490千字
0001—1900册
标准书号：ISBN 978-7-111-64547-4
定价：52.00元

电话服务		网络服务
客服电话：	010-88361066	机　工　官　网：www.cmpbook.com
	010-88379833	机　工　官　博：weibo.com/cmp1952
	010-68326294	金　　书　　网：www.golden-book.com
封底无防伪标均为盗版		机工教育服务网：www.cmpedu.com

前　言

3D 打印技术是一种以三维数字模型为基础，采用软件分层离散和计算机数字控制系统，运用热熔喷头和激光束等方式将塑料、金属粉末、陶瓷粉末或生物医用材料等，通过连续的物理层叠加，逐层增加材料来生成三维实体的技术，其基本原理是离散-堆积原理。由于与传统的去除材料加工技术不同，因此 3D 打印又称为增材制造（Additive Manufacturing, AM)，是新材料应用与数字化技术紧密结合的先进制造技术。

目前，3D 打印技术已在航空航天、国防军工、工业设计、汽车制造、建筑、服装、珠宝首饰、文化艺术、文物考古、食品和医疗等领域获得了广泛应用，并且随着这一项技术本身的发展，其应用领域将不断拓展。

本书结合编者多年从事 3D 打印技术、CAD/CAM/CAE 的教学和培训经验编写而成。全书共分 9 章：第 1 章为 3D 打印技术概述；第 2 章为 3D 打印典型工艺方法及应用；第 3 章为 3D 打印技术常用材料；第 4 章为 3D 打印切片软件的种类及使用方法；第 5 章为 Prusa i3 开源 3D 打印机的组装；第 6 章为蜗杆、蜗轮零件三维数字化设计与 3D 打印；第 7 章为滚动轴承零件三维数字化设计与 3D 打印；第 8 章为曲轴零件三维数字化设计与 3D 打印；第 9 章为摩托车反光镜三维逆向反求设计与 3D 打印。

本书由常州纺织服装职业技术学院袁赟和常州工业职业技术学院袁锋共同编写。其中袁赟编写第 1~3 章，袁锋编写第 4~9 章。本书由常州数控技术研究所袁钢主审并制作全书实例的操作演示过程动画。

在本书的编写过程中，编者得到了常州纺织服装职业技术学院、常州工业职业技术学院、常州数控技术研究所与 Siemens PLM Software 机构的大力支持，在此表示衷心感谢。

由于编者水平有限，书中谬误欠妥之处，恳请读者指正并提出宝贵意见。

编著者

目 录

第1章

3D打印技术概述

1.1　3D 打印技术的基本概念

3D 打印（3D Printing）技术作为快速成型领域的一种新兴技术，是一种以数字模型为基础，通过软件分层离散和计算机数字控制系统，运用热熔喷嘴、激光束等方式，将塑料、金属粉末、陶瓷粉末或生物医用材料等通过连续的物理层叠加，逐层增加材料来生成三维实体的技术（图 1-1），其基本原理是离散-堆积原理。由于 3D 打印技术与传统的去除材料加工技术不同，因此又称为增材制造（Additive Manufacturing，AM）技术，是一种新材料应用与数字化技术紧密结合的先进制造技术，被称为“改变未来世界的创造性科技”。

图 1-1 所示为 3D 打印流程图。

过去，3D 打印技术通常在模具制造、工业设计等领域被用于制造模型，现在，3D 打印

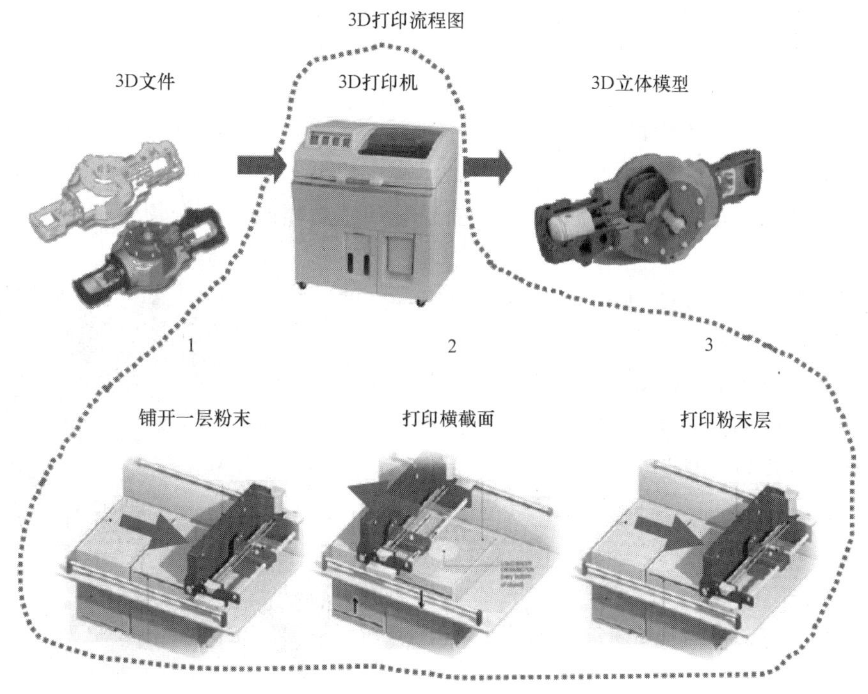

图 1-1

技术正逐渐用于一些产品的直接制造。目前，该技术已在航空航天，汽车，模具制造，工业设计，动漫，考古，珠宝首饰，建筑、工程和施工（AEC）以及医疗等领域有所应用。3D打印技术可以大大节省工业样品制作时间，提高原材料和能源的使用效率，减少对环境的影响，大幅降低生产成本，还能根据消费者的需求为其量身定制产品。

3D 打印技术的发展日新月异，在医疗领域，科学家们正在利用 3D 打印机制造皮肤、肌肉和血管，并实现了像肾脏、肝脏甚至心脏这样的人体重要器官的三维打印。

1.2　3D 打印技术的发展历程

3D 打印技术作为“19 世纪的思想，20 世纪的技术，21 世纪的市场”，经历了一下几个发展过程。

19 世纪末，美国研究出了的照相雕塑和地貌成型技术，1892 年美国学者 BLANTHER J E 第一次公布了使用层叠成型的方法制作地形图的构思。

1940 年，Perera 提出了在硬纸板上沿等高线切割轮廓，然后叠成模型制作三维地形图的方法。

1972 年，MATSUBARA K 在纸板层叠技术的基础上首先提出可以尝试使用光固化材料，将光敏聚合树脂涂在耐火的颗粒上面，这些颗粒被填充到叠层，加热后会生成与叠层对应的板层，光线有选择地投射或扫描到这个板层上，将指定的部分硬化，没有扫描或没有硬化的部分被某种化学溶剂溶解掉，这样板层会不断堆积直到最后形成一个立体模型，这样的方法适用于制作传统工艺难以加工的曲面。这一技术设想和装置已经初步具备了当代 3D 打印机的雏形，因为其已经有逐层、增材、成型的技术加工过程。

1977 年，美国学者 SWAINSON W K 提出了可以通过激光选择性照射光敏聚合物的方法直接制造立体模型。同时期，SCHEWERZEL R E 在 Battlle 实验室也开展了类似的技术研发工作。

1979 年，日本东京大学的 NAKAGAWA T 教授开始使用薄膜技术制作出实用的工具；同年，美国科学家 HOUSHOLDER R F 获得类似“快速成型”技术的专利，但没有被商业化。

1981 年，美国科学家 KODAMA H 首次提出了一套功能感光聚合物快速成型系统的设计方案。

1982 年，美国人 CHARLES W H 试图将光学技术应用于快速成型领域。

1986 年，CHARLES W H 成立了 3D Systems 公司，研发了著名的 STL 文件格式，STL 格式逐渐成为 CAD、CAM 系统接口文件格式的工业标准。

1988 年，3D Systems 公司推出了世界上第一台基于 SLA 技术的商用 3D 打印机 SLA-250（图 1-2），其体积非常大，CHARLES 把它称为“立体平板印刷机”。尽管 SLA-250 身形巨大且价格昂贵，但它的面世标志着 3D 打印商业化的起步，这是 3D 打印技术发展的一个里程碑。同年，Scott Crump 发明了另一

图 1-2

种 3D 打印技术，即融熔沉积快速成型（Fused Deposition Modeling，FDM）技术并成立了 Stratasys 公司。

1989 年，美国德克萨斯大学奥斯汀分校的 DECHARD C R 博士发明了选择性激光烧结（Selective Laser Sintering，SLS）技术，SLS 技术应用广泛并支持多种材料成型，例如尼龙、蜡、陶瓷、甚至是金属，SLS 技术的发明让 3D 打印生产走向多元化。

1992 年，Stratasys 公司推出了第一台基于 FDM 技术的 3D 打印机——3D 造型者（3D Modeler)，这标志着 FDM 技术步入了商用阶段。

1993 年，麻省理工学院的 EMANUAL S 教授发明了三维印刷（Three-Dimension Printing，3DP）技术，3DP 技术通过黏结剂把金属、陶瓷等粉末黏合成型。

1995 年，快速成型技术被列为我国未来十年十大模具工业发展方向之一，国内的自然科学学科发展战略调研报告也将快速成型与制造技术、自由造型系统以及计算机集成系统研究列为重点研究领域之一。

1996 年，3D Systems、Stratasys、Z Corporation 公司分别推出了新一代的快速成型设备 Actua 2100、Genisys、Z402，此后快速成型技术便有了更加通俗的称谓——3D 打印。

2002 年，Stratasys 公司推出 Dimension 系列桌面级 3D 打印机（图 1-3)，Dimension 系列 3D 打印机的价格相对低廉，主要也是基于 FDM 技术以 ABS 塑料作为成型材料。

2005 年，Z Corporation 公司推出世界上第一台高精度彩色 3D 打印机 SpeCTRum 2510，让 3D 打印走进了彩色时代。

2007 年，3D 打印服务创业公司 Shapeways 成立，Shapeways 公司基于 3D 打印机对于“商品数据”的依赖性，建立起了一个规模庞大的 3D 打印设计在线交易平台，为用户提供个性化的 3D 打印服务，深化了社会化制造模式（Social Manufacturing)。

图 1-3

2008 年，第一款开源的桌面级 3D 打印机 RepRap 发布，RepRap 是英国巴斯大学 ADRIAN B 团队于 2005 年立项的开源 3D 打印机研究项目。同年，美国 Organovo 公司首次使用增材制造技术制造出人造血管。

2009 年，BRE P 带领团队创立了著名的桌面级 3D 打印机公司——MakerBot。MakerBot 的设备主要基于早期的 RepRap 开源项目，但对 RepRap 的机械结构进行了重新设计，发展至今已经历几代的升级，在成型精度、打印尺寸等指标上都有长足的进步。

2011 年，英国南安普敦大学工程师创造出世界首架 3D 打印无人机（图 1-4）。该无人机除了发动机之外，所有的部件都是使用 3D 打印技术打印出来的。

同年，Kor Ecologic 公司推出世界第一辆从表面到零部件都是运用 3D 打印技术制造的车——Urbee（图 1-5）。

图 1-4

图 1-5

2012 年，英国《经济学人》杂志的封面文章，声称 3D 打印将引发第三次工业革命。

2012 年 9 月，3D 打印市场两个领先企业 Stratasys 公司和以色列的 Objet 公司宣布合并，交易额为 14 亿美元，合并后的公司名仍为 Stratasys。此项合并进一步确立了 Stratasys 公司在高速发展的 3D 打印及数字制造业中的领导地位。

2012 年 10 月，来自麻省理工学院的 Media Lab 团队成立 Formlabs 公司并发布了世界上第一台廉价的高精度 SLA 消费级桌面 3D 打印机 Fom1（图 1-6）。

2012 年 11 月，苏格兰科学家利用人体细胞使用 3D 打印机首次成功打印出人造人体肝脏组织。

图 1-6

同期，由亚洲制造业协会联合华中科技大学、北京航空航天大学、清华大学等权威科研机构和 3D 行业领先企业共同发起的中国 3D 打印技术产业联盟正式宣告成立。国内关于 3D 打印的门户网站、论坛、博客如雨后春笋般涌现，各类媒体争相报道关于 3D 打印的新闻。

2012 年 11 月，中国宣布是世界上唯一掌握大型结构关键件激光成型技术的国家。

2012 年 12 月，美国分布式防御组织成功测试了 3D 打印的枪支弹夹（图 1-7）。

图 1-7

2013 年 8 月，美国国家航空航天局（NASA）测试 3D 打印的火箭部件，其可承受 9072kg 推力，并可耐 177.5℃的高温。

2014 年 7 月，美国南达科塔州一家名为 Flexible Robotic Environments（FRE）的公司公布了最新开发的全功能制造设备 VDK6000。

2015 年 3 月，美国 Carbon3D 公司发布一种新的光固化技术——连续液态界面制造（Continuous Liquid Interface Production，CLIP），该技术利用氧气和光连续地从树脂材料中逐层输出模型，打印速度快。

2016 年 3 月，美国国家航空航天局（NASA）将其第二代便携式机载 3D 打印机成功送上国际空间站。

2016 年 12 月，悉尼的心脏研究所（HRI）开发了一款能 3D 打印人类细胞的生物打印机，并成功的 3D 打印出跳动的心脏细胞，这些细胞可用来修复受损的心脏组织。

2017 年 1 月 16 日，美国硅谷一家科技公司 Bellus 3D 研发出一种新型 3D 照相技术，可完整拍下高分辨率的人脸 3D 照片，使用这些照片进行 3D 打印出的面具与真正的人脸几乎毫无二致。

2017 年 4 月 7 日，德国运动品牌阿迪达斯（Adidas）推出了全球首款鞋底 3D 打印制成的运动鞋（图 1-8），计划 2018 年开始批量生产，以应对快速变化的时尚潮流，生产更多定制产品。

2018 年 5 月，英国纽卡斯尔大学的科学家已经成功 3D 打印出了第一个人类角膜，该技术成熟以后可于未来无限量供应角膜。

图 1-8

1.3　3D 打印技术的基本原理

3D 打印技术使用了离散-堆积成型原理（图 1-9）：首先采用计算机设计三维数字模型，然后对三维数字模型进行分层切片（类似于微分操作，将模型离散为有限个面单元、线单元或点单元），最后将打印的材料一层层地沉积于工作台上（以有限的单元来逼近连续体），逐步堆积成三维实体模型。

3D 打印过程（图 1-10）：通过计算机建模软件建立三维 CAD 数字模型，根据不同的工

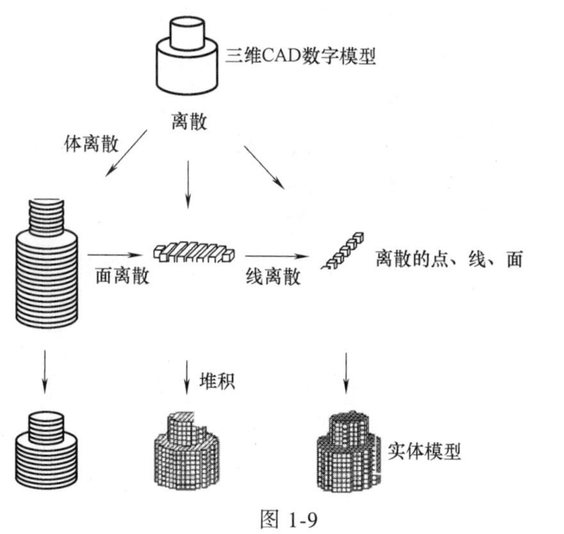

图 1-9

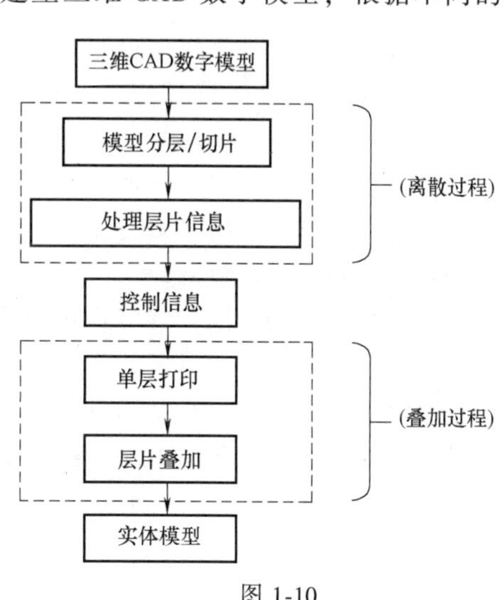

图 1-10

艺要求，将模型沿着某一方向（如Z方向），按一定厚度分层（切片），即将模型离散为一系列有序的二维层面，得到一系列的二维平面信息；对切片后的数据信息进行处理，将这些离散的信息与3D打印机的加工参数相结合，生成3D打印机可识别的代码信息，驱动打印机有序地加工出每一层并将这些薄型层面堆叠黏合，直至形成一个三维实体模型，即叠加的过程。

1.4 3D打印技术的文件处理流程

3D打印技术的文件处理流程（图1-11）主要可以分为两个步骤：一是三维模型数据的处理阶段；二是3D打印数据的处理阶段。算法的步骤可以分成两个部分：一部分是三维模型数据的获取与处理，即获取通用的三维立体图；另一部分是3D打印中的预处理，主要功能是对三维模型进行栅格化处理，让3D打印机一步一步打印出三维实体模型。

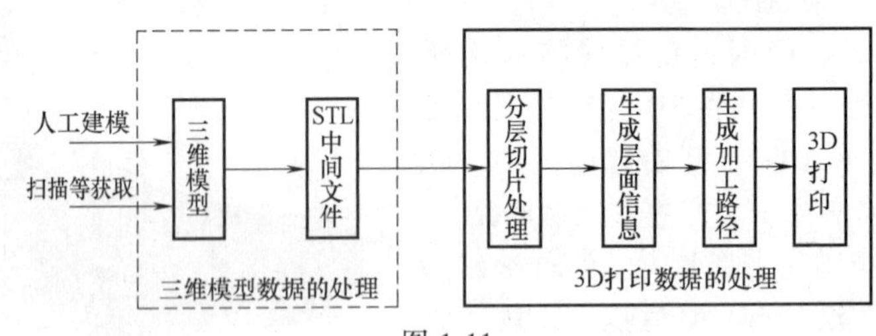

图1-11

1.5 三维模型数据的获取与处理方法

要进行3D打印之前，首先要获取产品的三维模型，才能进行三维模型的重构。获取三维模型数据就是获取物体的每一个点的高度信息。获取的模型数据的准确度直接影响3D打印的效果。三维模型数据获取有正向建模获取、逆向建模获取和医学扫描三种方法。

1.5.1 正向建模获取三维模型数据

正向建模是指设计者根据经验，按照建模规范逐步建模，是传统的模型设计技术。通常由人工通过三维造型软件建模获得。建模过程可使用3ds Max、Maya、Rhino、AutoCAD、SketchUp、UG、Creo、CATIA、SolidWorks等常用3D建模软件完成。

需要注意的是，在整个建模过程中要确保产品尺寸准确无误，打印机严格按照尺寸数据控制产品最终外形。正向建模是3D打印技术中获取三维模型文件的一种常用方式。这种方式比较灵活，精度也比较高。

根据建模思想的不同，一般将正向建模方法分为实体建模、曲面建模和参数化建模三种类型。

1. 实体建模（Solid Modeling）

实体建模是指通过数学上定义的几何信息和位相数据展现出三维形状的建模方式，最常用的是边界描述法（Boundary Represent，B-Rep，即通过点、线、面的连接关系及面的位置关系来表示）和构造实体几何法（Computed Structure Geometry，CSG，即通过几何形状之间的和、差、交等逻辑运算来表示）。实体建模一般用于设计规则的几何形状，它包含了实心

的数据，具有体积、厚度等数据，能够满足物理性能计算，还可以通过定义实际使用的材料来计算出质量、重力等属性及进行工程需求的分析。图 1-12 所示为利用实体建模方式创建的一个发动机曲轴模型。

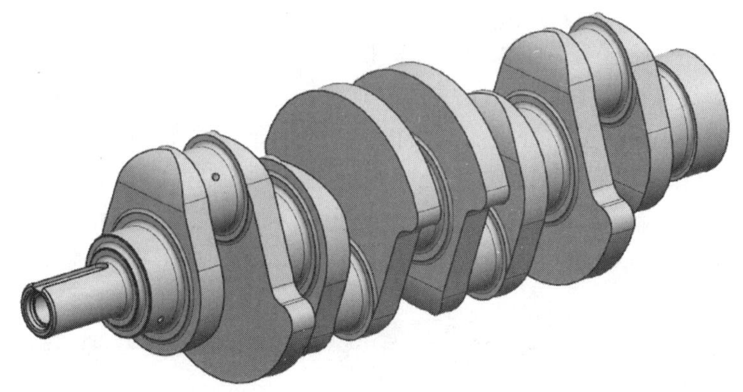

图 1-12

2. 曲面建模（Surface Modeling）

曲面建模是指通过定义曲面（多为 NURBS 曲面、Polygon 多边形曲面或是 Subdivision 细分曲面）来展现出形状的建模方式。此方法只考虑形状的表面信息，能够在不改变外形的前提下自由调节曲面精度，多用于高精度模型的建立，但由于没有物理性的厚度等信息，该方法一般适用于偏重外观创意的工业设计、动画角色模型制作等。

3. 参数化建模（Parametric Modeling）

参数化建模也称为基于特征的建模，是一种将模型中的定量信息参数化，建立图形约束和几何关系与尺寸参数的对应关系，通过调整参数值来控制几何形状变化的建模方法。

1.5.2　逆向建模获取三维模型数据

逆向建模是利用实物模型反求三维数字模型的过程，是将实物模型转化为三维 CAD 数字模型的重建技术。首先通过 3D 扫描设备对实物进行扫描，获取实体的离散数据（如点、线、面等信息），再经过逆向重建软件如 Geomagic Studio 等进行数据预处理，利用曲面分割、特征拟合重建功能进而转变为传统的正向设计，最后经过逆向重建软件加以修饰和处理得到三维模型。这种方式具有效率高、简单实用等特点。

在逆向生成三维模型数据的过程中涉及两个重要的技术：一个是 3D 扫描技术；另一个是曲面重建技术。

1.5.3　医学扫描获取三维模型数据

在医学领域常用人体断层扫描和核磁共振获取数据，再通过三维重构获取三维模型，并将获取到三维物体的每一个点的高度信息存储起来。

1.6　三维模型数据的格式

在切片前需要对数据进行预处理，将有差异的模型数据转换为标准的 3D 打印格式。目前主要用于存储三维模型的格式有：3DS、COLLADA、PLY、STL、PTX、V3D、PTS、APTS、OFF、OBJ、XYZ、GTS、TRI、ASC、X3D、X3DV、VRML、ALN；适合作为3D打印的格式有：STL、OBJ、PLY、AMF；中间格式有：IGES、STEP、DXF。

1. STL格式

通常三维模型存储格式是STL文件，STL格式文件是通过保存若干三角形面片的方式趋近模型表面，所以计算切割平面与STL文件中三角形边的交点，即可获取轮廓信息。

STL格式是3D Systems公司开发的文件格式。当前绝大多数3D打印技术企业都采用该格式作为CAD和打印机之间数据接口，几乎所有的3D打印机内置的切片软件都支持该格式，STL格式已成为行业内的默认标准，很多CAD/CAM软件系统都增加了输出STL文件的功能模块，比如UG、3ds Max、AutoCAD、Maya、Creo、SolidWorks等都支持STL格式文件的输出。

STL格式虽然简单易懂、应用广泛，但无法保存模型的颜色、纹理、材质等信息，也无法表达物体的中空结构。

2. OBJ格式

OBJ格式是由Alias公司为3D建模和动画软件Advanced Visualizer开发的一种标准文件格式。该格式适用于常用3D软件模型之间的互导，但缺少对任意属性和群组的扩充性，只能转换几何对象信息和纹理贴图信息。

3. PLY（Polygon File Format）格式

PLY格式是由斯坦福大学的Greg Turk等人开发出来的格式。PLY格式受OBJ格式的启发，主要用于储存立体扫描结果的三维数值，通过多边形面片的集合描述三维物体，相对其他格式较为简单，可以储存颜色、透明度、表面法向量、材质坐标与资料可信度等信息，并能对多边形的正反两面设定不同的属性。

1.7 3D打印的过程

在进行3D打印时，打印机只能一层一层地打印实体模型，所以需要把三维模型进行分层/切片处理。分层/切片处理是要获取三维模型在某一平面上的轮廓信息。

1.7.1 分层/切片处理

分层/切片就是将三维数字模型沿某一个轴的方向离散为一系列的二维层状结构，得到一系列的二维平面信息，使3D打印机能够以平面加工的方式根据不同工艺要求有序且连续地加工出每个薄层。得到二维平面信息的过程即为切片。

切片技术是从三维数字模型到控制驱动3D打印机过程中的关键技术。由三维数字模型到实体模型的过程可以分为离散和堆积两部分，离散过程是对模型进行切片的处理过程；堆积过程就是3D打印设备根据切片结果提供的信息完成打印的物理过程。

三维数字模型创建完成后，需要对模型进行分层/切片处理。切片工作需要使用软件完成。

常用切片软件主要有Cura、XBuilder、MakerBot等，Cura是一款前台控制软件，其中包含了切片软件工具和打印软件工具，可对三维模型文件进行切片处理，CAD模型经过软件

切片处理就可以得到能被 3D 打印机识别的 Gcode 控制文件。Gcode 控制文件包含了控制打印机动作的完整指令步骤。

1.7.2　生成层面信息

层面信息包括轮廓信息和当前轮廓的高度信息。通过求交点计算，把获取到的交点按照顺序连接，就形成一个打印平面。轮廓信息中包括外轮廓信息和内轮廓信息，在轮廓中还应该进行光斑补偿等操作。

1.7.3　生成加工路径

加工路径是 3D 打印机进行打印时制造三维模型的最终路径。在轮廓信息中填充平行线，由轮廓信息进行截取，再按照一定顺序把填充线段连接起来，就构成了加工路径。加工路径的规划非常重要。加工路径的优化可以提高加工速度，有的打印方式需要复杂的支撑结构，通过路径的优化，可以简化支撑结构。

1.7.4　进行 3D 打印

生成的路径信息可以通过诸如 RS-485、USB 等方式传输给打印机的驱动设备，作为驱动指令。3D 打印机按照驱动的指令进行打印，最终打印出三维实体模型。图 1-13 所示为 3D 打印的过程。

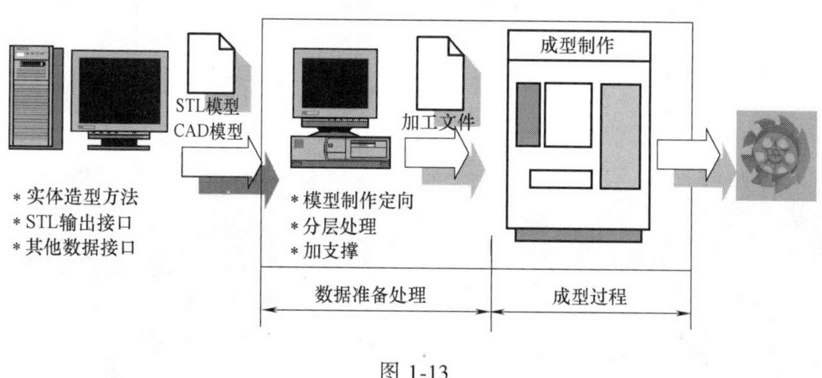

图 1-13

1.8　3D 打印技术的特点

1. 数字制造

借助三维造型软件将产品结构转化成三维数字模型，对三维数字模型进行分层/切片处理生成驱动路径，驱动加工设备制造出三维实体模型，数字模型文件还可借助网络进行传递，实现异地分散化制造的生产模式。

2. 分层制造

3D 打印技术是把三维结构的物体先分解成二维层状结构，再逐层累加形成三维物品。因此，原则上 3D 打印技术可以制造出任何复杂的结构，而且制造过程更加柔性化。

3. 堆积制造

“从下而上”的堆积方式对于实现非匀致材料、功能梯度的实体模型更有优势。

4. 直接制造

任何高性能难成型的实体模型均可通过“打印”方式一次性直接制造出来，不需要通过组装拼接等复杂过程来实现。

5. 快速制造

3D 打印制造工艺流程短、全自动，可实现现场制造，因此，制造过程更加快速。

1.9 3D 打印技术的优势

1. 3D 打印为社会制造提供创新的原动力

3D 打印技术拓展了产品创意和创新的空间，降低产品创新研发成本，缩短创新研发周期，变革传统制造模式，形成新型制造体系，提高社会制造的工艺能力。

2. 降低产品制造的复杂程度与制造成本

3D 打印技术不需要借助刀具、夹具、机床或任何模具，就能直接从计算机图形数据中生成任何形状的三维数字模型，极大地所缩短了产品的研发、生产周期，提高了生产率。

3. 简化制造工艺，提高产品质量与性能

3D 打印能打印出组装好的产品，将多个零部件集合为一个整体制造出来，减少零部件数量，缩短产品运输周期，简化装配工作，减少装配人工，降低管理复杂度，提高生产效率，并且产品的可靠性和安全性也得到相应提高。

图 1-14 所示为采用传统加工技术制造并组装的轴承零件，图 1-15 所示为采用 3D 打印技术打印出的无须组装的轴承零件。

图 1-14

图 1-15

4. 缩短生产制造的时间，提高效率

使用传统方法制造出一个模型所用的时间要根据模型的尺寸以及复杂程度而定，通常要耗费数小时，甚至数天。使用 3D 打印技术则可以将模型制造时间缩短为数个小时（具体制造时间也要由打印机的性能以及模型的尺寸和复杂程度而定）。

5. 即时生产且能够满足客户个性化需求

3D 打印机可以按需打印，即时生产，减少了企业的实物库存，企业可以根据客户需求

使用3D打印机打印出定制的产品。

6. 提高原材料的利用率

传统的去除材料加工技术存在一个重大的问题，即“减材制造”的过程会产生大量的废弃材料，而3D打印技术与传统的加工技术相比，从原理上实现了材料的“零损耗”，减少了原材料的浪费。随着打印材料的进步，“净成型”制造可能成为更环保的加工方式。

图1-16

7. 3D打印技术促进绿色制造模式

在3D打印技术中，90%的原材料可以回收再利用，因此，3D打印技术具有省材、节能、环保的特点。图1-16所示为以玉米秸秆为原材料，使用3D打印技术制造的产品。

1.10　3D打印技术的应用领域

1.10.1　3D打印技术在航空航天及国防军工领域的应用

航空航天及国防军工产品具有形状复杂、尺寸精细，零件规格差异大，可靠性要求高等特点，往往需要多次的设计、测试和改进，采用传统加工技术生产，周期长且原材料浪费较大。3D打印技术能实现零部件的低成本快速成型，适合复杂部件的加工，同时3D打印技术具有原材料利用率高的特点，可以实现一些传统工艺难以制造的零件的快速成型，与航空航天设备的主要特点相适应，因此，航空航天设备制造逐渐成为3D打印技术最具前景的应用领域之一。

波音公司是全球第一个将3D打印技术用于飞机设计和制造的国际航空制造企业，除此之外，全球飞机仪表的最大制造商KMC也以3D打印技术取代传统铸造方式为其M3500仪表提供零部件。

2013年8月，美国国家航空航天局（NASA）使用3D打印技术制造火箭喷射器部件，并成功地完成了对零部件的测试，NASA使用3D打印机生产航天器的发动机核心部件（图1-17），并将打印设备发射到国际空间站，以期宇航员能够自给自足，利用空间站上的原材料直接生产所需品，改变完全依赖地面供给的补给模式。

图1-17

3D打印技术也正被大面积用于我国军用直升机、多用途战机的制造，进一步推动我国国防军事工业的发展。北京航空航天大学王华明教授是国内激光成型技术的领军人物。王教授提出“激光熔覆多元多相过渡金属硅化物高温耐磨耐蚀多功能涂层材料”研究新领域，研制出迄今世界最大、拥有核心关键技术的飞机大型整体钛合金主承力结构件激光快速成型工程化成套装备，制造出中国最大的大型整体钛合金飞机主承力结构件，并通过装机评审。

2013 年 1 月 18 日，“飞机钛合金大型复杂整体构件激光成型技术”获得国家技术发明奖一等奖。目前，这一技术在我国已经投入工业化制造，使我国成为继美国之后、世界上第二个掌握飞机钛合金结构件激光快速成型及技术的国家。

西北工业大学凝固技术国家重点实验室下设的激光制造工程中心，通过激光立体成型技术一次打印长度超过 5m 的钛合金翼梁（图 1-18），并于 2016 年成功应用于国产 C919 大型客机（图 1-19）。

图 1-18

图 1-19

1.10.2 3D 打印技术在工业设计领域的应用

在完成工业产品外观及结构的三维数字模型设计之后，为了真实看到产品的美观度以及验证产品可行性。一般都会进入产品打样的环节，以前都是用数控机床加工模型；随着科学技术及 3D 打印技术的不断发展，现在越来越多的设计公司及企业开始用 3D 打印技术制作模型。

在工业设计的流程中，需要反复制作不同类型的零件、模型，传统的方法有着制作周期长、劳动强度高、成本高、精度差等缺点。使用 3D 打印技术可以快速、精准地获得所需的零件、模型（图 1-20）。

采用 3D 打印技术可大大缩短概念模型和产品原型的制作时间，从以往的几天乃至几个星期缩短到几小时。近年来，随着产品复杂化和个性化的发展，在设计过程中，模型加工和制造的成本非常高，复杂模型甚至要求制作专用模具，制订工艺流程以保证模型的精度和还原模型真实效果。3D 打印技术可减少模型制作的工艺流程，降低制造成本。因此，在从概念设计到产品化的过程当中，3D 打印技术的参与加速了工业设计的步伐。

   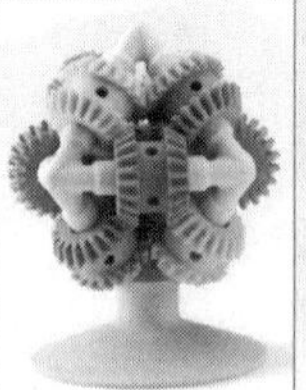 

图 1-20

1.10.3　3D 打印技术在汽车制造领域的应用

3D 打印技术作为“工业 4.0”的重要在推动力，在汽车领域已获得广泛应用。相比传统制造工艺，3D 打印技术的优势在于可以直接从计算机图形数据中生成任何形状的零件，目前在汽车研发环节应用较多，主要应用于试验模型和功能性原型，汽车生产企业使用 3D 打印技术制造各种模具、夹具等，用于汽车零部件的组装和制造过程。可以说 3D 打印技术在汽车造型评审、设计验证、定制专用工装、售后个性换装件等方面的应用越来越广泛。

在汽车设计方面，利用 3D 打印技术，可以在数小时或数天内制作出概念模型。由于 3D 打印技术的特点，许多汽车生产企业可以将该技术应用于汽车外形设计的研发之中。例如德国 EDAG 公司在 2015 年日内瓦车展上展出的 Light Cocoon（轻茧）（图 1-21），是一辆超轻概念跑车。它采用 3D 打印技术制造仿生造型的车身结构，并覆以每平方米仅重 19g 的轻薄纺织物外壳，呈现半透明的独特效果，可随意变化色彩。

Light Cocoon 的设计来自于 EDAG 公司在 2014 年日内瓦车展上展示的 EDAG Genesis 概念车模型（图 1-22）。EDAG Genesis 同样运用 3D 打印技术，其造型设计受龟壳启发，框架由多种材料制成。

图 1-21

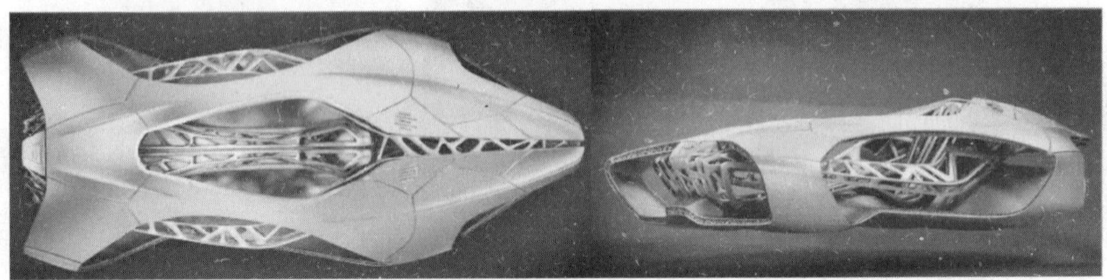

图 1-22

相比传统的手工制作油泥模型，3D 打印技术能更精确地将三维数字模型转换成三维实体模型，而且时间更短，提高汽车设计层面的生产效率。目前许多企业已经在设计方面开始利用 3D 打印技术，例如宝马、奔驰设计中心（图 1-23）。

图 1-23

2014 年 12 月，世界上第一款采用 3D 打印零部件制造的电动汽车在美国芝加哥国际制造技术展览会上亮相，整个制造过程仅用了 44h。这款电动汽车名为 Strati（图 1-24），由美国亚利桑那州的 Local Motors 汽车公司打造。

图 1-24

Strati 的车身一体成型，由 3D 打印机打印，共有 212 层碳纤维增强热塑性塑料。美国辛辛那提公司负责提供制造 Strati 使用的大幅面增材制造 3D 打印机，能够打印约合 90mm×152mm×305mm 的零部件。图 1-25 所示为现场打印 Strati 的过程。

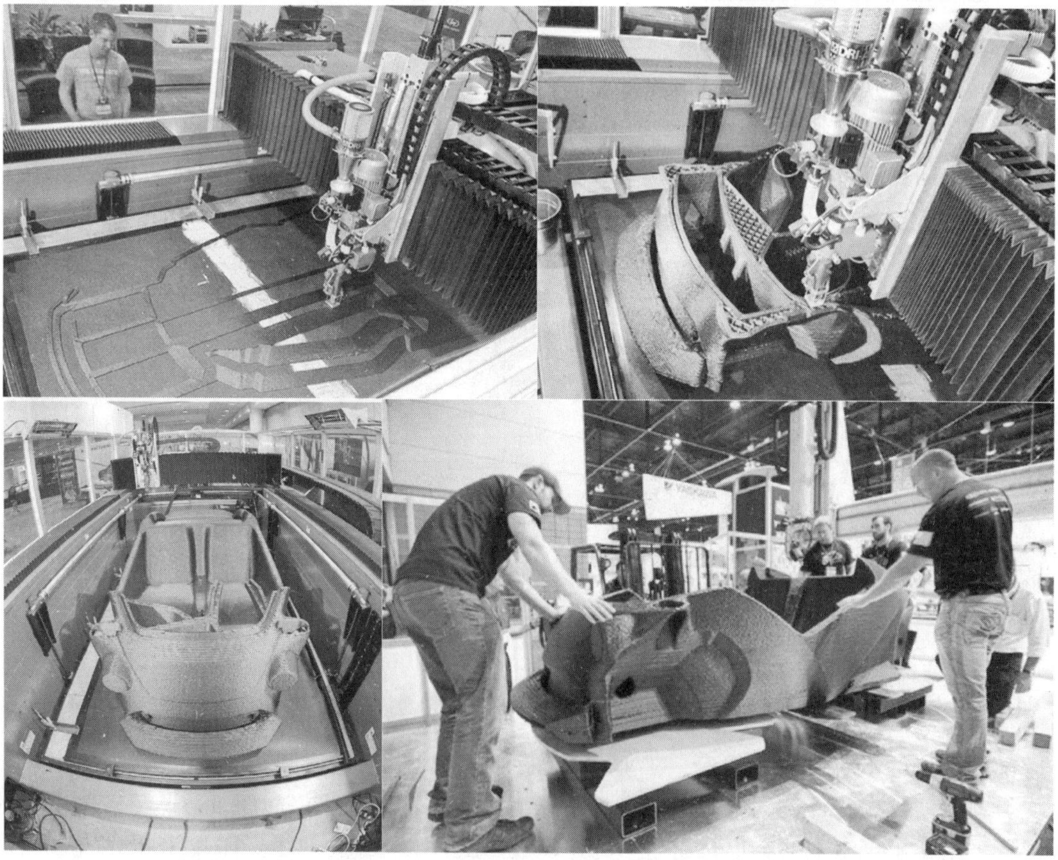

图 1-25

在材料方面，3D 打印技术允许选用多种类型的材料，图 1-26 所示为采用 3D 打印技术打印的高性能塑料汽车歧管，图 1-27 所示为采用 3D 打印技术打印的合金的赛车高温部件。

在汽车零部件制造领域，3D 打印技术还能快速地生产结构复杂的产品。图 1-28 所示为使用 3D 打印技术打印的发动机缸体，在传统汽车制造领域，零部件的开发往往需要长时间

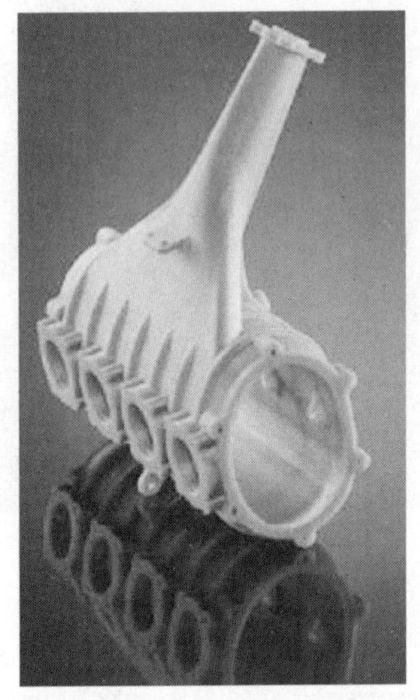
图 1-26

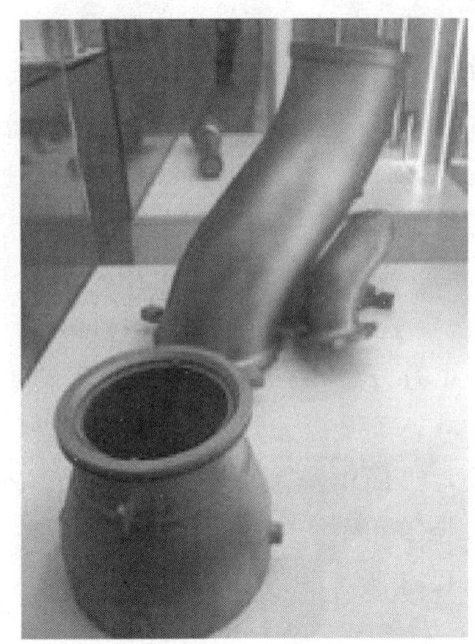
图 1-27

的研发和测试。从研发到测试阶段还需要制作零件模具，不仅时间长，而且成本高。当存在问题时，修正零件也需要同样漫长的周期。3D 打印技术则能快速制作结构复杂的零部件，当测试出现问题时，修改三维数字模型文件，重新打印即可再次进行测试。可以说，3D 打印技术让未来零部件的开发变得成本更低，效率更高。

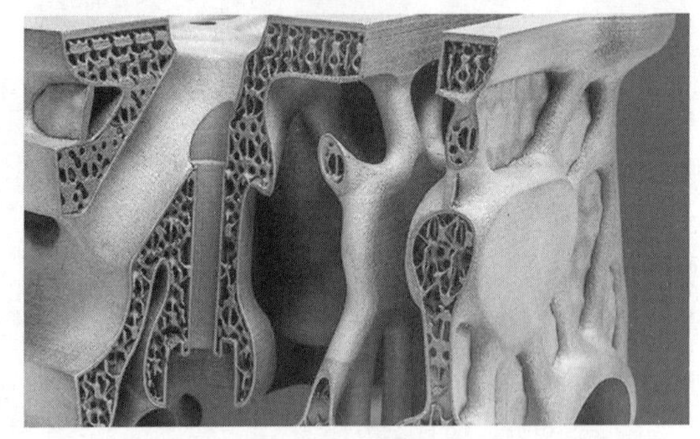
图 1-28

1.10.4　3D 打印技术在建筑领域的应用

随着人口的不断增加，住房、工业等建筑的需求也不断增大。但社会老龄化的不断加剧，劳动力的缺失，传统的施工工艺已经不能满足需求，使得住房问题日益凸显。随着装配式混凝土结构施工工艺的突出优势和 3D 打印技术的不断成熟，3D 打印技术在建筑领域获得了广泛的应用。

3D 打印技术在建筑领域的应用主要有两个方面：一是打印建筑物模型，如图 1-29 所示，工程师和建筑设计师们已经接受用 3D 打印机打印建筑模型这种既快捷又环保的方式；二是打印真实的建筑物。

1997 年，美国科学家 JOSEPH PEGNA 第一个采用水泥基材料，运用 3D 打印技术“打

图 1-29

印”建筑构件。Joseph Pegna 选择了与沉积法相似的打印方法：首先在下层薄薄地覆盖一层沙子，其次在沙子上面铺设一层水泥，而后利用蒸汽养护技术使其迅速地凝固。

意大利发明家 ENRICO DINI（D-Shape 3D 打印机发明人）发明了世界首台大型建筑 3D 打印机——混凝土 3D 打印机，如图 1-30 所示。使用混凝土 3D 打印机可打印出高度为 4m 的建筑物。混凝土 3D 打印机的底部有数百个喷嘴，可喷射出镁质黏合物，在黏合物上喷撒沙子可逐渐铸成石质固体，通过黏合物和沙子的层层结合，最终形成石质建筑物。

图 1-30

在工作状态下，三维打印机沿着 4 个垂直柱支撑的水平轴梁往返移动（图 1-31），打印机喷头每打印一层仅形成厚度为 5～10mm 的石质固体。打印机的动作可由计算机 CAD 制图软件操控。建造完毕后，建筑体的质地类似于大理石，比混凝土的强度更高，并且不需要内置铁管进行加固。目前，这种打印机已成功地建造出内曲线、分割体、导管和中空柱等建筑结构。

图 1-31

2014 年 8 月，10 幢 3D 打印建筑在上海张江高新青浦园区内交付使用，作为当地动迁工程的办公用房。这些“打印”的建筑墙体是用建筑垃圾制成的特殊油墨，按照计算机设计的图样和方案，经一台大型 3D 打印机层层叠加喷绘而成，如图 1-32 所示，10 幢小屋的建筑过程仅用时 24h。

图 1-32

1.10.5 3D 打印技术在医学领域的应用

医学领域是 3D 打印技术应用的一个重要领域。在修复性医学领域，个性化需求十分明显。用于治疗个体的产品，基本上都是定制化的，不存在标准的量化生产。而 3D 打印技术的引入，降低了定制化生产的成本。

3D 打印技术在医学领域主要有以下几方面的应用：

1. 3D 打印体外医疗器械

体外医疗器械包括医疗模型、医疗器械、辅助治疗中使用的医疗装置，例如假肢（图 1-33）和助听器（图 1-34）等。

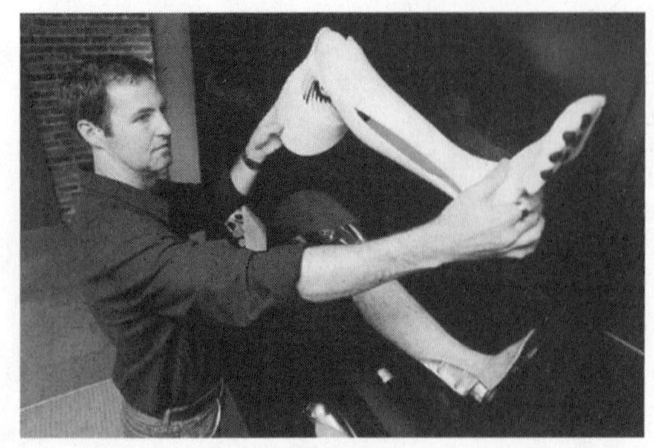

图 1-33

图 1-34

2. 3D 打印个性化永久植入物

从骨头、耳朵到心脏血管支架，越来越多与生物相容的组织可以通过 3D 打印技术实现。

以骨头为例，骨头可以长入金属孔隙中，而且会越长越牢固。以往使用的钛网强度不够，而采用 3D 打印技术，可非常灵活地实现孔隙结构植入物，并与病人解剖结构高度一致，如图 1-35 所示。图 1-36 所示为采用 3D 打印技术打印的头骨。

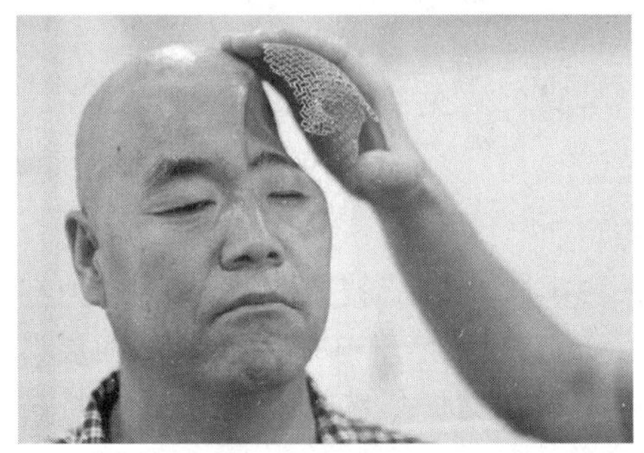

图 1-35

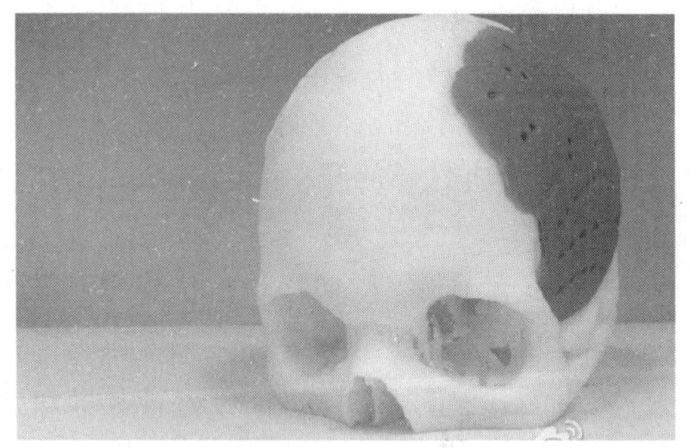

图 1-36

近年医疗行业越来越多地采用金属 3D 打印技术（直接金属激光烧结或电子束熔融）设计和制造医疗植入物。在医生与工程师的合作下，使用 3D 打印技术能够制造出更多先进合格的植入物和假体。图 1-37 所示为采用 3D 打印技术打印的钛-聚合物植入胸骨。图 1-38 所示为采用 3D 打印技术打印的人体脊椎。

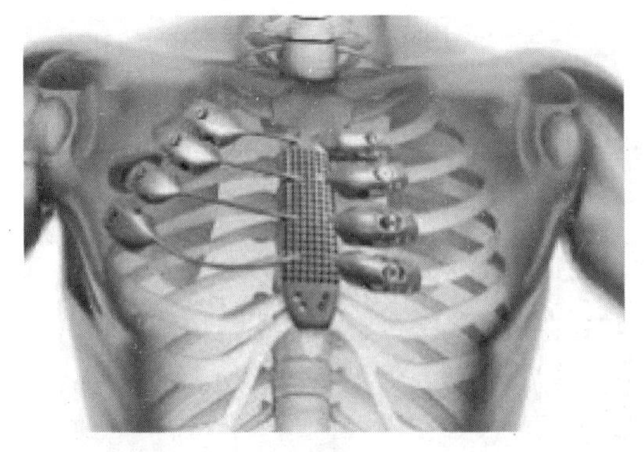

图 1-37

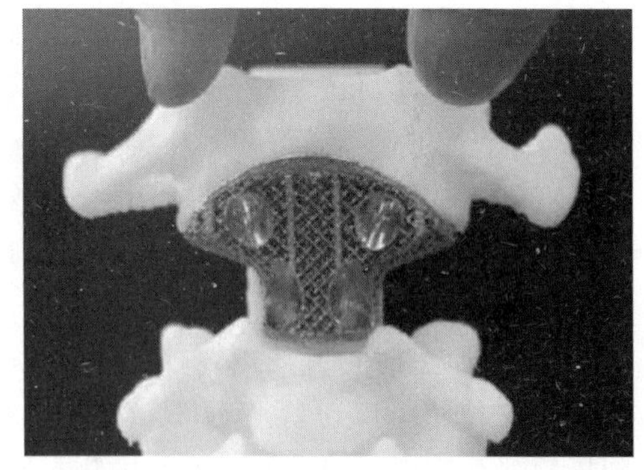

图 1-38

3D 打印技术也让定制化植入物的制造速度得以提升，从设计到制造一个定制化的植入物最快时可以在 24h 之内完成。工程师通过医院提供的 X 射线、核磁共振、CT 等医学影像文件，建立三维数字模型并设计植入物，最终将设计文件通过金属 3D 打印设备制造出来。

3. 3D 打印细胞

细胞打印属较为前沿的研究领域，是一种基于微滴沉积的技术，即采用一层热敏胶材料、一层细胞进行逐层打印（图 1-39），热敏胶材料经过温度调控后会降解，形成含有细胞的三维结构体。

细胞打印的作用如下：

1）为再生医学、组织工程、干细胞和癌症等生命科学和基础医学研究领域提供新的研究工具。

2）为构建和修复组织器官提供新的临床医学技术，推动外科修复整形、再生医学和移植医学的发展。

3）应用于药物筛选技术和药物控释技术，在药物开发领域具有广泛前景。

目前，科学家已经实现人工软骨、皮肤、肝单元的打印，所打印的肝单元经过 8 周的培养后可具备分泌功能。

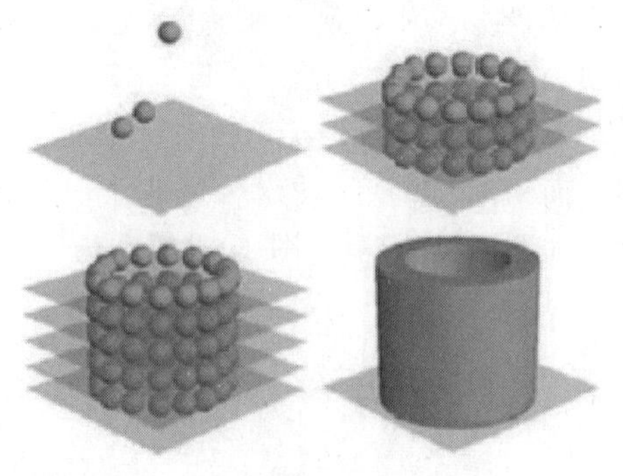

图 1-39

LIPSON H 在《3D 打印：从想象到现实》中提出“3D 打印生命阶梯”的预想——把身体各部位根据复杂程度排列成一个很高的阶梯。无生命的假肢会位于阶梯的底层；中间层将是简单的活性组织，例如骨与软骨；简单组织之上将是静脉和皮肤；最靠近阶梯顶层的将是复杂且关键的器官，例如心脏、肝脏和大脑；生命阶梯的顶层将是完整的生命单位。如今，3D 打印技术已经实现了所构想的生命阶梯的底层，人们正向着中间层乃至最高层探索。

4. 3D 打印人体器官

最具有想象空间是 3D 生物打印技术。3D 生物打印技术可以生产出功能性的人体器官。它利用干细胞为材料，按 3D 成型技术进行制造。一旦细胞正确着位，便可以生长成器官，“打印”的新生组织会形成自给的血管和内部结构。图 1-40 所示为胚胎干细胞 3D 打印机。在这一领域领军的 Organovo 公司，已经成功研发打印出心肌组织、肺脏、动静脉血管等。虽然目前这一技术的应用尚处于试验阶段，但未来有望逐步应用于器官移植手术中。

美国一家儿科医学中心利用 3D 打印技术成功制造出全球第一颗人类心脏（图 1-41），这颗用塑料打印出的心脏可以像正常人类心脏一样正常跳动。外科医生能够利用 3D 打印心脏来练习复杂的手术。

美国维克森林大学的安东尼·阿塔拉博士展示一个 3D 打印肾脏原型（图 1-42）。阿塔拉博士使用一种类似凝胶的生物可降解材料，逐层打印肾脏。

阿塔拉博士的研究小组利用 3D 打印技术打印耳朵支架，并在上面“播撒”皮肤细胞，培育出仿真度极高的人造耳（图 1-43）。

维克森林大学的实验室的科学家利用 3D 打印技术打印鼻子支架，并借助支架利用患者自身细胞培育人造鼻（图 1-44）。由于利用患者自身细胞，患者的身体不会对其产生排斥。

图 1-40

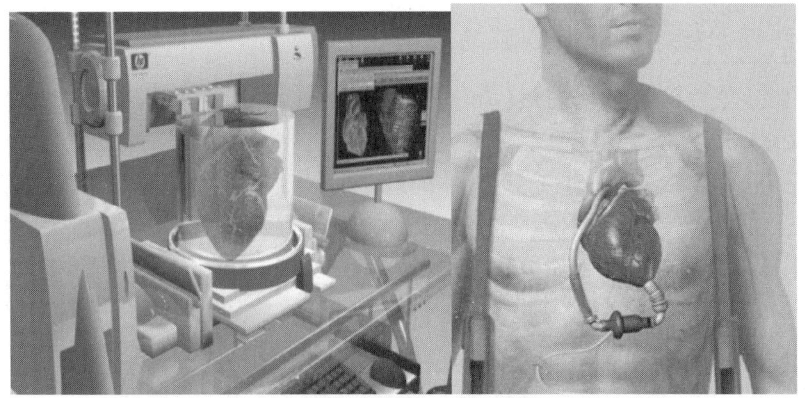

图 1-41

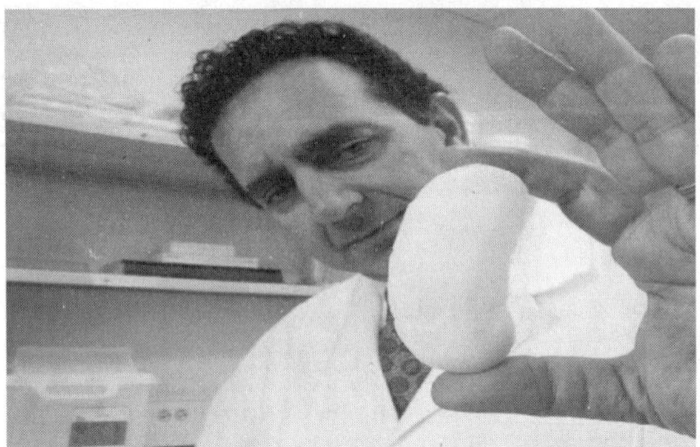

图 1-42

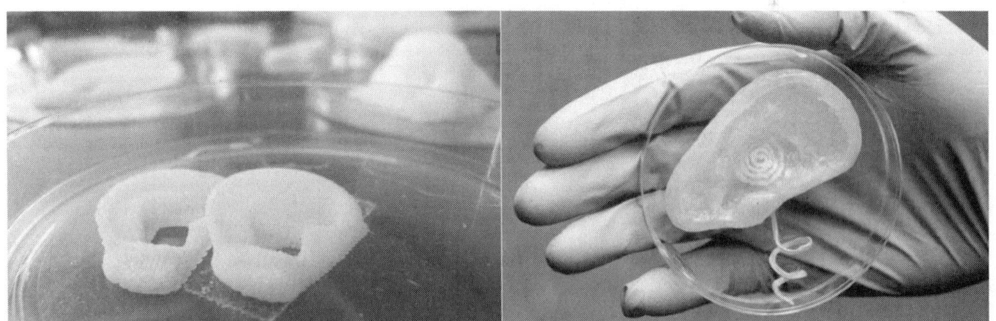

图 1-43

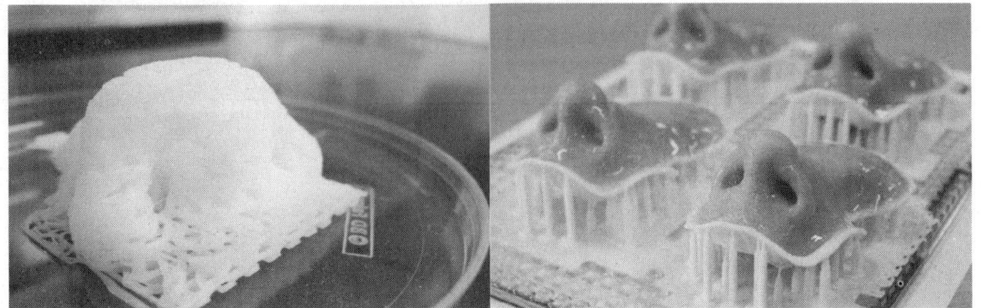

图 1-44

1. 10. 6　3D 打印技术在服装领域的应用

将 3D 打印技术应用于服装领域，可以满足人们在追求个性化的同时实现服装的新颖性、便捷性和环保性。

2010 年，在服装领域首次尝试 3D 打印的荷兰时装设计师艾里斯·范·荷本为 3D 打印服装做出了杰出贡献，其作品展示了 3D 打印的造型能力，实现了以前设计师只能想象而无法制作的立体感极强的服装，如图 1-45 所示。

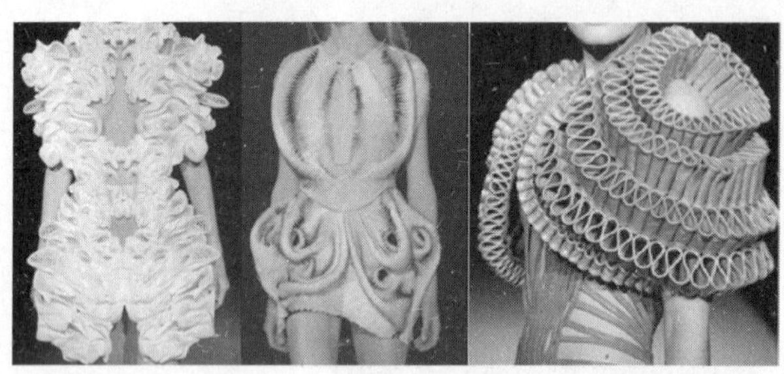

图 1-45

2017 年 4 月 7 日，德国运动品牌阿迪达斯（adidas）宣布推出全球首款可量产的 3D 打印运动鞋——“未来工艺 4D”（Futurecraft 4D），如图 1-46 所示。该鞋的鞋底采用 3D 打印技术打印而成。相比之前小规模生产的 3D Runner，Futurecraft 4D 具备可批量生产的优势，而且生产速度更快。

另外，NIKE、Under Armour、New Balance 等品牌都在自家的运动鞋上试验 3D 打印技术。通过 3D 打印技术，球鞋在设计制造的过程中有着工艺简单、柔性度高、成本低、成型速度快等特点，同时也将样品的开发时间由几个月缩短为几小时。

图 1-46

1. 10. 7　3D 打印技术在食品行业的应用

随着 3D 打印技术的飞速发展，其在食品行业也获得了广泛应用。目前，世界上已有多种不同种类的食品 3D 打印机，例如糖果 3D 打印机、水果 3D 打印机、巧克力 3D 打印机等，

如图 1-47 所示。

这些食品 3D 打印机采用了一种全新的电子蓝图系统，不仅方便打印食品，同时也能帮助人们设计出不同样式的食品。

打印机所使用的“油墨”均为可食用性的原料，例如巧克力汁、面糊、奶酪等。一旦人们在计算机上画好食品的样式图并配好原料，电子蓝图系统便会显示出打印机的操作步骤，完成食品的“搭建”工程。

3D 打印技术既然可以对食品外观进行个性化设计，也同样能作用于食品内部的营养价值。它能根据不同人群身体的需要，调整所做食品包含的营养成分的比例。

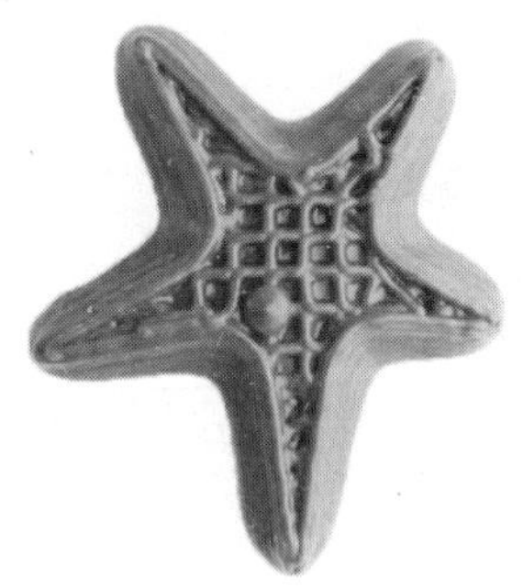

图 1-47

1.10.8　3D 打印技术在教育和文化艺术领域的应用

1. 3D 打印技术在教育领域的应用

3D 打印机进课堂，能让学生在创新能力和动手实践能力上得到训练，将学生的创意、想象变为现实，将极大发展学生动手和动脑的能力。学生可以在计算机上完成设计，将经济、历史、数学、物理、生物、美术、工程等诸多要素糅合在一起，形成一种具体的、带有设计思想的产品构图，然后通过 3D 打印机完成制作，如图 1-48 所示。

图 1-48

3D 打印技术可以提高学生的设计创新能力，也可以通过举办设计竞赛等活动，加强不同文化背景和不同区域的学生之间的交流与互动。利用 3D 打印技术进行创新教育的方法在中学生创新教育中具有多元化的作用。

2. 3D 打印技术在文化艺术领域的应用

3D 打印技术将促使文化艺术产品的创意设计表达呈现更加多元化、大众化、自由化的特征。3D 打印技术已广泛应用于工业创意产品设计、影视动漫、玩具等文化艺术领域，如

图 1-49～图 1-51 所示。

图 1-49

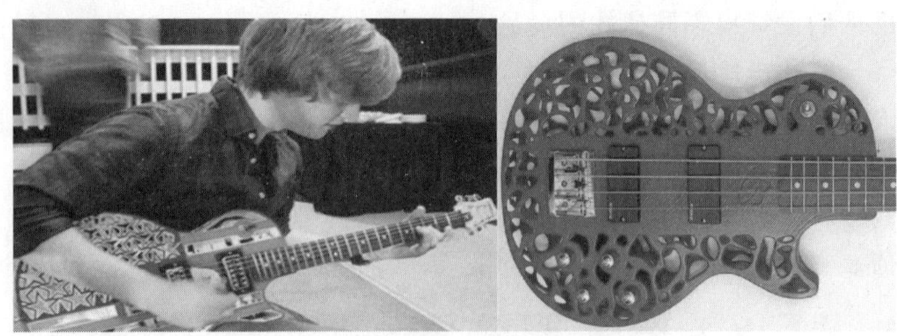

图 1-50

图 1-51

1.10.9 3D 打印技术在古考古与文物修复领域的应用

近年来，随着 3D 扫描及 3D 打印技术的深入发展，其在考古领域的应用逐步深化，越来越多考古学家运用这种全新的方式，寻求在研究工作上的新突破。

1. 3D 打印古生物化石

众所周知，上亿年的化石标本都很脆弱，在研究过程中即便使用剔针在显微镜下进行精细修理，但一不小心就会对标本造成损坏。

3D 打印最大的好处是在保证在不损坏样本的情况下，能够制作等比例化石模型，为考古研究提供精准的模拟对象，而且比传统手段的制作成本更低，速度更快。在古生物学领域，通过 3D 打印化石模型，考古研究人员可以对其进行分解、拼装，甚至进行虚拟的“解剖”，以便直观地了解化石内部的结构形态，探索远古物种信息。

图 1-52 所示为考古人员借助 3D 打印技术，还原了一只生活在 3.9 亿年前浑身尖刺、全身硬甲覆盖的软体动物。

2. 修复或重建文物

在古文物修复或重建方面，3D 打印技术也发挥着独特的技术魅力。基于数字化理念的 3D 打印技术，能够将古代文物转换成三维数字模型文件进行保存，为日后修复或重建提供数据支撑。此外，3D 打印技术还被博物馆用于对无法翻模或不适于翻模的文物进行复制及局部残缺文物的修复。

图 1-52

早在 2014 年，重庆大足石刻景区就已引入 3D 打印技术修复世界上最大的千手观音像，

如图 1-53 所示。

相较传统手工铸模修复，3D 打印文物模型为文物修复或重建提供了精准的参考依据，同时也减少了因高频次触碰文物造成的二次损坏，最大限度地恢复文物的艺术价值。

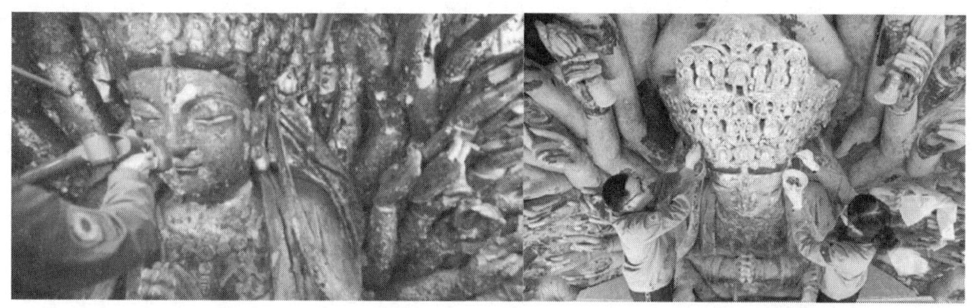

图 1-53

1.11 3D 打印技术的产业链

从产业链纵向角度，3D 打印技术的产业链包括上游的三维数字化建模软件、3D 打印材料，中游的 3D 打印设备制造，以及下游的 3D 打印服务。

1. 三维建模及切片分层软件

三维数字化建模软件是 3D 打印的基础，无论是直接建模，还是逆向扫描建模，都需要用到三维数字化建模软件，例如 CATIA、UG、3ds Max、AutoCAD、Maya、Creo、SolidWorks 等数字化建模软件，Geomagic Studio 等逆向扫描建模软件，Cura，X_Builder，MakerBot 等切片分层软件。

2. 3D 打印材料

在 3D 打印技术领域，材料是技术的核心之一。从大类上分，可以分成高分子材料、无机材料、金属材料、生物材料等四大类，每一类又都包含很多种材料类型，以 SLS（选择性激光烧结）加工模式为例，目前已经支持蜡粉、聚苯乙烯、工程塑料（ABS）、聚碳酸酯（PC）、尼龙、金属粉末、覆膜陶瓷粉末、覆膜砂、纳米材料等多种材料。

3. 3D 打印机设备

中游 3D 打印设备若从应用的维度可划分为个人桌面级应用，工业级应用，以及建筑、食品、艺术等细分应用，如图 1-54 所示；若从技术的维度又可划分为 FDM（熔融沉积成

个人级3D打印设备

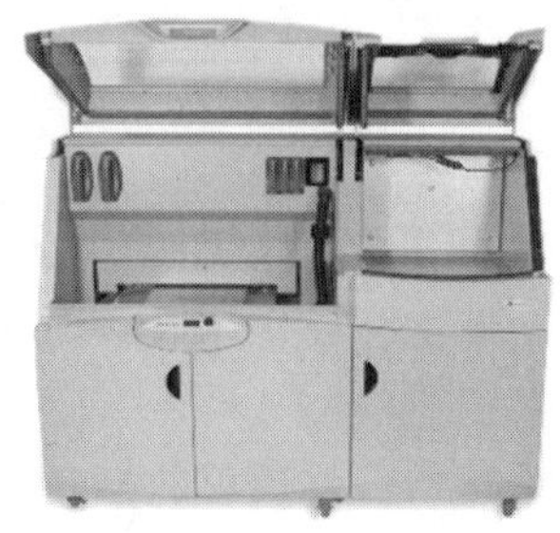

专业级3D打印设备

工业级3D打印设备

图 1-54

型)、SLA（光固化成型)、SLS（选择性激光烧结)、SLM（选择性激光熔化)、3DP（三维打印）等多种技术路线，每种技术路线有各自的3D打印设备。

4. 3D打印服务

下游3D打印服务包括结构造型设计、模型优化、制造成型服务、网络交易平台等多种方式和商业模式。

正是由于每一个细分的应用场景都对应着相应适合的材料、设备和工艺，因此，3D打印技术的产业链实际上是一个相当庞杂的制造体系。不仅材料种类数以百计，设备价格从几千元到几十万元不等，产业链上各个企业的生态模式也非常多样。

随着3D打印技术的不断成熟，未来即使只有10%的上述产业被替代，也将形成万亿级的3D打印市场。而在不远的未来，3D打印机将与计算机、移动通信设备一样普遍，孕育出巨大的消费市场。

1.12 3D打印技术的关键技术及发展趋势

1.12.1 3D打印技术的关键技术

3D打印技术的关键技术需要依托多个学科领域的尖端技术，主要包括以下方面：

1. 材料科学

用于3D打印的原材料较为特殊，必须能够液化、粉末化、丝化等，在打印完成后又能重新结合起来，并具有合格的精度（几何精度和表面粗糙度等)、物理性质和化学性质。3D打印完成后零件的性能是由其材料的微观组织和结构决定的。因此，材料是3D打印技术的关键与核心。

2. 信息技术

要有先进的设计软件及数字化工具，辅助设计人员制作出产品的三维数字模型，并根据模型自动分析出打印的工序，自动控制打印设备的走向；为三维打印设备提供一切所需的打印处理数据，例如彩色信息、分层截面信息等，并具有一定的处理速度和精度。

3. 精密机械及元器件

3D打印技术以“每层的叠加”为加工方式，产品的生产要求高精度。因此，必须对打印设备的精准程度、稳定性有较高的要求。另外，对组成三维打印设备的关键零部件和元器件的精度、速度、使用寿命和可靠性提出了更高的要求。

1.12.2 3D打印技术的发展趋势

1. 3D打印工艺方法的多元化发展方向

开拓并行打印、连续打印、大件打印和多材料打印的工艺方法，提升3D打印的速度、效率和精度，提高成品的表面质量和力学性能，以实现直接面向产品的生产和制造。

2. 3D打印材料的多元化发展方向

开发智能材料、功能梯度材料、纳米材料、均质材料、复合材料、低成本金属打印材料和生物组织打印材料等。特别是金属材料直接成型技术，有可能成为今后研究与应用的重要方向。

3. 3D 打印设备的小型化和通用化发展方向

随着 3D 打印技术的不断发展与成本的降低，3D 打印设备的小型化使其走入千家万户成为可能。设备成本更低廉，操作更简便，更加适应分布化生产，满足设计与制造一体化的需求以及家庭日常应用的需求。

4. 3D 打印设备大型化发展方向

纵观航空航天、汽车制造以及核电制造等工业领域，对钛合金、高强钢、高温合金以及铝合金等大尺寸复杂精密构件的制造提出了更高的要求。目前现有的金属 3D 打印设备成型空间难以满足大尺寸复杂精密工业产品的制造需求，在某种程度上制约了 3D 打印技术的应用范围。因此，开发大幅面金属 3D 打印设备将成为一个发展方向。

5. 3D 打印过程的集成化、智能化和便捷化发展方向

实现 CAD/CAPP/RP 的一体化，使 3D 打印设备在软件功能、后处理、设计软件与生产控制软件的无缝对接，实现设计者直接联网控制的远程在线制造和智能制造。3D 打印设备的集成化、智能化、便捷化是未来 3D 打印的一个重要发展方向。

第2章

3D打印典型工艺方法及应用

2.1 3D 打印工艺方法分类

3D 打印技术是 20 世纪 80 年代后期发展起来的先进制造技术之一。它涉及 CAD/CAM 技术、数据处理技术、材料技术、CNC 技术、测试传感器技术、激光技术和计算机软件技术等，是各种高新技术的综合应用。

根据所用材料形态和成型原理的差异，目前主流的 3D 打印工艺方法大致分为挤出熔融成型、光聚合成型、粒状物料成型等三种类型。每种类型按照成型工艺的不同，又演化出多种种类，其中，熔融沉积成型（FDM）属于挤出熔融成型工艺，光聚合成型工艺则包括光固化成型（SLA）、聚合物喷射（3D PolyJet）、数字光处理（DLP）。粒状物料成型工艺包括选择性激光烧结成型（SLS）、选择性激光熔化成型（SLM）、直接金属激光烧结成型（DMLS）、电子束熔化成型（EBM）等。

随着技术发展和市场需求的不断提高，基于典型 3D 打印工艺衍生出了一些其他技术工艺，例如叠层实体制造（LOM）、三维打印（3DP）、电子束自由成型制造（EBF）、激光净形制造（LENS）等。

按照所用材料种类的不同，可将 3D 打印技术分为非金属材料 3D 打印技术工艺和金属材料 3D 打印技术工艺，其中，FDM、SLA、DLP、3DP 等属于非金属材料 3D 打印技术工艺，SLM、DMLS、EBM 等属于金属材料 3D 打印技术工艺。

目前，比较成熟的 3D 打印工艺方法已达 10 余种，常见的有如下 7 大主流的 3D 打印工艺方法：

1）以液体树脂光聚合固化成型为机理的光固化成型（SLA）工艺。

2）以丝状熔融材料冷却固化成型为机理的熔融沉积成型（FDM）工艺。

3）以薄层材料黏合后激光切割成型为机理的叠层实体制造（LOM）工艺。

4）以粉末材料激光烧结成型为机理的选择性激光烧结（SLS）工艺。

5）以金属粉末材料激光熔合成型为机理的选择性激光熔化（SLM）工艺。

6）以黏结剂黏合粉末材料成型为机理的三维立体喷印（3DP）工艺。

7）以喷射聚合物固化成型为机理的聚合物喷射（3D PolyJet）工艺。

3D 打印工艺方法分类如图 2-1 所示。

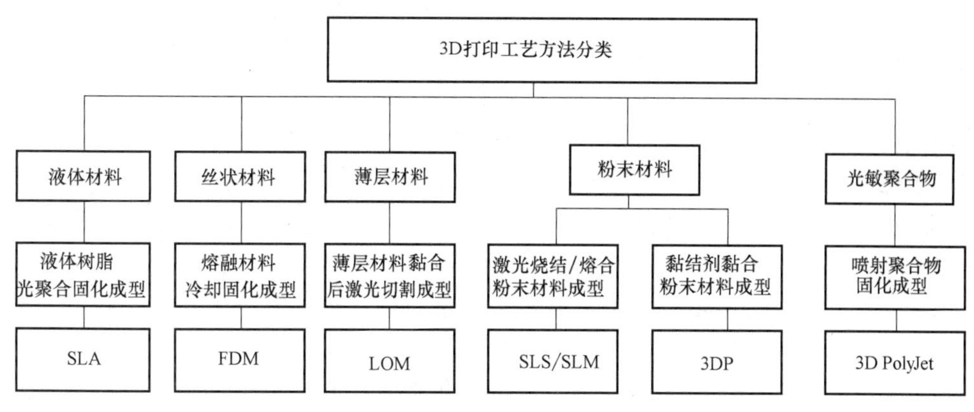

图 2-1

2.2 光固化成型（SLA）工艺

光固化成型工艺（Stereo Lithography Apparatus，SLA），又称立体光刻成型。该工艺最早由美国科学家 CHARLES W H 于 1984 年提出并获得美国国家专利，是最早发展起来的 3D 打印技术之一。1986 年，CHARLES W H 在获得该专利后两年便成立了 3D Systems 公司，并于 1988 年发布了世界上第一台商用 3D 打印机 SLA-250。SLA 工艺也成为目前世界上研究深入、技术成熟、应用广泛的一种 3D 打印技术工艺。

SLA 工艺以光敏树脂作为材料，在计算机的控制下，利用紫外激光对液态的光敏树脂进行扫描，使其逐层凝固成型。SLA 工艺能以简洁且全自动的方式制造出精度极高的立体模型。

2.2.1 SLA 工艺成型原理

光固化成型工艺的成型原理如图 2-2 所示，液槽中盛有可被紫外激光束照射固化的液态光敏树脂。光固化成型开始时，先将第一升降平台的液体树脂设置特定的厚度（0.05～0.3mm），由计算机控制系统控制的激光器根据收到的信息，按照 STL 格式文件中的各分层截面信息发射紫外激光束。

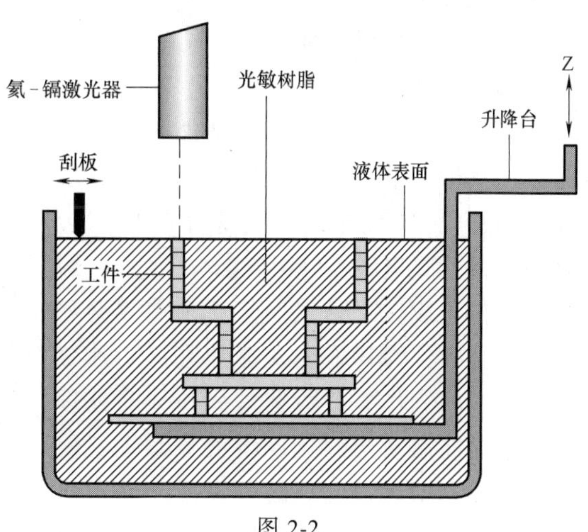

图 2-2

氦-镉激光器或氩离子激光器发射出的紫外激光束，在计算机的操纵下按工件的分层截面数据在液态的光敏树脂表面进行逐行逐点扫描，这使扫描区域的树脂薄层产生聚合反应而固化，形成工件的一个薄层。而未被扫描到的树脂仍保持原来的液态。每固化一层，工作台便下移一个层片厚度的距离，并使得固化完成的树脂表面上能再敷上一层新的液态光敏树脂，刮板刮平后进行下一层的扫描加工。

新固化的一层将牢固地黏合在前一层上，如此重复直至整个工件层叠完毕，最后得到一个完整的立体模型。当工件完全成型后，首先需要把工件取出并把多余的树脂清理干净，然后需要把支撑结构清除掉，最后需要把工件放到紫外灯下进行二次固化。

SLA 工艺常用的光源为紫外线、电子束和可见光。按光束扫描方式的不同，可将 SLA 立体光刻技术分为矢量扫描立体光刻技术（Vector Scan Stereolithography）、面投影立体光刻技术（Mask Projection Stereolithography）和双光子体光刻技术（Two-photon Stereolithography，也称 Two-photon Polymerization，TPP）。其中，矢量扫描立体光刻技术对每层材料是通过逐点扫描的方式进行选择性照射（图 2-3a）；面投影立体光刻技术是通过数字微镜 DMD（Digital Micromirror Device）等动态掩模装置，将光束根据二维片层的平面信息进行整形，从而实现对每层材料的选择性照射（图 2-3b）；双光子立体光刻技术中材料的光固化依赖于两个光子的同时吸收，因此可把光聚合反应局限于焦点的中心区域，可达到亚微米级的分辨率，如图 2-3c 所示。

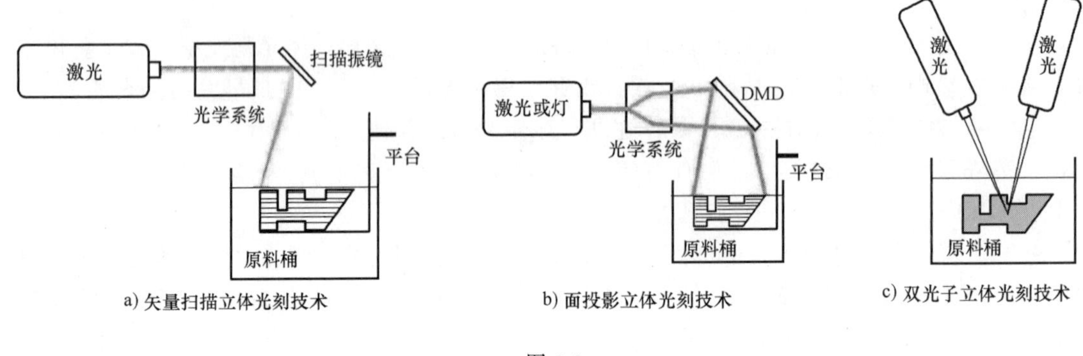

a) 矢量扫描立体光刻技术　b) 面投影立体光刻技术　c) 双光子立体光刻技术

图 2-3

2.2.2 SLA 工艺过程（图 2-4）

光固化成型工艺的过程一般可以分为前处理、原型制作和后处理 3 个阶段。

1. 前处理阶段

在三维造型软件中完成原型件的三维立体建模，并将三维数字模型沿某一方向分层切片（slice）、从而得到一组薄片信息（包括每一片薄片的轮廓信息和实体信息），即数据模型转化成 STL 格式。然后确定成型零件的摆放位置，为其施加支撑和进行切片分层，为原型的制作准备数据。另外，前处理阶段必须提前启动光固化成型设备系统，使树脂材料的温度达到合理的预设温度，激光器点燃后也需要一定的稳定时间。

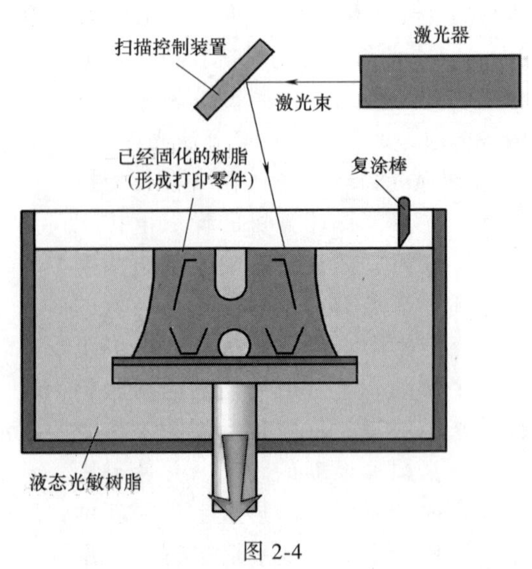

图 2-4

2. 原型制作阶段

（1）层准备　层准备过程是指在获取了制造数据后，在进行层层堆积成型扫描前，做好每一层待固化层液态树脂的准备。由于这种层堆积成型的工艺特点，必须保证每一个薄层的精度，才能保证层层堆积后整个模型的精度。

（2）层固化　层固化是指在层准备完成以后，用一定波长的激光束按照分层获得的层片信息，以一定的顺序照射树脂液面，使其固化为一个薄层的过程。

（3）三维实体建造　层层堆积实际上是层准备与层固化的重复完成，是将当前层与已固化的前一层牢固地黏结在一起，最终完成整个工件，得到原型件。

3. 后处理阶段

后处理阶段的主要工作是清洗模型，去除多余的液态树脂；去除并修整原型的支撑；去除逐层硬化形成的台阶，然后对原型进行后固化处理。

2.2.3　SLA 工艺的特点

1. SLA 工艺的优点

1）光固化成型工艺是较早出现的 3D 打印工艺，成熟度高，成型速度较快，系统稳定性好，能够呈现较高的精度和较好的表面质量。

2）能制造结构复杂的原型件，例如具有中空结构的消失型。

3）为实验提供试样，可以对计算机仿真计算的结果进行验证与校核。

4）可联机操作，远程控制，成型过程自动化程度高，利于生产的自动化。

2. SLA 工艺的缺点

1）SLA 工艺所使用的材料价格昂贵，且设备不支持多色成型。

2）SLA 工艺设备要对液态物质进行操作，对工作环境要求较高。

3）成型件多为树脂类，强度、硬度、耐热性有限，液态树脂固化后的性能不如常用的工程塑料，一般较脆、易断裂、不适合机械加工。

4）液态光敏树脂具有一定的毒性，且需要避光保存，以防止提前发生聚光反应。

5）成型过程中伴随的物理变化和化学变化可能会导致工件变形，因此成型工件需要有支撑结构，才能确保成型过程中制件的每一个结构部位都能可靠定位。

6）成型尺寸有限制，不适合制作体积庞大的工件。

7）SLA 系统造价高昂，设备运转和维护成本高。

2.2.4　SLA 工艺的应用

SLA 工艺具有打印形状广泛，成型速度快，成型精度高的特点。美国 3D Systems 公司作为快速成型设备的供应商，自从 1988 年推出第一台商品化设备 SLA-250 以来，光固化成型技术在世界范围内得到了迅速而广泛的应用，已在工业造型（图 2-5）、机械制造（图 2-6）、航空航天、军事、建筑（图 2-7）、影视、家电、轻工（图 2-8）、医学、考古、文化艺术、雕刻、首饰等领域都得到了广泛应用，并且随着这一技术本身的发展，其应用领域将不断拓展。

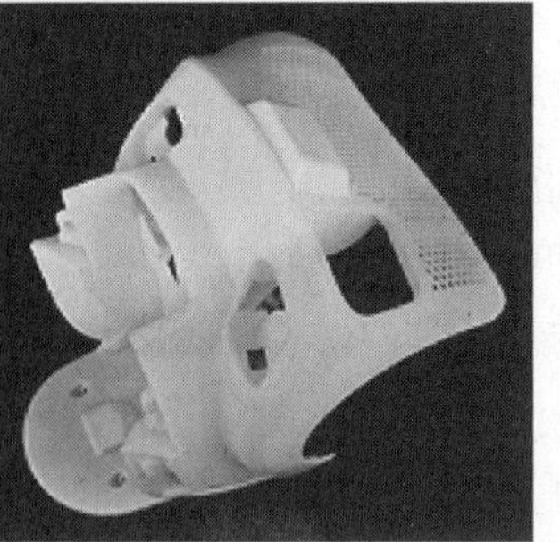

图 2-5

图 2-6

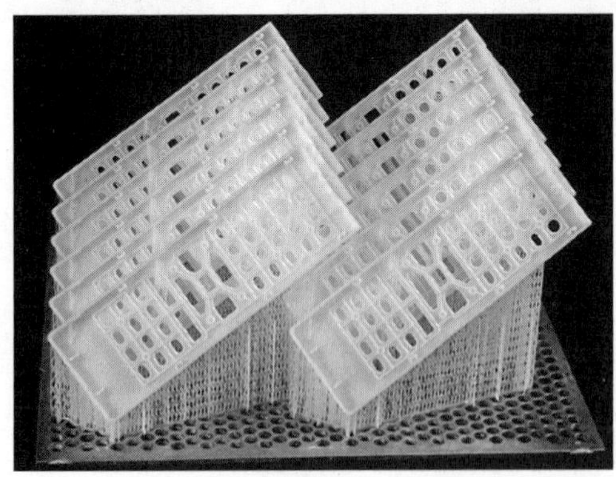

图 2-7

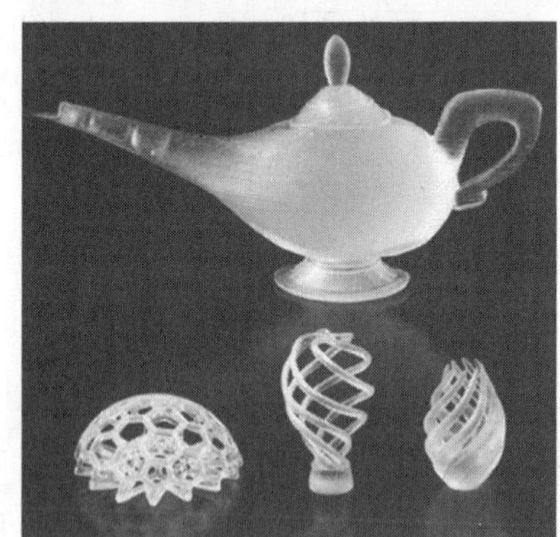

图 2-8

2.2.5 SLA 工艺设备主要研发及生产企业

目前，光固化成型（SLA）设备的研发及生产企业主要有美国的 3D Systems 公司、Aaroflex 公司，德国的 EOS 公司、F&S 公司，法国的 Laser 3D 公司，日本的 SONY/D-MEC 公司、Teijin Seiki 公司、Denken Engieering 公司、Meiko 公司、Unipid 公司、CMET 公司，以色列的 Cubital 公司以及国内的上海联泰科技有限公司等。

在上述 SLA 工艺设备的众多研发及生产企业中，美国 3D Systems 公司的 SLA 设备在国际市场上占的比例最大。3D Systems 公司在继 1988 年推出第一台商品化设备 SLA-250 以来，又相继推出了 SLA250HR、SLA-3500、SLA-5000、SLA-7000（图 2-9）、Viper Pro SLA（图 2-10）等

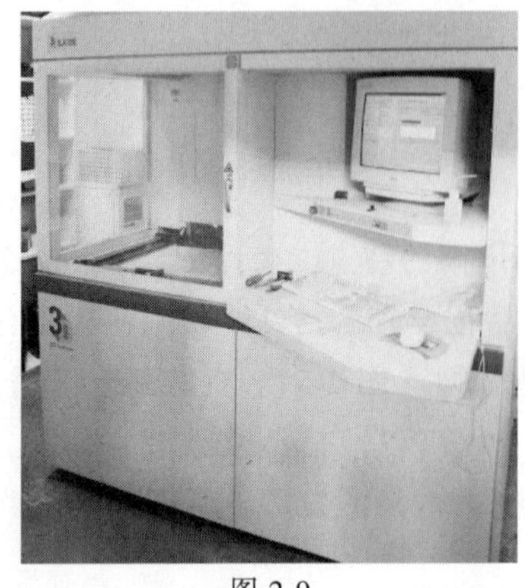

图 2-9

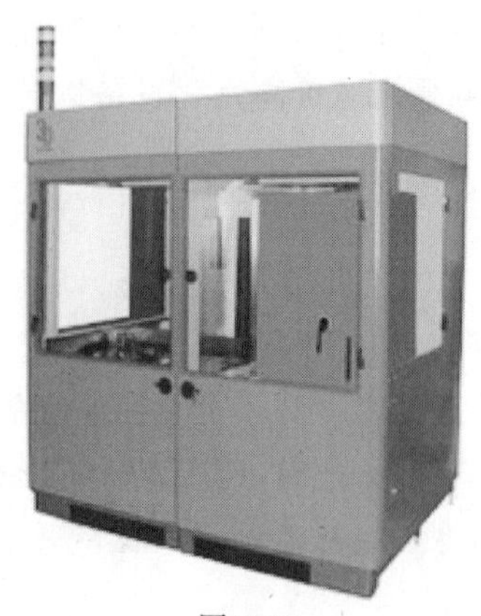

图 2-10

机型。其中，SLA-5000 和 SLA-7000 使用半导体激励的固体激光器，扫描速度分别达到 2.54m/s 和 5m/s，分层厚度最小可达 0.05mm。

2.3　熔融沉积成型（FDM）工艺

熔融沉积成型（Fused Deposition Modeling，FDM），又称熔丝沉积。是继 LOM 工艺和 SLA 工艺之后发展起来的一种 3D 打印技术。该技术由美国人 CRUMP S 于 1988 年发明，随后 CRUMP S 创立了 Stratasys 公司。1992 年，Stratasys 公司推出了世界上第一台基于 FDM 技术的 3D 打印机——3D 造型者（3D Modeler），这也标志着 FDM 技术步入商用阶段。

FDM 工艺无须激光系统的支持，所用的成型材料也相对低廉，总体性价比高，这也是众多开源桌面 3D 打印机主要采用的技术方案。

2.3.1　FDM 工艺成型原理

FDM 工艺是将丝状的热熔性材料，例如 ABS、尼龙、石蜡、低熔点合金丝等，通过电加热方式融化，在计算机控制下，喷头根据水平分层数据做 X 方向和 Y 方向的平面运动，Z 方向的垂直移动则由打印平台的升降来完成。同时，丝材由送丝部件送至喷头，经过加热、熔化后，材料从喷头挤出黏结到工作台面上，迅速冷却并凝固。这样打印出的材料迅速与前一个层面熔结在一起，当每一个层面完成后，工作台下降一个分层厚度进行下一层涂敷，这样逐层堆积形成一个实体模型。其工艺成型原理如图 2-11 所示。

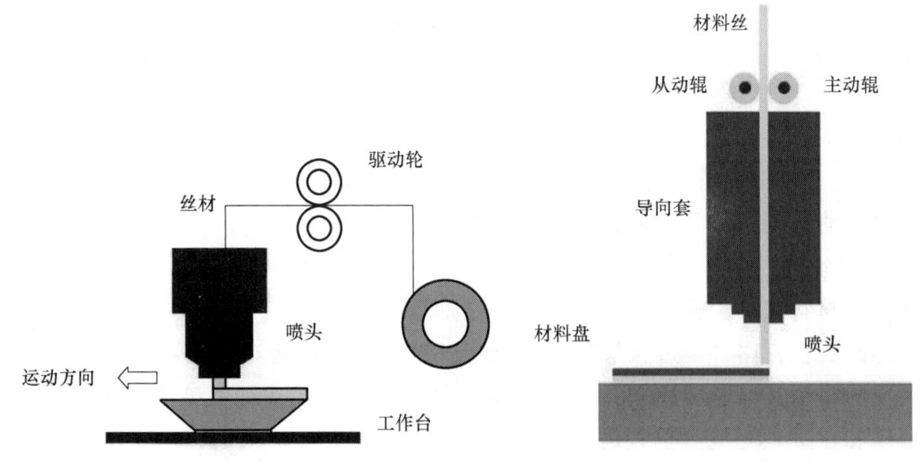

图 2-11

FDM 工艺的关键是保持从喷头中喷出的、熔融状态下的原材料的温度刚好在凝固点之上，通常控制在比凝固点高 1℃左右。如果温度太高，会导致打印物体的精度降低，出现模型变形等问题；如果温度太低，则容易堵住喷头，导致打印失败。

在用 FDM 工艺制作具有悬空结构的工件原型时，需要有支撑结构的支持，为了节省材料成本和提高成型的效率，新型的 FDM 设备采用了双喷头的设计，一个喷头负责挤出成型材料，另外一个喷头负责挤出支撑材料，如图 2-12 所示。

一般来说，用于成型零件的丝材相对精细一些，而且价格较高，沉积效率也较低。用于制作支撑材料的丝材相对较粗一些，而且成本较低，但沉积效率会更高一些。支撑材料一般会选用水溶性材料或比成型材料熔点低的材料，这样在后处理时，通过物理或化学的方式就能很方便地把支撑结构去除干净。

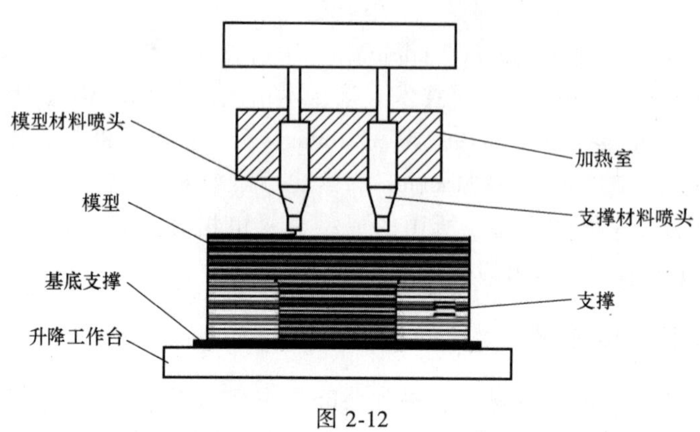

图 2-12

熔融沉积成型是普及率较高的 3D 打印技术，根据它的成型原理，任何可熔化的材料都可以用于熔融沉积成型。该工艺污染小，成型材料种类多，成本较低，成型件的强度和精度较高，主要用于中小型塑料工件的成型。

2.3.2　FDM 工艺 3D 打印系统模块

一个完整的 FDM 工艺 3D 打印系统包含运动模块、喷头模块、按键及显示模块和数控模块等。

1. 运动模块

即由 X、Y、Z 三轴组成的运动系统，主要是机械传动部分，既包括 XOY 平面的控制，也包含 Z 轴垂直方向的协调控制，以及喷头的移动控制等。

2. 喷头模块

打印成型材料在喷头模块经过预热处理，使其呈流态状，再通过打印驱动控制喷头移动，在目标路径上打印，经过层层的堆积成型。挤出喷头的运动速度决定整机运动的精度；供料速度应与喷头挤出速度相同；根据截面轮廓形状的不同，可将喷头的运动分为在 XOY 平面的运动和在 Z 轴完成的垂直运动。

3. 按键及显示模块

显示模块主要显示打印机的工作状态，包括与上位机通信等，按键是用户控制打印机工作的主要输入方式。

4. 数控模块

在数控模块中，XYZ 运动模块是三维打印系统进行制件的基本条件，二维平面由 XY 轴组成运动框架，由步进电动机分别进行控制运动。垂直方向也采用相同的办法，考虑到运动的精度要求，系统中控制模块主要通过协调几路电动机的工作来完成打印。整个系统的框图如图 2-13 所示。

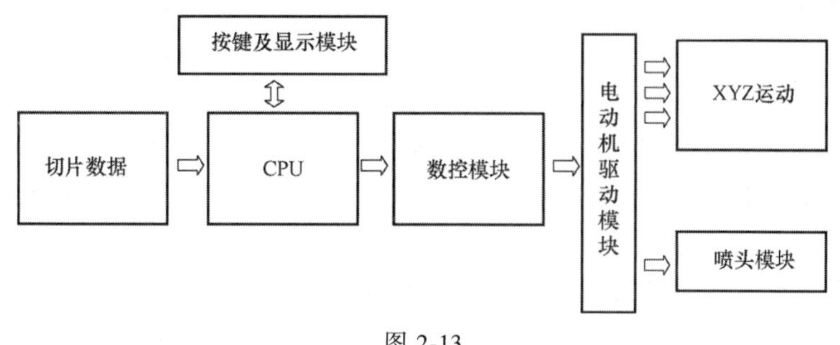

图 2-13

2.3.3　影响 FDM 工艺的关键因素

1. 材料性能参数的影响

成型材料方面，应用于 FDM 工艺的材料基本上都为 ABS 等聚合物，石蜡、尼龙、橡胶等热塑性材料丝，金属粉末、陶瓷粉末等单一粉末以及热塑性材料的混合物。ABS 作为工程塑料的代表，适合应用于概念模型和耐高温、耐腐蚀零部件的成型；PC、PPF 等材料适合直接生产功能性零部件，具有较好的力学性能，且具有较好的耐热性和稳定性。

2. 支撑材料的影响

在熔融沉积成型过程中，如果上层截面大于下层截面时，则多出的部分由于无材料的支撑将会出现悬浮现象，从而使截面部分发生变形或塌陷，最终影响成型件的成型精度，甚至使成型件不能完整地成型。如果没有支撑结构，在成型件完成成型之后，必然会破坏零件的底部结构。因此，支撑作为一个基础，为成型件的后续加工起着至关重要的作用。

支撑材料有两种类型，一种是需要打印完成后人为从零件表面剥离的支撑材料，称为剥离性支撑；另一种是水溶性支撑材料。水溶性支撑材料是一种分子中含有亲水基团的亲水性高分子材料，能在碱水中溶解或溶胀。为满足两个喷头的传热及与成型材料的配合工作的要求，支撑材料必须具有与成型材料相近的熔融温度。目前常用的支撑材料主要有两大类，分别是 PVAL 聚乙烯醇和 AA 丙烯酸类共聚物。

3. 喷头温度和环境温度的影响

喷头温度是指系统工作时喷头被加热的温度。喷头温度决定了材料的黏结性能、堆积性能、丝材流量以及出丝宽度，也就是说，喷头温度直接影响产品最终的打印效果。喷头温度应在使挤出的丝材具有合适黏性系数的流体状态的范围内选择。

喷头温度太低，材料会变得更黏，使挤丝速度小于填充速度。如果喷头温度过低，则会造成喷嘴堵塞，而且使层间黏结强度降低，可能出现在后一层铺上之前，前一层已经冷却过度，两层间因无法很好地黏结而分离的现象；相反，喷嘴温度太高，使丝材温度过高，黏度变差，流动性过强，造成挤出过快，喷头挤出的丝呈水滴样的流滴状，喷头不能准确控制出丝的直径。打印时出丝直径会发生变化，使打印的产品质量变差。加热温度过高会使前一层材料需要更长的冷却时间，在还没有足够冷却的时候，后一层就被挤出，压到前一层上，造成前一层材料被压坏而无法定型。

环境温度是指系统工作时产品周围环境的温度，通常是指工作室的温度。环境温度会影响成型零件的热应力大小，影响产品的表面质量。

4. 速度参数的影响

在 FDM 加工系统中，速度参数主要包括送料速度、挤出速度和填充速度，这三种速度参数相互作用、相互影响，并对制件的成型质量产生极大的影响作用。

送料速度主要是指固态材料通过送料器向熔腔传送的速度，一般情况下送料系统主要由送料辊、电动机、螺杆等部分组成，在操作软件中可以通过调节电动机转速来控制送料速度。

挤出速度是指熔融态材料丝从喷头挤出的速度。

填充速度是指扫描截面轮廓速度或打网格的速度。

为了保证良好的打印效果，需要将送料速度、挤出速度和填充速度进行合理匹配，使得熔丝从喷头挤出的量与黏结的量相等。填充速度比挤出速度快，容易造成材料填充不足，出现断丝现象，产品打印失败；相反，填充速度比挤出速度慢，出丝多于填充材料，熔丝堆积在喷头上，使打印截面材料分布不均匀，影响打印产品的质量。

5. 扫描方式的影响

只有轮廓而无网格的扫描方式称为扫描横截面轮廓；既有轮廓又打网格的扫描方式称为打网格。扫描方式不同，材料成型后内部结构不同，产品成型速度相差很大。

6. 分层厚度的影响

分层厚度是指将三维数字模型进行切片后层与层之间的高度，也是在堆积填充实体时每层的厚度。

使用 3D 打印技术制作有斜面或曲面的模型零件时，由于打印过程是将整体进行分层，打印出产品的侧表面就会出现像阶梯一样的不连续现象，使表面粗糙度值变大。分层数较多且分层厚度较小时，产品精度会较高，但需要加工的层数增多，成型时间也大幅度增加；相反，分层厚度较大时，产品表面会有明显的分层打印造成的表面不连续，影响原型的表面质量和精度。进行分层方向优化，选择合适的分层方向，制件表面粗糙度值小、制件表面光滑，为最优分层制作方向。方向优化后再根据制件的表面形状在一定的范围内（0.1～0.4mm）进行自适应分层，调整分层厚度，这样既可以提高制件表面质量，又不会明显增加成型时间，有时甚至能缩短成型时间。

除了以上参数外，需要设定的参数还有喷头直径、填充方式、网格间距、理想轮廓线的补偿量、偏置扫描中的偏置值、开启延迟时间、关闭延迟时间、成型材料、加密层及其参数设置、成型室吹热风的方式、空行程速度、工件相对于工作台面的成型角度、添加支撑等，这些参数都会影响工件表面质量和成型时间。以上参数中，只有挤出速度无法设置而是通过硬件保障的，其他参数均可以在软件中设置。

通常来说，小的补偿量、大的挤出速度、小的填充速度、小的分层厚度、小的开启延时和关闭延时可以得到表面质量与成型时间的最优化设计。

2.3.4 FDM 工艺的特点

1. FDM 工艺的优点

1）成本低。FDM 工艺不用激光器件，没有高能耗的组件，整个系统构造原理和操作简单，维护成本低，系统运行安全。

2）制造系统可用于办公环境，没有毒气或化学物质的危害。

3）可以成型任意复杂程度的零件，常用于成型具有很复杂的内腔和中空结构的零件。

4）丝材的清洁及更换容易。与其他使用粉末和液态材料的工艺相比，丝材更加清洁，易于更换，不会在设备中或附近形成粉末或液态污染。

5）成型材料广泛，ABS、尼龙、石蜡、低熔点合金等丝材都是可应用材料，原材料利用率高，且材料寿命长。

6）后处理简单，无须化学清洗，分离容易，剥离支撑后原型即可使用。

7）没有专利限制，开源 Rep Rap 3D 打印机的所有软件和硬件都是开源的，这也是 FDM 工艺普及的重要原因。人们甚至在家中就可以通过购买的开源组件自己组装 Rep Rap 3D 打印机，如图 2-14 所示。

图 2-14

2. FDM 工艺的缺点

1）成型精度低，打印速度慢。分层零件每层的边缘容易出现由于分层沉积而产生的“台阶效应”，导致很难达到所见即所得的 3D 打印效果。

2）强度低。受工艺和材料限制，打印物品的机械性能低，尤其是沿 Z 轴的材料强度比较低，达不到工业标准。

3）打印时间长。FDM 工艺需要按横截面形状逐步打印，成型过程中受到一定的限制，制作时间长，不适于制造大型物件。

4）需要支撑材料。在成型过程中需要加入支撑材料，在打印完成后要进行剥离。

5）FDM 工艺所用打印材料易受潮，在成型过程中和成型后存在一定的收缩率。打印材料易受潮，将影响丝材熔融后挤出的顺畅性，易堵塞喷头，不利于工件的成型。

6）控制系统智能化水平低。

2.3.5 FDM 工艺的应用

FDM 工艺是面向个人的 3D 打印机的首选工艺，采用 FDM 工艺的 3D 打印机，设计人员可以在很短的时间内设计并制作出产品原型，并通过实体对产品原型进行改进。目前 FDM 工艺主要用于概念建模、功能性原型制作、制造加工、功能零部件制造与维修等方面，涉及汽车、医疗、建筑、娱乐、电子、教育等领域，如图 2-15 所示。

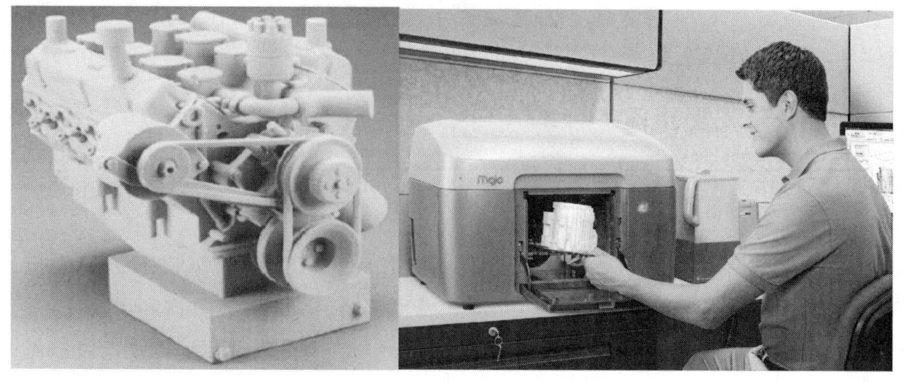

图 2-15

2.3.6 FDM 工艺设备主要研发及生产企业

目前，熔融沉积成型设备的主要研发生产企业有美国的 Stratasys 公司、MedModeler 公司等。

美国 Stratasys 公司是全球最大的 FDM 设备制造商，从 1993 年 Stratasys 公司开发出第一台 FDM-1650 机型以来，先后推出了 FDM-2000，FDM-3000 和 FDM-8000 机型。从 FDM-2000 开始，设备采用了双喷头的设计，一个喷头涂覆成型材料，另一个喷头涂覆支撑材料，大幅度提高了成型速度。

1998 年，Stratasys 公司推出引人注目的成型体积为 600mm×500mm×600mm 的 FDM-Quantum 机型（图 2-16）和 FDM-Genisys Xs 机型（图 2-17），在这些机型中，采用了喷头磁浮定系统，可在同一时间独立控制两个喷头，进一步提高了成型速度。

目前，Stratasys 公司的主要产品有适合办公室使用的 FDM Vantage 系列产品和可成型多种材料的 FDM Titan 系列产品，以及工业级的 FDM Fortus 系列产品。另外，还有成型空间更大且成型速度更快的 FDM Maxum 系列产品，适合成型小零件的紧凑型 Prodigy Plus 成型机。

图 2-16

图 2-17

2.4 叠层实体制造（LOM）工艺

叠层实体制造（Laminated Object Manufacturing，LOM），又称分层实体制造。LOM 工艺自 1991 年问世以来得到了迅速发展，由于叠层实体制造工艺主要使用纸材、PVC 塑料等薄层材料，材料价格低，成型精度高，因此受到了较为广泛的应用，在产品概念设计可视化、造型设计评估、装配检验、熔模铸造等方面应用广泛。

2.4.1 LOM 工艺成型原理

叠层实体制造成型系统主要由控制计算机、原材料送进机构（供料轴）、热压辊、CO_2 激光器、升降台等组成，如图 2-18 所示。

LOM 工艺使用薄片材料（例如纸张，塑料薄片等），成型片材下表面需要先涂上一层热熔胶。首先由计算机接受 STL 格式的三维数字模型，并沿垂直方向进行切片，得到模型的横截面数据。由模型的横截面数据，生成切割截面轮廓的轨迹，并生成激光束扫描切割控制指令。材料送进机构将底面涂有热熔胶的纸或塑料薄片送至工作区域上方，热压粘贴机构将

热压滚筒滚过材料，使材料上下粘贴在一起。CO_2激光器先按照底层的三维数字模型的切片平面几何信息对铺在工作台上的纸进行轮廓切割。激光功率的选择恰好能切割开一层纸厚，但对以前的层不产生影响，同时将非模型实体区切割成网格，便于成型件后处理时清除；然后工作台下降一个材料厚度（一般为0.025~0.125mm），材料传送机构继续送入一层纸，并用加热辊滚压，与底层粘牢，激光器按照对应的数据作轮廓切割，不断重复此过程，直至三维零件制造完成，如图2-19所示。

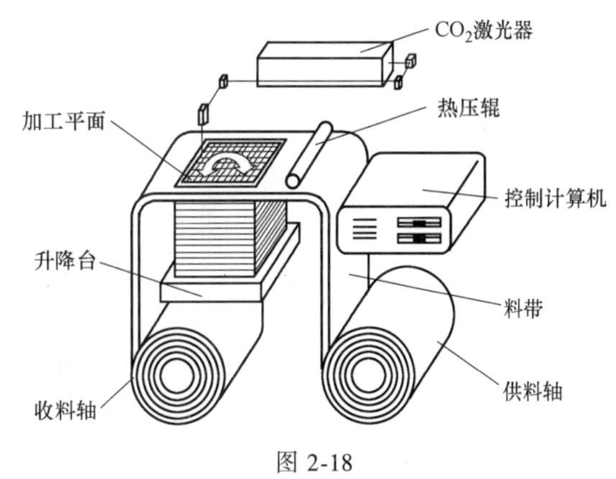

图 2-18

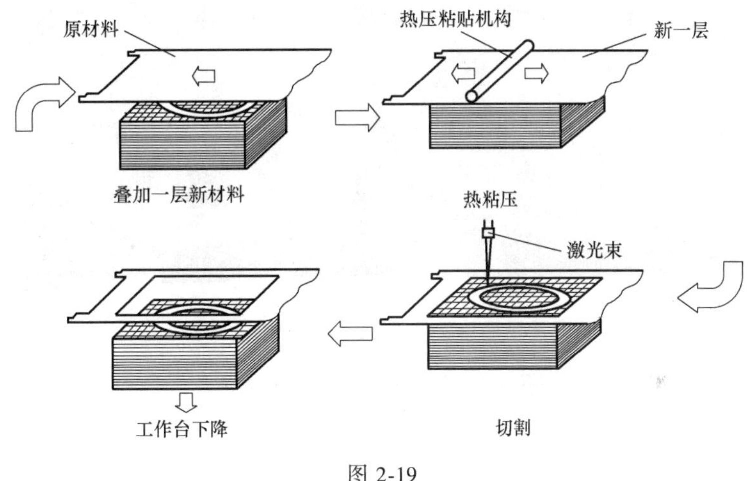

图 2-19

2.4.2　LOM成型工艺的特点

1. LOM工艺的优点

1）成型速度较快。由于只需要使用激光束沿物体的轮廓进行切割，无须扫描整个断面，所以成型速度很快，适合制作实心的、形状简单的大中型零件。

2）原型能承受高达200℃的温度，有较高的硬度和较好的力学性能。

3）无须设计和制作支撑结构，废料易剥离，无须后固化处理。

4）原材料价格便宜，原型制作成本低。成型过程中，材料始终为固态，没有相变，翘曲变形小，原型精度高。

5）成型加工容易，可进行切削加工。

6）可制作尺寸大的原型，零件体积越大，制作效率越高。

2. LOM工艺的缺点

1）可实际应用的原材料种类较少，目前常用的材料主要为纸和PVC薄片。

2）材料利用率低，前、后处理较费时费力，尤其是中空制件内部残余的废料很难去除。

3）不能直接制作塑料原型。

4）原型的抗拉强度和弹性不够好。

5）原型易吸湿膨胀，因此，成型后应尽快进行表面防潮处理。

6）材料浪费严重，表面质量差，原型表面有台阶纹理，难以构建形状精细、多曲面的零件。因此，成型后需要进行表面打磨。

2.4.3 LOM 工艺的应用

由于 LOM 工艺具有制造原型精度高，成型件质量高且成本低的特点，特别适合于中、大型制件的快速成型。LOM 工艺在汽车、航空航天、通信电子领域及日用消费品、制鞋、运动器械等领域得到了广泛的应用。图 2-20 所示为使用 LOM 工艺打印的汽车轮毂。

图 2-20

2.4.4 LOM 工艺设备主要研发及生产企业

目前，叠层实体制造（LOM）工艺设备的研发生产企业主要有美国的 Helisys 公司、日本的 Kira 公司、Sparx 公司、新加坡的 Kinergy 公司等。其中，Helisys 公司的设备在国际市场上所占的比例最大。1984 年，Michael Feygin 提出了分层实体制造（LOM）的工艺方法，并于 1985 年组建 Helisys 公司。1992 年推出第一台商业机型 LOM-1015。Helisys 公司除原有的 LPH、LPS 和 LPF 系列纸材品种以外，还开发了使用塑料和复合材料的 LOM 设备。

图 2-21 所示为桌面级的 LOM 3D 打印机；图 2-22 所示为工业级的 LOM 3D 打印机。

图 2-21

图 2-22

2.5 选择性激光烧结（SLS）工艺

选择性激光烧结（Selective Laser Sintering，SLS），又称选区激光烧结。该工艺最早是由美国德克萨斯大学奥斯汀分校的 DECHARD C R 博士于 1989 年在其硕士论文中提出的，随后 C. R. Dechard 博士创立了 DTM 公司，并于 1992 年发布了基于 SLS 技术工艺的工业级商用 3D 打印机 Sinterstation。

选择性激光烧结工艺采用激光有选择地分层烧结固体粉末，并使烧结成型的固化层叠加生成所需形状的零件。整个工艺过程包括 CAD 模型的建立及数据处理、铺粉、烧结以及后处理等。

2.5.1 SLS 工艺成型原理

SLS 工艺装置由激光器及光路、送料缸、成型缸、升降工作台和铺粉装置等组成，如图 2-23 所示。工作时送料缸活塞上升，由送料辊将粉末在成型缸活塞（工作活塞）上均匀铺上一层，计算机根据原型的切片模型控制激光束的二维扫描轨迹，有选择地烧结固体粉末材料以形成零件的一个层面。粉末完成一层后，成型缸活塞下降一个层厚，铺粉装置铺上新粉。控制激光束再扫描烧结新层。如此循环，层层叠加，直到三维零件成型。最后，将未烧结的粉末回收到送料缸中，并取出成型件。

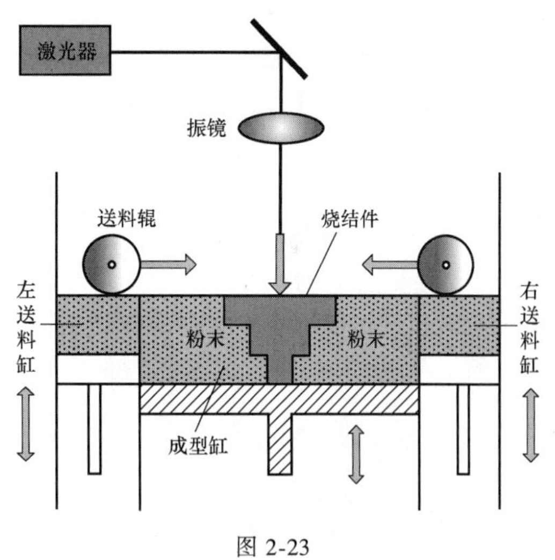

图 2-23

在成型过程中，未经烧结的粉末对模型的空腔和悬臂部分起着支撑作用，不必像 SLA 工艺那样另外生成支撑结构。SLS 工艺使用的激光器是 CO_2 激光器，使用的原料有蜡、聚碳酸酯、尼龙、纤细尼龙、合成尼龙、金属等。当实体构建完成并在原型部分充分冷却后，粉末快速上升至初始位置，将其取出，放置在后处理工作台上，用刷子刷去表面粉末，露出加工件，其余残留的粉末可用压缩空气去除。

2.5.2 SLS 工艺分类及过程

选择性激光烧结根据材料的不同，具体的烧结成型工艺也有所不同，主要分为高分子粉末材料烧结工艺、金属零件间接烧结工艺和金属零件直接烧结工艺等。

1. 高分子粉末材料烧结工艺

高分子粉末材料烧结工艺过程主要分前处理、粉层激光烧结叠加以及后处理 3 个阶段。

（1）前处理阶段　此阶段主要完成模型的三维数字建模，并经 STL 数据转换后输入到粉末激光烧结快速成型系统中。

（2）粉层激光烧结叠加阶段　在这个阶段，设备根据原型的结构特点，在设定的建造参数下，自动完成原型的逐层粉末烧结叠加过程。当所有叠层自动烧结叠加完成后，需要将原型在成型缸中缓慢冷却至40℃以下，取出原型并进行后处理。

（3）后处理阶段　激光烧结后的聚苯乙烯原型件强度很弱，需要根据使用要求进行渗蜡或渗树脂等补强处理。

2. 金属零件间接烧结工艺

金属零件间接烧结工艺过程主要分为SLS原型件（绿件）的制作、粉末烧结件（褐件）的制作和金属熔渗后处理三个阶段。

（1）SLS原型件的制作阶段　该过程为三维数字模型→分层切片→激光烧结（SLS）→RP原型（绿件）。此阶段的关键在于，如何选用合理的粉末配比和加工工艺参数实现原型件的制作。

（2）褐件制作阶段　该过程为二次烧结（800℃）→三次烧结（1080℃）。此阶段的关键在于，烧失原型件中的有机杂质，获得具有相对准确形状和强度的金属结构体。

（3）金属熔渗阶段　该过程为二次烧结（800℃）→三次烧结（1080℃）→金属熔渗→金属件。此阶段的关键在于，选用合适的熔渗材料及工艺，以获得较致密的金属零件。

3. 金属零件直接烧结工艺

基于SLS工艺的金属零件直接制造工艺流程为：CAD模型→分层切片→激光烧结（SLS）→RP原型零件→金属件。

对于金属粉末激光烧结，首先将加工腔加热至略低于待烧结材料的熔点温度，并通入惰性保护气体，例如氩气、氮气等，以加快烧结速度和减少空气对烧结过程产生的氧化反应，然后在工作台上铺设一层极薄的待烧结金属粉末，激光束在计算机控制下对零件截面轮廓内的粉末进行照射加热到接近完全熔化状态，随之冷却凝固为固体层。重复上述过程，一层又一层的粉末被铺设和烧结，直至最终形成所需的三维金属零件。

对于烧结非金属粉末和覆聚合物黏结剂的金属粉末，为了降低设备要求和加工成本，通常省去加热和气体保护装置。在整个烧结过程中，每层的未烧结粉末自然成为下一层粉末和烧结体的支撑。

2.5.3　SLS工艺的特点

1. SLS工艺的优点

1）SLS工艺所使用的成型材料十分广泛，包括石蜡、金属、陶瓷、石膏、尼龙粉末和它们的复合粉末材料。从原理上来说，这种方法可采用加热时黏度降低的任何粉末材料，通过材料或各类含黏结剂的涂层颗粒制造出任何造型，以适应不同的需要。

2）SLS工艺无须设计和制造复杂的支撑系统，制作过程与零件复杂程度无关，制件的强度高。

3）生产效率较高，材料利用率高，烧结的粉末可重复使用，材料无浪费。

4）应用面广。由于成型材料的多样化，使得SLS工艺适合于多种应用领域，例如原型设计验证、模具母模、精铸熔模、铸造型壳和型芯等 。

5）精度高。用SLS工艺打印的零件精度取决于使用的材料种类、产品的几何形状和复杂程度，该工艺一般能够达到工件整体范围内±（0.05~2.5）mm的偏差。

6）制造工艺比较简单。由于可用多种材料，选择性激光烧结工艺按采用的原料不同，

可以直接生产复杂形状的原型、型腔模、三维构件或部件及工具。

2. SLS 工艺的缺点

1）成型零件表面粗糙。用 SLS 工艺成型后的工件表面会比较粗糙，粗糙度取决于粉末的直径。

2）成型零件结构疏松、多孔，且有内应力，制作易变形。

3）生成陶瓷、金属制件的后处理较难。

4）烧结过程有异味。SLS 工艺中粉层需要激光使其加热达到熔化状态，高分子材料或粉末在激光烧结时会挥发异味气体。

5）无法直接成型高性能的金属和陶瓷零件，成型大尺寸零件容易发生翘曲变形。

6）有时需要比较复杂的辅助工艺。SLS 工艺视所用的材料而异，有时需要比较复杂的辅助工艺过程，例如给原材料进行长时间的预先加热、造型完成后需要对模型表面的浮粉进行清理等。

7）由于使用了大功率激光器，除了本身的设备成本，还需要很多辅助保护工艺，整体技术难度大，制造和维护成本较高。

8）运营成本较高，设备费用较贵。

2.5.4　SLS 工艺的应用

SLS 工艺自发明以来，已经在汽车、模具、家电、医疗器械、航天航空等诸多领域获得了广泛应用，为许多传统制造业注入了新的生命力和创造力。图 2-24～图 2-27 所示分别为利用 SLA 工艺打印的金属制件、陶瓷制件、尼龙制件和聚苯乙烯制件。

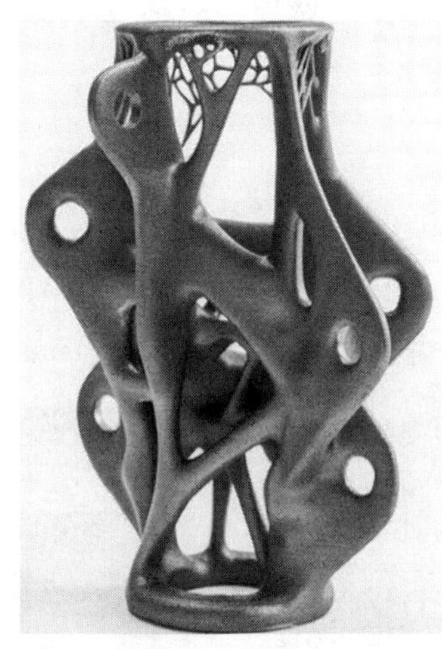

图 2-24

图 2-25

SLS 工艺与 SLA 工艺有相似之处，即都需要借助于激光将物质固化为整体。不同的是，SLA 工艺使用的是紫外激光束，SLS 工艺使用的是红外激光束。材料也由 SLA 工艺的光敏树脂变成了 SLS 工艺的高分子材料、石蜡、金属、陶瓷、石膏、尼龙粉末和它们的复合粉末材料。

SLS 工艺的一个重要的应用领域为快速模具制造，可以利用 SLS 工艺制造模型进行各种测试，以提高产品的性能。同时，SLS 工艺还可用于制作比较复杂的金属零件。用 SLS 工艺制造金属零件的应用主要有以下几种：

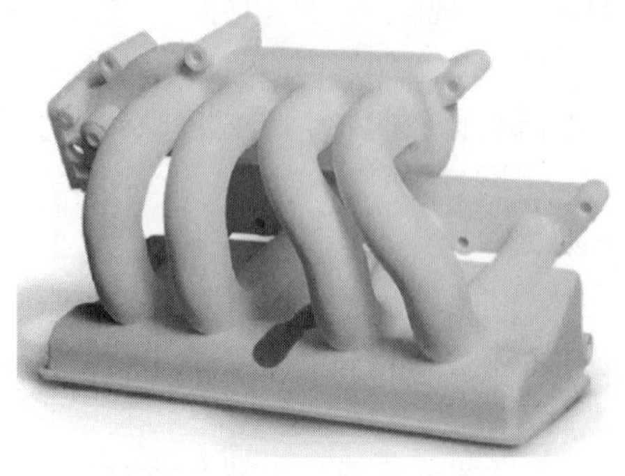

图 2-26 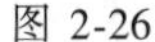

图 2-27

1. 熔模铸造

首先采用 SLS 工艺成型高聚物（聚碳酸酯 PC、聚苯乙烯 PS 等）原型零件，然后利用高聚物的热降解性，采用铸造技术工艺成型金属零件。

2. 砂型铸造

首先利用覆膜砂成型零件型腔和砂芯（即直接制造砂型），然后浇铸出金属零件。

3. 选择性激光间接烧结原型件

高分子材料与金属的混合粉末或高分子材料包覆金属粉末经 SLS 成型，又经脱脂、高温烧结、浸渍等工艺成型金属零件。

4. 选择性激光直接烧结金属原型件

首先将低熔点金属与高熔点金属粉末混合，其中低熔点金属粉末在成型过程中主要起黏结剂作用，然后利用 SLS 工艺成型金属零件。最后对零件进行后处理，包括浸渍低熔点金属、高温烧结、热静压等。

2.5.5 SLS 工艺设备主要研发及生产企业

目前，SLS 工艺设备的研发生产企业主要有德国的 EOS 公司（图 2-28 所示为 EOS 公司生产的 EOS P800 机型）、Concept Laser 公司、美国的 DTM 公司（图 2-29 所示为 DTM 公司生产的 Sinterstation 2500 机型）、3D Systems 公司、英国的雷尼绍公司，日本 matsuura 公司

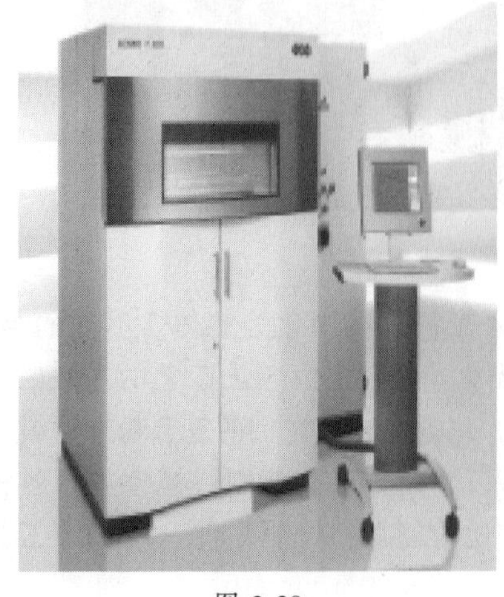

图 2-28

图 2-29

等；采用电子束烧结成型工艺（用电子束代替激光）的有瑞典的ARCAM公司，中国的北京航空制造研究所（625所），这类设备的主要优点是成型的精度较高，缺点是成型速度低，成型尺寸限制在300mm左右。主要应用于医疗和小型模具制造。

2.6 选择性激光熔化（SLM）工艺

选择性激光熔化工艺（Selective Laser Melting，SLM），又称选择性激光熔融。该技术工艺于1995年由德国Fraunhofer激光器研究所（Fraunhofer Institute for Laser Technology，ILT）最早提出，用它能直接成型出接近完全致密度、力学性能良好的金属零件。SLM工艺的工作原理与SLS相似。SLM工艺是将激光的能量转化为热能使金属粉末成型，其主要区别在于SLS工艺在制造过程中，金属粉末并未完全熔化，而SLM工艺在制造过程中，将金属粉末加热到完全熔化后成型。

2.6.1 SLM工艺成型原理

打印机控制激光在铺设好的粉末上方选择性地对粉末进行照射，金属粉末加热到完全熔化后成型。然后活塞使工作台降低一个单位的高度，新的一层粉末铺撒在已成型的当前层之上，设备调入新一层截面的数据进行激光熔化，与前一层截面黏结，此过程逐层循环直至整个物体成型，如图2-30所示。SLM工艺的整个加工过程在惰性气体保护的加工室中进行，以避免金属在高温下氧化。

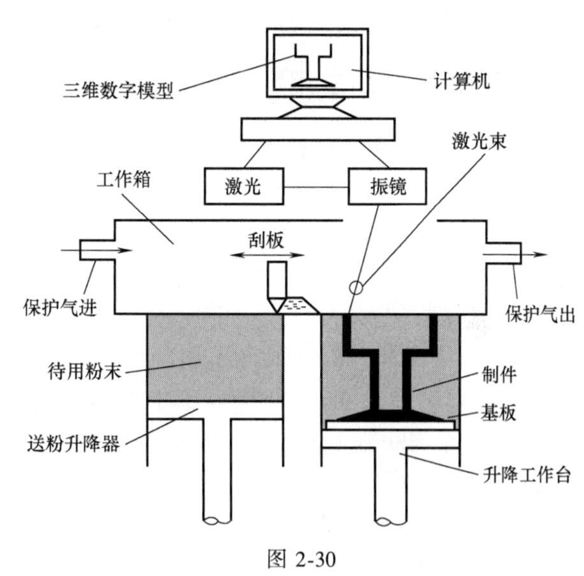

图2-30

SLM工艺是利用金属粉末在激光束的热作用下完全熔化、经冷却凝固而成型的一种技术工艺。为了完全熔化金属粉末，要求激光能量密度超过106W/cm^2。在高激光能量密度作用下，金属粉末完全熔化，经散热冷却后可实现与固体金属冶金焊合成型。

2.6.2 SLM工艺与SLS工艺的区别

SLS工艺是选择性激光烧结工艺，所用的金属材料是经过处理的，为低熔点金属或高分子材料的混合粉末，在加工的过程中，低熔点的材料熔化，但高熔点的金属粉末是不熔化的。利用被熔化的材料实现黏结成型，所以实体存在孔隙，力学性能差，要使用的话还要经过高温重熔。

SLM工艺是选择性激光熔化工艺，顾名思义也就是在成型过程中用激光使粉末完全熔化，不需要黏结剂，成型的精度和力学性能都比SLS工艺好。因为SLM工艺没有热场，需要将金属从20℃的常温加热到上千度的熔点，这个过程需要消耗巨大的能量。

2.6.3　SLM 工艺的特点

1. SLM 工艺的优点

1）采用 SLM 工艺成型的金属零件致密度高，可达 90%以上，良好的力学性能与传统工艺相当。抗拉强度等力学性能指标优于铸件，甚至可达到锻件水平，显微维氏硬度可高于锻件。

2）由于粉末在打印过程中完全融化，尺寸精度较高。

3）与传统减材制造相比，可节约大量材料。

4）对产品形状几乎没有任何限制，空腔、三维网格等复杂结构的零件都可以打印制作。

2. SLM 工艺的缺点

1）成型速度较慢，为了提高加工精度，需要用更薄的加工层。成型小体积零件所用时间也较长，因此，难以应用于大规模的生产制造。

2）在 SLM 工艺过程中，金属瞬间熔化与凝固（冷却速率约 10000K/s），产生极大的残余应力，零件易发生翘曲等变形，表面质量有待提高。

3）整套设备昂贵，熔化金属粉末需要比 SLS 工艺更大功率的激光，能耗较高。

4）SLM 工艺较复杂，需要加支撑结构，考虑的因素多。因此，多用于工业级的增材制造。

2.6.4　SLM 工艺的应用

1. SLM 工艺应用的材料

用于 SLM 工艺的粉末材料主要分为 3 类，分别是混合粉末、预合金粉末和单质金属粉末。

（1）混合粉末　由一定比例的不同粉末混合而成。利用 SLM 工艺成型的构件力学性能受致密度、成型均匀度的影响，目前混合粉末的致密度还有待提高。

（2）预合金粉末　根据成分不同，可以将预合金粉末分为镍基、钴基、钛基、铁基、钨基、铜基等，预合金粉末材料制造的构件致密度可以超过 95%。

（3）单质金属粉末　一般单质金属粉末主要为金属钛，其成型性较好，致密度可达到 98%，如图 2-31 所示。

2. SLM 工艺应用的领域

图 2-31

目前，SLM 工艺广泛应用于航空航天、医疗、能源、汽车工业、轨道交通、模具、个性化医学零件等领域（图 2-32），并具有其他 3D 打印工艺无可比拟的突出优势。

美国航天公司 SpaceX 开发载人飞船 Super Draco 的过程中，利用了 SLM 工艺制造了载人飞船的发动机，如图 2-33 所示。Super Draco 发动机的冷却道、喷头、节流阀等结构的复杂程度非常高，采用 3D 打印技术很好地解决了复杂结构的制造问题。利用 SLM 工艺制造出的零件的强度、韧性、断裂强度等机械性能完全可以满足各种严苛环境的要求，

使得 Super Draco 能够在高温高压环境下工作。

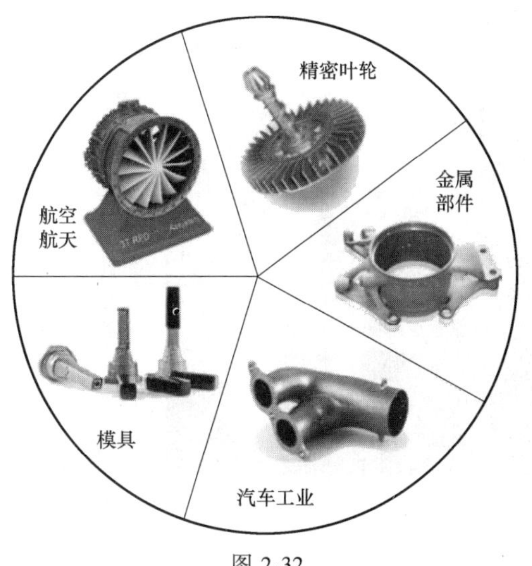

图 2-32

图 2-33

2.6.5 SLM 工艺设备主要研发及生产企业

目前，对 SLM 工艺开展研究的国家主要集中在德国、美国、英国、日本、法国等。其中，德国是从事 SLM 工艺研究最早与最深入的国家。第一台 SLM 系统是 1999 年由德国 Fockele 和 Schwarze（F&S）与德国弗朗霍夫研究所一起研发的基于不锈钢粉末 SLM 成型设备。德国 EOS 公司是一家较早进行激光成型设备开发和生产的公司，其生产的 SLM 工艺设备具有世界领先水平。

世界范围内还有多家成熟的 SLM 设备制造商。其中，采用激光熔化成型工艺的 3D 打印典型企业主要有德国的 EOS 公司（图 2-34 所示为该公司生产的 EOSING M270 3D 打印机）、ReaLizer 公司、SLM Solutions 公司、Concept Laser 公司（图 2-35 所示为该公司生产的 M3 3D 打印机），美国的 Stra tasys 公司（图 2-36 所示为该公司生产的 Fortus 900MC 3D 打印机）、POM 公司和 OPTOMEC 公司，中国沈阳新松机器人自动化股份有限公司等。采用电子束熔化成型工艺（用电子束代替激光）3D 打印典型企业包括美国的 Sciaky 公司、中国的北京航

图 2-34

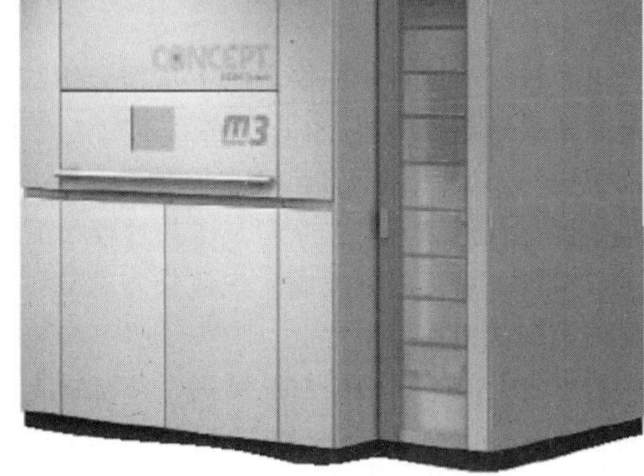

图 2-35

空制造研究所（625所）。这类产品的主要优点是冶金质量好、成型速度快、成型尺寸大，但精度较低，需后续机加工，典型应用是航空高强度结构件、叶片制造、各种金属模具的直接成型。

图 2-36

2.7 三维立体喷印（3DP）工艺

三维立体喷印（Three Dimensional Printing，3DP），又称三维印刷或三维粉末黏结，是一种基于离散堆叠思想和运用微滴喷射技术的3D打印方法。该技术工艺由美国麻省理工学院的SACHS E教授于1993年发明，3DP工艺的工作原理类似于喷墨打印机，是形式上最为贴合“3D打印”概念的成型工艺之一。

3DP工艺与SLS工艺类似，采用粉末材料成型，例如陶瓷粉末，金属粉末等。所不同的是，3DP工艺的材料粉末不是通过烧结连接起来的，而是通过喷头用黏结剂（例如硅胶）将零件的截面“印刷”在材料粉末上面。用黏结剂黏结的零件强度较低，还须后处理。

2.7.1 3DP工艺成型原理

3DP工艺所需的原材料包括尼龙粉末、陶瓷粉末、塑料粉末及复合材料等，先在加工平台上铺撒一层粉末，再由喷头喷射黏结剂黏结粉末。加工完一层后，成型装置自动下降一个分层厚度，再铺撒下一层粉末，黏结成型后进行第二层的喷印，如此循环得到所需的形状。

3DP快速成型系统主要由以下几部分组成：打印头控制系统（包括喷头、喷头控制和黏结材料供给与控制）、粉末材料系统（包括粉料储存、送料、铺料及回收）、三个方向的运动机构与控制（包括打印头在X轴和Y轴的运动，工作平台在Z轴的运动）、成型室、计算机硬件与软件。其工艺原理及工艺过程如图2-37所示。

成型设备由两部分组成，一部分为成型加工平台，一部分为供粉桶。铺粉滚筒先将一层粉材铺设到成型加工平台上。喷头依照三维数字模型切片后获得的二维片层轮廓信息，在铺好的粉材之上有选择地喷射黏结剂，黏结粉末。一层完成后，成型加工平台下降一定高度，供粉桶上升一定高度，刮刀将上升粉末推至成型平台，滚筒再次铺平后，继续第二层的成型工作。如此循环直至完成最后一层的铺粉与黏结，形成所要的三维立体造型。

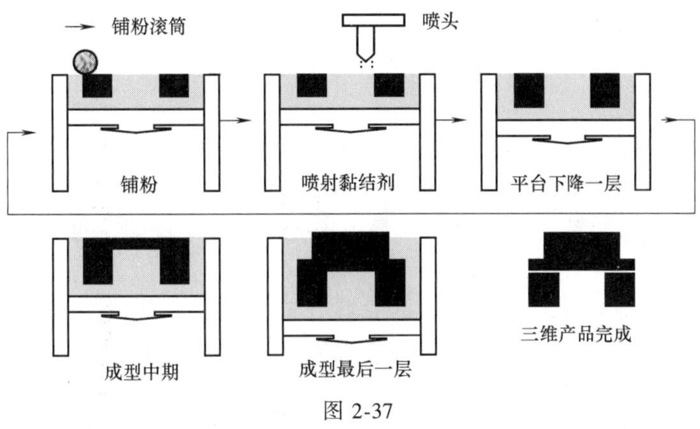

图 2-37

2.7.2　3DP 工艺方法

3DP 工艺是采用液滴喷射的快速成型工艺。液滴喷射成型是指在数字信号的控制下，喷头腔室中的液体材料瞬间形成液滴或液滴组成的射流，并以一定的速度和频率喷射至指定位置，按序列逐层堆积，从而形成三维实体。按照成型机理的不同，可分为液滴喷射固化（Inkjet 3D Printing）和粉末黏结固化（Powder 3D Printing）两种成型方法。

1. 液滴喷射固化 3DP 工艺

液滴喷射固化的喷头有两组，一组喷头喷射实体材料，可以是悬浊液、乳浊液、溶胶—凝胶、高分子单体或其他液态材料，在一定的实时处理工艺下迅速固化，例如使溶剂瞬时挥发或使高分子单体即时聚合又或利用紫外线迅速照射喷射出的光敏树脂材料使其固化，从而形成一层所需的截面形状，逐层叠加制作任意形状的三维实体模型。另一组喷头喷射支撑材料，通常是石蜡或凝胶类材料，以支持悬垂和复杂的几何形状，在实体模型制造完成之后去除，其工作原理如图 2-38 所示。

2. 粉末黏结固化 3DP 工艺

粉末黏结固化的原理是通过精密喷头，将黏结溶液按照零件每层的截面形状喷射到预先铺好的固体粉末层之上，使目标形状区域内的粉末黏结在一起，以形成工件的截面形状。当一层粉末成型完毕后，在该层粉末之上自动铺设一层新粉，然后进行下一层固体粉末的黏结，不断循环直到工件完成，最后未被黏结的粉末会被去除，经过后处理，就可以得到成型的工件，其工作原理如图 2-39 所示。

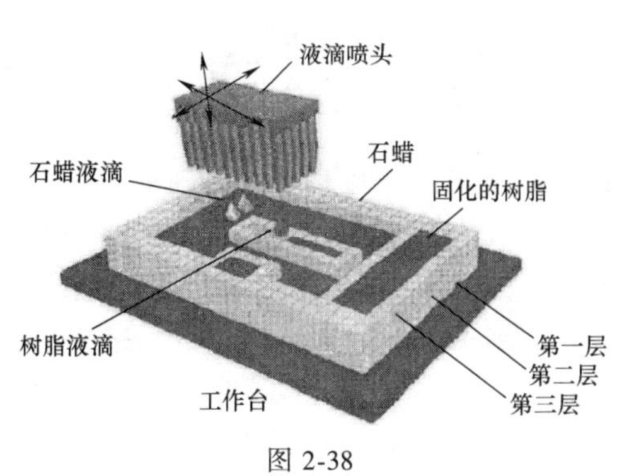

图 2-38

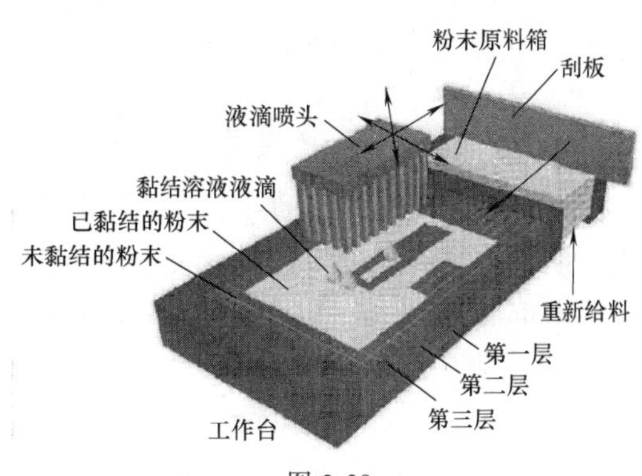

图 2-39

2.7.3 3DP 工艺的特点

1. 3DP 工艺的优点

1）成型速度快，材料价格相对低廉，粉末通过黏结剂结合，无须使用激光器以及无须使用在保护气体的环境中烧结。因此，适合做桌面型的快速成型设备。

2）在黏结剂中添加颜料，可实现有渐变色的全彩色 3D 打印，可以完美体现设计者在色彩上的设计意图。

3）成型过程不需要支撑，多余粉末的去除比较方便，特别适合于制造内腔复杂的原型。打印过程无须支撑材料，不但免除去除支撑的过程，而且也降低了使用成本。

4）可实现大型件的打印。

2. 3DP 工艺的缺点

1）产品力学性能差，强度、韧性相对较低，只能做概念型模型，不能做功能性试验。

2）成品表面较粗糙，精细度较差，还需要后处理工序。

2.7.4 3DP 工艺的应用

3DP 工艺主要是通过喷头喷出的黏结剂将粉末黏结成整体来制作零部件。3DP 工艺改变了传统的零件设计模式，真正实现了由概念设计向模型设计的转变。

3DP 工艺与 SLS 工艺也有着类似的地方，采用的都是粉末状材料，例如尼龙粉末、陶瓷粉末、塑料粉末及复合材料粉末等，但与其不同的是，3DP 工艺使用的粉末并不是通过激光烧结黏结在一起的，而是通过喷头喷射黏结剂将工件的截面“打印”出来，并一层层堆积成型的。

该工艺无须激光器、扫描系统及其他复杂的传动系统，结构紧凑，体积小，可用于桌面系统，特别适合于快速制作三维模型、复制复杂工艺品等应用场合。但是，该技术成型零件大多需要进行后处理，以增加零件强度，工序较为复杂，难以成型高性能功能零件。

采用 3DP 工艺的 3D 打印机，主要应用于砂模铸造（图 2-40）、建筑、工艺品、动漫、影视等领域，目前有些 3D 照相馆也都采用了 3DP 技术工艺的 3D 打印机。

图 2-40

2.7.5 3DP 工艺设备主要研发及生产企业

3DP 工艺是出现很早的一种 3D 打印技术。1993 年由美国麻省理工学院 Emanual Sachs 教授发明，1995 年 Z Corporation 公司获得专属授权，2011 年被 3D Systems 收购（技术名称更改为 ColorJet Printing）推出，是世界上最早的全彩色 3D 打印技术。

目前，该项技术由 MIT 研究取得成功后已经转让给 ExtrudeHone、Soligen、SpecificSurfaceCoporation、TDK Coporation、Therics 以及 Z Coporation 等六家公司。已经开发出来的部分商品化设备机型有 Z Corp 公司的 Z 系列（图 2-41～图 2-43），Objet 公司的 Eden 系列、Connex

系列及桌上型3D打印系统，3D Systems公司开发的Personal Printer系列与Professional系列以及Solidscape公司（原Sanders Prototype Inc.）的T系列等。图2-44所示为中国首台大型工业覆膜砂3DP打印机及打印砂型。

图2-41

图2-42

图2-43

图2-44

2.8 聚合物喷射（3D PolyJet）工艺

聚合物喷射（PolyJet printing process polyjet，3D PolyJet）工艺也是一种基于离散堆叠思想和运用微滴喷射技术的3D打印方法。PolyJet聚合物喷射技术是以色列Objet公司于2000年初推出的专利技术，该公司已于2011年被美国Stratasys公司收购。PolyJet技术也是当前最为先进的3D打印技术之一，它的成型原理与3DP工艺有点类似，不过PolyJet喷射的不是黏结剂而是聚合成型材料，其聚合物喷射系统的结构如图2-45所示。

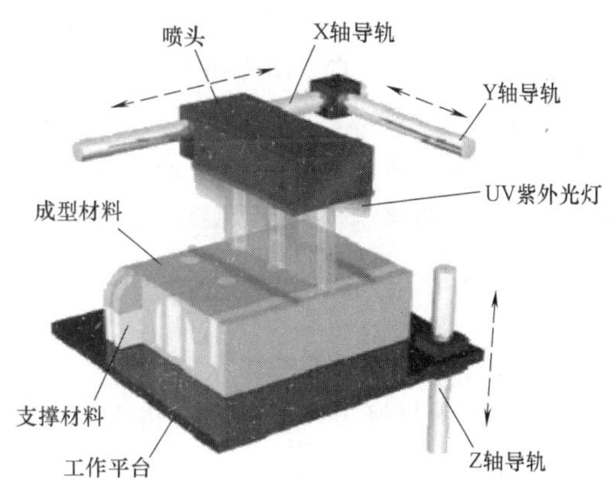

图2-45

2.8.1 3D PolyJet 工艺成型原理

3D PolyJet 是以光敏聚合物为打印材料的打印工艺，成型原理与 FDM 工艺也有点类似，不过喷头喷出的不是热塑性的丝状耗材，而是液态的光敏聚合物。

3D PolyJet 技术采用的是阵列式喷头，根据模型切片数据，几百至数千个阵列式喷头逐层喷射液体光敏树脂于工作平台。工作时喷射打印头沿 XOY 平面运动，工作原理与喷墨打印机十分类似，不同的是喷头喷射的不是墨水而是光敏聚合物。当光敏聚合材料被喷射到工作平台上后，滚轮把喷射的树脂表面处理平整，UV 紫外光灯对光敏聚合材料进行固化。完成一层的喷射打印和固化后，设备内置的工作平台会精准地下降一个成型层厚，喷头继续喷射光敏聚合材料进行下一层的打印和固化。如此反复，直到整个工件打印制作完成，如图 2-46 所示。

采用 3D PolyJet 工艺制成的零件在悬臂结构处需要支撑，支撑材料通常与模型材料不同，工件成型的过程中将使用两种以上类型的光敏树脂材料。一种是用来生成实际模型的材料，另一种是胶状水溶性的树脂，用来作为支撑。这种支撑材料可以精确地添加到复杂成型结构模型所需的位置。当成型过程结束后，只需使用水枪就可以十分容易地把这种支撑材料去除，而最后留下的是拥有整洁光滑表面的成型产品。

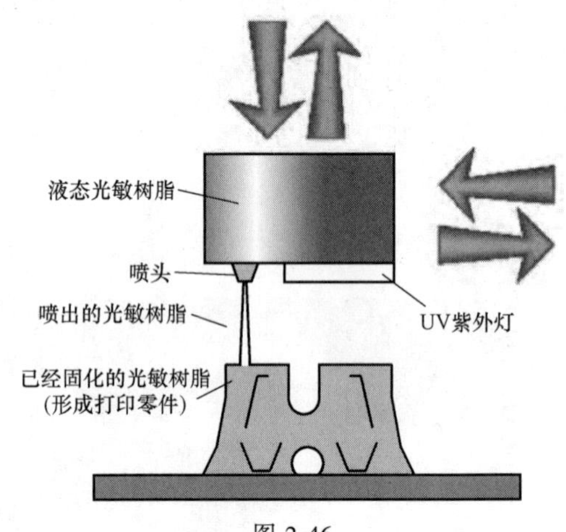

图 2-46

3D PolyJet 工艺可在机外混合多种基础材料，得到性能更为优异的新材料，极大扩展了该技术在各领域的应用。

与 SLA 工艺类似，使用 3D PolyJet 工艺成型的产品精度非常高，且支撑材料容易清除，表面质量优异，可以制备非常复杂的模型。同时与 SLA 工艺相比，其设备的成本和操作难度均相对较低，更有利于高质量 3D 打印产品的普及。

然而，由于需要使用光敏聚合物，3D PolyJet 工艺仍然面临和 SLA 工艺类似的问题，例如耗材成本较高，产品的机械性能、耐热性和耐候性都相对较差等。

3D PolyJet 工艺可使用的光敏聚合物多达数百种，从柔性到刚性材料，从透明材料到不透明材料，从无色材料到彩色材料，从标准等级材料到生物相容性材料，以及用在牙科和医学行业进行 3D 打印的专用光敏树脂。

使用 3D PolyJet 工艺成型的工件精度非常高，最薄层厚能达到 16μm。设备提供封闭的成型工作环境，适合于普通的办公室环境。此外，3D PolyJet 工艺还支持多种不同性质的材料同时成型，能够制作非常复杂的模型。

2.8.2 3D PolyJet 工艺的特点

1. 3D PolyJet 工艺的优点

1）打印质量好、精度高。高达 16μm 的层分辨率和 0.1mm 的精度，可确保获得光滑、精准的部件和模型。

2）操作过程清洁无污染，适合于办公室环境。3D PolyJet 工艺采用非接触树脂载入/卸

载，支撑材料清除和喷头更换都很容易。

3）打印速度快。得益于全宽度上的高速光栅构建，可实现快速的流程，可同时构建多个项目，并且无须二次固化。

4）用途广。由于打印材料品种多样，可适用于不同几何形状、力学性能及颜色的部件。此外，所有类型的模型均使用相同的支撑材料，因此可快速便捷地变换材料。

5）可同时喷射不同材料，适合多种材料、多色材料同时打印，满足不同颜色、透明度、刚度等需求。

2. 3D PolyJet 工艺的缺点

1）需要支撑结构。

2）材料价格贵，更换材料和打印过程时的材料消耗比 SLA 工艺大，产品成本高。

3）成型件强度较低。3D PolyJet 工艺的成型材料需要特别研发的光敏树脂，成型后的工件强度、耐久性都不是太高。

4）产品通常不适合长期使用。

2.8.3 3D PolyJet 工艺的应用

3D PolyJet 工艺具有快速加工和原型制造的诸多优势，甚至能快速、高精度地生成具有卓越的精致细节、表面平滑的最终用途零件。因此 3D PolyJet 工艺的应用十分广泛，在航空航天、汽车、建筑、军工、医疗等行业具有很好的应用前景。图 2-47 所示为利用 3D PolyJet 工艺打印的发动机缸体。

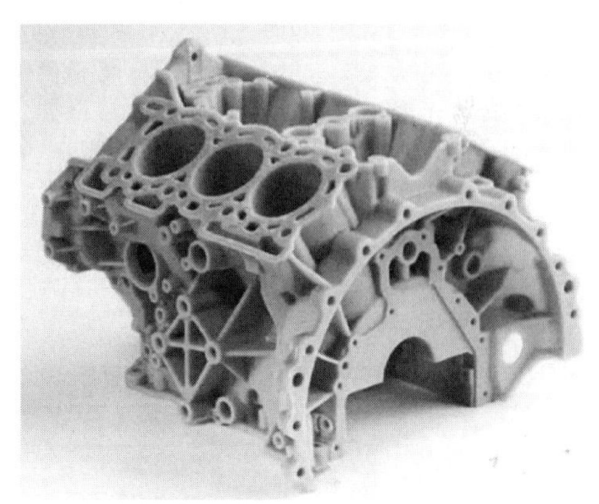

图 2-47

2.8.4 3D PolyJet 工艺设备的主要研发及生产企业

目前，3D PolyJet 工艺设备的主要研发及生产企业为美国的 Stratasys 公司和 3D Systems 公司。

Stratasys 公司是一家全球领先的 3D 打印和增材制造方案提供商，公司是由原 Stratasys Inc 和以色列 Objet 公司于 2012 年合并而成，合并后的公司沿用 Stratasys 的名称。

Stratasys 公司在全球拥有 600 多项增材制造专利，主要的专利技术包括 FDM、PolyJet 和 WDM（蜡沉积成型），Stratasys 公司依靠 FDM 技术起家，拥有 FDM 专利和相应产品，通过与 Objet 公司合并，引入其 PolyJet 相关技术，充实了工业级产品线。2013 年 6 月，Stratasys 公司收购了主打桌面级 3D 打印市场的厂商 MakerBot 公司，进一步扩充了桌面级产品线。通过并购，Stratasys 公司巩固了自身的行业地位，与另一行业巨头 3D Systems 分庭抗礼。

图 2-48

图 2-48 所示的 Objet 1000 Plus 工业级 3D 打印机是目前世界上最大型的多材料 3D 打印机，能直接根据三

维数字数据制造多材料零件，在无人值守的情况下也能大程度地提高生产力，实现任何精致细节和复杂形状的原型或工件的制造。

在汽车或航空航天等行业，Objet 1000 Plus 可简化 1：1 模型、模具、卡具以及其他制造工具的生产流程。在单次自动化作业中结合打印多达 14 种基础材料，快速制作出具有橡胶手柄、透明仪表或耐高温表面的耐用工具或以 3D 打印方式直接制作与最终产品几乎毫无差别的 1：1 原型，无须任何组装工序。色调与质地对比鲜明的平滑表面，无须再进行上漆、抛光或涂橡胶等后处理，提高了工作效率。

2.9　3D 打印工艺特点对比

3D 打印工艺特点对比见表 2-1。

表 2-1　3D 打印工艺特点对比

类型	SLA	FDM	LOM	SLS	SLM	3DP	3D PolyJet
成型机理	液态光敏树脂的光聚合固化成型	丝状熔融材料冷却固化成型	薄层材料黏结后激光切割成型	粉末材料的激光烧结成型	金属粉末材料的激光融合成型	黏结剂黏结粉末材料成型	喷射聚合物固化成型
加工方式	激光	热喷头	激光	激光	激光	喷射喷头	阵列式喷射喷头
零件精度	较高	较低	中等	中等	高	较低	高
表面质量	较好	较差	较差	中等	中等	较差	较好
复杂程度	复杂	中等	简单	复杂	复杂	复杂	复杂
零件大小	中小	中小	中大	中小	中小	中小	中等
材料价格	较贵	较贵	较便宜	中等	较贵	中等	较贵
材料	光敏树脂、生物材料	ABS、尼龙、石蜡、低溶点合金丝等	纸、塑料薄片	高分子材料、石蜡、金属、陶瓷、石膏、尼龙粉末和生物材料	金属粉末、合金粉末	尼龙粉末、陶瓷粉末、塑料粉末及复合材料粉末	光敏聚合物、橡胶材料、复合材料、生物材料
材料利用率	高	较高	较低	高	高	高	高
生产率	高	较低	高	中等	较低	高	高
主要优点	制件精度高、表面质量好、强度好、可加工透明件	成型材料广泛、成本低、强度尚可、可成型复杂零件	速度快、可加工大型件、强度高、无须支撑	可加工材料丰富、强度较好、无须支撑、生产效率较高、材料利用率高	成型的零件致密度高、产品机械性能好、精度较高	打印速度快、成本低、可加工多种材料、无须支撑、可制作彩色件	打印质量、精度高、打印速度快、适合多种材料、多色材料同时打印
主要缺点	成本高、速度慢、需要支撑材料、光敏树脂有一定的毒性和气味	精度较低、速度慢、需要支撑材料	制件结构不能复杂、材料利用率低、后处理复杂	成型时间较长、工件表面较粗糙、成本高、烧结过程有异味	成型速度较低、制品残余应力大、需要加支撑结构、材料成本高、能耗较高	产品机械性能差、工件表面粗糙、精细度较差	材料价格贵、成型件强度较低、需要支撑结构、产品通常不适合长期使用

第3章 3D打印技术常用材料

3.1 3D 打印材料概述

3D 打印技术是一种跨学科的交叉技术，打印材料是该技术的核心。一种材料的出现，直接决定了 3D 打印技术的成型工艺、设备结构、成型件的性能等。从 1988 年的立体光固化成型（SLA）工艺的出现到当今的三维打印成型，都是由于某一种新材料的出现而引起的，例如液态光敏树脂材料决定了 SLA 工艺与设备，薄层材料决定了 LOM 工艺与设备，丝状材料决定了 FDM 工艺与设备等。由于材料在物理形态、化学性能等方面存在差别，才形成了今天 3D 打印材料的多品种和 3D 打印的不同成型方法。

在 3D 打印技术的发展中，新材料是 3D 打印技术的重要推动力。按材料的化学性能、物理状态及形状、成型方法的不同，可将 3D 打印材料进行如下分类。

1. 按材料的化学性能分类

目前，按材料的化学性能的不同，可将 3D 打印材料分为以下 4 大类：

1）高分子材料，例如液态光敏树脂、塑料（ABS、尼龙、PLA 等）、丝料或粉料或片材等。

2）无机材料，例如石蜡、石膏粉末、陶瓷粉末等。

3）金属材料，例如合金金属粉末、金属薄板料等。

4）生物医学材料、复合材料等。

2. 按材料的物理状态及形状分类（图 3-1）

按材料的物理状态及形状的不同，可将 3D 打印材料分为以下 4 大类：

1）液态材料，例如光敏树脂等。

2）固态粉末材料：非金属粉，例如蜡粉、塑料粉、覆膜陶瓷粉等；金属粉，例如不锈钢粉、钛金属粉等。

3）固态薄片材料，例如纸、塑料、金属等。

4）固态丝状材料，例如蜡丝、ABS 丝料、PLA 丝料等。

3. 按材料成型方法分类

按成型方法的不同，可将 3D 打印材料分为 SLA 材料、LOM 材料、SLS 材料、FDM 材料

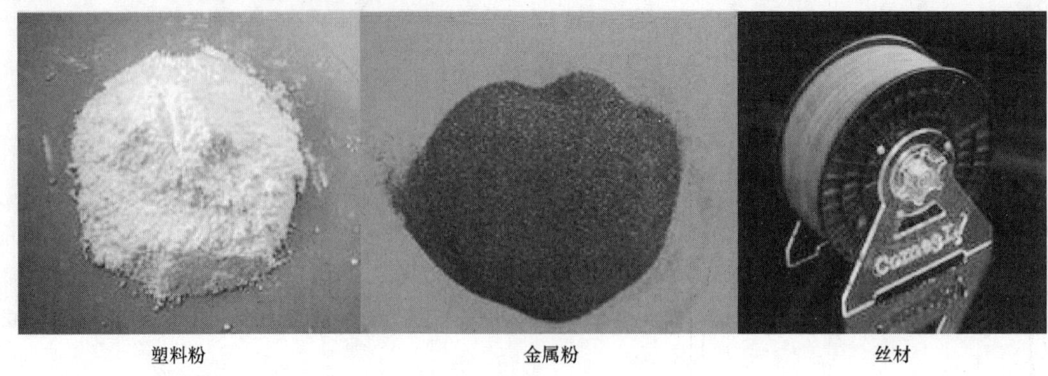
塑料粉　　金属粉　　丝材

图 3-1

等。其中，液态材料是 SLA 工艺中的光敏树脂；固态粉末材料是 SLS 工艺中的非金属（蜡粉，塑料粉，覆膜陶瓷粉，覆膜砂等）和金属粉（覆膜金属粉）；固态片材是 LOM 工艺中的纸、塑料、陶瓷箔、金属铂+黏结剂；固态丝材是 FDM 工艺中的蜡丝、ABS 丝等。

3.2　3D 打印材料的性能要求

3D 打印技术的兴起和发展，离不开 3D 打印材料的发展，不同的应用领域所用的耗材种类是不一样的，不同应用领域、不同目标要求对材料性能的要求也是不一样的。

1. 3D 打印对材料性能的一般要求

1）有利于快速、精确地成型原型零件。

2）快速成型制件应当接近最终要求，应尽量满足对强度、刚度、耐潮湿性、热稳定性能等的要求。

3）应该有利于后处理工艺。

2. 不同应用目标对材料性能的要求

3D 打印成型件的四个应用目标：概念型零件、测试型零件、模具型零件和功能型零件。应用目标不同，对成型材料的要求也不同。

1）概念型零件：对材料成型精度和物理化学特性要求不高，主要要求成型速度快。

2）测试型零件：对于成型后的强度、刚度、耐温性、抗蚀性能等有一定要求，以满足测试要求。如果用于装配测试，则对成型件有一定的精度要求。

3）模具型零件：要求材料适应具体模具制造要求，例如强度、刚度等。

4）功能型零件：要求材料具有一定的力学和化学性能，使打印的成型件具有一定的工作特性，满足正常的工程使用要求。

目前可用的 3D 打印材料种类已超过 200 种。本章将重点介绍高分子聚合物材料、无机材料、金属材料和复合材料等四大类材料。

3.3　高分子聚合物材料

3.3.1　工程塑料

工程塑料是指被用作工业零件或外壳材料的工业用塑料，具有强度高、耐冲击性、耐热

性、硬度高以及抗老化性等优点，正常变形温度可以超过 90℃，可进行机械加工（钻孔、攻螺纹）、喷漆以及电镀。工程塑料是当前应用最广泛的一类 3D 打印材料，常见的有丙烯腈-丁二烯-苯乙烯共聚物（ABS）、聚酰胺（PA）、聚碳酸酯（PC）、聚苯砜（PPSF）、聚醚醚酮（PEEK）等。

1. ABS

ABS（图 3-2）是目前产量最大，应用最广泛的聚合物。它将 PS、SAN、BS 的各种性能有机地统一起来，兼有韧、硬、刚的特性。ABS 是丙烯腈、丁二烯和苯乙烯的三元共聚物，A 代表丙烯腈，B 代表丁二烯，S 代表苯乙烯。

图 3-2

ABS 具有良好的热熔性和冲击强度，是熔融沉积成型工艺的首选工程塑料。ABS 一般不透明，目前主要是将 ABS 预制成丝或粉末化后使用。ABS 的颜色种类很多，例如象牙白、白色、黑色、深灰色、红色、蓝色、玫瑰红色等，它无毒、无味，有极好的冲击强度、尺寸稳定性好，电性能、耐磨性、抗化学药品性、染色性优良。ABS 的应用范围几乎涵盖所有日用品、工程用品和部分机械用品。图 3-3 所示为利用 ABS 打印的行星齿轮和自行车车链。

图 3-3

2. 聚碳酸酯（PC）

PC 算得上是一种真正意义上的热塑性材料，其具备工程塑料的所有特性：高强度、耐高温、抗冲击、抗弯曲，可以作为最终零部件使用。使用 PC 材料制作的样件，可以直接装配使用，常应用于交通工具及家电行业。PC 材料的颜色比较单一，只有白色，但其强度比 ABS 材料高出 60%左右，具备超强的工程材料属性。

PC 工程塑料的三大应用领域是玻璃行业，汽车工业，电子、电器工业，也应用于工业机械零件，包装、计算机等办公室设备，医疗及保健，薄膜，休闲和防护器材等。PC材料可用作门窗玻璃，PC层压板广泛用于银行等公共场所的防护窗，飞机舱罩，照明设备等。

图 3-4

3. 聚苯砜（PPSF）

PPSF，俗称聚纤维酯，是所有热塑性材料里面强度最高、耐热性最好、抗腐蚀性最高的材料。PPSF广泛用于航空航天、交通工具及医疗行业。通常作为最终零部件使用。图3-4所示为利用PPSF材料打印的眼镜。

PPSF具有较高的耐热性、强韧性以及耐化学品性，在各种3D打印工程塑料之中性能上佳，通过碳纤维、石墨的复合处理，PPSF能够表现出很高的强度，可用于3D打印制造负荷较大的制品，成为替代金属、陶瓷的首选材料。

4. 聚醚醚酮（PEEK）

PEEK是一种具有耐高温、自润滑、易加工和高强度等优异性能的特种工程塑料，可用于航空航天、核工程和高端的机械制造等高技术领域。可加工制造成各种机械零部件，例如汽车零部件、飞机发动机零部件、自动洗衣机转轮、医疗器械零部件等。

PEEK具有优异的耐磨性、生物相容性、化学稳定性以及杨氏模量最接近人骨等优点，是理想的人工骨替换材料，适合长期植入人体。基于熔融沉积成型原理的3D打印技术安全方便、无须使用激光器、后处理简单，通过与PEEK材料结合制造仿生人工骨，如图3-5所示。

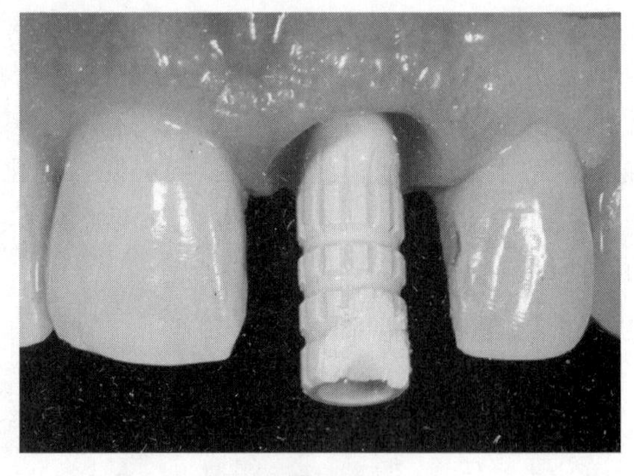
图 3-5

5. 尼龙

聚酰胺树脂，俗称尼龙（Nylon），它是大分子族链重复单元含有酰胺基团的高聚物的总称。

SLS尼龙粉末材料具有质量轻、耐热、摩擦系数小、耐磨损等特点。粉末粒径小，制作模型精度高。烧结制件不需要特殊的后处理，便可具有较高的抗拉伸强度。在颜色方面的选择没有PLA和ABS这么多，但可以通过喷漆、浸染等方式进行颜色的变化。材料热变形温度为110℃，主要应用于汽车、家电、电子消费品、艺术设计及工业产品等领域。图3-6所示为利用尼龙材料3D打印的产品。

PA材料虽然强度高，但也具备一定的柔韧性。因此，可以直接利用3D打印技术制造设备零部件。利用3D打印技术制造的PA碳纤维复合塑料树脂零件，具有很强的韧性。

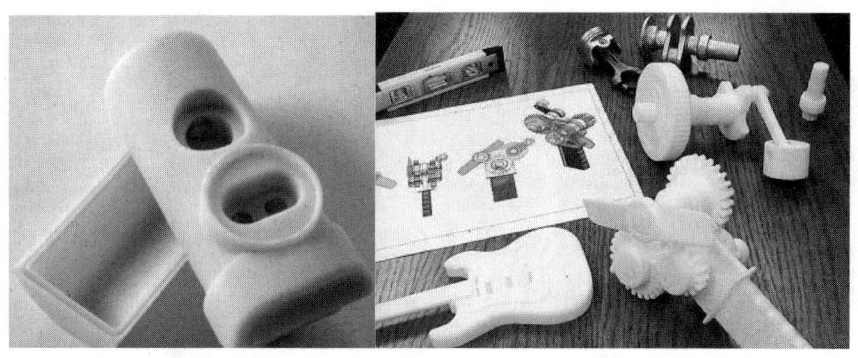

图 3-6

3.3.2 生物塑料

3D 打印生物塑料主要有聚乳酸（PLA）、聚对苯二甲酸乙二醇酯-1,4-环已烷二甲醇酯（PETG）、聚-羟基丁酸酯（PHB）、聚-羟基戊酸酯（PHBV）、聚丁二酸-丁二醇酯（PBS）、聚己内酯（PCL）等，具有良好的生物可降解性，也可用于医疗领域，如图 3-7 所示。

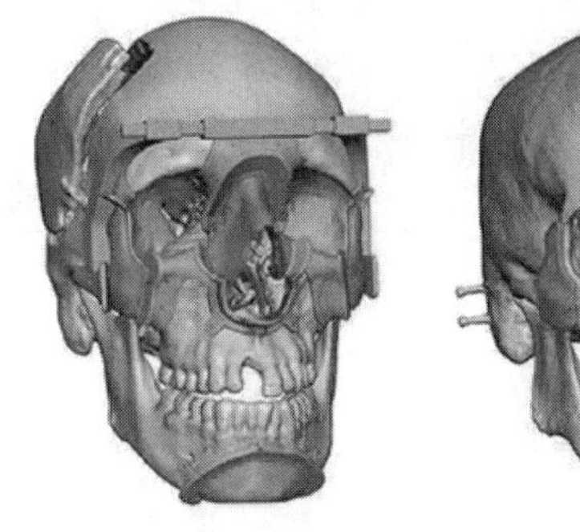

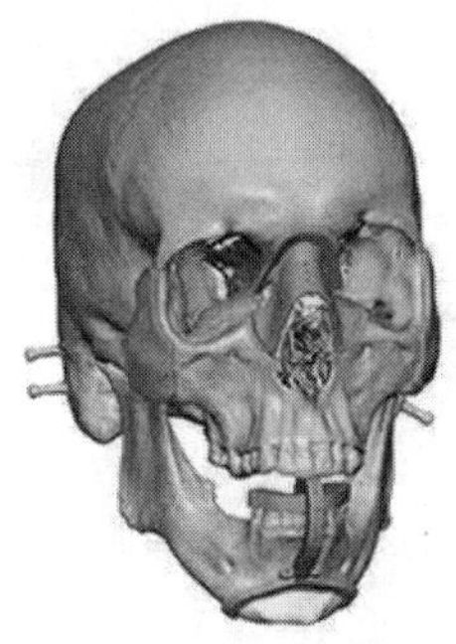

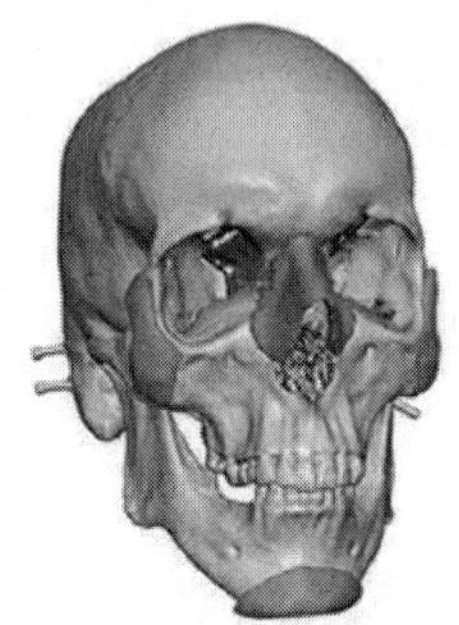

图 3-7

1. PLA

PLA（聚乳酸）（图 3-8）是一种新型的生物降解材料，使用可再生的植物资源（例如玉米）所提取的淀粉原料制成。PLA 是一种强度高、无卷曲、收缩率极低（0.3%）的环保材料，堆肥可 100%降解，最终生成 CO_2 和水，不污染环境，成型性能优秀，热稳定性好，层与层之间的黏结性好，同时也拥有良好的光泽性。PLA 的相容性、可降解性、力学性能和物理性能良好，利用熔融沉积成型工艺打印出来的样品成型好、不翘边、外观光滑，如图 3-9 所示。但是，它也存在不耐高温，抗冲击等机械性能不佳等缺陷，而且 PLA 是晶体，相变时会吸收喷头的热能。因此，部分 PLA 使喷头堵塞的可能性更大。

2. PETG

PETG 是一种透明塑料，如图 3-10 所示，是一种非晶型共聚酯，具有较好的透明度、耐化学药剂、和抗应力白化能力。可很快热成型或挤出吹塑成型。黏度比丙烯酸（亚克力）好。其制品高度透明，抗冲击性能优异，特别适宜成型厚壁透明制品。可以广泛应用于板片材、高性能收缩膜、瓶用及异型材等市场。

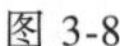

图 3-8

图 3-9

PETG 是采用甘蔗和乙烯生产的生物基乙二醇为原料合成的生物基塑料。这种材料具有较好的热成型、韧性和耐候性，热成型周期短、温度低、成品率高。PETG 作为一种新型的 3D 打印材料，兼具 PLA 和 ABS 的优点。在 3D 打印时，材料的收缩率非常小，并且具有良好的疏水性，无须在密闭空间里贮存。由于 PETG 的收缩率低、温度低，在打印过程中几乎没有气味，使得 PETG 在 3D 打印领域产品具有更为广阔的开发应用前景。

图 3-10

3. PCL

PCL（聚己内酯）具有良好的生物降解性和生物相容性，并且无毒性，被广泛用作医用生物降解材料及药物控制释放体系。

PCL 是一种可降解聚酯，熔点较低，只有 60℃左右，与大部分生物材料一样，人们常常把它用作特殊用途，例如药物传输设备、缝合剂等。同时，PCL 还具有形状记忆性。在 3D 打印中，由于它熔点低，所以并不需要很高的打印温度，从而达到节能的目的。在医学领域，可用来打印心脏支架等。

3.3.3 热固性塑料

热固性塑料以热固性树脂为主要成分，配合各种必要的添加剂，通过交联固化过程成型为制品。热固性树脂，例如环氧树脂、不饱和聚酯、酚醛树脂、氨基树脂、聚氨酯树脂、有机硅树脂、芳杂环树脂等，具有强度高、耐火性强等特点，非常适合利用粉末激光烧结成型工艺加工。

热固性塑料第一次加热时可以软化流动，加热到一定温度，产生化学反应——交联反应而固化变硬，这种变化是不可逆的，此后，再次加热时，热固性塑料已经不能再变软流动了。正是借助热固性塑料的这种特性进行成型加工，利用第一次加热时的塑化流动，在压力下充满型腔，进而固化成为确定形状和尺寸的制品。图 3-11 所示为利用热固性塑料 3D 打印的键盘。

3.3.4　光敏树脂

图 3-11

光固化树脂又称光敏树脂，是一种受光线照射后，能在较短的时间内迅速发生物理和化学变化，进而交联固化的低聚物。光敏树脂由两大部分组成，即光引发剂和树脂（树脂由预聚物、稀释剂及少量助剂组成）。光引发剂受到一定波长（300～400nm）的紫外光辐射时，吸收光能，由基态变为激发态，然后再生成活性自由基，引发预聚物和活性单体进行聚合固化反应。图 3-12 所示为利用光敏树脂材料 3D 打印的工艺品。

图 3-12

光固化复合树脂是目前口腔科常用的充填、修复材料，由于它的色泽美观，具有一定的抗压强度，因此在临床应用中起着重要的作用。

由于光敏树脂具有良好的液体流动性和瞬间光固化特性，使得液态光敏树脂成为 3D 打印耗材，成为高精度制品打印的首选材料。光敏树脂具有较快的固化速度，表干性能优异，成型后产品外观平滑，可呈现透明至半透明磨砂状，并且具有低气味、低刺激性的特点，非常适合用于个人桌面 3D 打印系统。

常见的光敏树脂有 SOMOS 8000、SOMOS 19120、SOMOS 11122、SOMOS Next 材料和环氧树脂。

1. SOMOS 8000

SOMOS 8000 是一种低黏度液态光敏树脂，可以制作坚固的、具有防水功能的零件。用 SOMOS 8000 树脂材料制作的零件呈不透明白色，类似于工程塑料，如图 3-13 所示，SOMOS 8000 光敏树脂材料能提供类似于传统工程塑料（包括 ABS 和 PBT 等）的性能。它能被应用于汽车、医疗器械和消费电子产品领域内的样品制作以及水流量分析、RTV 模型、耐用概念模型、风管测试和快速铸造模型。

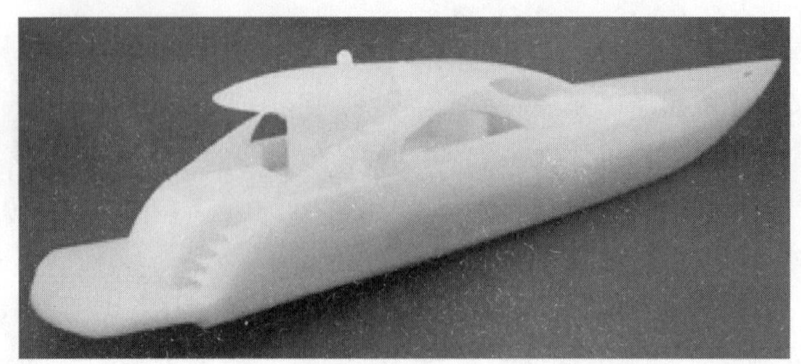

图 3-13

2. SOMOS 19120

SOMOS 19120 为粉红色材质，是一种铸造专用材料。成型后直接代替精密铸造的蜡膜原型，避免开模具的风险，能缩短制造周期。其拥有低留灰烬和高精度等特点。

3. SOMOS 11122

SOMOS 11122 为半透明材质，类似 ABS。抛光后能做到近似透明的艺术效果。此种材料广泛用于医学研究、工艺品制作和工业设计等行业，如图 3-14 所示。

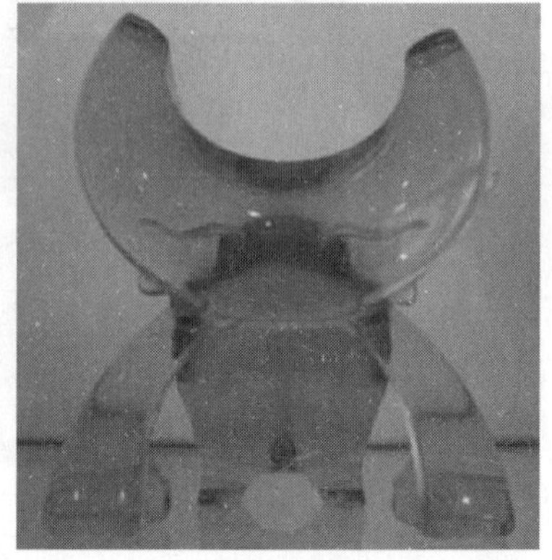

图 3-14

4. SOMOS Next

SOMOS Next 为白色材质，类似于 PC 的新材料，材料韧性较好，精度和表面质量更佳，同时保持了光固化立体造型材料做工精致、尺寸精确和外观漂亮的优点，主要应用于汽车、家电、电子消费品等领域，如图 3-15 所示。

5. LY6002

LY6002 是一种低黏度的液态树脂，主要应用于 SLA 型 3D 打印制造，打印出的零件具有高韧性、高弹性、软触感等特性，与实际生活中所用橡胶性能类似。非常适用于橡胶包裹层和覆膜；生物医疗模型制造；模具加工或制造原型的软触感涂层；封条、橡皮软管、鞋类模型制造等市场领域，如图 3-16 所示。

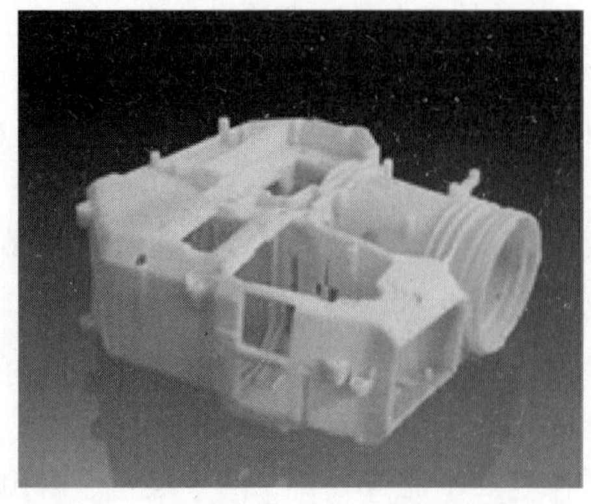

图 3-15

图 3-16

3.4　无机材料

3.4.1　陶瓷材料

陶瓷材料具有高强度、高硬度、耐高温、低密度、化学稳定性好、耐腐蚀等优异特性，在航空航天、汽车、生物等行业有着广泛的应用。3D 打印的陶瓷制品不透水、耐热（可达 600℃）、可回收、无毒，但其强度不高，可作为理想的炊具、餐具、烛台、瓷砖、花瓶、艺术品等家居装饰材料，如图 3-17 所示。

图 3-17

选择性激光烧结陶瓷粉末是在陶瓷粉末中加入黏结剂，其覆膜粉末制备工艺与覆膜金属粉末类似，被包覆的陶瓷可以是 Al_2O_3，ZrO_2 和 SiC 等。黏结剂的种类很多，有金属黏结剂和塑料黏结剂（包括树脂、聚乙烯蜡、有机玻璃等），也可以使用无机黏结剂。

3.4.2　石膏材料

石膏材料是 3D 打印领域里使用较为广泛的材料之一。材料本身是石膏基粉末，是用黏结剂黏合在一起，同时用喷墨头嵌入。由全彩砂岩制作的对象色彩感较强，3D 打印出来的产品表面具有颗粒感，打印的纹路比较明显使物品具有特殊的视觉效果。石膏的质地较脆容易损坏，并且不适用于打印一些经常置于室外或极度潮湿环境中的对象。但它是唯一一个可以打印全彩色的材料，打印出来的样品色彩亮丽，栩栩如生，如图 3-18 所示。

图 3-18

3.4.3 橡胶类材料

橡胶类材料具备多种级别弹性材料的特征，这些材料所具备的硬度强、断裂伸长率高、抗撕裂强度高等优点，使其非常适合于有防滑或柔软表面要求的领域。3D 打印的橡胶类产品主要有消费类电子产品、医疗设备以及汽车内饰、轮胎、垫片等。图 3-19 所示为利用橡胶与木材混合打印的眼镜。

3.4.4 红蜡材料

红蜡材料具有高精度和高表现力等优点，使用该材料打印的模型效果图案精细、表面质量光滑。适合打印精度要求高的小尺寸模型，如图 3-20 所示，也可用于快速铸造、珠宝首饰、微型医疗器械等领域。

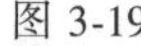
图 3-19

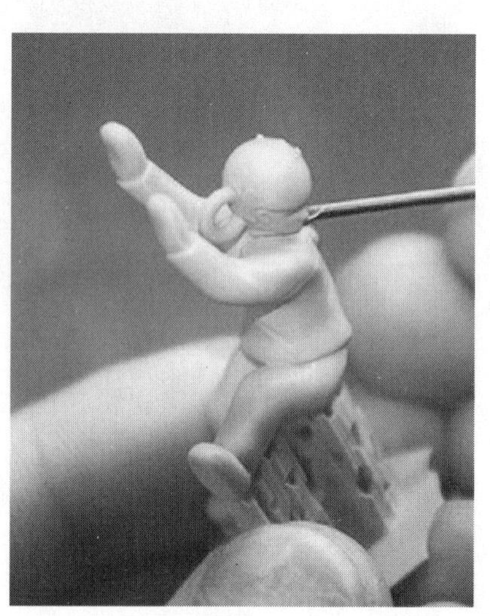

图 3-20

3.5 金属材料

3D 打印所使用的金属粉末一般要求纯净度高、球形度好、粒径分布窄、氧含量低。目前，应用于 3D 打印的金属粉末材料主要有钛合金、钴铬合金、不锈钢和铝合金材料等，还有用于打印首饰用的金、银等贵金属粉末材料。

金属 3D 打印材料的应用领域相当广泛，例如石化工程应用、航空航天、汽车制造、注塑模具、轻金属合金铸造、食品加工、医疗、造纸、电力工业、珠宝、时装等。

采用金属粉末进行快速成型是激光快速成型由原型制造到快速直接制造的趋势，它可以大大加快新产品的开发速度，具有广阔的应用前景。金属粉末的选区烧结方法中，常用的金属粉末有以下 3 种：

1）金属粉末和有机黏结剂的混合体，按一定比例将两种粉末混合均匀后进行激光烧结。

2）两种金属粉末的混合体，其中一种熔点较低，在激光烧结过程中起黏结剂的作用。

3）单一的金属粉末，对单元系烧结，特别是高熔点的金属，在较短的时间内需要达到熔融温度，需要很大功率的激光器，直接金属烧结成型存在的最大问题是因组织结构多孔导致制件密度低、机械性能差。图 3-21 所示为利用金属材料 3D 打印的航空发动机零件。

图 3-21

3.5.1　黑色金属

1. 工具钢金属

工具钢的适用性来源于其优异的硬度、耐磨性和抗形变能力，以及在高温下保持切削刃的能力。模具 H13 热作工具钢就是其中一种，能够承受不确定时间的工艺条件。

马氏体钢，以马氏体 300 为例，又称马氏体时效钢，在时效过程中的高强度、韧性和尺寸稳定性都是众所周知的。由于高硬度和耐磨性，马氏体 300 才适用于许多模具的应用，例如注塑模具、轻金属合金铸造、冲压和挤压等。同时，其也广泛应用于航空航天、高强度机身部件和赛车零部件。

2. 不锈钢

不锈钢（Stainless Steel）是不锈耐酸钢的简称，耐空气、蒸汽、水等弱腐蚀介质或具有不锈性的钢种称为不锈钢；而将耐化学腐蚀介质（酸、碱、盐等化学浸蚀）腐蚀的钢种称为耐酸钢。由于两者在化学成分上的差异而使它们的耐蚀性不同，普通不锈钢一般不耐化学介质腐蚀，而耐酸钢则一般均具有不锈性。

奥氏体不锈钢 316L，具有高强度和耐腐蚀性，可应用于航空航天、石化等多种工程领域，也可以用于食品加工和医疗等领域。

马氏体不锈钢 15-5PH，又称马氏体时效（沉淀硬化）不锈钢，其具有很高的强度、良好的韧性、耐腐蚀性，而且可以进一步硬化，是无铁素体。目前，广泛应用于航空航天、石化、食品加工、造纸和金属加工业。

马氏体不锈钢 17-4PH，在温度高达 315℃下仍具有高强度和高韧性，而且耐腐蚀性超强，随着激光加工状态可以具有极佳的延展性。

不锈钢是最廉价的金属打印材料，经 3D 打印出的高强度不锈钢制品表面略显粗糙，且存在麻点。不锈钢具有各种不同的光面和磨砂面，常被用作珠宝、功能构件和小型雕刻品等的 3D 打印。图 3-22 所示为利用不锈钢 3D 打印的开瓶器。

3. 高温合金

高温合金具有优异的高温强度，良好的抗氧化和耐热腐蚀性能，良好的疲劳性能、断裂韧性等综合性能，已成为军、民用燃气涡轮发动机热端部件（图 3-23）不可替代的关键材料。

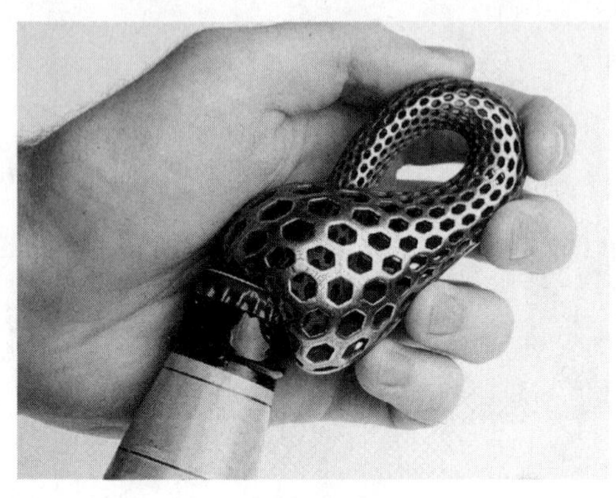

图 3-22

图 3-23

3.5.2 合金材料

金属 3D 打印材料应用最为广泛的金属粉末合金主要有纯钛及钛合金、铝合金、镍基合金、钴铬合金、铜基合金等。

1. 钛合金

钛金属外观似钢，具有银灰光泽，是一种过渡金属。钛并不是稀有金属，钛在地壳中约占总重量的 0.42%，是 铜、镍、铅、锌总量的 16 倍。在金属世界里排行第七，含钛的矿物多达 70 多种。钛的强度大，密度小，硬度大，熔点高，耐蚀性很强；高纯度钛具有良好的可塑性，但当有杂质存在时变得脆而硬。

目前应用于市场的纯钛，又称商业纯钛，分为 1 级和 2 级粉体，2 级强于 1 级，对于大多数的应用同样具有耐蚀性。因为纯钛 2 级具有良好的生物相容性，因此在医疗行业具有广泛的应用前景。

钛是钛合金产业的关键。目前，应用于金属 3D 打印的钛合金主要是钛合金 5 级和钛合金 23 级，因为其优异的强度和韧性，结合耐腐蚀、低比重和生物相容性，所以在航空航天和汽车制造中具有非常理想的应用。因为强度高、模量低、耐疲劳性强，应用于生产生物医学植入物。

采用 3D 打印技术制造的钛合金零部件，强度非常高，尺寸精确，能制作的最小尺寸可达 1mm，而且其零部件机械性能优于锻造工艺。钛金属粉末耗材在 3D 打印汽车、航空航天和国防工业上都将有很广阔的应用前景。图 3-24 所示为利用钛金属粉末 3D 打印的涡轮泵。

图 3-24

2. 铝合金

目前，应用于金属 3D 打印的铝合金主要有铝硅 12 和镁铝合金两种。铝硅 12，是具有良好的热性能的轻质增材制造金属粉末，可应用于薄壁零件，例如换热器或其他汽车零部件，还可应用于航空航天及航空工业级的原型及生产零部件；镁铝合金因其质轻、强度高的优越性能，在制造业的轻量化需求中得到了大量应用。图 3-25 所示为利用镁铝合金 3D 打印的工业零部件。

3. 铜基合金

应用于市场的铜基合金，俗称青铜，具有良好的导热性和导电性，可以结合设计自由度，产生复杂的内部结构和冷却通道，适合冷却更有效的工具插入模具，例如半导体器件，也可用于微型换热器，具有壁薄、形状复杂的特征。图 3-26 所示为利用铜基合金 3D 打印的产品。

图 3-25

图 3-26

3.5.3 贵金属材料

3D 打印的产品在时尚界的影响力越来越大。世界各地的珠宝设计师受益最大的似乎就是将 3D 打印快速原型技术作为一种强大，且可方便替代其他制造方式的创意产业。在饰品 3D 打印材料领域，常用的有金、纯银、黄铜等。图 3-27 所示为利用贵金属 3D 打印的首饰。

图 3-27

3.6 复合材料

1. 碳纤维

碳纤维复合材料是一种新兴的3D打印材料，强度是钢的5倍，而重量却只有其1/3，且还具有耐高温及耐腐蚀等优点。

美国硅谷Arevo实验室3D打印出了高强度碳纤维增强复合材料。相比于传统的挤出或注塑定型方法，3D打印时通过精确控制碳纤维的取向，优化特定力学、电和热性能，能够严格设定其综合性能。由于3D打印的复合材料零件一次只能制造一层，每一层可以实现任何所需的纤维取向。结合增强聚合物材料打印的复杂形状零部件具有出色的耐高温和耐蚀性能。图3-28所示为利用碳纤维复合材料3D打印的仿生肌电假手。

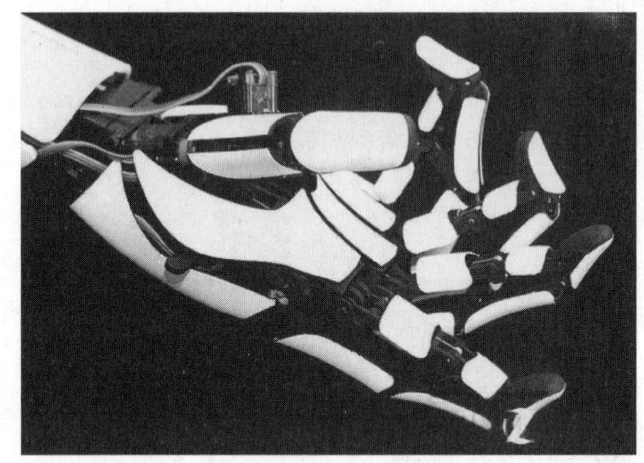

图 3-28

2. 氮化硼纳米管

氮化硼纳米管（BNNT）是一种新的、具有许多独特性能的高级纳米材料。它们质量超轻、力学性能超强，并且极其耐热。

BNNT的结构、导热性和力学性能都类似于碳纳米管，但能承受高达800℃的高温（是碳纳米管的两倍）。这是BNNT作为一种3D打印材料如此吸引人的原因。这种高耐热性意味着BNNT可以在金属基复合材料3D打印过程中熔化和液化粉末所涉及的极端高温下完整保存。

BNNT可以被染成不同的颜色，也可以被设计成透明材料，二者都是碳纳米管无法实现的。BNNT还可以在机械应力下产生电流，有更高的电绝缘性和化学稳定性，并且可以屏蔽紫外线和中子辐射。

实现BNNT的大规模3D打印对航空航天、国防、能源、汽车、健康等多个行业意义重大。图3-29所示为利用氮化硼纳米管-钛复合材料3D打印的作品。

图 3-29

第4章 3D打印切片软件的种类及使用方法

切片软件可以将三维模型按照层厚设置并沿 Z 方向分层，以得到 G 代码，供 3D 打印设备使用。切片软件的种类非常多，目前使用比较广泛且操作便捷的切片软件有 Cura、XBuilder、MakerBot 等。

4.1 MakerBot

MakerBot 软件是由美国 MakerBot 公司开发的一款非常不错的切片软件，操作界面非常简单，只需要简单的几个步骤即可完成切片，特别是生成的支撑很容易剥离，如果需要打印复杂的悬臂结构时，可以选择该软件。

1. MakerBot 软件界面

双击软件快捷方式打开软件（有的系统在安装好软件后并没有生成桌面快捷方式，需要用户自行到安装目录下将启动方式以快捷方式发送到桌面上）。打开打印数据（必须是 . stl 或 . thing 格式的文件），软件界面如图 4-1 所示。

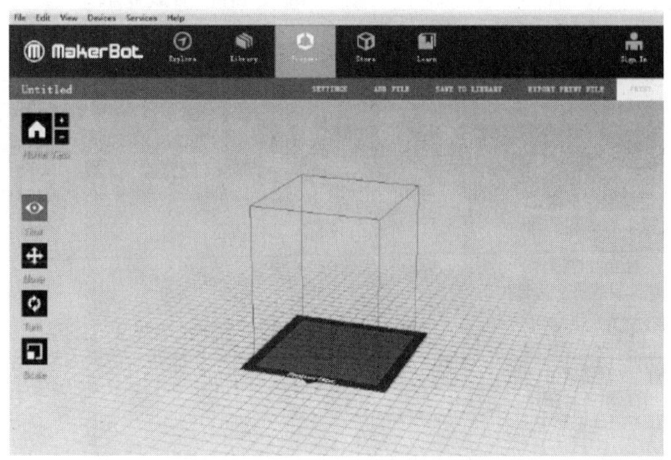

图 4-1

2. 模型调整功能

当模型数据导入打印软件模拟平台后，用户可以看到软件界面左边出现的 4 个操作选项，分别为视角选项、移动选项、旋转选项以及打印比例数值选项，具体介绍如图 4-2 所示。

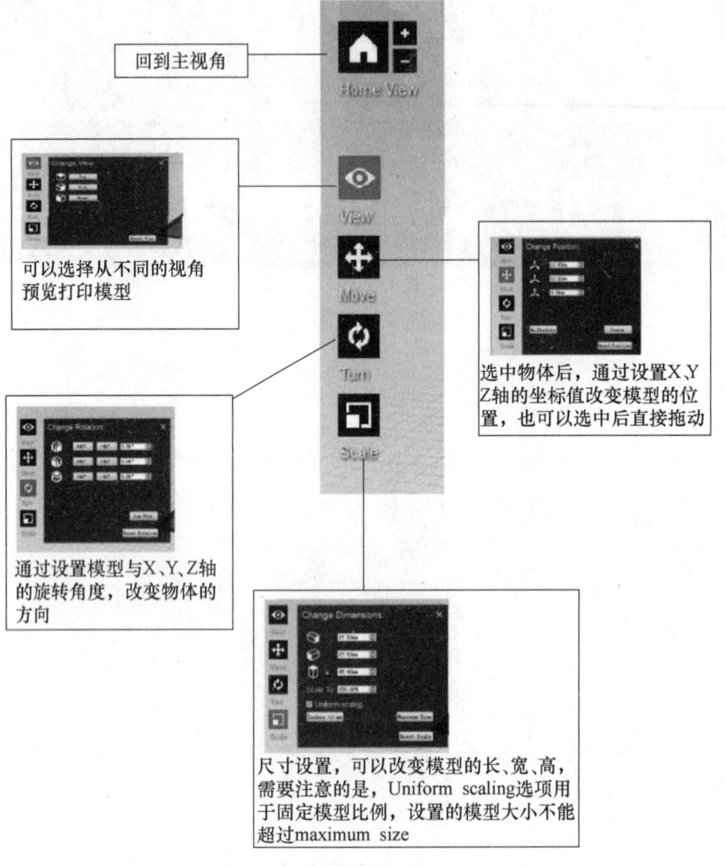
回到主视角
Home View
可以选择从不同的视角预览打印模型
View
Move
选中物体后，通过设置X、Y、Z轴的坐标值改变模型的位置，也可以选中后直接拖动
Turn
通过设置模型与X、Y、Z轴的旋转角度，改变物体的方向
Scale
尺寸设置，可以改变模型的长、宽、高，需要注意的是，Uniform scaling选项用于固定模型比例，设置的模型大小不能超过maximum size

图 4-2

3. 打印参数

模型调整好后，进行打印参数的设置，具体选项如图 4-3 所示。

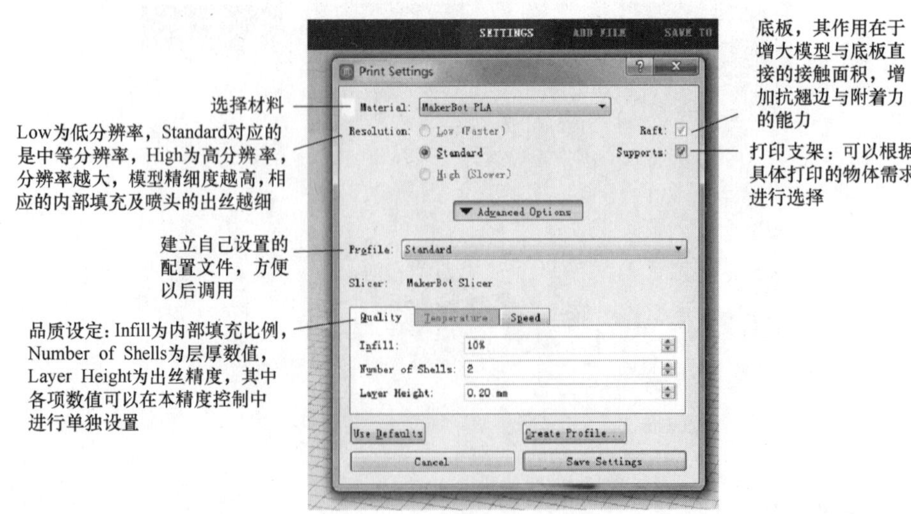
选择材料
Low为低分辨率，Standard对应的是中等分辨率，High为高分辨率，分辨率越大，模型精细度越高，相应的内部填充及喷头的出丝越细
建立自己设置的配置文件，方便以后调用
品质设定：Infill为内部填充比例，Number of Shells为层厚数值，Layer Height为出丝精度，其中各项数值可以在本精度控制中进行单独设置
底板，其作用在于增大模型与底板直接的接触面积，增加抗翘边与附着力的能力
打印支架：可以根据具体打印的物体需求进行选择
SETTINGS
Print Settings
Material: MakerBot PLA
Resolution: Low (Faster)
Standard
High (Slower)
Raft:
Supports:
Advanced Options
Profile: Standard
Slicer: MakerBot Slicer
Quality
Temperature
Speed
Infill: 10%
Number of Shells: 2
Layer Height: 0.20 mm
Use Defaults
Create Profile...
Cancel
Save Settings

图 4-3

4. 菜单栏

其他选项如图 4-4 所示。

图 4-4

4.2　Simplify3D

Simplify3D 软件的功能非常强大，可自由添加支撑，支持双色打印和多模型打印，预览打印过程，切片速度极快，附带多种填充图案，参数设置详细，几乎支持市面上所有 3D 打印机。

1. Simplify 软件主界面

双击软件快捷方式打开软件，打开打印数据（必须是 . stl 或者 . obj 格式的文件），软件主界面如图 4-5 所示。

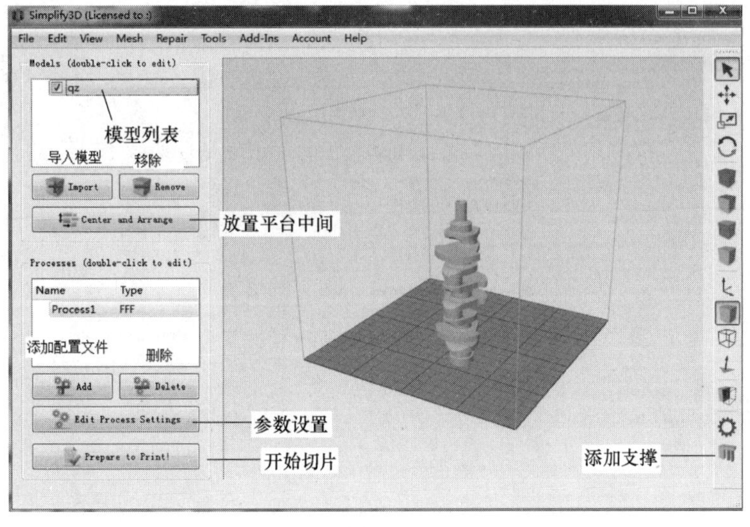

图 4-5

添加支撑对话框如图 4-6 所示。双击模型，可改变模型在平台上位置、大小和角度，如图 4-7 所示。

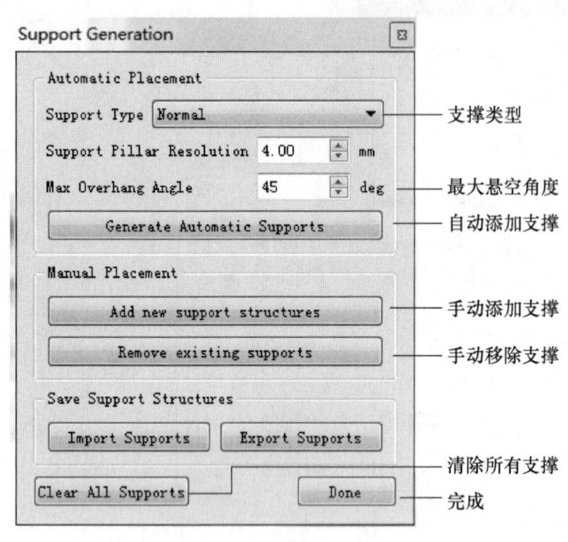

图 4-6

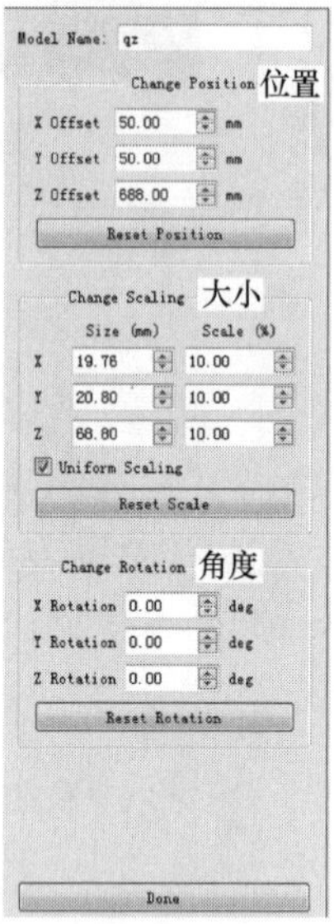

图 4-7

2. 设置打印参数

单击软件初始界面左下角的【Edit Process Settings】按钮，可根据打印机种类，进行参数设置，例如左右挤出头、层厚、填充、支撑、温度、速度等。

(1) 挤出头设置

该选项卡包含了喷头挤出方面的主要设置，具体如图 4-8 所示。

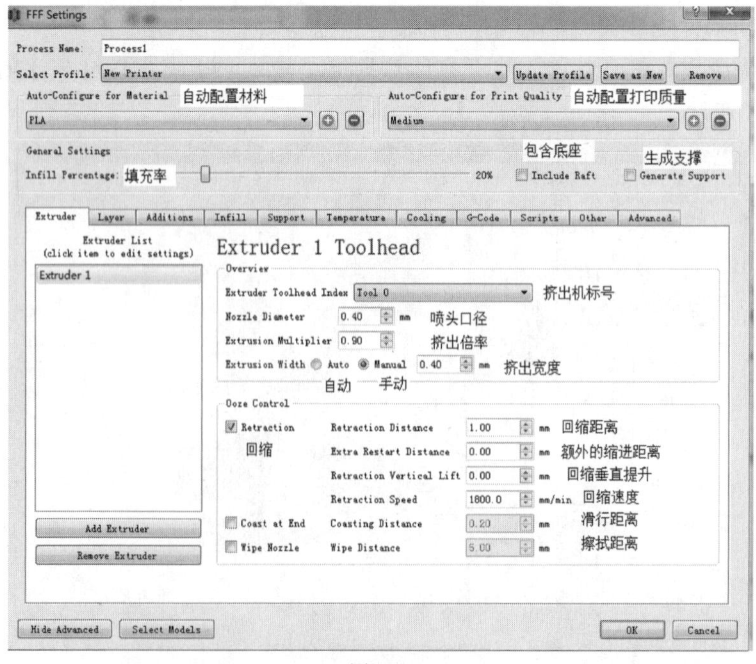

图 4-8

1）喷头口径：按照打印机当前的喷头出料口直径填写即可，一般只有更换其他尺寸的喷头后才需要更改，目前大部分 FDM 工艺的 3D 打印机用的是 0.4mm 的喷头。

2）挤出倍率：也称流量，数值越小，挤出的材料越少，相反越多，一般情况设为 1。

3）挤出宽度：喷头将塑料挤出并压平后的宽度，一般自动就行。当需要打印细节时，可手动将挤出线宽改小。为了加快打印速度或增加打印件强度，可手动将挤出线宽改大。手动修改的数值一般在喷头直径的 90%～150%范围内，过大或过小可能会使打印效果变差。

4）回缩距离：挤出机反转，将耗材从喷头里抽出的距离。近程挤出一般设为 1～3mm，远程挤出一般设为 4～8mm。如果喷头空走时拉丝漏料比较多，可适当增加回抽长度，具体数值需要自己根据打印机和耗材性能进行测试。

5）回缩速度：挤出机反转时的速度。近程挤出一般设为 20～30mm/s，远程挤出范围一般设为 25～50mm/s。速度过慢，空走会拉丝漏料，回抽点会形成疙瘩；速度过快，会将喷头里的耗材扯断，形成空腔，影响下次挤出。如果喷头空走时拉丝漏料比较多，可适当增加回抽速度，具体数值同样需要自己根据打印机和耗材性能进行测试。

（2）层设置

该选项卡主要用来设置模型的每一层该如何打印，具体如图 4-9 所示。

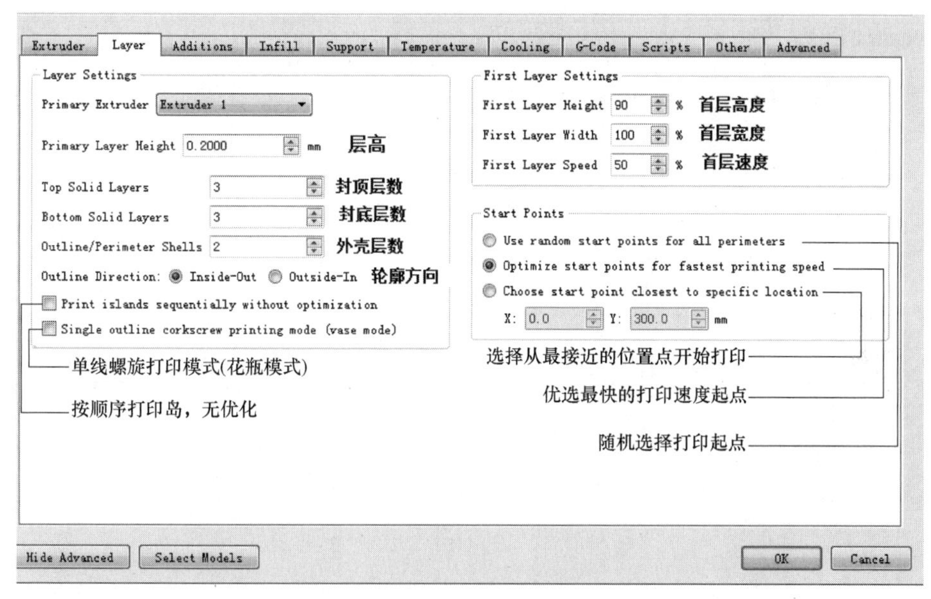

图 4-9

1）层高：每层的打印高度。和喷头直径关系密切，一般设为喷头直径的 20%～80%，越小越精细，越大打印时间越短。FFF/FDM 原理的 3D 打印机，最小层高一般在 0.05mm 以上，大部分是 0.1mm。过小的层高，挤出机是很难稳定挤出的，导致模型表面反而不如 0.1mm 层高打印的光滑。

2）封顶层数：模型上表面的实体层数。与层高密切相关，一般封顶厚度不小于 0.8mm，过薄会导致封顶不严，产生空隙。

3）封底层数：模型下表面的实体层数。同样与层高密切相关，一般封底厚度不小于 0.6mm，过薄会导致打印完从工作平台上取下模型时，底面破裂或使模型下方产生空隙，尤其是拉桥时。

4）外壳层数：模型每层的外壳圈数。外壳越多，模型越结实，一般设为2。

（3）附加选项设置

该选项卡包括一些能提高模型打印成功率的附加零件，具体如图4-10所示。

1）裙边：围绕模型轮廓的边线。开启裙边后，在打印模型前，会先在模型外围画轮廓。裙边的作用主要有三点：一是防止翘边，二是防止脱床，三是调平。一般裙边用于比较平整的热床，例如黑晶板，高硼硅玻璃等。

2）裙边层数：裙边一般打印一层就够了。当模型容易倾倒时，可适当增加层数。

3）裙边偏移：裙边和模型底面轮廓的距离。裙边其实是两个含义，当裙边距离模型较远时，一般称为裙，贴着模型时，称为边。裙的作用一般就是打印前预挤出，找正调平。边的作用是增加模型底面和热床的接触面积，减少模型翘边和脱床。

4）底板：在模型下方先打印的一个很厚的垫子。底板和模型底面有一定间隙，打印完后可用手撕掉底板。推荐调平操作不熟练的新手使用，可在一定程度上弥补调平误差。也适用于平整度较差或比较粗糙的平台，如洞洞板。底板打印时间长，浪费材料，如不是必须情况，不建议使用。

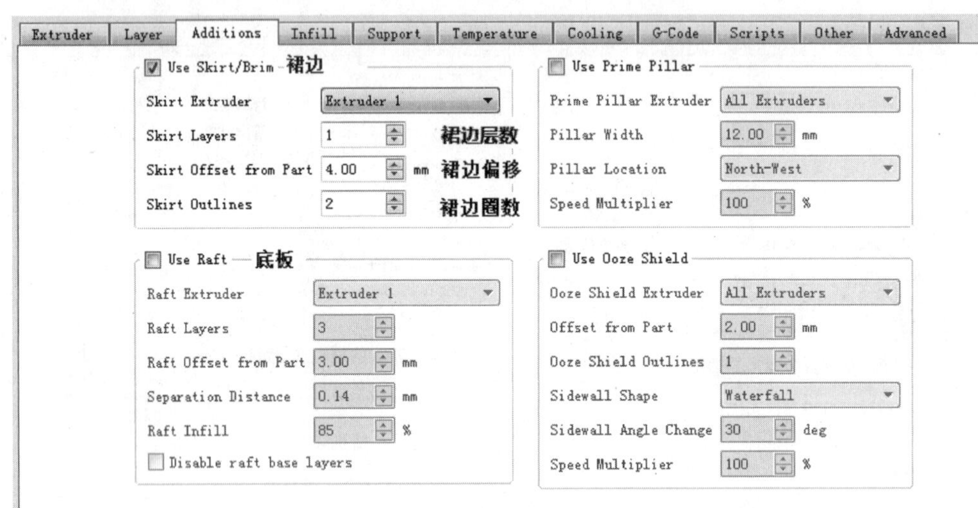

图4-10

（4）填充设置

该选项卡主要用来规划模型内部的打印方式，具体如图4-11所示。

1）填充率：模型内部的塑料使用量。填充率越高，模型越结实，也越重。对强度要求不高的模型，一般设置10%~30%填充率就够了。需要高强度的模型，填充率可以更高。打印透光浮雕或月球灯时，填充率为100%，同时需要使用非透明的浅色材料，首选白色。

2）外壳与填充的重叠率：填充的塑料线和模型外壳内侧的重叠率。常用范围为10%~40%。如果发现模型的小范围顶面封顶不严，例如二维码顶上的小方块有漏洞，可适当增加重叠率，最高不要超过60%，不然重叠部分会挤出过多的塑料，使模型顶面变得非常粗糙。

3）填充挤出线宽：填充线的挤出宽度，和挤出页的挤出线宽直接相关。除默认的直线填充图案需要修改此值之外，其他填充图案一般都不需要改，设置为100%就可以。默认的

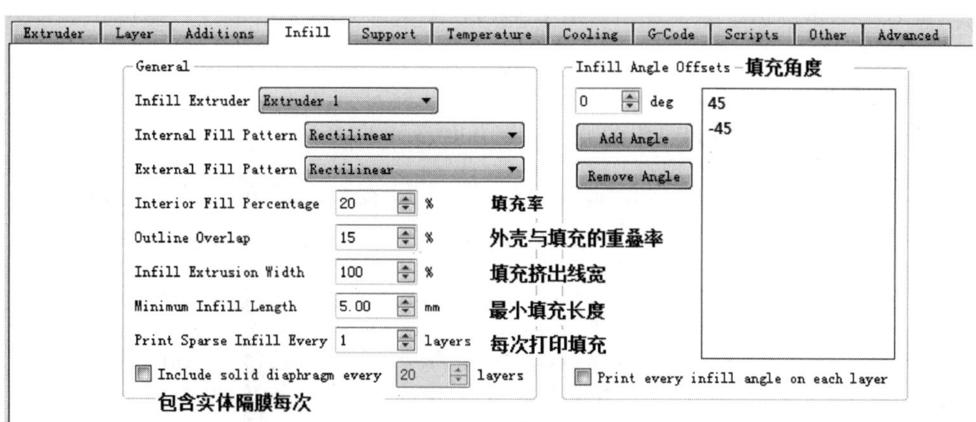

图 4-11

直线填充因为是隔一层打印一次同方向的填充线，所以强度很差，增加该值可以让挤出的塑料线变粗，上、下两层填充之间能粘到一起，即节省打印时间，也能保证打印件的强度，但该值尽量不要超过 200%。

（5）支撑设置

该选项卡用来规划支撑的打印方式，具体如图 4-12 所示。

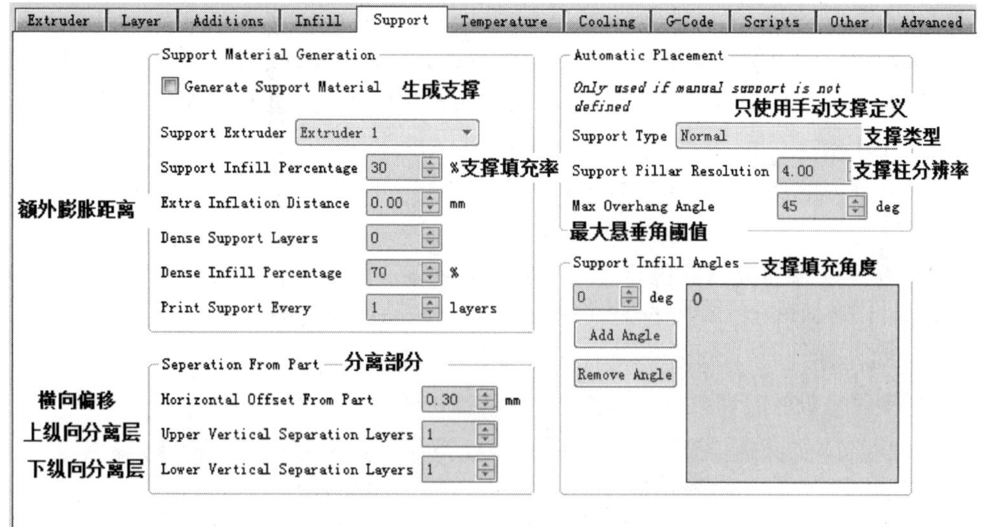

图 4-12

1）生成支撑：选中该复选框后，Simplify3D 切片时才会生成支撑。

2）支撑填充率：支撑走线的密度。10%～30%是比较常用的范围。

3）支撑类型：可以选择是全模型都可以生成支撑，还是只从平台上生成支撑。

4）支撑柱分辨率：也称最小支撑区域，低于此值的悬空区域将不会添加支撑。理论上该值越小，支撑柱越细，自动添加支撑的区域越多。数值设置过大，会导致一些需要加支撑的区域被忽略或仅需要加一点支撑的区域被加了很大一片，甚至大大超出了模型的范围。需要注意的是，此值与支撑走线的密度无关。推荐设置为 1～4mm。

5）最大悬垂角阈值：低于该角度的悬垂面，都不会自动生成支撑。该值越大，所加支撑越少。常用范围为 45°~70°。

(6) 温度设置

该选项卡用来设置喷头和热床的温度，具体如图 4-13 所示。

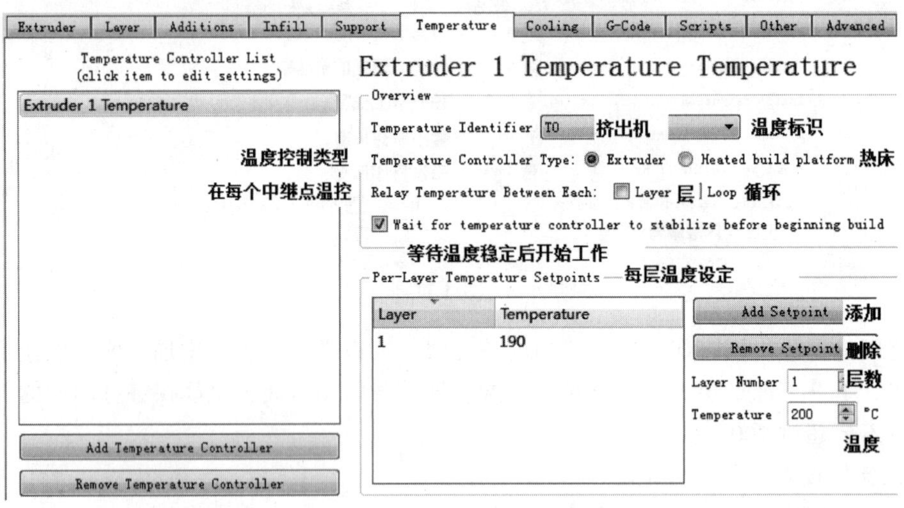

图 4-13

挤出头和热床的温度是分别设置的。需要注意的是，在左侧列表选择挤出头温度时，需要在右侧同时选中【Extruder】单选按钮。同理选择热床时，需要在右侧选中【Heated build platform】单选按钮。

右下角红框内的列表是指定层数来设置温度，当层只有一个时，模型全部用后面的温度来打印。

该表右侧可以添加或删除温度，【Remove Setpoint】按钮下面的层数和温度只和上面【Add Setpoint】按钮有关，与实际打印温度无关，第一次用需注意。

(7) 冷却设置

该选项卡用来设置打印时的冷却方案，具体如图 4-14 所示。

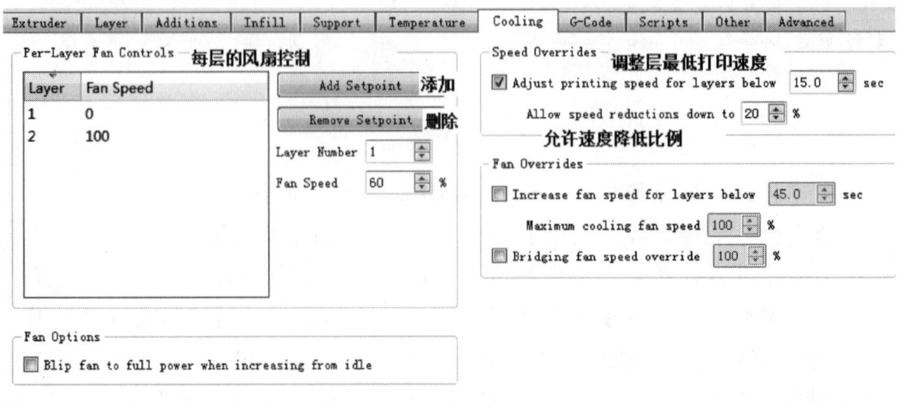

图 4-14

风扇指的是喷头上用来吹模型的风扇。

左侧表格中的风扇转速设置方式和温度选项卡相同，都是指定层数来执行。例如图 4-14 中设置的两行，意思就是模型打印的第 1 层风扇转速 0，从第二层开始风扇转速为 60%。

（8） G 代码设置

具体如图 4-15 所示。

图 4-15

（9） 脚本设置

具体如图 4-16 所示。

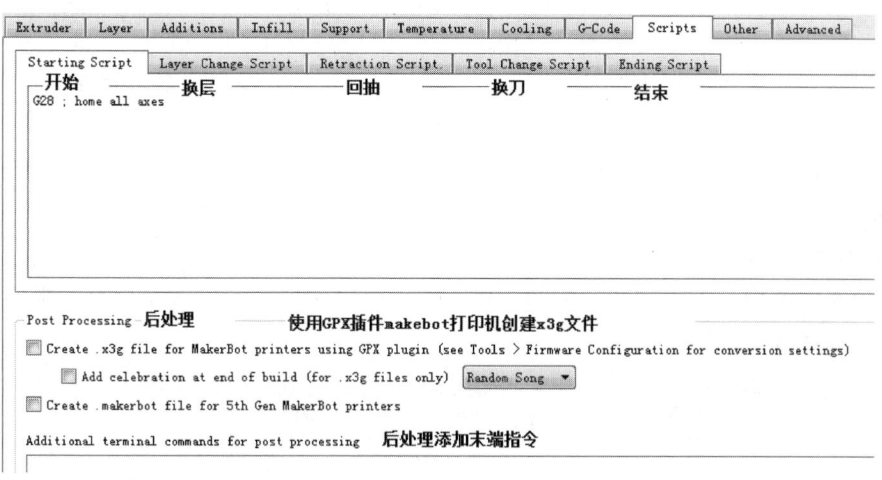

图 4-16

（10） 其他设置

该选项卡主要用来设置打印速度，还有水平补偿、耗材、拉桥等选项可以设置，具体如图 4-17 所示。

1） 默认打印速度：也就是喷头在挤出时，喷头的移动速度。其他的各种降速比例，都以此速度为基础。常用范围为 10～100mm/s。注意此处单位，如果单位是 mm/min，就要把此值乘以 60。更改速度单位的选项在【Tools】→【Options】第一行。

2） 外壳降速：打印外壳时的降速比例。外壳打印时需要将打印速度减慢一些，以获得

图 4-17

更好的表面效果。例如默认的打印速度是 80mm/s，外壳降速 40%，则实际外壳的打印速度就是 32mm/s。

3）实体填充降速：一般指的是封顶封底的降速比例。封顶封底打印时，降低速度有助于走线更密实平整。

4）支撑降速：打印支撑的降速比例。支撑的走线要比模型虚很多，打印稍慢一些，可以让支撑更结实。

5）X/Y 轴移动速度：喷头在不挤出时的移动速度，也就是常说的空走、空程速度。空程速度一般要比打印速度快，可明显减少拉丝和喷头溢流，同时加快打印速度。但也不能太快，有些打印机喷头较重，惯性大，过快的速度会导致过冲错步。类似 i3 的工作平台水平移动的打印机，空程速度过快会使比较高的模型在 Z 方向上变形。需要根据机器实际情况进行调整，一般范围为 80～200mm/s。

6）Z 轴移动速度：垂直方向喷头的移动速度或工作平台的下降速度。一般范围为 10～30mm/s。

（11）高级设置

该选项卡主要用来设置切片行为、薄壁行为、渗出控制行为、运动行为、喷头等的高级控制，具体如图 4-18 所示。

图 4-18

3. 切片预览并打印

单击软件主界面左下角的【Prepare to Print!】按钮，程序会对模型进行切片，并进入打印预览界面。选择不同的预览模式，并拖动下方的进度条查看打印路径是否正确。

确认没问题后，可选择联机还是脱机打印，如图 4-19 所示。

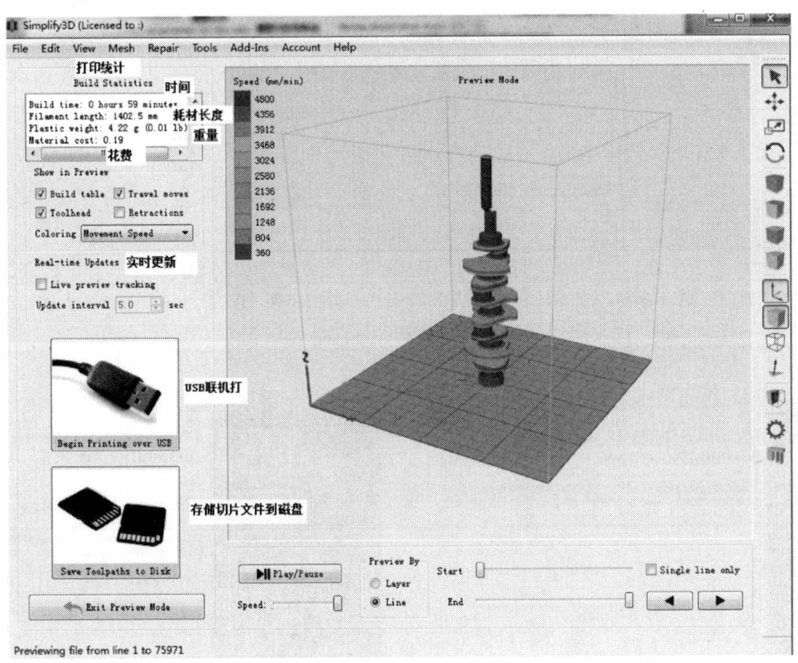

图 4-19

单击左侧的【Begin Printing over USB】按钮来联机打印；单击左下方【Save Toolpaths to Disk】按钮，保存切片文件，用来脱机打印。

4.3　Cura

Cura 是 Ultimaker 公司设计的开源免费 3D 打印软件，它包含了所有 3D 打印需要的功能，有模型切片以及打印机控制两大部分。Cura 软件的易用性强，拥有简洁的菜单和命令，使其上手十分容易；而强大的功能和高效率的切片速度，更是深受广大用户的喜爱，推荐用户在入门阶段使用 Cura 软件。

4.3.1　Cura 软件的安装

双击 Cura 软件安装程序，第一步是选择安装的目标位置，如图 4-20 所示。按【Next】按钮进入下一步。

下一步是选择需要安装的 Cura 功能。按照默认选项，如图 4-21 所示，按【Install】按钮开始正式安装了。

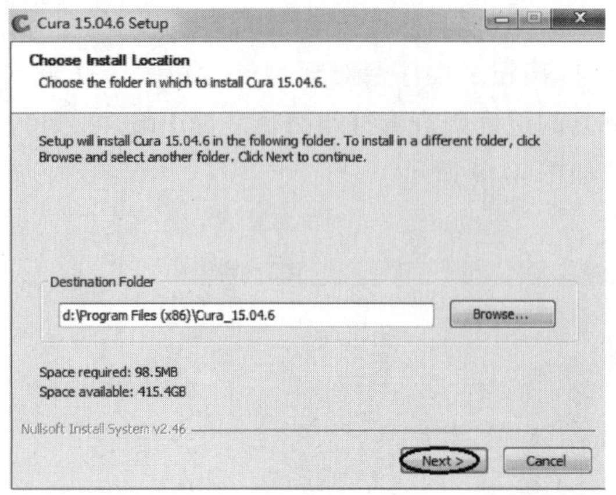

图 4-20

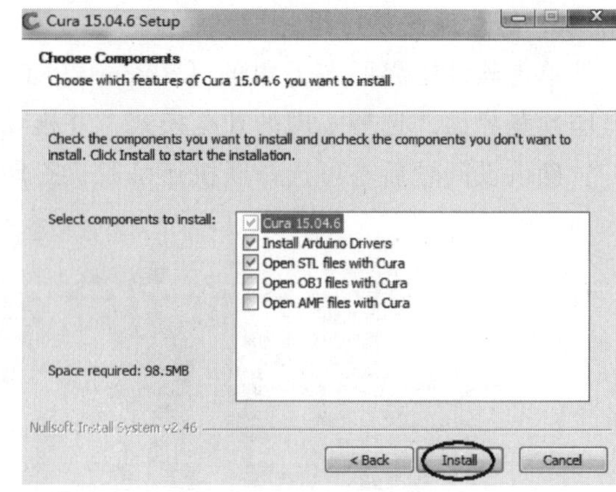

图 4-21

安装过程中出现 Arduino 驱动界面，按【下一步】按钮就开始正式安装，如图 4-22 所示，驱动安装完毕后，按【完成】按钮，如图 4-23 所示。

图 4-22

图 4-23

返回主程序安装界面，按【Next】按钮进入下一步，如图 4-24 所示，出现安装完成界面，不要选中【Start Cura】复选框，单击 Finish 按钮，如图 4-25 所示。

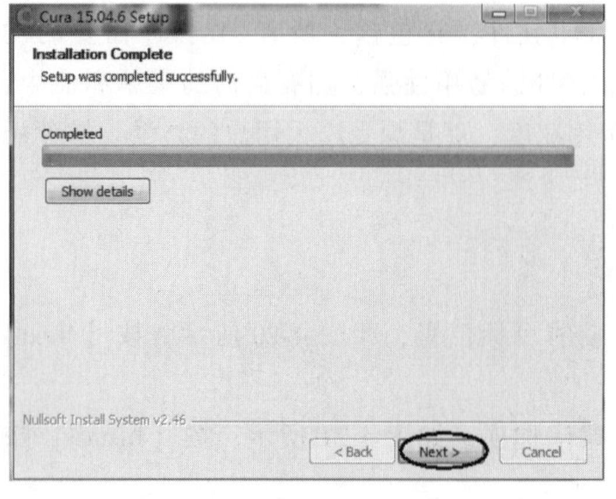

图 4-24

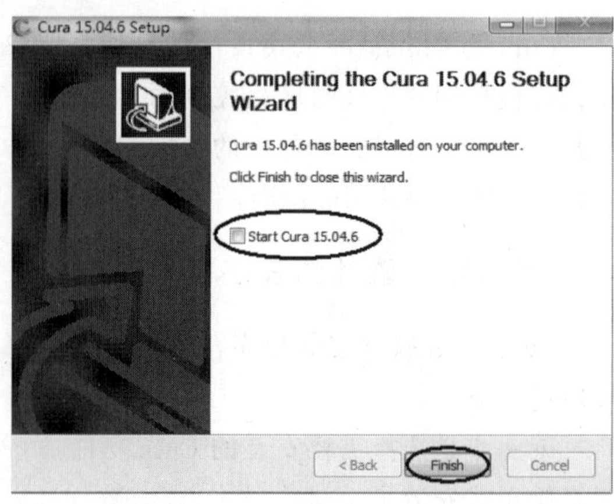

图 4-25

4.3.2　Cura 软件的汉化

将汉化包中的两个目录复制到 Cura 软件的安装目录并覆盖，如图 4-26 所示。此操作覆盖 Cura \ util \ resources. py 目录下 resources. py 和 profile. py 两个文件，新添加 Cura \ util \ resources \ machine_ profiles 目录下 OverLord Pro. ini 和 OverLord. ini 两个文件。

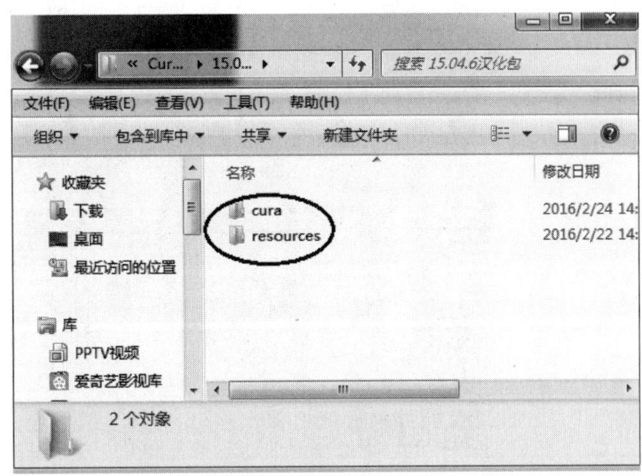

图 4-26

4.3.3　Cura 软件的参数设置

1. 软件界面

双击软件快捷方式打开软件，软件主界面如图 4-27 所示。

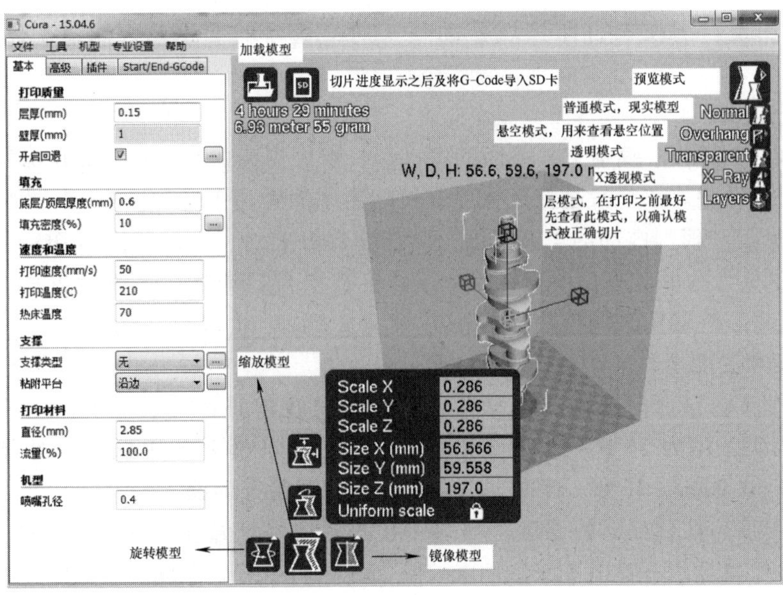

图 4-27

2. 基本参数设置

基本参数包含打印质量、填充、速度和温度、支撑、打印材料、机型设置，如图 4-28 所示。

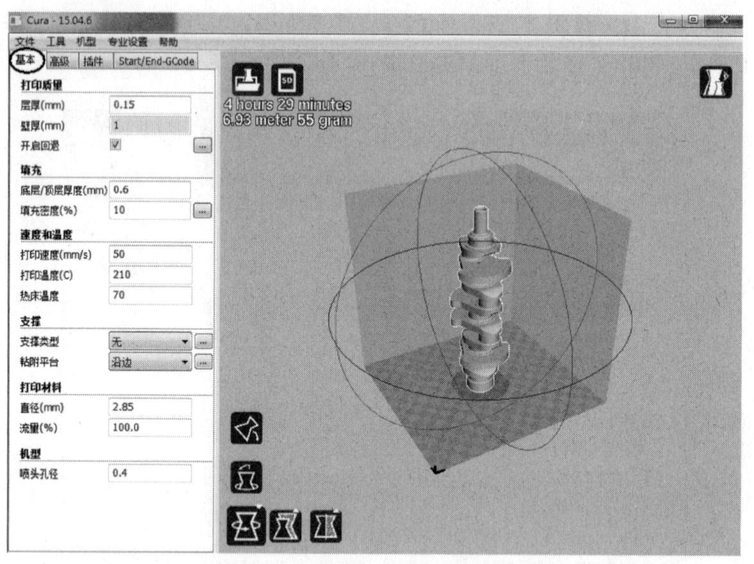

图 4-28

（1）打印质量设置

1）层厚：打印每层的高度，是决定侧面打印质量的重要参数，最大层高不得超过喷头直径的 80%。默认参数是 0.2mm（针对直径为 0.4mm 喷头）。可调范围为 0.1~0.3mm。

2）壁厚：模型侧面外壁的厚度，一般设置为喷头直径的整数倍。默认参数是 0.8mm。可根据需要调为 1.2mm。

3）开启回退：当在非打印区域移动喷头时，适当的回退丝，能避免多余的挤出和拉丝。

（2）填充设置

1）底层/顶层厚度：模型上、下面的厚度，一般为层高的整数倍。默认参数为 0.75mm。可根据模型需要调整。该参数越接近壁厚，打印出来的物品更均匀。

2）填充密度：模型内部的填充密度，默认参数为 18%，可调范围为 0%~100%。0%为全部空心，100%为全部实心，根据打印模型强度需要自行调整，一般为 20%。该参数不会影响物品的外观，一般用来调整物品的外观。

（3）速度和温度设置

1）打印速度：打印时喷头的移动速度，也就是吐丝时运动的速度。一般默认速度为 30.0mm/s，可调范围为 25.0~50.0mm/s。建议打印复杂模型使用低速，简单模型使用高速，通常使用 30.0mm/s 即可，速度过高会引起送丝不足等问题。

2）打印温度：熔化耗材的温度，不同厂家的耗材熔化温度不同，默认的是 215℃，可调范围为 200~225℃，一般用 215℃。PLA 和 ABS 材料也有所不同。

3）热床温度：打印时热床的温度，自己预加热就设置为 0。

（4）支撑设置

1）支撑类型：打印有悬空部分的模型时可选择的支撑方式，默认为无。选择【延伸到平台】选项，系统默认需要支起来的悬空部分会自动建起可以到达平台的支架。选择【所有悬空】选项，模型所有悬空部分都创建支撑。为了模型后处理支撑方便，打印有悬空的模型一般选择【延伸到平台】选项。

2）粘附平台：用哪种方式将模型固定在工作台上，默认为无。【沿边】选项是指在模型底层边周围增加数圈薄层，薄层数可调。【底座】选项是指粘附平台 在打印模型前打印一个网状底座，底座厚度可调。

（5）打印材料设置

1）直径：默认是2.85mm，选择小的直径会让挤出丝增多，不易虚丝，但是出丝过多，会让模型变“胖”。

2）流量：出丝比例，增加出丝比例和减少丝直径的效果是一样的，不过这个值更直观。

（6）机型设置　喷头孔径：喷头孔径是固定值，过大或过小都会引起送料的异常。默认值为0.4mm不变。

3. 高级参数设置

高级参数包含回退、打印质量、速度、冷却的设置，如图4-29所示。

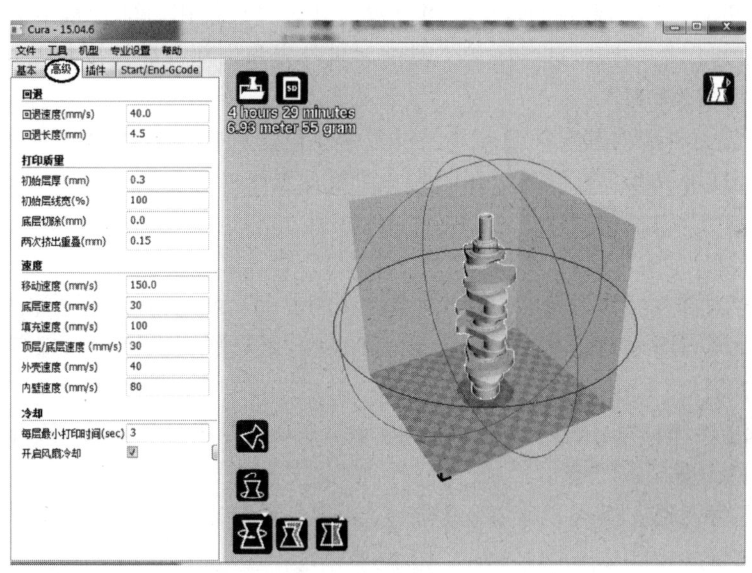

图4-29

（1）回退设置　回退是指在打印过程中，当喷头跨越非打印区域时不吐丝且往回抽丝，以消除打印区域A→非打印区域→打印区域B打印过程中的拉丝现象。

1）回抽速度：单次回抽耗材的速度。默认值为80mm/s，可调范围为80~100mm/s。一般用80mm/s。

2）回抽长度：单次回抽耗材的长度，默认值为5.0mm，可调范围为2.5~5.0mm。

（2）打印质量设置

1）初始层厚：第一层的打印厚度，这个参数一般和首层打印速度关联使用，稍厚的厚度和稍慢的速度都可以让模型更好地打印完第一层而且更好的黏在工作台上。默认值为

0.25mm。可调范围为0~0.45mm。设置为0.0则使用层厚作为初始层厚度。

2）初始层线宽：用于第一层的挤出宽度设定，打印首层时一般需要多更多的耗材来增加模型和底板的黏性，所以这里的默认值为120%。可调范围为100%~120%。

3）底层切除：当模型底部不平整或太大时，下层模型下沉进平台，底层切除的部分就不会被打印。使用这个参数，可以切除一部分模型再打印。默认值为0.0mm。

4）两次挤出重叠：当所打实物有不同颜色时，添加一定的重叠挤出，可让两次挤出重叠不同的颜色融合得更好。

（3）速度设置

1）移动速度：此移动速度是指非打印状态下的移动速度，建议不要超过150mm/s，否则可能造成电动机丢步。

2）底层速度：打印底层时的速度。这个值通常会设置的很低，这样能使底层和平台黏附得更好。

3）填充速度：打印模型内部填充的速度。当设置为0时，会使用打印速度作为填充速度。高速打印填充能节省很多打印时间，但是可能会对打印质量产生一定影响。

4）顶层/底层速度：打印内部填充时的速度。当设置为0时，会使用打印速度。高速打印填充能节省很多打印时间，但是可能会对打印质量造成一定影响。

5）外壳速度：打印外壳时的速度。当设置为0时，会使用打印速度为外壳速度。使用较低的打印速度可以提高模型打印质量，但是如果外壳和内部打印速度相差较大，可能会对打印质量有一些消极影响。

6）内壁速度：打印内壁时的速度。当设置为0时，会使用打印速度为外壳速度。使用较高的打印机速度可以减少模型的打印时间，需要设置好外壳速度、打印速度、填充速度之间的关系。

（4）冷却设置

1）每层最小打印时间：打印每层至少要耗费的时间，在打印下一层前，留一定时间让当前层冷却。如果当前层被很快打印完，则打印机会适当降低速度，以保证有这个设定时间。默认值为3s。

2）开启风扇冷却：在打印期间开启风扇冷却。在快速打印时开启风扇冷却时很有必要的。

4. 专业参数设置

专业参数包含回退、裙边、冷却、填充、支撑、黑魔法、沿边、底座、缺陷修复的设置，如图4-30所示。

（1）回退设置

1）最小移动距离：回抽使用的最小的移动间隔，用来防止在一个很小的范围内不停地使用回抽。

2）启用梳理：梳理功能可以避免喷头移动后产生的孔。如果“关闭”了该功能，喷头会在移动过程中一直处在回退状态；如果选择【全部】选项，会在所有表层打开该功能；如果选择【除了表层】选项，则除了表层都打开该功能。

3）回退前最小挤出量：一般使用在回抽需要反复发生的时候，它可以避免那些频繁回抽导致的耗材挖坑现象。

4）回退时Z轴抬起：当回退完成，移动的时候喷头会升起一定高度，此功能适合打印

塔类物品。

（2）裙边设置

1）线数：画在模型第一层外的一条线，可以帮助准备好挤出机，同时可以看到模型是否适合于平台。设置为0将关掉裙边功能。多条裙边可以帮助挤出机打印小一点的模型。

2）开始距离：裙边与打印第一层的距离。这个是最小的距离。多条裙边线将从这个距离向外扩。

3）最小长度：裙边的最小长度，如果最小长度没有达到这个值，将自动添加更多裙边线来达到这个最小长度。如果线的数量设置为0，这栏将被忽略。

（3）冷却设置

1）风扇全速开启高度：在此之下速度将会被从0开始线性分配。

2）风扇最小速度：当风扇打开的时候，其起始速度为此设置，如果某层需要冷却，风扇速度将会在低速和高速中调节，这个速度将在不需要冷却的层中使用。

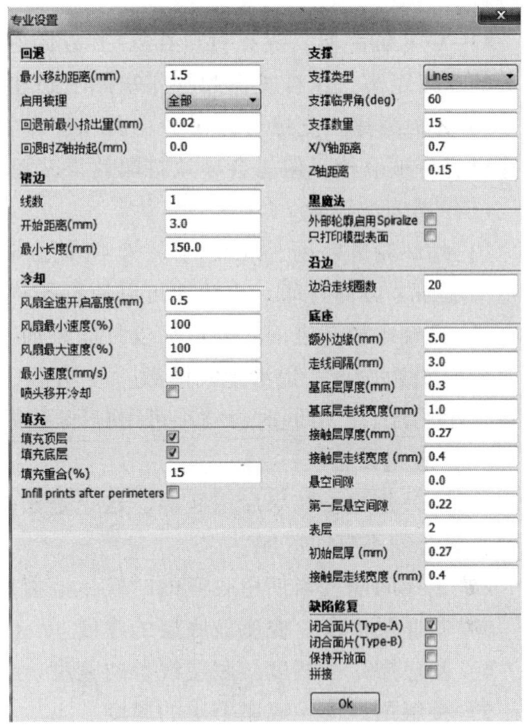

图4-30

3）风扇最大速度：当风扇打开的时候，其起始速度为此设置，如果某层需要冷却，风扇速度将会在低速和高速中调节，这个速度将在需要200%冷却的层中使用。

4）最小速度：当最小层时间即将或可能到时，机器速度下降，从而导致漏液。这个最小（送料）速度是用来阻止此类情况的发生，即便机器速度下降，也不会低于这个速度。

5）喷头移开冷却：当最小打印时间被激活，需要冷却的时候，先升起喷头，再等待冷却时间达到。选择之后，将被启动。

（4）填充设置

1）填充顶层：打印一个坚实的顶部表面，如果不选中，将会以设置的填充比例打印，对于打印花瓶等比较有用。

2）填充底层：打印一个坚实的底部，如果不选中，将会根据填充比例填充，对于打印建筑模型比较有用。

3）填充重合：内部填充和外表面的重合交叉程度，填充和外表面交叉有助于提升表面和填充的连接坚固性。

（5）支撑设置

1）支撑类型：支撑的结构类型。【Grid】选项是一个比较结实的结构，能够一次性剥离，但是有时候太结实了。【Line】选项是线条填充。

2）支撑临界角（deg）：在模型上判断需要生成支撑的最小角度，0°是水平的，90°是垂直的。

3）支撑数量：支撑材料的填充密度。较少的材料可以让支撑比较容易剥离。15%是个比较合适的值。

4）X/Y 轴距离：支撑材料在 X/Y 方向和物体的距离。将该值设为 0.7mm 是一个比较合适的支撑距离，这样支撑和打印物体不黏在一起。

5）Z 轴距离：支撑材料在 Z 方向和打印物体的底部和顶部距离。一个小的间距可以让支撑更容易被取掉，但是会导致打印效果变差。将该值设为 0.15mm 是一个比较好的选择。

（6）黑魔法设置

1）外部轮廓启用 Spiralize：一个在 Z 方向帮助光滑打印的功能，它在整个打印过程中会稳固增加 Z 方向打印。该功能可以使打印物体结构更结实。

2）只打印模型表面：开启后仅打印表面、顶面、底面，内部填充都会丢失。

（7）沿边设置　边沿走线圈数：使用沿边的数量。越大的数字能使打印的物体更容易黏在工作平台上，但同时会缩小可用打印区域。

（8）底座设置

1）额外边缘：如果启用底座，这个是额外的底座区域，增大这个数字可以使得底座更有力，但会缩小打印区域。

2）走线间隔：当使用底座的时候，该值用来设置距离中心线的距离。

3）基底层厚度：底座最底层的厚度。

4）基底层走线宽度：底层线条的宽度。

5）接触层厚度：底座上层的厚度。

6）接触层走线宽度：底座接口层线条的宽度。

7）悬空间隙：底座和表层的间隔，在使用 PLA 时，0.2mm 左右的间隔可以很好地剥离底座。

8）第一层悬空间隙：基底和模型的间隙距离，使用 PLA 时，建议将该值设为 0.2mm。

9）表层：在底座上打印表层的数量，这些层是完全填充的。

10）初始层厚：表面层的厚度。

11）接触层走线宽度：表层线宽。

（9）缺陷修复设置

1）闭合面片（Type-A）：该选项会将所有的打印物体组合到一起，结果是内部空隙消失（取决于物体能否这样做）。A 类型是比较正常的，会尽量保持所有的内孔不变。

2）闭合面片（Type-B）：该选项会将所有的打印物体组合到一起，结果是内部空隙消失（取决于物体能否这样做）。B 类型会忽略所有的内孔，只保持外部形状。

3）保持开方面：该选项会保持所有开放表面不动。正常情况下，Cura 软件会尝试着填补所有的洞，选中该选项，软件就将不会填补。该选项在出现切片失败时，可能需要开启。

4）拼接：拼接选项是在切片时尝试恢复那些开放的面，使其变成闭合的多边形。但是这个算法非常消耗资源，甚至使得处理时间大大增加（和所有的修正错误选项一样，实验性质，风险自担）。

4.3.4　Cura 软件操作流程

1. 输出模型

将 UG NX12.0 软件中的 . prt 格式的模型输出为 . stl 格式。

1）选择菜单中的【文件】/【导出】/【STL】命令，如图 4-31 所示。

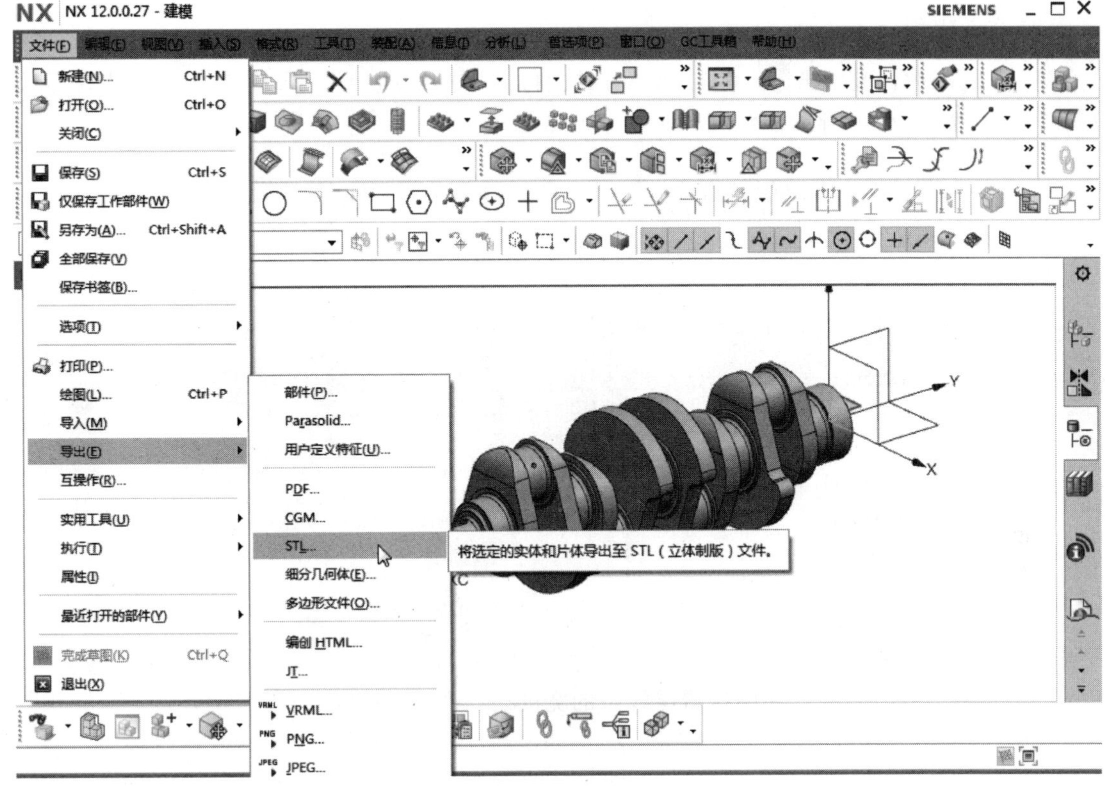

图 4-31

2）系统出现【STL 导出】对话框，如图 4-32 所示，指定导出文件夹及文件名，在图形

STL 导出
要导出的对象
选择对象 (1)
导出至
STL 文件
D:\qz.stl
输出文件类型　二进制
选项
弦公差　0.0800
角度公差　18.0000
可选 STL 文件标题
三角形显示
审核
查看错误
确定　应用　取消

图 4-32

中选择要导出的模型，其他采用系统默认参数，单击【确定】按钮，完成. stl 格式文件的输出。

2. 导入模型

打开 Cura 软件，单击（导入模型）按钮，如图 4-33 所示，选择【qz. stl】文件导入 Cura 软件，如图 4-34 所示，界面显示如图 4-35 所示。

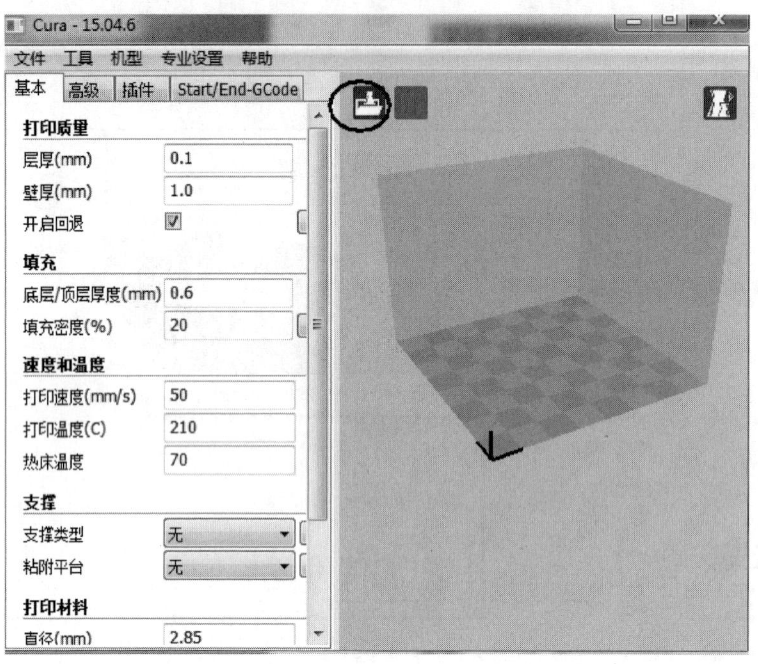

图 4-33

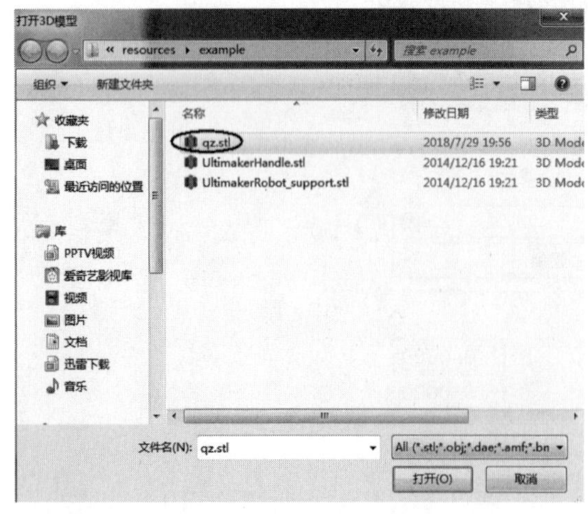

图 4-34

图 4-35

3. 缩放模型

由于模型比较大，超过打印机平台行程，需要对模型进行缩小，双击模型，然后单击

（缩放模型）按钮，在出现的对话框中单击（模型最大化）按钮，使模型符合打印机平台行程。如图 4-36 所示界面，左边为参数设置界面，右边为模型视图界面，视图界面显示模型打印方向、对应的模型打印时间、耗材数量以及成品重量，其数值随着切片参数和打印方向的改变而改变。

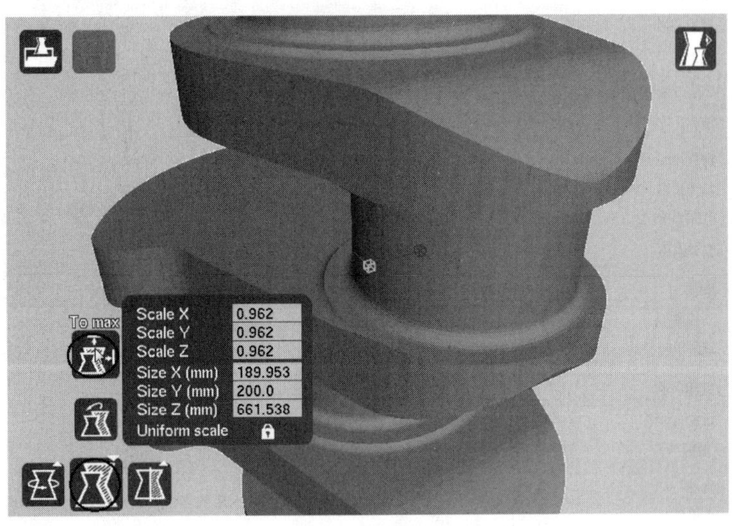

图 4-36

4. 设置成型方向

选择三维尺寸中较短的一项作为成型方向以减少成型时间。熔融沉积成型是通过喷头扫描并喷涂材料堆积成型的，横截面积的大小并不影响打印时间，基于材料最省和打印时间最短两个原则，设置了如图 4-37 和图 4-38 所示的两种成型方向。

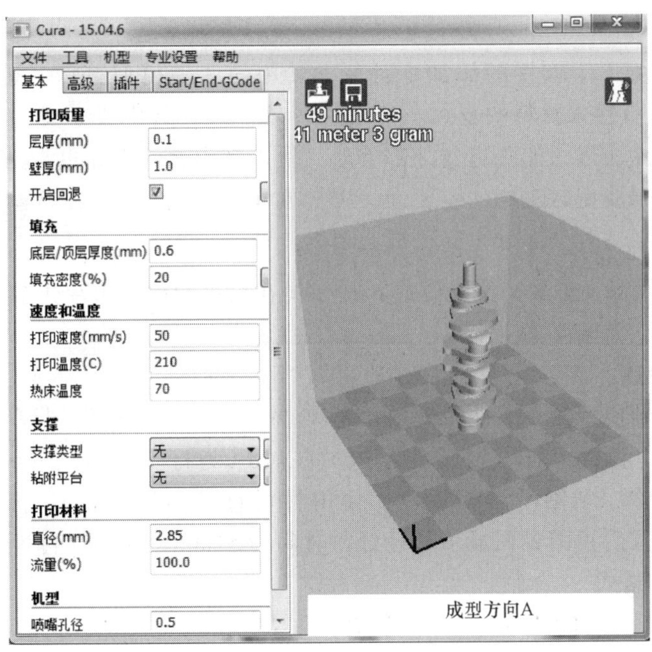

图 4-37

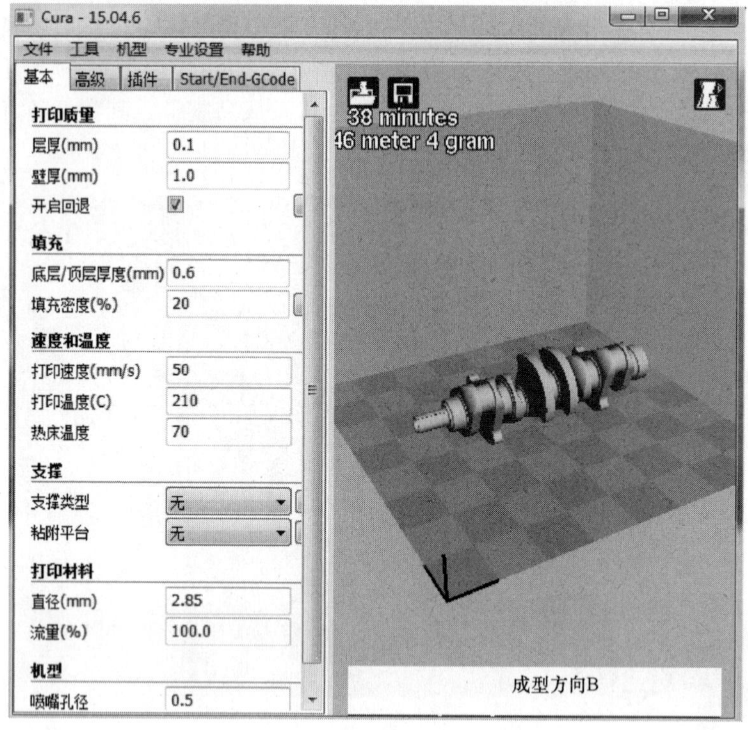

图 4-38

在相同的切片参数下，成型方向 B 比成型方向 A 节省了 11min，而成型方向 A 比 B 节约了 0.5m 1g 材料。在多次打印对比中得出经验，成型方向 B 打印出的曲轴能够拥有更好的零件表面质量。因此，考虑了成型方向选择的三要素之后，选择图 4-38 所示的方向为曲轴模型的加工方向。

5. 施加必要支撑

曲轴的打印避免不了支撑的添加。对于本文中的曲轴模型打印，运用的是 PLA 材料 FDM 工艺成型，没有粉末材料的支撑，所以切片软件会自行生成必要的支撑。打印完成后外部支撑很容易去除，因为油孔道与外部贯通，所以其内部的支撑也容易去除。经过多次打印实验，总结出曲轴成型时支撑的重要性，因此在 Cura 软件的参数设置界面选择支撑形式为所有悬空，系统自动对全部悬垂面生成必要的支撑。

在模型视图界面单击（预览模式）按钮，在出现的按钮里单击 Layers（层模式）按钮，确认切片正确，如图 4-39 所示。

6. 设置切片参数

由于打印的曲轴模型较小，曲轴精度要求较高，所以设置打印层厚为 0.1mm。打印曲轴模型不投入使用，因此，打印填充率为 20%（100%为打印实心），打印速度为 50mm/s。支撑类型为所有悬空，粘附平台为底座，使用材料直径为 1.75mm，流量为 100%，如图 4-40 所示，设置完成后视图界面显示预计打印时间为 51min，打印耗材为 1.79m。

7. 切片并转化格式

选择菜单中的【文件】/【Save gcode】命令，出现图 4-41 所示对话框，设置文件名为【qz. gcode】，转化为 G 代码并存入打印机 SD 卡，完成切片，准备下一步打印工作。

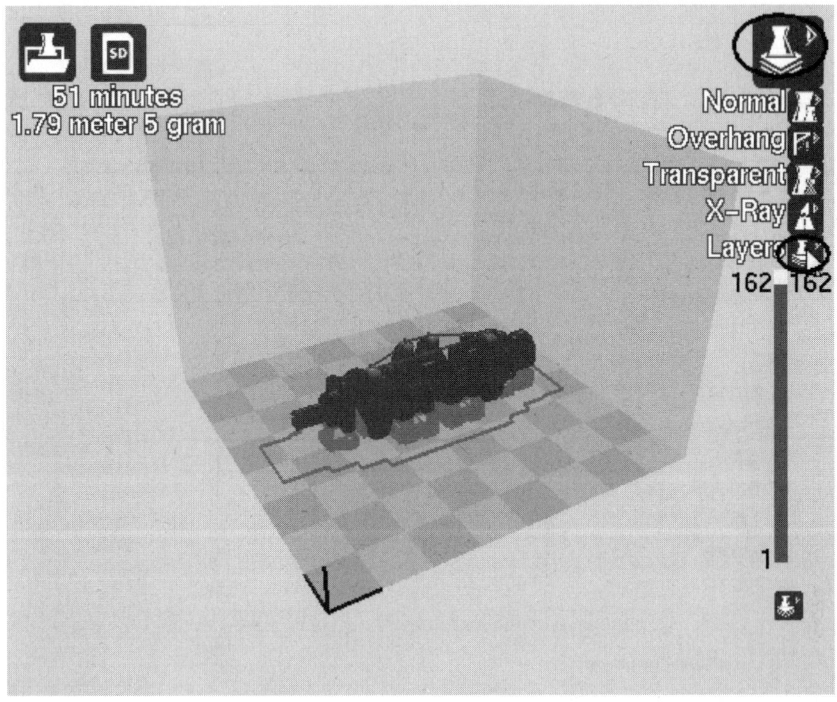

图 4-39

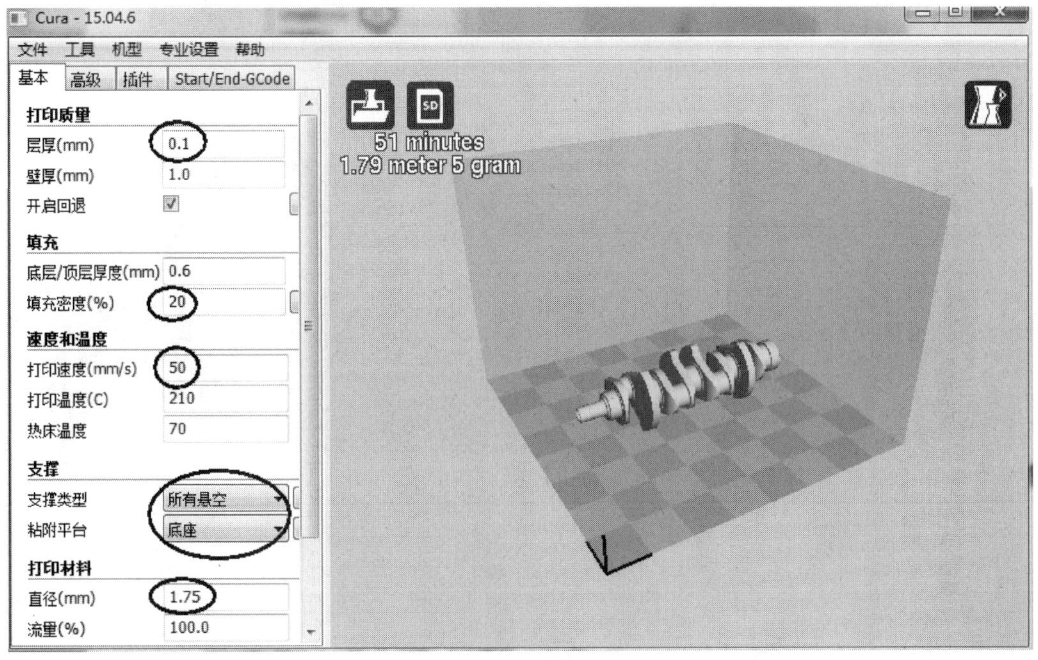

图 4-40

8. 模型打印

将 SD 卡插入 3D 打印机，进行曲轴的打印。打印前经过打印机的调试、热床和喷头的预热，然后按照设计好的模型开始打印，期间系统自动添加支撑，运行平稳，曲轴的主轴颈和连杆轴得到很好的打印效果和打印精度，油孔道的成型效果也很好。曲轴的打印效果如图 4-42 所示。

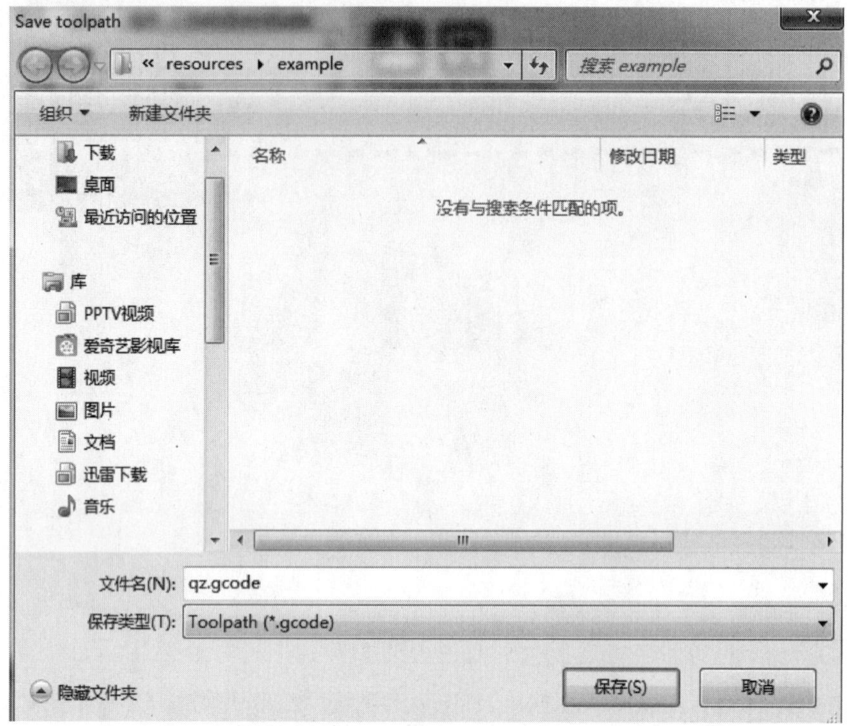

图 4-41

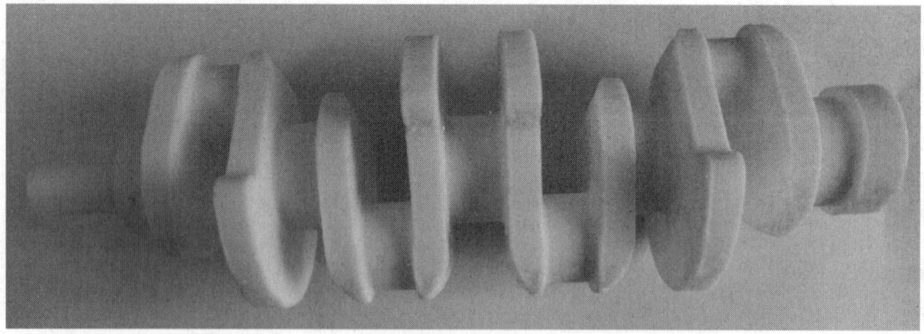

图 4-42

第5章

Prusa i3开源3D打印机的组装

Prusa i3 是开源 RepRap 3D 打印机 Prusa Mendel 的第三代机型。相对于 Mendel 一代和二代的版本，第三代结构更为简洁，造型更趋向于产品化。相对于 Prusa i2，Prusa i3 的挤出机和框架结构都进行了升级，打印尺寸和成型效果都有很大的提高。另外 Prusa i3 具有容易复制、容易调试、精度高的优势。

5.1 组装前的准备

组装 3D 打印机需要一套合适的工具，建议在开始组装之前，先将工具备齐，全套装机工具常用配置，包含装机精密一字、十字螺钉旋具，内六角扳手，斜口钳，尖嘴钳，下面分别介绍组装所需工具。

1. 螺钉旋具

螺钉旋具是一种用来拧转螺钉以迫使其就位的工具，通常有一个薄楔形头，可插入螺钉头的槽缝或凹口内，主要有一字（负号）和十字（正号）两种，如图 5-1 所示。

2. 内六角扳手

内六角扳手也叫艾伦扳手；它通过转矩施加对螺钉的作用力，大大降低了使用者的用力强度，如图 5-2 所示。

3. 呆扳手

呆扳手是用来紧固和起松不同规格的螺母和螺栓的一种工具，如图 5-2 所示。

4. 斜口钳

斜口钳主要用于剪切导线、元器件多余的引线，还常用来代替一般剪刀剪切绝缘套管、尼龙扎线卡等，如图 5-2 所示。

5. 尖嘴钳

尖嘴钳是由尖头、刀口和钳柄组成，电工用尖嘴钳的材质一般由 45 钢制作，类别为中碳钢，碳的质量分数为 0.45%，韧性硬度都合适，如图 5-2 所示。

6. 手电钻

手电钻就是以交流电源或直流电池为动力的钻孔工具，是手持式电动工具的一种，如图 5-3 所示。

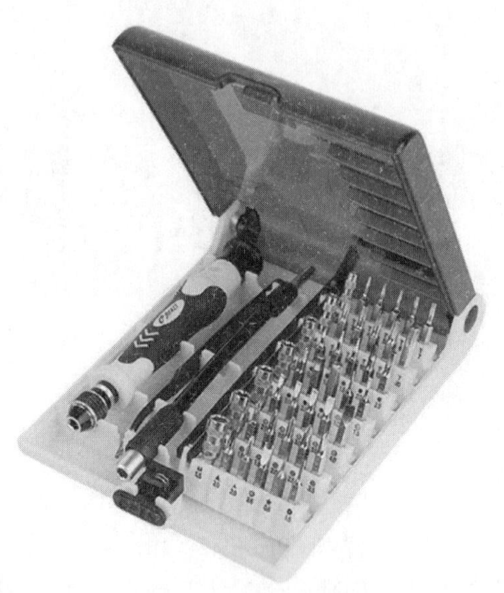
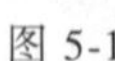
图 5-1

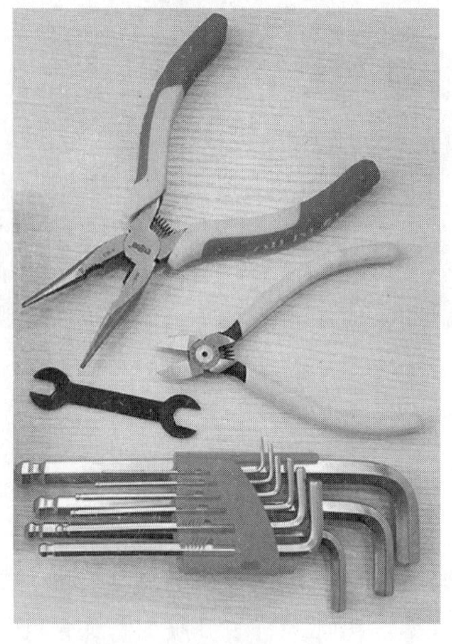
图 5-2

7. **电烙铁**

电烙铁是电子制作和电器维修的必备工具，主要用途是焊接元器件及导线，按机械结构的不同，可分为内热式电烙铁和外热式电烙铁，如图 5-4 所示。

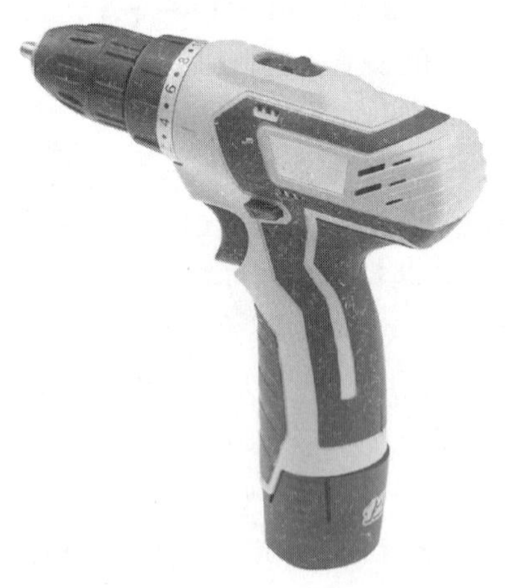
图 5-3

图 5-4

5.2 搭建框架

1. **工具和材料准备**

1）材料：2020 欧标铝型材 7 根（410mm 1 根，385mm 2 根，310mm 2 根，246mm 2 根），M5 螺钉（长为 8mm）20 个，M5 T 型螺母 20 个，2020 欧标铝型材角码 12 个。

2）工具：M5 内六角扳手，直尺。

需要注意的是，打印机的尺寸可以根据需要做修改，但是如果是组装的第一台打印机，建议按照给定的尺寸复制。

2. 组装底盘

1）准备8个螺钉和螺母，4个角码，4根铝型材（246mm和385mm各2根），如图5-5所示。

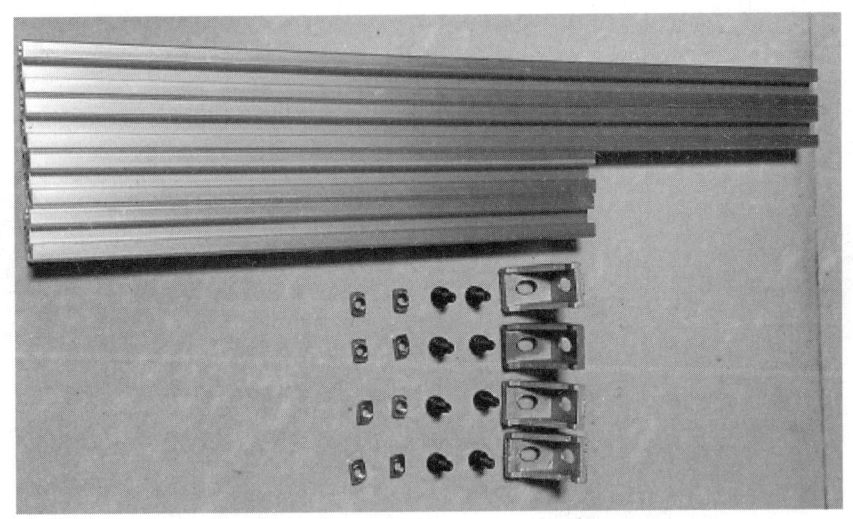

图 5-5

2）把螺钉跟着螺母旋到角码上，不用旋太紧，后续还需要装到铝型材上面。

3）找个平整的地方，将铝型材平铺，然后用角码连接一个长的和短的铝型材，用扳手将其拧紧。

安装T型螺母时，可以把螺母顺着槽的方向放进去，然后在拧紧螺钉的过程中，螺母就会变成横向与槽垂直，固定住角码，如图5-6所示。

4）最终把4根铝型材固定成一个长方形，如图5-7所示，4个角必须是直角且必须拧紧，保证整个框架足够的稳定。

图 5-6

图 5-7

需要注意的是，仔细看图 5-7 所示的长的铝型材和短的铝型材的搭配关系。

3. 安装 4 个支撑脚

1）准备 4 个角码，4 套螺钉和螺母备用，如图 5-8 所示。

2）把角码用螺钉和螺母固定在长的那一边的铝型材上，将角码的直角平面和铝型材的边缘对齐，如图 5-9 所示。

图 5-8

图 5-9

3）4 个角上都安装上角码，如图 5-10 所示。

需要注意的是仔细看图 5-10 所示角码安装的位置和方向。

4. 安装立柱

1）准备两根铝型材（两根的长度都是 310mm），2 个角码，4 套螺钉和螺母，如图 5-11 所示。

图 5-10

图 5-11

2）把两根铝型材竖直的安装在刚才组装好的长方形上，如图 5-12 所示。

需要注意的是，确定竖直的铝型材的安装位置。竖直的铝型材距离长边两个端点的距离分别是 125mm 和 240mm，铝型材宽为 20mm，所以（125+240+20）mm 刚好是 385mm，与底盘的长边长度一致。另外，也要注意角码的安装位置。

图 5-12

5. 安装横梁

1）准备最后一根铝型材（长度为 410mm），2 个角码，2 套螺钉和螺母，如图 5-13 所示。

2）把 410mm 的铝型材用角码固定在两个竖直的铝型材上，Prusa i3 3D 打印机的铝框架安装完成，效果如图 5-14 所示。

需要注意的是，按照图 5-14 所示的方式面对框架，横梁右边多出来的长度是 82mm（这个长度差不多就可以，后面根据需要还可以调整）。

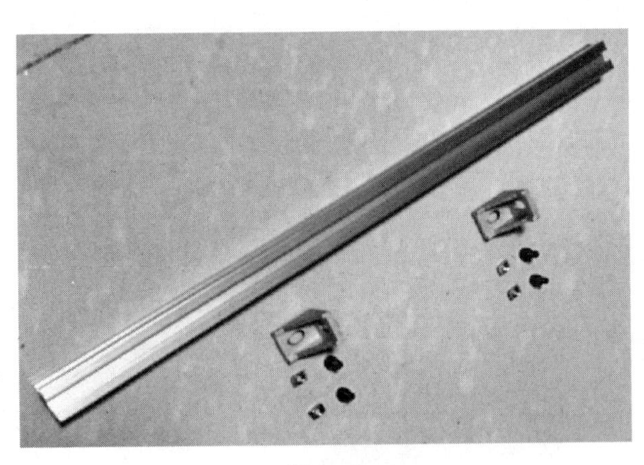

图 5-13

图 5-14

5.3　安装 Prusa i3 3D 打印机的 X 轴

框架搭建好之后，下面就是搭建光轴了，如果想要把光轴支撑起来，首先需要把光轴座固定在铝型材上面。

1. 材料准备

Prusa i3 非标件一套，M4 螺钉 8 个（长度为 10mm），M4 T 型螺母 8 个，M3 螺钉 8 个（长度为 16mm），M3 螺钉 1 个（长度为 35mm），M3 螺母 9 个，M5 螺钉 1 个（长度为 25mm），M5 螺母 1 个，垫圈 2 个，内径为 5mm 的普通轴承 1 个，T 型丝杆螺母 2 个（M8），限位开关 1 个，直线轴承 7 个（LM8UU），光轴 2 根（长度为 340mm），扎带若干。

2. 安装挤出机滑车

1）准备 3 个 LM8UU 直线轴承，3 根扎带，1 个打印件，如图 5-15 所示。

2）把 LM8UU 直线轴承用扎带绑在滑车上，扎带一定要拉紧，不能有松动，如图 5-16 所示。

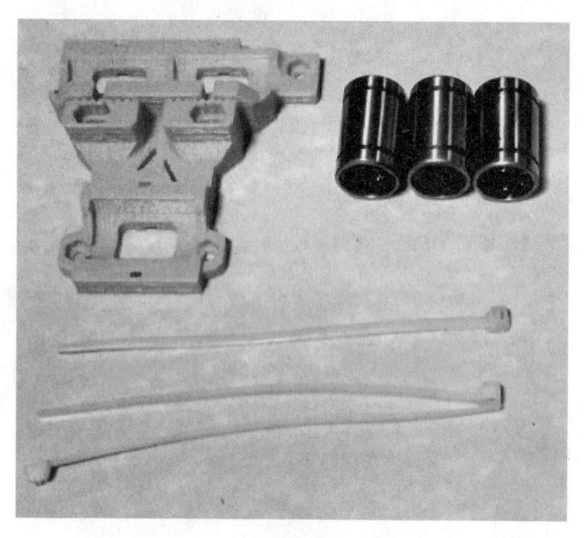

图 5-15

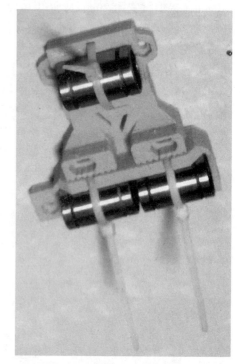

图 5-16

需要注意的是，LM8UU 直线轴承一定要装在一个平面上，这样后面才好安装光轴。

3. 安装 Z 轴两侧的滑轨

1）准备 4 个 LM8UU 直线轴承，2 个滑轨的打印件，如图 5-17 所示。

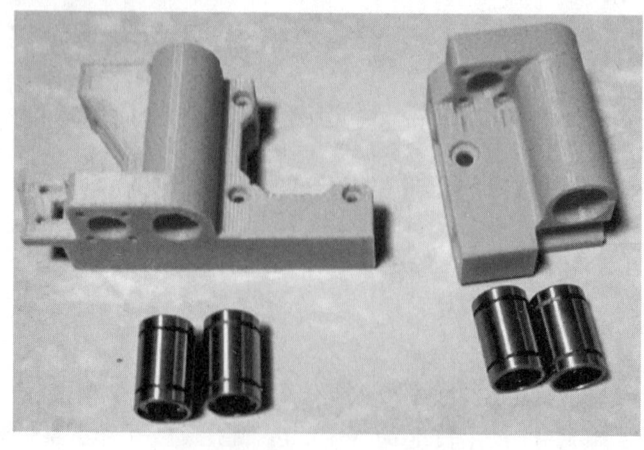

图 5-17

2）分别把 2 个 LM8UU 直性轴承塞进滑轨里，这个孔有点小，可先在孔内涂抹一点润滑油，也可以用电吹风吹塑料打印件，温度高了塑料就会变软，容易塞进去一些，千万不要用蛮力。直线轴承放进去以后的效果如图 5-18 所示。

图 5-18

4. 安装 Z 轴丝杆的 T 型螺母

准备 M8 黄铜的 T 型螺母，8 个 M3 的螺钉，8 个 M3 的螺母，如图 5-19 所示。

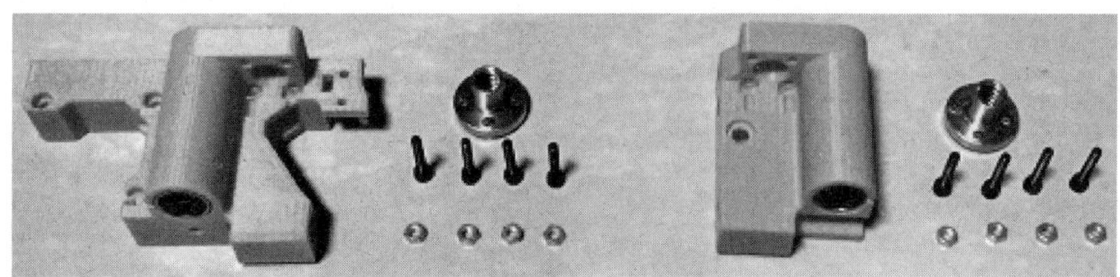

图 5-19

这两个黄铜螺母主要是用来固定丝杆的，安装起来比较容易很多，大家按照螺孔安装好把螺钉拧紧就可以了，安装好的效果如图 5-20 所示。

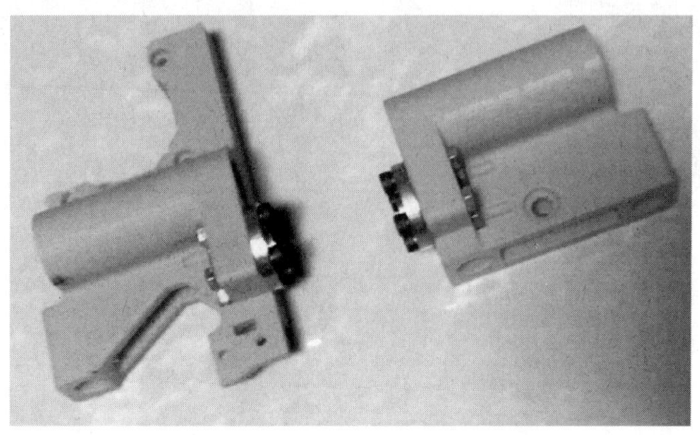

图 5-20

5. 安装被动轮轴承

1）准备 M5 的螺钉（长度为 25mm），M5 的螺母，内径为 5mm 的轴承，垫圈 2 个，如图 5-21 所示。

2）把轴承和垫圈固定在滑轨上，不要拧得太紧，要让轴承能够很容易的转动，如图 5-22 所示。

图 5-21

图 5-22

6. 安装 Z 轴限位开关触发螺母

1）准备 1 个 M3 螺钉（长度为 35mm），1 个 M3 螺母，如图 5-23 所示。

2）这个螺母安装在滑轨的下方，到时候用来触发 Z 轴的限位开关，所以只需要把螺钉固定在滑轨上就可以了，后边调试的时候会调整这颗螺钉的长度，如图 5-24 所示。

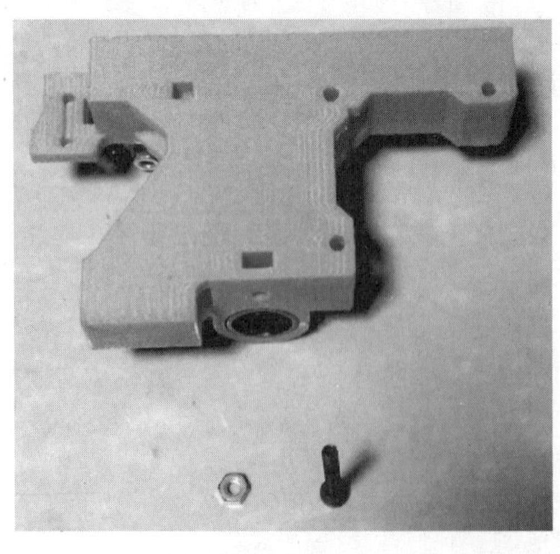

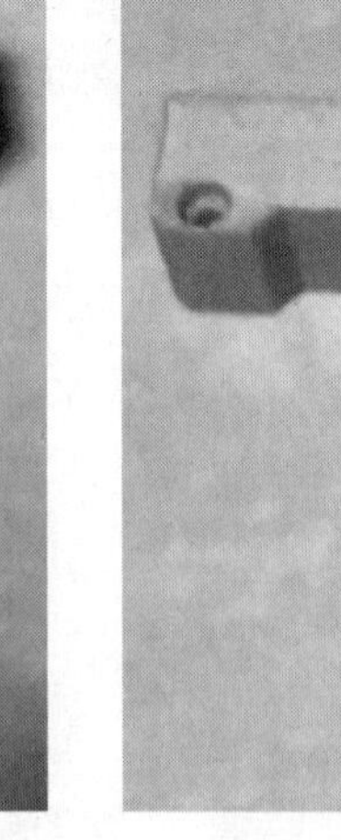

图 5-23

图 5-24

7. 安装 X 轴限位开关

1）准备限位开关和扎带，如图 5-25 所示。

2）把限位开关用扎带嵌在滑轨的两个孔里，如图 5-26 所示。

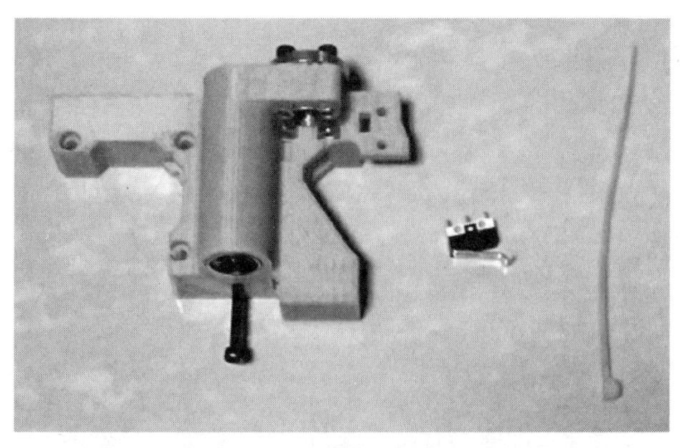

图 5-25

图 5-26

需要注意的是，仔细看图 5-26 滑轨以及限位开关是安装在哪一个面，不能装反。

8. 组装 X 轴

1）准备 2 根光轴（长度为 340mm），首先把光轴插在滑车的直线轴承里面，如图 5-27 所示。

图 5-27

需要注意的是，安装光轴一定要把光轴两端打磨光滑，打磨成梯形，外端细一些形成一些坡度，因为在安装过程中很容易把直线轴承里的滚珠弄掉，如果滚珠都掉了，那么滑动就不顺畅了。安装的时候不要使用蛮力。

2）最后把 2 个滑轨安装在光轴的两端，装好的效果如图 5-28 所示。

需要注意的是，根据图 5-28 确认滑轨和滑车的方向不要装反，防止返工。

图 5-28

5.4 安装 Prusa i3 3D 打印机的 Z 轴

1. 材料

M4 螺钉 8 个（长度为 10mm），M4 T 型螺母 8 个，打印件 1 套，联轴器 2 个，光轴 2 两根（长度为 340mm），丝杆两根（直径为 8mm），42 步进电动机 3 个，M3 螺钉 11 个（长度为 8mm），带轮 1 个。

2. 安装电动机和光轴固定座

1）准备 8 个 M5 螺钉，8 个 T 型螺母，打印件 1 套，如图 5-29 所示。

图 5-29

2）先安装电动机的固定座。将固定座靠近竖直铝型材安装，安装在长的那一边，如图 5-30 所示。

需要注意的是，仔细看图，电动机固定座是分左右的，安装前应确认方向。

3）安装光轴的固定座。先将固定座安装在横梁上，位置可在后续根据需要进行调整，如图 5-31 所示。

图 5-30

图 5-31

3. 安装 42 步进电动机

1）准备 8 个 M3 螺钉，2 个 42 步进电动机，如图 5-32 所示。

图 5-32

2）把 42 步进电动机安装在电动机固定座上，如图 5-33 所示。

4. 安装光轴

1）准备 2 根光轴（长度为 340mm）和之前组装好的 X 轴，如图 5-34 所示。

图 5-33

图 5-34

2）把光轴两端用砂纸打磨，让两端比较光滑，呈现出梯形的坡度，具体原因在组装 X 轴的时候已经描述，此处不赘述。

3）把光轴插入光轴固定座，如图 5-35 所示。

4）把组装好的 X 轴插入光轴，将光轴最下边插在电动机固定座的圆孔上，如果光轴不是处于垂直状态，就需要调整光轴固定座的位置，让光轴处于垂直状态，如图 5-36 所示。

5. 安装丝杠

1）准备 2 根丝杠，2 个联轴器，如图 5-37 所示。

2）把丝杠从光轴固定座的孔里穿过来。

3）将丝杠从 X 轴的 T 型螺母拧过去。

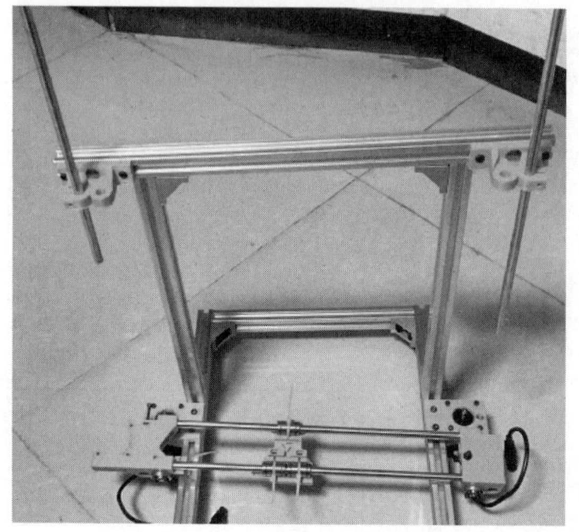

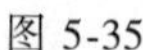
图 5-35

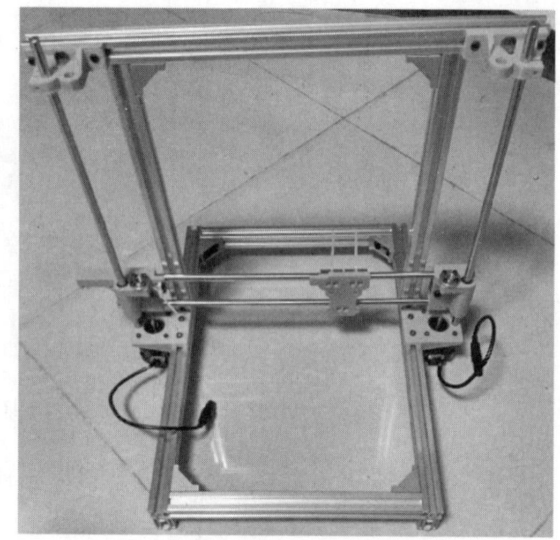

图 5-36

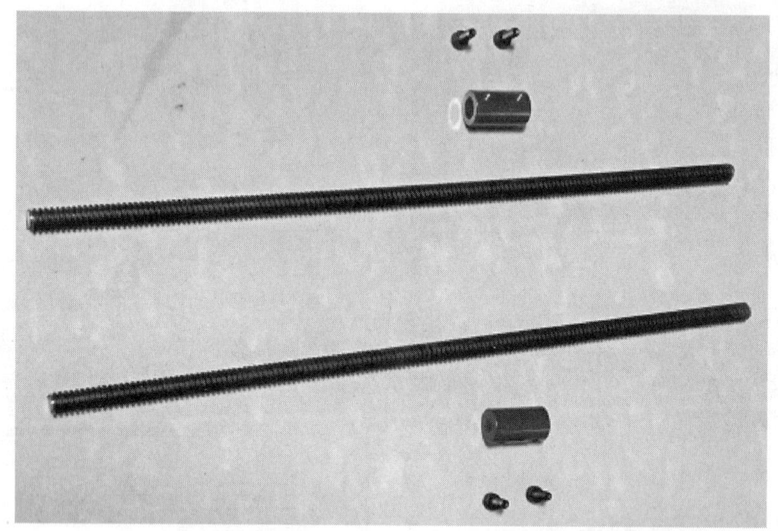

图 5-37

4）调整 X 轴，让 X 轴保持水平。

5）使用联轴器把丝杠固定在 42 步进电动机上。

需要注意的是，最好让 X 轴离底盘有 10cm 的距离，便于后续安装 Y 轴和挤出机，如图 5-38 所示。

6. 安装 X 轴电动机

1）准备 3 个 M3 螺钉（长度为 8mm），1 个 42 步进电动机，如图 5-39 所示。

2）将电动机安装在电动机固定座上，如图 5-40 所示。

3）准备 1 个带轮，如图 5-41 所示。

4）将带轮安装在电动机上，如图 5-42 所示。

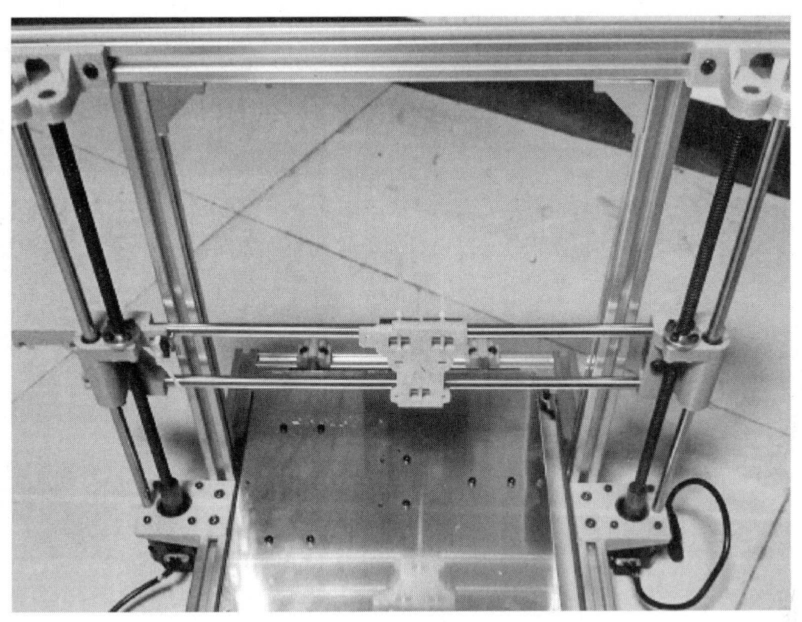

图 5-38

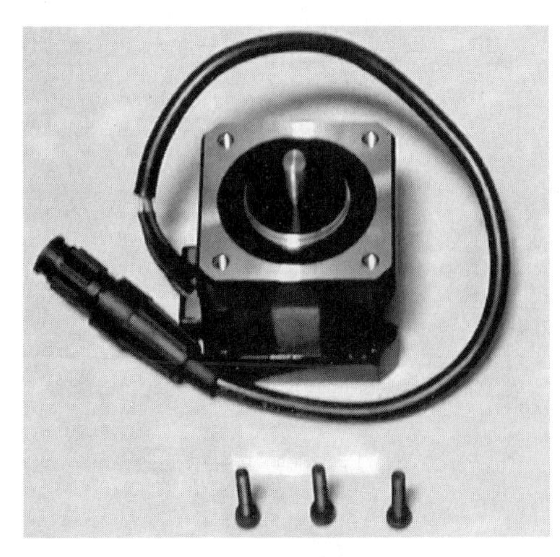

图 5-39

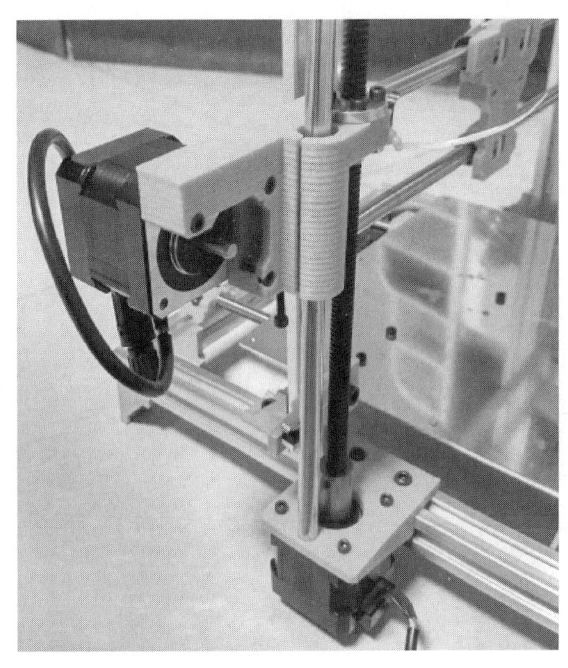

图 5-40

需要注意的是，带轮要和预留的孔对齐，由于电动机轴太短，导致带轮和孔没有办法对齐，需要在电动机上加了 3 个小铜柱，使其对齐。

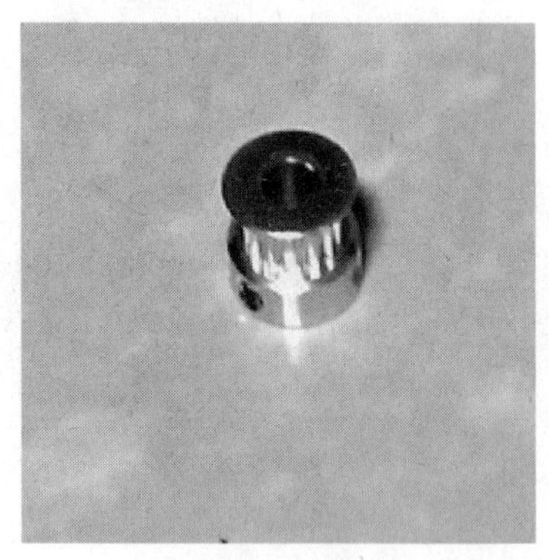

图 5-41

图 5-42

7. 安装 Z 轴限位开关

1）准备 1 个 M4 螺钉（长度为 10mm），1 个 M4 T 型螺母，1 个限位开关，1 个扎带，1 个打印件，如图 5-43 所示。

2）把限位开关用扎带固定在打印件上，如图 5-44 所示。

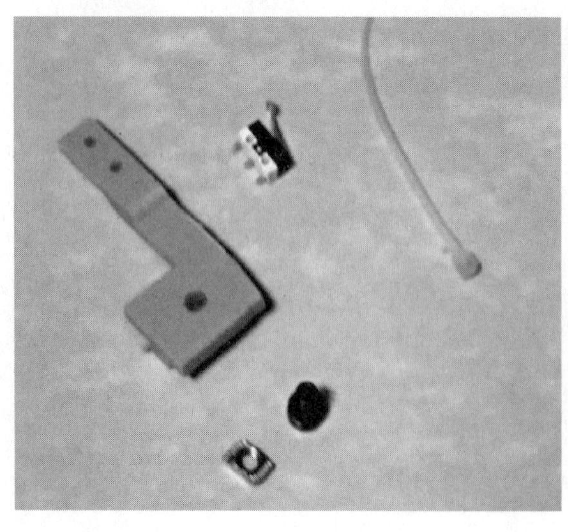

图 5-43

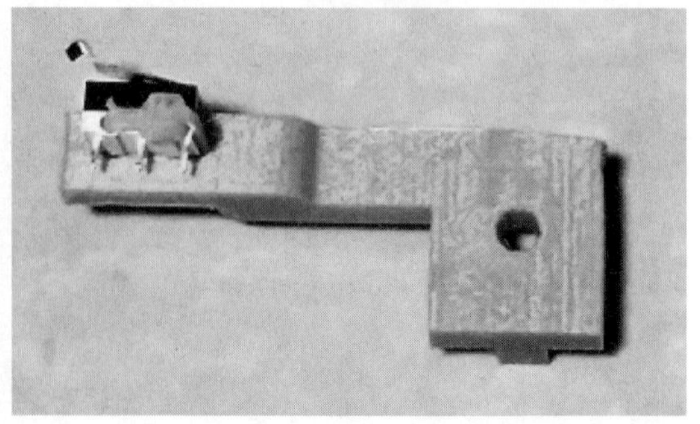

图 5-44

3）将打印件安装在 Z 轴的光轴上，如图 5-45 所示。

需要注意的是，确定好打印件的安装方向。

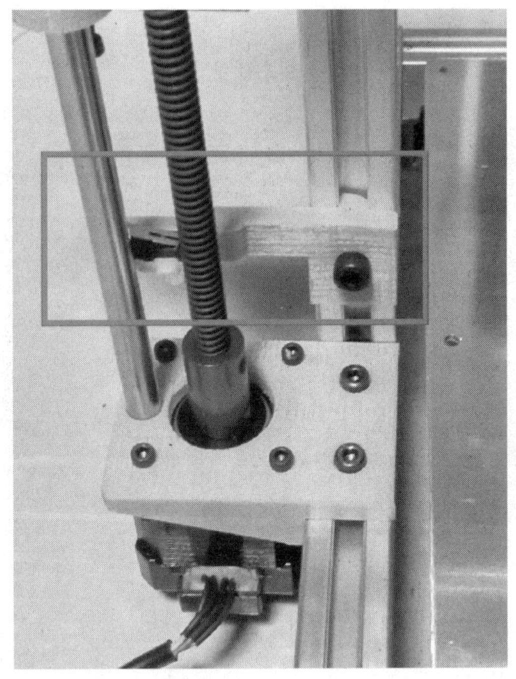

图 5-45

5.5 安装 Prusa i3 3D 打印机的 Y 轴

Prusa i3 3D 打印机的 Y 轴就是打印机上安装热床的那个轴，热床放在电路安装部分来讲解。

1. 材料准备

3D 打印件 1 套，M3 螺钉 4 个（长度为 8mm），M3 螺钉 8 个（长度为 10mm），M3 螺钉 1 个（长度为 16mm），M3 螺母 9 个，M4 螺钉 8 个（长度为 10mm），M4 T 型螺母 8 个，M5 螺钉 4 个（长度为 10mm），M5 T 型螺母 4 个，M5 螺钉 1 个（长度为 25mm），M5 螺母 1 个，光轴 2 根（长度为 385mm），直线轴承 3 个（LM8UU），铝基板 1 块，轴承 1 个（内径为 5mm），垫圈 2 个，限位开关 1 个，42 步进电动机 1 个，扎带若干。

2. 安装铝基板滑轨

1）准备 3 个 LM8UU 直线轴承，3 根扎带，1 套打印件，如图 5-46 所示。

2）使用扎带把直线轴承固定在打印件上，要安装到位，并固定紧，如图 5-47 所示。

3）准备 1 块铝基板，步骤 2）安装好的 3 个直线轴承，6 个 M3 螺钉（长度为 10mm），6 个 M3 螺母，如图 5-48 所示。

4）把 3 个直线轴承固定在铝基板的同一个面上，一定要对齐，并保持在一个平面上，否则不利于后续光轴的安装，如图 5-49 所示。

3. 安装传动带固定座

1）准备 2 个 M3 螺钉（长度为 10mm），2 个 M3 螺母，1 个打印件，如图 5-50 所示。

2）把打印件用螺钉固定在铝基板上，安装的位置和朝向如图 5-51 所示。

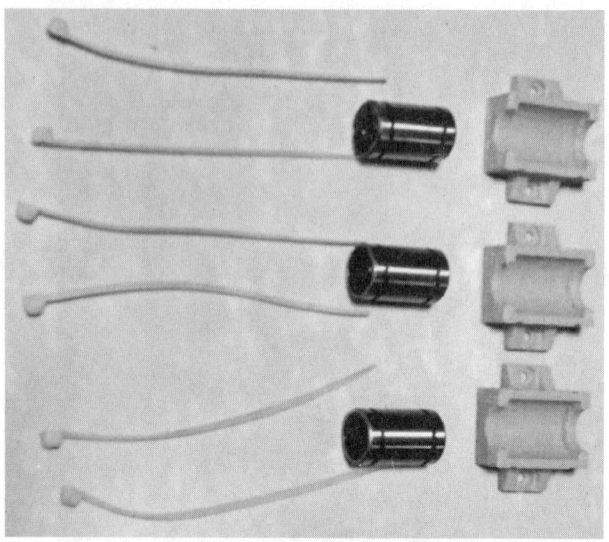

图 5-46

图 5-47

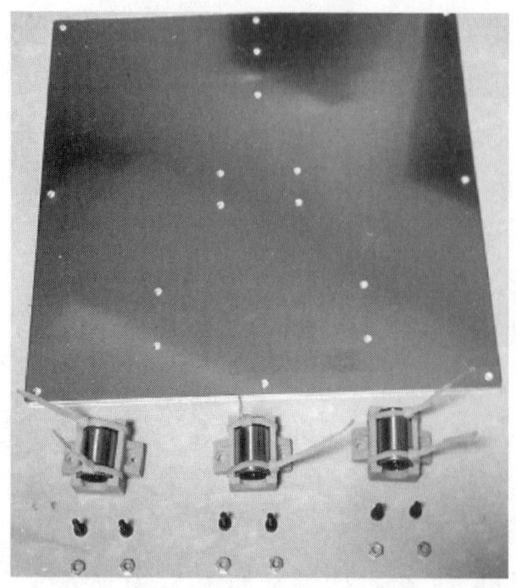

图 5-48

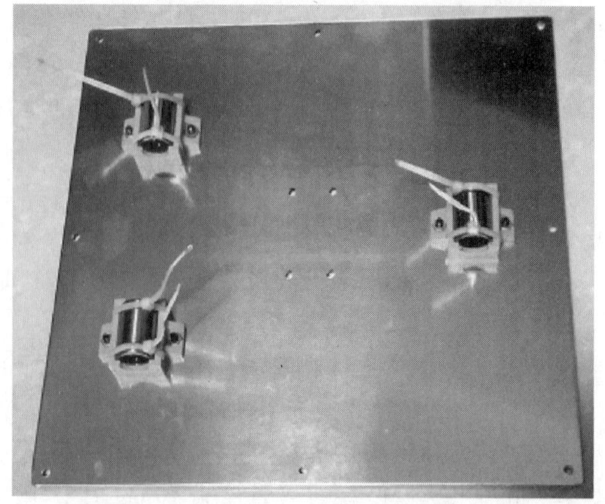

图 5-49

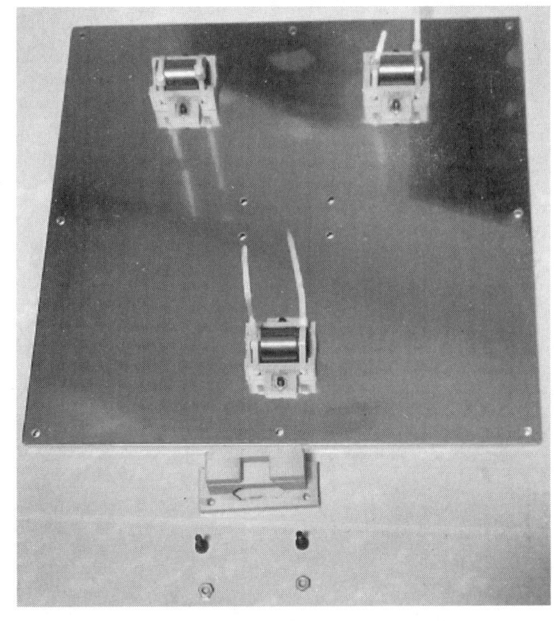

图 5-50

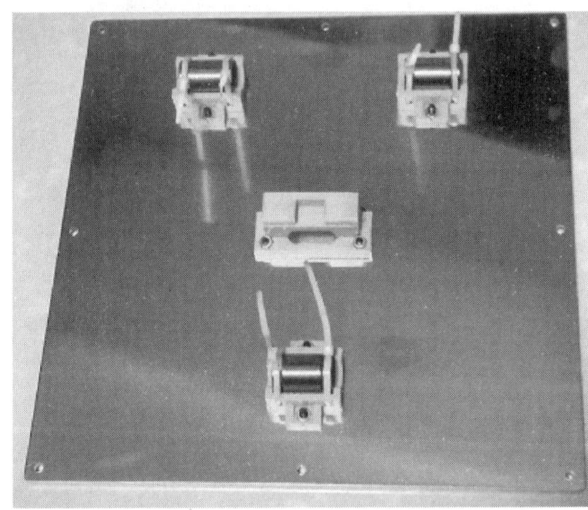

图 5-51

4. 安装光轴

1）准备 2 根光轴（长度为 385mm），8 个 M4 螺钉，8 个 M4 T 型螺母，4 个打印件，如图 5-52 所示。

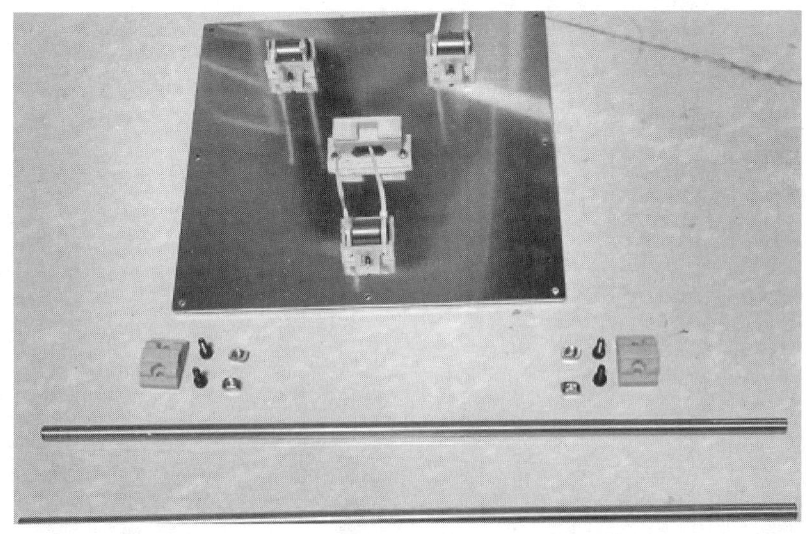

图 5-52

2）把两端打磨光滑的光轴从直线轴承里穿过，不要让轴承里的滚珠掉出来。

3）把固定座放在光轴的两端，可以抹油增加润滑，安装完成后的效果如图 5-53 所示。

4）最后用 M4 螺钉把铝基板固定在框架上，如图 5-54 所示。

5. 安装 Y 轴电动机传动装置

1）准备 1 个 M5 螺钉，2 个 M5 T 型螺母，1 个打印件，如图 5-55 所示。

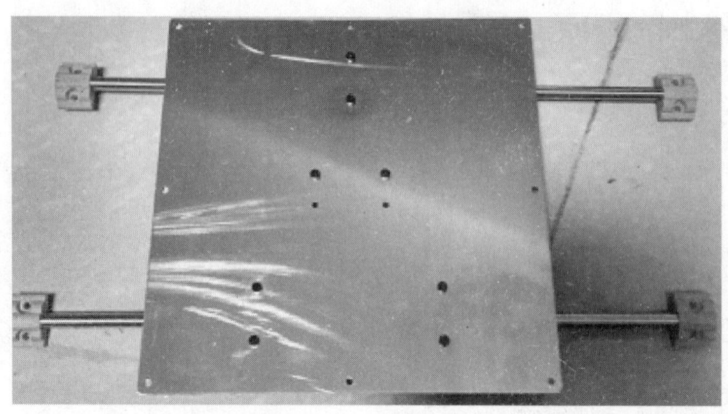

图 5-53

2）把打印件通过 M5 螺钉固定在框架上，如图 5-56 所示。

需要注意的是，打印件上有 2 个孔，一定都要固定，否则容易导致安装过程中电动机座断裂，同时也要注意看下图中安装的位置和边。

3）准备 1 个内径为 5mm 的轴承，2 个垫圈，1 个 M5 螺钉（长度为 25mm），1 个 M5 螺母，2 个 M5 螺钉（长度为 10mm），1 个 M5 T 型螺母，1 个打印件，如图 5-57 所示。

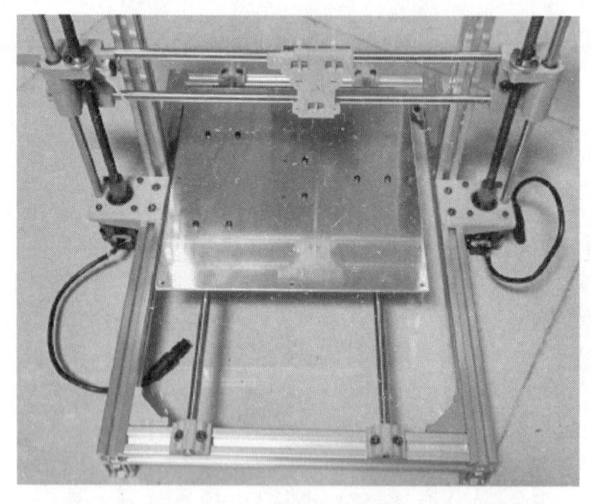

图 5-54

图 5-55

图 5-56

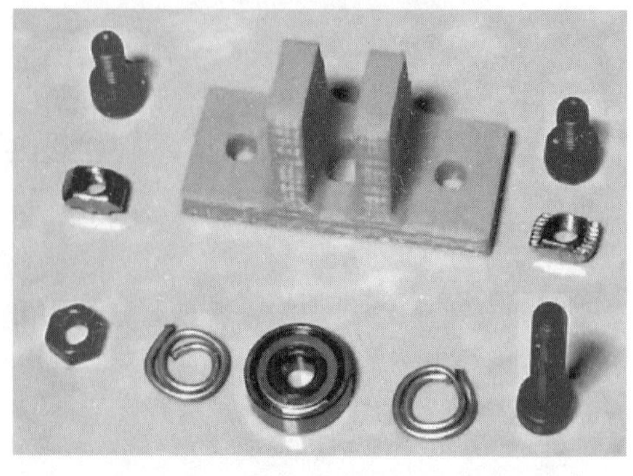

图 5-57

4）用 2 个 10mm 长的螺钉把打印件固定在框架上，然后用长螺钉把垫圈和轴承固定在打印件上，如图 5-58 所示。

仔细观察图 5-58 所示的安装位置，一定要先把打印件安装在框架上，才能安装轴承，否则是安不上的，注意先后顺序。

6. 安装 Y 轴限位开关

1）准备 1 个限位开关，1 个打印件，1 个 M3 螺钉（长度为 16mm），1 个 M3 螺母，如图 5-59 所示。

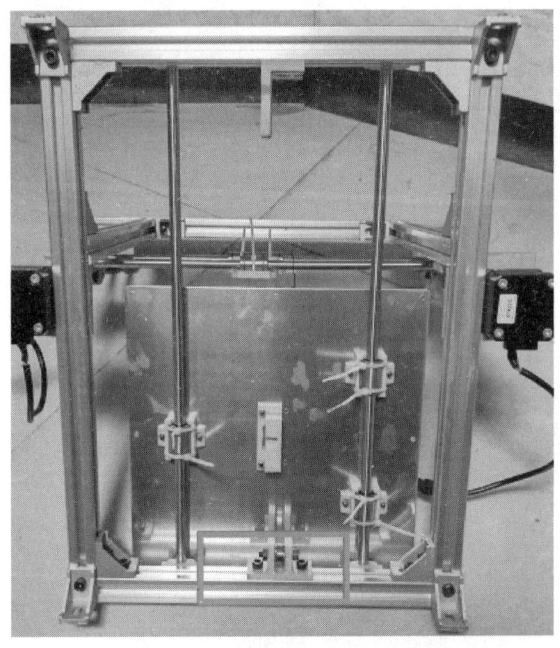

图 5-58

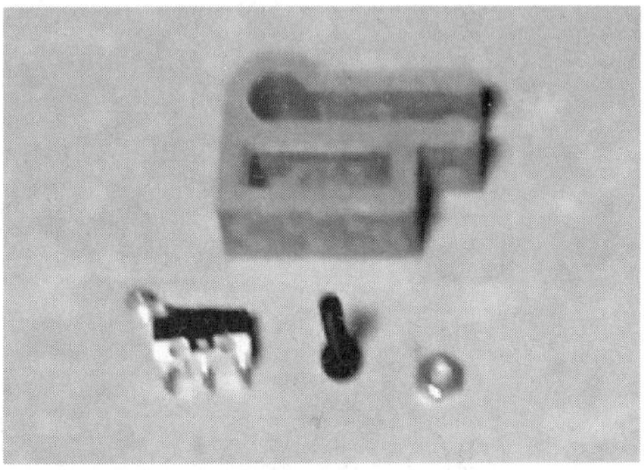

图 5-59

2）把限位开关固定在打印件里，如果固定不紧可以考虑加一些玻璃胶黏住，限位开关安装的方向如图 5-60 所示。

图 5-60

3）使用 M3 螺钉把限位开关固定在铝基板的光轴上，如图 5-61 所示。仔细看安装的位置，安装时不用一次到位，后续可以调位置。

7. 安装 Y 轴电动机

1）准备 4 个 M3 螺钉（长度为 10mm），1 个 42 步进电动机，如图 5-62 所示。

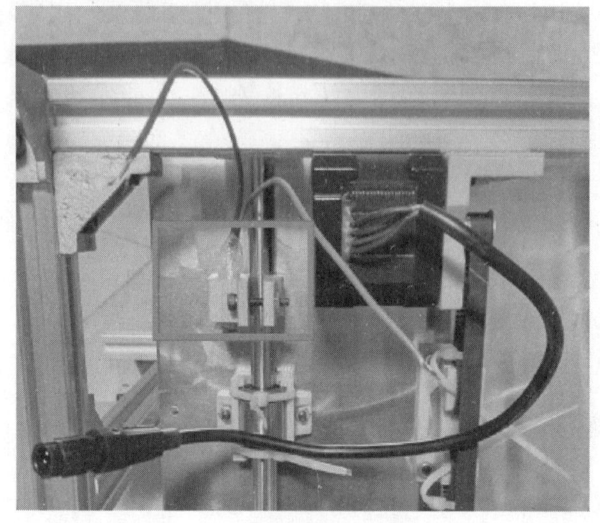
图 5-61

图 5-62

2）把电动机固定在电动机座上，如图 5-63 所示。

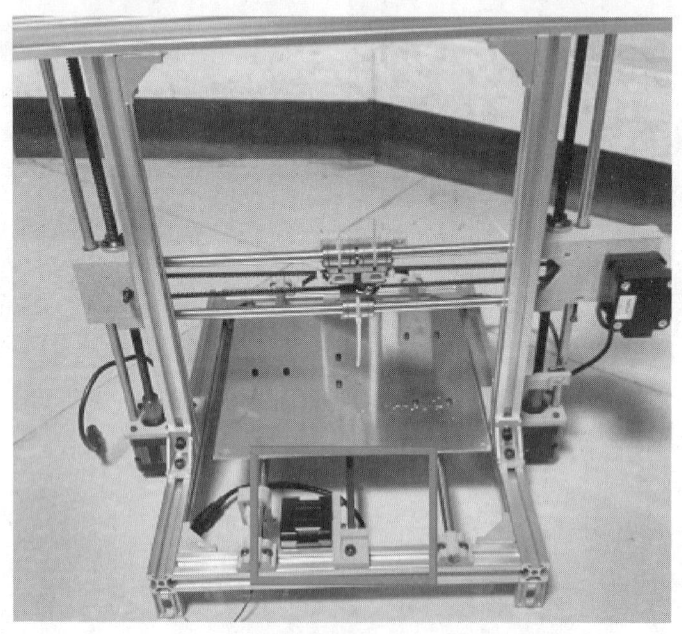
图 5-63

5.6 安装 Prusa i3 3D 打印机 MK8 挤出机

1. 材料准备

MK8 挤出机 1 套，42 步进电动机 1 个，加热铝块 1 个，喉管 1 个，挤出头 1 个，风扇 1 个，散热铝片 1 个，风扇罩 1 个，电动机固定座 1 个，M3 螺钉 2 个（长度为 14mm），M3 螺钉 2 个（长度为 8mm），M3 螺母 4 个。

2. 安装电动机固定座

1）准备1个电动机固定座，2个M3螺钉（长度为14mm），2个M3螺钉（长度为8mm），4个M3螺母，如图5-64所示。

2）把电动机固定座安装在X轴的滑车上，如图5-65所示。

图5-64

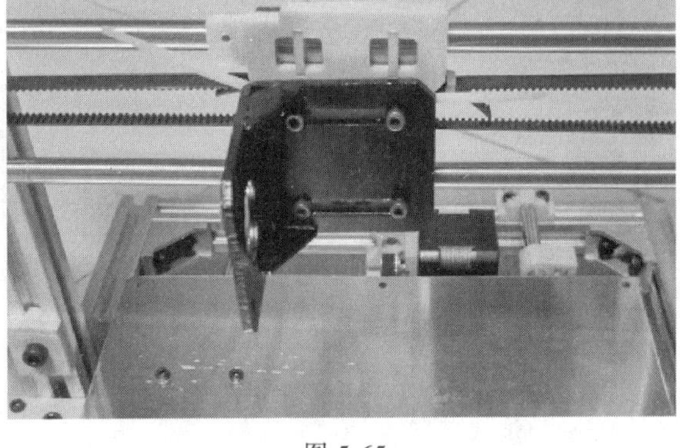

图5-65

3. 安装电动机

1）准备1个42步进电动机，1个挤出齿轮（MK8中包含），如图5-66所示。

2）把挤出齿轮安装在电动机上，如图5-67所示。不用安装得太紧，后续还要调整挤出齿轮的位置。

图5-66

图5-67

3）准备1个MK8底盘，1个M3螺钉，如图5-68所示。

4）把电动机固定在电动机座上，如图5-69所示，确认电动机安装的方向和底盘的方向。

4. 安装MK8挤出机

1）准备1个挤出臂，1个挤出滑轮，1个小螺钉，1个套管，如图5-70所示。

2）把挤出滑轮固定在挤出臂上，如图5-71所示，将套管插在直角处的孔内。

图 5-68

图 5-69

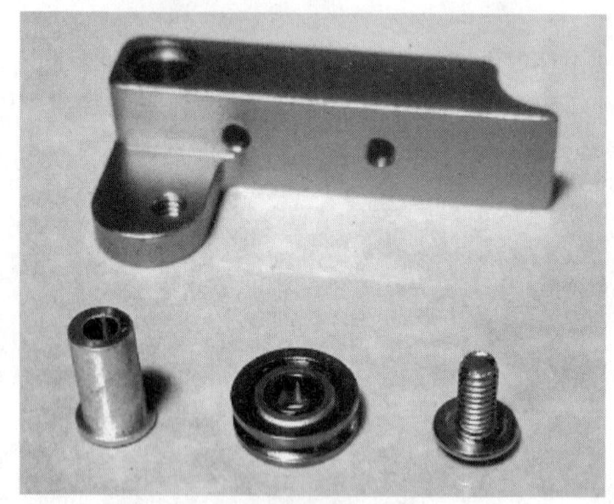

图 5-70

图 5-71

3）准备 1 个弹簧，4 个螺钉，具体尺寸如图 5-72 所示。

4）把挤出臂安装在挤出机上，如图 5-73 所示。

5）把弹簧安装在挤出臂下边，让基础齿轮和挤出滑轮紧紧地贴在一起，如图 5-74 所示。

需要注意的是，这个时候可以调整基础齿轮的位置，让挤出齿轮正好和挤出滑轮重合在一起。

5. 安装风扇

1）准备 1 个风扇，1 个散热片，1 个风扇保护罩，2 个 M3 螺钉，2 个垫圈，如图 5-75 所示。

图 5-72

图 5-73

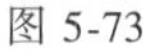

图 5-74

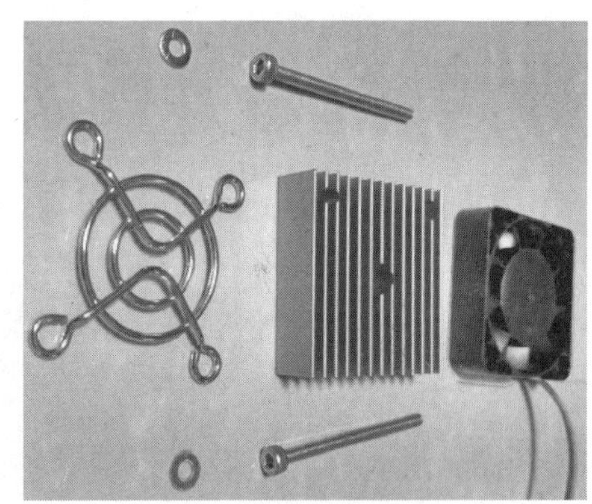

图 5-75

2）把风扇安装到 MK8 挤出机上，如图 5-76 所示。由于散热铝块太热会烫坏风扇，所以把风扇保护罩安装在散热铝块和风扇中间，或将风扇保护罩安装在风扇外边。

6. 安装挤出头

1）准备 1 个加热铝块，1 个喉管，1 个挤出头，如图 5-77 所示。

2）把挤出头、加热铝块、喉管组装起来，如图 5-78 所示。

3）把组装好的挤出头安装在 MK8 挤出机的下边，不要把喉管拧进去太长，以免使挤出齿轮无法转动，如图 5-79 所示。

挤出头不同的角度，如图 5-80 所示。

需要注意的是，如果喉管和 MK8 无法拧紧，可以在喉管上加 1 个 M6 的螺母。

图 5-76

图 5-77

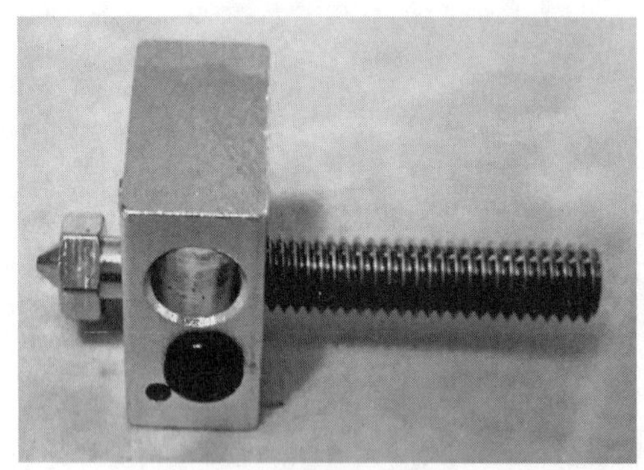
图 5-78

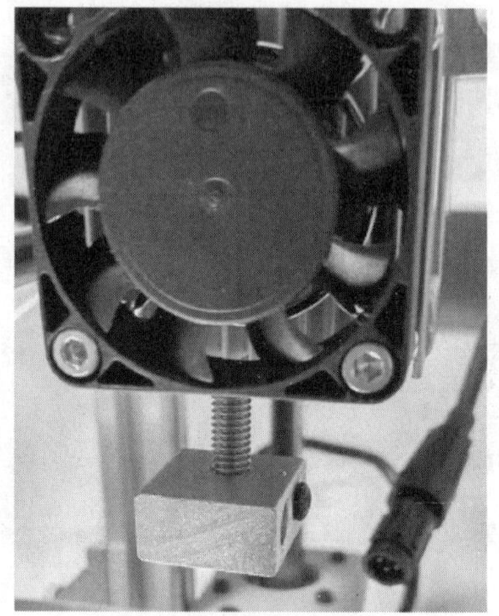
图 5-79

图 5-80

5.7 安装 Prusa i3 3D 打印机的电路

1. 材料准备

热床 1 个，M3 螺钉 4 个（长度为 35mm），M3 螺母 4 个，弹簧 4 个，加热棒 1 个，热敏电阻 2 个，12V/20A 电源 1 个，耐热胶带。

2. 安装热床

1）准备 1 个热床，1 个热敏电阻，耐热胶带若干，如图 5-81 所示。

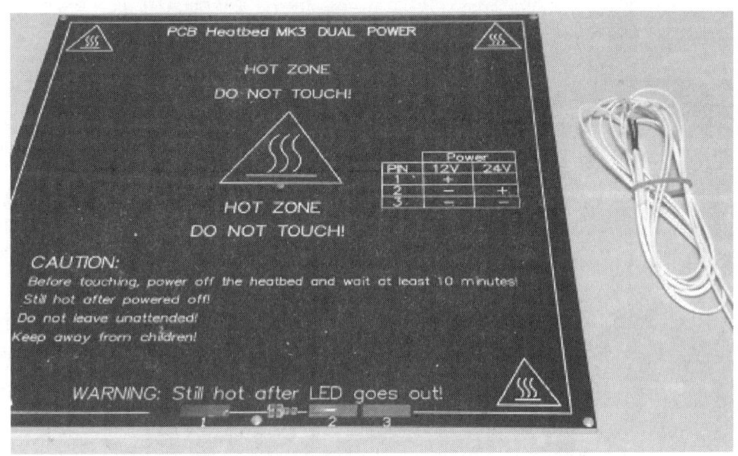

图 5-81

2）给热床焊接导线，导线一定要选用粗的，并且越粗越好，因为加热时电流大，如果导线太细，会使电线发热严重。如果电源是 12V，则 1 脚接电源正极，2、3 脚都接电源的负极，如图 5-82 所示。

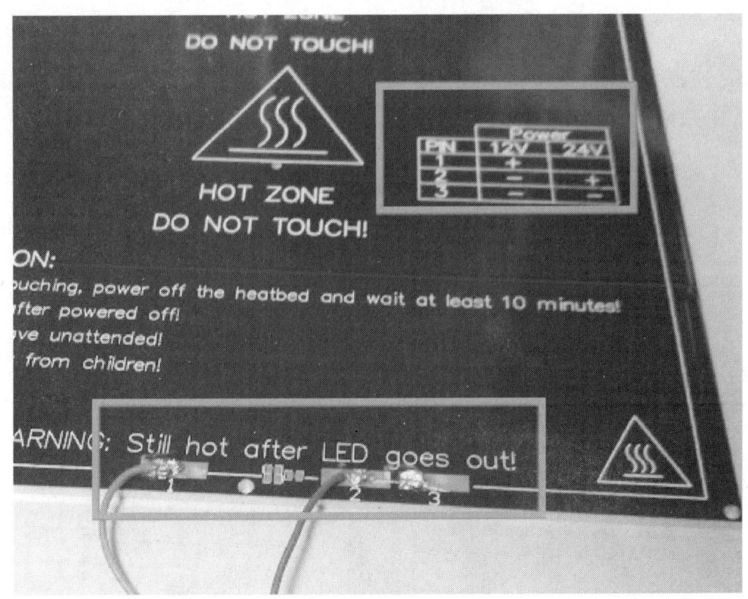

图 5-82

3）使用耐热胶带把热敏电阻黏在热床背后的小孔中，如图 5-83 所示。

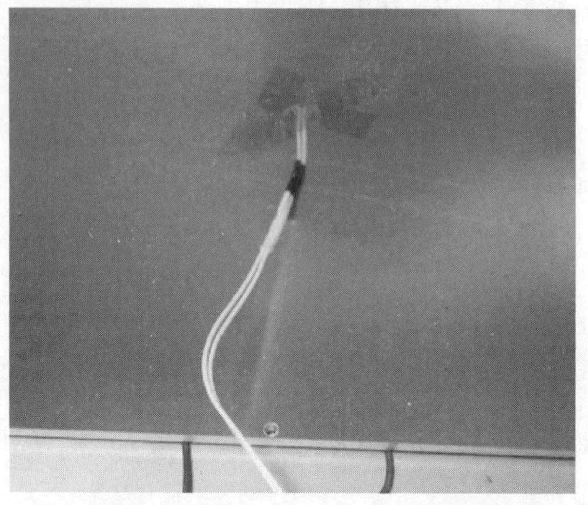

图 5-83

4）准备 4 个 M3 螺钉，4 个 M3 螺母，4 个弹簧，如图 5-84 所示。

图 5-84

5）把热床安装在铝基板上，如图 5-85 所示。铝基板上已经预留了 4 个孔，铝基板和热床中间用弹簧隔开即可，螺钉不用拧得太紧，后续调试的时候还需要调平。

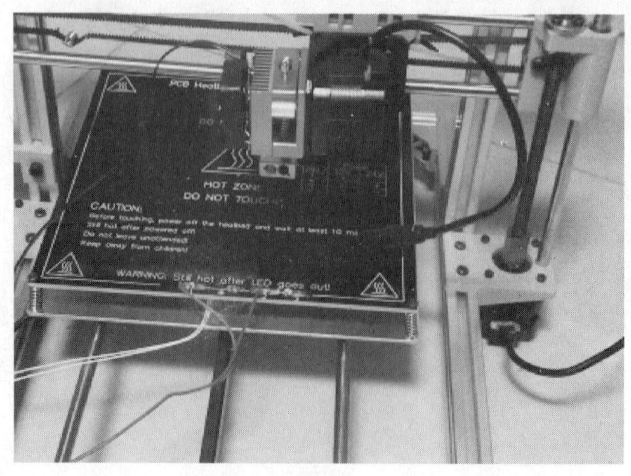

图 5-85

3. 安装加热棒

1）准备 1 个加热棒，1 个热敏电阻，如图 5-86 所示。

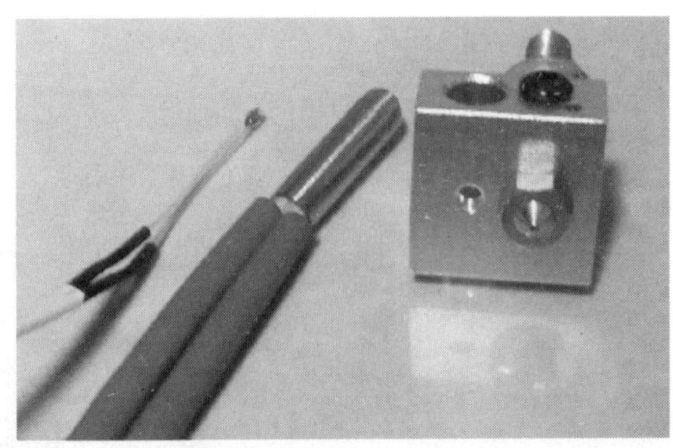

图 5-86

2）把之前已经安装好的喉管从挤出机上拧下来，然后把加热棒和热敏电阻安装在上边，如图 5-87 所示。加热铝块上都有预留安装孔。

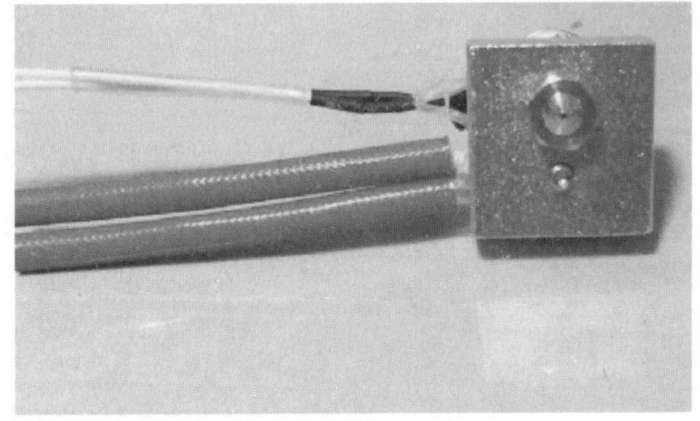

图 5-87

3）把喉管再次安装在挤出机下边，使之连通，如图 5-88 所示。

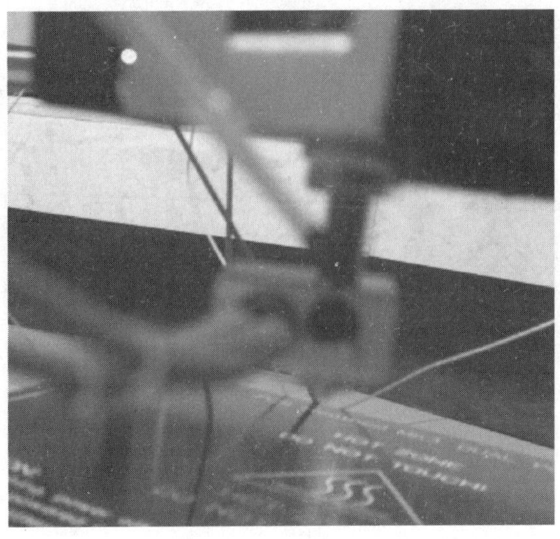

图 5-88

4. 安装主控

1）准备 Arduino mega2560、Ramps1.4 扩展板一套，如图 5-89 所示。

图 5-89

2）把 Ramps1.4 扩展板插在 Arduino mega2560 上，所有 A4988 的细分跳线全部短路（跳线在 Ramps1.4 扩展板上，A4988 插槽的中间），按照如图 5-90 所示接线。

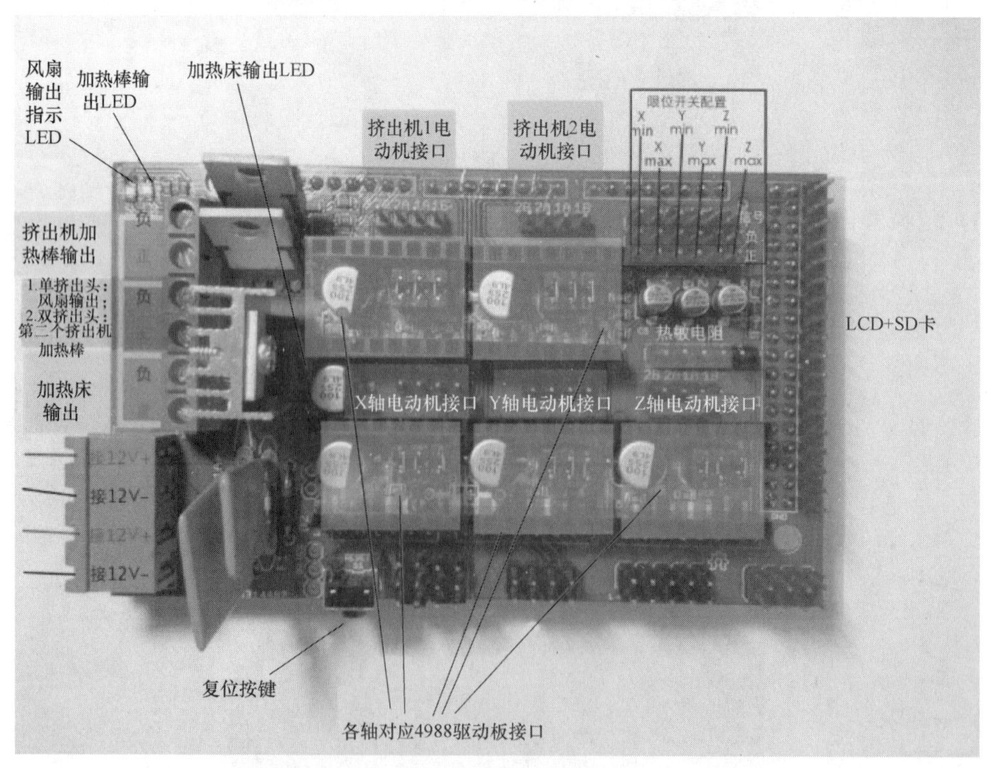

图 5-90

官方的接线图，如图 5-91 所示。

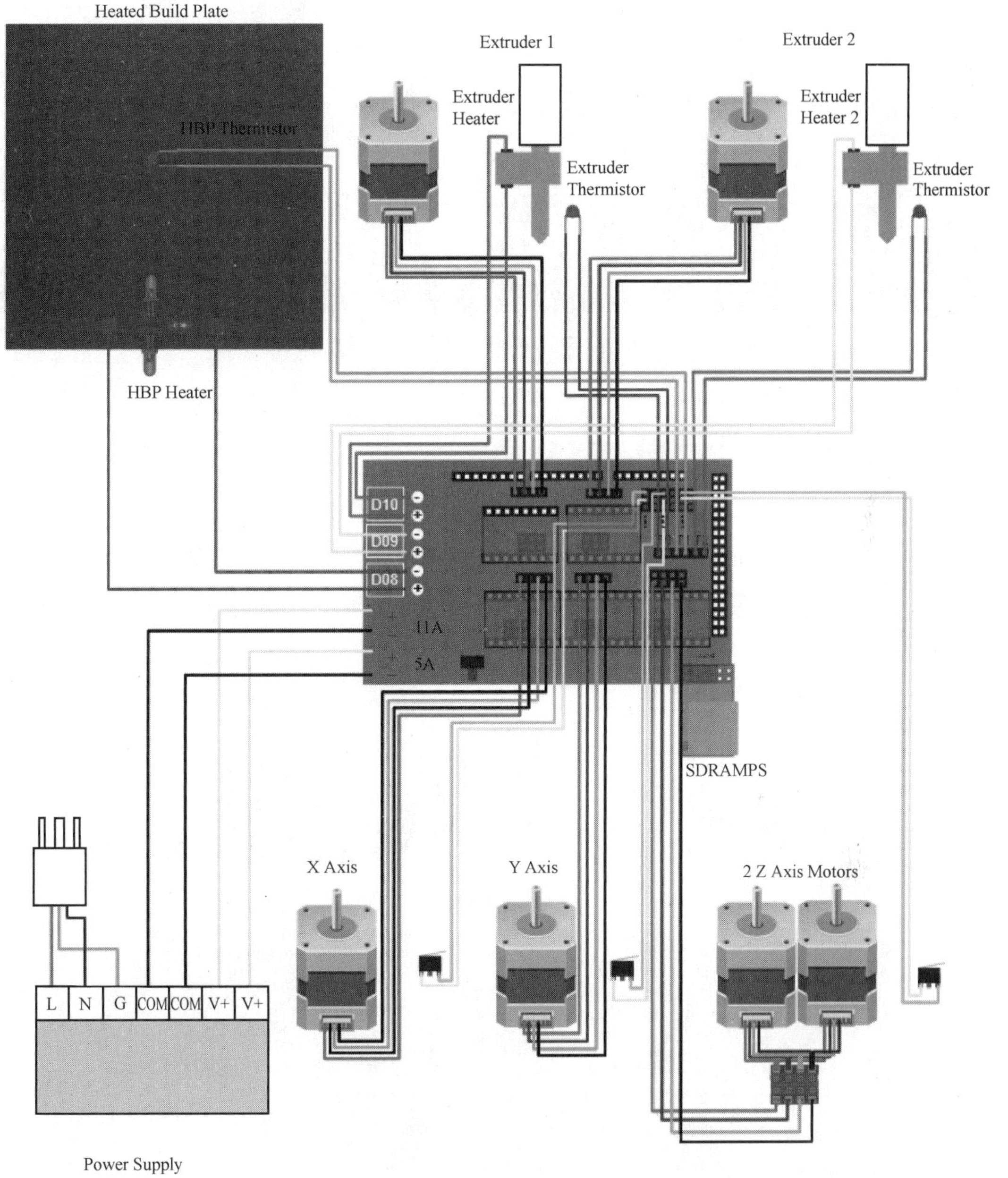

图 5-91

第6章

蜗杆、蜗轮零件三维数字化设计与3D打印

【实例说明】

本章主要介绍蜗杆、蜗轮类零件三维数字化设计与3D打印。其构建思路为：采用建立表达式的方法输入规律曲线的设计变量及蜗杆、蜗轮建模的几何变量，然后绘制截面线；旋转、扫掠草绘截面，创建蜗杆、蜗轮齿形或齿廓实体及蜗杆、蜗轮主体，并在轮边及槽底倒角，然后进行3D分层切片及3D打印，效果如图6-1所示。

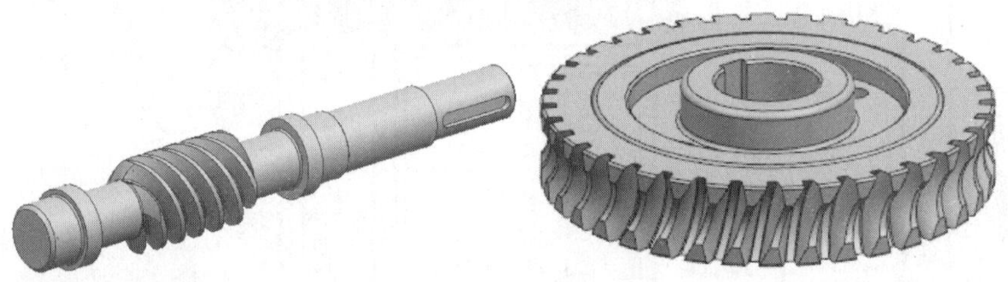

三维数字模型

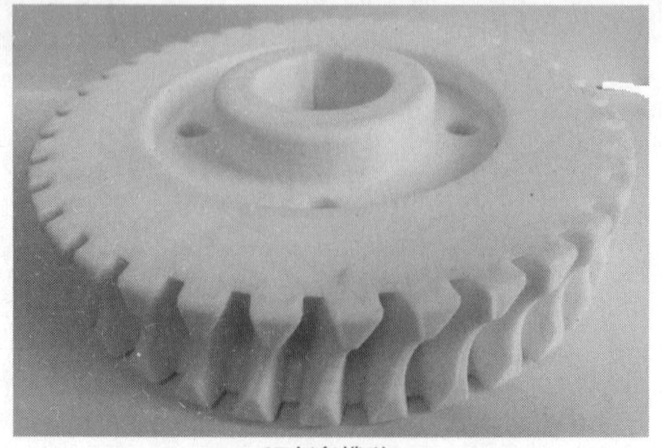

3D打印模型

图6-1

【学习目标】

通过该实例的练习，使读者能熟练地掌握和运用草图工具，熟练掌握建立参数表达式、拉伸、旋转、扫掠等基础特征的创建方法。通过本实例还可以练习阵列曲线、阵列面、镜像操作、修剪体、边倒圆角等特征基本操作方法和操作技巧。

6.1 创建阿基米德蜗杆文件

选择菜单中的【文件】/【新建】命令或单击 (New 建立新文件) 按钮，出现【新建】对话框，在【名称】栏中输入【wg】，在【单位】下拉列表框中选择【毫米】选项，以毫米为单位，单击 确定 按钮，建立文件名为 wg. prt，单位为毫米的文件。根据图 6-2 所示阿基米德蜗杆图样造型。

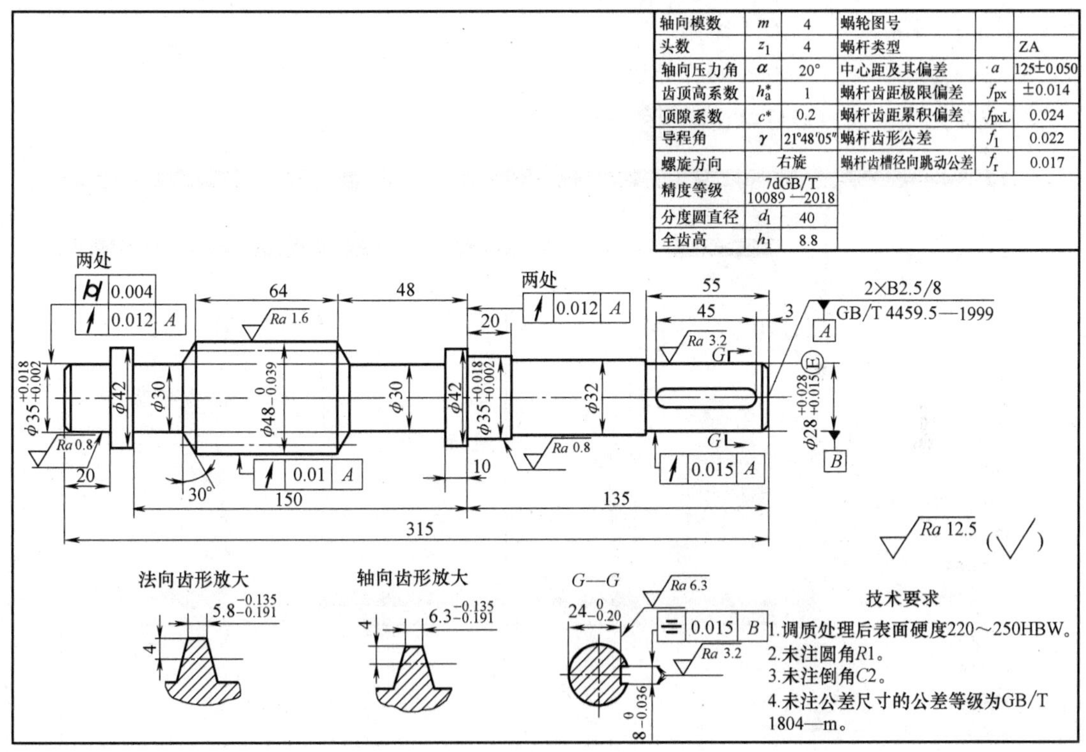

图 6-2

6.2 创建蜗杆主体

1. 建立表达式

选择菜单中的【工具】/【= 表达式(X)...】命令，出现【表达式】对话框，如图 6-3 所示，在【名称】【公式】列表中依次输入【m】【4】，即表示 m = 4，在【量纲】下拉列表框中选择无单位▾选项，当完成输入后，单击 应用 按钮。

按照相同的方法输入规律曲线的表达式，具体如下：

m=4　　　　　　　// 蜗杆模数

z=4　　　　　　　// 蜗杆头数

a=20　　　　　　 // 轴向压力角

ha=1　　　　　　 // 齿顶高系数

c=0.2　　　　　　// 顶隙系数

b=21.8　　　　　 // 导程角

d=40　　　　　　 // 分度圆直径

h_cg=(ha+c) * m　// 齿根高

h_cd=ha * m　　　// 齿顶高

d_cgy=d-2 * h_cg　// 齿根圆直径

d_cdy=d+2 * h_cd　// 齿顶圆直径

px=pi() * m　　　// 齿距

lj=px * z　　　　// 蜗杆导程

完成表达式输入，最后单击 确定 按钮。

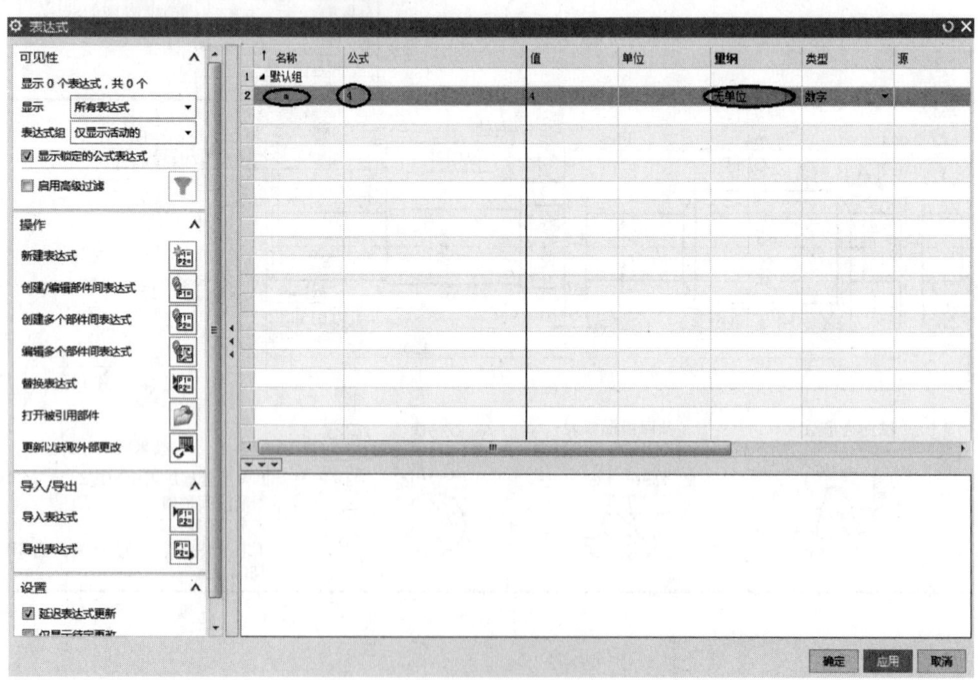

图 6-3

2. 设定工作层

选择菜单中的【格式】/【图层设置(S)...】命令，出现【图层设置】对话框，在对话框中【工作层】文本框中输入 21，然后按<Enter>键，最后在【图层设置】对话框中单击 关闭 按钮，完成工作层的设定。

3. 草绘蜗杆截面

选择菜单中的【插入】/【草图】命令或在【直接草图】工具条中单击（草图）按钮，出现【创建草图】对话框，根据系统提示选择草图平面，在图形中选择 Y-Z 平面作为草图平面，单击 确定 按钮，出现草图绘制区。

在【直接草图】工具条中单击（轮廓）按钮，在主界面捕捉点工具条中选择（现有点）选项，选择坐标原点为起点，按照图 6-4 所示绘制截面线。

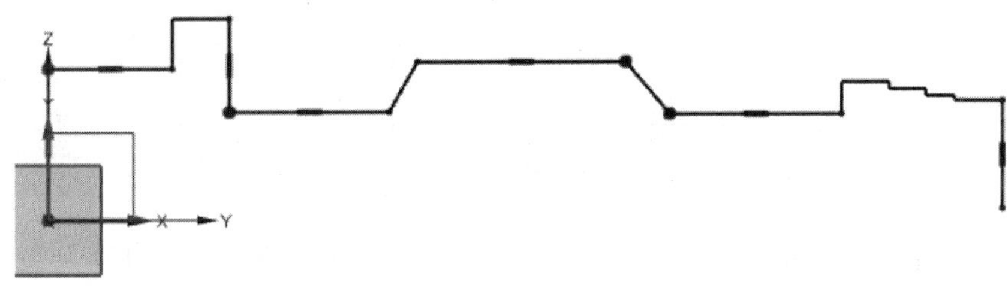

图 6-4

在【直接草图】工具条中单击（几何约束）按钮，出现【几何约束】对话框，单击（点在曲线上）按钮，如图 6-5 所示，在图中选择 X 轴与直线端点，如图 6-6 所示，约束点在曲线上，约束的结果如图 6-7 所示，在【直接草图】工具条中单击（显示草图约束）按钮，使图形中的约束显示出来。

在【直接草图】工具条中单击（快速尺寸）按钮，按照图 6-8 所示的尺寸进行标注。此时直接草图已经转换成绿色，表示已经完全约束。

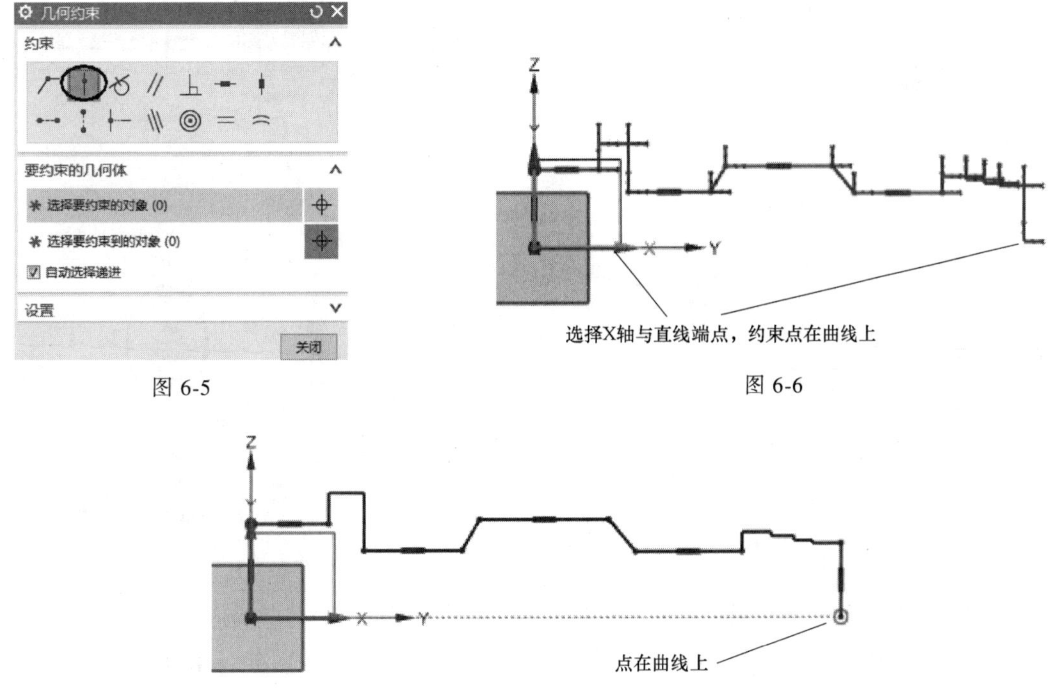

图 6-5

图 6-6

图 6-7

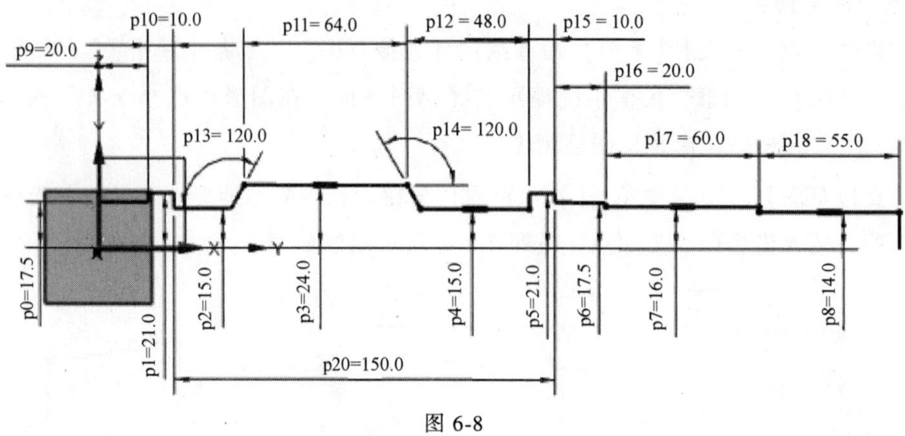

图 6-8

在【直接草图】工具条中单击完成草图按钮，回到建模界面。图形更新如图 6-9 所示。

4. 设定工作层

选择菜单中的【格式】/【图层设置(S)...】命令，出现【图层设置】对话框，在对话框中【工作层】文本框中输入 10，然后按<Enter>键，最后在【图层设置】对话框中单击关闭按钮，完成工作层的设定。

5. 创建旋转特征

选择菜单中的【插入】/【设计特征】/【旋转(R)...】命令或在【特征】工具条中单击(旋转）按钮，出现【旋转】对话框，如图 6-10 所示。然后在主界面曲线规则下拉列表框中选择自动判断曲线选项，在图形中选择图 6-11 所示截面线为旋转对象。

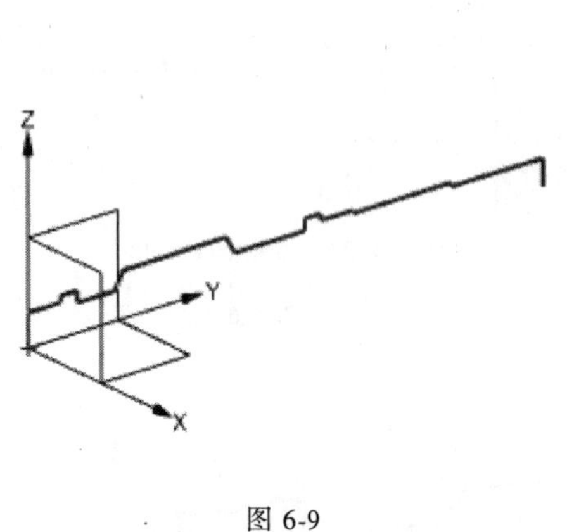

图 6-9

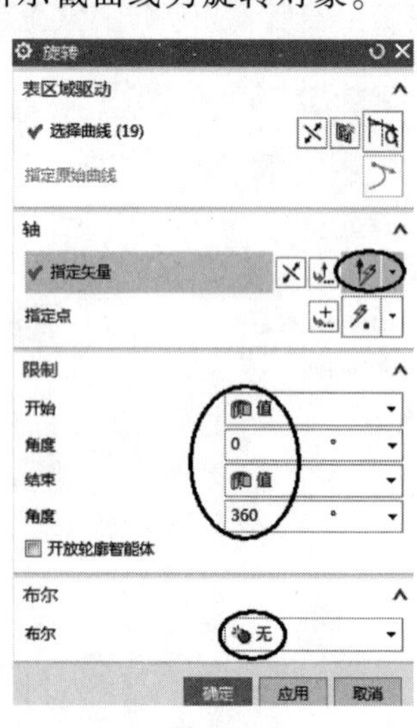

图 6-10

然后在【旋转】对话框中【指定矢量】下拉列表框中选择（自动判断的矢量）选项，然后在图形中选择图 6-11 所示的 Y 轴作为旋转轴，在【开始】\【角度】、【结束】\【角度】文本框中输入【0】、【360】，在【布尔】下拉列表框中选择无选项，如图 6-10

所示，单击 确定 按钮，完成旋转体特征的创建，结果如图 6-12 所示。

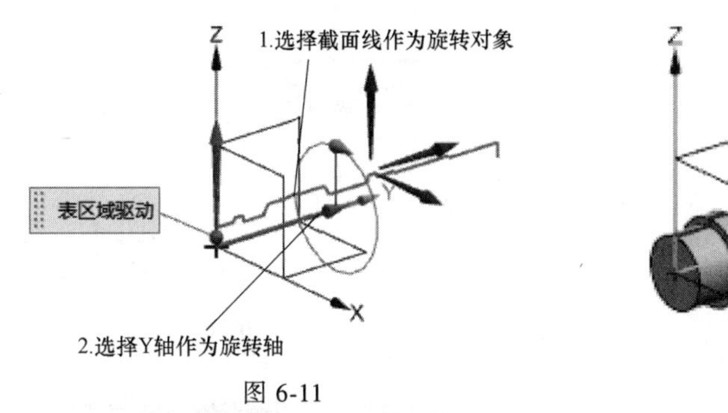

图 6-11

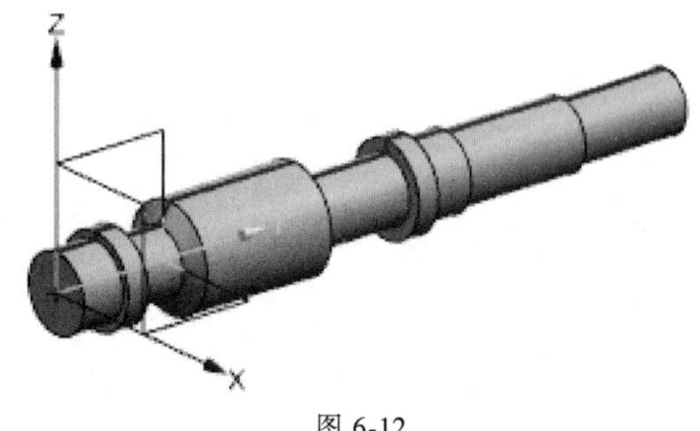

图 6-12

6.3　创建蜗杆齿槽截面线

1. 关闭 21、61 工作层（步骤略）

2. 移动工作坐标系

选择菜单中的【格式】/【WCS】/【原点(O)...】命令或在【实用工具】工具条中单击（WCS 按钮）按钮，出现【点】对话框，在【类型】下拉列表框中选择【圆弧中心/椭圆中心/球心】选项，如图 6-13 所示，在图形中选择图 6-14 所示的实体圆弧边，然后单击 确定 按钮，将工作坐标系移至圆心，结果如图 6-15 所示。

图 6-13

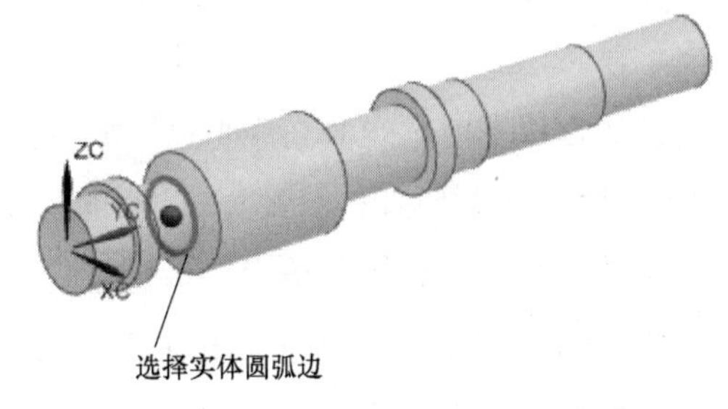

图 6-14

3. 旋转工作坐标系

选择菜单中的【格式】/【WCS】/【旋转】命令或在【实用工具】工具条中单击（旋转 WCS）按钮，出现【旋转 WCS】工作坐标系对话框，如图 6-16 所示，选中 +XC 轴：YC --> ZC单选按钮，在【角度】文本框中输入【b】，单击 应用 按钮，将坐标系转成图 6-17 所示样式。

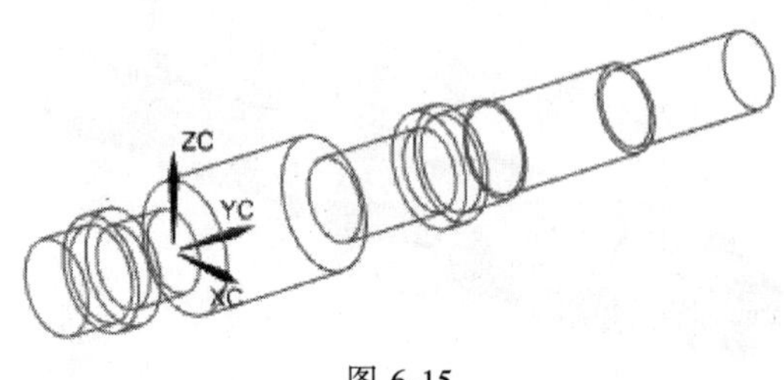

图 6-15

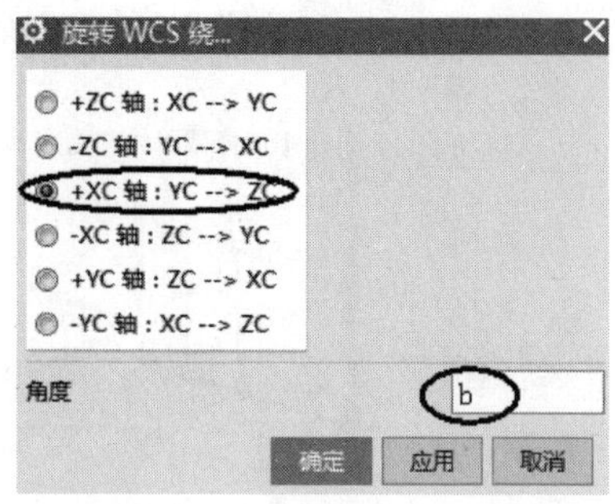

图 6-16

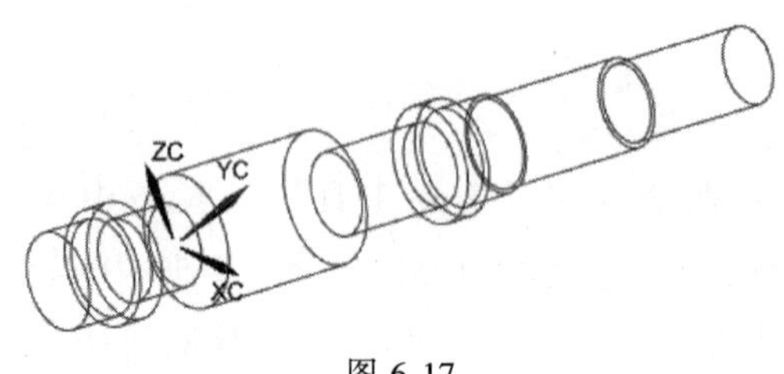

图 6-17

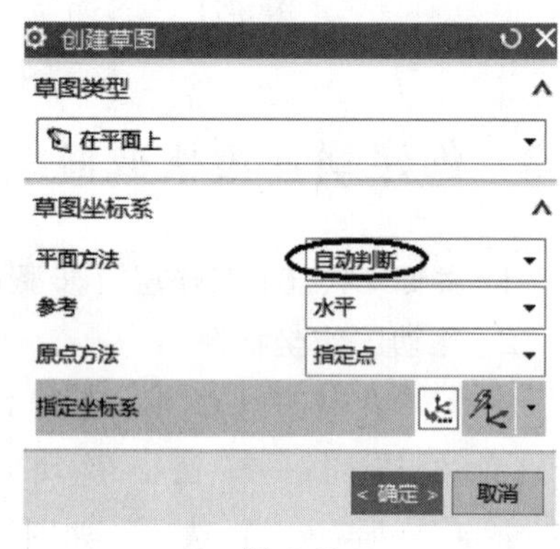

图 6-18

4. 草绘齿槽截面线

选择菜单中的【插入】/【草图】或在【直接草图】工具条中单击（草图）按钮，出现【创建草图】对话框，如图 6-18 所示，在【平面方法】下拉列表框中选择**自动判断**选项，系统默认 XC-YC 平面为草图平面，单击 确定 按钮，出现草图绘制区。

步骤：

在【直接草图】工具条中单击（轮廓）按钮，按照图 6-19 所示样式绘制截面线。直线 12、直线 45 为竖直；圆弧 23 与相邻直线相切。

在【直接草图】工具条中单击（矩形）按钮，出现【矩形】对话框，如图 6-20 所示，单击（按 2 点）按钮，在主界面捕捉点工具条中选择（端点）选项，选择图 6-21 所示直线端点 5 作为对角点 1，在主界面捕捉点工具条仅选择（点在曲线上）选项，选择图 6-21 所示直线上的点为对角点 2，绘制矩形如图 6-22 所示。

在【直接草图】工具条中单击（几何约束）按钮，出现【几何约束】对话框，单击（点在曲线上）按钮，如图 6-23 所示，在图中选择 X 轴与直线端点，如图 6-24 所示，约束点在曲线上，在图中选择 X 轴与直线端点，如图 6-24 所示，约束点在曲线上，约束的结果如图 6-25 所示。在【直接草图】工具条中单击（显示草图约束）按钮，使图形中的约束显示出来。

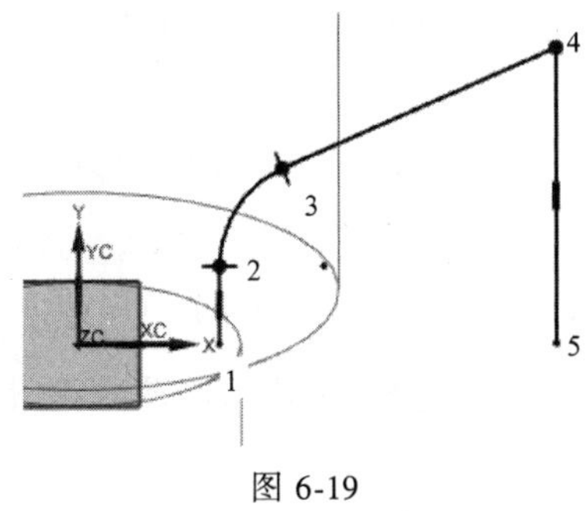

图 6-19

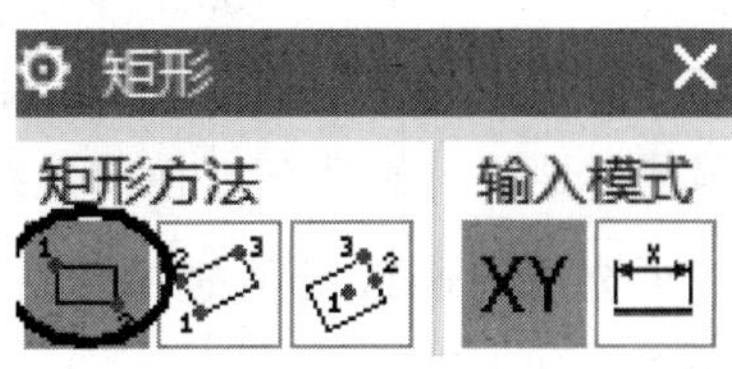

图 6-20

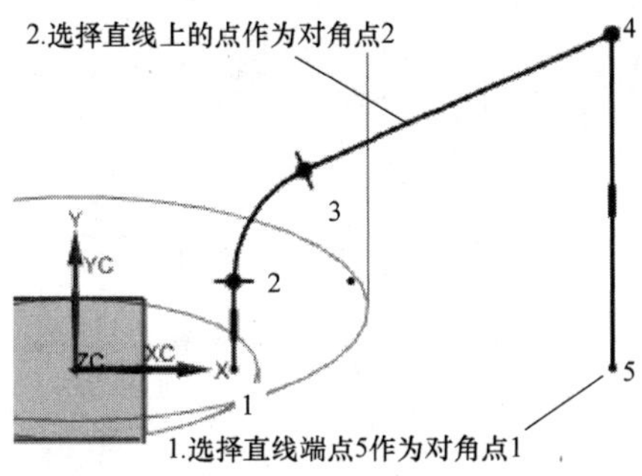

图 6-21

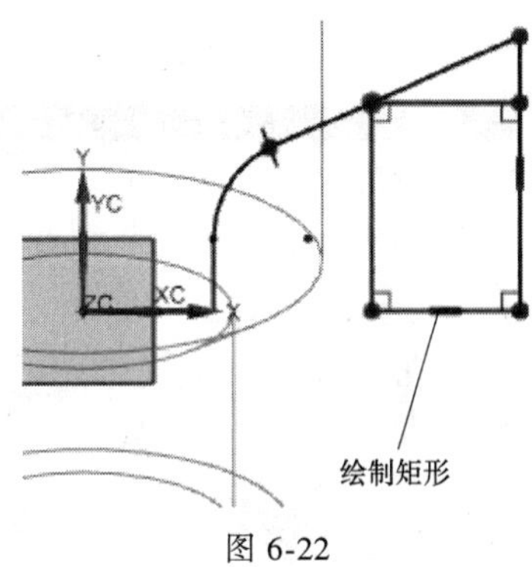

图 6-22

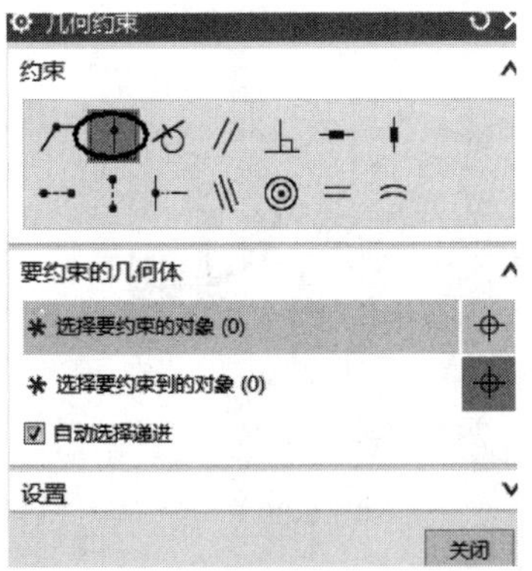

图 6-23

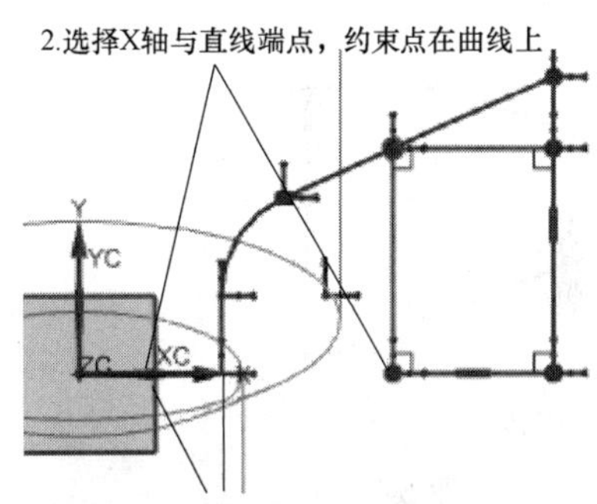

图 6-24

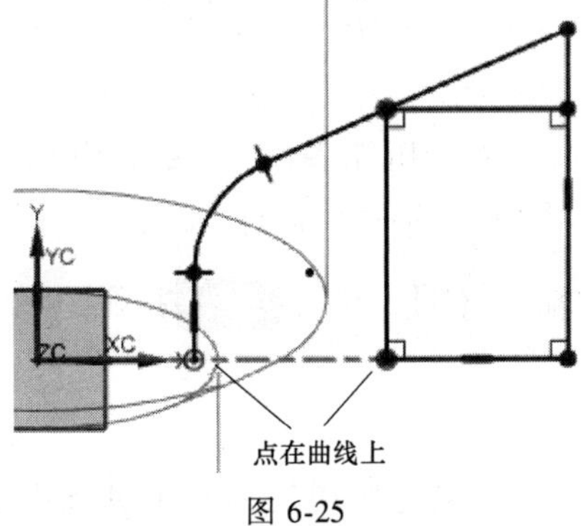

图 6-25

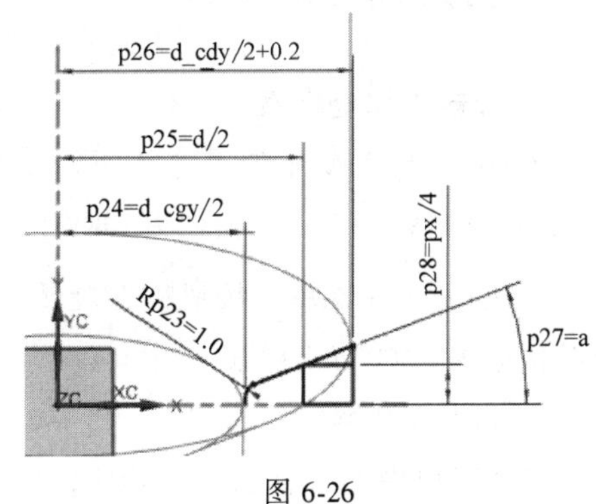

图 6-26

在【直接草图】工具条中单击（快速尺寸）按钮，按照图6-26所示的尺寸进行标注。此时直接草图已经转换成绿色，表示已经完全约束。

在【直接草图】工具条中单击（镜像曲线）按钮，出现【镜像曲线】对话框，如图6-27所示，在主界面曲线规则下拉列表框中选择相连曲线选项，在图形中选择图6-28所示的要镜像的曲线，然后在【镜像曲线】对话框的【中心线】选项区域中单击（中心线）按钮，再选择图6-28所示的Y轴作为镜像中心线，最后单击确定按钮，完成镜像曲线，结果如图6-29所示。

在【直接草图】工具条中单击完成草图按钮，回到建模界面。图形更新为图6-30所示样式。

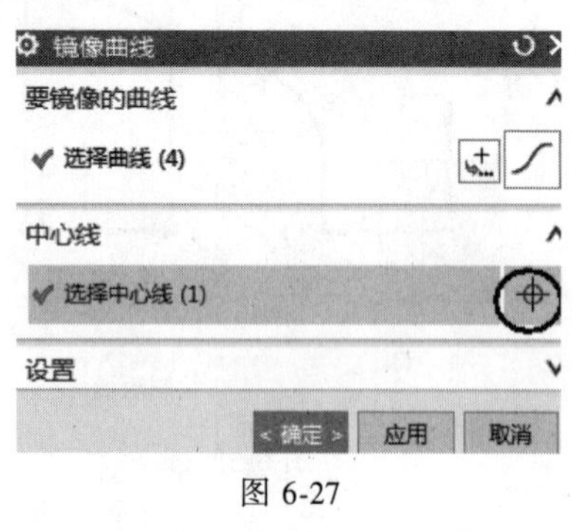

图 6-27

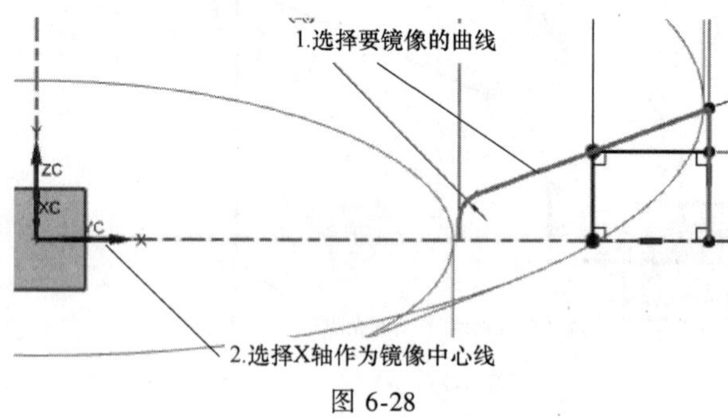

图 6-28

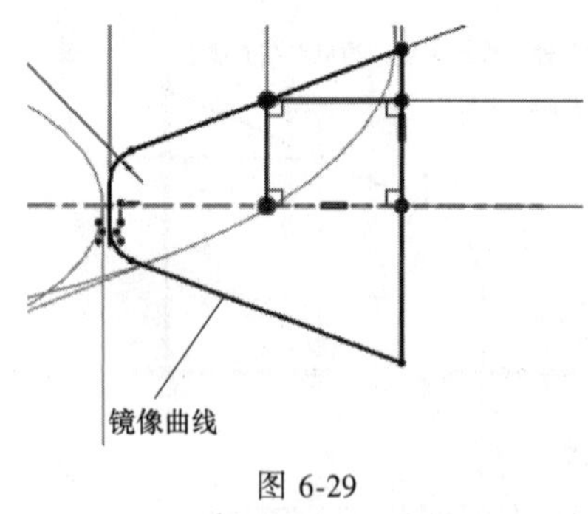

图 6-29

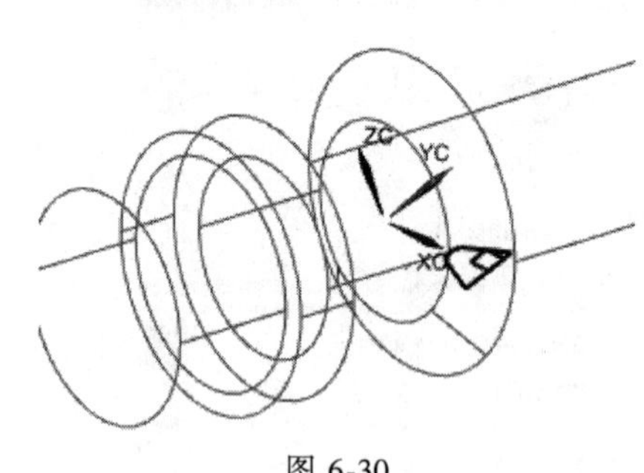

图 6-30

6.4 创建蜗杆螺旋线

1. 旋转工作坐标系

选择菜单中的【格式】/【WCS】/【旋转】命令或在【实用工具】工具条中单击（旋转 WCS）按钮，出现【旋转 WCS】对话框，如图6-31所示，选中 +XC 轴：YC --> ZC单选按钮，在旋转【角度】文本框中输入【b】，单击确定按钮，将坐标系转成图6-32所示样式。

2. 构造工作坐标系 CSYS

选择菜单中的【格式】/【WCS】/【定向(N)...】命令或在【实用工具】工具条中单

击（WCS 定向）按钮，出现【坐标系】对话框，如图 6-33 所示，在对话框中【类型】下拉列表框中选择 Z 轴，Y 轴，原点选项，然后在【指定点】下拉列表框中选择（圆弧中心/椭圆中心/球心）选项，在图形中选择图 6-34 所示实体圆弧边，依次选择 Z 轴、Y 轴的方向，最后单击 确定 按钮，完成工作坐标系的构造，结果如图 6-35 所示。

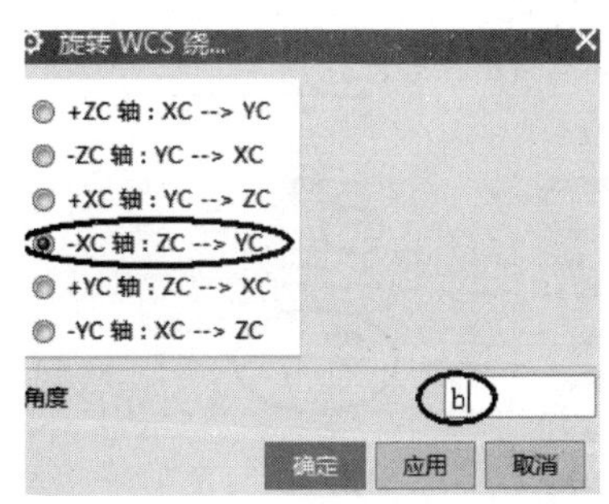

图 6-31

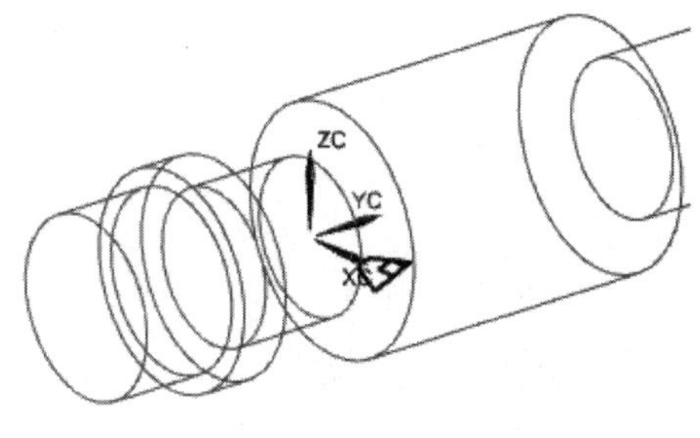

图 6-32

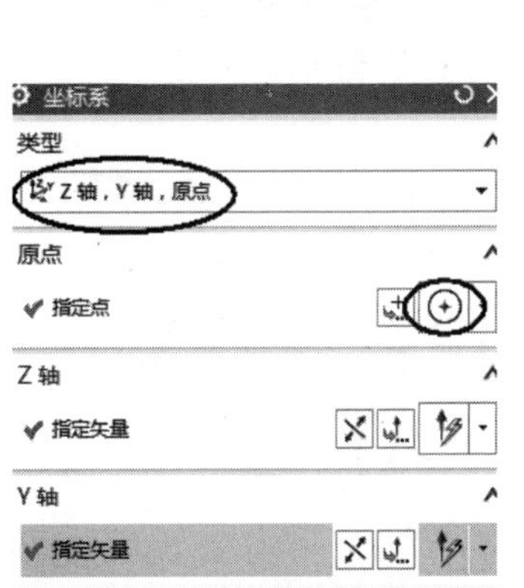

图 6-33

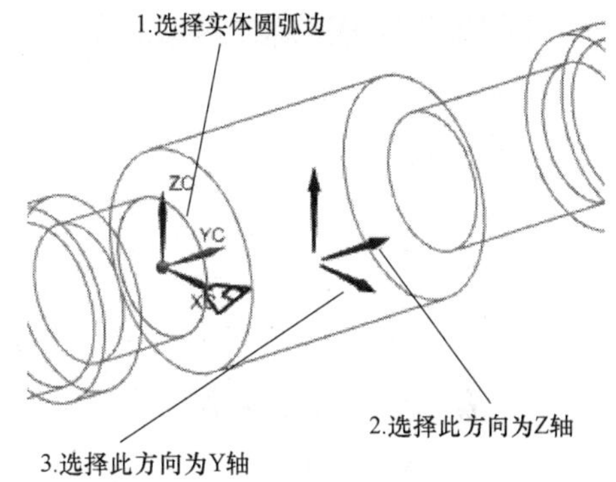

图 6-34

3. 创建螺旋线

选择菜单中的【插入】/【曲线】/【螺旋(X)...】命令或在【曲线】工具条中单击（螺旋）按钮，出现【螺旋】对话框，如图 6-36 所示，在【方位】选项区域单击（坐标系对话框）按钮，出现【坐标系】对话框，如图 6-37 所示，在【类型】下拉列表框中选择动态选项，在【参考】下拉列表框中选择 WCS（工作坐标系）选项，单击 确定 按钮，系统返回【螺旋】对话框。

在【螺旋】对话框【大小】选项区域中选中 半径单选按钮，在【值】文本框中输入【d/2】，在【螺距】选项区域的【值】文本框中输入【lj】，在【长度】选项区域中的【方法】下拉列表框中选择圈数选项，在【圈数】文本框中输入 2，在【旋转方向】列表框中选择右手选项，单击 确定 按钮，完成创建螺旋线，结果如图 6-38 所示。

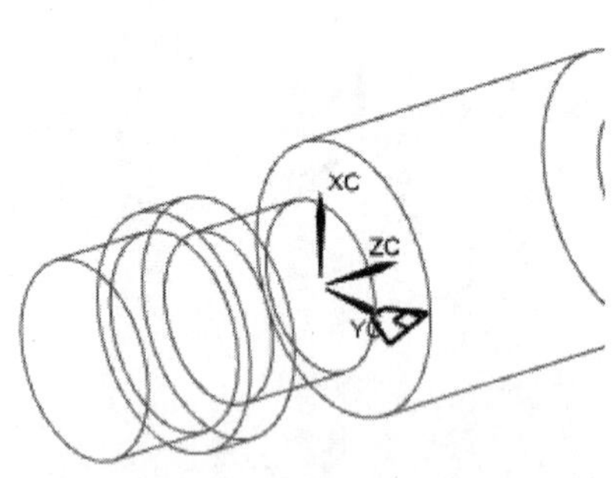

图 6-35

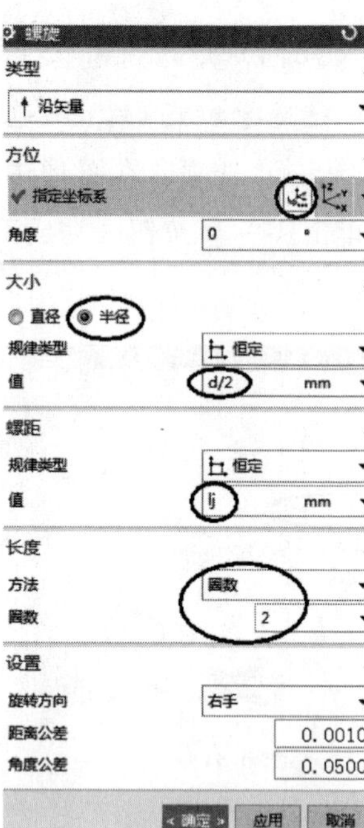

图 6-36

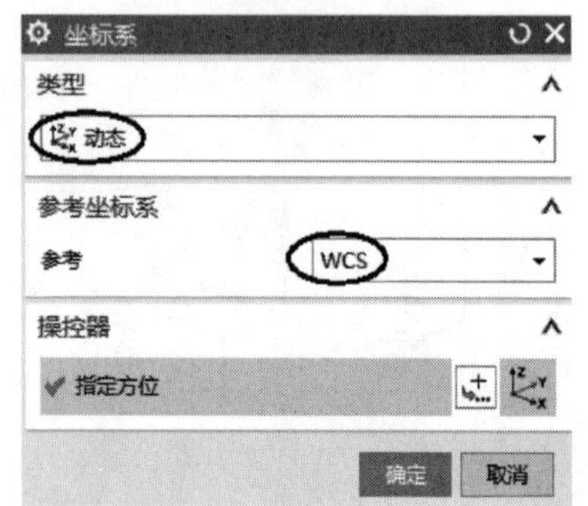

图 6-37

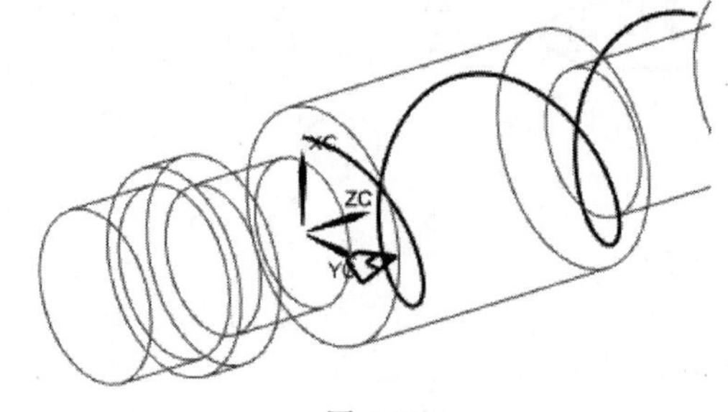

图 6-38

6.5 创建蜗杆齿形

1. 创建蜗杆齿槽扫掠特征

选择菜单中的【插入】/【扫掠】/【扫掠(S)...】命令或在【曲面】工具条中单击（扫掠）按钮，出现【扫掠】对话框，如图 6-39 所示，系统提示选择截面曲线，在主界面曲线规则下拉列表框中选择相连曲线选项，在图形中选择图 6-40 所示的截面曲线，然后在对话框中单击（引导线）按钮或直接按下鼠标中键确认完成截面曲线的选择，在图形中选择图 6-41 所示的曲线作为引导线。

然后在【扫掠】对话框【定向方法】选项区域的【方向】列表框中选择矢量方向选项，在【指定矢量】列表框中选择ZC↑ -选项，选中☑保留形状复选项，最后在【扫掠】对话框单击确定按钮，完成扫掠特征的创建，结果如图 6-42 所示。

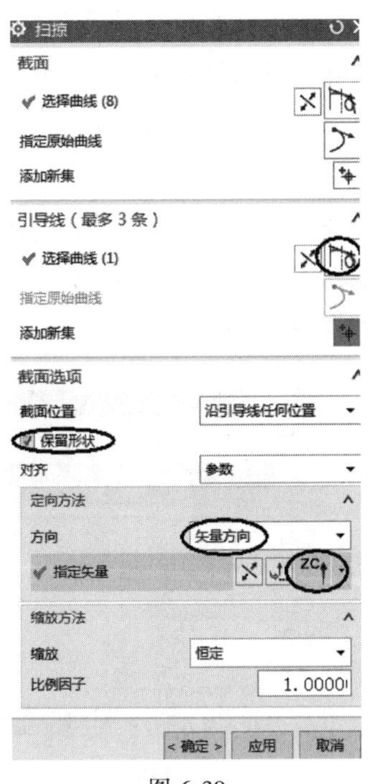

图 6-39

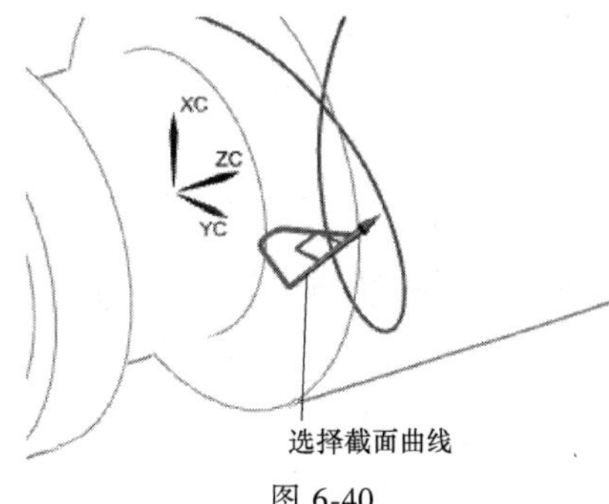

图 6-40

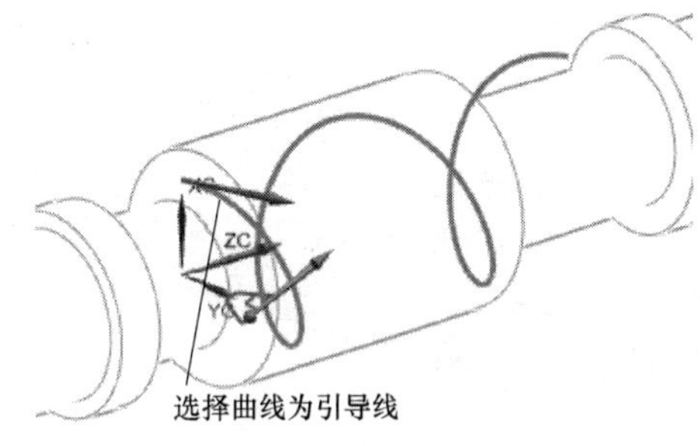

图 6-41

2. 创建阵列特征（圆形阵列）

选择菜单中的【插入】/【关联复制】/【阵列特征(A)...】命令或在【特征】工具条中单击（阵列特征）按钮，出现【阵列特征】对话框，如图 6-43 所示，在图形中选择图 6-44 所示的特征，在【布局】列表框中选择 圆形 选项，在【指定矢量】列表框中选择 ZC 选项，在【指定点】列表框中选择（圆弧中心/椭圆中心/球心）选项，在图形中选择图 6-44 所示

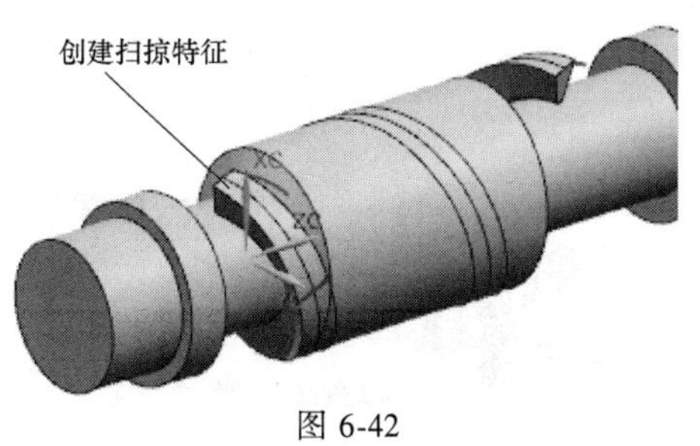

图 6-42

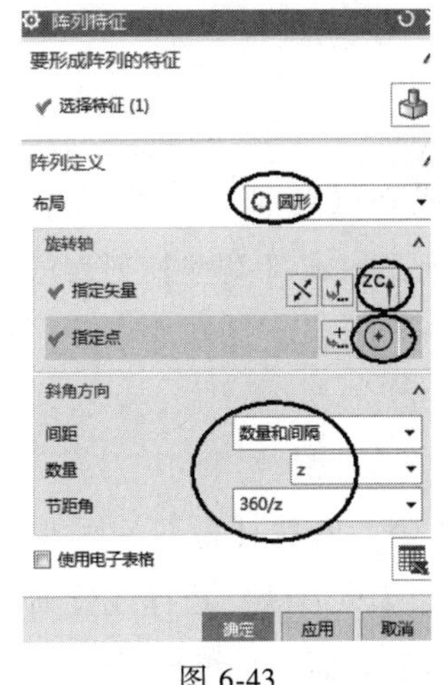

图 6-43

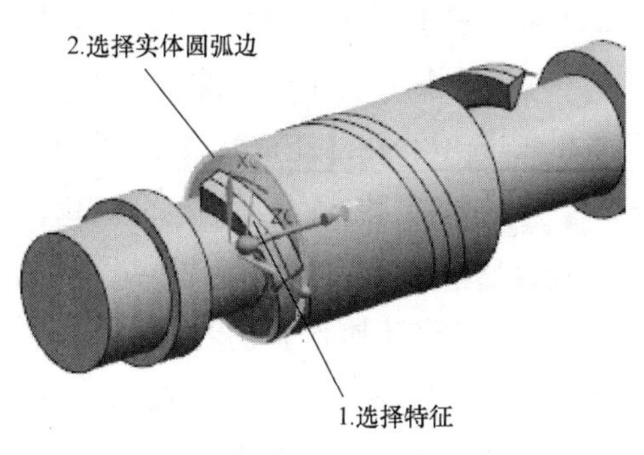

图 6-44

的实体圆弧边，在【间距】列表框中选择数量和间隔选项，在【数量】和【节距角】文本框中分别输入【z】和【360/z】，单击确定按钮，完成阵列特征的创建，结果如图 6-45 所示。

3. 求差操作

选择菜单中的【插入】/【组合】/【减去(S)...】命令或在【特征】工具条中单击（减去）按钮，出现【求差】对话框，如图 6-46 所示。系统提示选择目标实体，按照图 6-47 所示依次选择目标实体和工具实体，完成求差操作，结果如图 6-48 所示。

图 6-45

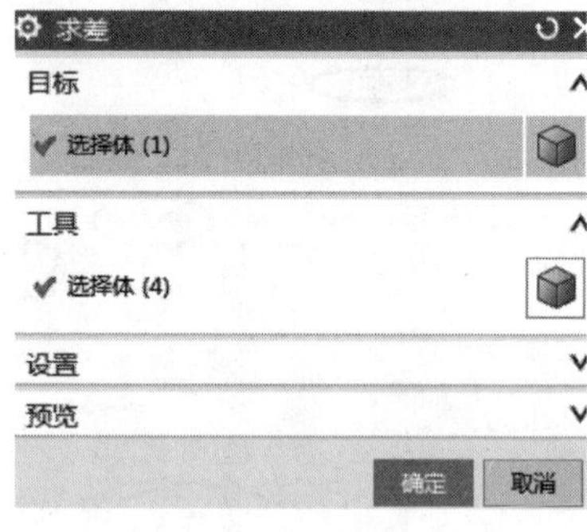

图 6-46

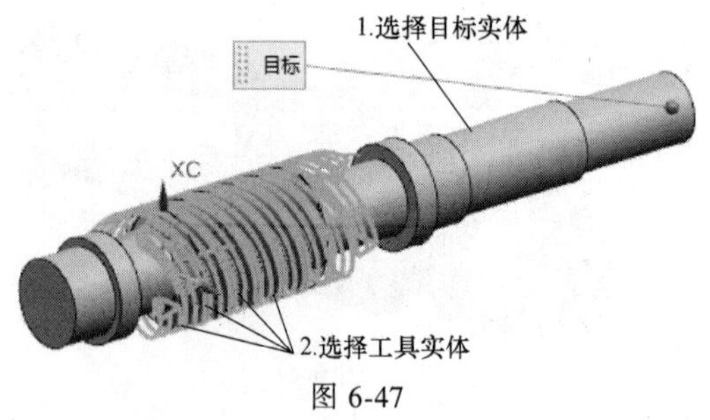

图 6-47

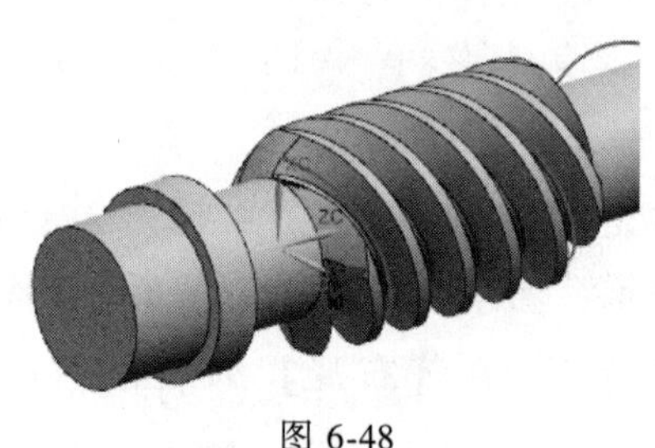

图 6-48

6.6 创建蜗杆细节特征

1. 创建基准平面

选择菜单中的【插入】/【基准/点】/【基准平面(D)...】命令或在【特征】工具条中单击（基准平面）按钮，出现【基准平面】对话框，如图 6-49 所示，在【类型】列表框中选择XC-ZC 平面选项，在【距离】文本框中输入【14】，如图 6-49 所示，在【基准平面】对话框单击确定按钮，完成基准平面的创建，结果如图 6-50 所示。

2. 创建键槽特征

选择菜单中的【插入】/【设计特征】/【键槽（原有）(L)...】命令，出现【槽】对话框，选中矩形槽单选按钮，如图 6-51 所示，单击确定按钮，出现【矩形槽】选择放置面对话框，如图 6-52 所示，在图形中选择图 6-53 所示的基准平面作为放置面。系统出现图 6-54 所

示对话框，提示选择特征边，单击 接受默认边 按钮，出现【水平参考】选择对话框，如图6-55所示，在图形中选择图6-56所示的圆柱面作为水平参考。

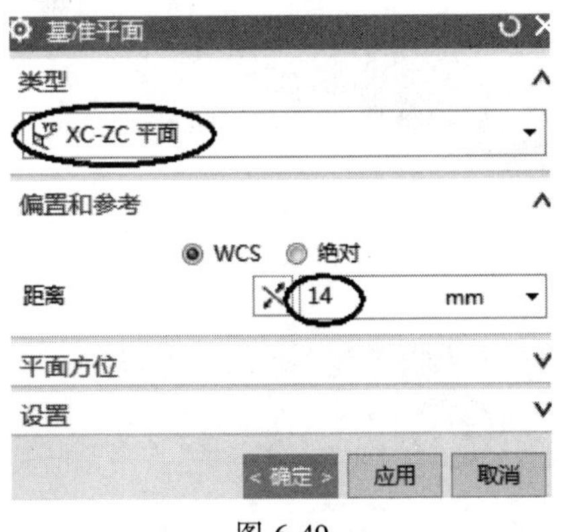

图 6-49

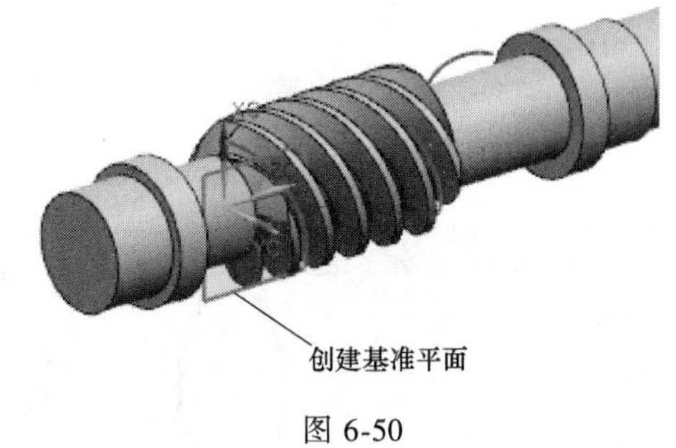

图 6-50

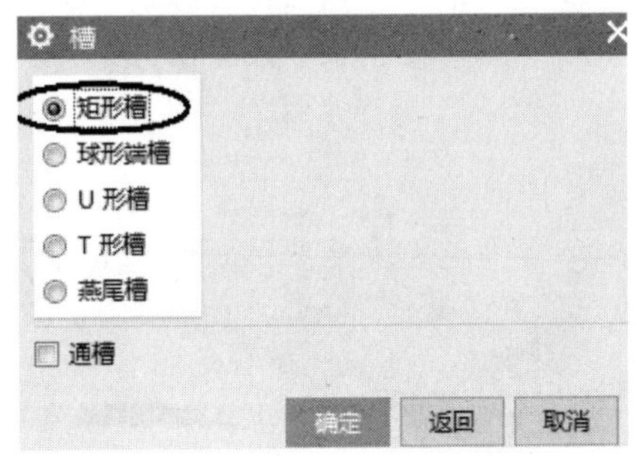

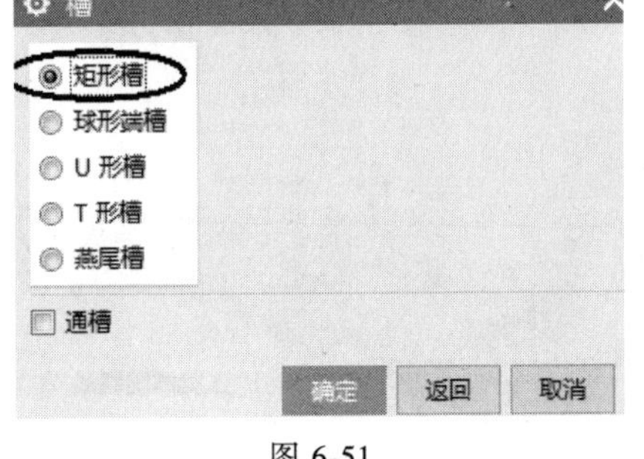

图 6-51

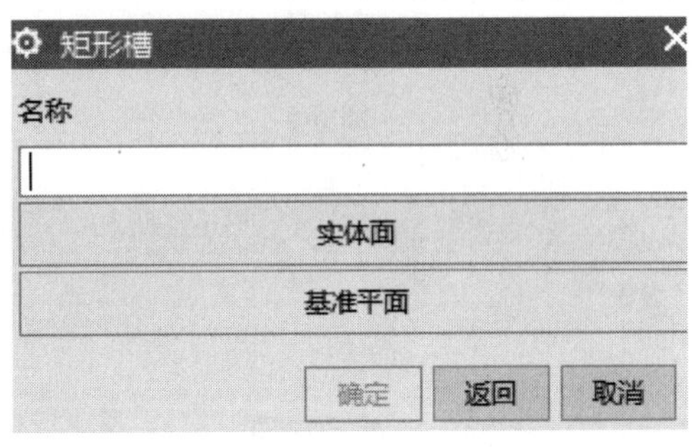

图 6-52

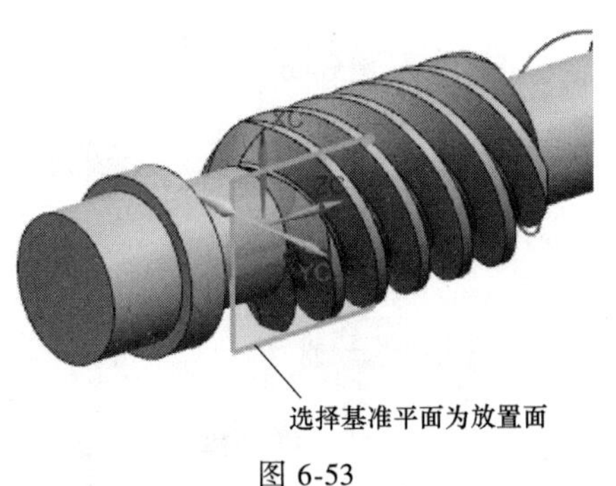

图 6-53

图 6-54

系统出现【矩形槽】参数对话框，如图6-57所示，在【长度】【宽度】【深度】文本框中分别输入【45】【8】【4】，单击 确定 按钮，出现矩形键槽【定位】对话框，如图6-58所示，单击（水平）按钮，出现【水平】定位选择目标对象对话框，如图6-59所示，在图形中选择图6-60所示的实体圆弧边，出现【设置圆弧的位置】对话框，如图6-61所示，单击 圆弧中心 按钮，系统出现【水平】定位选择刀具边对话框，如图6-62所示，在图形中选择图6-63所示的键槽竖直中心线。出现【创建表达式】对话框，如图6-64所示，在【p66】变量文本框中（读者的变量名可能不同）输入【27.5】，然后单击 确定 按钮。

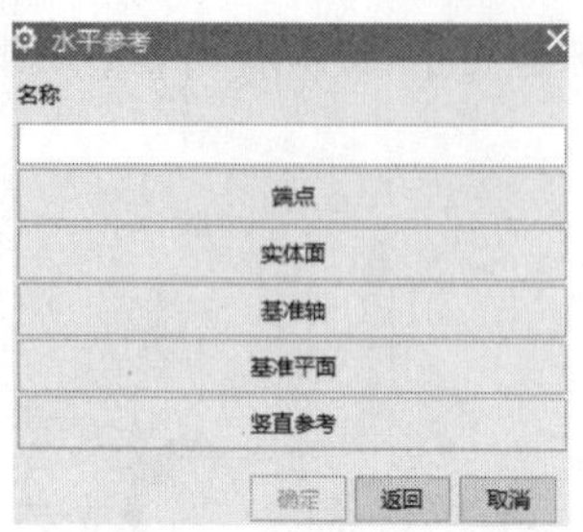

图 6-55

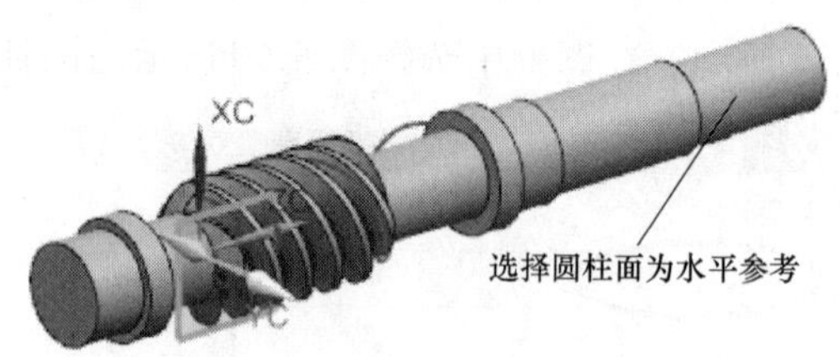

图 6-56

图 6-57

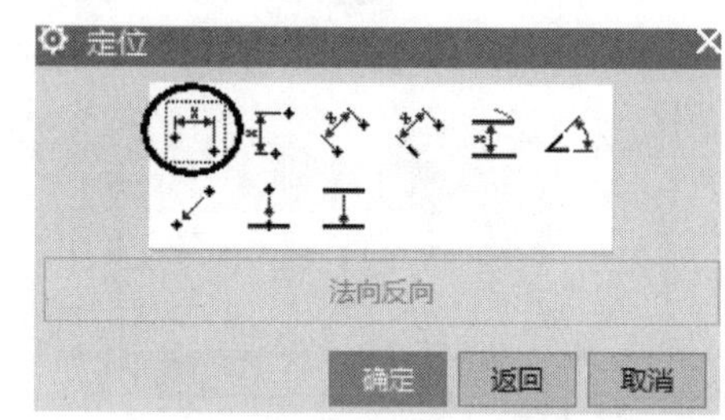

图 6-58

图 6-59

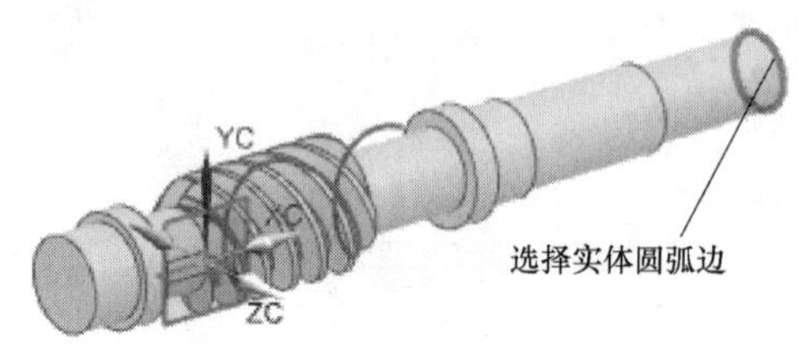

图 6-60

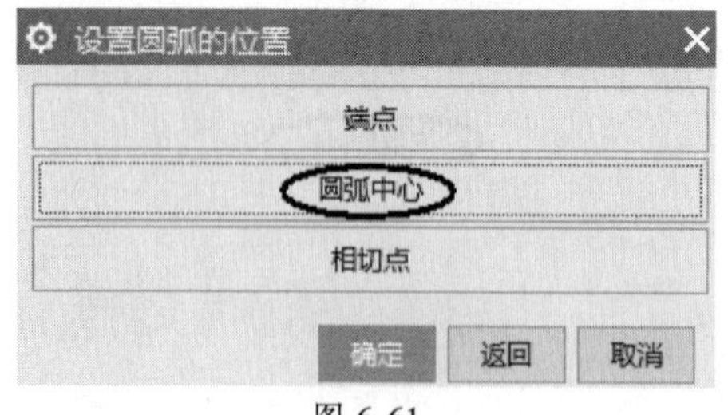

图 6-61

图 6-62

系统返回矩形键槽【定位】对话框，单击（竖直）按钮，如图 6-65 所示，系统出现【竖直】定位选择目标对象对话框，如图 6-66 所示，在图形区选择图 6-67 所示的实体圆弧边作为竖直参考目标对象。出现【设置圆弧的位置】对话框，如图 6-68 所示，单击圆弧中心按钮，出现【竖直】定位选择刀具边对话框。在图形中选择图 6-69 所示的键槽水平中心线，出现【创建表达式】对话框，如图 6-70 所示，在【p67】变量文本框中（读者的变量名可能不同）输入【0】，然后单击确定按钮。返回矩形键槽【定位】对话框，单击确定按钮，完成键槽的创建，结果如图 6-71 所示。

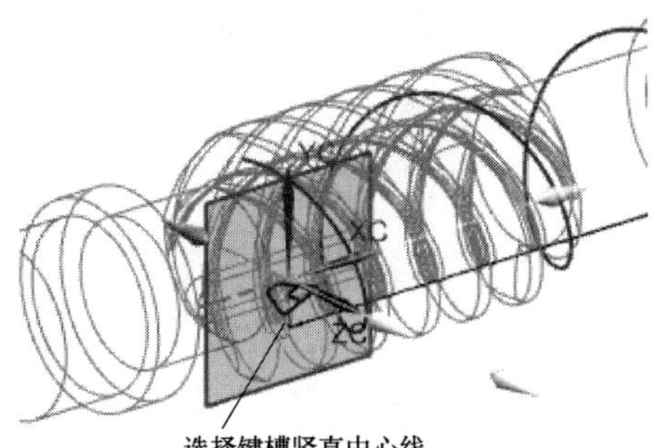

图 6-63

图 6-64

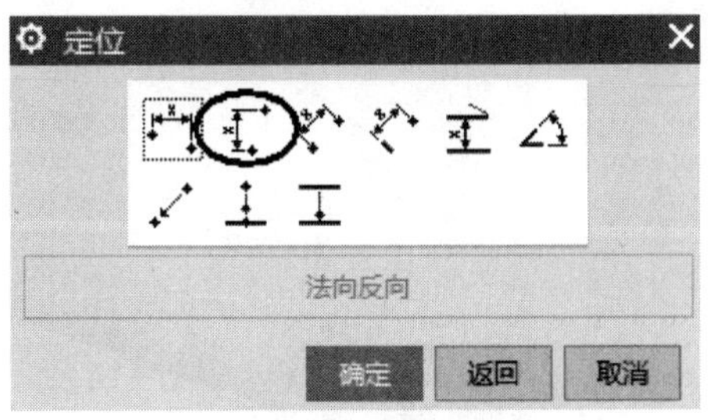

图 6-65

图 6-66

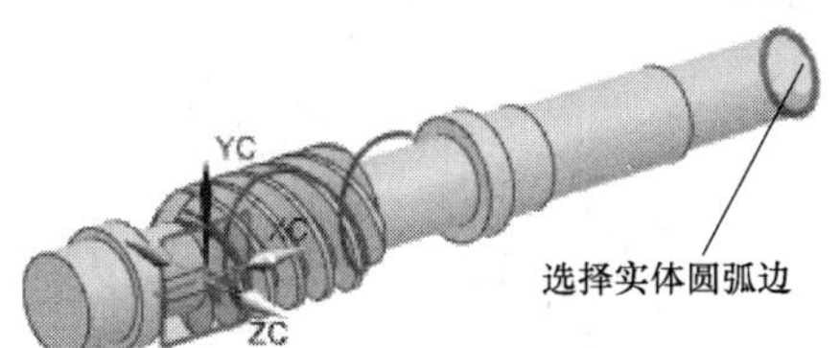

图 6-67

图 6-68

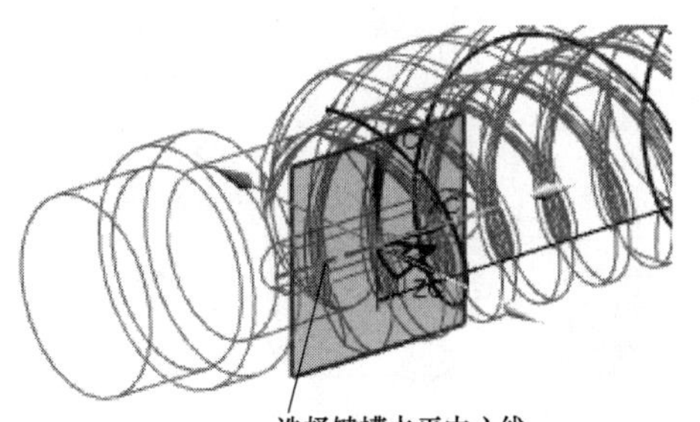

图 6-69

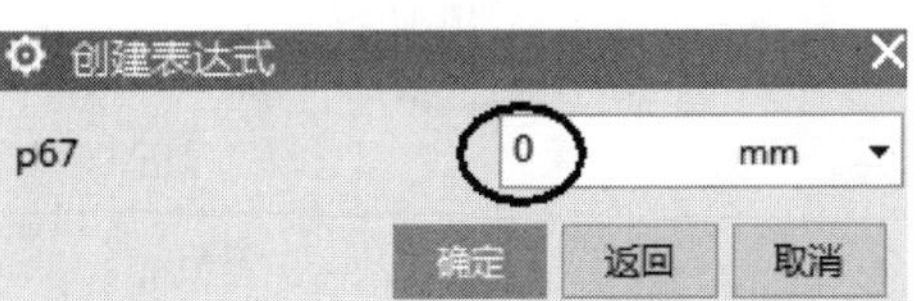

图 6-70

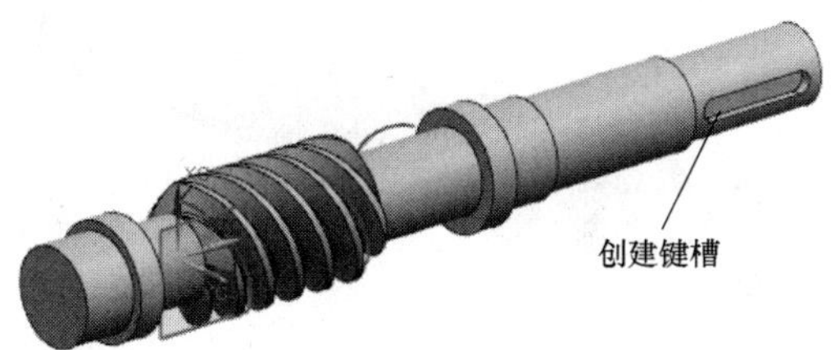

图 6-71

3. 将辅助曲线和基准移至255工作层

选择菜单中的【格式】/【移动至图层】命令或在【实用工具】工具条中单击（移动至图层）按钮，选择辅助曲线和基准，将其移动至255工作层（步骤略）。

4. 创建倒斜角特征

选择菜单中的【插入】/【细节特征】/【倒斜角(M)...】命令或在【特征】工具条中单击（倒斜角）按钮，出现【倒斜角】对话框，如图6-72所示，在图形中选择实体圆弧边，如图6-73所示，在对话框中的【距离】文本框中输入【2】，单击 确定 按钮，完成倒斜角特征的创建，结果如图6-74所示。

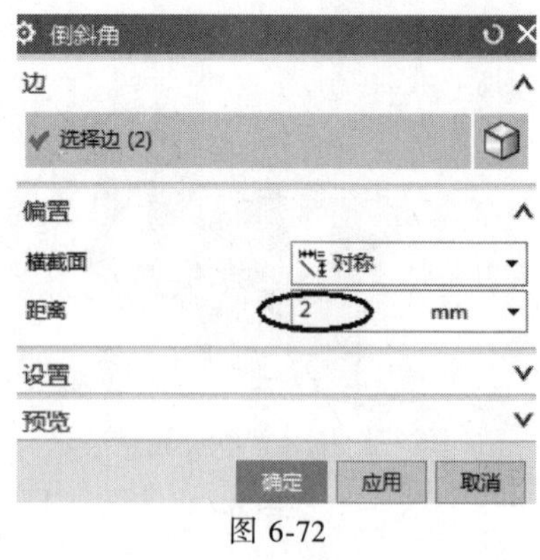

图6-72

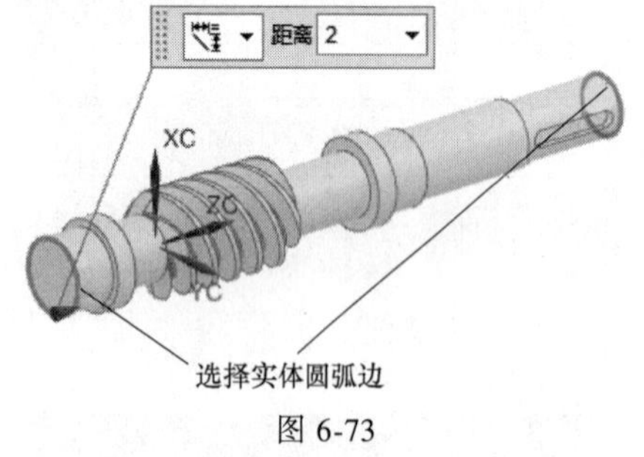

图6-73

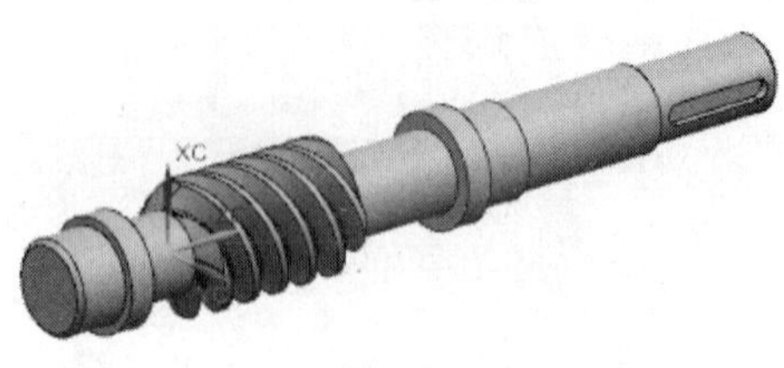

图6-74

5. 创建边倒圆特征

选择菜单中的【插入】/【细节特征】/【边倒圆(E)...】命令或在【特征】工具条中单击（边倒圆）按钮，出现【边倒圆】对话框，在【半径1】文本框中输入【1】，如图6-75所示，在图形中选择图6-76所示的实体边线作为倒圆角边，最后单击 确定 按钮，完成圆角特征的创建，结果如图6-77所示。

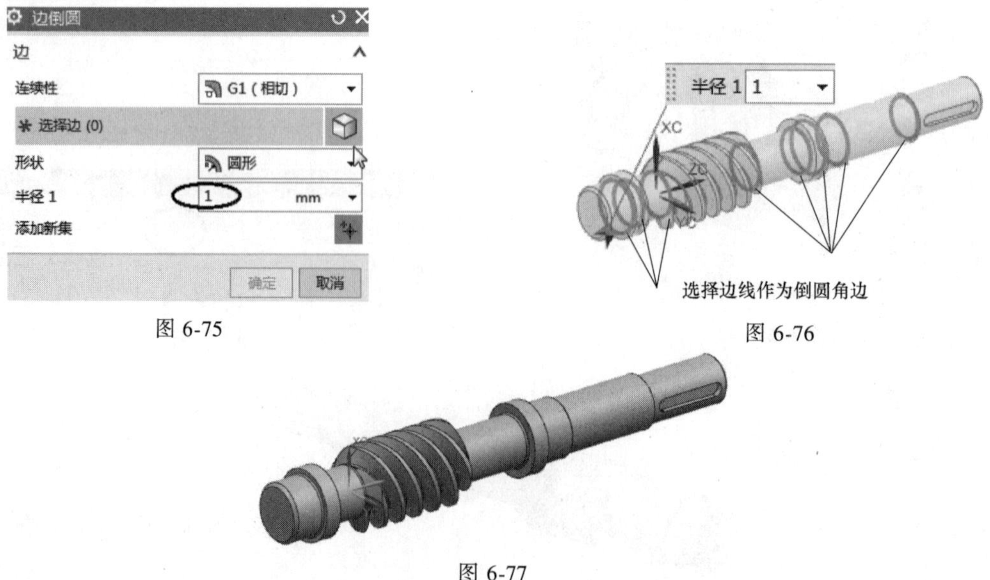

图6-75

图6-76

图6-77

6.7　创建蜗轮文件

选择菜单中的【文件】/【新建】命令或单击 (New 建立新文件) 按钮，出现【新建】部件对话框，在【名称】文本框中输入【wl】，在【单位】列表框中选择【毫米】选项，以毫米为单位，单击 确定 按钮，建立文件名为 wl. prt，单位为毫米的文件，根据图 6-78 所示蜗轮图样造型。

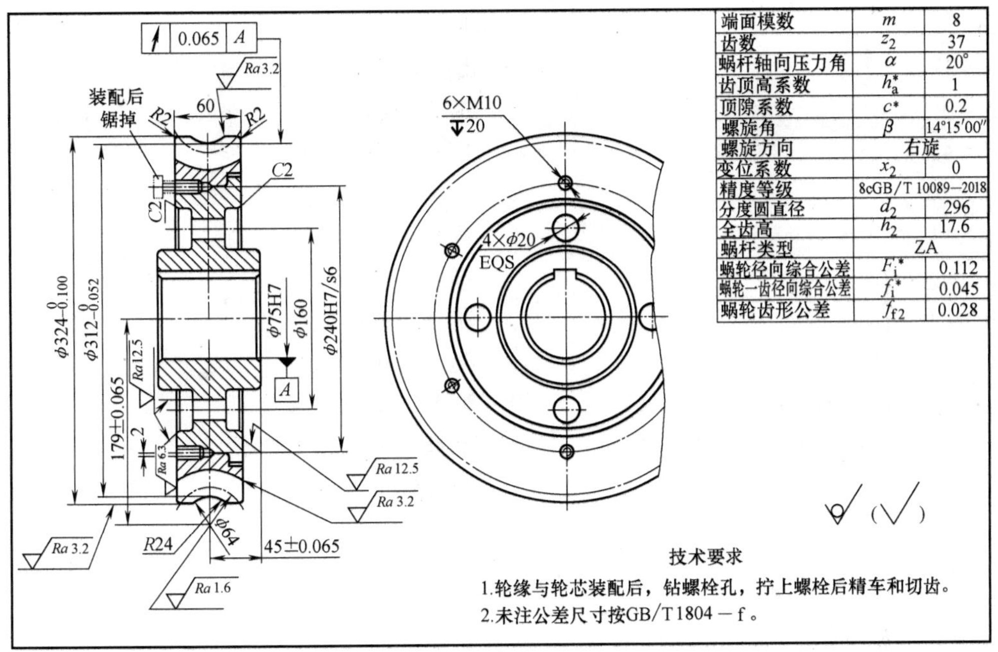

端面模数	m	8
齿数	z_2	37
蜗杆轴向压力角	α	20°
齿顶高系数	h_a^*	1
顶隙系数	c^*	0.2
螺旋角	β	14°15′00″
螺旋方向	右旋	
变位系数	x_2	0
精度等级	8cGB/T 10089—2018	
分度圆直径	d_2	296
全齿高	h_2	17.6
蜗杆类型	ZA	
蜗轮径向综合公差	F_i''	0.112
蜗轮一齿径向综合公差	f_i''	0.045
蜗轮齿形公差	f_{f2}	0.028

a)

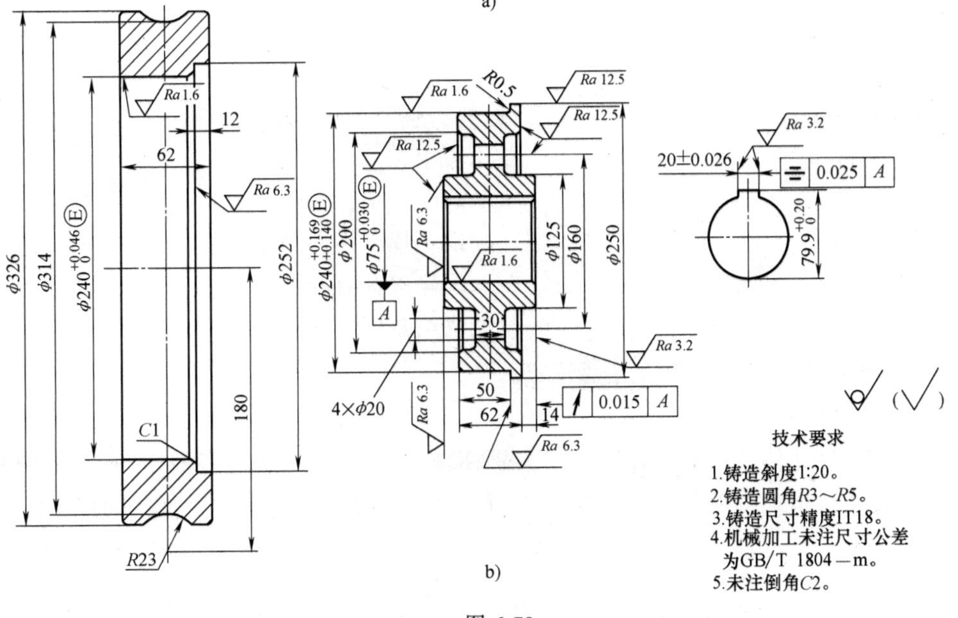

b)

图 6-78

6.8 创建蜗轮主体

1. 建立表达式

选择菜单中的【工具】/【= 表达式(X)...】命令，出现【表达式】对话框，在【名称】【公式】列表中依次输入【m】【8】，即表示 m = 8，在【量纲】下拉列表框中选择 无单位 ▾ 选项，当完成输入后，单击 应用 按钮。

按照相同的方法输入规律曲线的表达式，具体如下：

m=8 // 蜗轮模数
z=37 // 蜗轮齿数
a=0 // 渐开线起始角度
b=45 // 渐开线中止角度
cc=20 // 压力角
e=14.25 // 导程角
r=m * z * cos(cc)/2 // 渐开线向径
t=0.001 // 精度控制参数
s=a+t * (b-a) // 角度增量
xt=r * cos(s)+r * rad(s) * sin(s) // 渐开线上点的 X 坐标
yt=r * sin(s)-r * rad(s) * cos(s) // 渐开线上点的 Y 坐标
zt=0 // 渐开线上点的 Z 坐标
d=m * z // 分度圆直径
ha=1 // 齿顶高系数
c=0.2 // 顶隙系数
h_cg=(ha+c) * m // 齿根高
h_cd=ha * m // 齿顶高
d_cgy=d-2 * h_cg // 齿根圆直径
d_cdy=d+2 * h_cd // 齿顶圆(喉圆)直径
px=pi() * m // 齿距
lj=px * 2 // 螺距
aa=180 // 蜗轮蜗杆中心距
d_wj=324 // 蜗轮顶圆直径
h_wl=62 // 蜗轮宽度

完成表达式输入，最后单击 确定 按钮。

2. 创建圆柱特征

选择菜单中的【插入】/【设计特征】/【圆柱(C)...】命令或在【特征】工具条中单击（圆柱）按钮，出现【圆柱】对话框，在【类型】列表框中选择 轴、直径和高度 选项，如图 6-79 所示，在【指定矢量】列表框中选择 ZC↑ 选项，出现矢量方向，在【轴】选项区域中单击（点）按钮，出现【点】对话框，在【XC】【YC】【YC】文本框中分别输入【0】

【0】【-h_wl/2】，如图 6-80 所示，单击 确定 按钮，系统返回【圆柱】对话框，在【直径】【高度】文本框中分别输入【d_wj】【h_wl】，然后单击 确定 按钮，完成圆柱特征的创建，结果如图 6-81 所示。

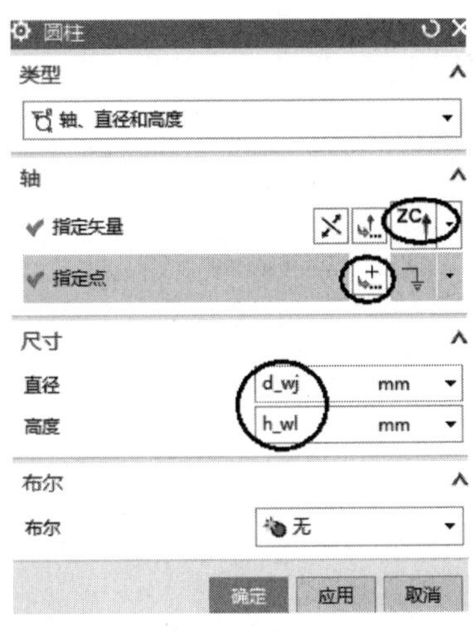

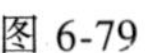
图 6-79

图 6-80

3. 创建沟槽特征

选择菜单中的【插入】/【设计特征】/【 槽(G)...】命令或在【特征】工具条单击 （槽）按钮，出现沟【槽】对话框，如图 6-82 所示，在对话框中单击 球形端槽 按钮，出现【球形端槽】选择放置面对话框，如图 6-83 所示。

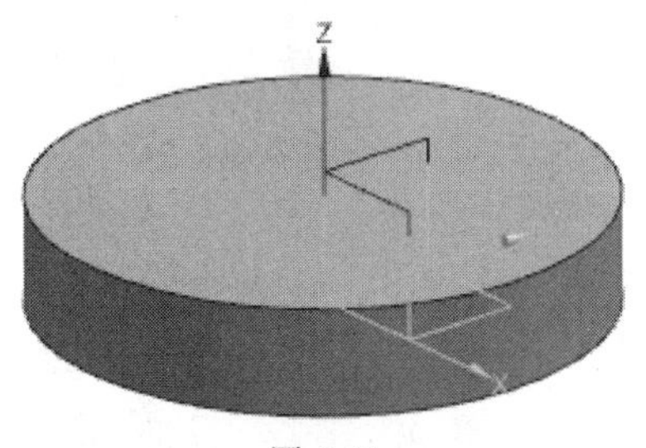

图 6-81

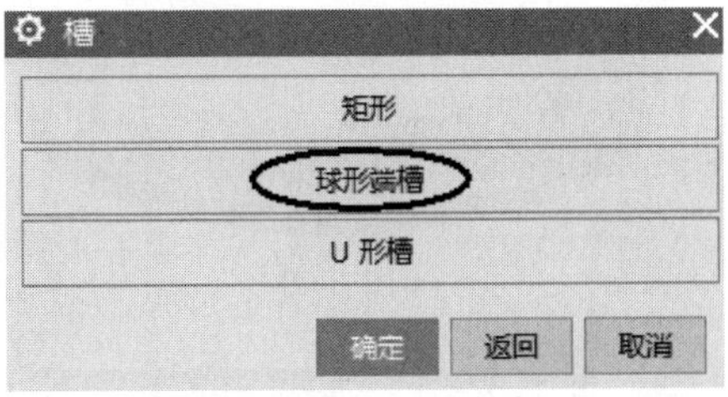

槽
矩形
球形端槽
U 形槽
确定 返回 取消

图 6-82

球形端槽
名称
确定 返回 取消

图 6-83

接着在图形中选择图 6-84 所示的圆柱面作为放置面。当选择完放置面后，出现【球形端槽】参数对话框，如图 6-85 所示，在沟槽【槽直径】【球直径】文本框中分别输入【d_cdy】【2 * (aa-d_cdy/2)】，然后单击 确定 按钮。

需要注意的是，槽直径为喉圆直径；球直径 = 蜗轮咽喉母圆直径 = 2×(蜗轮蜗杆中心距-喉圆直径/2)

系统出现【定位槽】对话框，如图 6-86 所示，系统提示选择目标边，在图形中选择图 6-87 所示的实体边作为目标边，再选择图 6-87 所示的刀具边，出现【创建表达式】对话框，如图 6-88 所示，在【P10】文本框中输入【h_wl/2-(aa-d_cdy/2)】，(读者的参数序数可能不一致)，然后单击 确定 按钮，完成沟槽特征的创建，结果如图 6-89 所示。

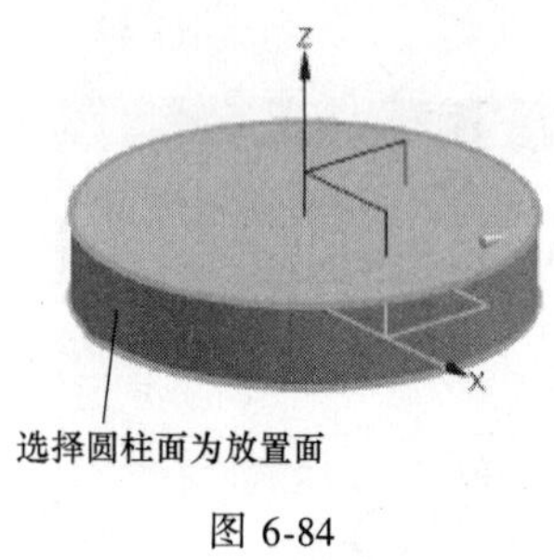

图 6-84

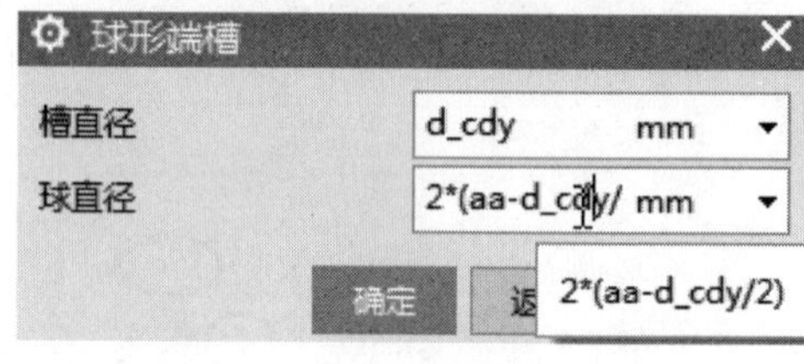

图 6-85

图 6-86

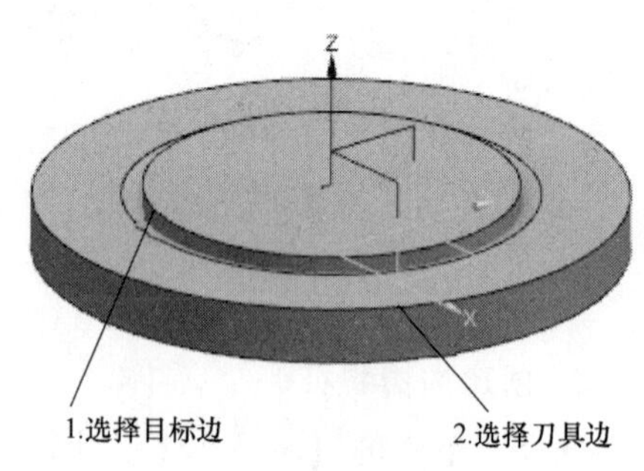

图 6-87

图 6-88

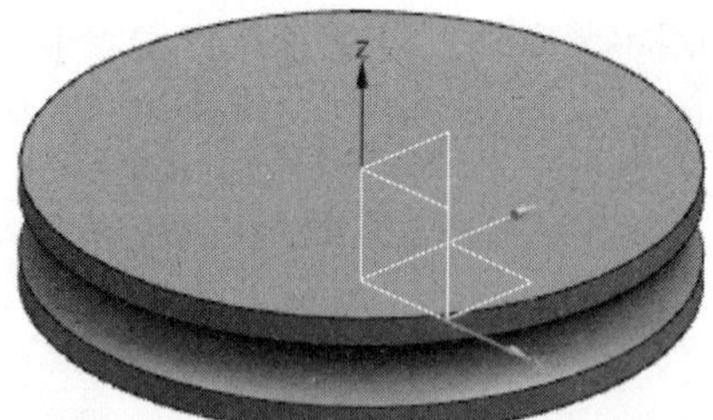

图 6-89

4. 创建边倒圆角特征

选择菜单中的【插入】/【细节特征】/【边倒圆(E)...】命令或在【特征】工具条中单击（边倒圆）按钮，出现【边倒圆】对话框，在【半径 1】文本框中输入【2】，如图 6-90 所示，在图形中选择图 6-91 所示的实体边线作为倒圆角边，最后单击 确定 按钮，完成圆角特征的创建，结果如图 6-92 所示。

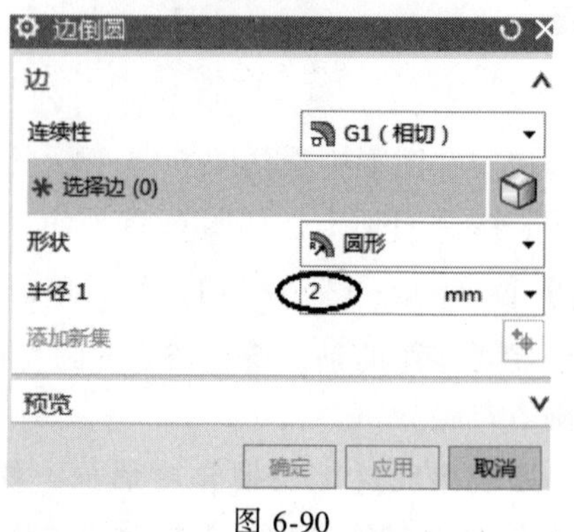

图 6-90

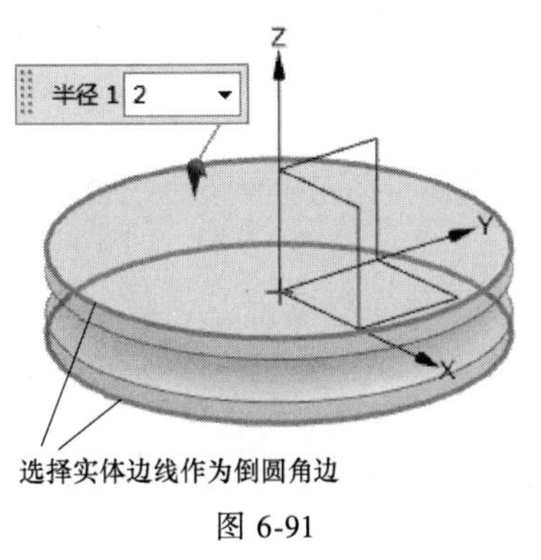

图 6-91

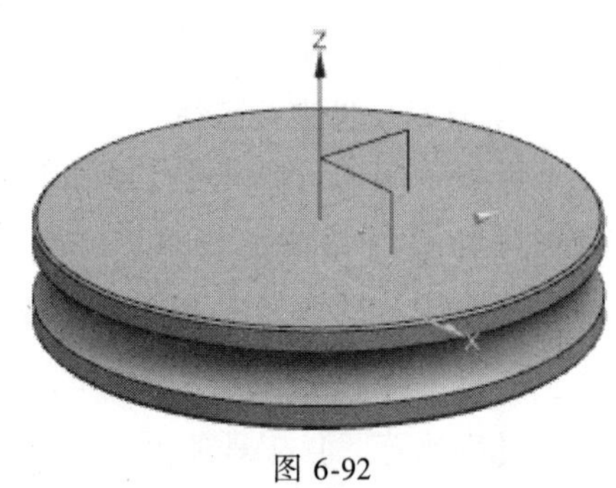

图 6-92

6.9　创建蜗轮齿槽截面线

1. 创建渐开线

选择菜单中的【插入】/【曲线】/【规律曲线(W)...】命令或在【曲线】工具条中单击（规律曲线）按钮，出现【规律曲线】对话框，如图 6-93 所示。

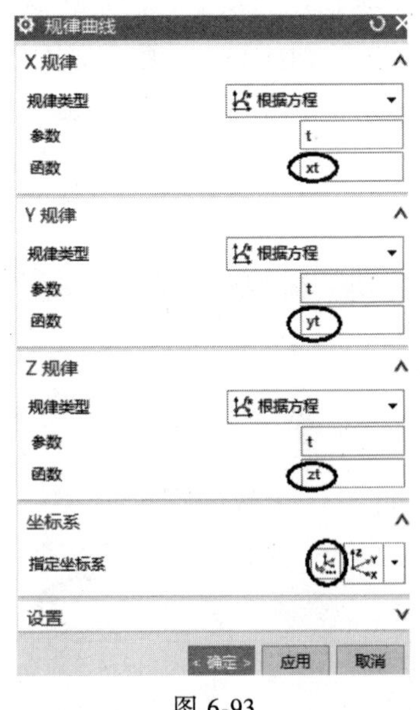

图 6-93

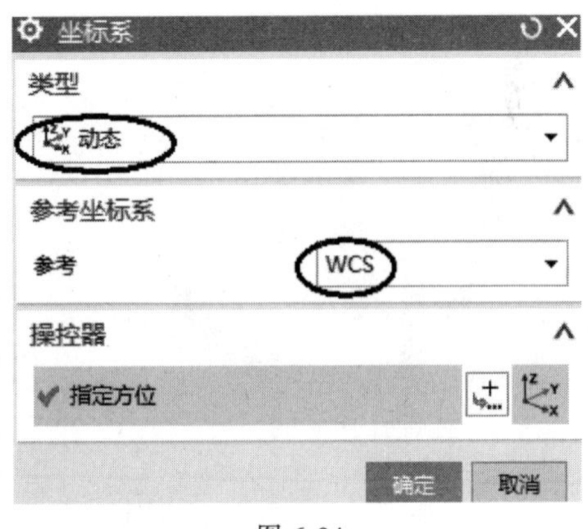

图 6-94

在【规律曲线】对话框中的【X 规律】选项区域的【规律类型】列表框中择根据方程选项，在【参数】【函数】文本框中分别输入【t】【xt】；在【Y 规律】选项区域的【规律类型】列表框中选择根据方程选项，在【参数】【函数】文本框中分别输入【t】【yt】；在【Z 规律】选项区域的【规律类型】列表框中选择根据方程选项，在【参数】【函数】文本框中分别输入【t】【zt】；在【坐标系】选项区域中单击（坐标系对话框）按钮，出现【坐标系】对话框，如图 6-94 所示，在【类型】列表框中选择动态选项，在【参考】列表框中选

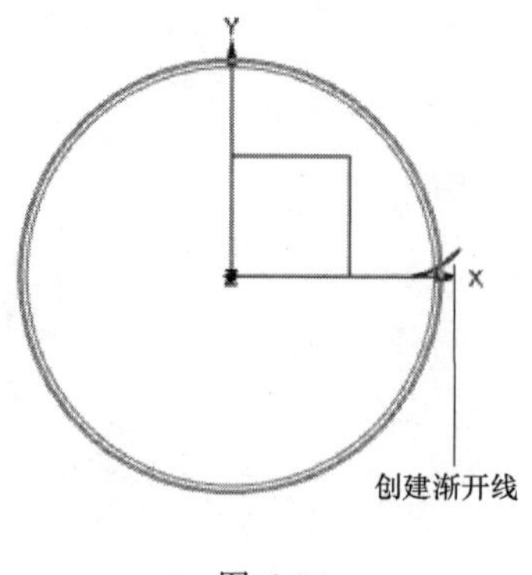

图 6-95

择 WCS（工作坐标系）选项，单击 确定 按钮，系统返回【规律曲线】对话框，单击 确定 按钮，完成渐开线的创建，结果如图 6-95 所示。

2. 草绘蜗轮齿槽截面线

选择菜单中的【插入】/【草图】或在【直接草图】工具条中单击（草图）按钮，出现【创建草图】对话框，在【平面方法】列表框中选择**自动判断**选项，系统默认 X-Y 平面为草图平面，单击 确定 按钮，出现草图绘制区。

在【直接草图】工具条中单击（圆）按钮，在【圆】浮动工具栏中单击（圆心和直径定圆）按钮，在主界面捕捉点工具条仅选择（现有点）选项，选择坐标原点为圆心，绘制图 6-96 所示的 3 个圆。

在【直接草图】工具条中单击（直线）按钮，按照图 6-97 所示绘制直线，需要注意的是，直线 12 的起点为坐标原点，点 2 为分度圆与渐开线的交点。

在【直接草图】工具条中单击（阵列曲线）按钮，出现【阵列曲线】对话框，如图 6-98 所示，在图形中选择图 6-99 所示要阵列的直线，在【布局】列表框中选择 **圆形**选项，在【指定点】列表框中选择（圆弧中心/椭圆中心/球心）选项，在图形中选择图 6-99 所示圆弧，在【阵列曲线】对话框的【间距】列表框中选择**数量和间隔**选项，在【数量】【节距角】文本框中分别输入【2】【-90/z】，单击 确定 按钮，完成阵列曲线的操作，结果如图 6-100 所示。

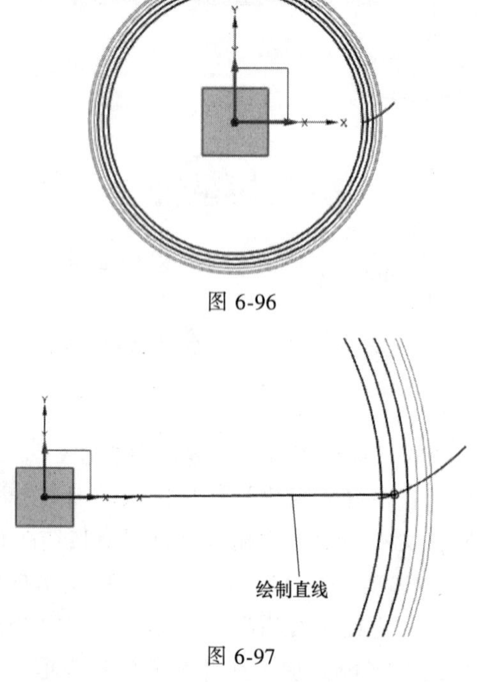

图 6-96

图 6-97

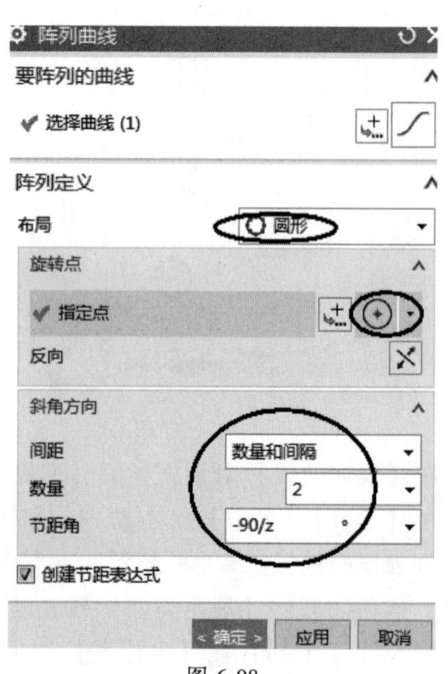

图 6-98

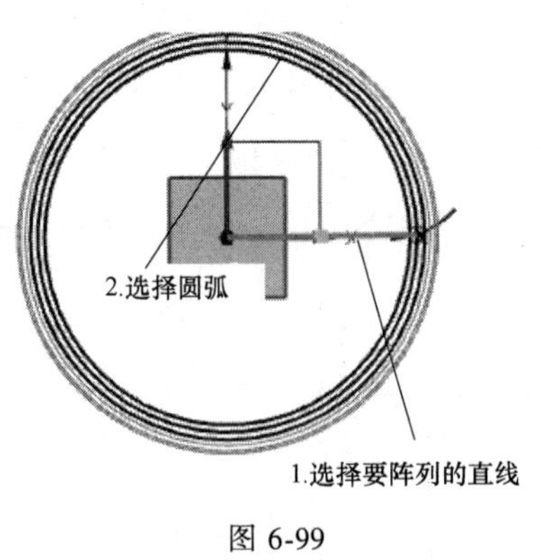

图 6-99

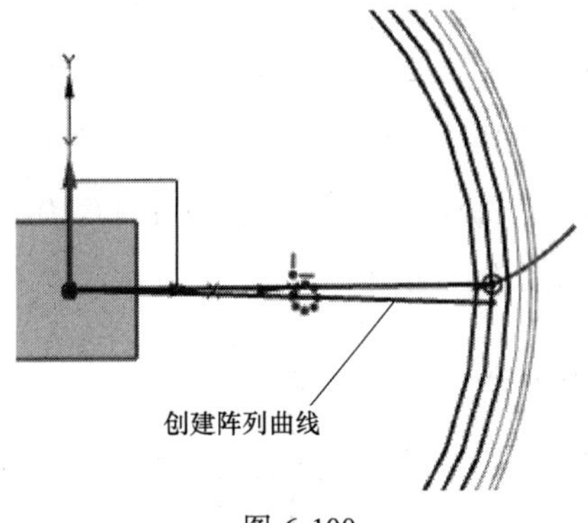

图 6-100

在【直接草图】工具条中单击（镜像曲线）按钮，出现【镜像曲线】对话框，如图 6-101 所示，在主界面曲线规则列表框中选择相连曲线选项，在图形中选择图 6-102 所示的曲线作为要镜像的曲线，然后在【镜像曲线】对话框中的【中心线】选项区域单击（中心线）按钮，再选择图 6-102 所示的直线作为镜像中心线，最后单击确定按钮，完成镜像曲线的操作，结果如图 6-103 所示。

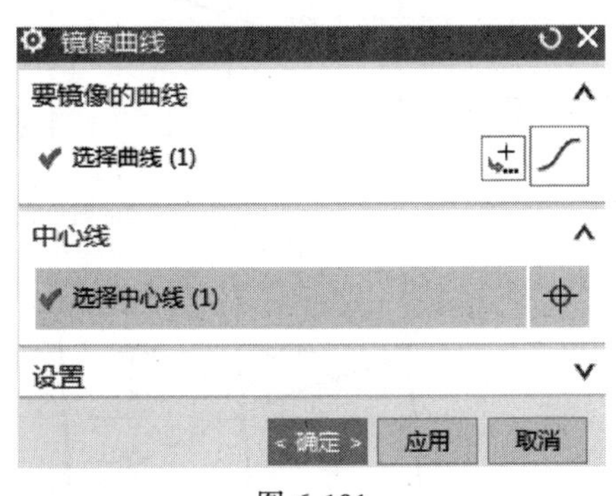

图 6-101

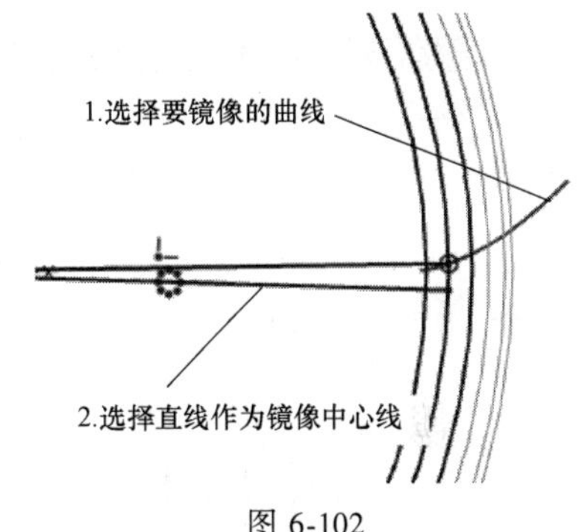

图 6-102

在【直接草图】工具条中单击（圆角）按钮，出现【圆角】对话框，如图 6-104 所示，在【圆角方法】选项区域中单击（取消修剪）按钮，在图形中依次选择图 6-105 所示的两条曲线，在圆心所处位置单击，创建圆角结果如图 6-106 所示。

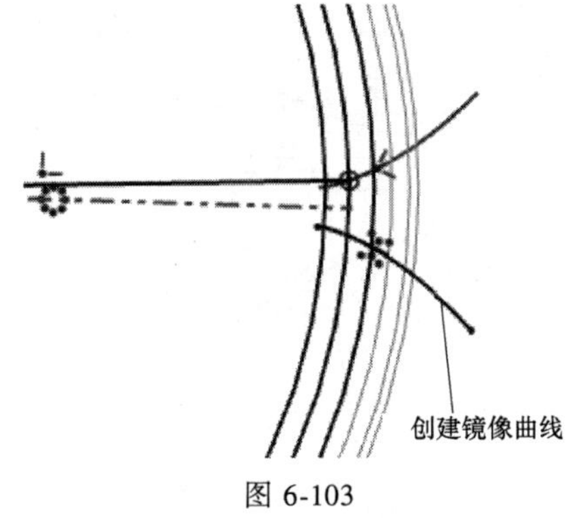

图 6-103

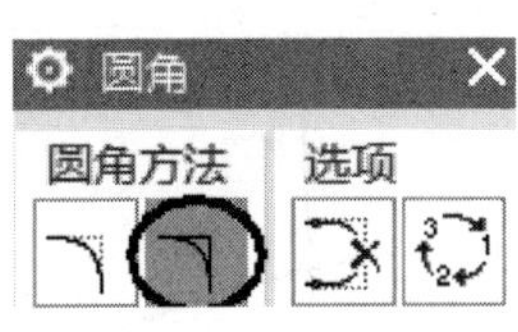

图 6-104

在【直接草图】工具条中单击（镜像曲线）按钮，出现【镜像曲线】对话框，如图 6-107 所示，在主界面曲线规则列表框中选择相连曲线 选项，在图形中选择图 6-108 所示的曲线作为要镜像的曲线，然后在【镜像曲线】对话框中【中心线】选项区域单击（中心线）按钮，再选择图 6-108 所示的直线作为镜像中心线，最后单击确定按钮，完成镜像曲线的操作，结果如图 6-109 所示。

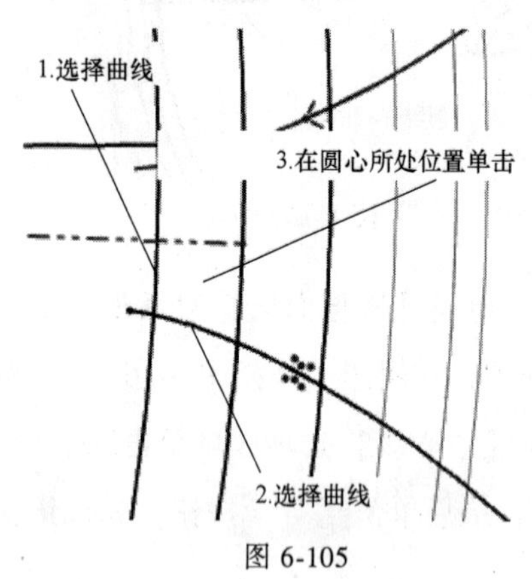

图 6-105

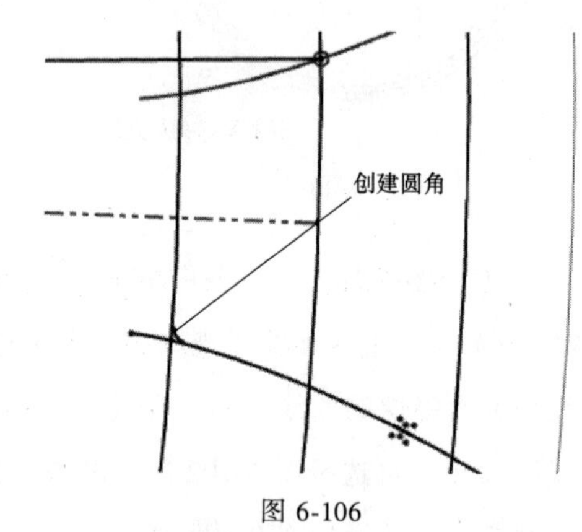

图 6-106

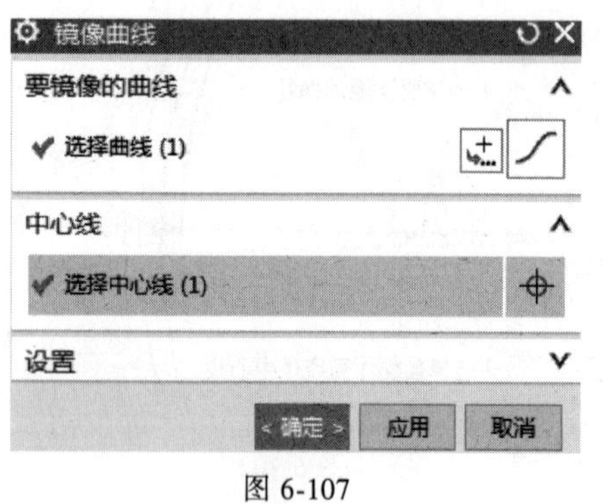

图 6-107

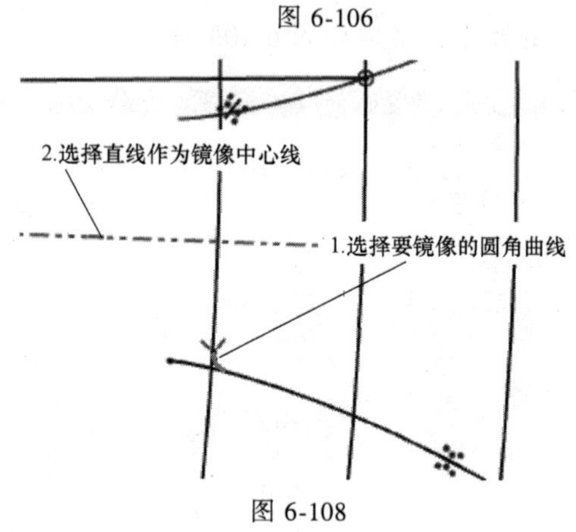

图 6-108

在【直接草图】工具条中单击（快速尺寸）按钮，按照图 6-110 所示的尺寸进行标注。

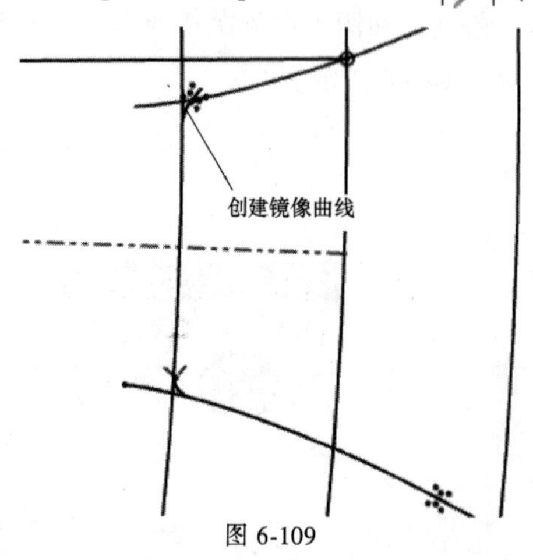

图 6-109

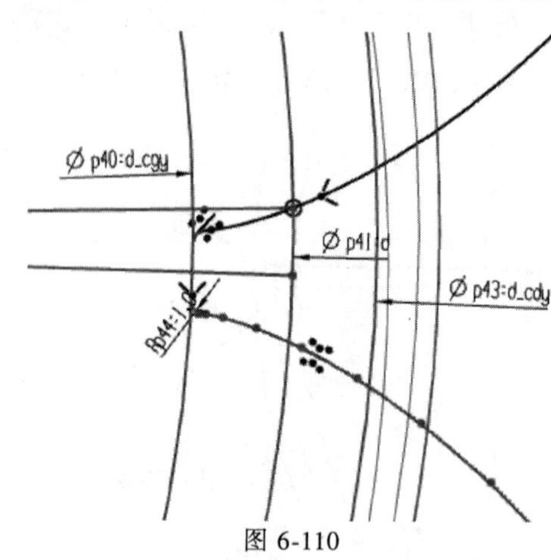

图 6-110

【直接草图】工具条中单击（转换至/自参考对象）按钮，出现【转换至/自参考对象】对话框，如图 6-111 所示，选中 活动曲线或驱动尺寸 单选按钮，在图形中选择图 6-112 所示的曲线作为要转换的曲线，然后在【转换至/自参考对象】对话框中单击 确定 按钮，完成转换曲线的操作。

在【直接草图】工具条中单击 完成草图 按钮，回到建模界面，结果如图 6-113 所示。

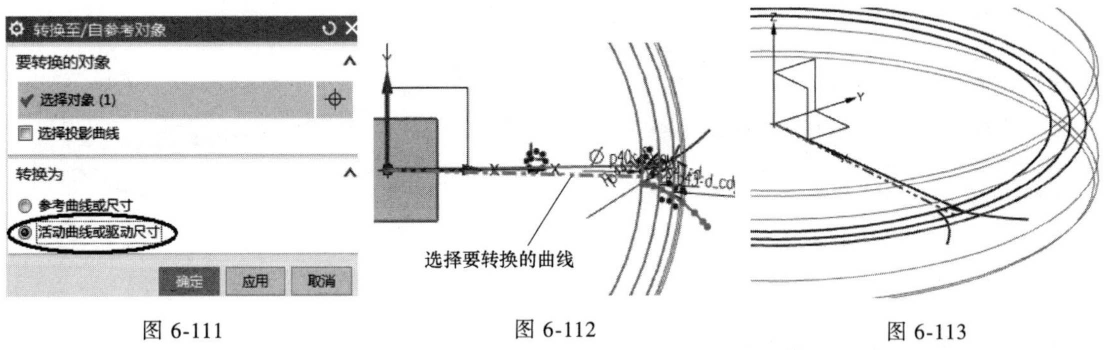

图 6-111　　　　图 6-112　　　　图 6-113

3. 创建阵列特征（圆形阵列）

择菜单中的【插入】/【关联复制】/【 阵列特征(A)... 】命令或在【特征】工具条中单击（阵列特征）按钮，出现【阵列特征】对话框，如图 6-114 所示，在图形中选择图 6-115 所示的草图特征和渐开线，在【布局】列表框中选择 圆形 选项，在【指定矢量】列表框中选择（自动判断的矢量）选项，在图形中选择图 6-115 所示的曲线作为旋转轴，在【间距】列表框中选择 数量和间隔 选项，在【数量】【节距角】文本框中分别输入【2】【-e】，单击 确定 按钮，完成阵列特征的创建，结果如图 6-116 所示。

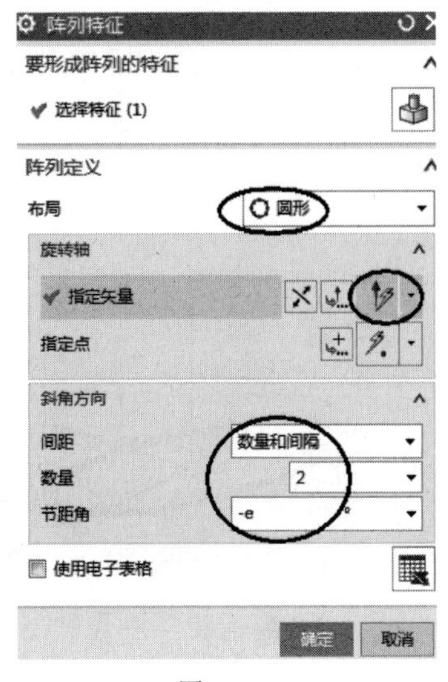

图 6-114

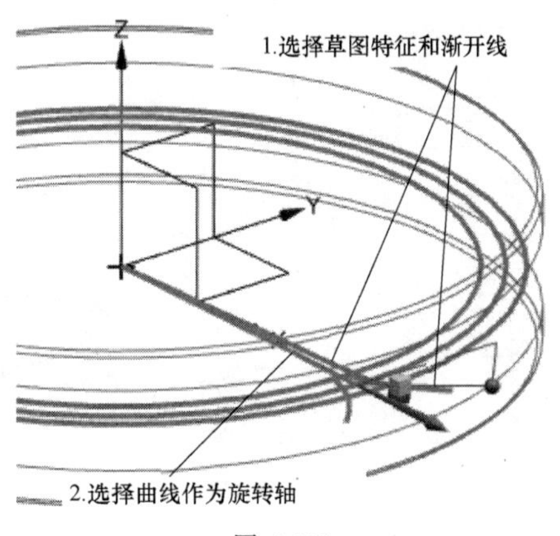

图 6-115

4. 将辅助曲线移至 255 工作层

选择菜单中的【格式】/【移动至图层】命令或在【实用工具】工具条中单击 (移动至图层) 按钮，选择辅助曲线，将其移动至 255 工作层（步骤略），图形更新为图 6-117 所示样式。

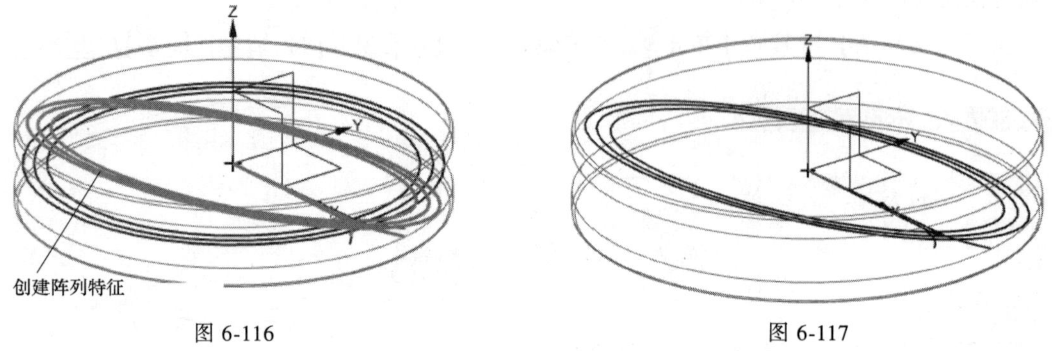

图 6-116　　　　图 6-117

6.10　创建蜗轮螺旋线

1. 创建基准坐标系

选择菜单中的【插入】/【基准/点】/【 基准坐标系(C)...】命令或在【特征】工具条中单击 (基准坐标系) 按钮，出现【基准坐标系】对话框，如图 6-118 所示，在对话框中的【类型】列表框中选择 偏置坐标系选项，在【参考】列表框中选择 选定坐标系选项，在图形中选择图 6-119 所示基准坐标系，选中 先平移单选按钮，在【平移】选项区域中的【X】文本框中输入【aa】，在【旋转】选项区域中的【角度 X】文本框中输入【-90】，最后单击 确定 按钮，完成基准坐标系的创建，结果如图 6-120 所示。

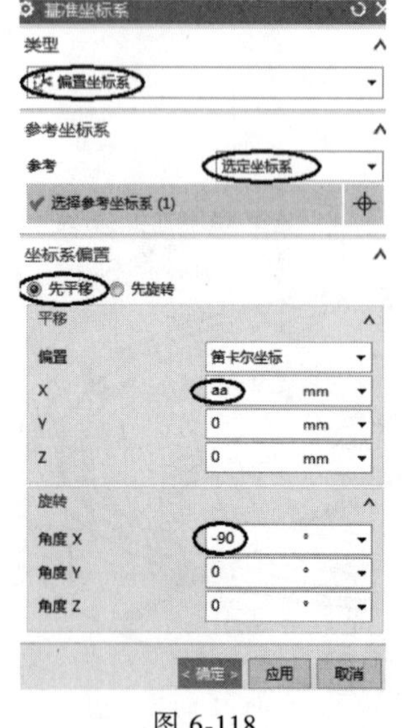

图 6-118

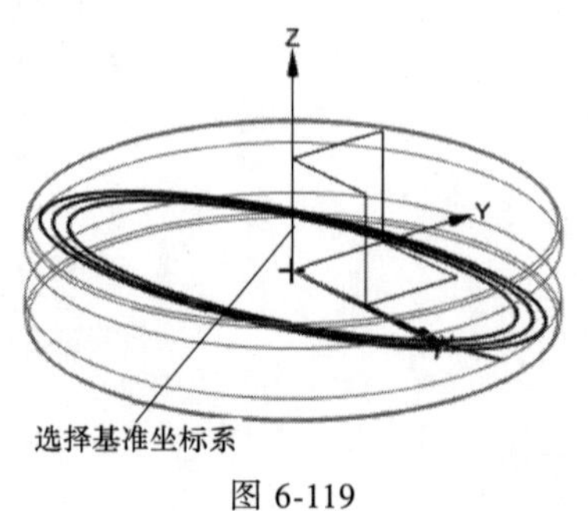

图 6-119

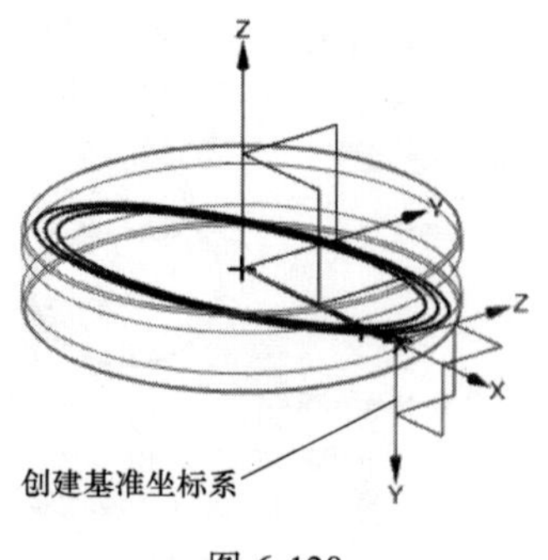

图 6-120

2. 创建螺旋线

选择菜单中的【插入】/【曲线】/【螺旋(X)...】命令或在【曲线】工具条中单击（螺旋）按钮，出现【螺旋】对话框，如图 6-121 所示。

在【方位】选项区域中单击（坐标系对话框）按钮，出现【坐标系】对话框，如图 6-122 所示，在【类型】列表框中选择动态选项，在【参考】列表框中选择选定坐标系选项，在图形中选择图 6-123 所示基准坐标系，单击确定按钮，系统返回【螺旋】对话框。

在【螺旋】对话框的【大小】选项区域中，选中半径单选按钮，在【值】文本框中输入【d/2】，在【螺距】选项区域的【值】文本框中输入【lj】，在【长度】选项区域的【方法】列表框中选择圈数选项，在【圈数】文本框中输入【0.7】，在【旋转方向】列表框中选择右手选项，单击确定按钮，完成螺旋线的创建，结果如图 6-124 所示。

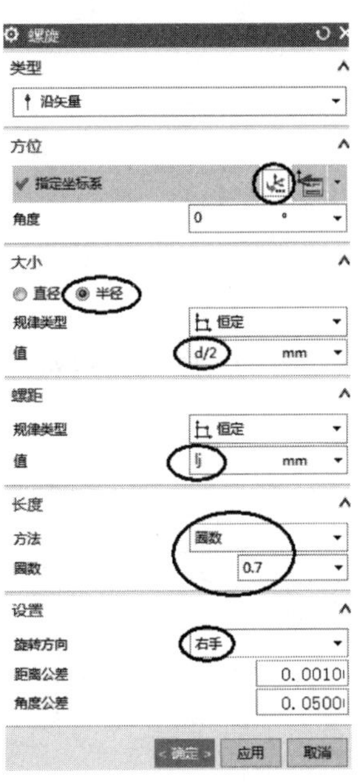

图 6-121

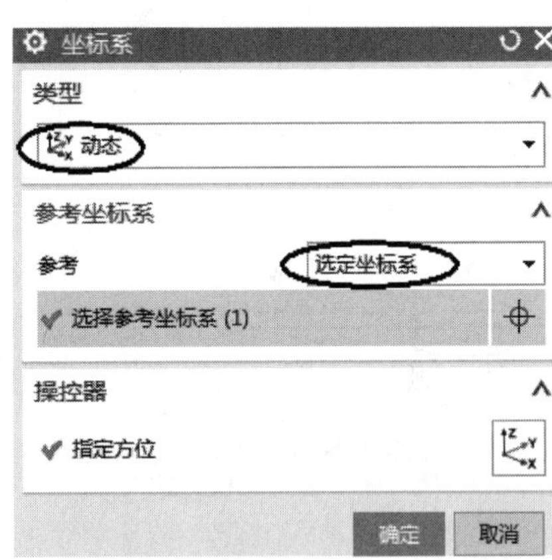

图 6-122

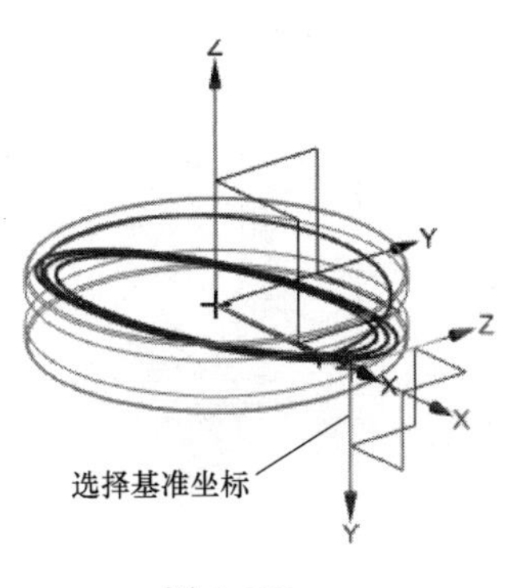

图 6-123

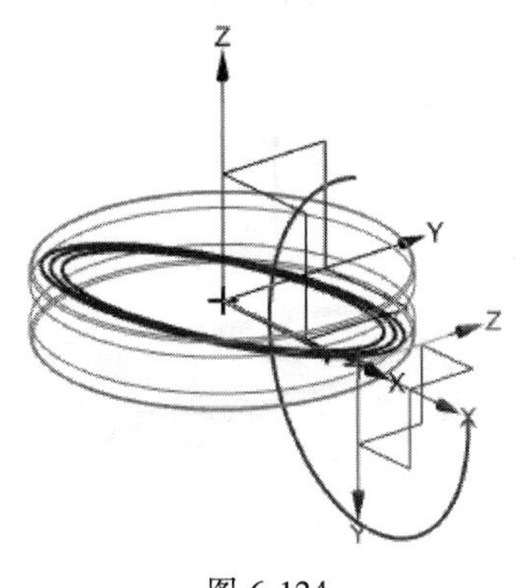

图 6-124

6.11 创建蜗轮齿廓

1. 创建蜗轮齿廓扫掠特征

选择菜单中的【插入】/【扫掠】/【扫掠(S)...】命令或在【曲面】工具条中单击(扫掠)按钮，出现【扫掠】对话框，如图6-125所示，系统提示选择截面曲线，在主界面曲线规则列表框中选择相连曲线（在相交处停止）选项，在图形中选择图6-126所示的截面曲线，然后在对话框中单击（引导线）按钮或直接按下鼠标中键确认，完成截面曲线的选择，在图形中选择图6-127所示的曲线作为引导线。

在【扫掠】对话框的【定向方法】选项区域中的【方向】列表框中选择矢量方向选项，在【指定矢量】列表框中选择YC选项，选中保留形状复选框，最后在【扫掠】对话框中单击确定按钮，完成扫掠特征的创建，结果如图6-128所示。

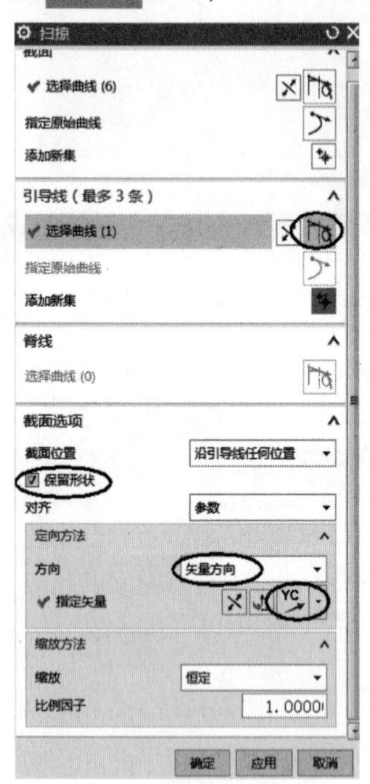

图 6-125

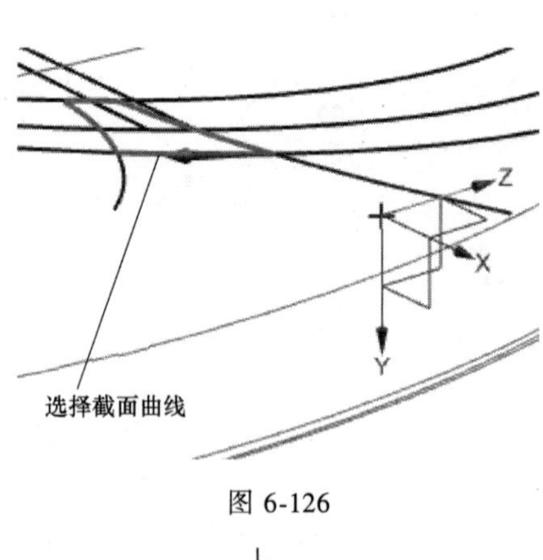

图 6-126

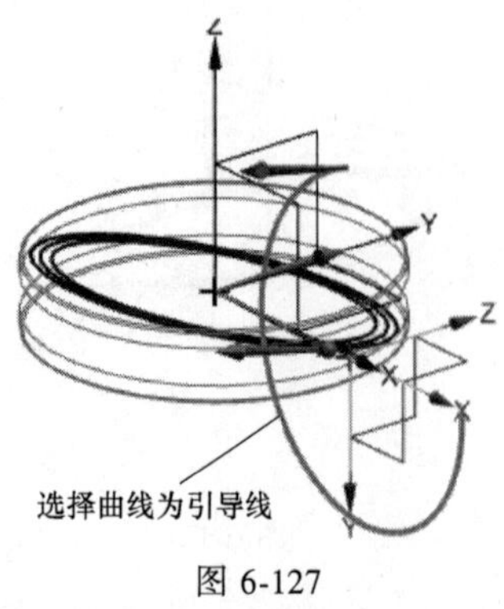

图 6-127

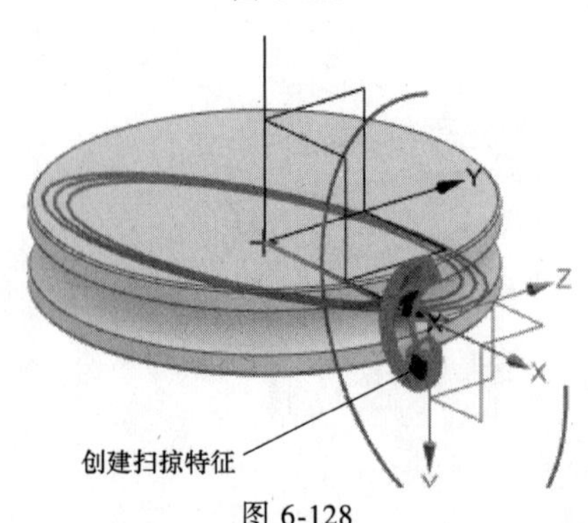

图 6-128

2. 创建偏置面特征

选择菜单中的【插入】/【偏置/缩放】/【偏置面(F)...】命令或在【特征】工具条中单击（偏置面）按钮，出现【偏置面】对话框，如图 6-129 所示。在主界面面规则列表框中选择单个面选项，在图形中选择图 6-130 所示的面作为要偏置的面，出现偏置方向，如图 6-130 所示，然后在【偏置面】对话框中的【偏置】文本框中输入【2】，单击 确定 按钮，完成偏置面特征的创建，结果如图 6-131 所示。

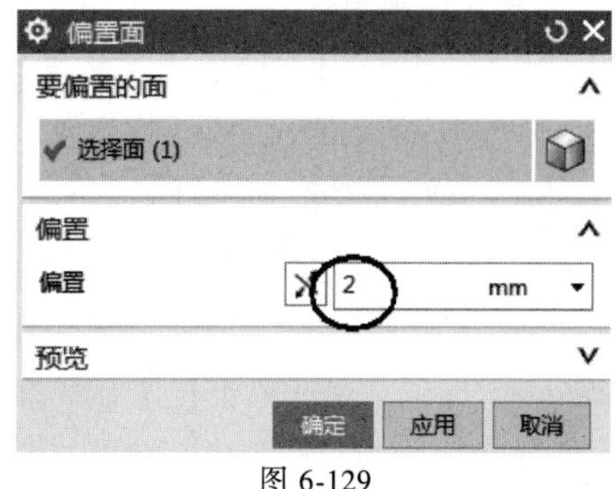

图 6-129

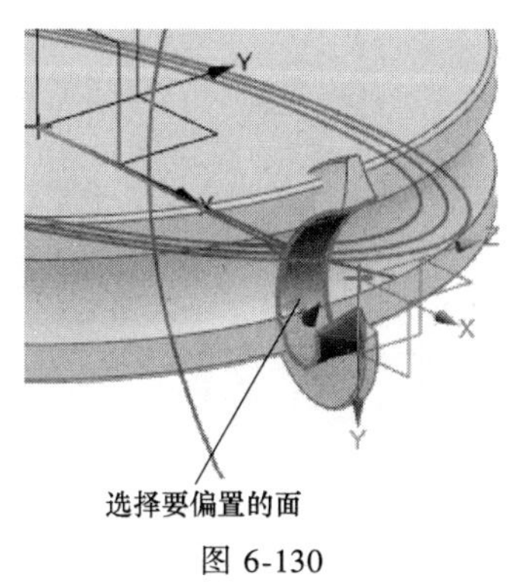

图 6-130

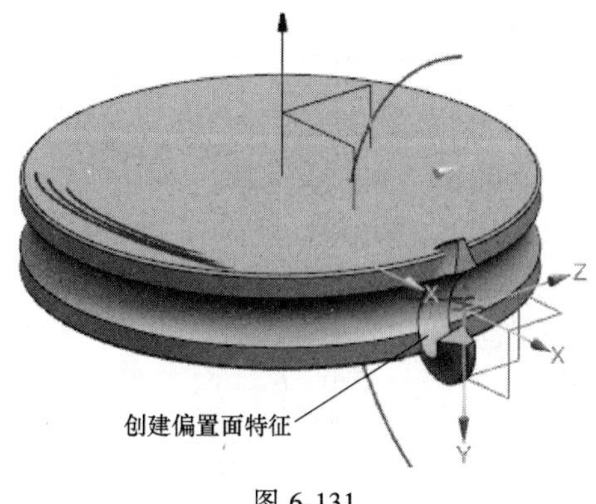

图 6-131

3. 求差操作

选择菜单中的【插入】/【组合】/【减去(S)...】命令或在【特征】工具条中单击（减去）按钮，出现【求差】操作对话框，如图 6-132 所示，按照图 6-133 所示依次选择目标实体和工具实体，单击 确定 按钮，完成求差操作，结果如图 6-134 所示。

求差

目标
选择体 (1)
工具
选择体 (1)
设置
预览
< 确定 >　应用　取消

图 6-132

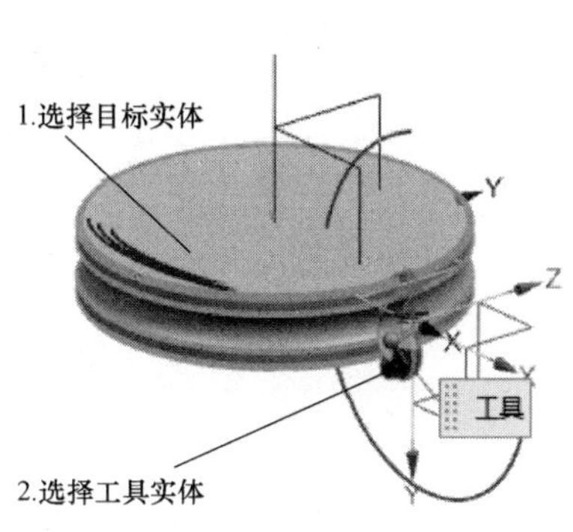

图 6-133

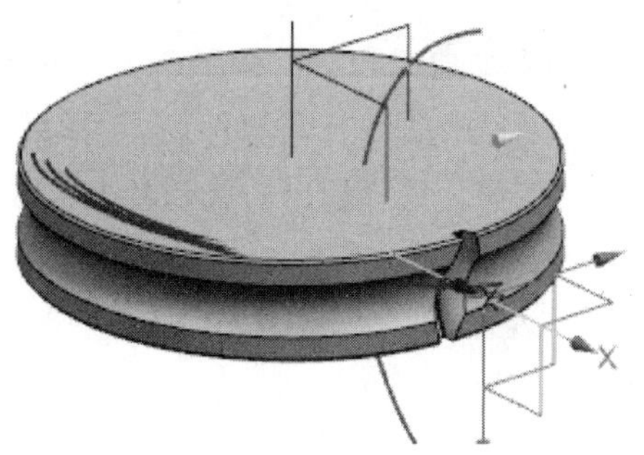

图 6-134

4. 创建阵列面特征

选择菜单中的【插入】/【关联复制】/【阵列面(F)...】命令或在【特征】工具条中单击（阵列面）按钮，出现【阵列面】对话框，如图6-135所示。在主界面规则列表框中选择特征面选项，在图形中选择图6-136所示齿廓面，在【布局】列表框中选择圆形选项，在【指定矢量】列表框中选择ZC选项，在【指定点】列表框中选择（圆弧中心/椭圆中心/球心）选项，在图形中选择图6-137所示的实体圆弧边，在【间距】列表框中选择数量和间隔选项，在【数量】【节距角】文本框中分别输入【z】【360/z】，单击确定按钮，完成阵列面特征的创建，结果如图6-138所示。

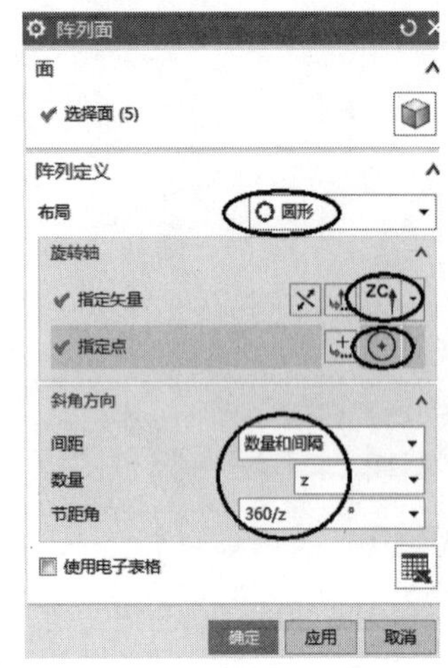

图 6-135

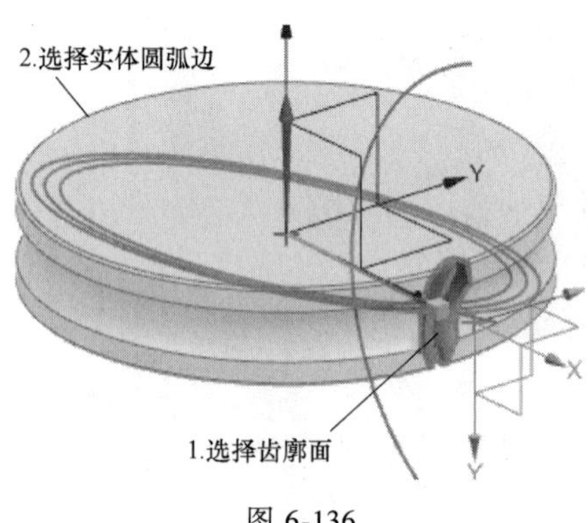

图 6-136

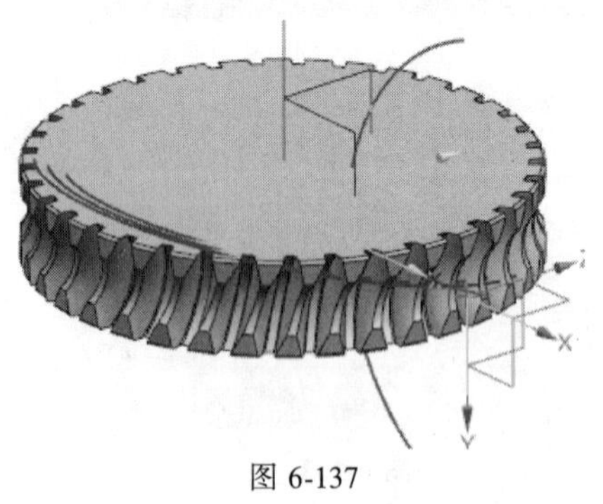

图 6-137

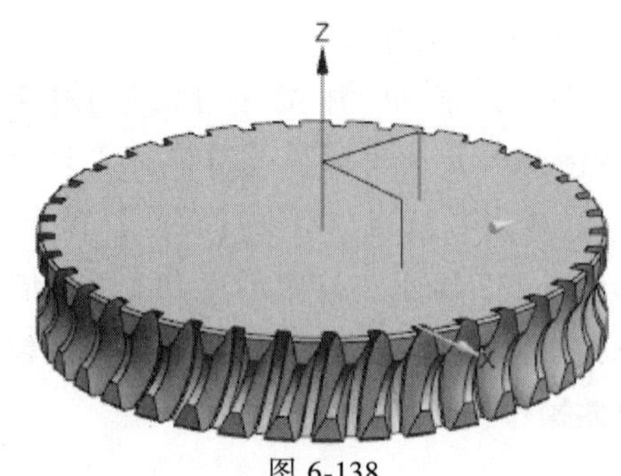

图 6-138

5. 将辅助曲线和基准移至255工作层

选择菜单中的【格式】/【移动至图层】命令或在【实用工具】工具条中单击（移动至图层）按钮，选择辅助曲线和基准，将其移动至255工作层（步骤略）。

6.12 创建蜗轮细节特征

1. 创建沉头孔特征

选择菜单中的【插入】/【设计特征】/【孔(H)...】命令或在【特征】工具条中单击

（孔）按钮，出现【孔】对话框，如图6-139所示，系统提示选择孔放置点，在主界面捕捉点工具条仅选择（圆弧中心）选项，然后在图形中选择图6-140所示的实体圆弧边。在【孔方向】列表框中选择垂直于面选项，在【成形】列表框中选择沉头选项，在【沉头直径】【沉头深度】【直径】文本框中分别输入【252】【12】【240】，在【深度】列表框中选择贯通体选项，如图6-139所示，在【布尔】列表框中选择减去选项，最后单击确定按钮，完成沉头孔的创建，结果如图6-141所示。

2. 创建倒斜角特征

选择菜单中的【插入】/【细节特征】/【倒斜角(M)...】命令或在【特征】工具条中单击（倒斜角）按钮，出现【倒斜角】对话框，如图6-142所示，在图形中选择实体圆弧边，如图6-143所示，在【倒斜角】对话框的【距离】文本框中输入【2】，单击确定按钮，完成倒斜角特征的创建，结果如图6-144所示。

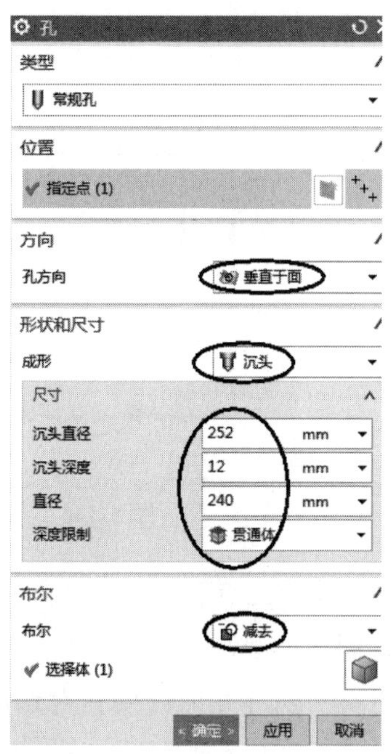

图6-139

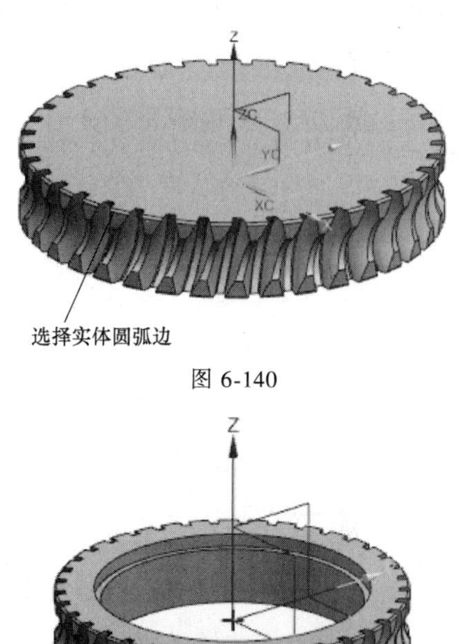

图6-140

图6-141

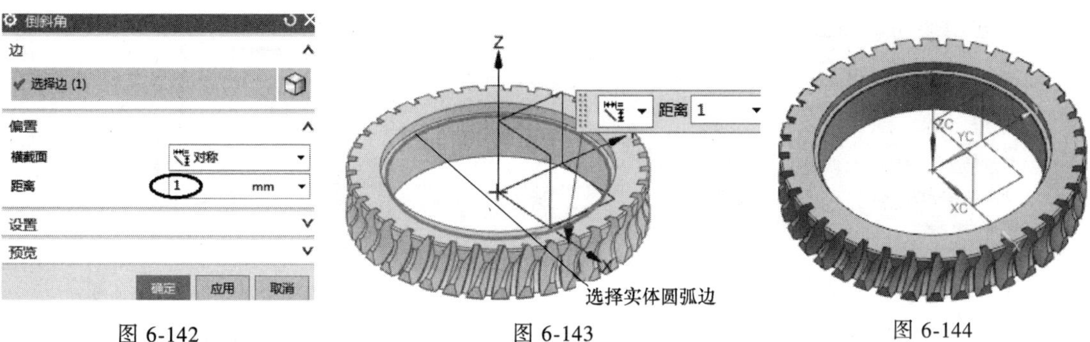

图6-142

图6-143

图6-144

6.13 创建蜗轮轮芯文件

选择菜单中的【文件】/【新建】命令或单击（New 建立新文件）按钮，出现【新建】部件对话框，在【名称】文本框中输入【wl_xin】，在【单位】列表框中选择【毫米】选项，以毫米为单位，单击确定按钮，建立文件名为 wl_xin. prt，单位为毫米的文件。

6.14 创建蜗轮轮芯主体

1. 草绘蜗轮轮芯截面

选择菜单中的【插入】/【草图】或在【直接草图】工具条中单击（草图）按钮，出现【创建草图】对话框，如图 6-145 所示，在【平面方法】列表框中选择自动判断选项，系统默认 X-Y 平面为草图平面，单击确定按钮，出现草图绘制区。

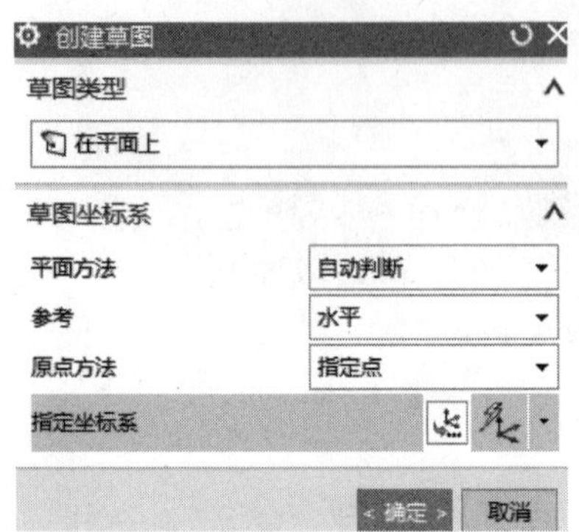

图 6-145

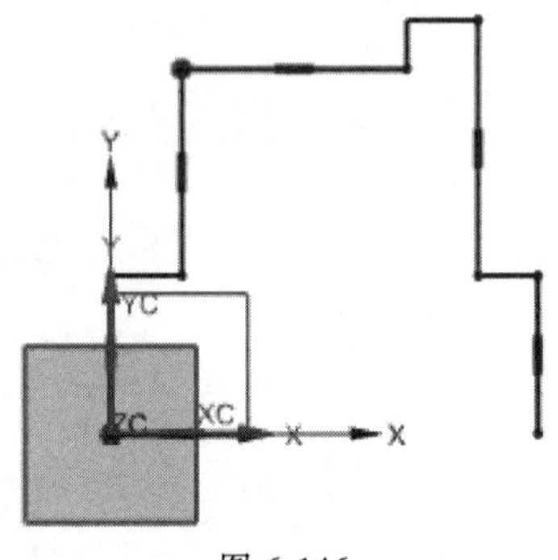

图 6-146

在【直接草图】工具条选择（轮廓）图标，在主界面捕捉点工具条仅选择（现有点）选项，选择坐标原点为起点，按照如图 6-146 所示绘制截面线。

在【直接草图】工具条中单击（几何约束）按钮，出现【几何约束】对话框，单击（点在曲线上）按钮，如图 6-147 所示，在图中选择 X 轴与直线端点，如图 6-148 所示，

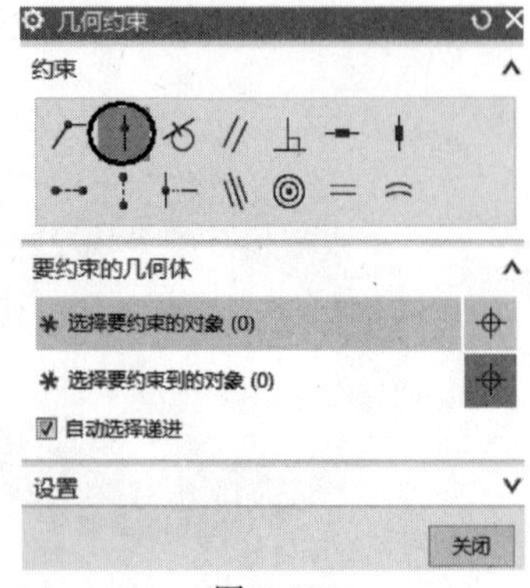

图 6-147

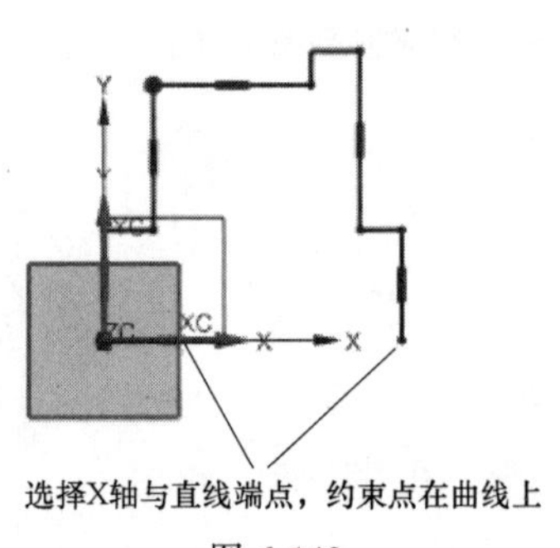

图 6-148

约束点在曲线上，约束的结果如图 6-149 所示，在【直接草图】工具条中单击 (显示草图约束) 按钮，使图形中的约束显示出来。

在【几何约束】对话框中单击 (共线) 按钮，分别选择图 6-150 所示两条直线，约束其共线，约束的结果如图 6-151 所示，在【直接草图】工具条中单击 (显示所有约束) 按钮，使图形中的约束显示出来。

在【直接草图】工具条中单击 (快速尺寸) 按钮，按照图 6-152 所示的尺寸进行标注。

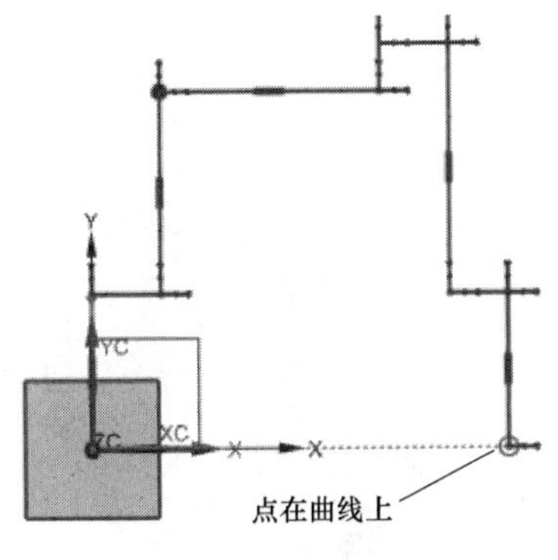

图 6-149

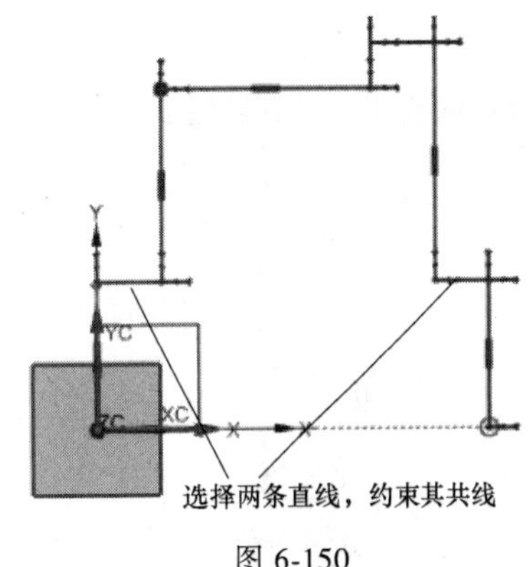

图 6-150

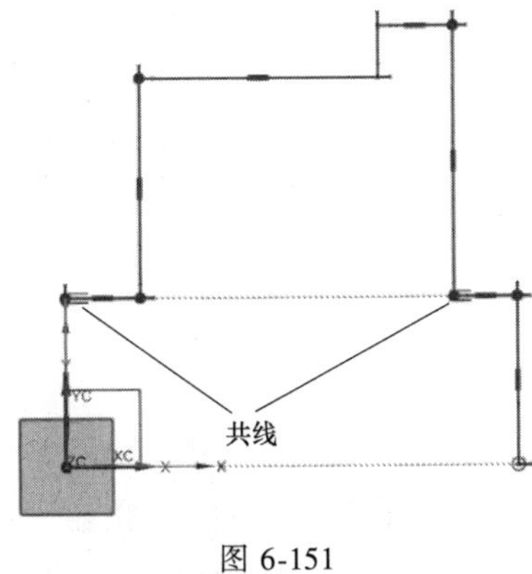

图 6-151

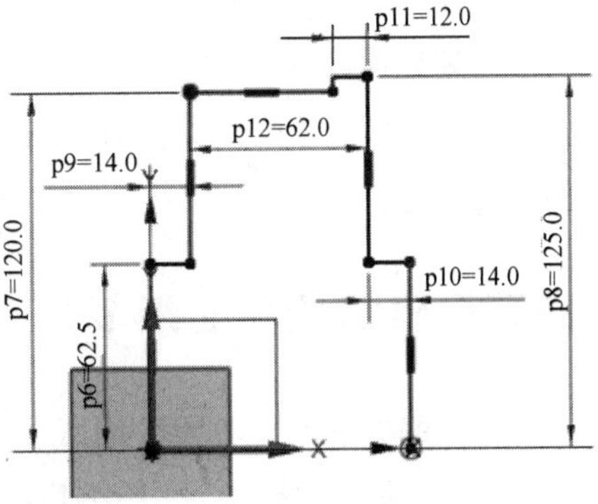

图 6-152

在【直接草图】工具条中单击 完成草图 按钮，回到建模界面。图形更新为图 6-153 所示样式。

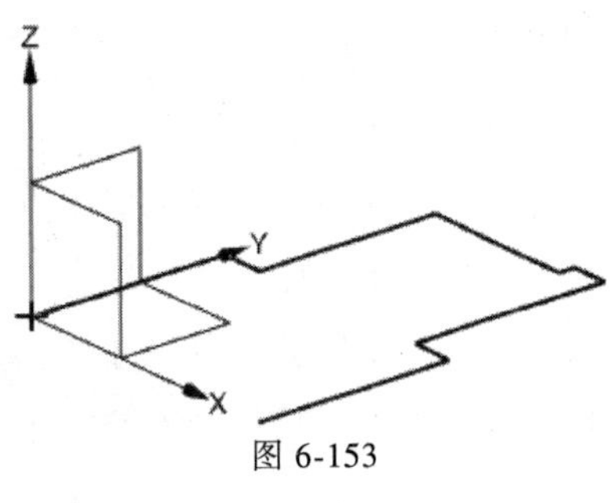

图 6-153

2. 创建蜗轮轮芯旋转特征

选择菜单中的【插入】/【设计特征】/【 旋转(R)...】命令或在【特征】工具条中单击 (旋转) 按钮，出现【旋转】对话框，如图 6-154 所示。然后在主界面曲线规则列表框中选择 自动判断曲线 选项，在图形中选择图 6-155 所示截面线为旋转对象。

在【旋转】对话框的【指定矢量】列表框中选择 (自动判断的矢量)选项，然后在图形中选择图6-155所示的X轴作为旋转轴，在【开始】选项区域中的【角度】文本框、【结束】选项区域中的【角度】文本框分别输入【0】【360】，在【布尔】列表框中选择 无选项，如图6-154所示，单击 确定 按钮，完成旋转体特征的创建，结果如图6-156所示。

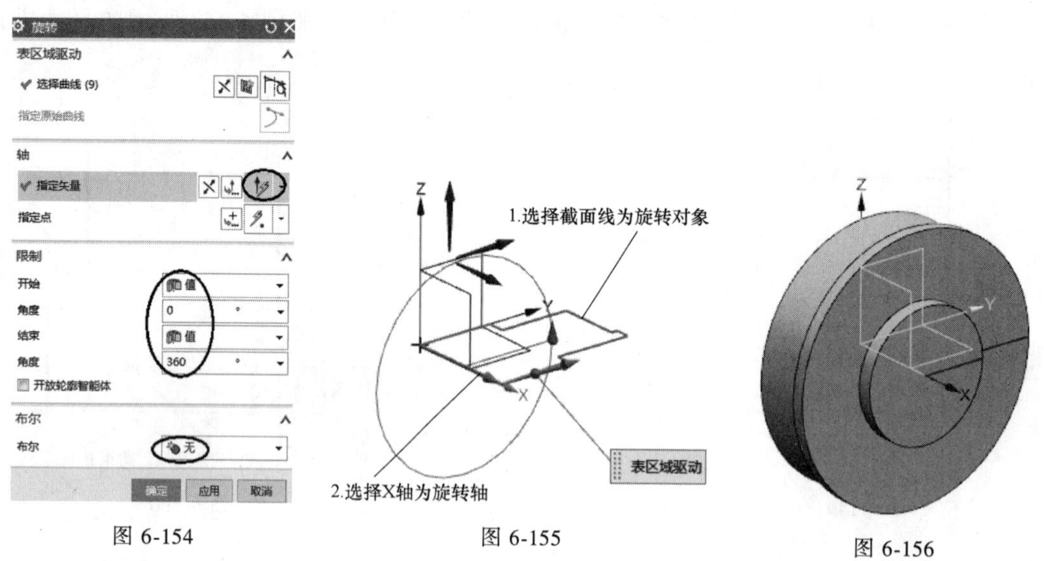

图6-154　　图6-155　　图6-156

3. 将辅助曲线移至255工作层

选择菜单中的【格式】/【移动至图层】命令或在【实用工具】工具条中单击 (移动至图层)按钮，选择辅助曲线，将其移动至255工作层(步骤略)。

6.15　创建蜗轮轮芯细节特征

1. 草绘蜗轮轮芯中心键槽截面

选择菜单中的【插入】/【草图】或在【直接草图】工具条中单击 (草图)按钮，出现【创建草图】对话框，在【平面方法】列表框中选择自动判断选项，在图形中选择图6-157所示Y-Z平面作为草图平面，单击 确定 按钮，出现草图绘制区。

在【直接草图】工具条中单击 (圆)按钮，在【圆】浮动工具栏中单击 (圆心和直径定圆)按钮，在主界面捕捉点工具条中选择 (现有点)选项，选择坐标原点为圆心，绘制图6-158所示的圆。

在【直接草图】工具条中单击 (轮廓)按钮，在主界面捕捉点工具条仅选择 (点在曲线上)选项，按照图6-159所示绘制3条直线。

在【直接草图】工具条中单击 (几何约束)按钮，出现【几何约束】对话框，单击 (中点)按钮，如图6-160所示，在图中选择直线与坐标原点，如图6-161所示，约束点

与曲线中点对齐，约束的结果如图 6-162 所示。在【直接草图】工具条中单击（显示草图约束）按钮，使图形中的约束显示出来。

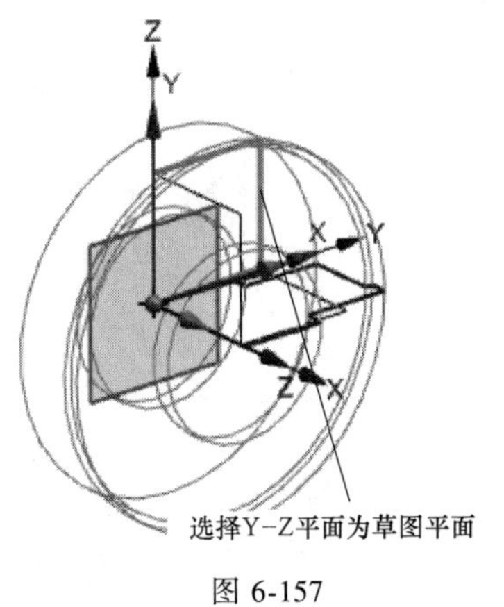

图 6-157

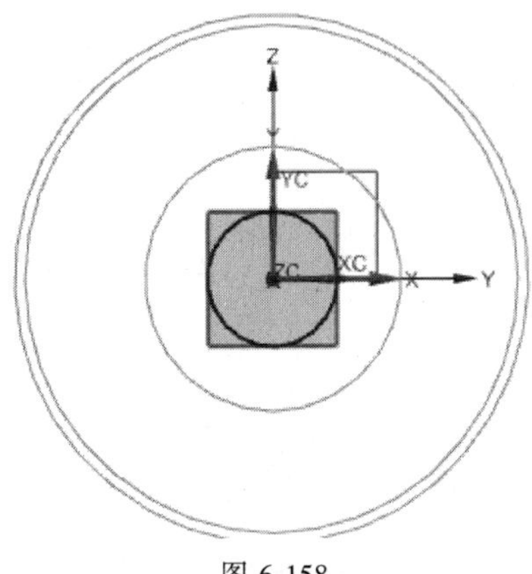

图 6-158

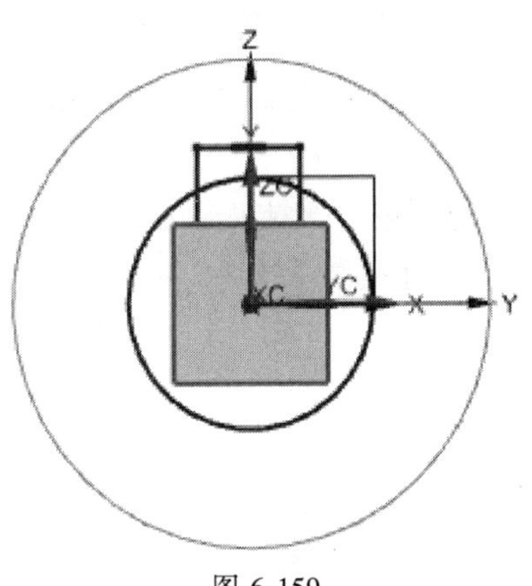

图 6-159

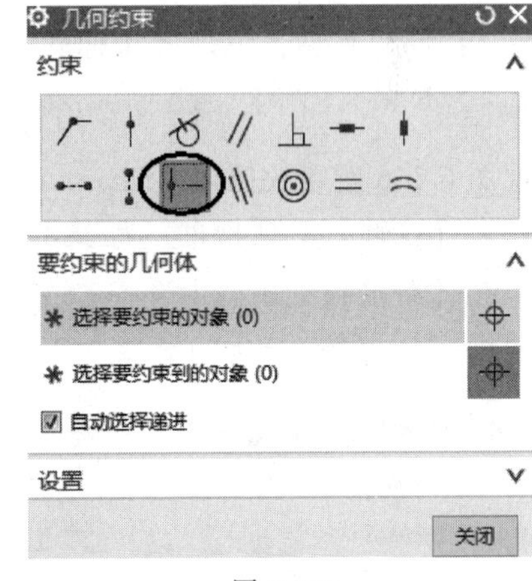

图 6-160

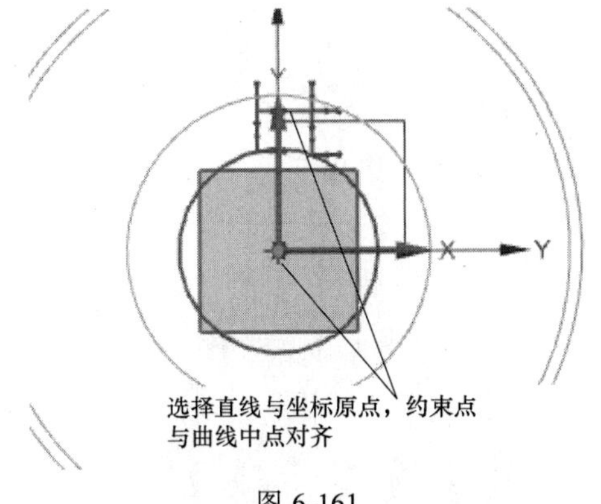

图 6-161

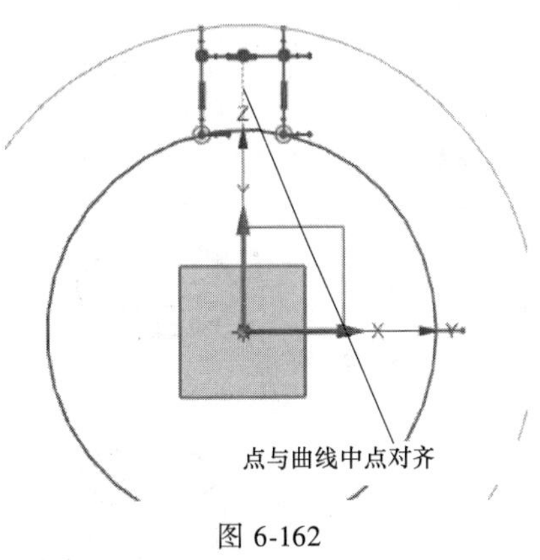

图 6-162

在【直接草图】工具条中单击（快速尺寸）按钮，按照图 6-163 所示的尺寸进行标注。此时直接草图已经转换成绿色，表示已经完全约束。

在【直接草图】工具条中单击 完成草图按钮，回到建模界面。截面如图 6-164 所示。

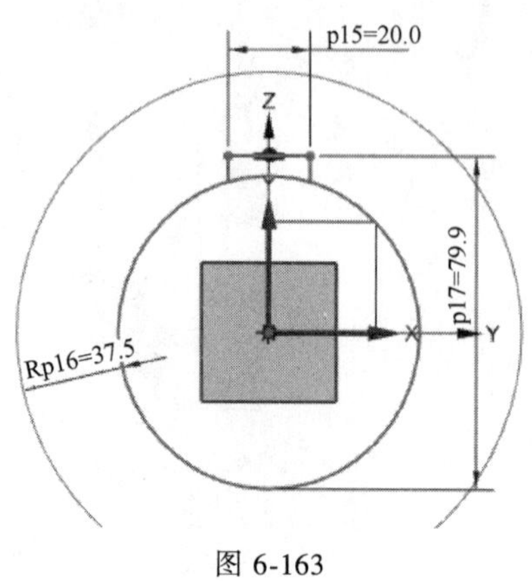

图 6-163

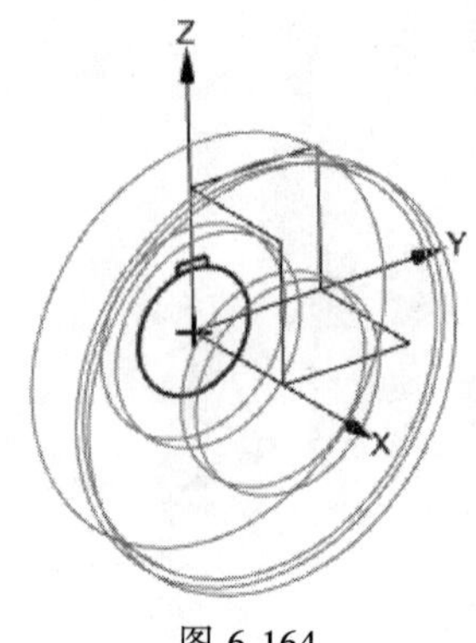

图 6-164

2. 创建拉伸特征

选择菜单中的【插入】/【设计特征】/【 拉伸(X)...】命令或在【特征】工具条中单击 (拉伸)按钮，出现【拉伸】对话框，如图 6-165 所示，在主界面曲线规则列表框中选择 相连曲线 (在相交处停止)选项，选择图 6-166 所示截面线作为拉伸对象，出现图 6-166 所示的拉伸方向。

在【拉伸】对话框的【距离】文本框中输入【0】，在【结束】列表框中选择 贯通选项，在【布尔】列表框中选择 减去选项，如图 6-165 所示，单击 确定 按钮，完成拉伸特征的创建，结果如图 6-167 所示。

图 6-165

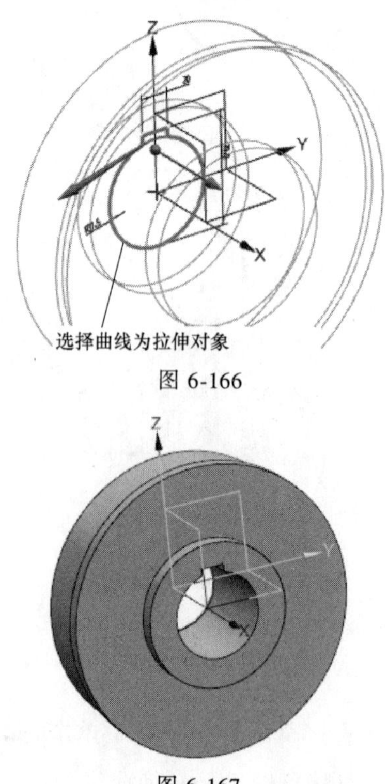

图 6-166

图 6-167

3. 草绘蜗轮孔截面

选择菜单中的【插入】/【草图】或在【直接草图】工具条中单击（草图）按钮，出现【创建草图】对话框，在【平面方法】列表框中选择**自动判断**选项，在图形中选择图6-168所示Y-Z平面作为草图平面，单击 确定 按钮，出现草图绘制区。

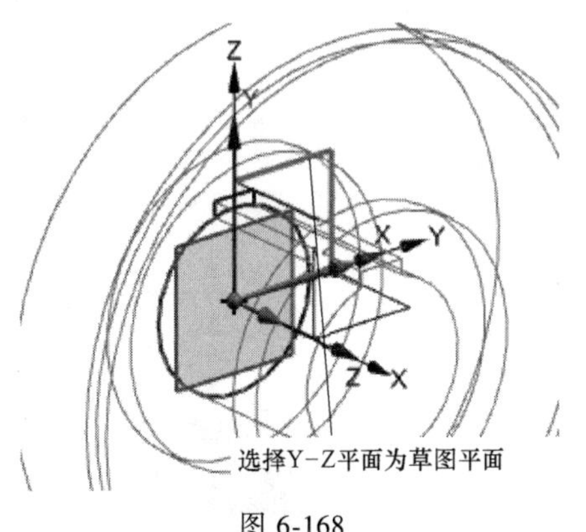

图 6-168

在【直接草图】工具条中单击（圆）按钮，在【圆】浮动工具栏中单击（圆心和直径定圆）按钮，在主界面捕捉点工具条仅选择（现有点）选项，选择坐标原点为圆心，绘制图6-169所示的3个圆。

在【直接草图】工具条中单击（几何约束）按钮，出现【几何约束】对话框，单击（点在曲线上）按钮，如图6-170所示，在图中选择Y轴与圆的圆心，如图6-171所示，约束点在曲线上，约束的结果如图6-172所示。在【直接草图】工具条中单击（显示草图约束）按钮，使图形中的约束显示出来。

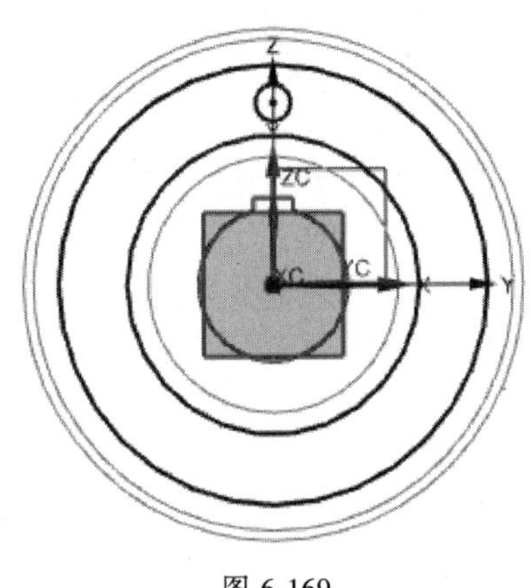

图 6-169

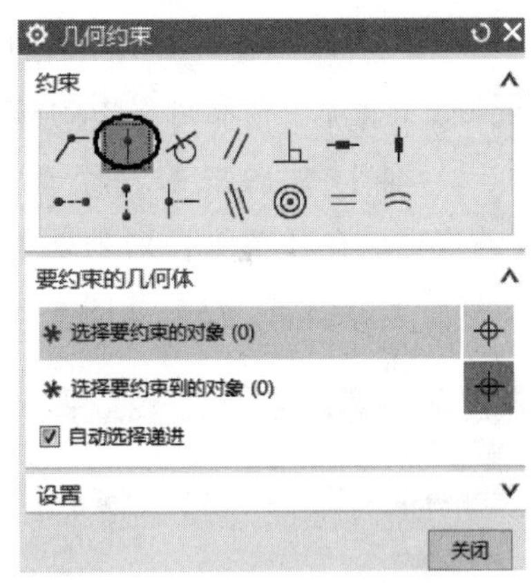

图 6-170

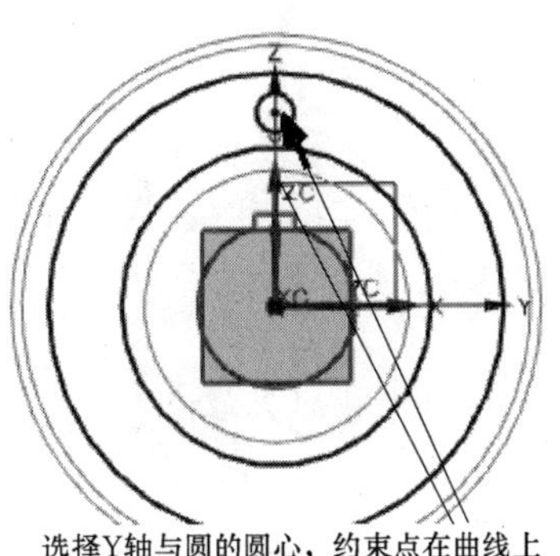

图 6-171

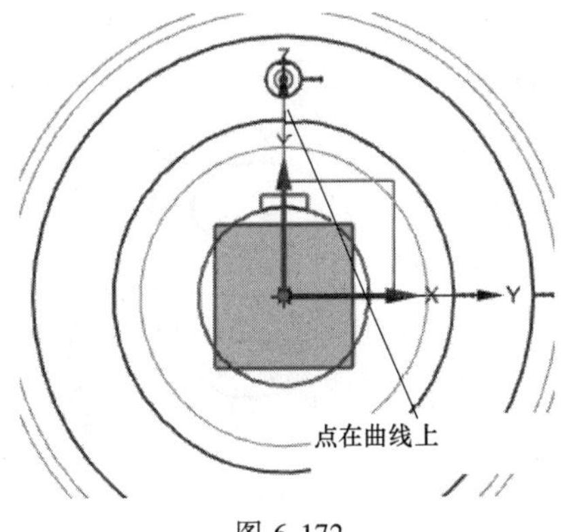

图 6-172

在【直接草图】工具条中单击 （快速尺寸）按钮，按照图 6-173 所示的尺寸进行标注。

在【直接草图】工具条中单击 完成草图按钮，回到建模界面。截面如图 6-174 所示。

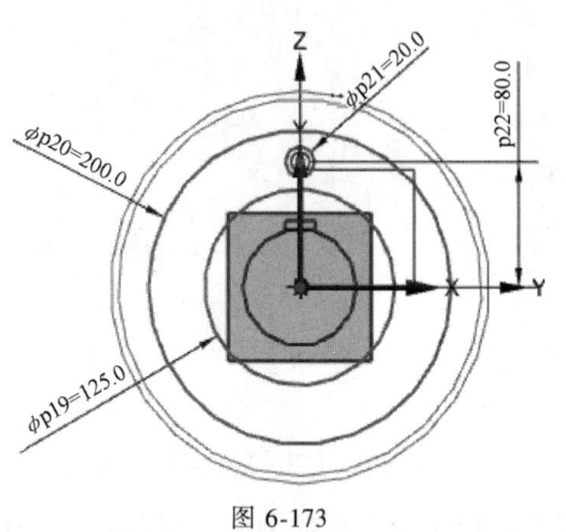

图 6-173

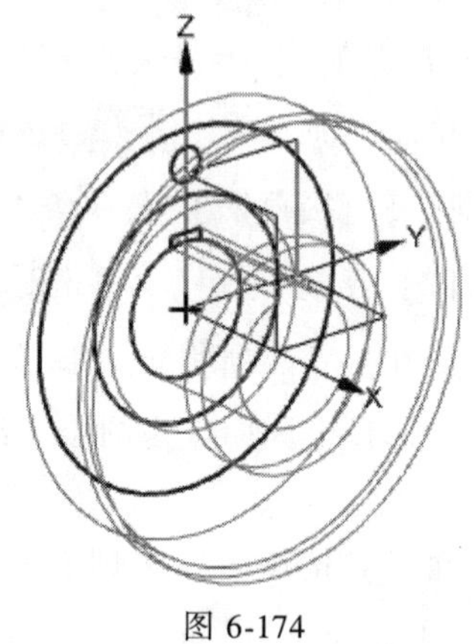

图 6-174

4. 创建拉伸特征

选择菜单中的【插入】/【设计特征】/【 拉伸(X)...】命令或在【特征】工具条中单击 （拉伸）按钮，出现【拉伸】对话框，如图 6-175 所示，在主界面曲线规则列表框中选择 相连曲线 选项，选择图 6-176 所示截面线作为拉伸对象，出现图 6-176 所示的拉伸方向。

在【拉伸】对话框的【距离】文本框中输入【0】，在【结束】列表框中选择 贯通选项，在【布尔】列表框中选择 减去选项，如图 6-175 所示，单击 确定 按钮，完成拉伸特征的创建，结果如图 6-177 所示。

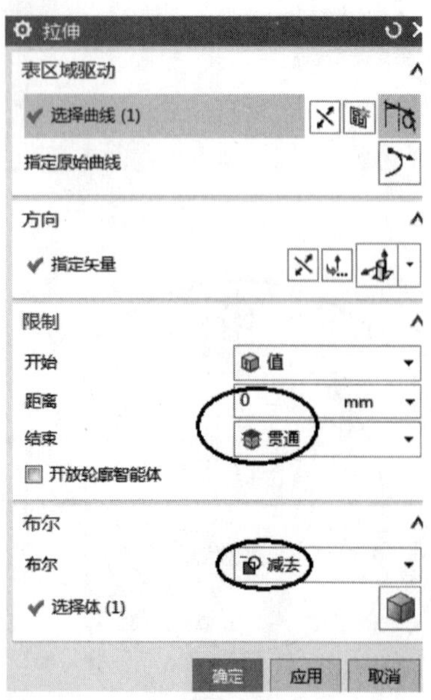

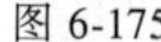

图 6-175

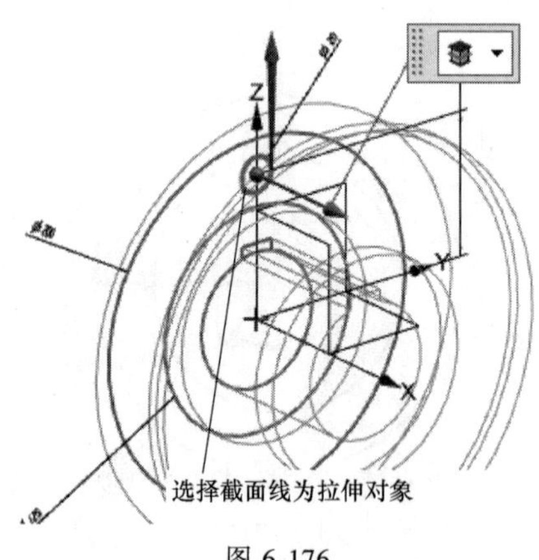

图 6-176

5. 创建阵列面特征（圆形阵列）

选择菜单中的【插入】/【关联复制】/【阵列面(F)...】命令或在【特征】工具条中单击（阵列面）按钮，出现【阵列面】对话框，如图 6-178 所示。在主界面规则列表框中选择特征面选项，在图形中选择图 6-179 所示孔壁面，在【布局】列表框中选择圆形选项，在【指定矢量】列表框中选择XC选项，在【指定点】列表框中选择（圆弧中心/椭圆中心/球心）选项，在图形中选择图 6-179 所示的实体圆弧边，在【间距】列表框中选择数量和间隔选项，在【数量】【节距角】文本框中分别输入【4】【90】，单击确定按钮，完成阵列面特征的创建，结果如图 6-180 所示。

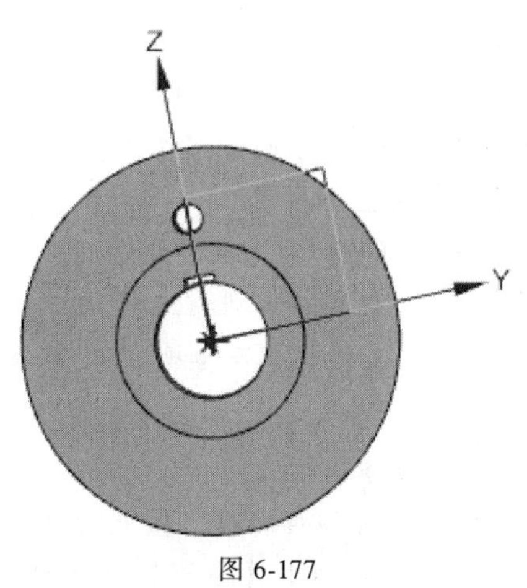

图 6-177

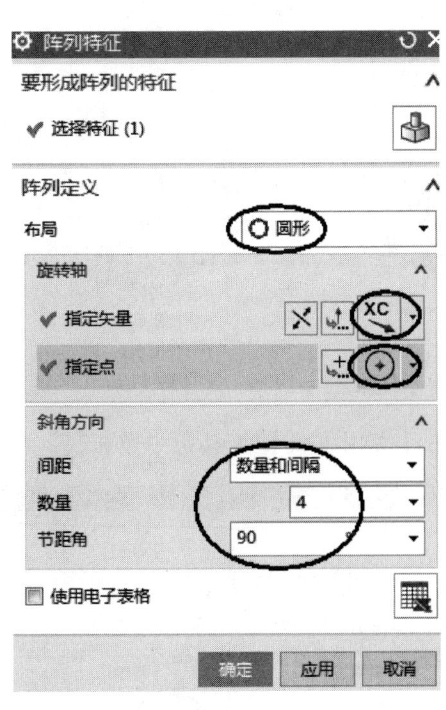

图 6-178

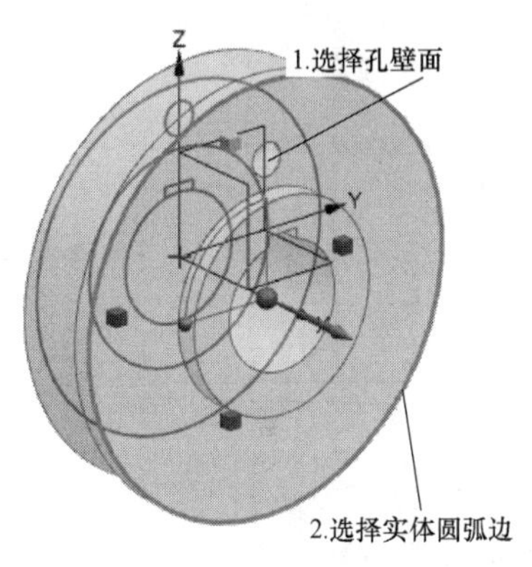

图 6-179

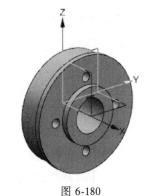

图 6-180

6. 创建拉伸特征

选择菜单中的【插入】/【设计特征】/【拉伸(X)...】命令或在【特征】工具条中单击

（拉伸）按钮，出现【拉伸】对话框，如图 6-181 所示，在主界面曲线规则列表框中选择相连曲线选项，选择图 6-182 所示截面线作为拉伸对象，出现图 6-182 所示的拉伸方向。

在【拉伸】对话框的开始【距离】文本框和结束【距离】文本框中分别输入【14】【30】，在【布尔】列表框中选择减去选项，如图 6-181 所示，单击确定按钮，完成拉伸特征的创建，结果如图 6-183 所示（反转模型后）。

继续创建拉伸特征，按照上述方法，在开始【距离】文本框和结束【距离】文本框中分别输入【60】【76】，在【布尔】列表框中选择减去选项，单击确定按钮，完成拉伸特征的创建，结果如图 6-184 所示。

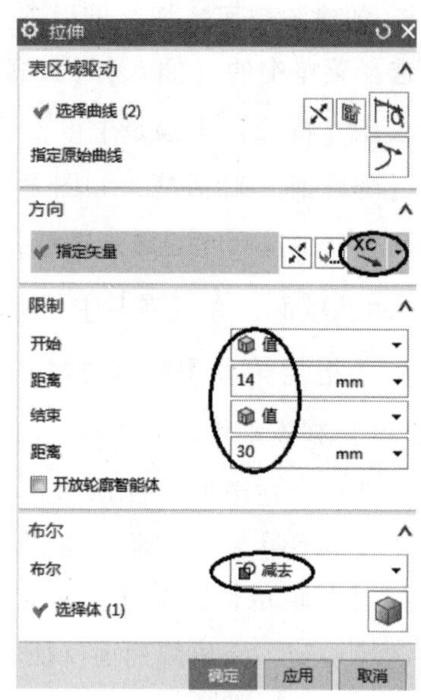

图 6-181

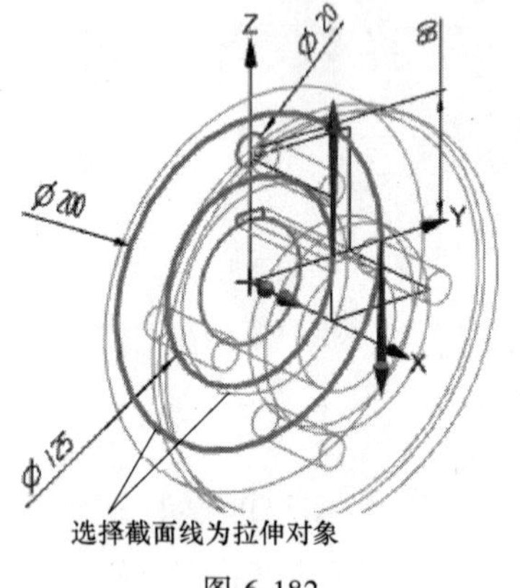

图 6-182

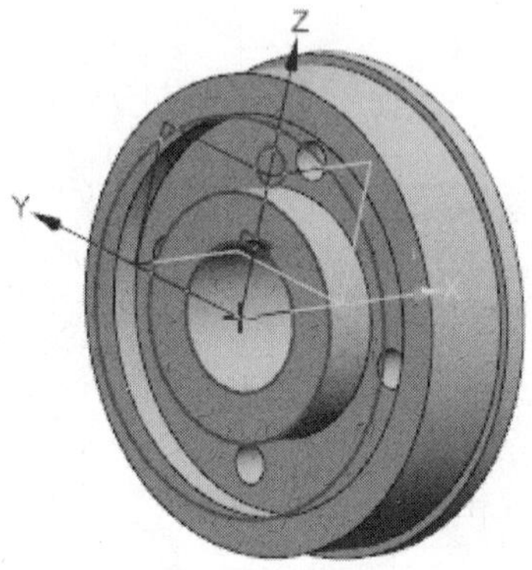

图 6-183

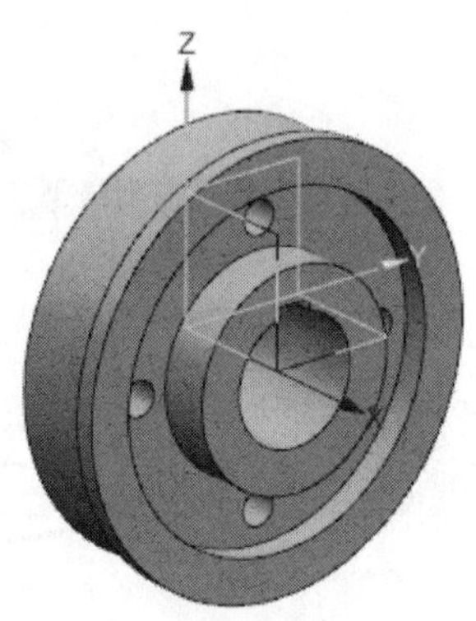

图 6-184

7. 将辅助曲线移至 255 工作层

选择菜单中的【格式】/【移动至图层】命令或在【实用工具】工具条中单击（移动至图层）按钮，选择辅助曲线，将其移动至 255 工作层（步骤略）。

8. 创建倒斜角特征

选择菜单中的【插入】/【细节特征】/【倒斜角(M)...】命令或在【特征】工具条中单击（倒斜角）按钮，出现【倒斜角】对话框，如图 6-185 所示，在图形中选择实体圆弧边，如图 6-186 所示，在对话框的【距离】文本框中输入【2】，单击确定按钮，完成倒斜角特征的创建，结果如图 6-187 所示。

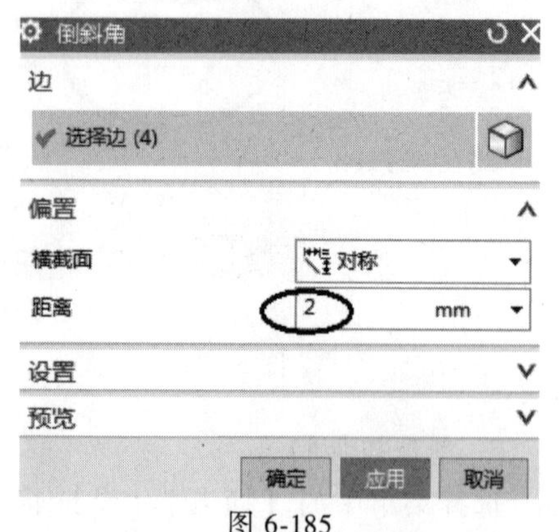

图 6-185

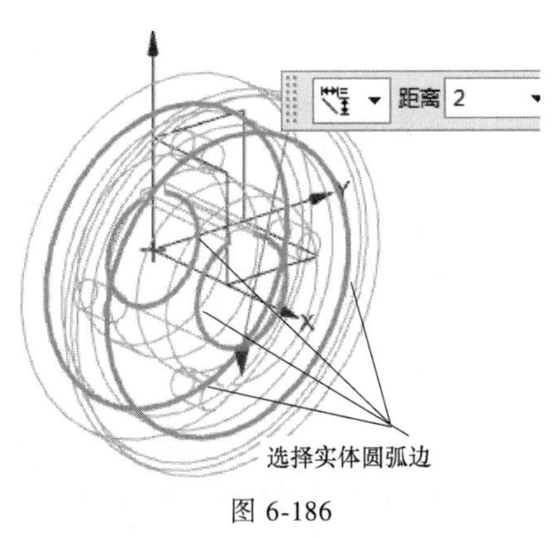

图 6-186

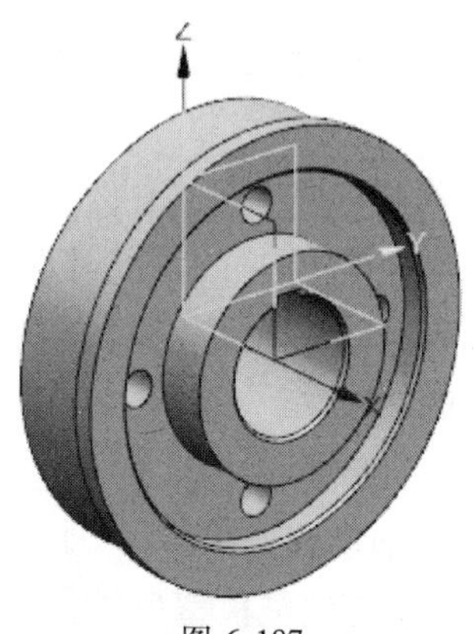
图 6-187

9. 创建边倒圆特征

选择菜单中的【插入】/【细节特征】/【边倒圆(E)...】命令或在【特征】工具条中单击（边倒圆）按钮，出现【边倒圆】对话框，在【半径 1】文本框中输入【3】，如图 6-188 所示，在图形中选择图 6-189 所示的实体边线作为倒圆角边，最后单击 确定 按钮，完成倒圆角特征的创建，结果如图 6-190 所示。

按照上述方法，分别在图 6-191 所示的位置倒相应的圆角，反面如图 6-192 所示。

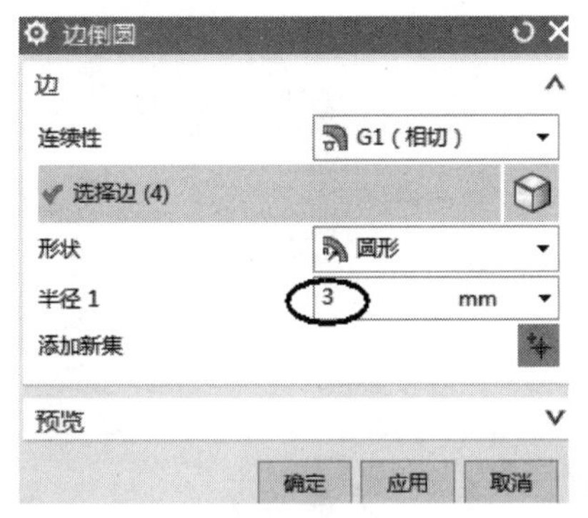

图 6-188

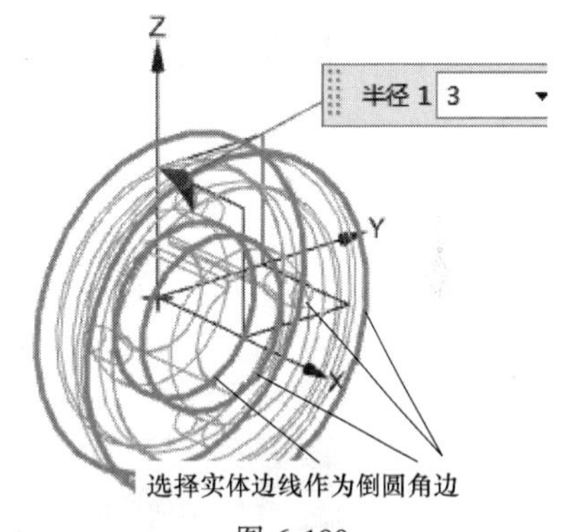

图 6-189

图 6-190

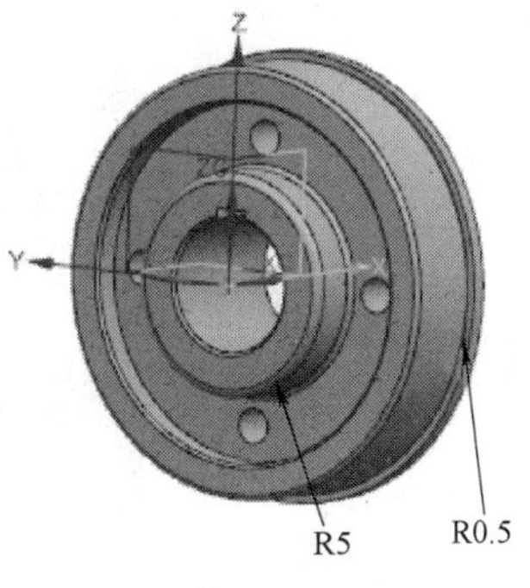

图 6-191

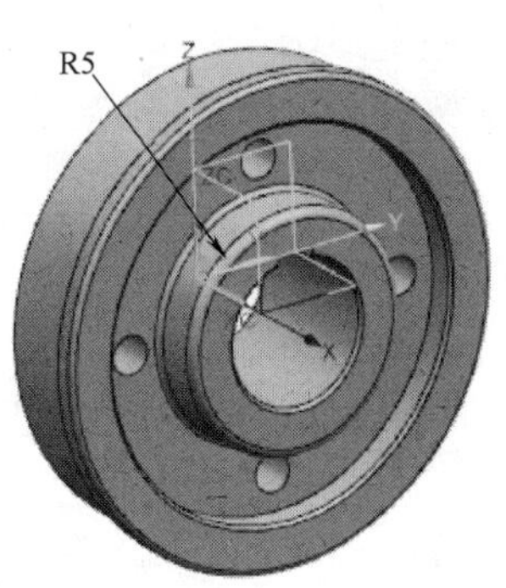

图 6-192

6.16 创建蜗轮装配体

1. 新建文件

选择菜单中的【文件】/【新建】命令或单击 (New 建立新文件) 按钮，出现【新建】部件对话框，选择【装配】模板，在【名称】文本框中输入【wl_assy】，在【单位】列表框中选择【毫米】选项，以毫米为单位，单击 确定 按钮，建立文件名为 wl_assy. prt，单位为毫米的装配文件。

2. 添加组件

调入蜗轮装配模型所需的各个组件，选择菜单中的【装配】/【组件】/【添加组件(A)...】命令或在【装配】工具条中单击 (添加组件) 按钮，出现【添加组件】对话框，如图 6-193 所示，在对话框中单击 (打开) 按钮，出现选择【部件名】对话框，选择蜗轮【wl. prt】部件，如图 6-194 所示，然后单击 OK 按钮。

3. 定位组件

系统返回【添加组件】对话框，如图 6-193 所示，在【装配位置】列表框中选择 绝对坐标系 - 工作部件 选项，然后在【引用集】列表框中选择 模型 ("MODEL") 选项，单击 确定 按钮，这样就添加了第一个组件，如图 6-195 所示。

图 6-193

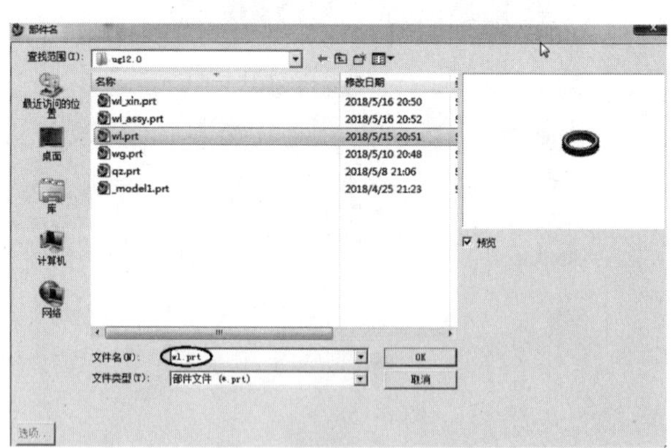

图 6-194

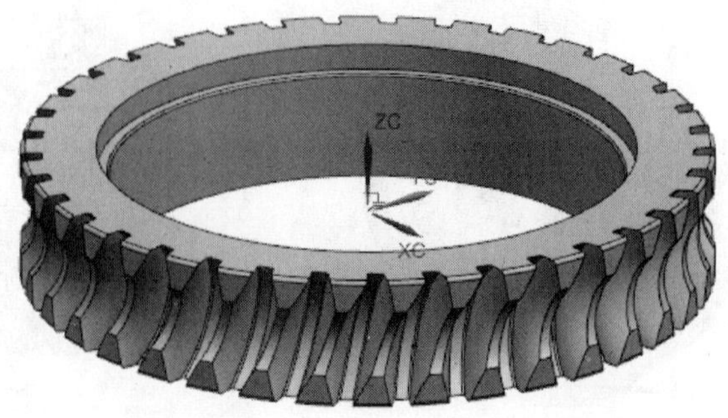

图 6-195

4. **装配蜗轮轮芯**（wl_xin. prt）

选择菜单中的【装配】/【组件】/【添加组件(A)...】命令或在【装配】工具条中单击（添加组件）按钮，出现【添加组件】对话框，在对话框中单击（打开）按钮，出现选择【部件名】对话框，选择蜗轮【wl_xin. prt】部件，然后单击 OK 按钮。

系统返回【添加组件】对话框，如图 6-196 所示，在【装配位置】列表框中选择绝对坐标系 - 工作部件选项，然后在【引用集】列表框中选择模型 ("MODEL")选项，在【设置】选项区域中选中☑启用预览窗口复选框。

在【放置】选项区域中选中◉约束单选按钮，在【约束类型】选项区域中单击（接触对齐）按钮，然后在组件预览窗口将模型旋转至适当位置，选择图 6-197 所示部件平面，接着在主窗口选择图 6-198 所示的实体平面，创建接触约束，如图 6-199 所示。

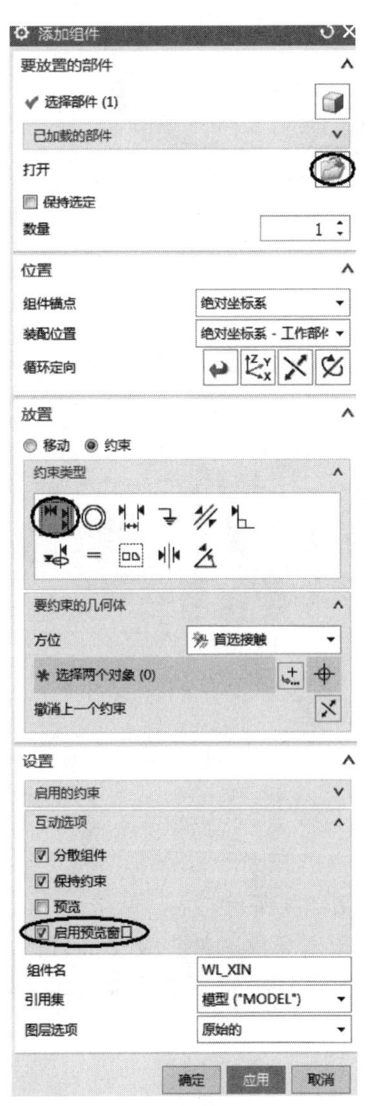

图 6-196

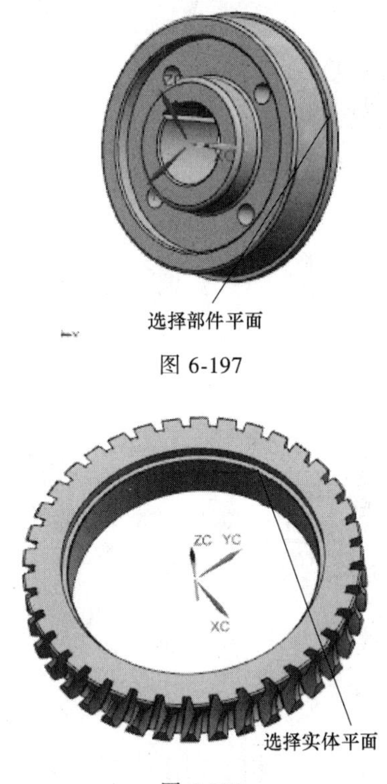

图 6-197

图 6-198

图 6-199

在【添加组件】对话框的【约束类型】选项区域中单击 接触对齐按钮，在【方位】列表框中选择 首选接触选项，先在组件预览窗口将模型旋转至适当位置，选择图 6-200 所示的圆孔中心线，接着在主窗口选择图 6-201 所示的圆孔中心线，创建中心对齐，此时在【资源条】工具条中单击 （装配导航器）按钮，出现【装配导航器】信息窗格，在 约束 栏出现 对齐 (WL_XIN, WL) （中心对齐约束）选项，如图 6-202 所示。然后单击 确定 按钮，完成装配蜗轮轮芯（wl_xin. prt）的操作，结果如图 6-203 所示。

需要注意的是，假如一个圆柱体在被选中的时候没有出现需要的中心线，请将鼠标先移动到目标圆柱的端面圆上，中心线即可出现。

图 6-200

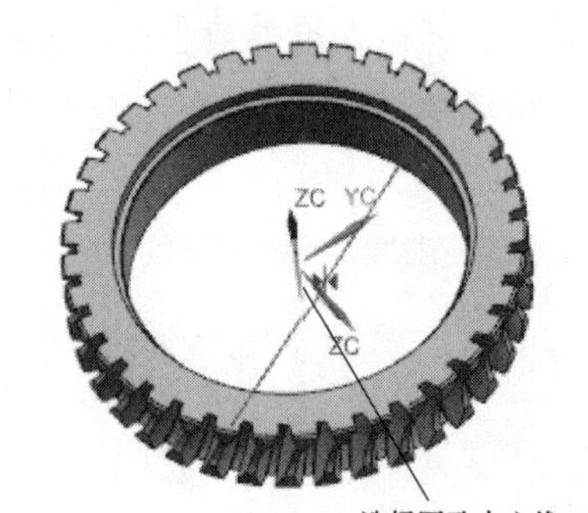

图 6-201

图 6-202

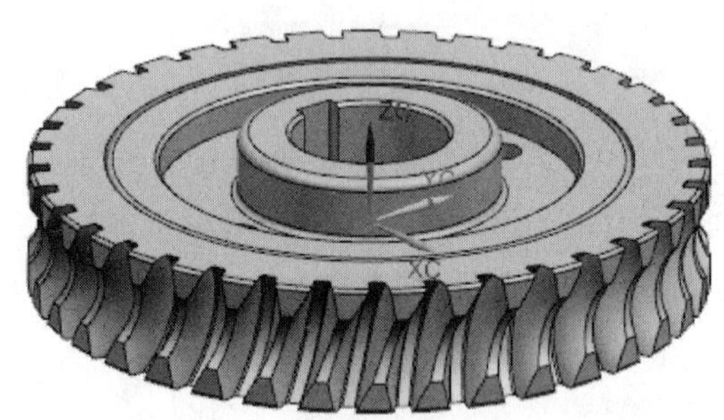

图 6-203

6.17 蜗杆 3D 打印切片流程

1. 输出模型

将 UG 软件中的 . prt 格式的模型输出为 . stl 格式。

1）选择菜单中的【文件】/【导出】/【STL】命令，如图 6-204 所示。

2）系统出现【STL 导出】对话框，如图 6-205 所示，指定导出文件夹及文件名，在图形中选择要导出的模型，其他采用系统默认参数，单击【确定】按钮，完成输出 . stl 格式文件。

2. 导入模型

打开 Cura 软件，单击 （导入模型）按钮，如图 6-206 所示，选择【wg. stl】文件导入

Cura 软件，如图 6-207 所示。

3. 缩放模型

由于模型比较大，超过打印机平台行程，需要对模型进行缩小，双击模型，然后单击（缩放模型）按钮，在出现的对话框中单击（模型最大化）按钮，使模型符合打印机平台行程。如图 6-208 所示界面，左边为参数设置界面，右边为模型视图界面，视图界面显示模型打印方向、对应的模型打印时间、耗材数量以及成品重量，其数值随着切片参数和打印方向的改变而改变。

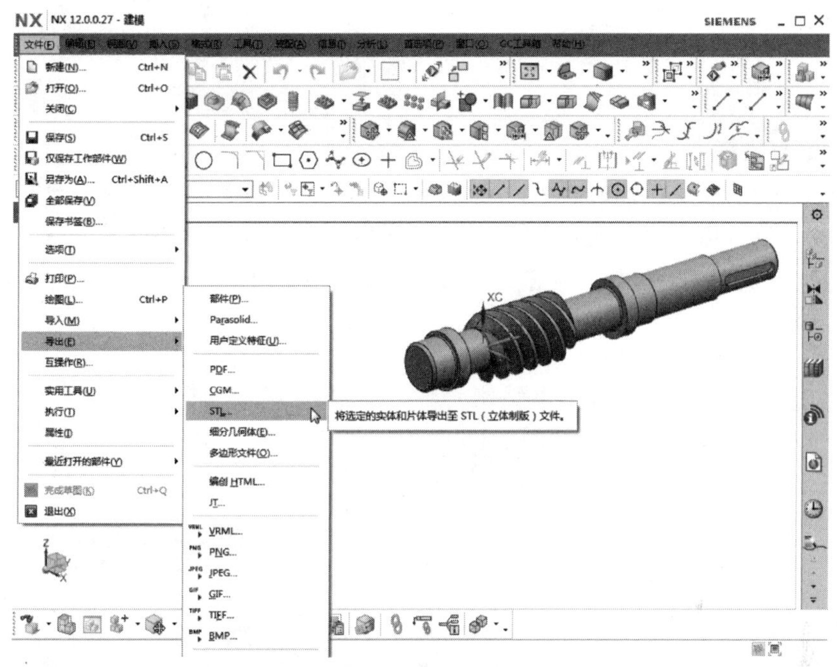

图 6-204

图 6-205

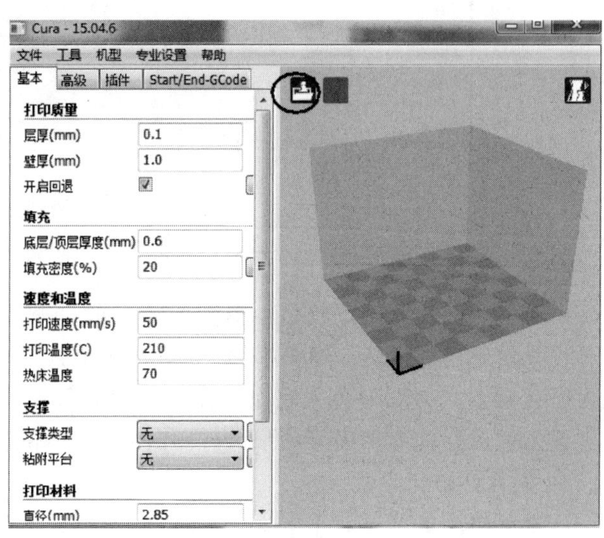

图 6-206

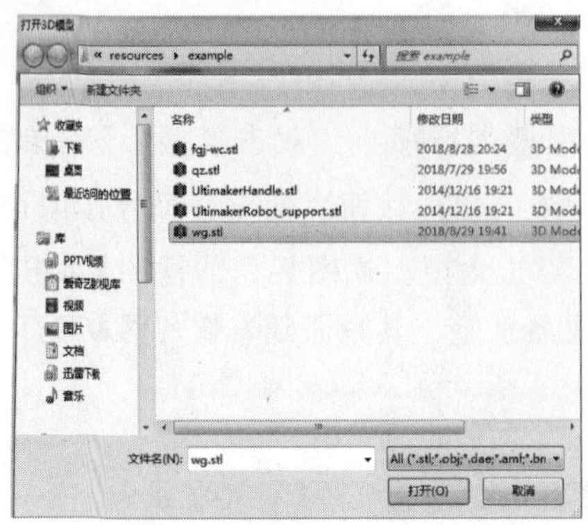

图 6-207

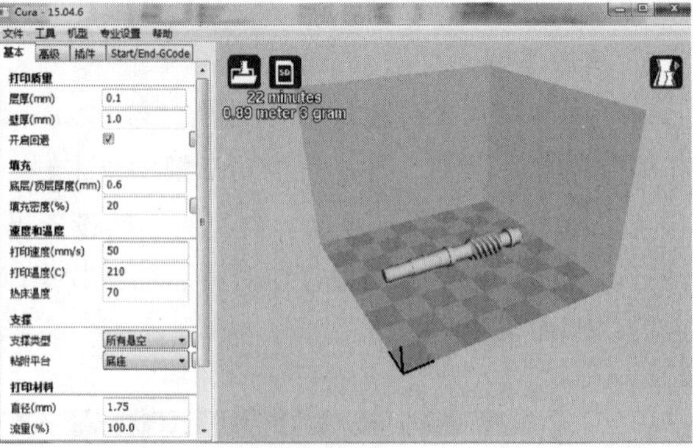

图 6-208

4. 施加必要支撑

蜗杆的打印避免不了支撑的添加，运用的是 PLA 材料 FDM 工艺成型，没有粉末材料的支撑，所以切片软件会自行生成必要的支撑。打印完成后外部支撑很容易去除，在模型视图界面单击（预览模式）按钮，在出现的按钮里单击Layers（层模式）按钮，确认切片正确，如图 6-209 所示。

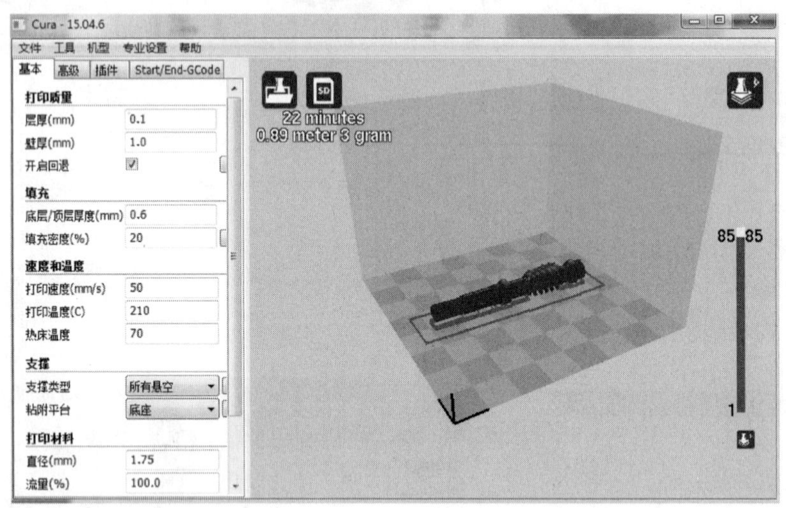

图 6-209

5. 设置切片参数

由于打印的蜗杆模型较小，精度要求一般，所以设置打印层厚为 0.1mm。打印蜗杆模型不投入使用，因此打印填充率为 20%（100%为打印实心），打印速度为 50mm/s。支撑类型为所有悬空，粘附平台为底座，使用材料直径为 1.75mm，流量为 100%，如图 6-210 所示，设置完成后视图界面显示预计打印时间为 22min，打印耗材 0.89m。

6. 切片并转化格式

选择菜单中的【文件】/【Save gcode】命令，出现图 6-211 所示对话框，设置文件名为【wg.gcode】，转化为 G 代码并存入打印机 SD 卡，完成切片，准备下一步打印工作。

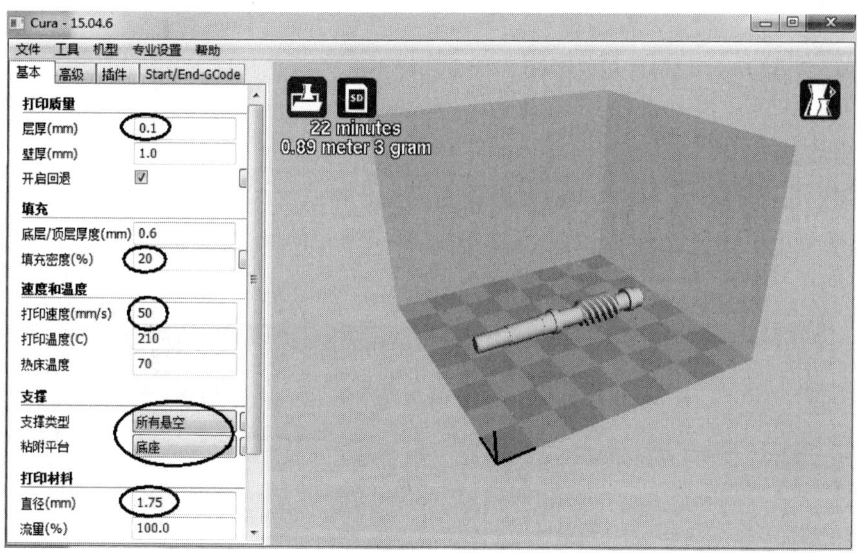

图 6-210

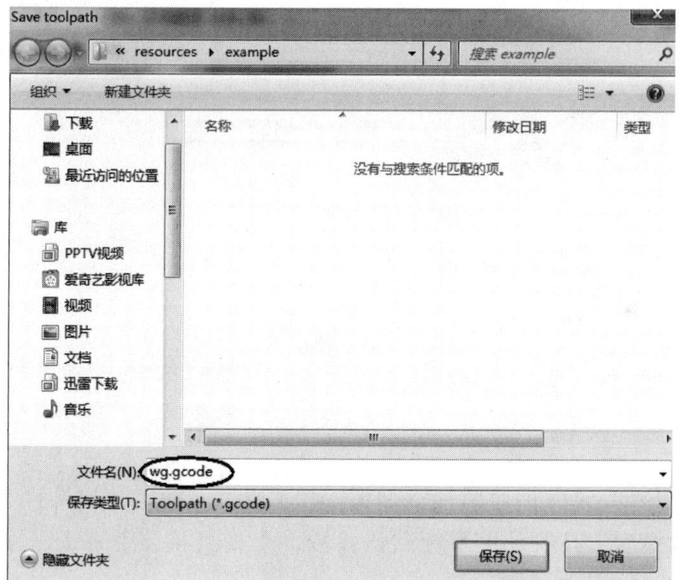

图 6-211

7. 模型打印

将 SD 卡插入 3D 打印机，进行蜗杆的打印。打印前经过打印机的调试、热床和喷头的预热，然后按照设计好的模型开始打印，期间系统自动添加支撑，运行平稳，蜗杆打印效果如图 6-212 所示。

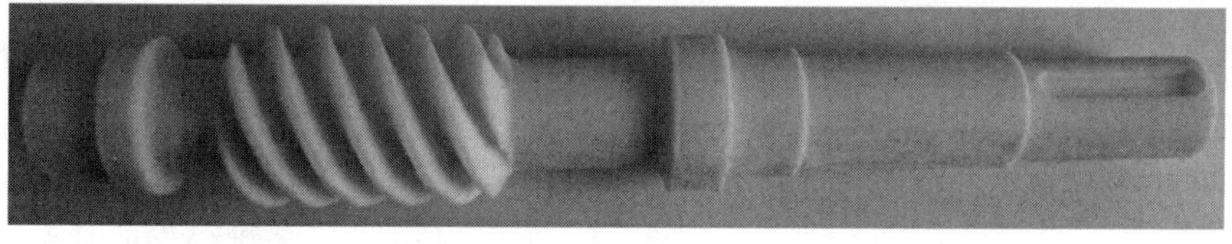

图 6-212

6.18 蜗轮3D打印切片流程

1. 输出模型

将UG软件中的蜗轮.prt格式的模型输出为.stl格式。

1）选择菜单中的【文件】/【导出】/【STL】命令，如图6-213所示。

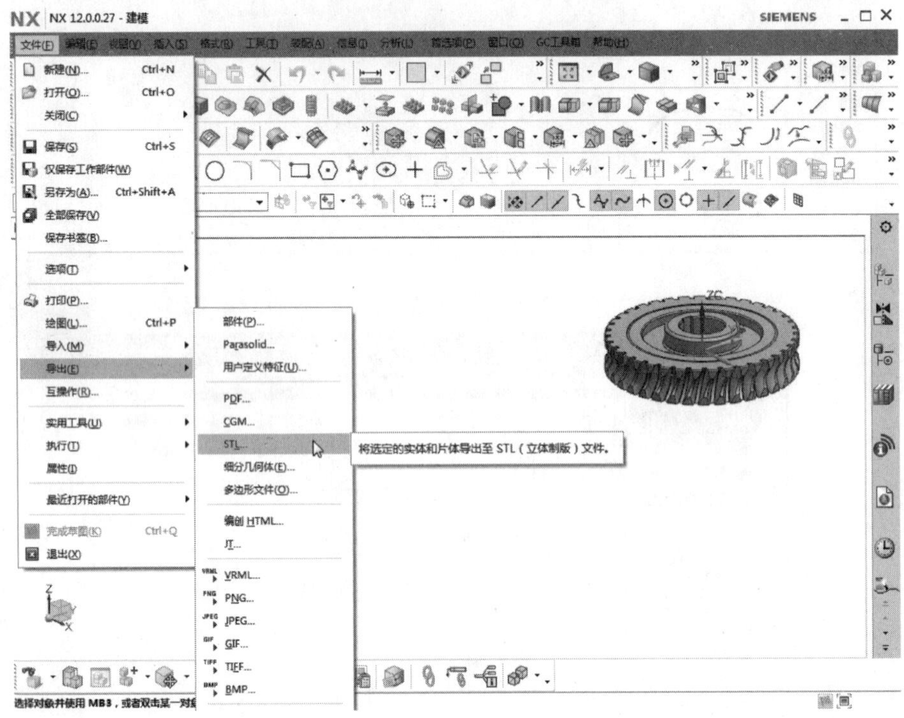

图6-213

2）系统出现【STL导出】对话框，如图6-214所示，指定导出文件夹及文件名，在图形中选择要导出的模型，其他采用系统默认参数，单击【确定】按钮，完成输出.stl格式文件。

2. 导入模型

打开Cura软件，单击（导入模型）按钮，如图6-215所示，选择【wl_assy.stl】文件导入Cura软件，如图6-216所示。

3. 缩放模型

由于模型比较大，超过打印机平台行程，需要对模型进行缩小，双击模型，然后单击（缩放模型）按钮，在出现的对话框中单击（模型最大化）按钮，使模型符合打印机平台行程。如图6-217所示界面，左边为参数设置界面，右边为模型视图界面，视图界面显示模型打印方向、对应的模型打印时间、耗材数量以及成品重量，其数值随着切片参数和打印方向的改变而改变。

图 6-214

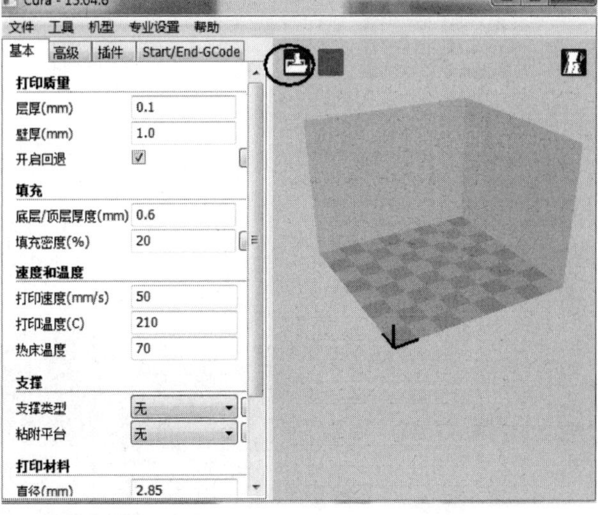

图 6-215

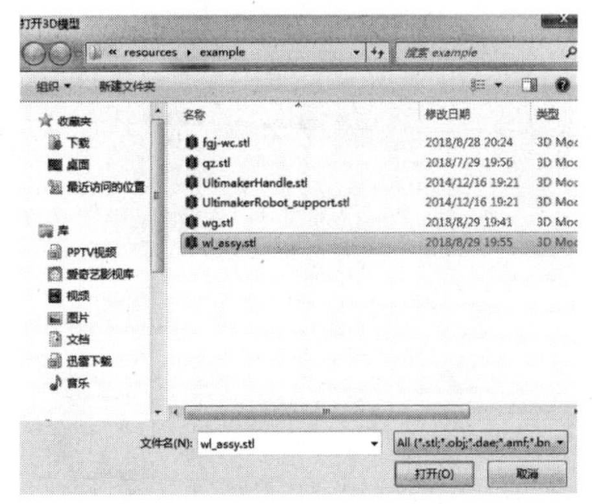

图 6-216

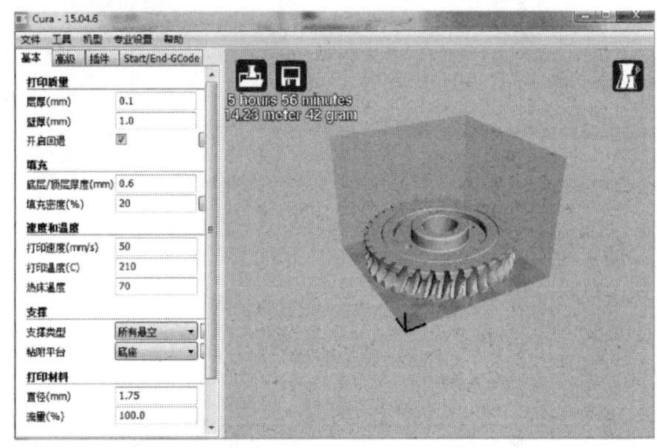

图 6-217

4. 施加必要支撑

蜗轮的打印避免不了支撑的添加，运用的是 PLA 材料 FDM 工艺成型，没有粉末材料的支撑，所以切片软件会自行生成必要的支撑。打印完成后外部支撑很容易去除，在模型视图界面单击（预览模式）按钮，在出现的按钮里单击Layers（层模式）按钮，确认切片正确，如图 6-218 所示。

5. 设置切片参数

由于打印蜗轮的模型较小，精度要求一般，所以设置打印层厚为 0.2mm。打印蜗轮模型不投入使用，因此打印填充率为 20%（100%为打印实心），打印速度为 50mm/s。支撑类型为所有悬空，粘附平台为底座，使用材料直径为 1.75mm，流量为 100%，如图 6-219 所示，设置完成后视图界面显示预计打印时间为 200min，打印耗材为 14.22m。

6. 切片并转化格式

选择菜单中的【文件】/【Save gcode】命令，出现图 6-220 所示对话框，设置文件名为【wl_assy.gcode】，转化为 G 代码并存入打印机 SD 卡，完成切片，准备下一步打印工作。

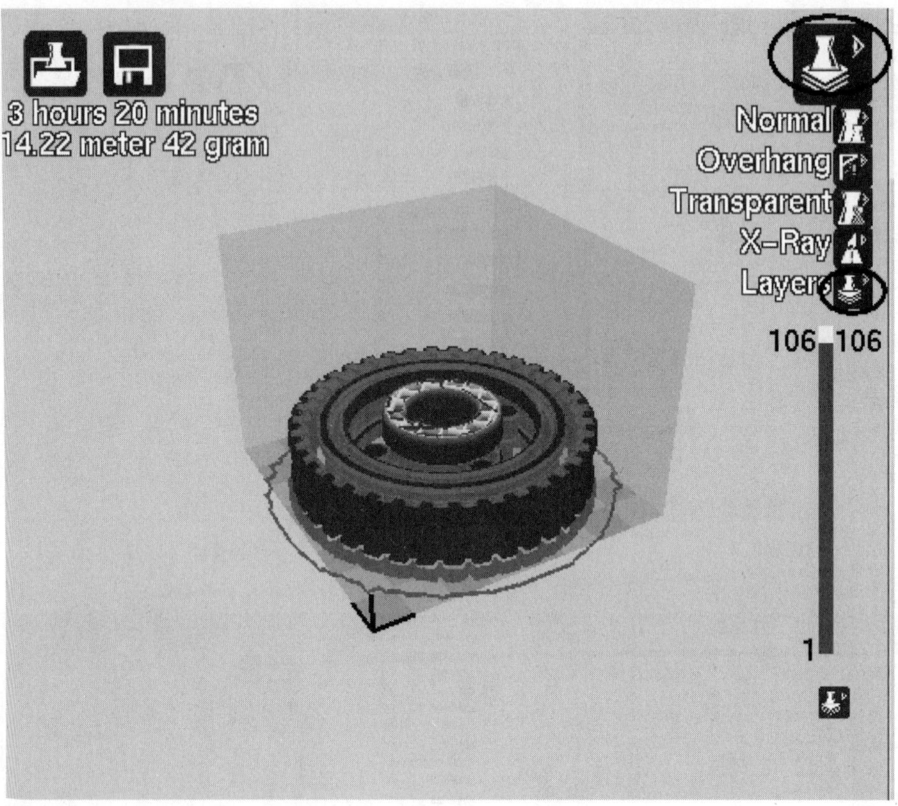
3 hours 20 minutes
14.22 meter 42 gram
Normal
Overhang
Transparent
X-Ray
Layers
106
106
1

图 6-218

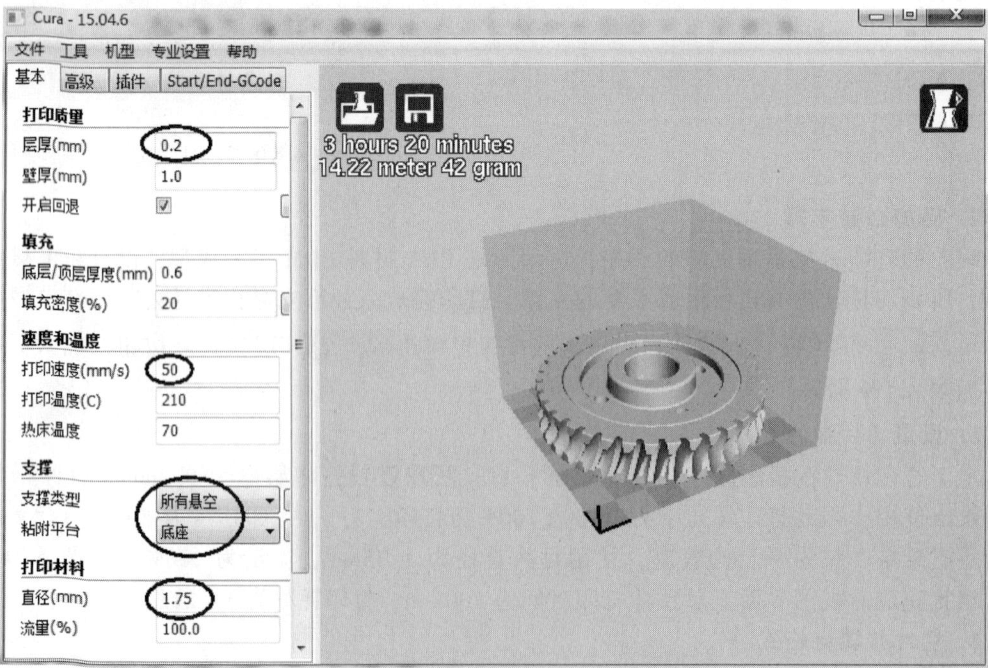
Cura - 15.04.6
文件 工具 机型 专业设置 帮助
基本 高级 插件 Start/End-GCode
打印质量
层厚(mm) 0.2
壁厚(mm) 1.0
开启回退
填充
底层/顶层厚度(mm) 0.6
填充密度(%) 20
速度和温度
打印速度(mm/s) 50
打印温度(C) 210
热床温度 70
支撑
支撑类型 所有悬空
粘附平台 底座
打印材料
直径(mm) 1.75
流量(%) 100.0
3 hours 20 minutes
14.22 meter 42 gram

图 6-219

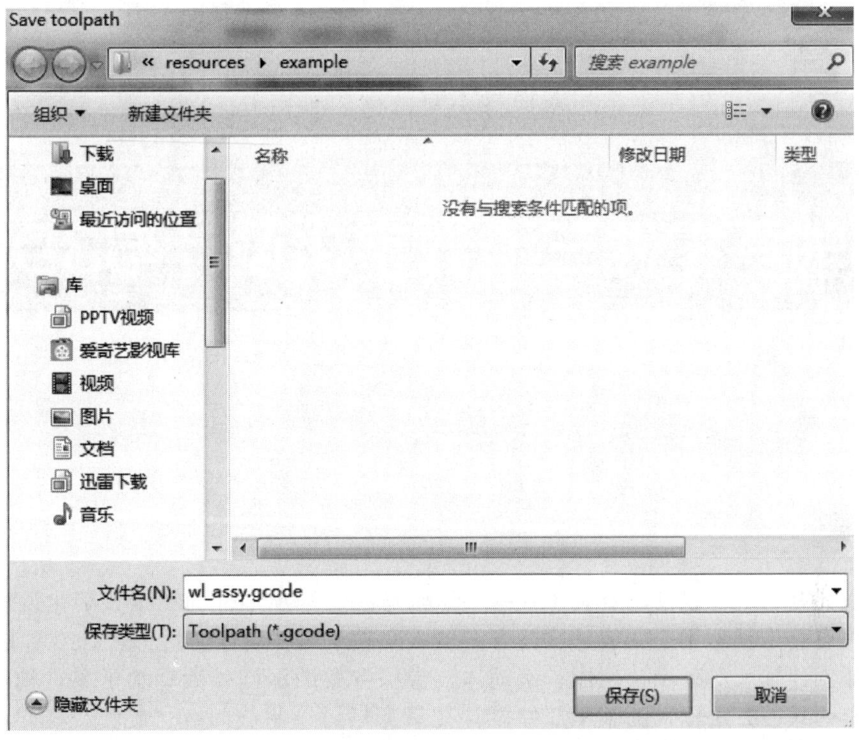

图 6-220

7. 模型打印

将 SD 卡插入 3D 打印机，进行蜗轮的打印。打印前经过打印机的调试、热床和喷头的预热，然后按照设计好的模型开始打印，期间系统自动添加支撑，运行平稳，蜗轮打印效果如图 6-221 所示。

图 6-221

第7章

滚动轴承零件三维数字化设计与3D打印

【实例说明】

本章主要介绍一种滚动轴承类零件——深沟球滚动轴承零件的三维数字化设计与 3D 打印。其构建思路为：采用建立表达式的方法输入的轴承部件设计变量，然后绘制截面线；采用旋转特征创建轴承的外圈、内圈、滚动体。带保持架的深沟球滚动轴承零件构建思路为：采用建立表达式的方法输入的轴承部件设计变量，然后绘制截面线；旋转、拉伸草绘截面，创建轴承的外圈、内圈、保持架、滚动体及销，最后装配成轴承，深沟球滚动轴承零件，然后进行 3D 分层切片及 3D 打印，效果如图 7-1 所示。

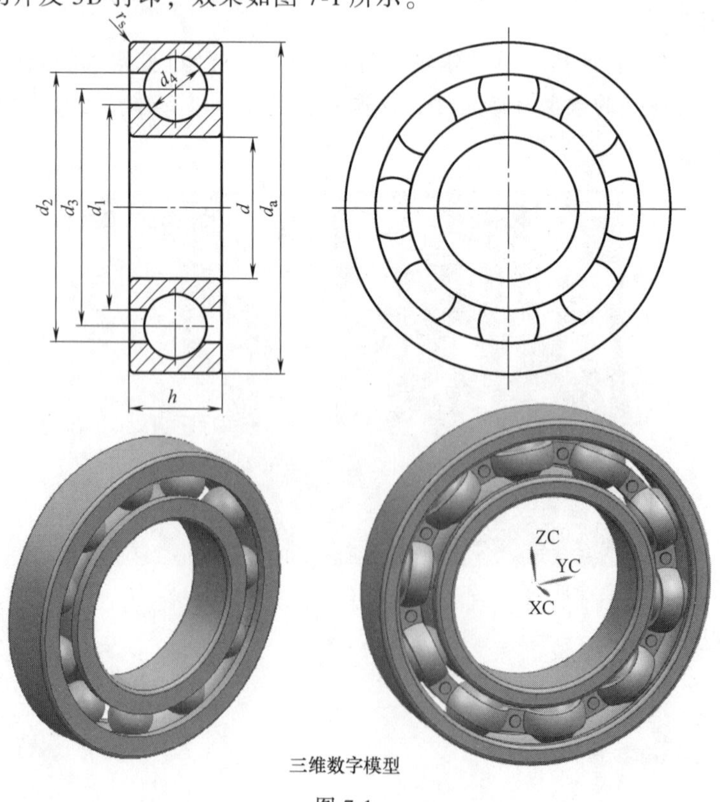

三维数字模型

图 7-1

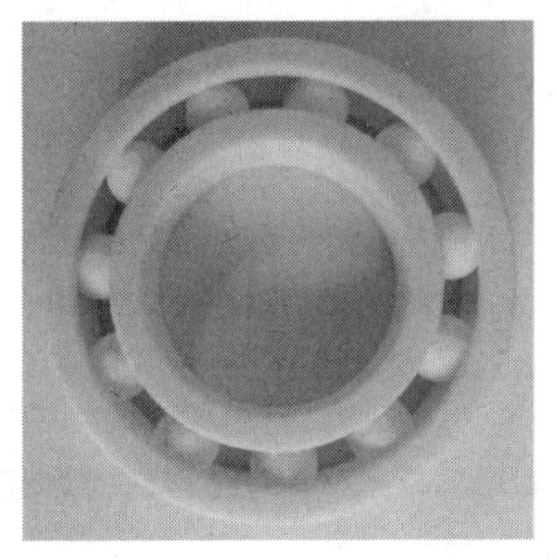

3D打印模型

图 7-1（续）

【学习目标】

通过该实例的练习，使读者能熟练地掌握和运用草图工具，熟练掌握建立参数表达式、拉伸、旋转等基础特征的创建方法，通过本实例还可以练习求和、求差、求交操作，阵列面特征等基本方法和技巧，还可以练习修改设计变量，验证零件的准确性，从而掌握零件的系列化开发的基本方法和技巧。

7.1 新建深沟球轴承零件文件

选择菜单中的【文件】/【新建】命令或单击（New 建立新文件）按钮，出现【新建】部件对话框，在【名称】文本框中输入【zhoucheng】，在【单位】列表框中选择【毫米】选项，以毫米为单位，单击 确定 按钮，建立文件名为 zhoucheng . prt，单位为毫米的文件。根据图 7-1 所示深沟球滚动轴承图样造型。

7.2 创建深沟球轴承内外圈

1. 建立表达式

选择菜单中的【工具】/【= 表达式(X)...】命令，出现【表达式】对话框，如图 7-2 所示，在【名称】【公式】列表中依次输入【da】【180】，即表示 da = 180，在【量纲】下拉列表框中选择无单位 ▾ 选项，当完成输入后，单击 应用 按钮。

按照相同的方法输入轴承自由变化参数的表达式，具体如下：

da = 180　　//轴承外径
d = 100　　//轴承内径
d4 = (da−d)/3　　//轴承滚动球半径
d1 = d+(da−d)/3　　//临时变量
d2 = da−(da−d)/3　　//临时变量
d3 = da−(da−d)/2　　//临时变量
rs = 2.1　　//倒角半径

h=34　　　　　　　　　　　　　　　　//轴承宽度

z=ceiling((pi()∗d3)/(1.5∗d4))　　　//轴承滚动体个数

完成表达式输入，最后单击 确定 按钮。

需要注意的是，ceiling（　）和 pi（　）为 UG 内部函数：ceiling（　）为一取整函数，返回一个大于或等于给定数字的最小整数，例如 ceiling（7.2）=8；pi（　）为圆周率，（ ）内不要赋值。

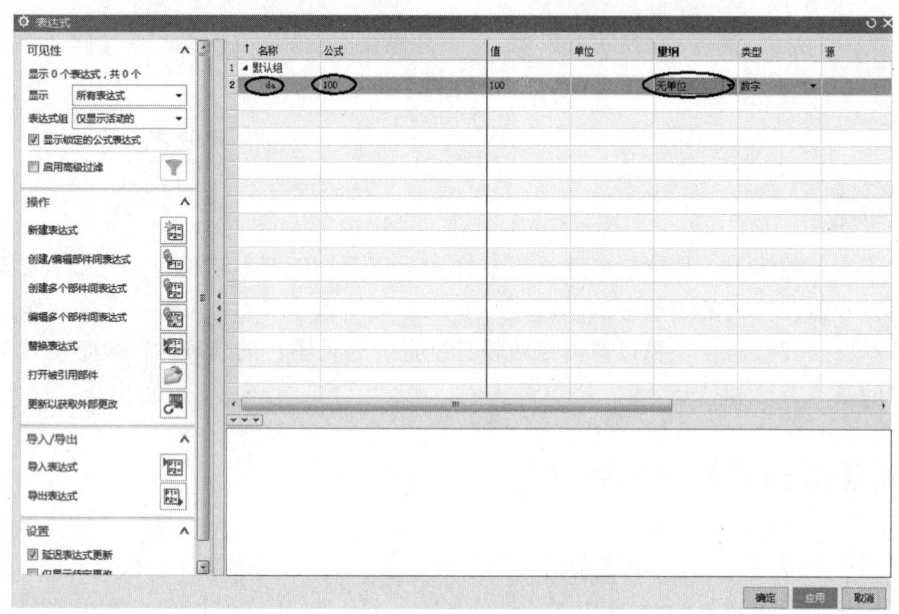

图 7-2

2. 草绘轴承内、外圈截面线

选择菜单中的【插入】/【草图】或在【直接草图】工具条中单击（草图）按钮，出现【创建草图】对话框，如图 7-3 所示，根据系统提示选择草图平面，在图形中选择图 7-4 所示的 X-Y 平面作为草图平面，单击 确定 按钮，出现草图绘制区。

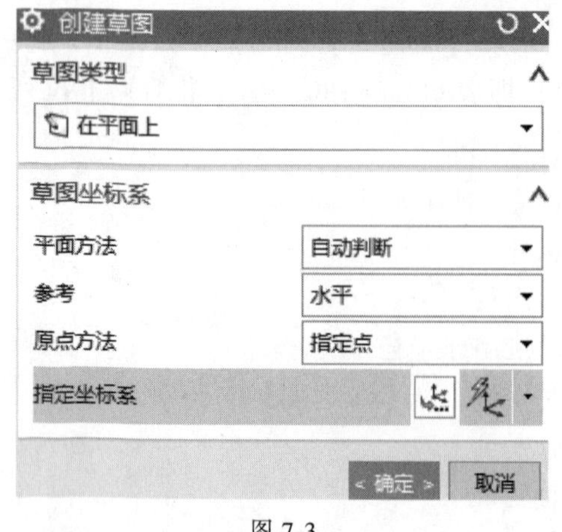

图 7-3

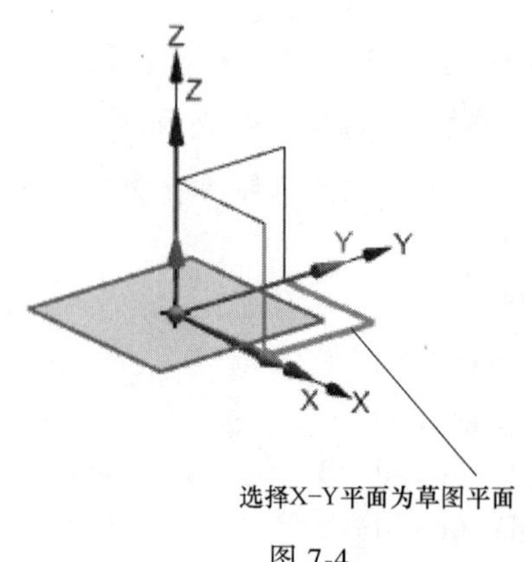

图 7-4

在【直接草图】工具条中单击 （矩形）按钮，按照图 7-5 所示绘制矩形。

在【直接草图】工具条中单击 （派生直线）按钮，按照图 7-6 所示绘制 2 条平行线。

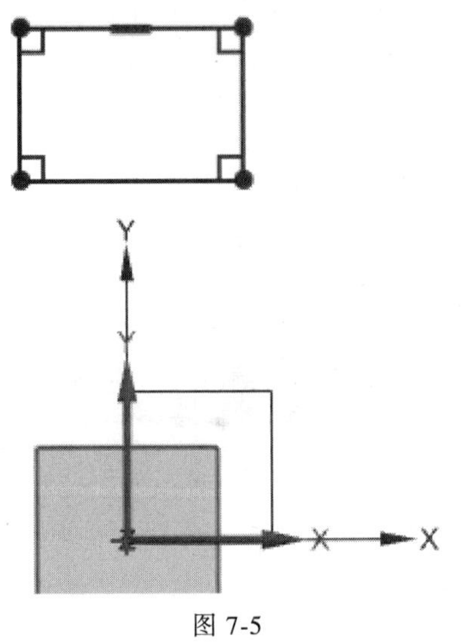

图 7-5

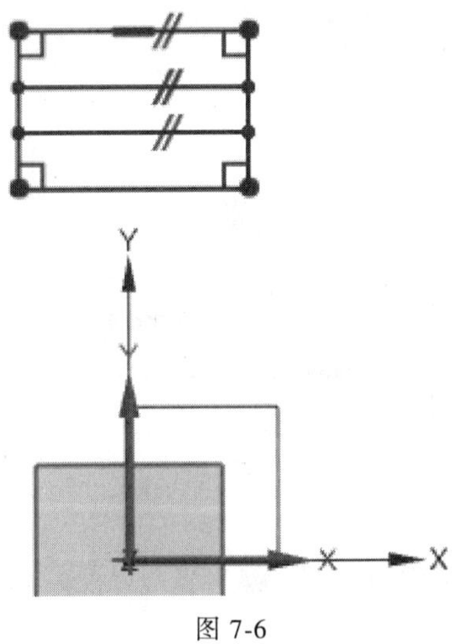

图 7-6

在【直接草图】工具条中单击 （圆）按钮，在【圆】浮动工具栏中单击 （圆心和直径定圆）按钮，选择适当位置为圆心，绘制图 7-7 所示的圆。

在【直接草图】工具条中单击 （快速修剪）按钮，出现【快速修剪】对话框，如图 7-8 所示，然后在图形中选择图 7-9 所示的曲线进行修剪，修剪结果如图 7-10 所示。

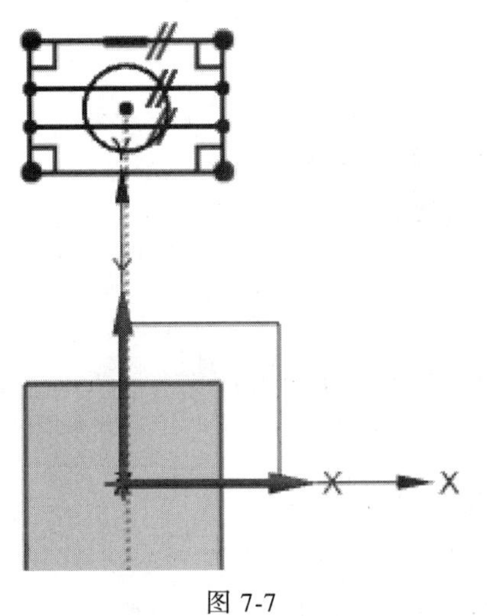

图 7-7

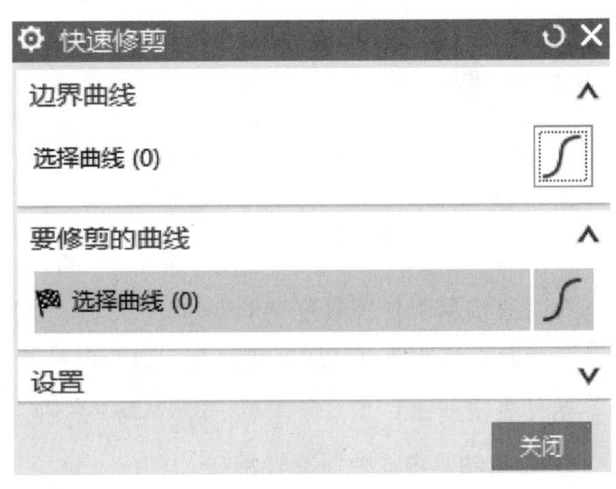

图 7-8

在【直接草图】工具条中单击 （几何约束）按钮，出现【几何约束】对话框，单击 （点在曲线上）按钮，如图 7-11 所示，在图中选择圆弧圆心与 Y 轴，如图 7-12 所示，约束点在曲线上，约束的结果如图 7-13 所示。在【直接草图】工具条中单击 （显示直接草图）按钮，使图形中的约束显示出来。

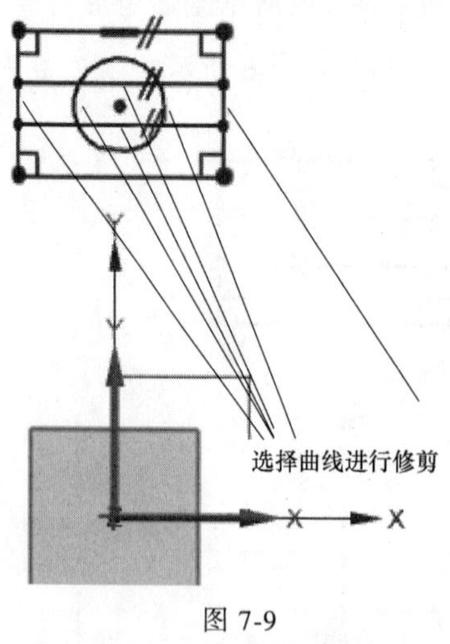

图 7-9

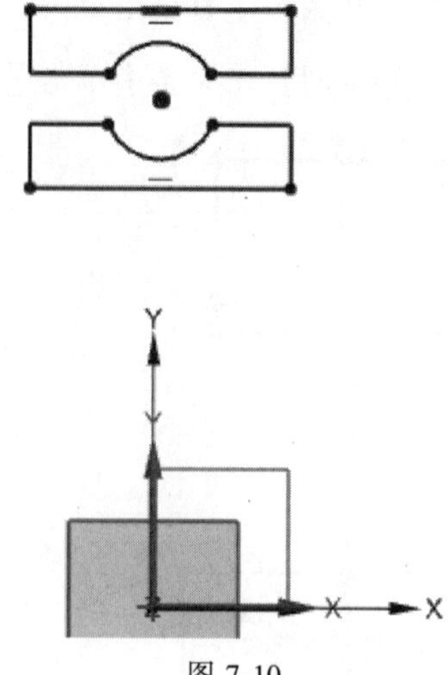

图 7-10

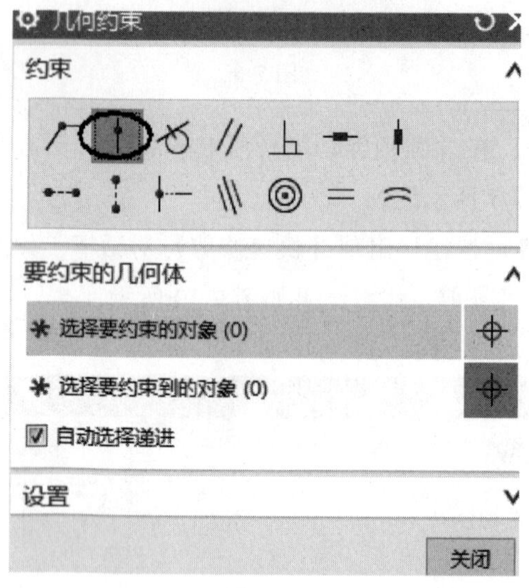

图 7-11

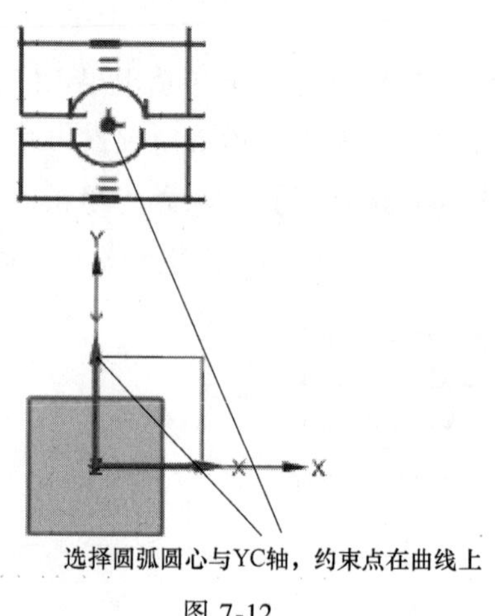

图 7-12

在【直接草图】工具条中单击 (快速尺寸) 按钮，依次按照图 7-14 所示的尺寸进行标注。此时直接草图已经转换成绿色，表示已经完全约束。

在【直接草图】工具条中单击 完成草图按钮，回到建模界面。

3. 创建轴承内、外圈旋转特征

选择菜单中的【插入】/【设计特征】/【 旋转(R)...】命令或在【特征】工具条中单击 (旋转) 按钮，出现【旋转】对话框，如图 7-15 所示。然后在主界面曲线规则列表框中选择 自动判断曲线 选项，在图形中选择图 7-16 所示截面线为旋转对象。

在【旋转】对话框的【指定矢量】列表框中选择 (自动判断的矢量) 选项，在图形中选择图 7-16 所示的 X 轴作为旋转轴，在开始【角度】文本框和结束【角度】文本框中

分别输入【0】【360】，在【布尔】列表框中选择无选项，如图 7-15 所示，单击确定按钮，完成旋转体特征的创建，结果如图 7-17 所示。

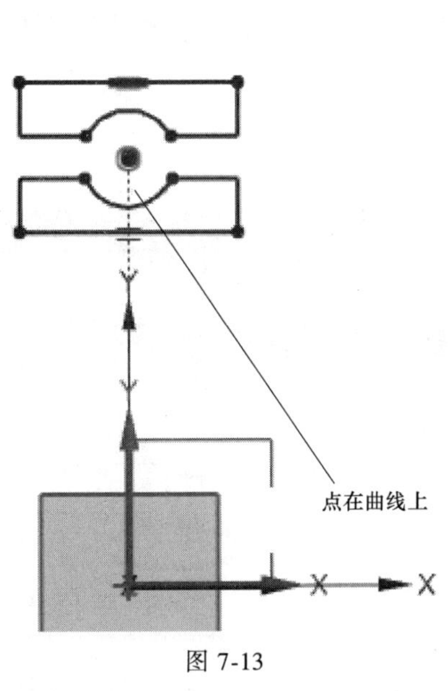

图 7-13

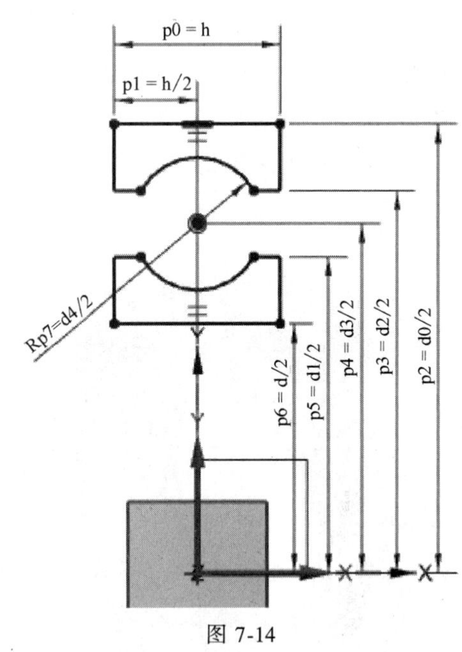

图 7-14

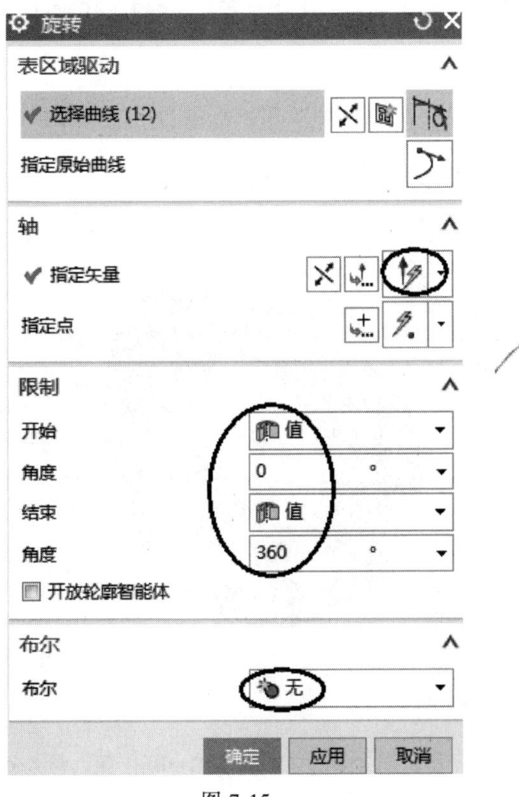

图 7-15

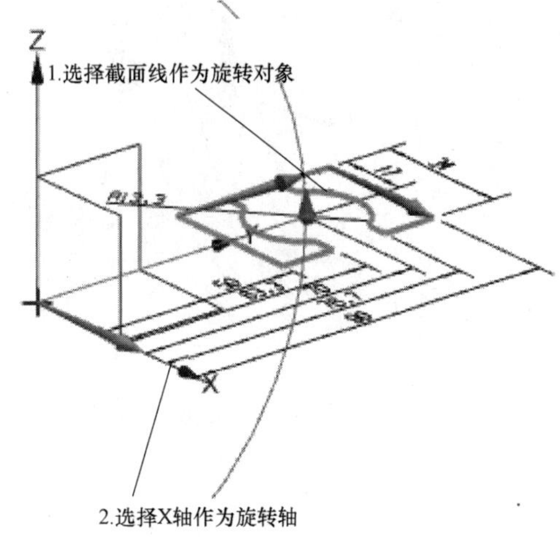

图 7-16

4. 创建倒斜角特征

选择菜单中的【插入】/【细节特征】/【倒斜角(M)...】命令或在【特征】工具条中单击（倒斜角）按钮，出现【倒斜角】对话框，如图 7-18 所示，在图形中选择轴承内、外圈实体圆弧边，如图 7-19 所示，在对话框的【距离】文本框中输入【rs】，单击 确定 按钮，完成倒斜角特征的创建，结果如图 7-20 所示。

5. 将辅助曲线移至 21 工作层

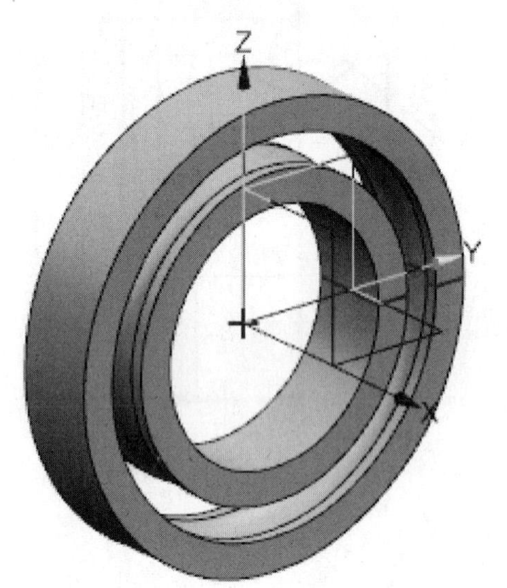

图 7-17

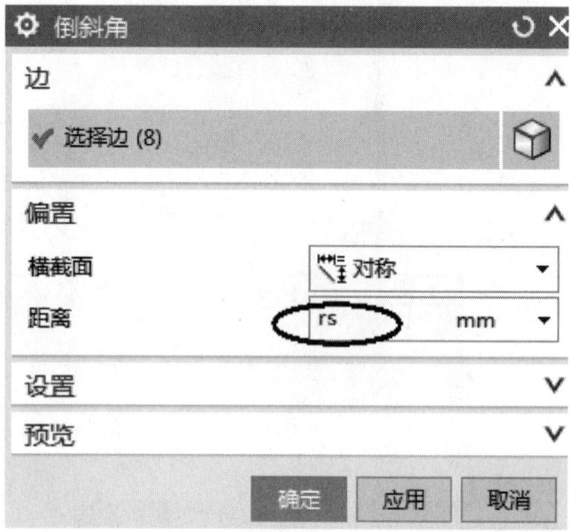

图 7-18

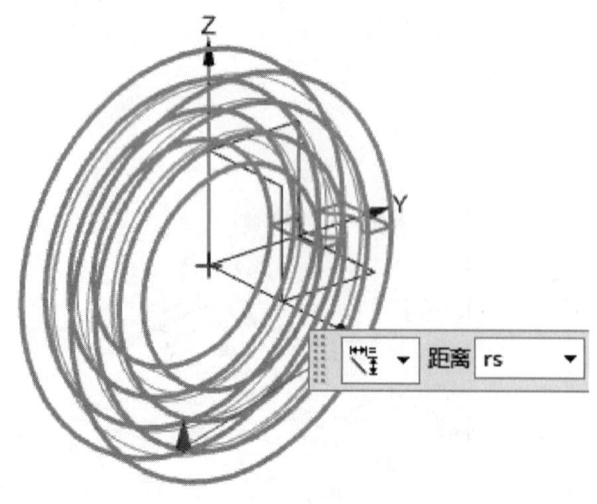

图 7-19

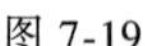

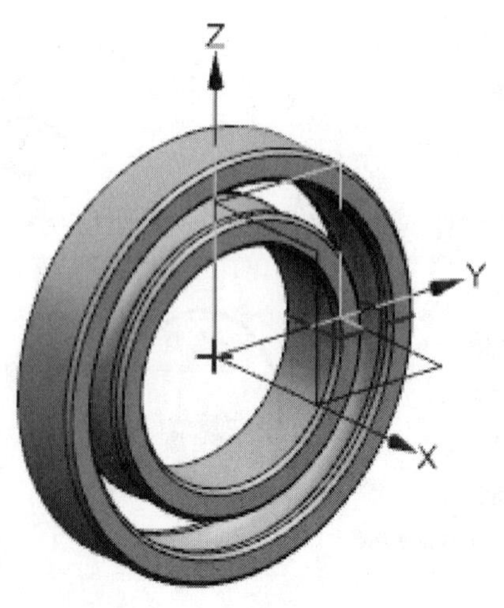

图 7-20

选择菜单中的【格式】/【移动至图层】命令或在【实用工具】工具条中单击（移动至图层）按钮，选择辅助曲线、基准，将其移动至 21 工作层（步骤略）。

7.3　创建深沟球轴承滚动体

1. 草绘轴承滚动体零件截面线

选择菜单中的【插入】/【草图】或在【直接草图】工具条中单击（草图）按钮，出现【创建草图】对话框，在【平面方法】列表框中选择自动判断选项，系统默认 X-Y 平面为草图平面，单击 确定 按钮，出现草图绘制区。

在【直接草图】工具条中单击（轮廓）按钮，按照图 7-21 所示绘制截面线。

在【直接草图】工具条中单击（几何约束）按钮，出现【几何约束】对话框，单击（点在曲线上）按钮，如图 7-22 所示，选择圆弧圆心与直线，如图 7-23 所示。约束点在曲线上，约束的结果如图 7-24 所示。在【直接草图】工具条中单击（显示直接草图）按钮，使图形中的约束显示出来。

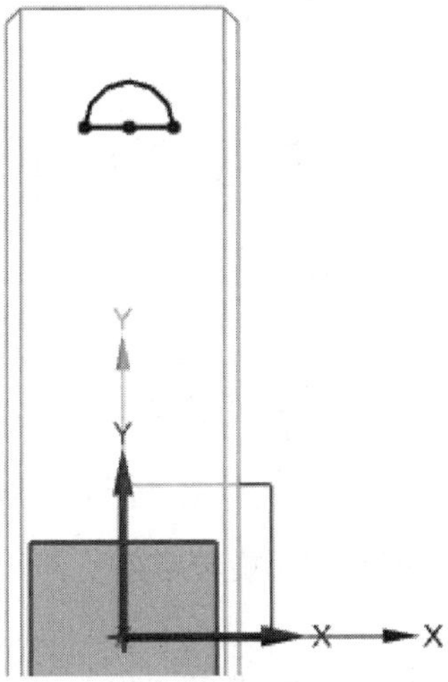

图 7-21

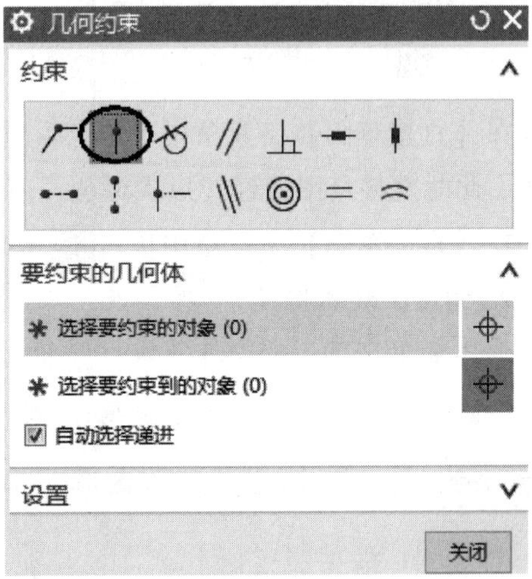

图 7-22

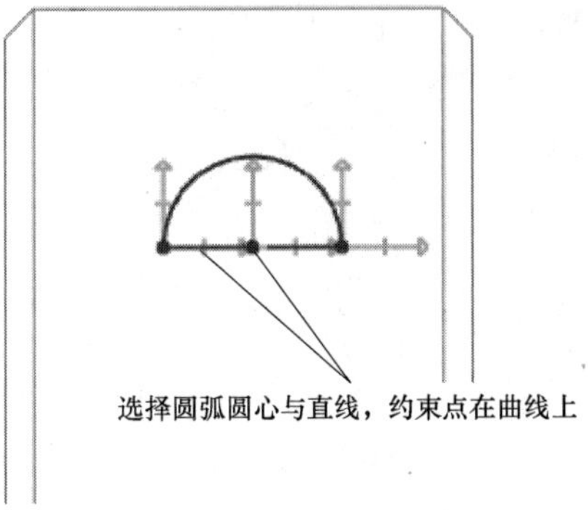

选择圆弧圆心与直线，约束点在曲线上

图 7-23

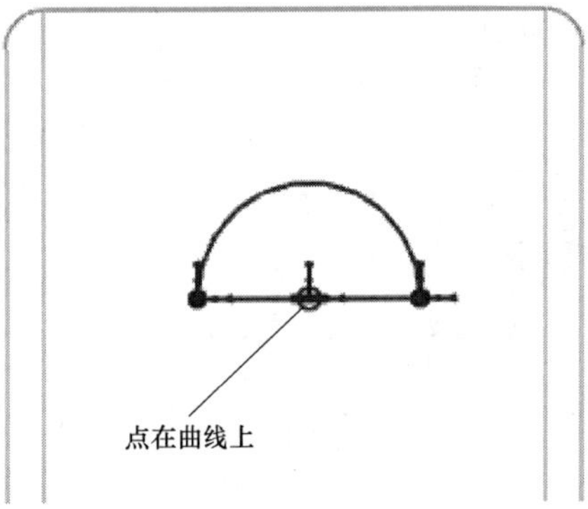

点在曲线上

图 7-24

在【几何约束】对话框中单击（点在曲线上）按钮，选择圆弧圆心与 YC 轴，如

图 7-25 所示，约束点在曲线上，约束的结果如图 7-26 所示。在【直接草图】工具条中单击（显示所有约束）按钮，使图形中的约束显示出来。

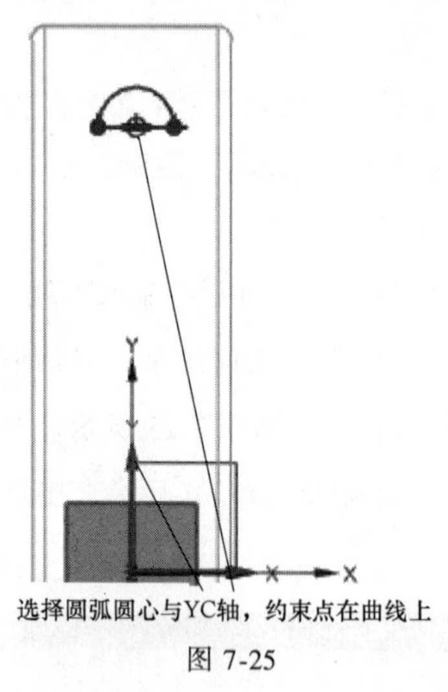
Y
X
选择圆弧圆心与YC轴，约束点在曲线上
图 7-25

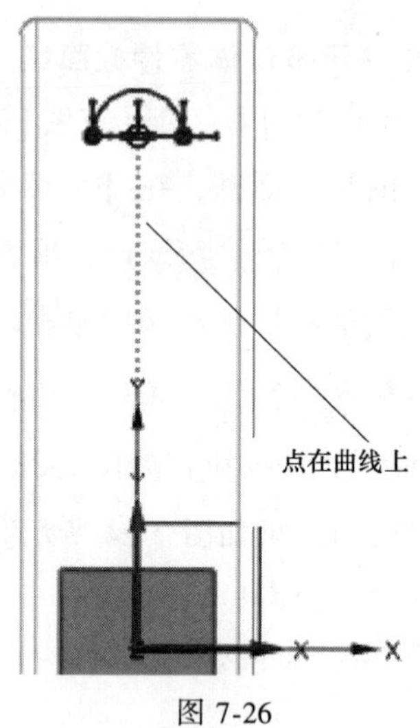
点在曲线上
X
图 7-26

在【直接草图】工具条中单击（快速尺寸）按钮，依次按照图 7-27 所示的尺寸进行标注。此时直接草图已经转换成绿色，表示已经完全约束。

在【直接草图】工具条中单击完成草图按钮，回到建模界面。

2. 创建回转体特征

选择菜单中的【插入】/【设计特征】/【旋转(R)...】命令或在【特征】工具条中单击（旋转）按钮，出现【旋转】对话框，然后在主界面曲线规则列表框中选择自动判断曲线选项，在图形中选择图 7-28 所示截面线作为旋转对象。

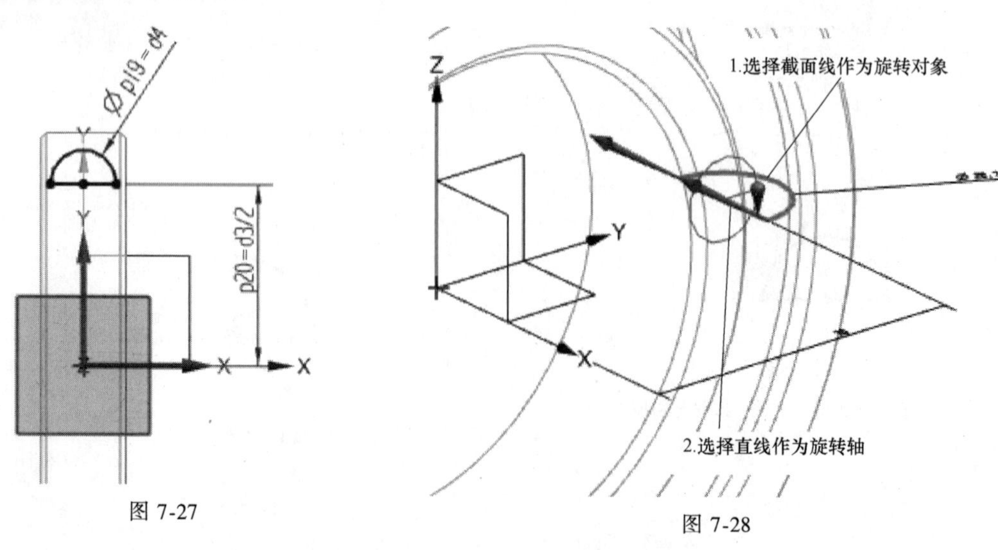
ϕp19=d4
p20=d3/2
X
Z
Y
X
1.选择截面线作为旋转对象
2.选择直线作为旋转轴
图 7-27

图 7-28

在【旋转】对话框的【指定矢量】列表框中选择（自动判断的矢量）选项，在图形

中选择图 7-28 所示的直线作为旋转轴，在开始【角度】文本框和结束【角度】文本框中分别输入【0】【360】，在【布尔】列表框中选择无选项，如图 7-29 所示，单击确定按钮，完成旋转体特征的创建，结果如图 7-30 所示。

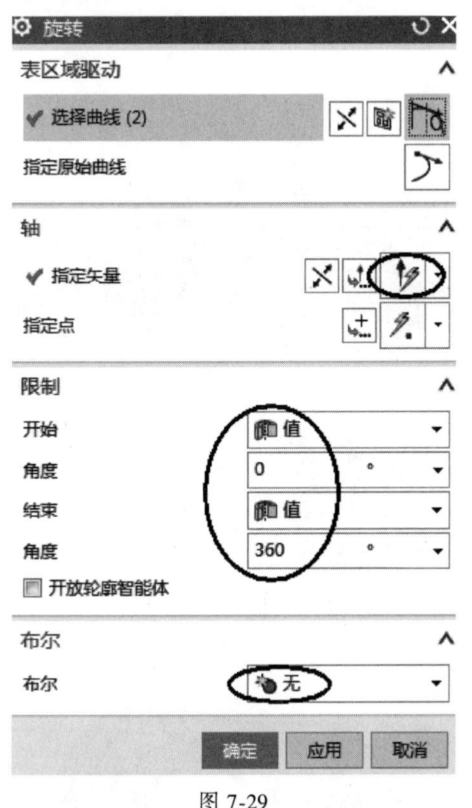

图 7-29

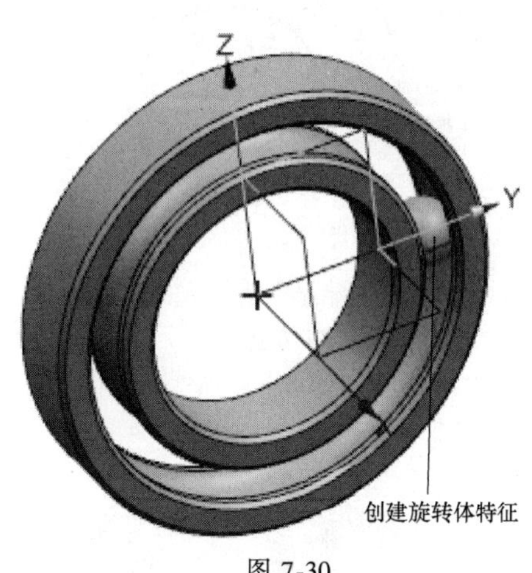

图 7-30

3. 将辅助曲线移至 21 工作层

选择菜单中的【格式】/【移动至图层】命令或在【实用工具】工具条中单击（移动至图层）按钮，选择辅助曲线将其移动至 21 工作层（步骤略）。

4. 创建阵列特征（圆形阵列）

选择菜单中的【插入】/【关联复制】/【阵列特征(A)...】命令或在【特征】工具条中单击（阵列特征）按钮，出现【阵列特征】对话框，如图 7-31 所示，在图形中选择图 7-32 所示的特征，在【布局】列表框中选择圆形选项，在【指定矢量】列表框中选择XC选项，在【指定点】列表框中选择（圆弧中心/椭圆中心/球心）选项，在图形中选择图 7-32 所示的实体圆弧边，在【间距】列表框中选择数量和间隔选项，在【数量】【节距角】文本框中分别输入【z】【360/z】，单击确定按钮，完成阵列特征的创建，结果如图 7-33 所示。

5. 关闭 61 工作层

选择菜单中的【格式】/【图层设置】命令，出现【图层设置】对话框，取消选中 61 工作层，设置为不可见，最后在【图层设置】对话框单击关闭按钮，完成图层设定，图形

更新为图 7-34 所示样式。

6. **存盘**（步骤略）

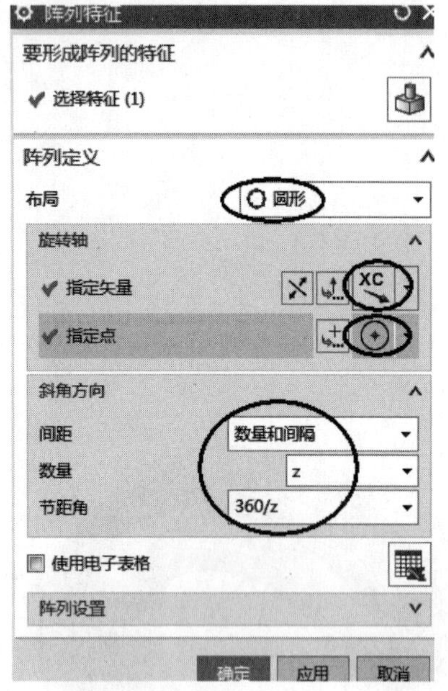

图 7-31

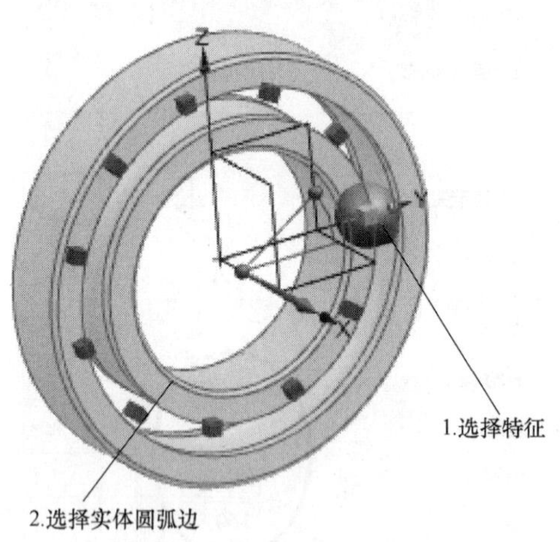

图 7-32

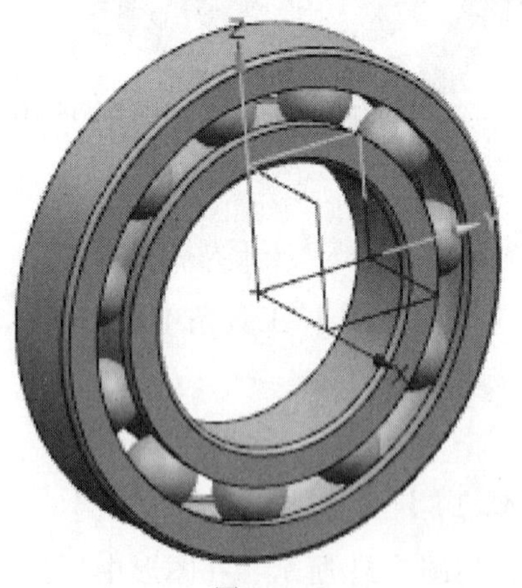

图 7-33

图 7-34

7.4　验证深沟球轴承零件

修改表达式变量

选择菜单中的【工具(T)】/【= 表达式(X)...】命令，出现【表达式】对话框，如图 7-35 所示，依次修改 da = 28，d = 12，h = 8，rs = 0.3，单击 确定 按钮，确认部件是否能够顺利更新。如果能够顺利更新，图形更新为图 7-36 所示样式。

再次修改表达式变量，da = 42，d = 20，h = 13，rs = 0.7，图形更新为图 7-37 所示样式。

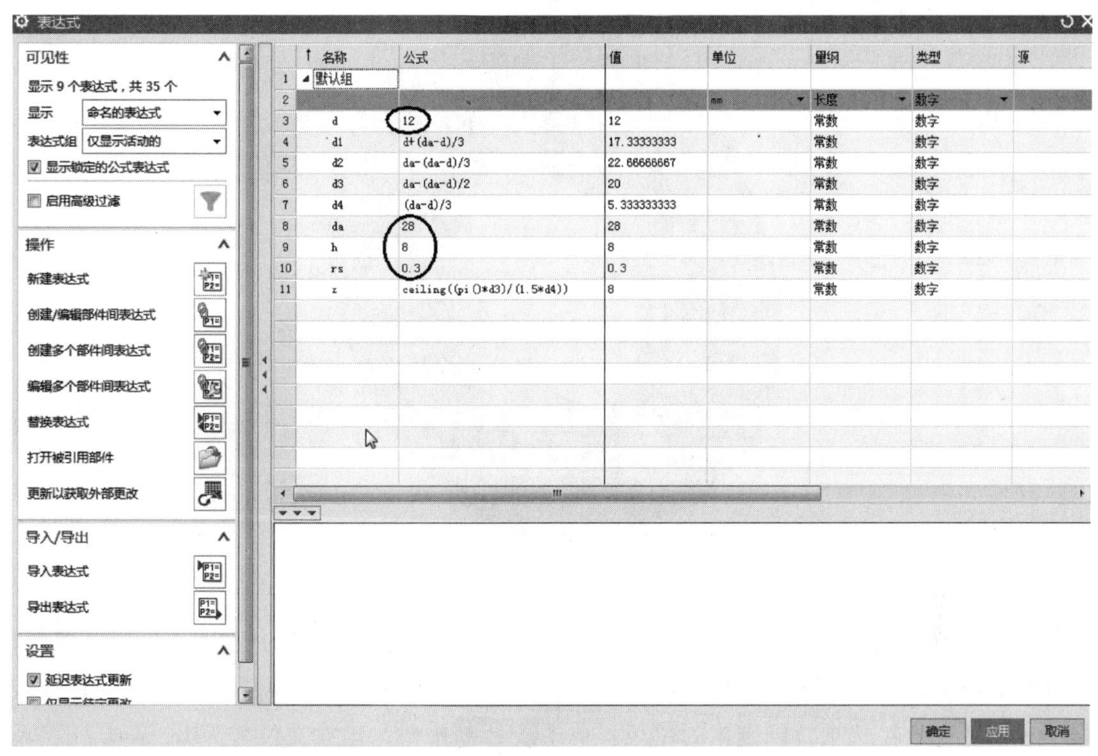

图 7-35

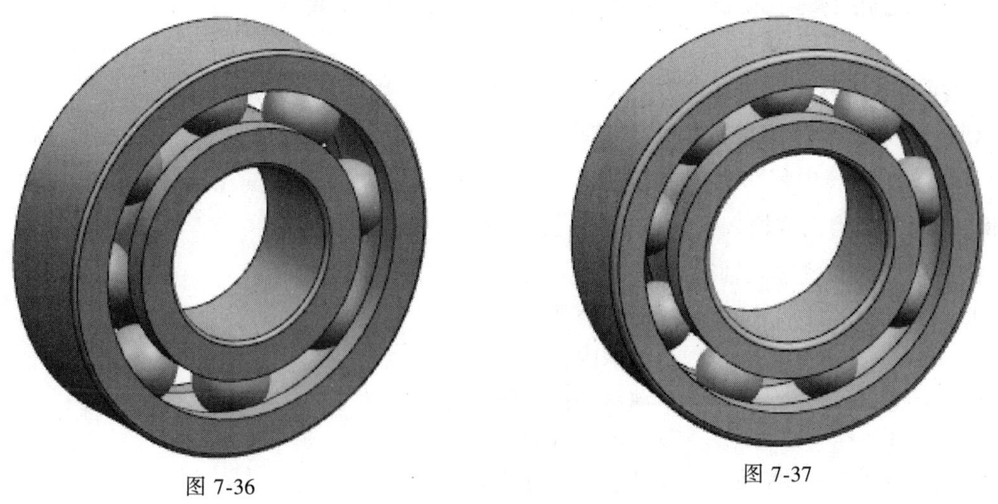

图 7-36　　图 7-37

7.5　新建带保持架的深沟球轴承零件文件

构建思路为：采用建立表达式的方法输入的轴承部件设计变量，然后绘制截面线；回转、拉伸草绘截面，创建轴承的外圈、内圈、保持架、滚动体及销，最后装配成轴承，如图7-38 所示。

图 7-38

选择菜单中的【文件】/【新建】命令或单击 （New 建立新文件）按钮，出现【新建】部件对话框，选择【装配】模板，在【名称】文本框中输入【zc_assy】，在【单位】列表框中选择【毫米】选项，以毫米为单位，单击 确定 按钮，建立文件名为 zc_assy. prt，单位为毫米的文件。

7.6 创建带保持架的深沟球轴承部件装配框架

1. 建立表达式

选择菜单中的【工具】/【 = 表达式(X)... 】命令，出现【表达式】对话框，在【名称】【公式】列表中依次输入【da】【180】，即表示 da = 180，在【量纲】列表框中选择 无单位 ▾ 选项，当完成输入后，单击 应用 按钮。

按照相同的方法输入轴承自由变化参数的表达式，具体如下：

da = 180　　　　　　//轴承外径
d = 100　　　　　　//轴承内径
d_pin = 6　　　　　//轴承保持架销子直径
h_pin = 4　　　　　//轴承保持架厚度
r_qiu = （da-d）/5. 5　　//轴承滚动球半径
rs = 2. 1　　　　　//倒角半径
w = 34　　　　　　//轴承宽度
z = 10　　　　　　//轴承滚动体个数
a = （da-d）/2　　//临时变量
b = （da+d）/2　　//临时变量

完成表达式输入，最后单击 确定 按钮。

2. 存盘

单击（保存）按钮，保存轴承部件装配框架 zc_assy. prt。

7.7　创建带保持架的深沟球轴承外圈

1. 建立轴承外圈零件文件

选择菜单中的【文件】/【新建】命令或单击（New 建立新文件）按钮，出现【新建】部件对话框，选择【模型】模板，在【名称】文本框中输入【zc_w】，在【单位】列表框中选择【毫米】选项，以毫米为单位，单击 确定 按钮，建立文件名为 zc_w. prt，单位为毫米的文件。

2. 存盘

单击（保存）按钮，保存轴承外圈零件 zc_w. prt。

3. 切换至装配部件 zc_assy. prt

选择菜单中的【窗口】命令，在下拉列表框中选择【zc_assy. prt】文件。

4. 加入轴承外圈零件 zc_w. prt

调入轴承装配模型所需的组件，选择菜单中的【装配】/【组件】/【添加组件(A)...】命令或在【装配】工具条中单击（添加组件）按钮，出现【添加组件】对话框，如图 7-39 所示，在对话框中选择轴承外圈零件【zc_w. prt】部件，在【装配位置】列表框中选择 绝对坐标系 - 工作部件 选项，然后在【引用集】列表框中选择 整个部件 选项，单击 确定 按钮，这样就添加了轴承外圈零件 zc_w. prt。

5. 设置轴承外圈零件 zc_w. prt 为工作零件

选择菜单中的【装配】/【关联控制】/【设置工作部件(W)】命令或在【装配】工具条中单击（设置工作部件）按钮，出现【设置工作部件】对话框，在【选择已加载的部件】列表框中选择轴承外圈零件【zc_w. prt】选项，如图 7-40 所示，单击 确定 按钮，完成设置轴承外圈零件【zc_w. prt】选项为工作零件的操作。

6. 显示基准平面

选择菜单中的【格式】/【图层设置】命令，出现【图层设置】对话框，选中 61 工作层，最后在【图层设置】对话框单击 关闭 按钮，完成显示基准平面的操作。

7. 草绘轴承外圈截面线

选择菜单中的【插入】/【草图】或在【直接草图】工具条中单击（草图）按钮，出现【创建草图】对话框，如图 7-41 所示，根据系统提示选择草图平面，在图形中选择图 7-42 所示的 X-Y 平面作为草图平面，单击 确定 按钮，出现草图绘制区。

在【直接草图】工具条中单击（轮廓）按钮，按照图 7-43 所示绘制截面线。

在【直接草图】工具条中单击（几何约束）按钮，出现【几何约束】对话框，单击（共线）按钮，如图 7-44 所示，在图中选择图 7-45 所示两条直线作为约束共线，约束的结果如图 7-46 所示。在【直接草图】工具条中单击 （显示直接草图）按钮，使图形中的约束显示出来。

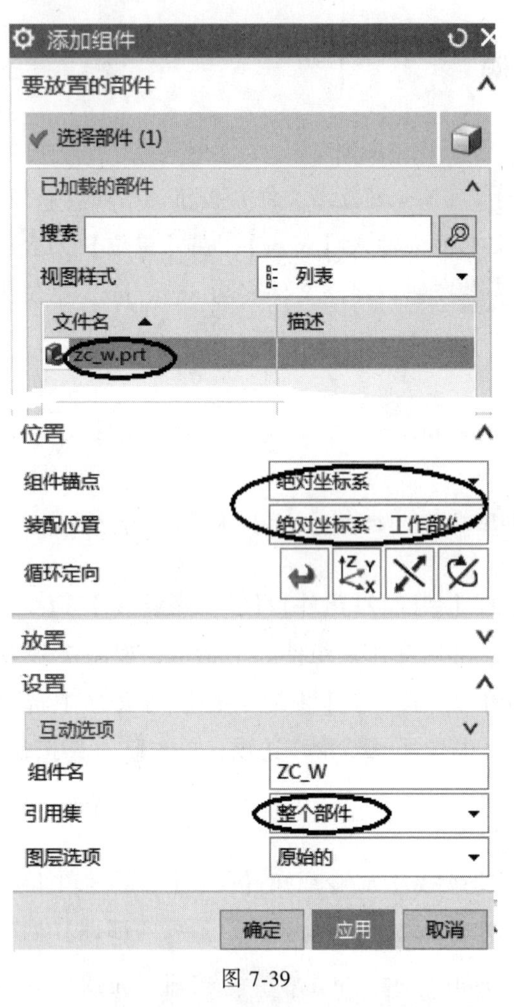

图 7-39

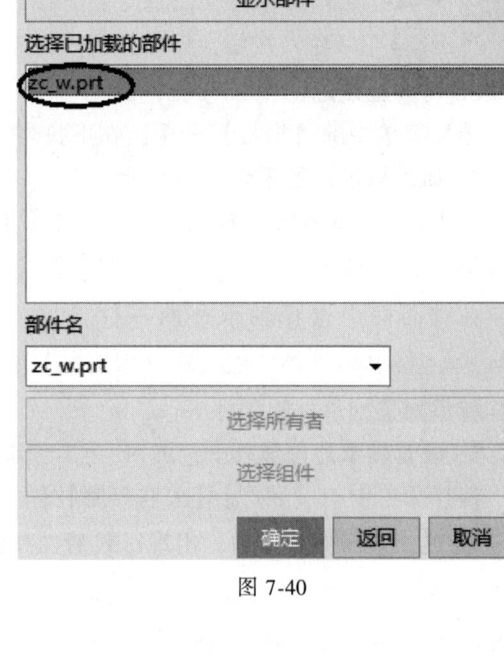

图 7-40

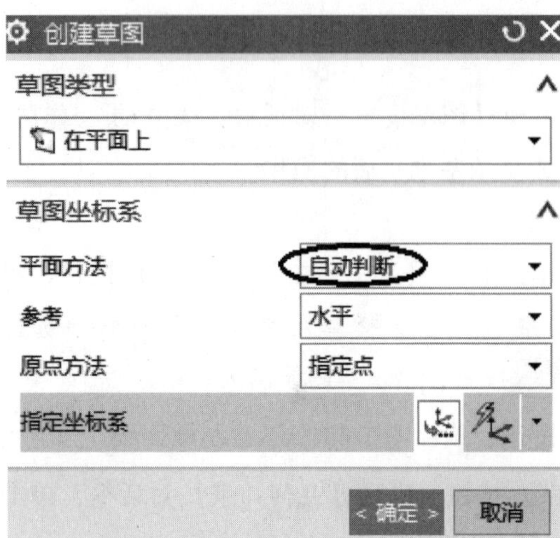

图 7-41

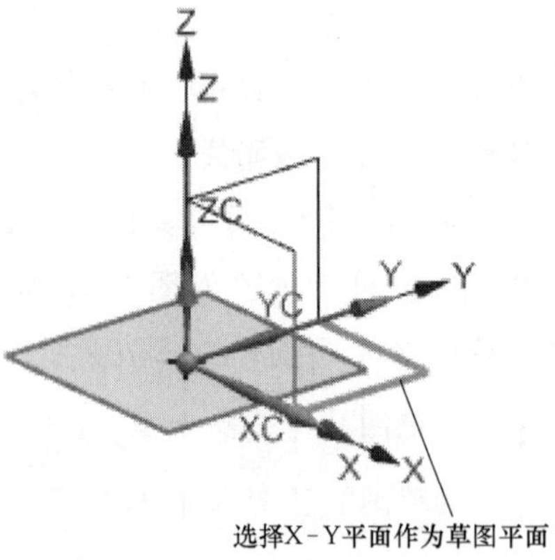

选择X－Y平面作为草图平面

图 7-42

YC
XC
ZC
X
Y

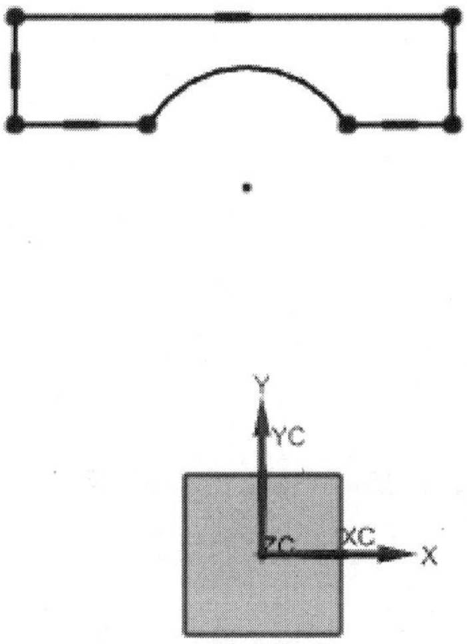

图 7-43

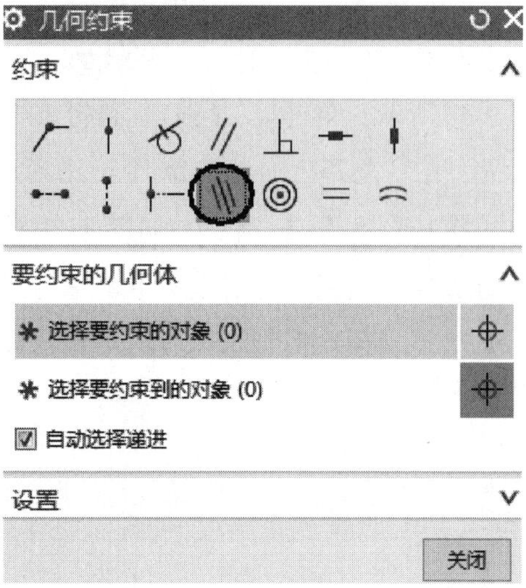

几何约束
约束
要约束的几何体
选择要约束的对象 (0)
选择要约束到的对象 (0)
自动选择递进
设置
关闭

图 7-44

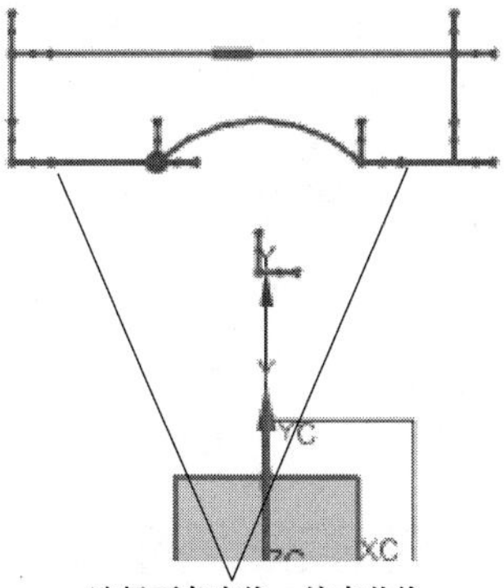

YC
XC
选择两条直线，约束共线

图 7-45

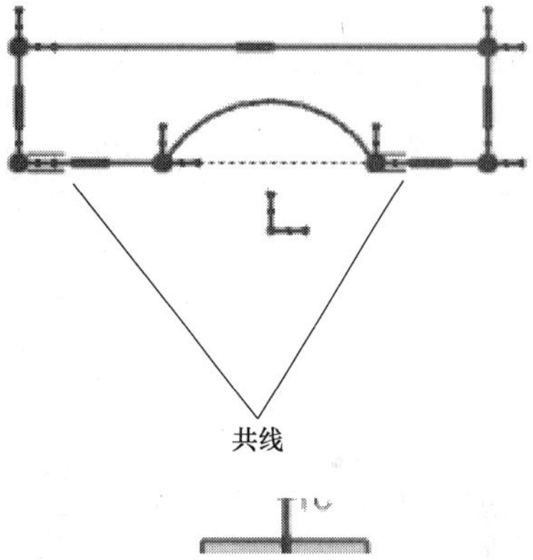

共线

图 7-46

在【几何约束】对话框中单击 （点在曲线上）按钮，选择圆弧圆心与 YC 轴，如图 7-47 所示，约束点在曲线上，约束结果如图 7-48 所示。在【直接草图】工具条中单击 （显示所有约束）按钮，使图形中的约束显示出来。

Y
YC
ZC
XC
X
选择圆弧圆心与YC轴，约束点在曲线上

图 7-47

YC
ZC
XC
点在曲线上

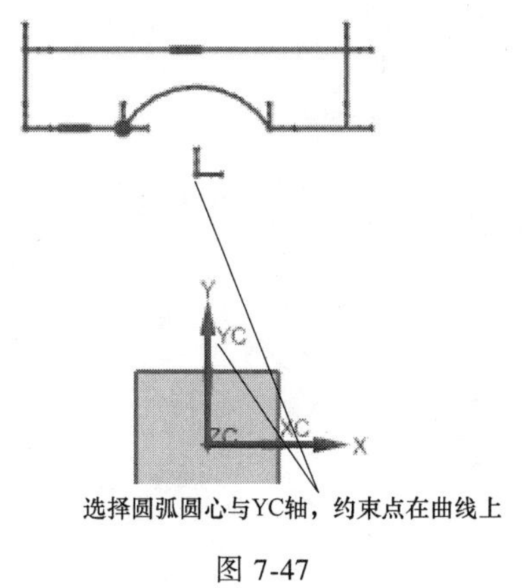

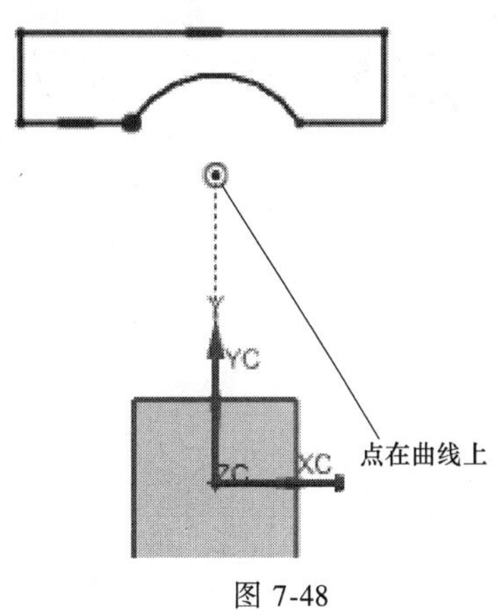

图 7-48

在【直接草图】工具条中单击（快速尺寸）按钮，在出现尺寸标注栏时单击按钮，出现尺寸下拉框，选择= 公式(F)...选项，如图 7-49 所示。系统出现【表达式】对话框，如图 7-50 所示，单击（创建/编辑部件间表达式）按钮，出现【创建单个部件间表达式】对话框，在【选择已加载的部件】选项区域中选择【zc_assy.prt】文件，在【源表达式】选项区域中选择【w】选项，如图 7-51 所示，单击 确定 按钮，系统返回【表达式】对话框，如图 7-52 所示，在【公式】列表中输入【w/2】，单击 确定 按钮，完成标注尺寸。按照上述方法，依次按照图 7-53 所示的尺寸进行标注。此时直接草图已经转换成绿色，表示已经完全约束。

图 7-49　　　　图 7-50

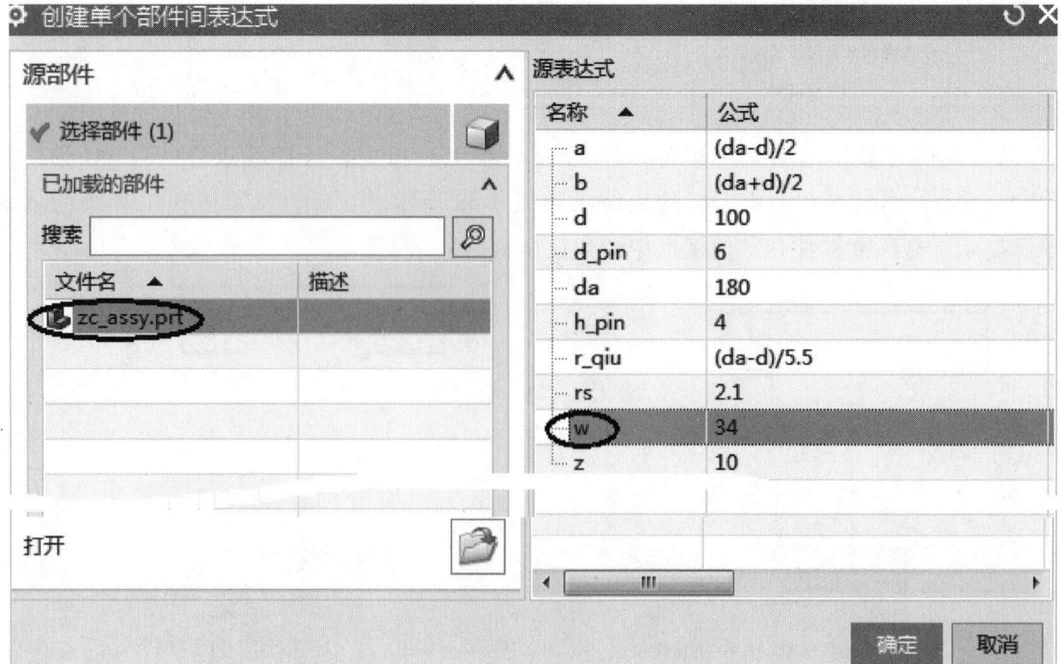

图 7-51

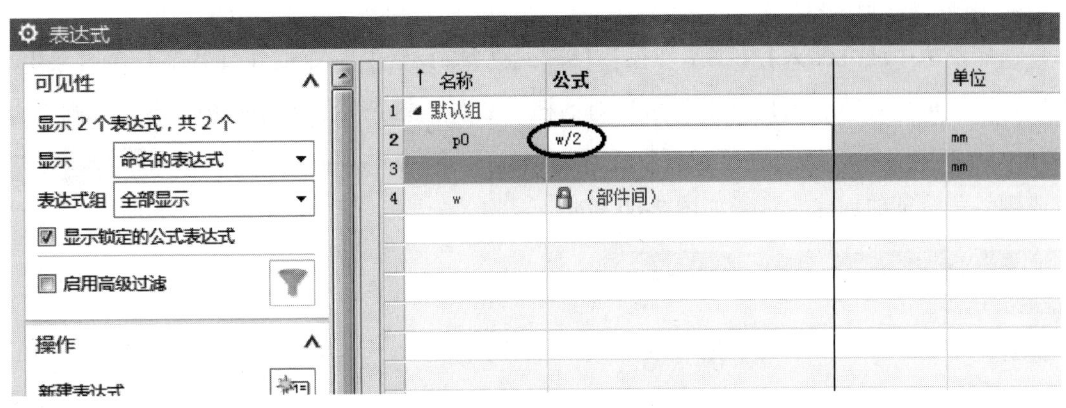

图 7-52

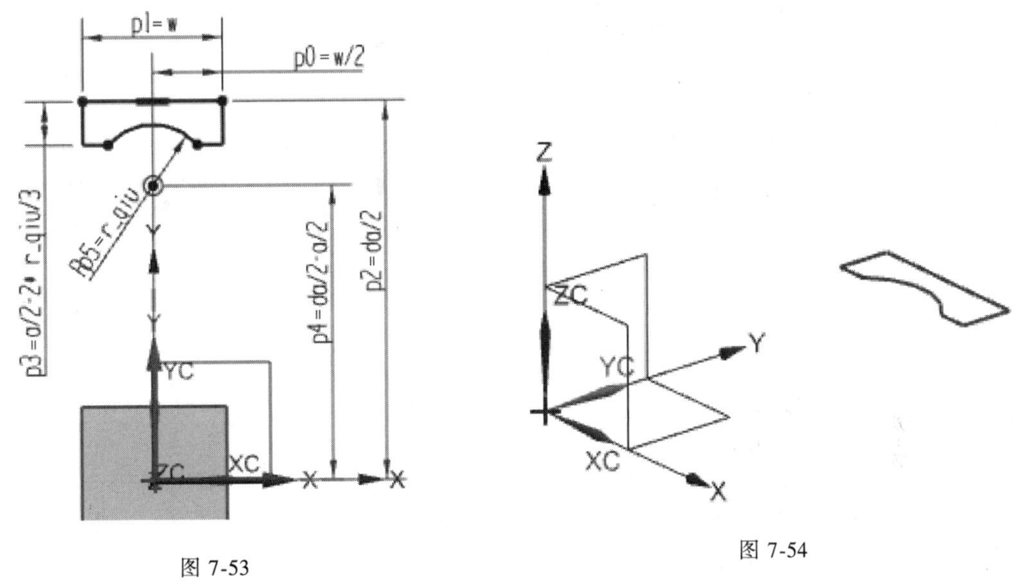

图 7-53

图 7-54

在【直接草图】工具条中单击 完成草图按钮，回到建模界面。图形更新为图 7-54 所示样式。

8. 创建轴承外圈旋转特征

选择菜单中的【插入】/【设计特征】/【 旋转(R)...】命令或在【特征】工具条中单击 （旋转）按钮，出现【旋转】对话框，如图 7-55 所示。在主界面曲线规则列表框中选择 自动判断曲线 选项，在图形中选择图 7-56 所示截面线作为旋转对象。

在【旋转】对话框的【指定矢量】列表框中选择 （自动判断的矢量）选项，在图形中选择图 7-56 所示的 X 轴作为旋转轴，在开始【角度】文本框和结束【角度】文本框中分别输入【0】【360】，在【布尔】列表框中选择 无选项，如图 7-55 所示，单击 确定 按钮，完成旋转体特征的创建，结果如图 7-57 所示。

9. 创建倒斜角特征

选择菜单中的【插入】/【细节特征】/【倒斜角(M)...】命令或在【特征】工具条中单击(倒斜角)按钮，出现【倒斜角】对话框，如图 7-58 所示，在图形中选择实体圆弧边，如图 7-59 所示，在对话框的【距离】文本框中输入【" zc_assy"：: rs】，单击确定按钮，完成倒斜角特征的创建，结果如图 7-60 所示。

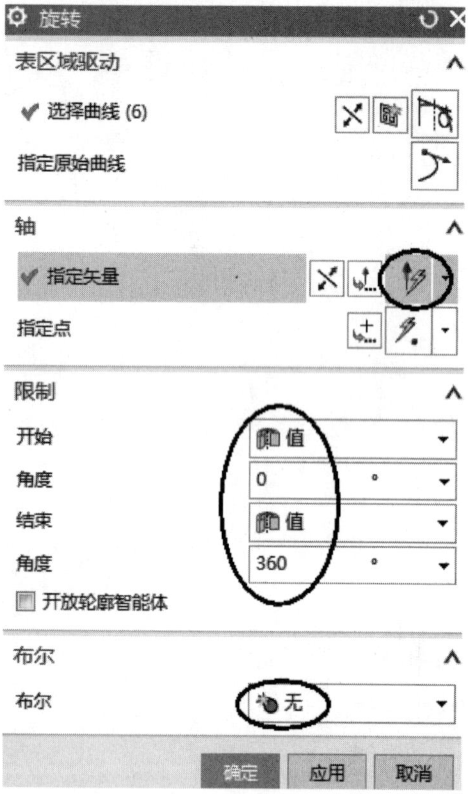

旋转
表区域驱动
选择曲线 (6)
指定原始曲线
轴
指定矢量
指定点
限制
开始 值
角度 0 °
结束 值
角度 360 °
开放轮廓智能体
布尔
布尔 无
确定 应用 取消

图 7-55

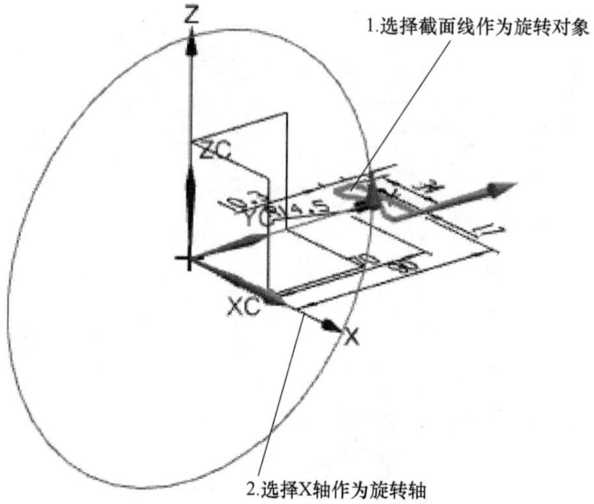

1.选择截面线作为旋转对象
2.选择X轴作为旋转轴

图 7-56

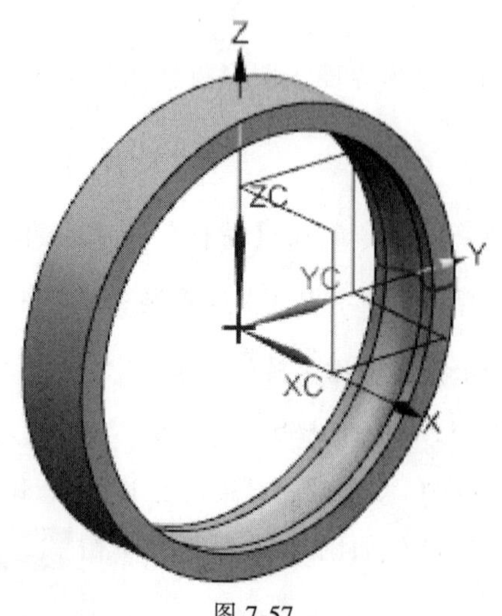

图 7-57

倒斜角
边
选择边 (6)
偏置
横截面 对称
距离 "zc_assy"::rs mm
设置
预览
确定 取消

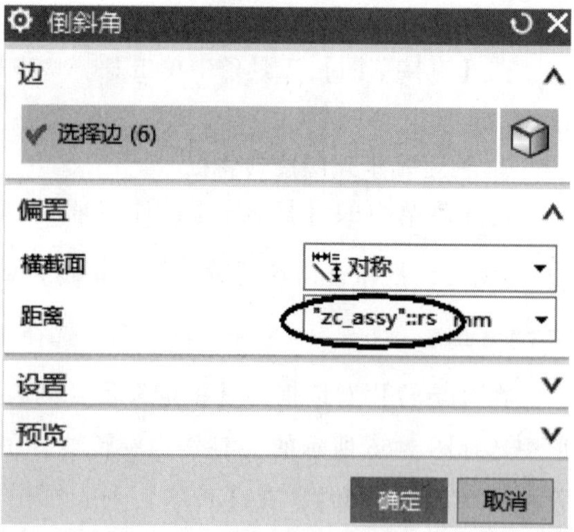

图 7-58

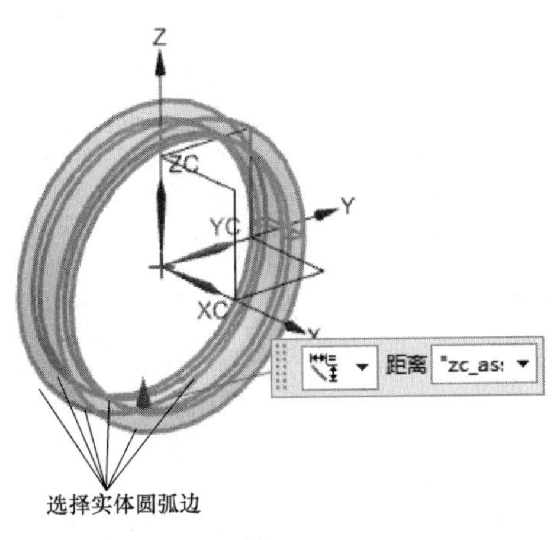

图 7-59

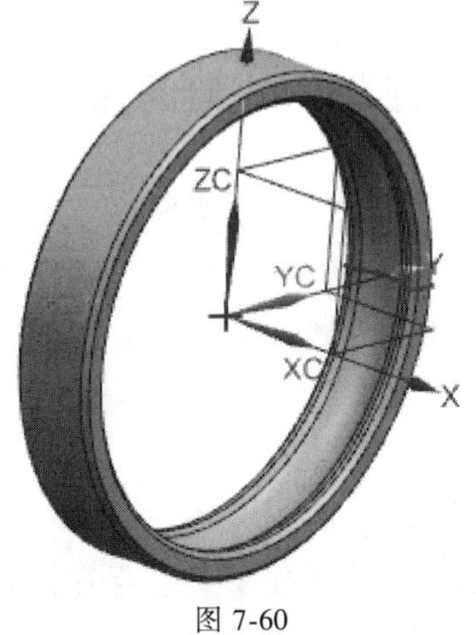

图 7-60

10. 将辅助曲线移至 255 工作层

选择菜单中的【格式】/【移动至图层】命令或在【实用工具】工具条中单击（移动至图层）按钮，选择辅助曲线和基准，将其移动至 255 工作层（步骤略）。

11. 存盘

单击（保存）按钮，保存轴承外圈零件 zc_w. prt。

7.8　创建带保持架的深沟球轴承内圈

1. 建立轴承内圈零件

选择【模型】模板，建立文件名为 zc_n. prt，单位为毫米的文件。

2. 创建轴承内圈零件

按照本章 7.7 节的方法依次绘制截面线，采用回转特征的方法，创建轴承内圈零件，如图 7-61 所示。

轴承内圈截面及尺寸标注如图 7-62 所示。

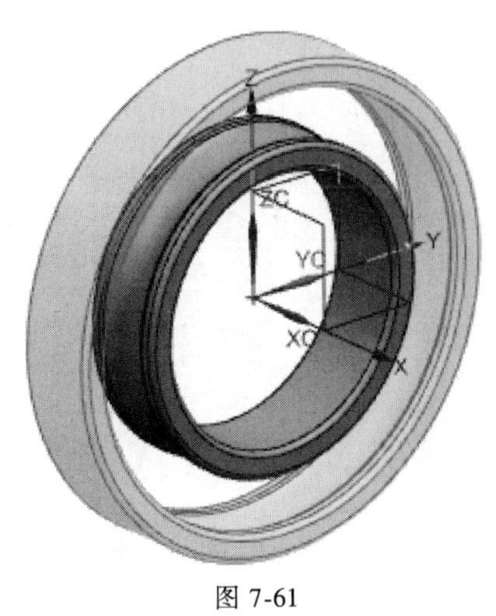

图 7-61

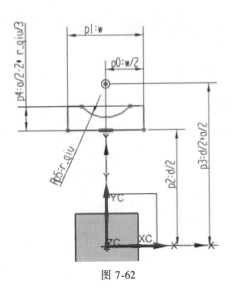

图 7-62

7.9 创建带保持架的深沟球轴承保持架

1. 建立轴承保持架零件

选择菜单中的【文件】/【新建】命令或单击 (New 建立新文件) 按钮，出现【新建】部件对话框，选择【模型】模板，在【名称】文本框中输入【zc_j】，在【单位】列表框中选择【毫米】选项，以毫米为单位，单击 确定 按钮，建立文件名为 zc_j. prt，单位为毫米的文件。

2. 存盘

单击 (保存) 按钮，保存轴承外圈零件 zc_j. prt。

3. 切换至装配部件 zc_assy. prt

选择菜单中的【窗口】命令，在下拉列表框中选择【zc_assy. prt】文件。

4. 加入轴承保持架零件 zc_j. prt (步骤略)

5. 设置轴承外圈零件 zc_j. prt 为工作零件 (步骤略)

6. 草绘轴承保持架零件截面线

选择菜单中的【插入】/【草图】或在【直接草图】工具条中单击 (草图) 按钮，出现【创建草图】对话框，如图 7-63 所示，根据系统提示选择草图平面，在图形中选择图 7-64 所示 Y-Z 平面作为草图平面，单击 确定 按钮，出现草图绘制区。

在【直接草图】工具条中单击 (轮廓) 按钮，按照图 7-65 所示绘制截面线。

在【直接草图】工具条中单击 (圆) 按钮，在【圆】浮动工具栏中单击 (圆心和直径定圆) 按钮，绘制图 7-66 所示的 4 个圆。

需要注意的是，3 个大圆的圆心为坐标原点；小圆的圆心在中间一个大圆上。

在【直接草图】工具条中单击 (直线) 按钮，按照图 7-67 所示绘制一条直线。

需要注意的是，直线的起点为坐标原点，终点为小圆圆心。

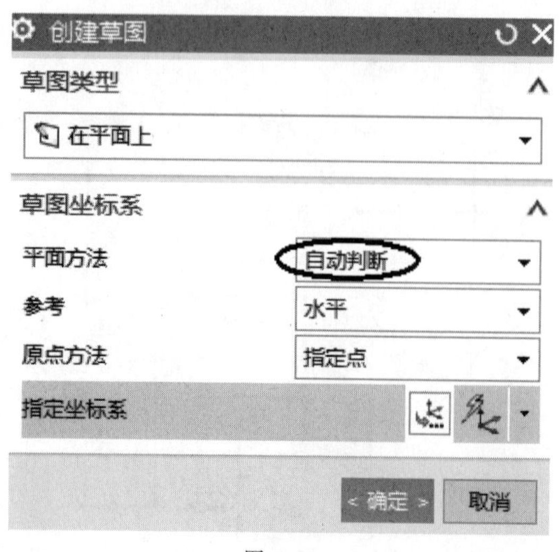

图 7-63

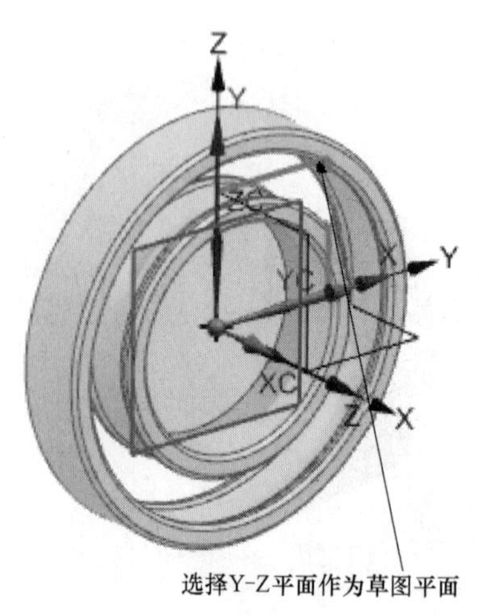

图 7-64

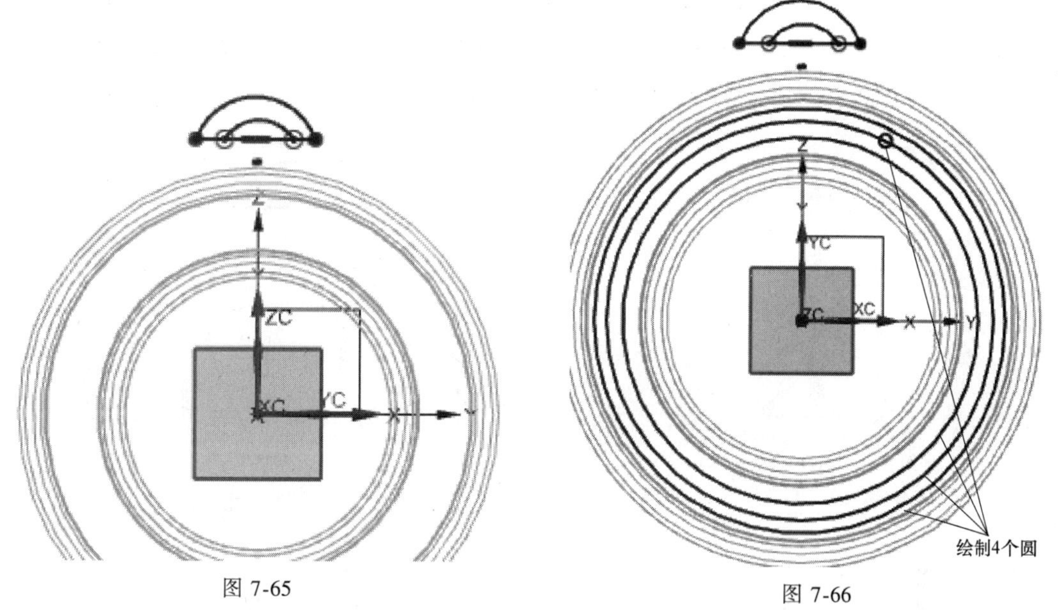

图 7-65　　　　图 7-66

在【直接草图】工具条中单击（几何约束）按钮，出现【几何约束】对话框，单击（点在曲线上）按钮，如图 7-68 所示，选择圆弧圆心与直线，如图 7-69 所示，约束点在曲线上。约束的结果如图 7-70 所示。在【直接草图】工具条中单击（显示直接草图）按钮，使图形中的约束显示出来。

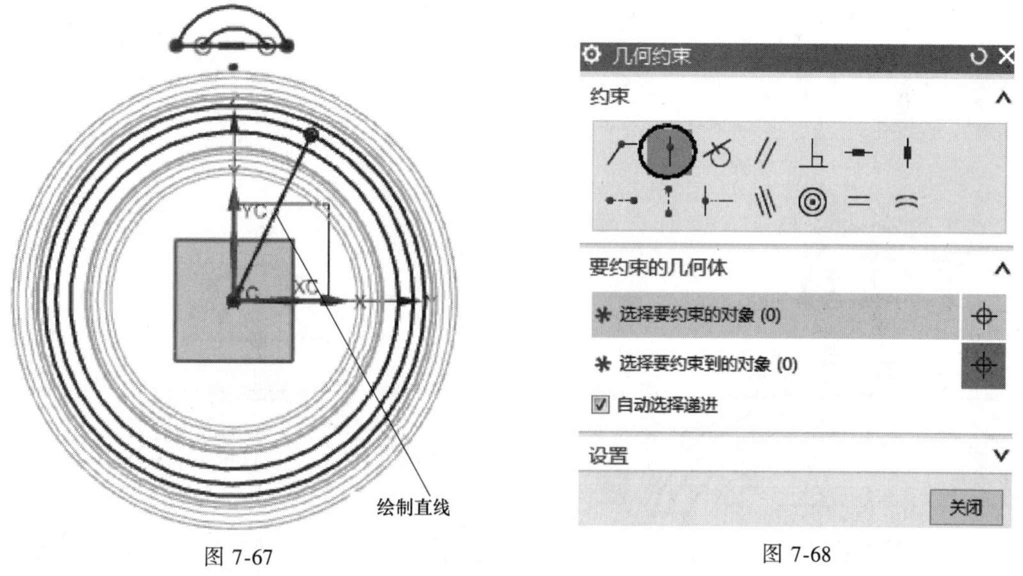

图 7-67　　　　图 7-68

在【几何约束】对话框中单击（同心）按钮，选择图 7-71 所示的两条圆弧，约束同心，约束的结果如图 7-72 所示。在【直接草图】工具条中单击（显示所有约束）按钮，使图形中的约束显示出来。

在【几何约束】对话框中单击（点在曲线上）按钮，选择圆弧圆心与 YC 轴，如图 7-73 所示，约束点在曲线上，约束的结果如图 7-74 所示。在【直接草图】工具条中单击（显示所有约束）按钮，使图形中的约束显示出来。

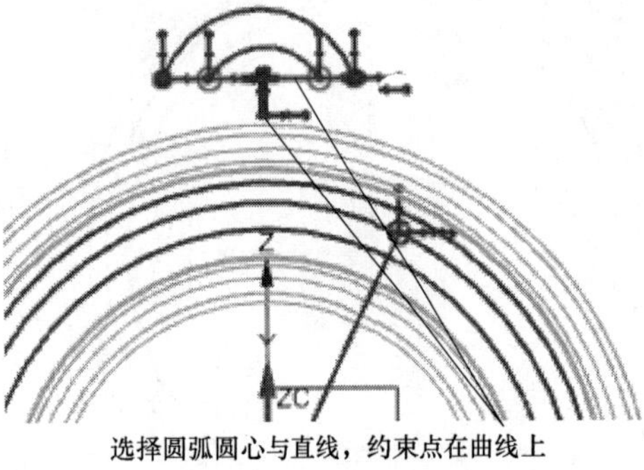

选择圆弧圆心与直线，约束点在曲线上

图 7-69

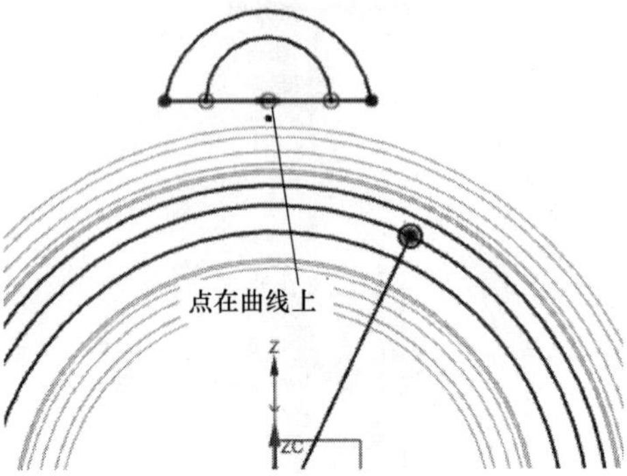

点在曲线上

图 7-70

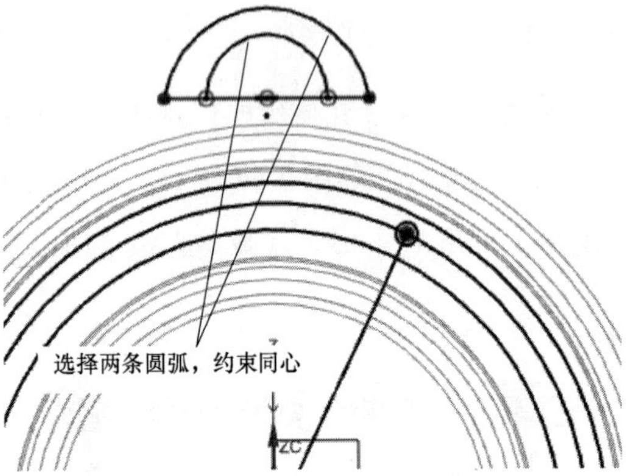

选择两条圆弧，约束同心

图 7-71

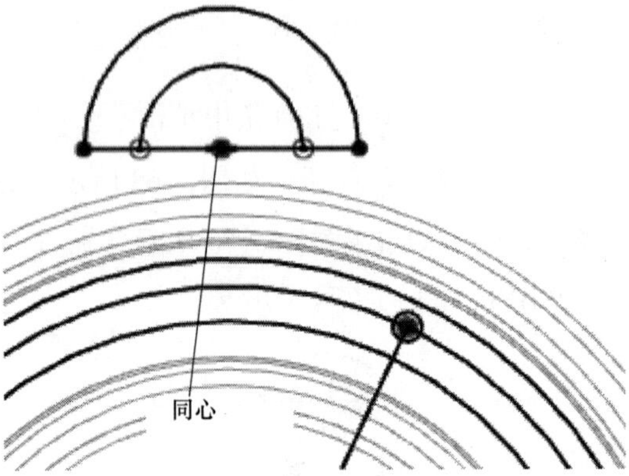

同心

图 7-72

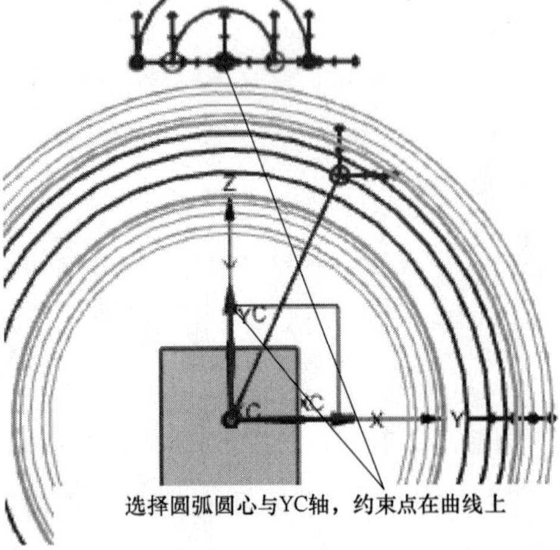

选择圆弧圆心与YC轴，约束点在曲线上

图 7-73

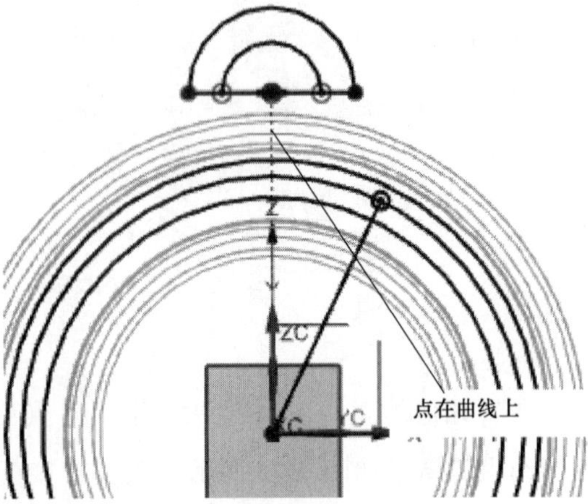

点在曲线上

图 7-74

在【直接草图】工具条中单击 （快速尺寸）按钮，在出现尺寸标注栏时单击 无单位▼ 按钮，出现尺寸下拉框，选择= 公式(F)...选项。按照上述方法，依次按照图 7-75 所示的尺寸进行标注。

此时直接草图已经转换成绿色，表示已经完全约束。

在【直接草图】工具条中单击 （转换至/自参考对象）按钮，出现【转换至/自参考对象】对话框，如图 7-76 所示，选中 活动曲线或驱动尺寸 单选按钮，在图形中选择图 7-77 所示的直线作为要转换的曲线，在【转换至/自参考对象】对话框中单击 确定 按钮，完成曲线的转换，结果如图 7-78 所示。

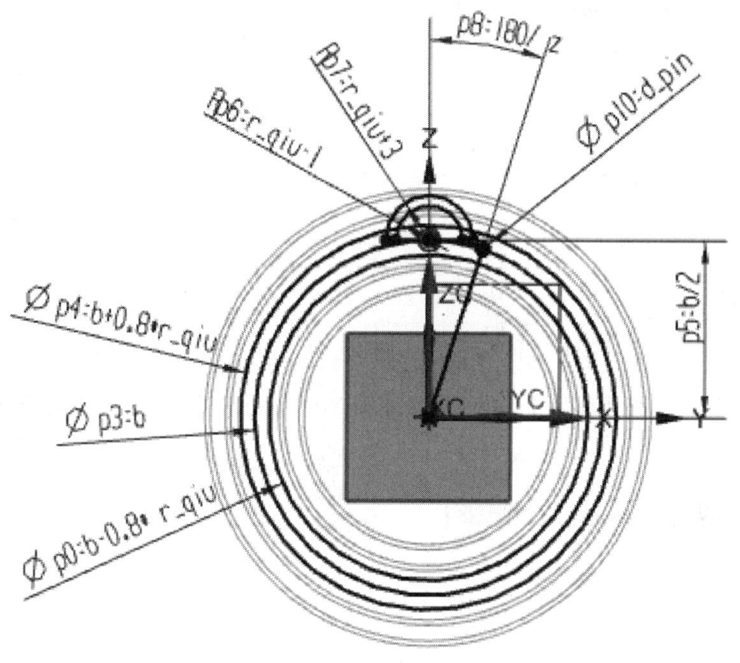

图 7-75

转换至/自参考对象

要转换的对象

选择对象 (1)

选择投影曲线

转换为

参考曲线或尺寸

活动曲线或驱动尺寸

确定　应用　取消

图 7-76

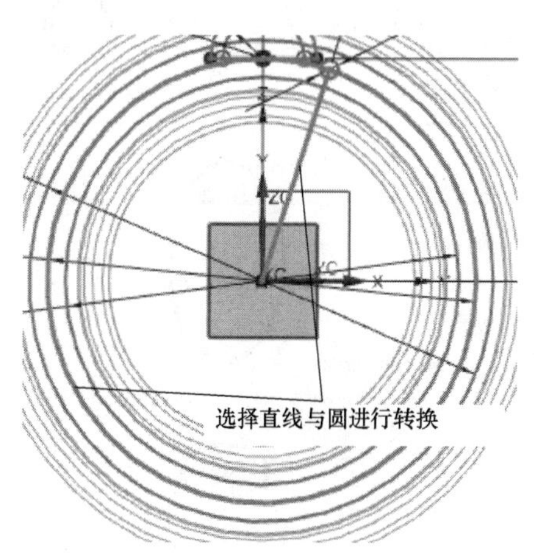

图 7-77

在【直接草图】工具条中单击 完成草图 按钮，回到建模界面，图形更新为图 7-79 所示样式。

在装配导航器中隐藏 zc_n 、 zc_w 两个部件。

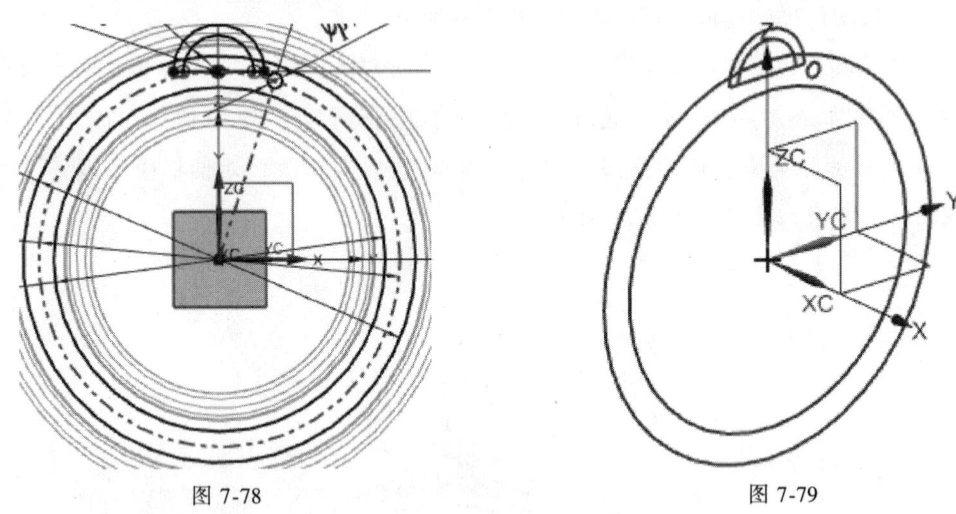

图 7-78　　　　图 7-79

7. 创建回转体特征

选择菜单中的【插入】/【设计特征】/【 旋转(R)...】命令或在【特征】工具条中单击 (旋转) 按钮，出现【旋转】对话框，如图 7-80 所示。然后在主界面曲线规则列表框中选择相连曲线选项，在图形中选择图 7-81 所示截面线作为旋转对象。

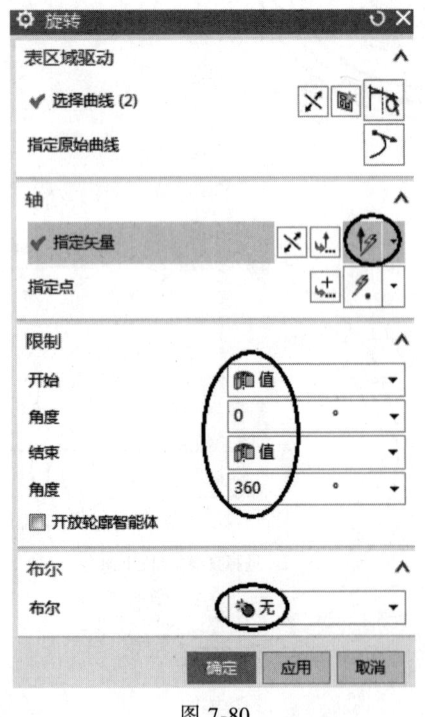

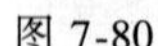
图 7-80

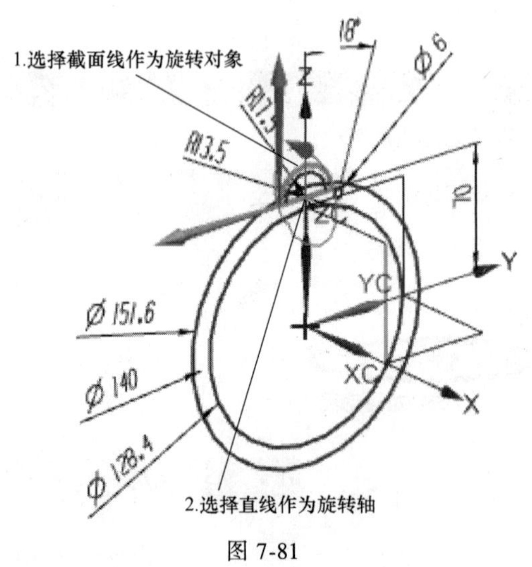

图 7-81

在【旋转】对话框的【指定矢量】列表框中选择（自动判断的矢量）选项，在图形中选择图 7-81 所示的直线作为旋转轴，在开始【角度】文本框和结束【角度】文本框中分别输入【0】【360】，在【布尔】列表框中选择 无选项，如图 7-80 所示，单击 确定 按钮，完成旋转体特征的创建，结果如图 7-82 所示。

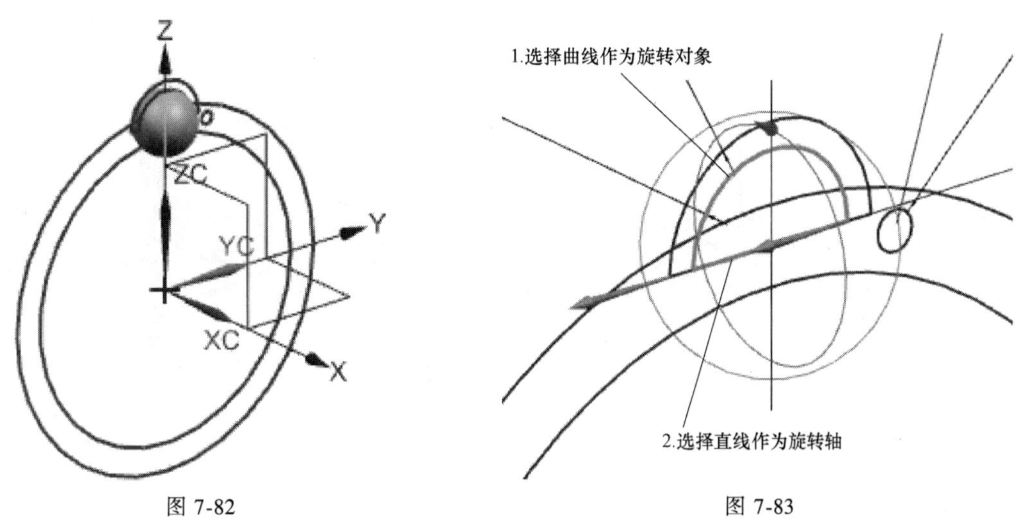

图 7-82

图 7-83

按照上述方法，创建内部一个小球回转特征，在主界面曲线规则列表框中选择 相连曲线 （在相交处停止）选项，在图形中选择图 7-83 所示曲线作为旋转对象，结果如图 7-84 所示（隐藏上一步创建的大球）。

8. 创建拉伸特征

选择菜单中的【插入】/【设计特征】/【拉伸(X)...】命令或在【特征】工具条中单击（拉伸）按钮，出现【拉伸】对话框，如图 7-85 所示，在主界面曲线规则列表框中选择相连曲线选项，选择图 7-86 所示截面线作为拉伸对象。

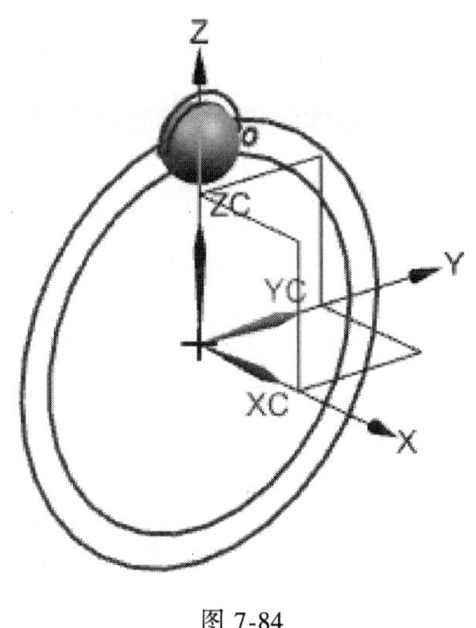

图 7-84

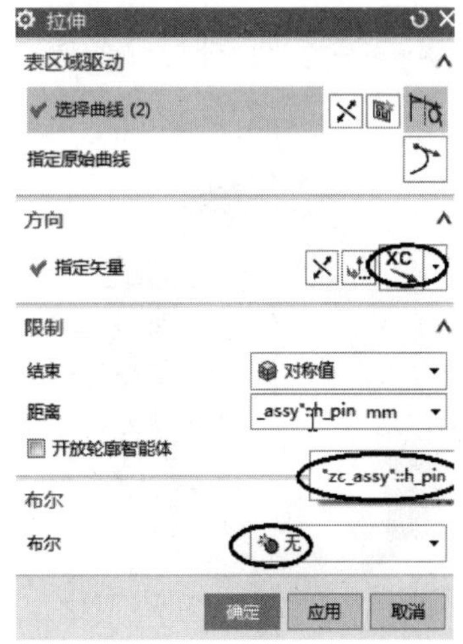

图 7-85

在【拉伸】对话框的【指定矢量】列表框中选择 XC 选项，在【结束】列表框中选择【对称值】选项，在【距离】文本框中输入【" zc_assy"::h_pin】，在【布尔】列表框中选择 无选项，如图 7-85 所示，单击 确定 按钮，完成拉伸特征的创建，结果如图 7-87 所示。

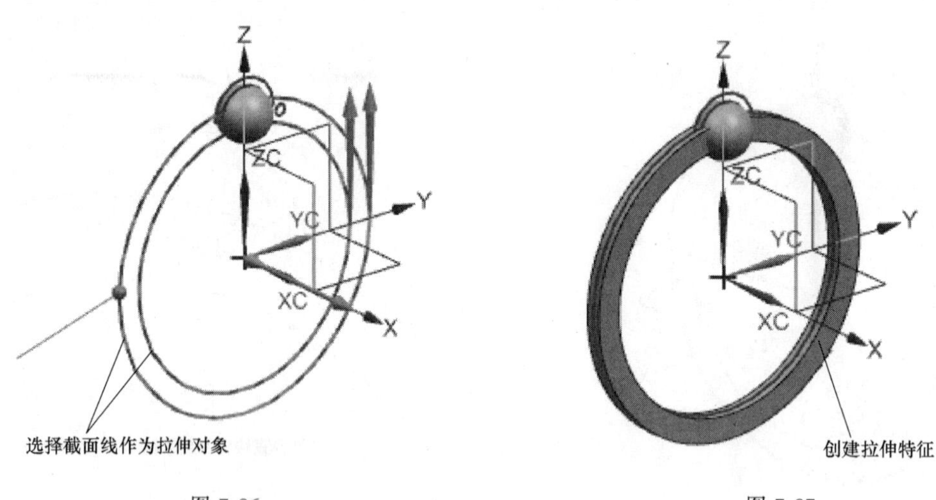

图 7-86　　图 7-87

按照上述方法，再次选择上述曲线作为拉伸对象，在【拉伸】对话框的【指定矢量】列表框中选择 XC 选项，在【结束】列表框中选择【对称值】选项，在【距离】文本框中输入【" zc_assy"::r_qiu+5】，在【布尔】列表框中选择 无选项，单击 确定 按钮，完成拉伸特征的创建，结果如图 7-88 所示。

9. 合并操作

选择菜单中的【插入】/【组合】/【合并】命令或在【特征】工具条中单击 （合并）按钮，出现【合并】操作对话框，如图 7-89 所示，按照图 7-90 所示选择目标实体与工具实体，单击 确定 按钮，完成合并操作，结果如图 7-91 所示。

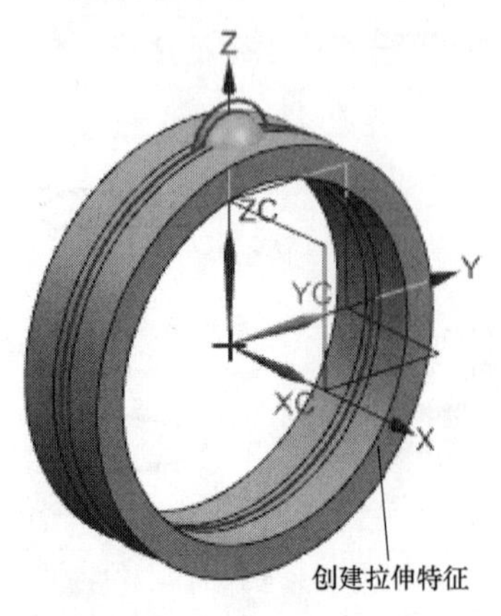

图 7-88

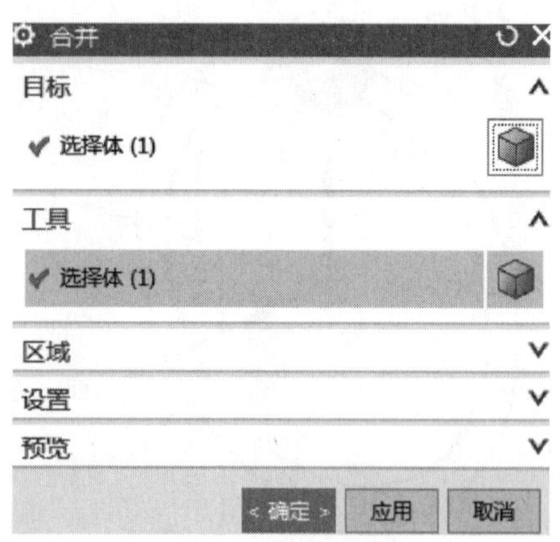

图 7-89

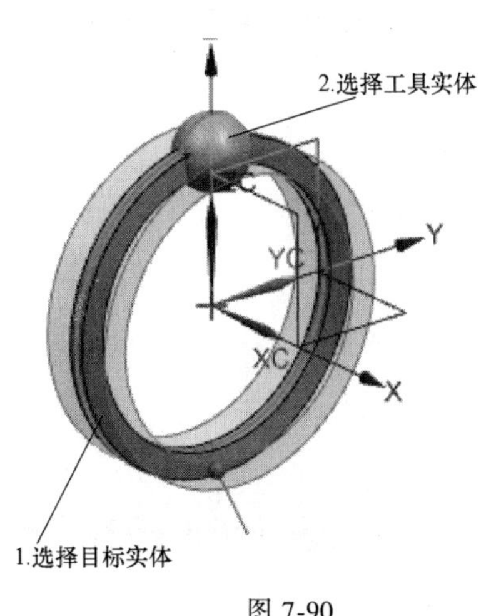

图 7-90

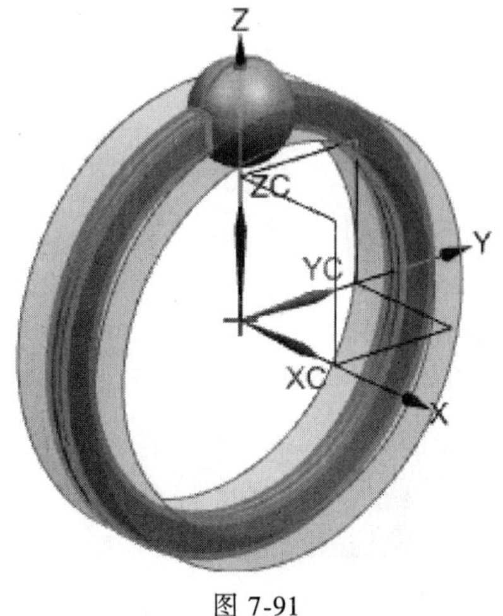

图 7-91

10. 创建阵列面特征（圆形阵列）

选择菜单中的【插入】/【关联复制】/【阵列面(F)..】命令或在【特征】工具条中单击（阵列面）按钮，出现【阵列面】对话框，如图 7-92 所示。

图 7-92

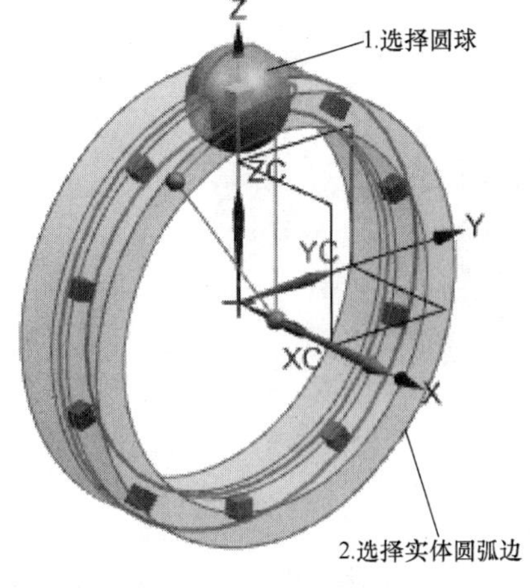

图 7-93

在主界面规则列表框中选择特征面选项，在图形中选择图 7-93 所示圆球，在【布局】列表框中选择圆形选项，在【指定矢量】列表框中选择XC选项，在【指定点】列表框中选择（圆弧中心/椭圆中心/球心）选项，在图形中选择图 7-93 所示的实体圆弧边，在【间距】列表框中选择数量和间隔选项，在【数量】【节距角】文本框中分别输入【z】【360/z】，单击确定按钮，完成阵列面特征的创建，结果如图 7-94 所示。

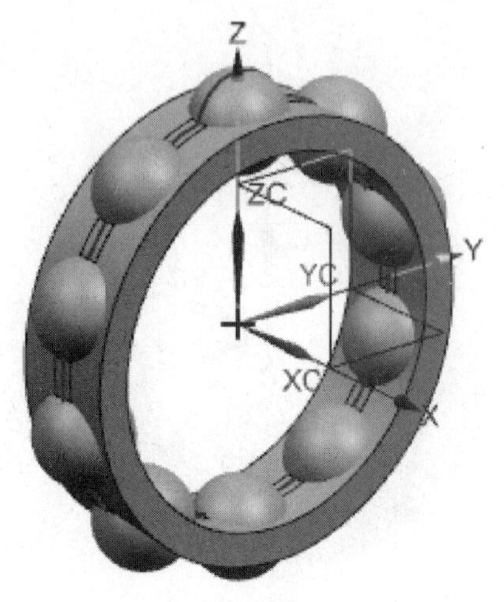

图 7-94

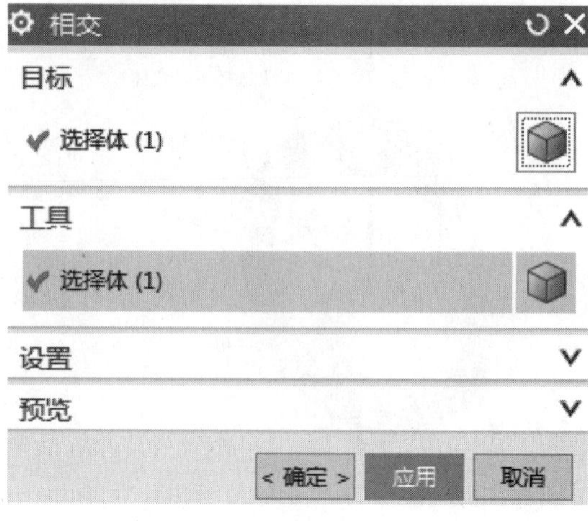

图 7-95

11. 创建相交特征

选择菜单中的【插入】/【组合】/【相交】命令或在【特征】工具条中单击（相交）按钮，出现【相交】操作对话框，如图 7-95 所示，系统提示选择目标实体，按照图 7-96 所示选择目标实体与工具实体，单击 确定 按钮，完成相交特征的创建，结果如图 7-97 所示。

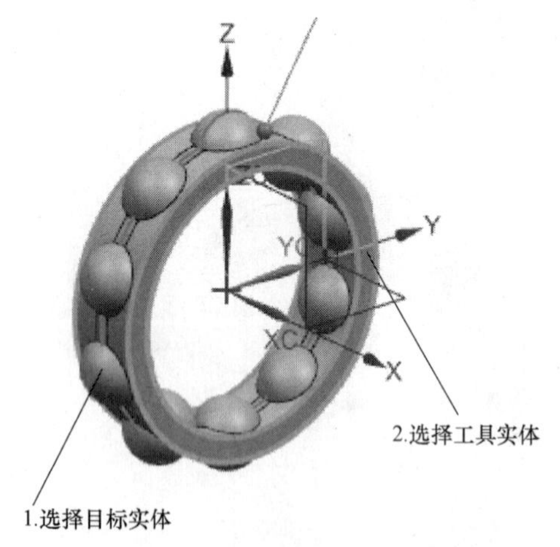

图 7-96

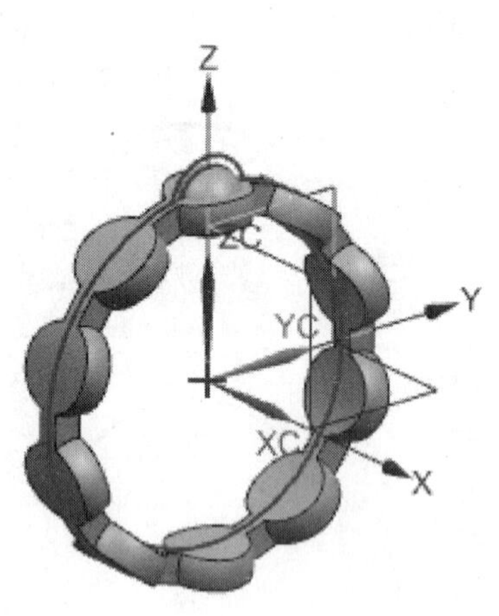

图 7-97

12. 创建拉伸特征

选择菜单中的【插入】/【设计特征】/【 拉伸(X)...】命令或在【特征】工具条中单击（拉伸）按钮，出现【拉伸】对话框，如图 7-98 所示，在主界面曲线规则列表框中选择相连曲线选项，选择图 7-99 所示的圆作为拉伸对象。

在【拉伸】对话框的【指定矢量】列表框中选择 XC 选项，在【结束】列表框中选择【对称值】选项，在【距离】文本框中输入【h_pin+1】，在【布尔】列表框中选择 无选项，如图 7-98 所示，单击 确定 按钮，完成拉伸特征的创建，结果如图 7-100 所示。

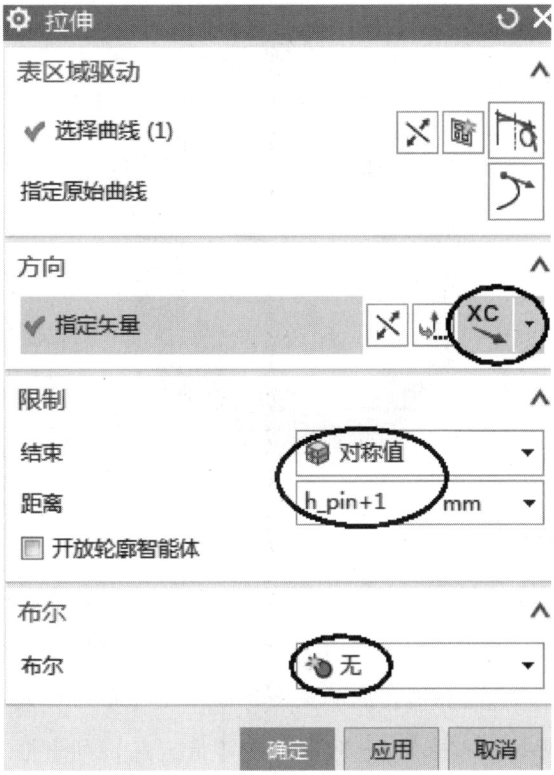

拉伸
表区域驱动
选择曲线 (1)
指定原始曲线
方向
指定矢量
XC
限制
结束
对称值
距离
h_pin+1
mm
开放轮廓智能体
布尔
布尔
无
确定
应用
取消

图 7-98

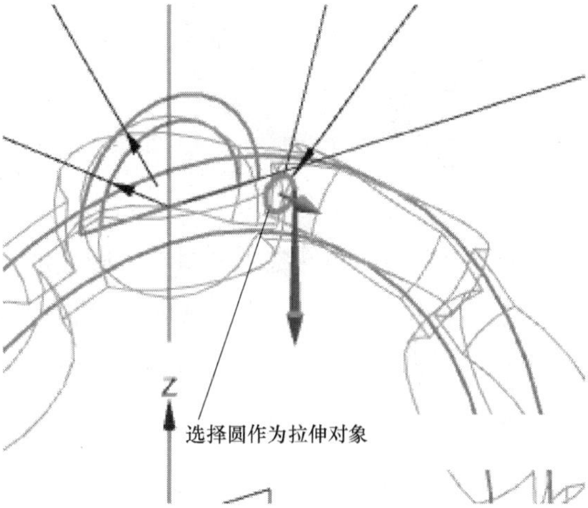

Z
选择圆作为拉伸对象

图 7-99

13. 创建求差特征

选择菜单中的【插入】/【组合】/【减去(S)...】命令或在【特征】工具条中单击（减去）按钮，出现【求差】对话框，如图 7-101 所示。系统提示选择目标实体，按照图 7-102 所示依次选择目标实体和工具实体，完成求差特征的创建，结果如图 7-103 所示。

Z
创建拉伸特征

图 7-100

求差
目标
选择体 (1)
工具
选择体 (2)
设置
预览
确定
取消

图 7-101

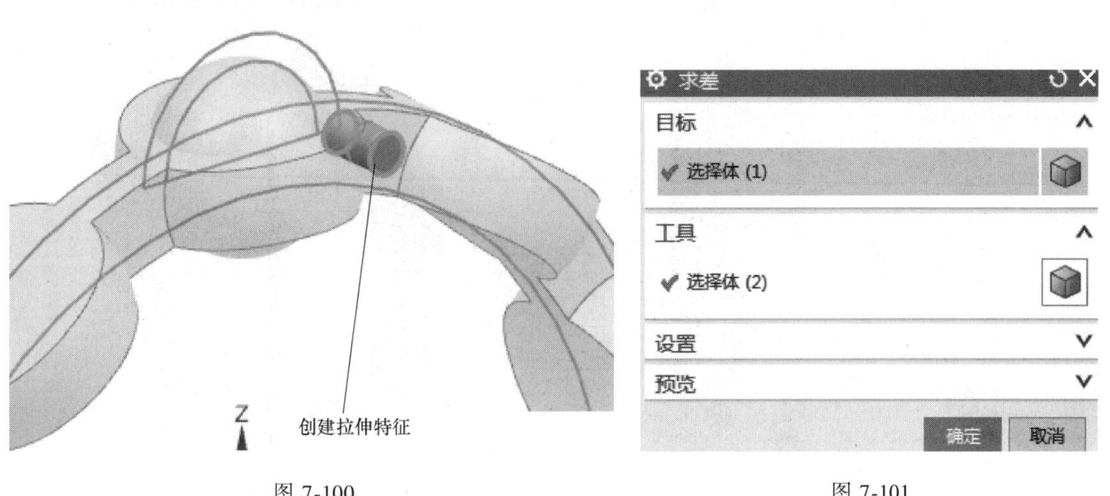

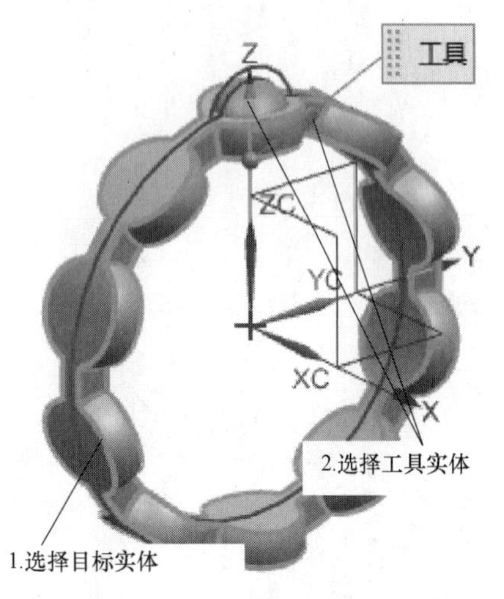

图 7-102

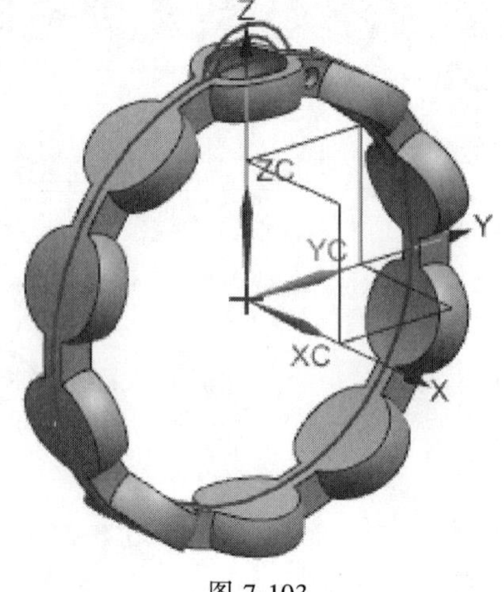

图 7-103

14. 创建阵列面特征——球孔、圆柱销圆形阵列

选择菜单中的【插入】/【关联复制】/【阵列面(F)...】命令或在【特征】工具条中单击（阵列面）按钮，出现【阵列面】对话框，如图 7-104 所示。在主界面规则列表框中选择特征面选项，在图形中选择图 7-105 所示球孔面和销孔面的减去特征，在【布局】列表框中选择圆形选项，在【指定矢量】列表框中选择XC选项，在【指定点】列表框中选择（圆弧中心/椭圆中心/球心）选项，在图形中选择图 7-105 所示的圆弧，在【间距】列表框中选择数量和间隔选项，在【数量】【节距角】文本框中分别输入【z】【360/z】，单击确定按钮，完成阵列面特征的创建，结果如图 7-106 所示。

图 7-104

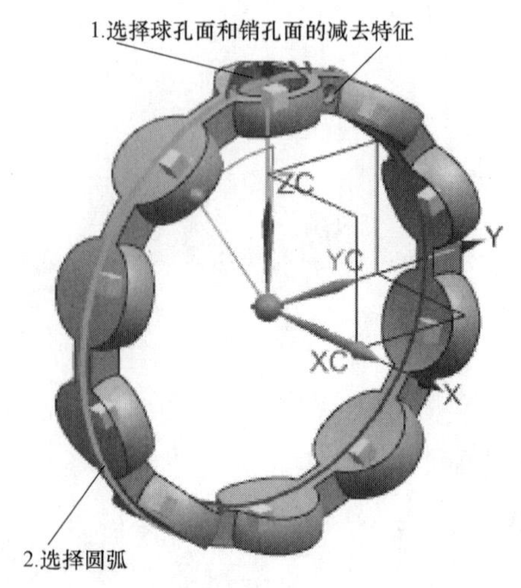

图 7-105

15. 创建拆分体特征（切割保持架实体）

选择菜单中的【插入】/【修剪】/【拆分体(P)...】命令或在【特征】工具条中单击（拆分体）按钮，出现【拆分体】特征对话框，如图 7-107 所示。系统提示选择目标体，在图形中选择图 7-108 所示的实体作为目标体。

在【拆分体】对话框的【工具选项】列表框中选择面或平面选项。在图形中选择图 7-108 所示的基准面作为工具面，单击确定按钮，完成拆分体特征的创建，结果如图 7-109 所示。

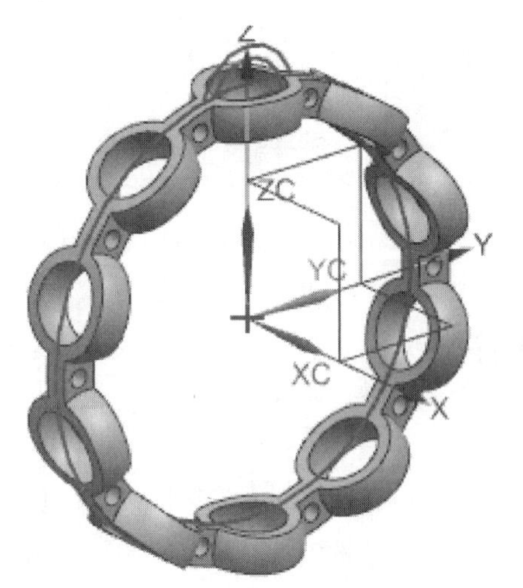

图 7-106

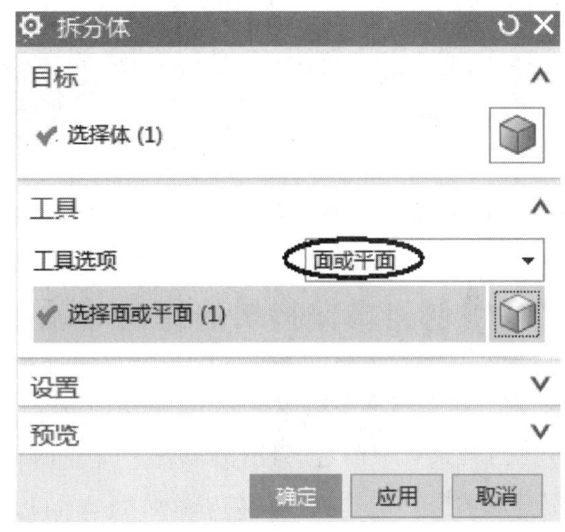

图 7-107

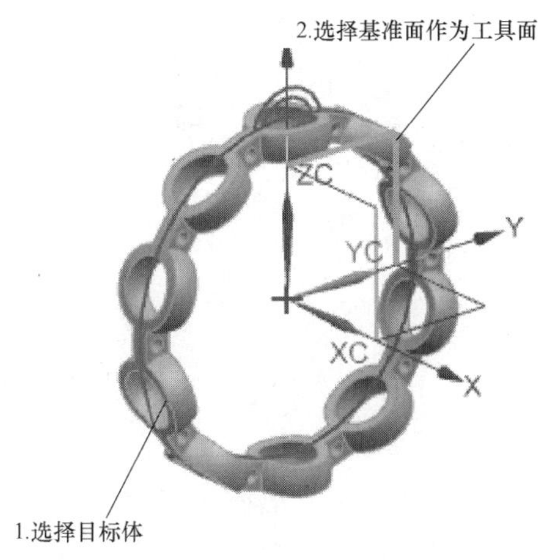

图 7-108

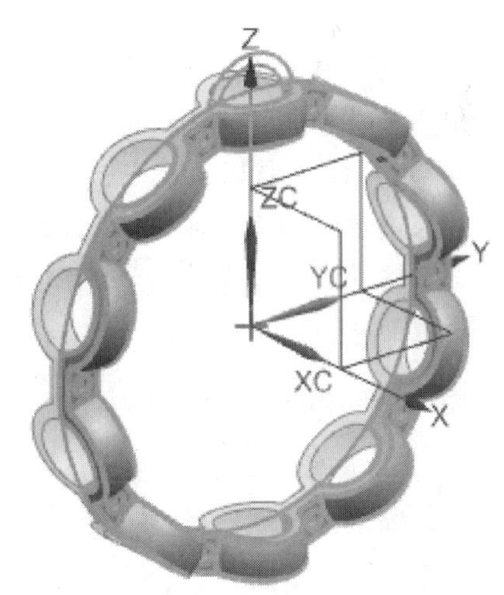

图 7-109

16. 将辅助曲线移至 255 工作层

选择菜单中的【格式】/【移动至图层】命令或在【实用工具】工具条中单击（移动至图层）按钮，选择辅助曲线，将其移动至 255 工作层（步骤略）。关闭 61 工作层，并更改实体颜色为浅灰色，图形更新为图 7-110 所示样式。

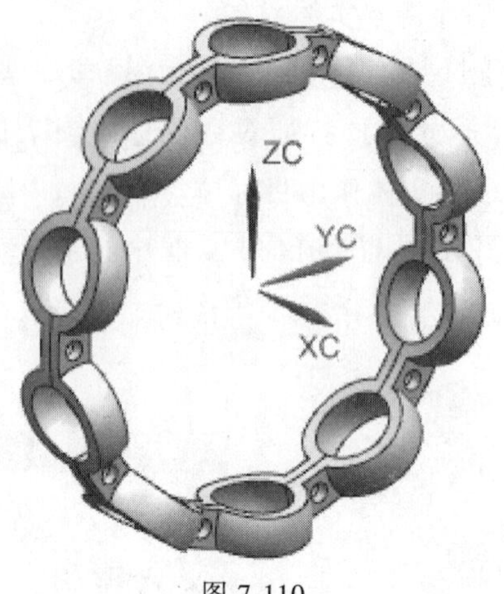

图 7-110

17. 存盘（步骤略）

7.10 创建带保持架的深沟球轴承滚动体

1. 建立轴承滚动体零件

选择菜单中的【文件】/【新建】命令或单击（New 建立新文件）按钮，出现【新建】部件对话框，在【名称】栏中输入【zc_q】，在【单位】列表框中选择【毫米】选项，以毫米为单位，单击 确定 按钮，建立文件名为 zc_q. prt，单位为毫米的文件。

2. 存盘

单击（保存）按钮，保存轴承滚动体零件 zc_q. prt。

3. 切换至装配部件 zc_assy. prt

选择菜单中的【窗口】命令，在下拉列表框中选择【zc_assy. prt】文件。

4. 加入轴承滚动体零件 zc_q. prt（步骤略）

5. 设置轴承滚动体零件 zc_q. prt 为工作零件（步骤略）

6. 隐藏部件

在装配导航器中隐藏 zc_n、zc_w、zc_j 3 个部件。

7. 草绘轴承滚动体零件截面线

选择菜单中的【插入】/【草图】或在【直接草图】工具条中单击（草图）按钮，出现【创建草图】对话框，根据系统提示选择草图平面，在图形中选择图 7-111 所示的 X-Y 平面作为草图平面，单击 确定 按钮，出现草图绘制区。

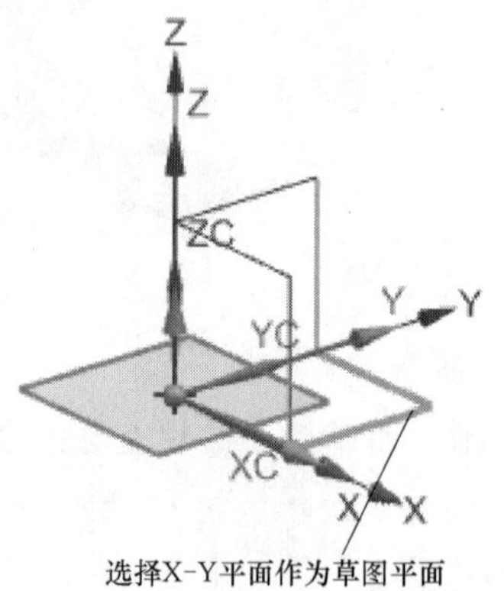

图 7-111

在【直接草图】工具条中单击（轮廓）按钮，按照

图 7-112 所示绘制截面线。

在【直接草图】工具条中单击 （几何约束）按钮，出现【几何约束】对话框，单击 （共线）按钮，如图 7-113 所示，在图中选择图 7-114 所示的直线与 X 轴，约束共线，约束的结果如图 7-115 所示。在【直接草图】工具条中单击 （显示所有约束）按钮，使图形中的约束显示出来。

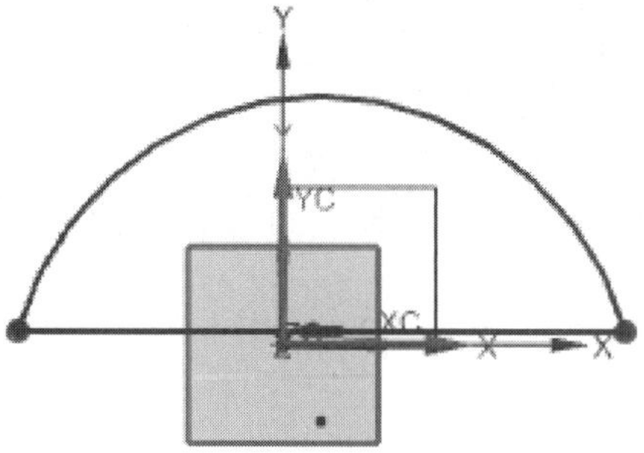

图 7-112

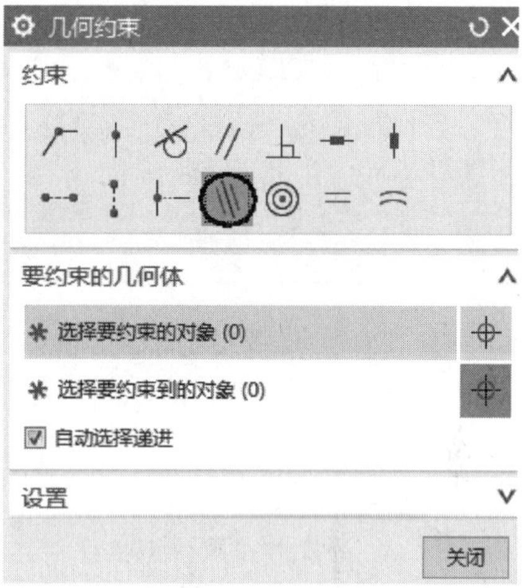

几何约束
约束
要约束的几何体
选择要约束的对象 (0)
选择要约束到的对象 (0)
自动选择递进
设置
关闭

图 7-113

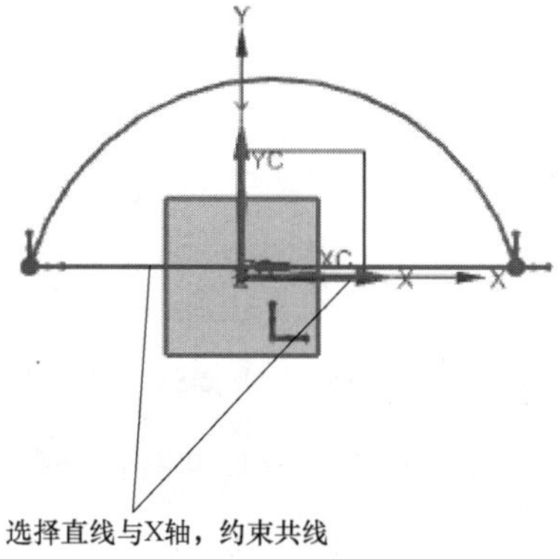

选择直线与X轴，约束共线

图 7-114

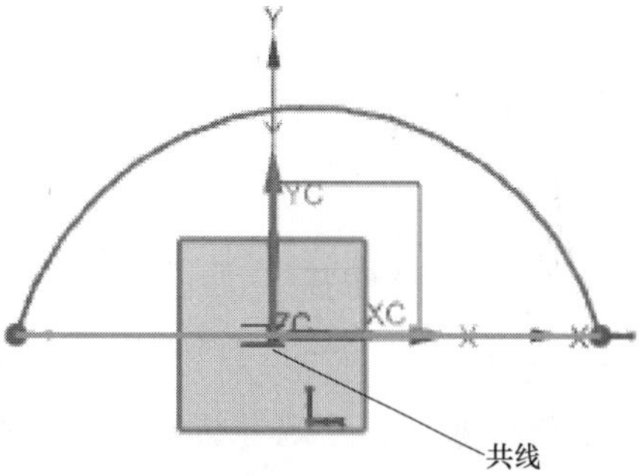

共线

图 7-115

在【几何约束】对话框中单击 （重合）按钮，选择圆弧圆心与坐标原点，如图 7-116 所示，约束重合，约束的结果如图 7-117 所示。在【直接草图】工具条中单击 （显示所有约束）按钮，使图形中的约束显示出来。

在【直接草图】工具条中单击 （快速尺寸）按钮，在出现尺寸标注栏时单击 按钮，出现尺寸下拉框，选择= 公式(F)...选项，依次按照图 7-118 所示的尺寸进行标注。此时直接草图已经转换成绿色，表示已经完全约束。

在【直接草图】工具条中单击 完成草图按钮，回到建模界面。图形更新为图 7-119 所示样式。

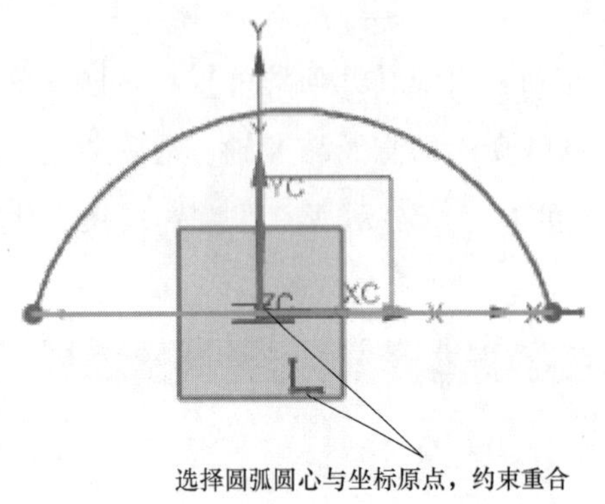

图 7-116

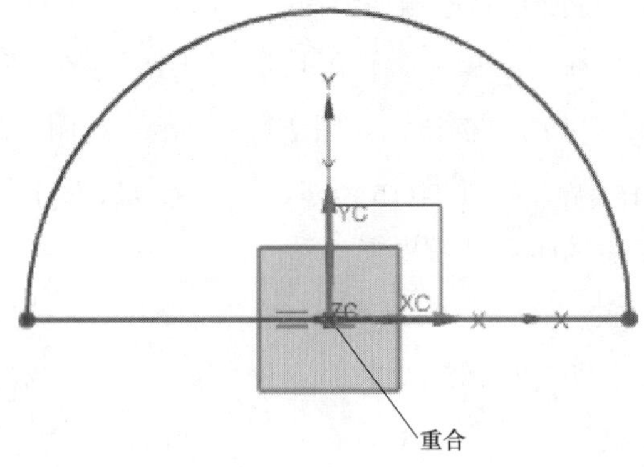

图 7-117

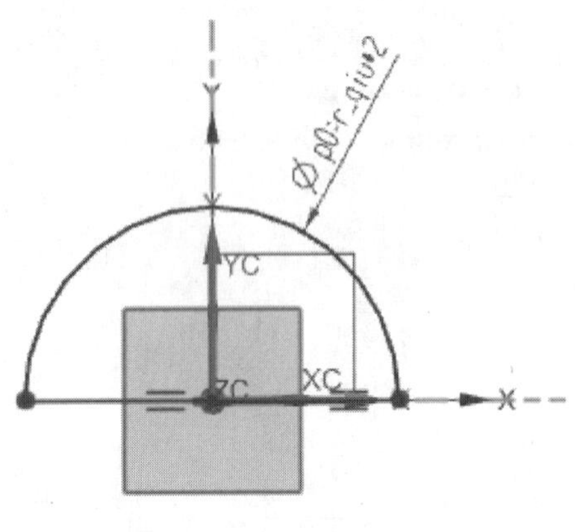

图 7-118

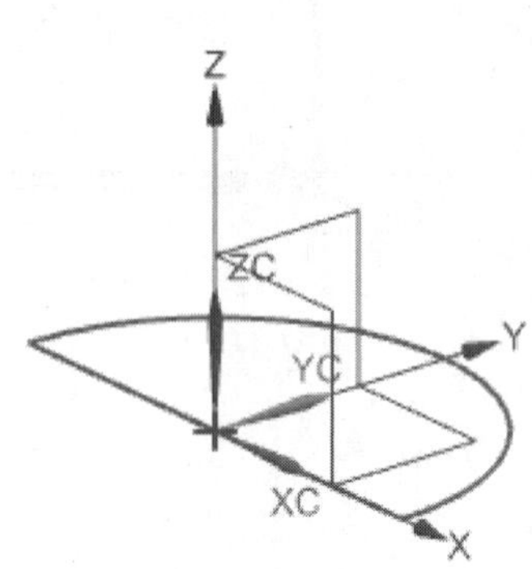

图 7-119

8. 创建旋转体特征

选择菜单中的【插入】/【设计特征】/【 旋转(R)...】命令或在【特征】工具条中单击 （旋转）按钮，出现【旋转】对话框，如图 7-120 所示。在主界面曲线规则列表框中选择相连曲线选项，在图形中选择图 7-121 所示截面线作为旋转对象。

在【旋转】对话框的【指定矢量】列表框中选择 （自动判断的矢量）选项，然后在图形中选择图 7-121 所示的 X 轴作为旋转轴，在开始【角度】文本框和结束【角度】文本框中输入【0】【360】，在【布尔】列表框中选择 无选项，如图 7-120 所示，单击 确定 按钮，完成旋转体特征的创建，结果如图 7-122 所示。

9. 将辅助曲线移至 255 工作层

选择菜单中的【格式】/【移动至图层】命令或在【实用工具】工具条中单击 （移动至图层）按钮，选择辅助曲线，将其移动至 255 工作层，并关闭 61 工作层（步骤略）。图形更新为图 7-123 所示样式。

10. 存盘（步骤略）

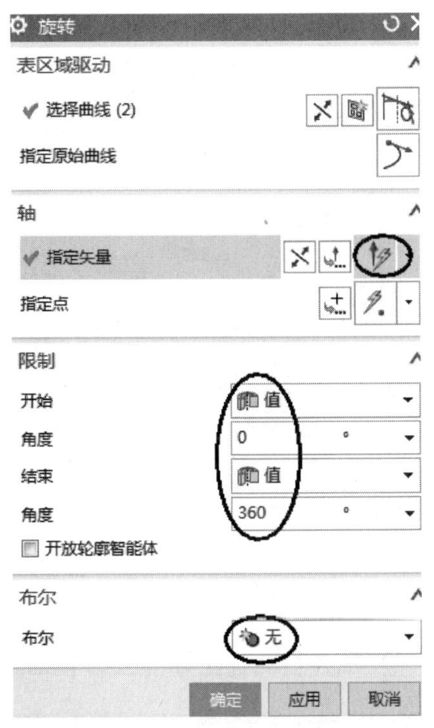

图 7-120

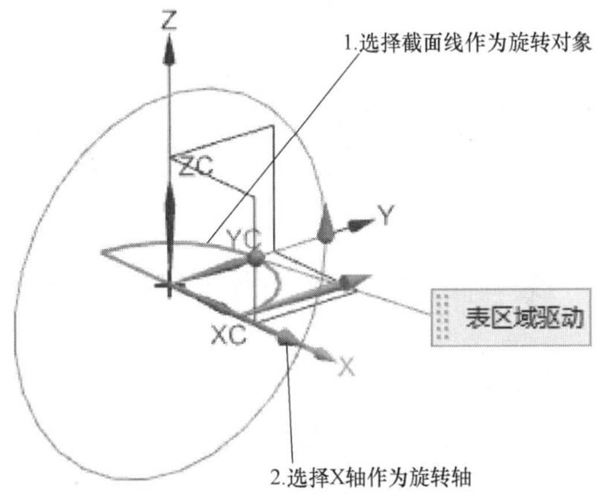

图 7-121

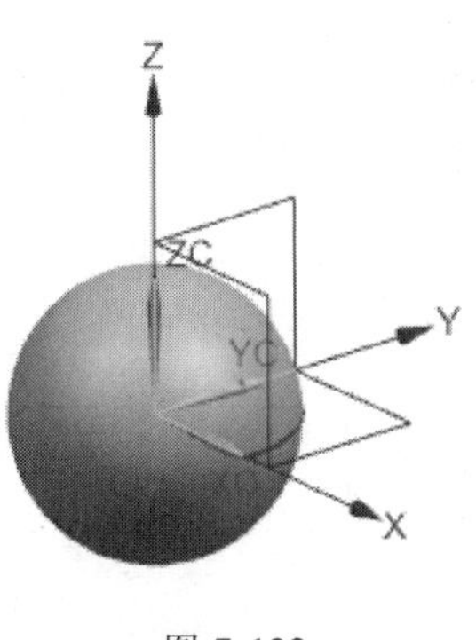

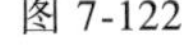
图 7-122

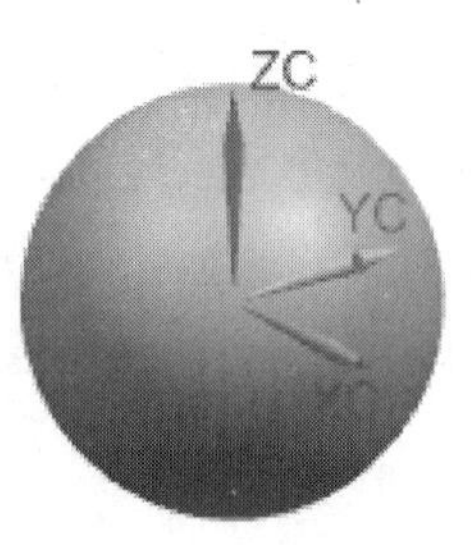

图 7-123

7.11　创建带保持架的深沟球滚动轴承销

首先按照本章 7.10 节的方法，创建轴承销 zc_x 零件截面线并标注尺寸，如图 7-124 所示。

然后按照本章 7.9 节的方法拉伸轴承销截面，完成创建轴承销零件，如图 7-125 所示。

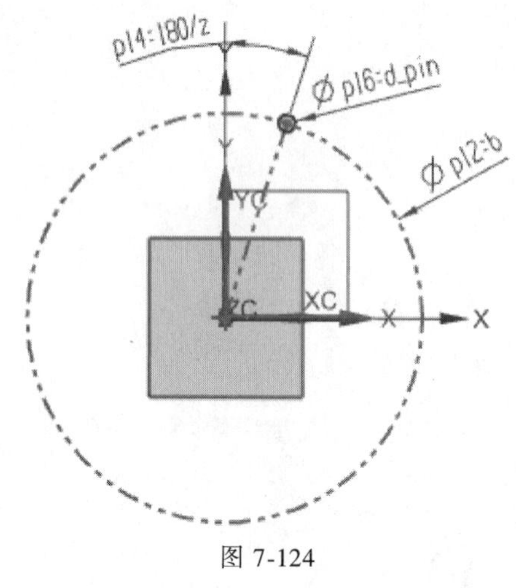

图 7-124

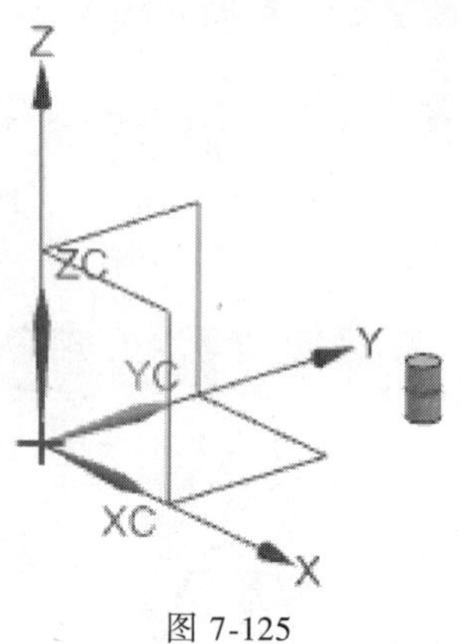

图 7-125

7.12 装配带保持架的深沟球轴承

1. 打开文件

选择菜单中的【文件】/【打开】命令或单击（打开）文件按钮，出现【打开】部件对话框，在文件列表中选择【zc_assy】文件，单击 OK 按钮，打开轴承装配文件。

2. 删除 5 个部件（步骤略）

3. 添加组件

调入轴承装配模型所需的各个组件，选择菜单中的【装配】/【组件】/【添加组件(A)...】命令或在【装配】工具条中单击（添加组件）按钮，出现【添加组件】对话框，如图 7-126 所示，在对话框中单击（打开）按钮，出现选择【部件名】对话框，选择蜗轮【zc_w. prt】文件，如图 7-127 所示，单击 OK 按钮。

4. 定位组件

系统返回【添加组件】对话框，如图 7-128 所示，在【装配位置】列表框中选择绝对坐标系 - 工作部件选项，在对话框的【引用集】列表框中选择模型 ("MODEL") 选项，单击确定按钮，这样就添加了第一个组件，如图 7-129 所示。

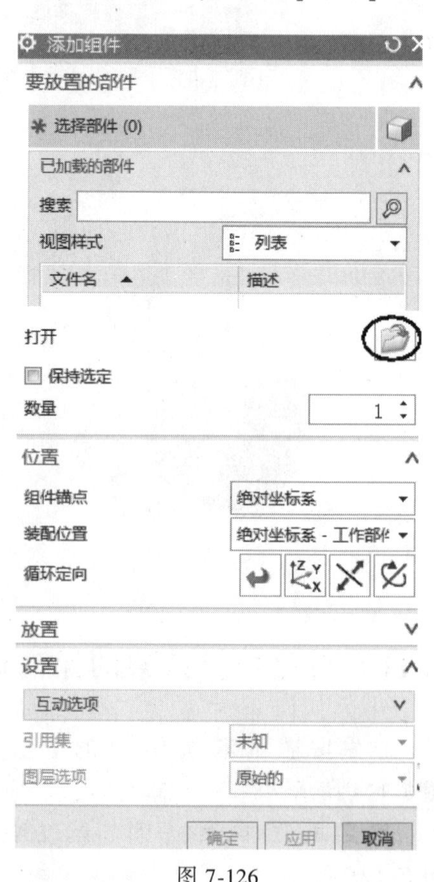

图 7-126

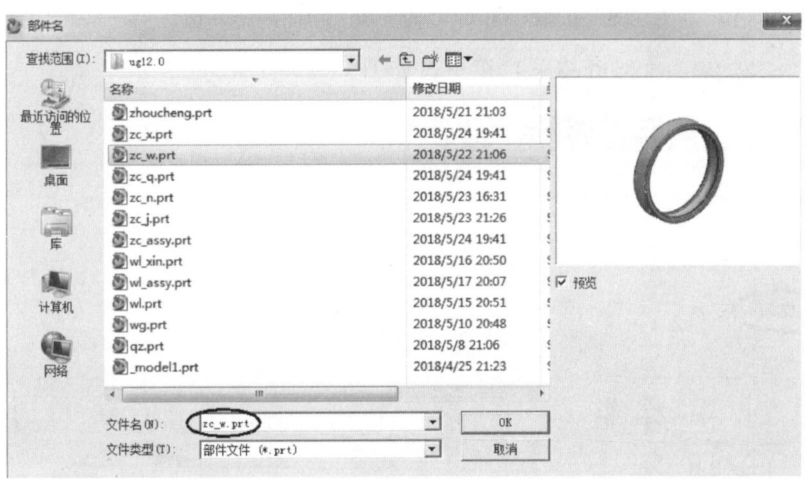

图 7-127

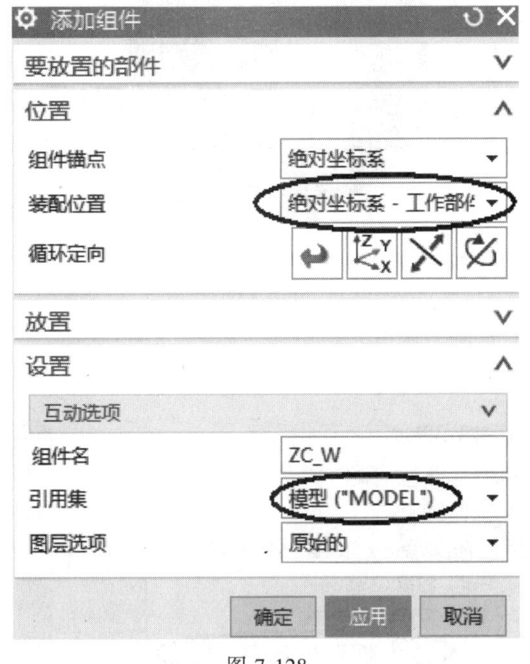

图 7-128

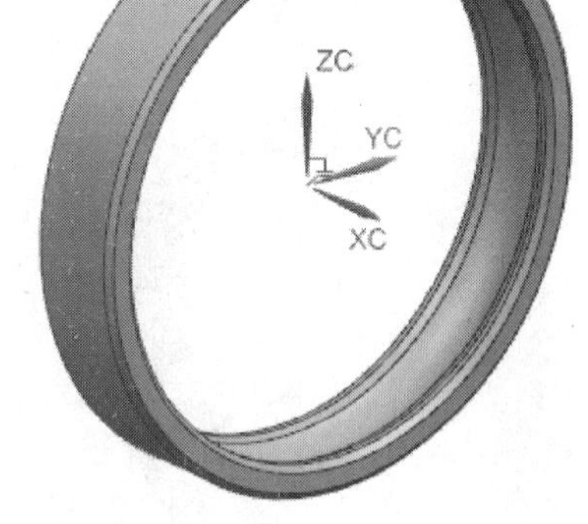

图 7-129

5. 装配轴承内圈零件（zc_n. prt）

按照同样的方法添加轴承内圈【zc_n. prt】零件，然后再进行定位，系统出现【添加组件】对话框，如图 7-130 所示，在【装配位置】列表框中选择 绝对坐标系 - 工作部件 选项，在对话框的【引用集】列表框中选择 模型 ("MODEL") 选项，在【设置】选项区域选中 启用预览窗口复选框。在【放置】选项区域选中 约束单选按钮，在【约束类型】选项区域中单击（接触对齐）按钮，在【方位】列表框中选择 对齐（对齐）选项，如图 7-130 所示。在组件预览窗口将模型旋转至适当位置，选择图 7-131 所示的部件平面，在主窗口选择图 7-132 所示的实体平面，创建接触约束，此时在【资源条】工具栏中单击（装配导航器）按钮，出现【装配导航器】信息窗，在 约束 栏出现 对齐 (ZC_N, ZC_W)（对齐约束）选项，如图 7-133 所示。

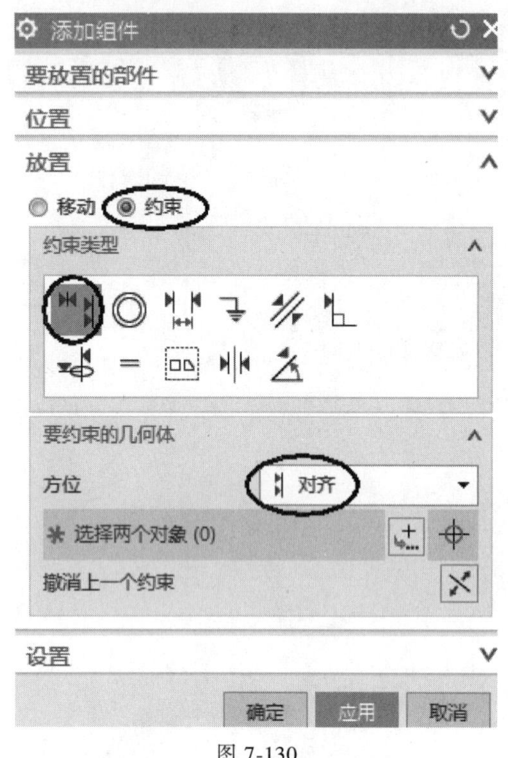

图 7-130

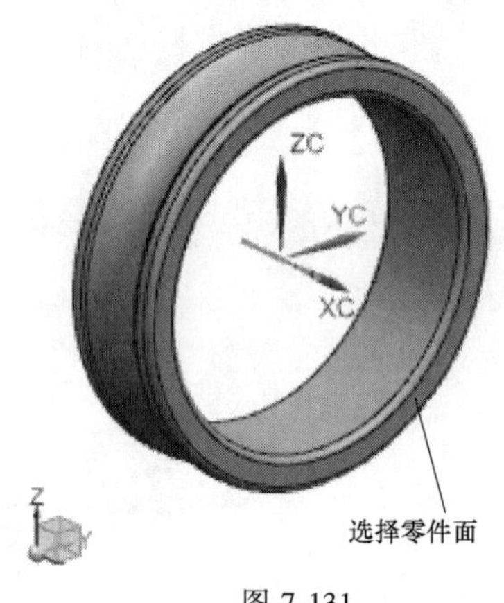

图 7-131

图 7-132

图 7-133

在【添加组件】对话框的【约束类型】选项区域中单击（接触对齐）按钮，在【方位】列表框中选择 自动判断中心/轴 选项，如图 7-134 所示，在预览窗口将模型旋转至适当位置，选择图 7-135 所示的零件中心线，在主窗口选择图 7-136 所示的零件中心线，系统完成中心对齐约束。此时在【资源条】工具栏中单击（装配导航器）按钮，出现【装配导航器】信息窗，在 约束 栏出现 对齐 (ZC_N, ZC_W)（中心对齐约束）选

项，然后单击 确定 按钮，完成装配轴承内圈零件（zc_n. prt），结果如图 7-137 所示。

需要注意的是，假如一个圆柱体在被选中的时候没有出现需要的中心线，请将鼠标先移动到目标圆柱的端面圆上，中心线即可出现。

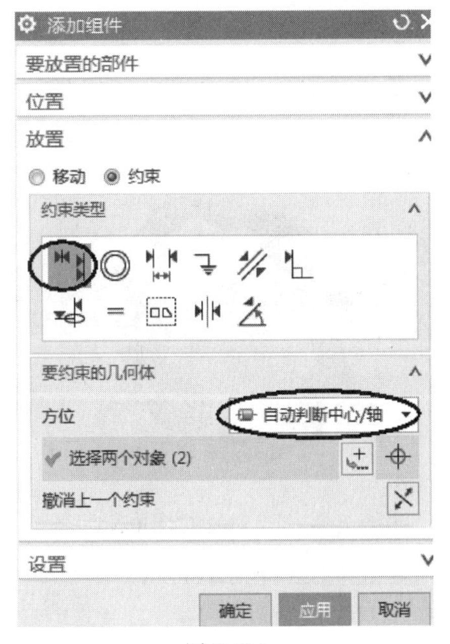

图 7-134

图 7-135

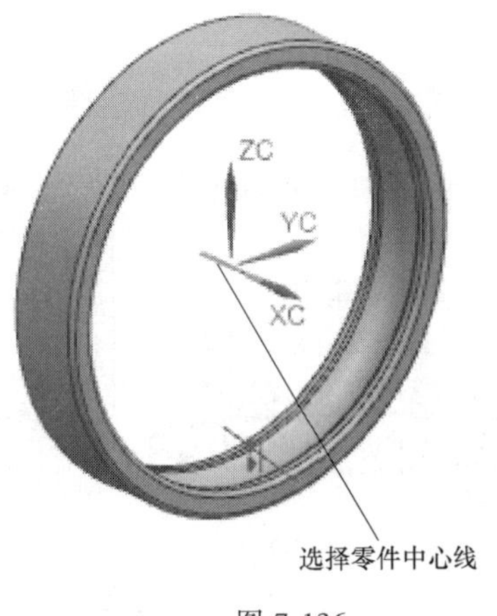

图 7-136

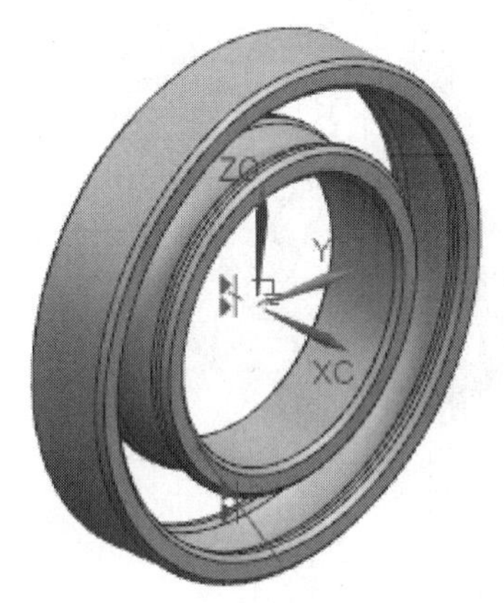

图 7-137

6. 装配轴承保持架零件（zc_j. prt）

按照同样的方法添加轴承保持架零件【zc_j. prt】，然后再进行定位，系统出现【添加组件】对话框，在【放置】选项区域选中 约束单选按钮，在【约束类型】选项区域单击（接触对齐）按钮，在【方位】列表框中选择 自动判断中心/轴 选项，如图 7-138 所示，然后在组件预览窗口将模型旋转至适当位置，选择图 7-139 所示的零件中心线，在主窗口选择图 7-140 所示的零件中心线，完成对齐约束，此时在【资源条】工具栏中单击（装配导航器）按钮，出现【装配导航器】信息窗，在 约束 栏出现

对齐 (ZC_J, ZC_N)（中心对齐约束）选项，如图 7-141 所示。

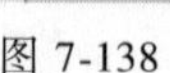

图 7-138

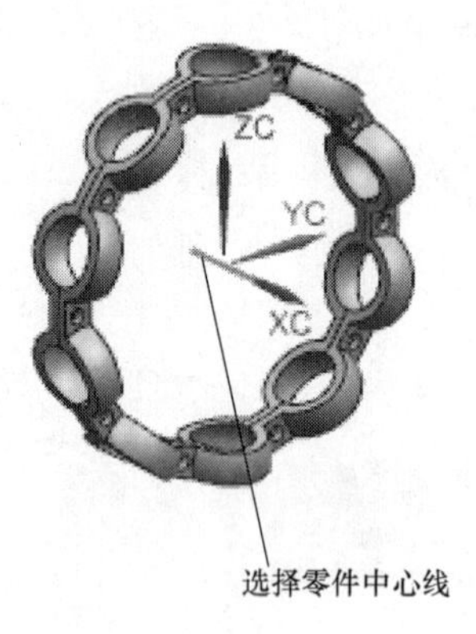

图 7-139

图 7-140

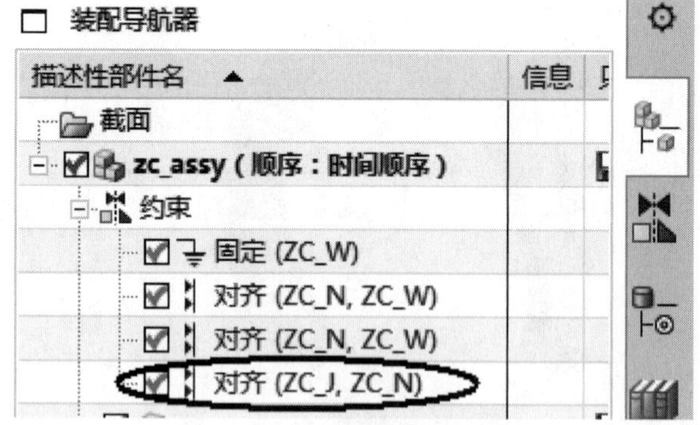

图 7-141

在【放置】选项区域选中 约束单选按钮，在【约束类型】选项区域中单击（中心）按钮，在【子类型】列表框中选择 2 对 2 选项，如图 7-142 所示。在组件预览窗口依次选择图 7-143 和图 7-144 所示零件面。

在主窗口依次选择图 7-145 和图 7-146 所示零件面，系统完成中心约束，在【装配导航器】信息窗中 约束 栏出现 中心 (ZC J, ZC W)（中心约束）选项，如图 7-147 所示。

在【添加组件】对话框中单击 确定 按钮，完成装配轴承保持架零件（zc_j. prt），如图 7-148 所示。

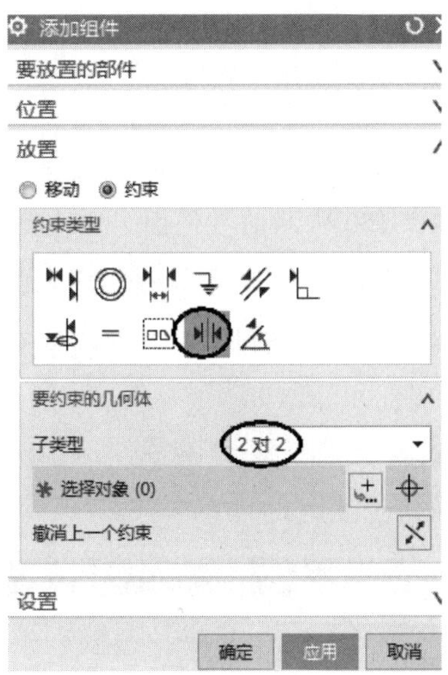

图 7-142

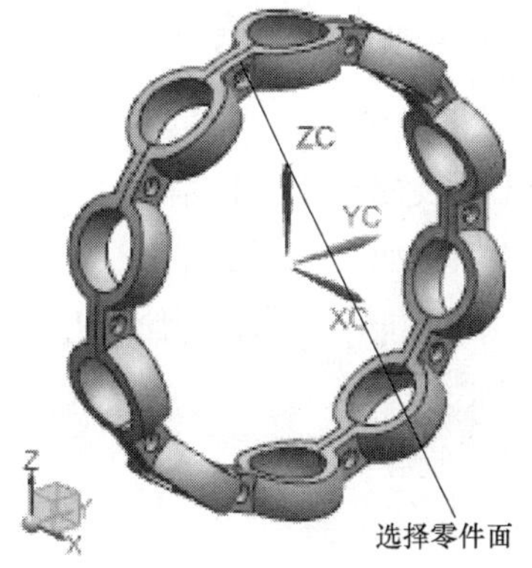

图 7-143

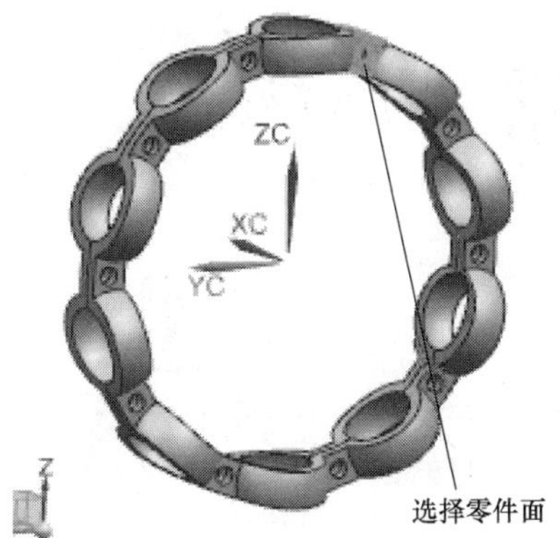

图 7-144

图 7-145

图 7-146

图 7-147

7. 装配轴承滚动体零件（zc_q. prt）

按照同样的方法添加轴承滚动体零件【zc_q. prt】，然后再进行定位，系统出现【添加组件】对话框，在【放置】选项区域选中◉ 约束单选按钮，在【约束类型】选项区域单击 (接触对齐）按钮，在【方位】列表框中选择 自动判断中心/轴 选项，如图 7-149 所示。在组件预览窗口将模型旋转至适当位置，选择图 7-150 所示的零件面，在主窗口选择图 7-151 所示的零件面，完成对齐约束，此时在【资源条】工具栏中单击 （装配导航器）按钮，出现【装配导航器】信息窗，在 约束 栏出现 对齐 (ZC_X, ZC_J)（中心对齐约束）选项，如图 7-152 所示。

在【装配约束】对话框中单击 确定 按钮，完成装配轴承滚动体零件 zc_q. prt，如图 7-153 所示。

图 7-148

图 7-149

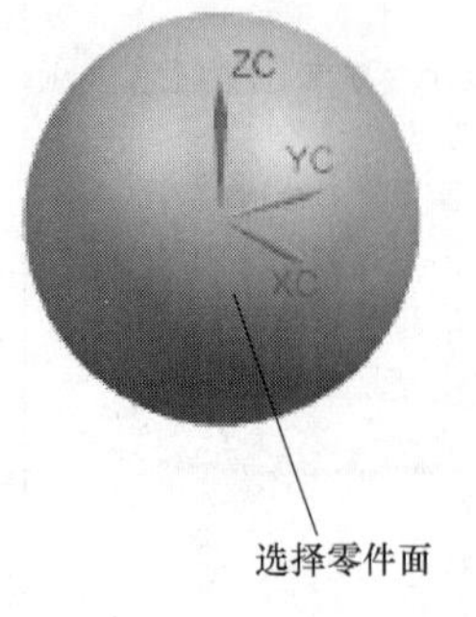

图 7-150

图 7-151

图 7-152

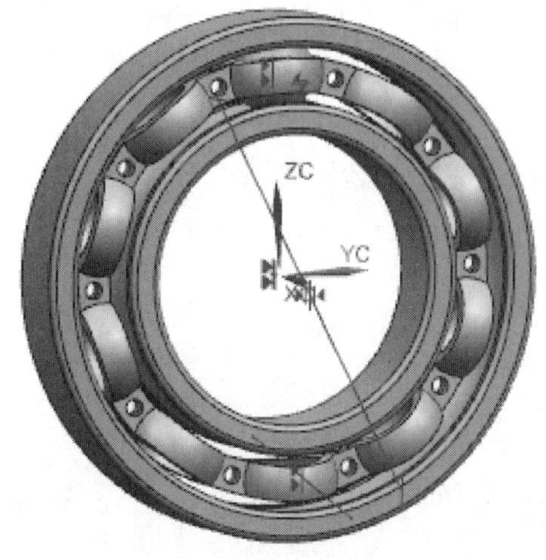

图 7-153

8. 装配轴承销子零件（zc_x. prt）

按照同样的方法添加轴承销子零件【zc_x. prt】，然后再进行定位，系统出现【添加组件】对话框，在【放置】选项区域选中 约束单选按钮，在【约束类型】选项区域单击 （接触对齐）按钮，在【方位】列表框中选择 自动判断中心/轴 选项，如图 7-154 所示。在组件预览窗口将模型旋转至适当位置，选择图 7-155 所示的零件中心线，在主窗口选择图 7-156 所示的零件中心线，完成对齐约束，此时在【资源条】工具栏中单击 （装配导航器）按钮，出现【装配导航器】信息窗，在 约束 栏出现 对齐 (ZC_X, ZC_J)（中心对齐约束）选项。

图 7-154

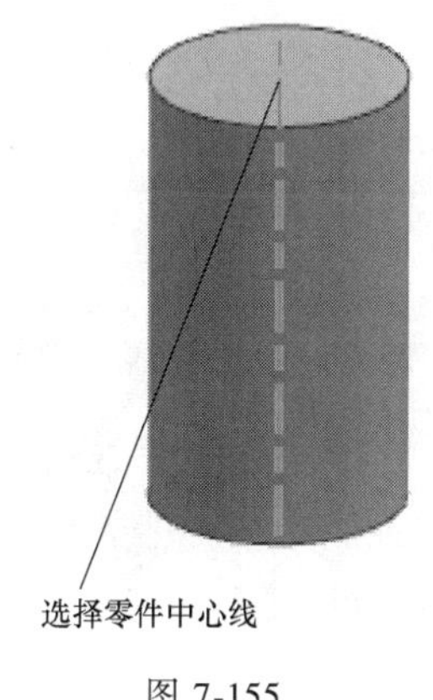

图 7-155

在【放置】选项区域选中◉约束单选按钮，在【约束类型】选项区域单击（中心）按钮，在【子类型】列表框中选择 2 对 2 选项，如图 7-157 所示。在组件预览窗口依次选择图 7-158 和图 7-159 所示零件面。

在主窗口依次选择图 7-160 和图 7-161 所示零件面，系统完成中心约束，在【装配导航器】信息窗中 约束 栏出现 ☑ 中心 (ZC J, ZC W)（中心约束）选项。

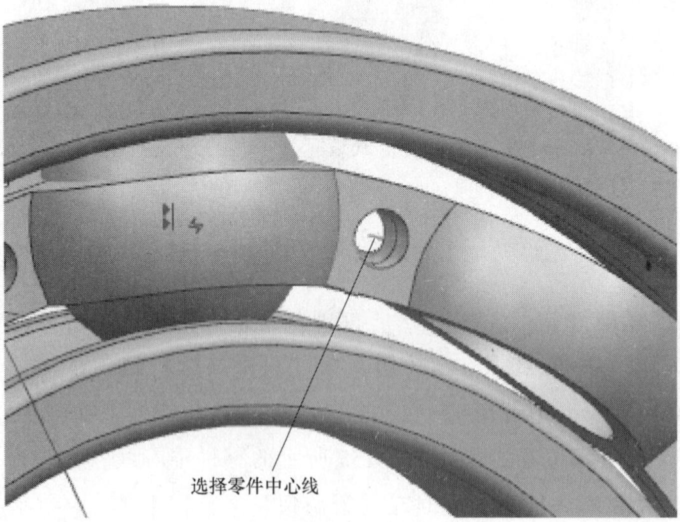

选择零件中心线

图 7-156

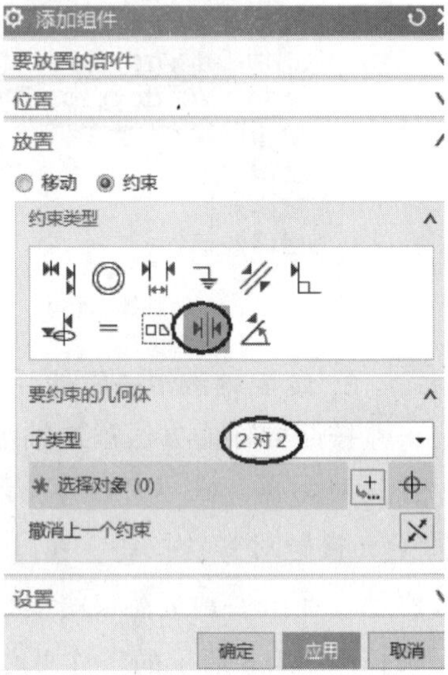

添加组件
要放置的部件
位置
放置
移动 约束
约束类型
要约束的几何体
子类型 2 对 2
选择对象 (0)
撤消上一个约束
设置
确定 应用 取消

图 7-157

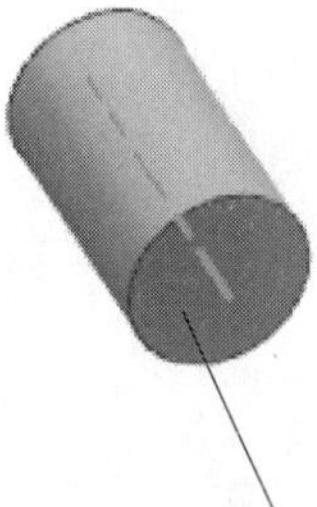

选择零件面

图 7-158

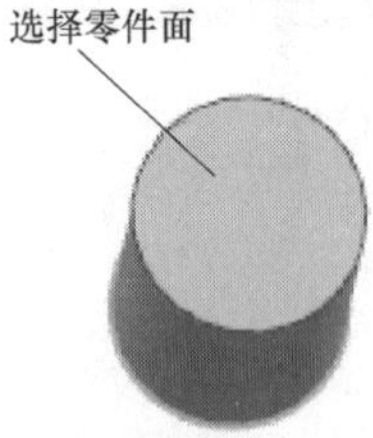

选择零件面

图 7-159

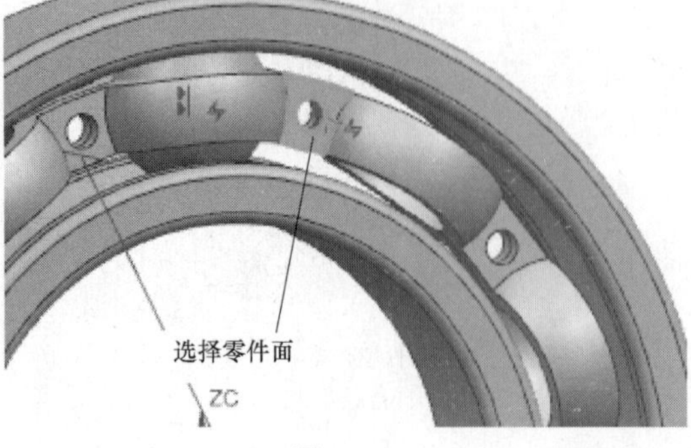

选择零件面

ZC

图 7-160

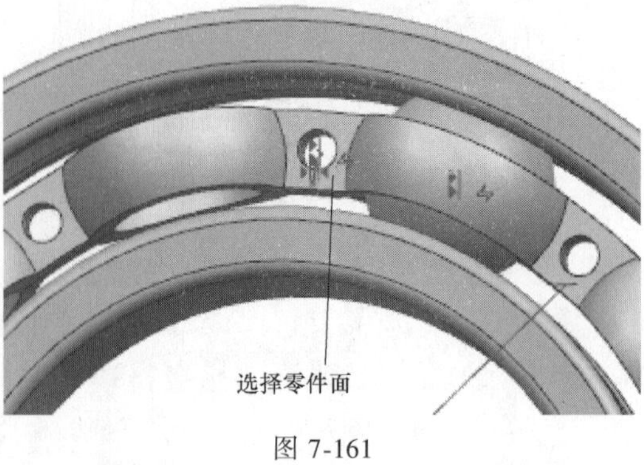

选择零件面

图 7-161

在【装配约束】对话框中单击 确定 按钮，完成装配轴承销子零件（zc_x. prt），如图7-162所示。

9. 创建轴承滚动体零件（zc_q. prt）**、轴承销子零件**（zc_x. prt）**圆形阵列**

选择菜单中的【装配】/【组件】/【 阵列组件(P)...】命令或在【装配】工具条中单击 （阵列组件）按钮，出现【阵列组件】对话框，如图7-163所示，在图形中依次选择图7-164所示的轴承滚动体零件、轴承销子零件，在【布局】列表框中选择 圆形 选项，在【指定矢量】列表框中选择 XC 选项，在【指定点】列表框中选择 （圆弧中心/椭圆中心/球心）选项，在图形中选择图7-164所示的实体圆弧边，在【间距】列表框中选择 数量和间隔 选项，在【数量】【节距角】文本框中分别输入【z】【360/z】，单击 确定 按钮，完成创建组件轴承滚动体零件（zc_q. prt）、轴承销子零件（zc_x. prt）圆形阵列，结果如图7-165所示。

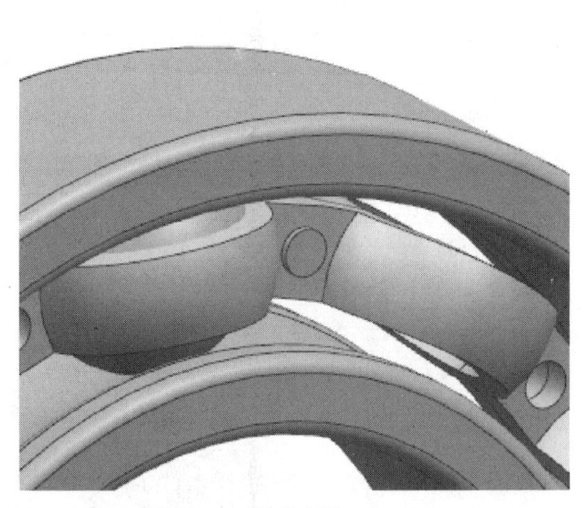

图 7-162

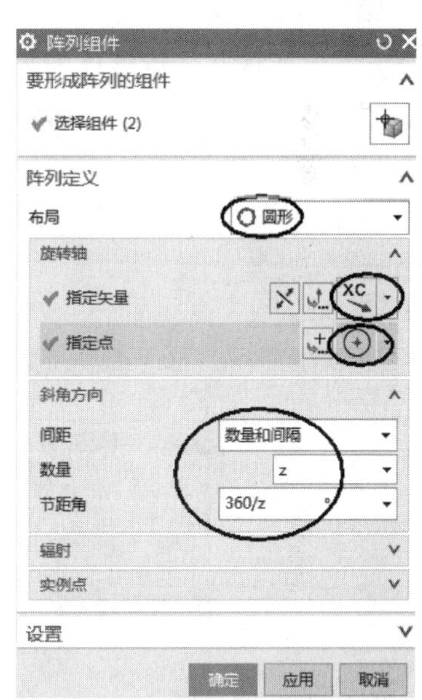

图 7-163

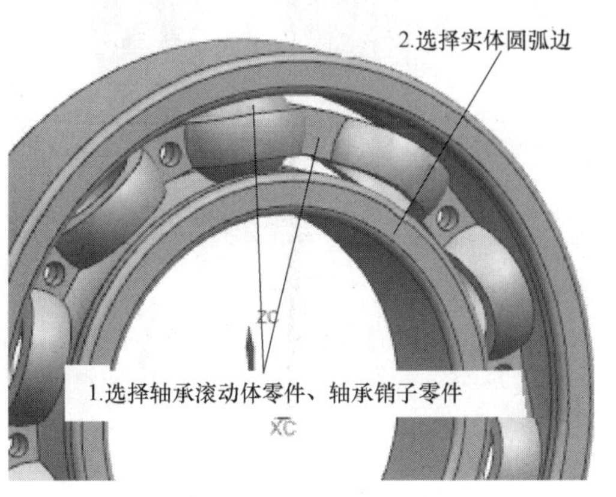

图 7-164

图 7-165

7.13 深沟球轴承 3D 打印切片流程

1. 输出模型

将 UG 软件中的深沟球滚动轴承 . prt 格式的模型输出为. stl 格式。

1）选择菜单中的【文件】/【导出】/【STL】命令，如图 7-166 所示。

2）系统出现【STL 导出】对话框，如图 7-167 所示，指定导出文件夹及文件名，在图形中选择要导出的模型，其他采用系统默认参数，单击【确定】按钮，完成输出. stl 格式文件。

2. 导入模型

打开 Cura 软件，单击（导入模型）按钮，如图 7-168 所示，选择【fgj-wc. stl】文件导入 Cura 软件，如图 7-169 所示。

3. 缩放模型

由于模型比较大，超过打印机平台行程，需要对模型进行缩小，双击模型，然后单击（缩放模型）按钮，在出现的对话框中单击（模型最大化）按钮，使模型符合打印机平台行程。如图 7-170 所示界面，左边为参数设置界面，右边为模型视图界面，视图界面显示模型打印方向、对应的模型打印时间、耗材数量以及成品重量，其数值随着切片参数和打印方向的改变而改变。

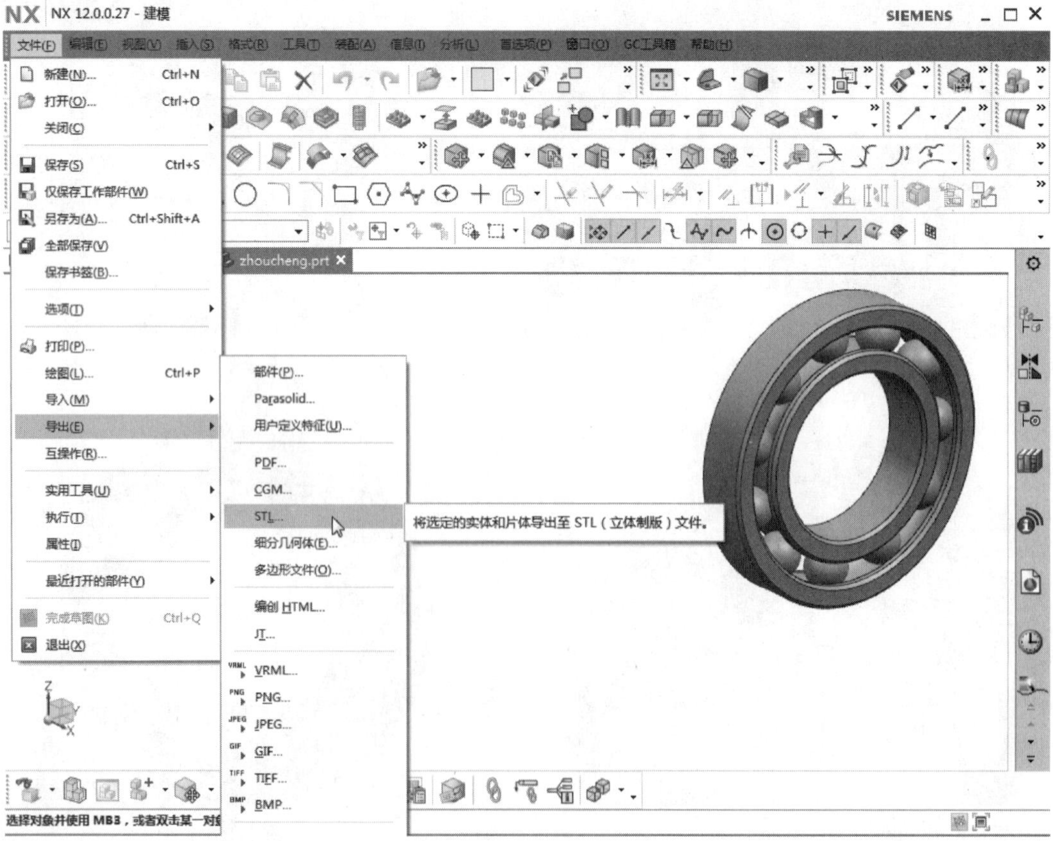

图 7-166

4. 旋转模型

由于模型导入后是立式摆放，需要把模型横向放置，在出现的对话框中单击（旋转模型）按钮，单击并拖动圆弧，使其旋转90°，如图7-171所示，优化打印原则。

图 7-167

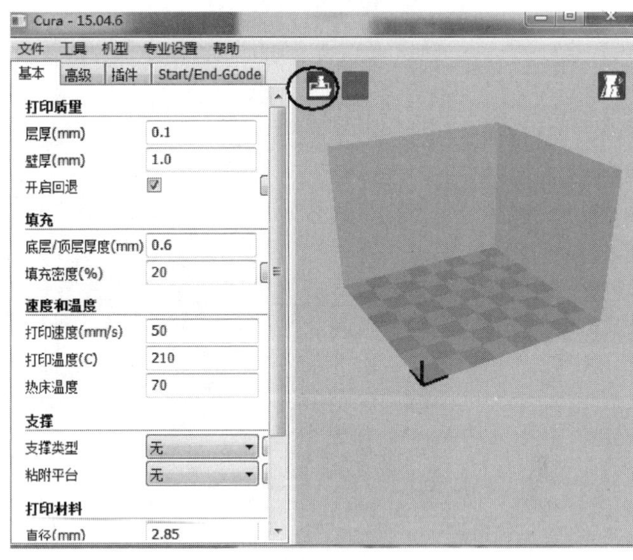

图 7-168

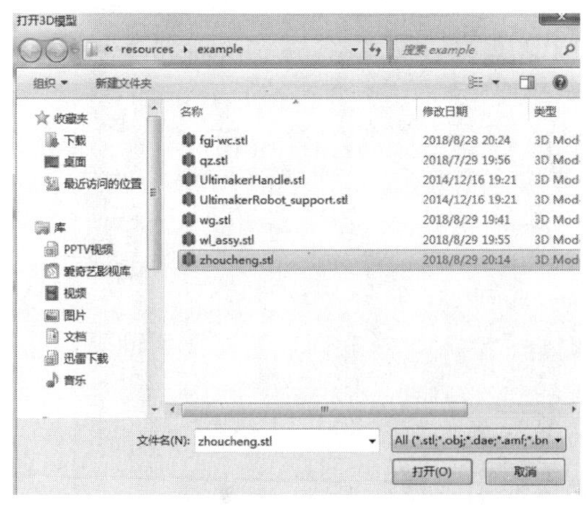

图 7-169

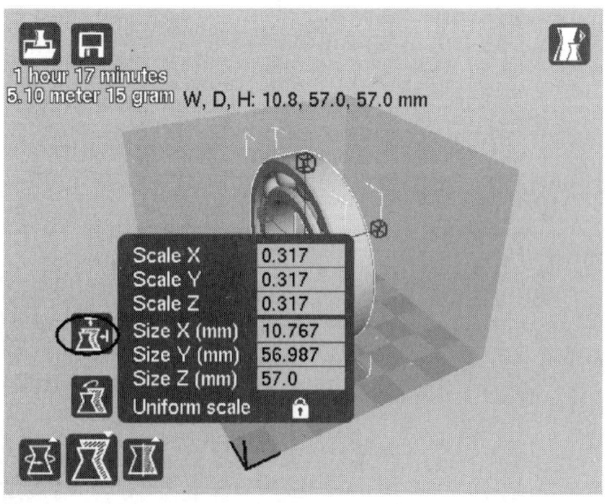

图 7-170

5. 施加必要支撑

深沟球滚动轴承的打印避免不了支撑的添加，运用的是PLA材料FDM工艺成型，没有粉末材料的支撑，所以切片软件会自行生成必要的支撑。打印完成后外部支撑很容易去除，在模型视图界面单击（预览模式）按钮，在出现的按钮里单击Layers（层模式）按钮，确认切片正确，如图7-172所示。

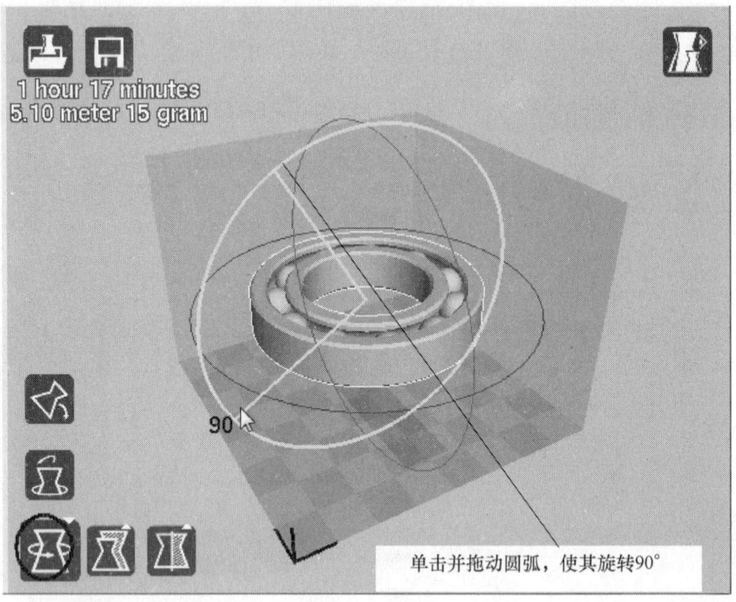
1 hour 17 minutes
5.10 meter 15 gram
90
单击并拖动圆弧，使其旋转90°

图 7-171

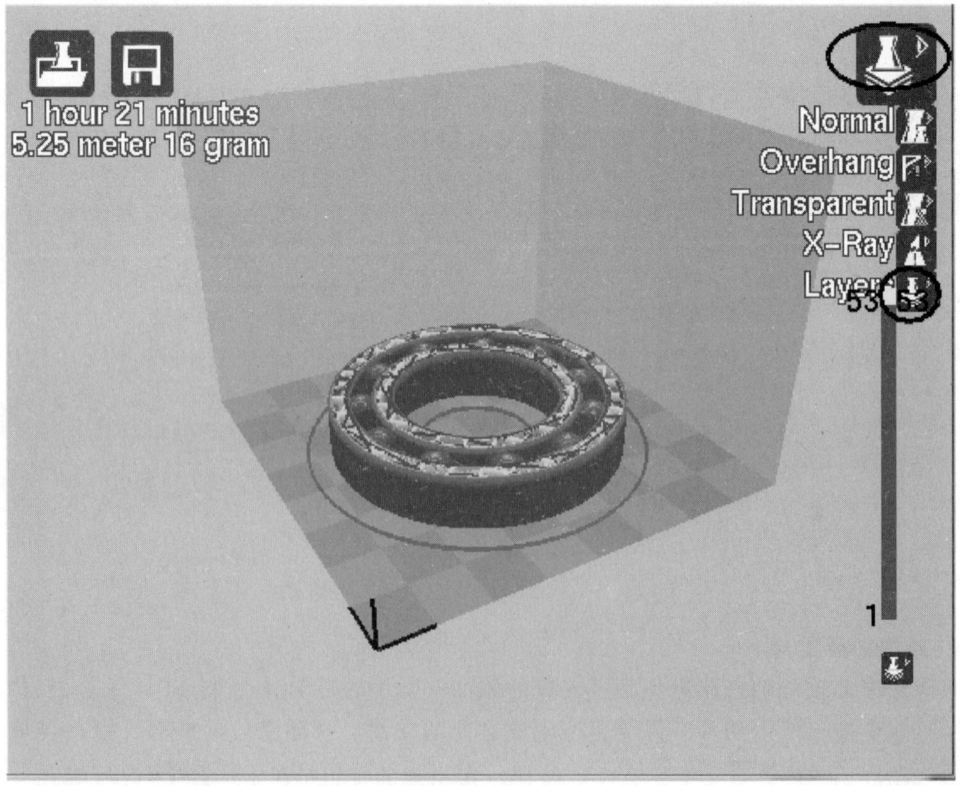
1 hour 21 minutes
5.25 meter 16 gram
Normal
Overhang
Transparent
X-Ray
Layers
53
1

图 7-172

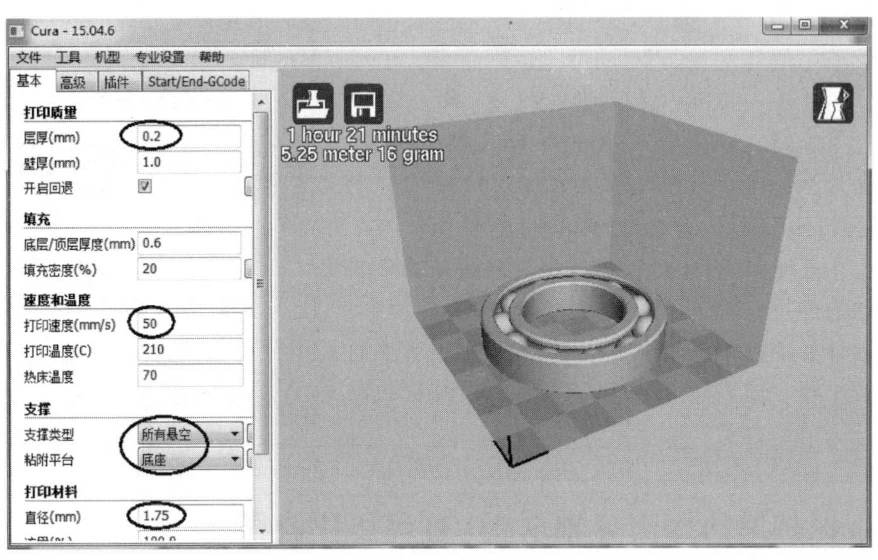

图 7-173

6. 设置切片参数

由于打印深沟球滚动轴承的模型较小，精度要求一般，所以设置打印层厚为 0.2mm。打印深沟球滚动轴承模型不投入使用，因此打印填充率为 20%（100%为打印实心），打印速度为 50mm/s。支撑类型为所有悬空，粘附平台为底座，使用材料直径为 1.75mm，流量为 100%，如图 7-173 所示，设置完成后视图界面显示预计打印时间为 81min，打印耗材为 5.25m。

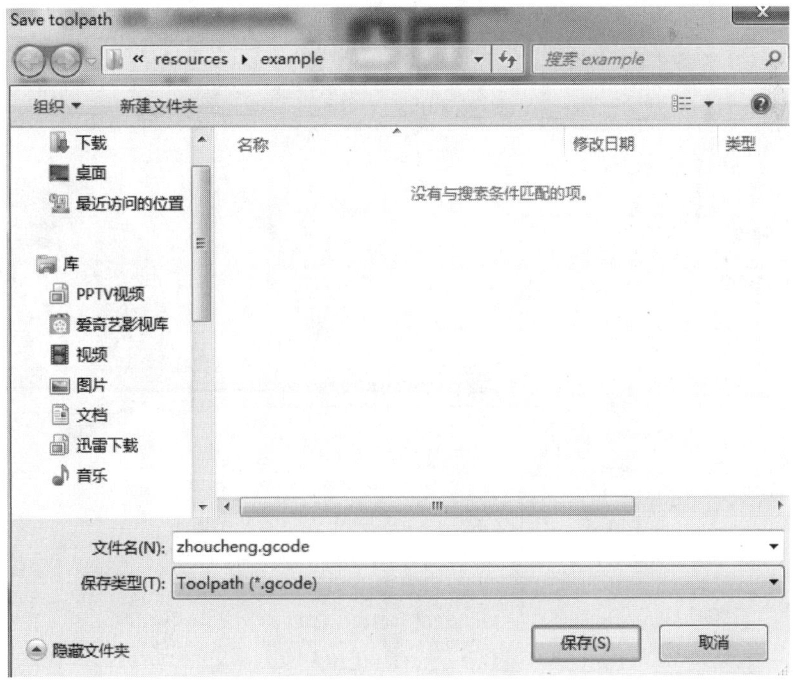

图 7-174

7. 切片并转化格式

选择菜单中的【文件】/【Save gcode】命令，出现图 7-174 所示对话框，设置文件名为【zhoucheng. gcode】，转化为 G 代码并存入打印机 SD 卡，完成切片，准备下一步打印工作。

8. 模型打印

将 SD 卡插入 3D 打印机，进行深沟球滚动轴承的打印。打印前经过打印机的调试、热床和喷头的预热，然后按照设计好的模型开始打印，期间系统自动添加支撑，运行平稳，深沟球滚动轴承打印效果如图 7-175 所示。

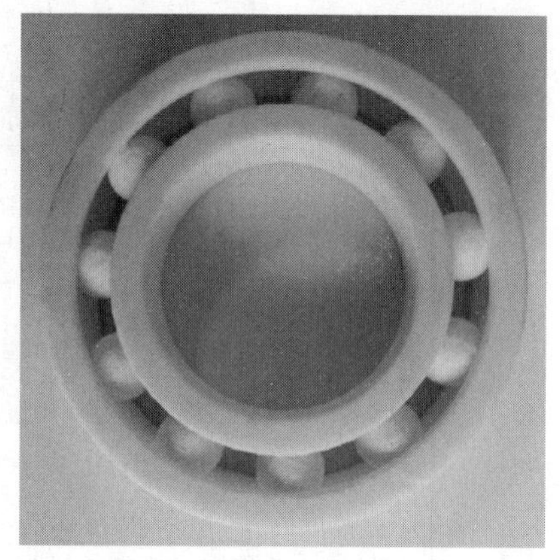

图 7-175

7.14 带保持架的深沟球轴承 3D 打印切片流程

1. 输出模型

将 UG 软件中的 . prt 格式的模型输出为. stl 格式。

1）选择菜单中的【文件】/【导出】/【STL】命令，如图 7-176 所示。

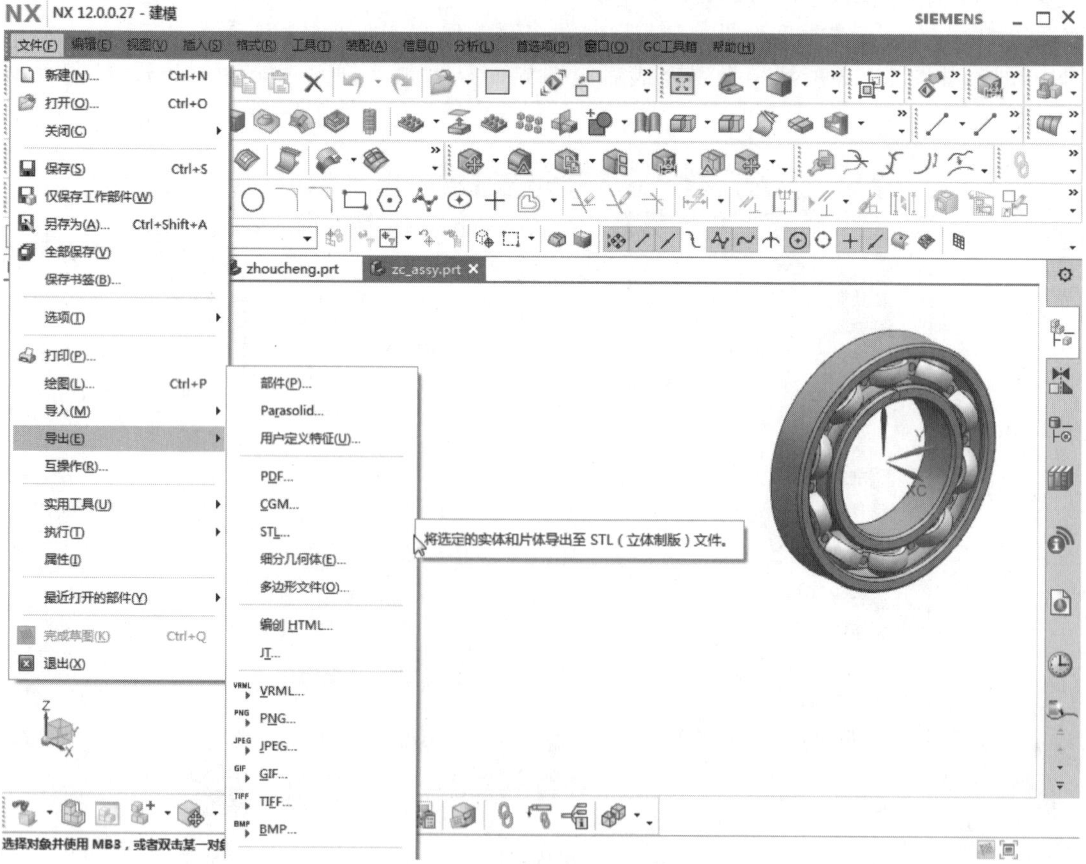

图 7-176

2）系统出现【STL 导出】对话框，如图 7-177 所示，指定导出文件夹及文件名，在图形中选择要导出的模型，其他采用系统默认参数，单击【确定】按钮，完成输出. stl 格式文件。

2. 导入模型

打开 Cura 软件，单击（导入模型）按钮，如图 7-178 所示，选择【fgj-wc. stl】文件导入 Cura 软件，如图 7-179 所示。

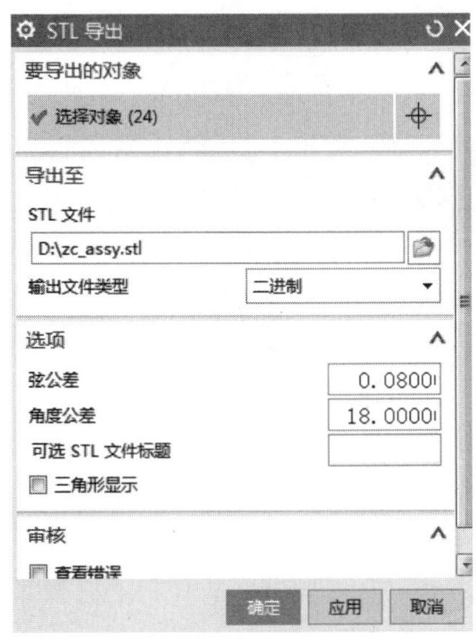

图 7-177

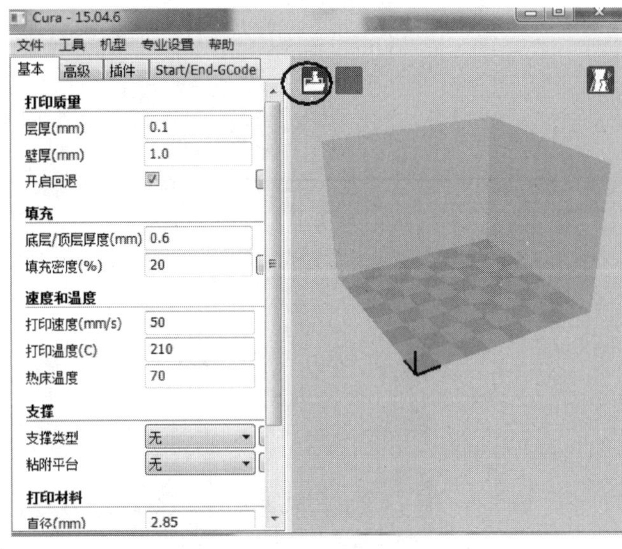

图 7-178

3. 缩放模型

由于模型比较大，超过打印机平台行程，需要对模型进行缩小，双击模型，然后单击（缩放模型）按钮，在出现的对话框中单击（模型最大化）按钮，使模型符合打印机平台行程。如图 7-180 所示界面，左边为参数设置界面，右边为模型视图界面，视图界面显示

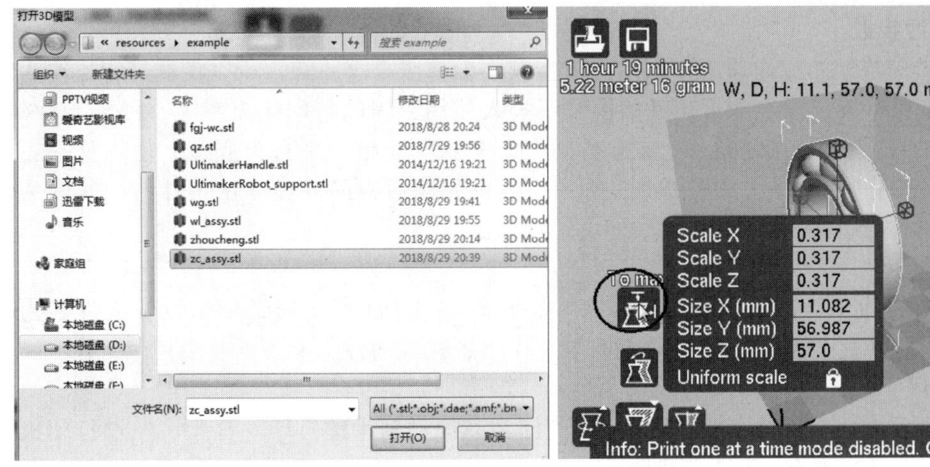

图 7-179　　　　图 7-180

模型打印方向、对应的模型打印时间、耗材数量以及成品重量，其数值随着切片参数和打印方向的改变而改变。

4. 旋转模型

由于模型导入后是立式摆放，需要把模型横向放置，在出现的对话框中单击（旋转模型）按钮，单击并拖动圆弧，使其旋转 90°，如图 7-181 所示，优化打印原则。

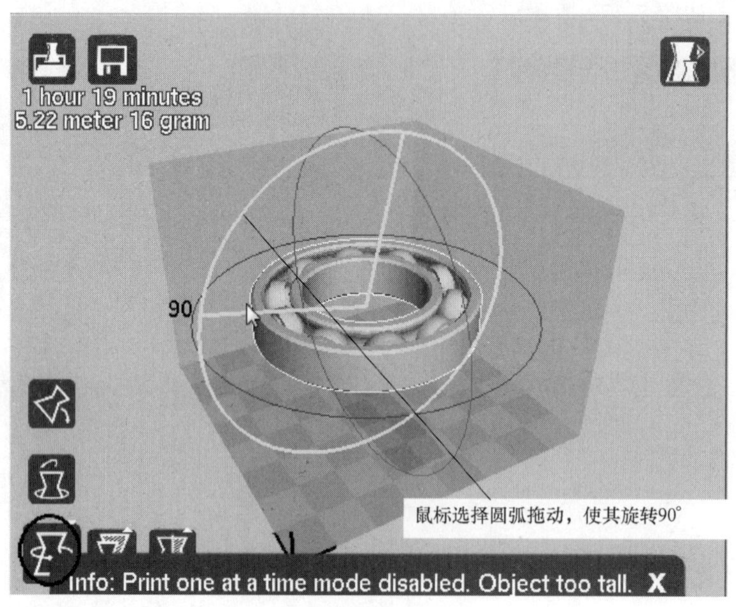

图 7-181

5. 施加必要支撑

带保持架的深沟球滚动轴承的打印避免不了支撑的添加，运用的是 PLA 材料 FDM 工艺成型，没有粉末材料的支撑，所以切片软件会自行生成必要的支撑。打印完成后外部支撑很容易去除，在模型视图界面单击（预览模式）按钮，在出现的按钮里单击 Layers（层模式）按钮，确认切片正确，如图 7-182 所示。

6. 设置切片参数

由于打印带保持架的深沟球滚动轴承的模型较小，精度要求一般，所以设置打印层厚为 0.2mm。打印带保持架的深沟球滚动轴承模型不投入使用，因此打印填充率为 20%（100% 为打印实心），打印速度为 50mm/s。支撑类型为所有悬空，粘附平台为底座，使用材料直径为 1.75mm，流量为 100%，如图 7-183 所示，设置完成后视图界面显示预计打印时间为 83min，打印耗材为 5.54m。

7. 切片并转化格式

选择菜单中的【文件】/【Save gcode】命令，出现图 7-184 所示对话框，设置文件名为【zc_assy.gcode】，转化为 G 代码并存入打印机 SD 卡，完成切片，准备下一步打印工作。

8. 模型打印

将 SD 卡插入 3D 打印机，进行带保持架的深沟球滚动轴承的打印。打印前经过打印机的调试、热床和喷头的预热，然后按照设计好的模型开始打印，期间系统自动添加支撑，运行平稳，带保持架的深沟球滚动轴承打印效果，如图 7-185 所示。

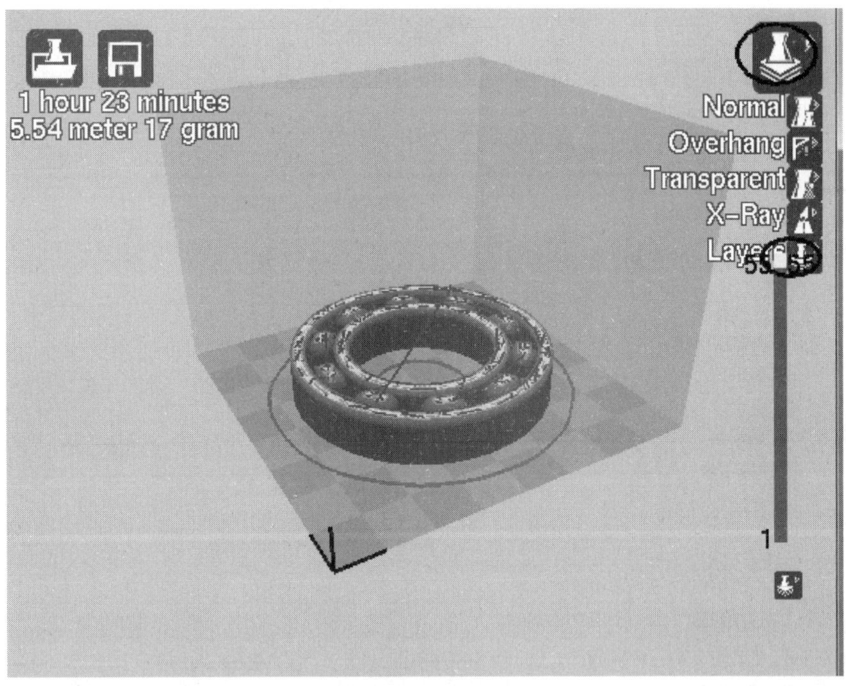
1 hour 23 minutes
5.54 meter 17 gram
Normal
Overhang
Transparent
X-Ray
Layers
1

图 7-182

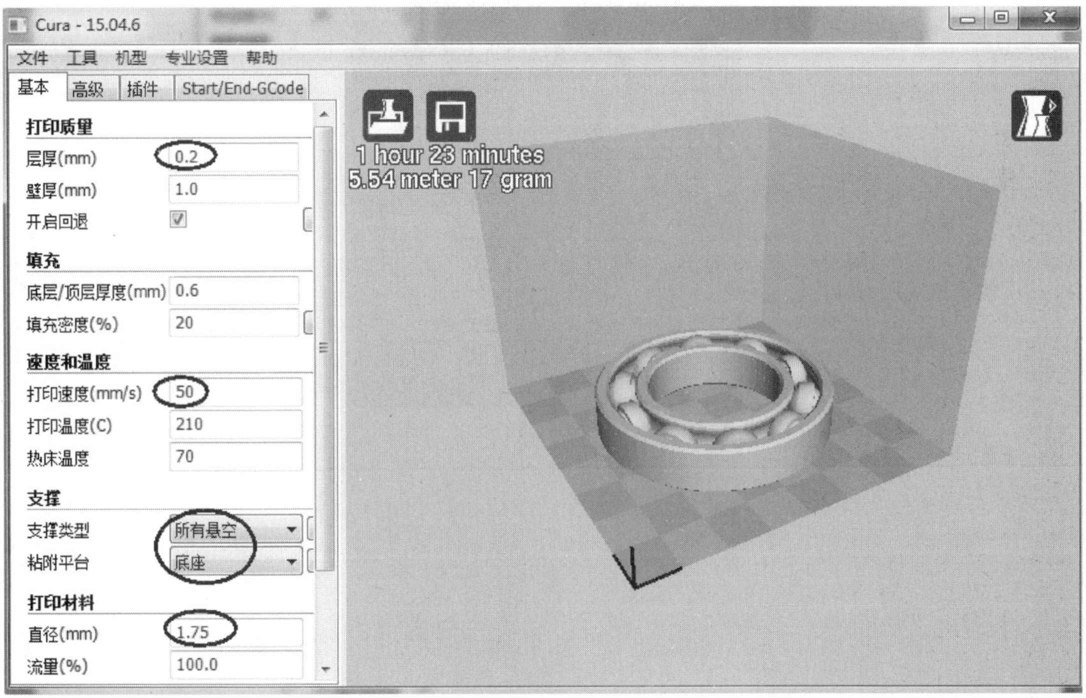
Cura - 15.04.6
文件 工具 机型 专业设置 帮助
基本 高级 插件 Start/End-GCode
打印质量
层厚(mm) 0.2
壁厚(mm) 1.0
开启回退
填充
底层/顶层厚度(mm) 0.6
填充密度(%) 20
速度和温度
打印速度(mm/s) 50
打印温度(C) 210
热床温度 70
支撑
支撑类型 所有悬空
粘附平台 底座
打印材料
直径(mm) 1.75
流量(%) 100.0
1 hour 23 minutes
5.54 meter 17 gram

图 7-183

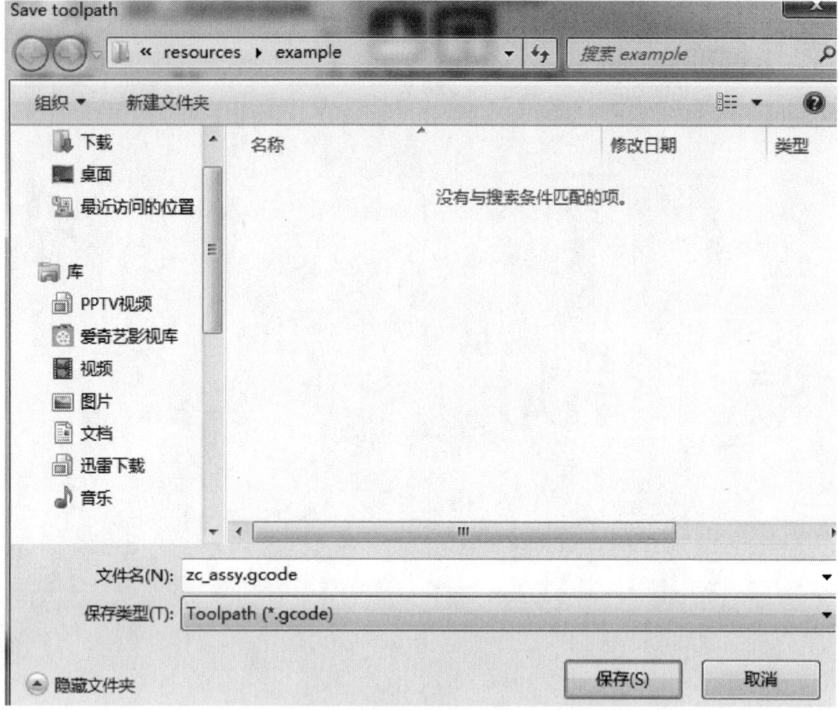
Save toolpath
« resources ▸ example
搜索 example
组织 ▾
新建文件夹
下载
桌面
最近访问的位置
库
PPTV视频
爱奇艺影视库
视频
图片
文档
迅雷下载
音乐
名称
修改日期
类型
没有与搜索条件匹配的项。
文件名(N):
zc_assy.gcode
保存类型(T):
Toolpath (*.gcode)
隐藏文件夹
保存(S)
取消

图 7-184

图 7-185

第8章

曲轴零件三维数字化设计与3D打印

【实例说明】

本章主要介绍曲轴零件三维数字化设计与 3D 打印。其构建思路为：首先分析该零件中间缸曲拐部分左右对称，可以先从右端开始，采用圆柱、旋转体特征，创建前输出法兰，接着绘制好缸曲拐外形线后，用创建拉伸特征，添加圆柱等方法创建第一、第二缸曲拐结构，然后采用镜像特征的方法创建右边第三、第四缸曲拐结构，最后通过圆柱、叠加、旋转体以及孔、键槽、螺纹特征创建后输出轴颈，图样及尺寸如图 8-1 所示。模型创建完成后进行 3D 分层切片及 3D 打印，数字模型及 3D 打印效果如图 8-2 所示。

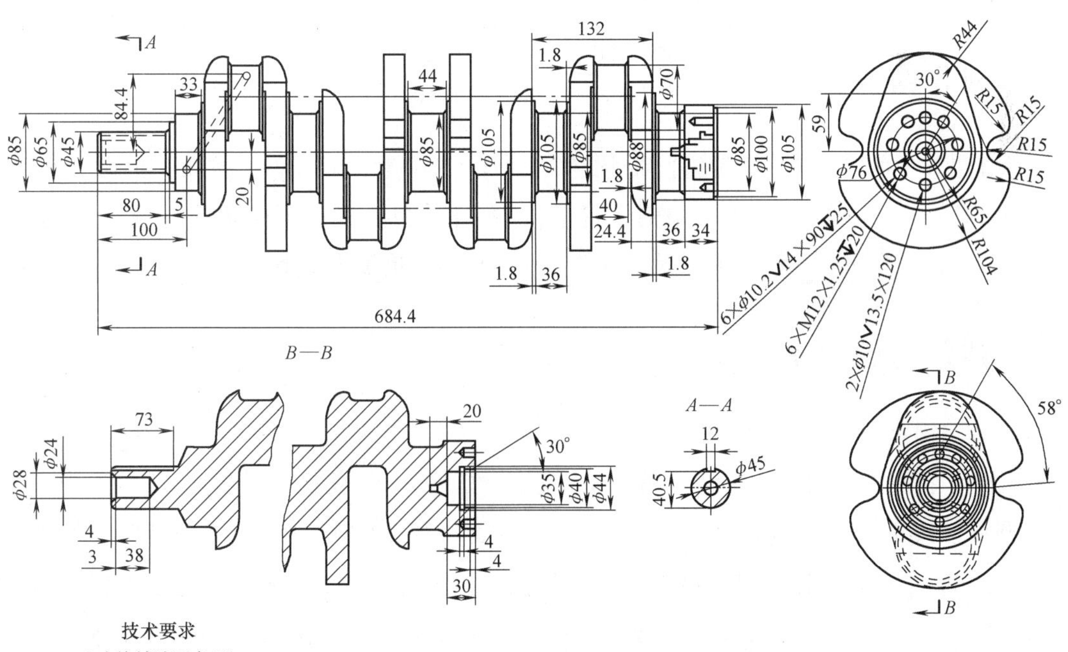

图 8-1

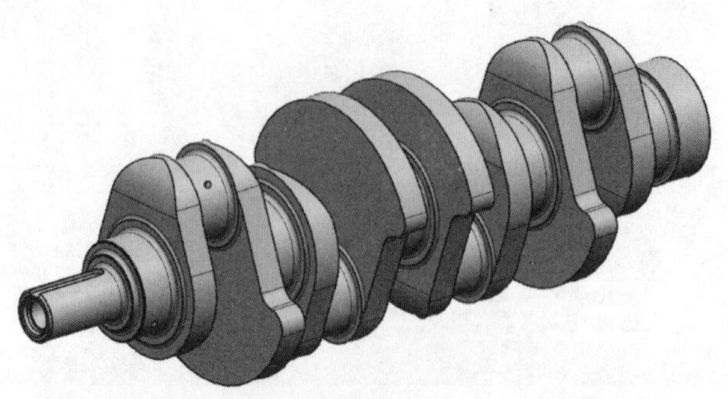

三维数字模型

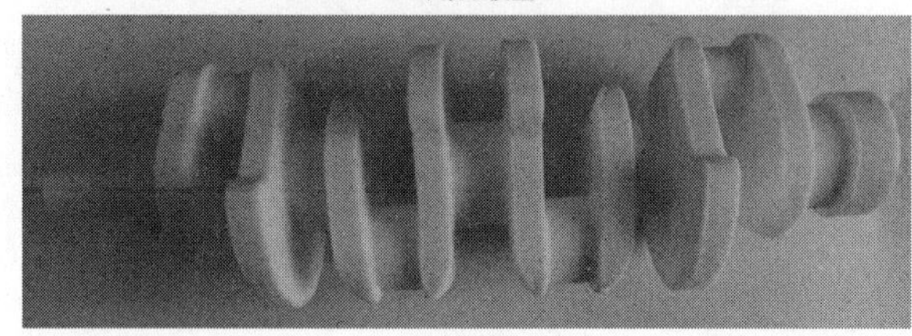

3D打印模型

图 8-2

【学习目标】

通过该实例的练习，使读者能熟练掌握草图、圆柱、孔、修剪体、键槽、螺纹及阵列几何特征等基础特征的创建方法。通过本实例可以全面掌握编辑、旋转、阵列的多种方法及综合运用各种实体成型的基本方法和技巧。

8.1 创建新文件

选择菜单中的【文件】/【新建】命令或单击 (New 建立新文件) 按钮，出现【新建】部件对话框，在【名称】文本框中输入【qz】，在【单位】列表框中选择【毫米】选项，以毫米为单位，单击 确定 按钮，建立文件名为 qz. prt，单位为毫米的文件。

8.2 创建前输出法兰盘

1. 创建圆柱特征

选择菜单中的【插入】/【设计特征】/【圆柱(C)...】命令或在【特征】工具条中单击 (圆柱) 按钮，出现【圆柱】对话框，在【类型】列表框中选择 轴、直径和高度选项，如图 8-3 所示，在【指定矢量】列表框中选择 -YC 选项，出现矢量方向，在【位置】选项区域单击 (点) 按钮，出现【点】对话框，在【XC】【YC】【ZC】文本框中分别输入【0】【0】【0】，如图 8-4 所示，单击 确定 按钮，系统返回【圆柱】对话框，在【直径】【高度】文本框中分别输入【100】【34】，然后单击 应用 按钮，完成圆柱特征的创建，结果如

图 8-5 所示。

图 8-3　　图 8-4　　图 8-5

2. 创建埋头孔特征

选择菜单中的【插入】/【设计特征】/【孔(H)...】命令或在【特征】工具条中单击（孔）按钮，出现【孔】对话框，如图 8-6 所示，系统提示选择孔放置点，在图形中选择图 8-7 所示的 X-Z 基准平面作为放置面。

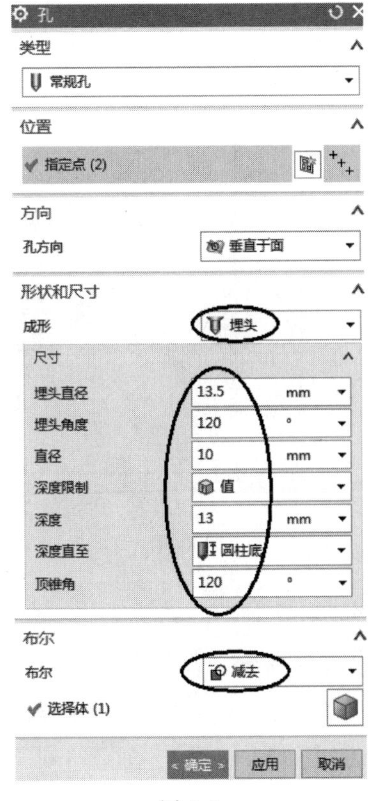

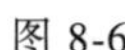

图 8-6

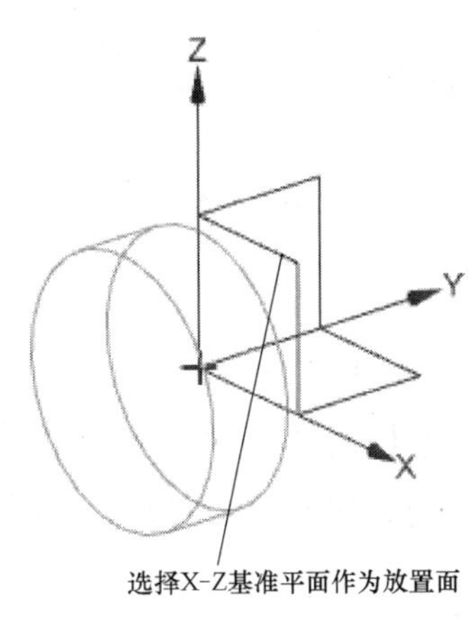

图 8-7

进入草绘界面，出现【草图点】对话框，选择适当的位置，创建2个点（孔的圆心），如图8-8所示，加上约束，在【直接草图】工具条中单击 （几何约束）按钮，出现【几何约束】对话框，单击 （点在曲线上）按钮，如图8-9所示，在图中选择图8-10所示点和Y轴，约束其点在曲线上。然后给另外一个点加上同样的约束。

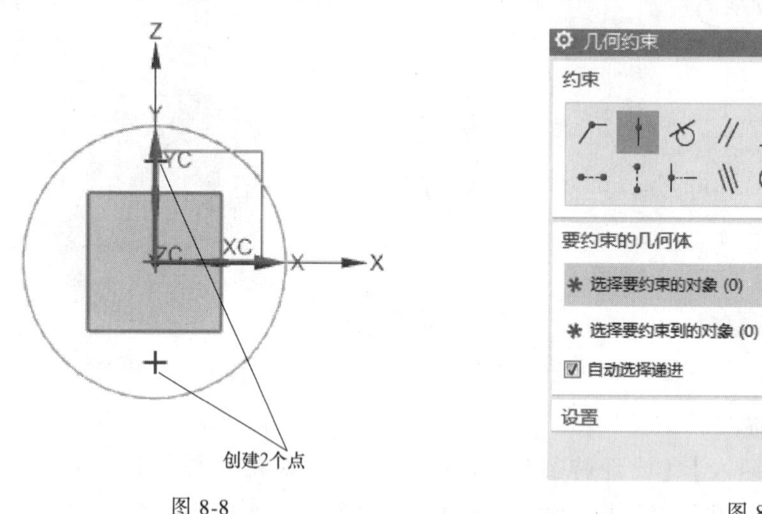

图 8-8

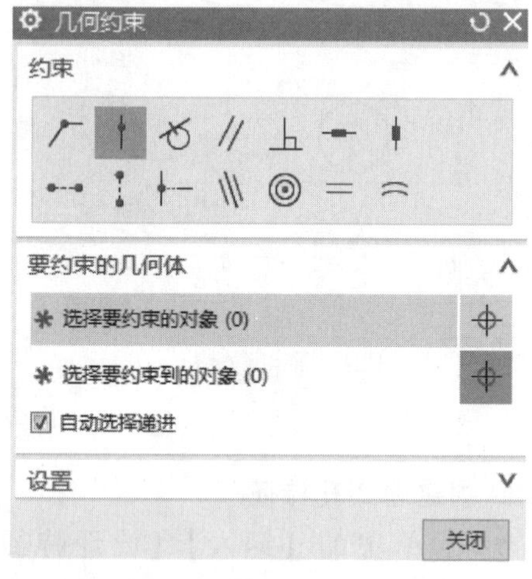

图 8-9

在【草图工具】工具条中单击 （快速尺寸）按钮，按照图8-11所示的尺寸进行标注。此时草图曲线已经转换成绿色，表示已经完全约束。

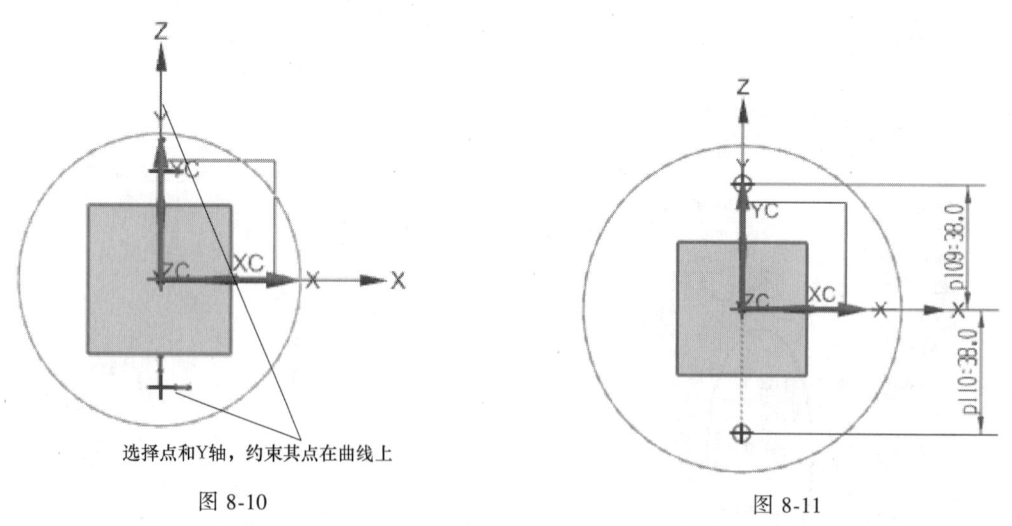

图 8-10

图 8-11

在【草图】工具条中选择 完成草图图标，窗口回到建模界面。

系统返回【孔】对话框，在【孔方向】列表框中选择 垂直于面选项，在【成形】列表框中选择 埋头选项，在【埋头直径】【埋头角度】【直径】文本框中分别输入【13.5】【120】【10】，在【深度】【顶锥角】文本框中分别输入【13】【120】，如图8-6所示，在【布尔】列表框中选择 减去选项，最后单击 应用 按钮，完成埋头孔的创建，结果如图

8-12 所示。

3. 草绘孔的圆心位置

在【直接草图】工具条中单击（直线）按钮，选择 X-Z 基准平面作为草图平面，在主界面捕捉点工具条单击（现有点）按钮，按照图 8-13 所示绘制直线。

在【直接草图】工具条中单击（快速尺寸）按钮，按照图 8-14 所示的尺寸进行标注。

在【直接草图】工具条中单击完成草图按钮，回到建模界面。

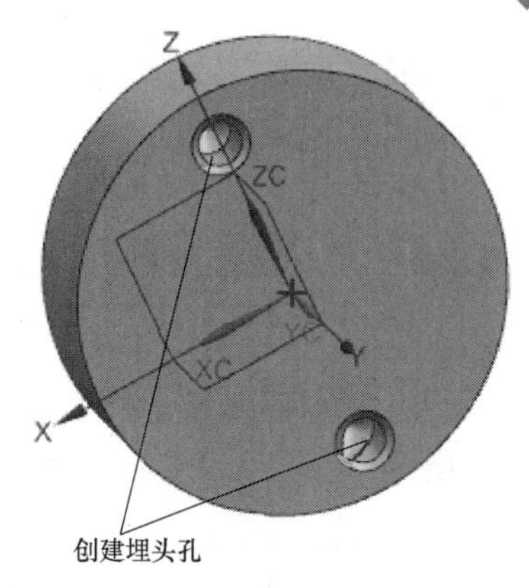

图 8-12

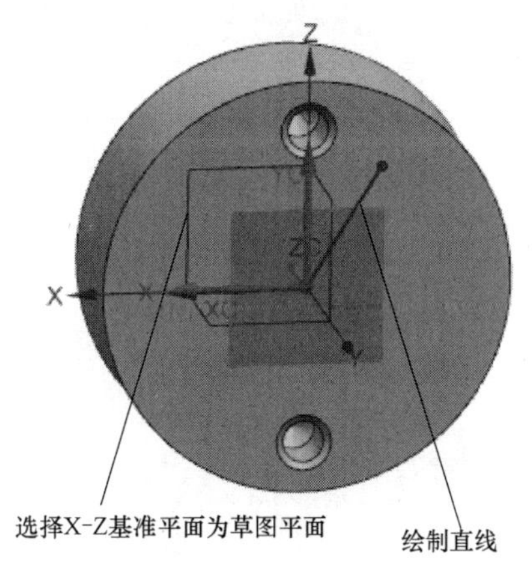

图 8-13

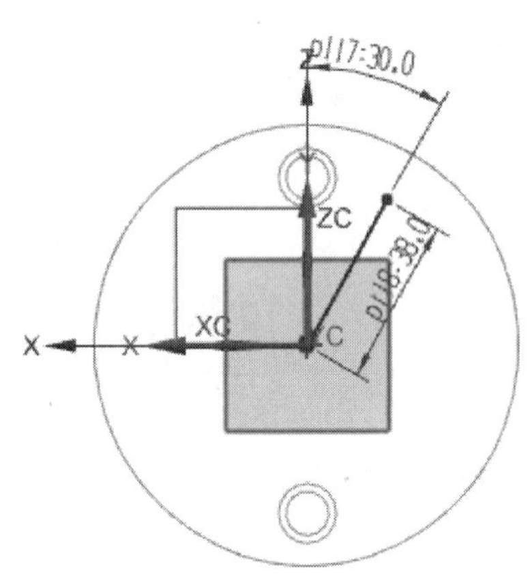

图 8-14

4. 创建埋头孔

选择菜单中的【插入】/【设计特征】/【孔(H)...】命令或在【特征】工具条中单击（孔）按钮，出现【孔】对话框，如图 8-15 所示，系统提示选择孔放置点，在主界面捕捉点工具条中单击（端点）按钮，在图形中选择图 8-16 所示的直线端点，在【孔方向】列表框中选择垂直于面选项，在【成形】列表框中选择埋头选项，在【埋头直径】【埋头角度】【直径】【深度】【顶锥角】文本框中分别输入【14】【90】【10.2】【25】【120】，在【布尔】列表框中选择减去选项，最后单击确定按钮，完成埋头孔的创建，结果如图 8-17 所示。

5. 创建螺纹特征

选择菜单中的【插入】/【设计特征】/【螺纹(T)...】命令或在成型【特征】工具条中单击（螺纹）按钮，出现【螺纹切削】对话框，在【螺纹类型】选项区域选中详细单选按钮，在【旋转】选项区域选中右旋单选按钮，如图 8-18 所示，在图形中选择图 8-19 所示的圆孔面，出现【螺纹切削】选择螺纹起始平面对话框，如图 8-20 所示，在图形中选择图 8-21 所示的实体面作为起始平面，图形中出现螺纹轴方向，如图 8-21 所示。

图 8-15

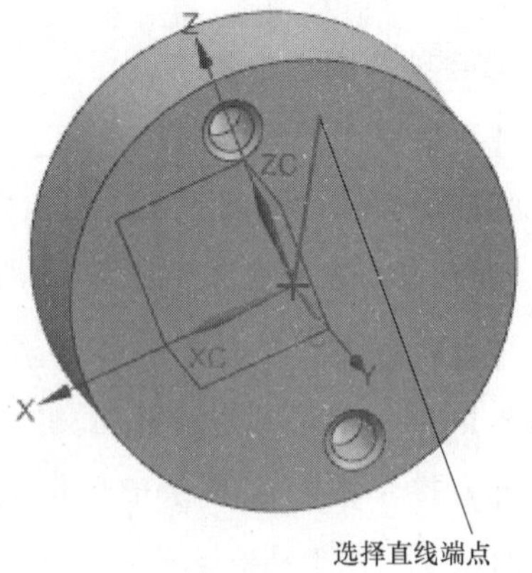

图 8-16

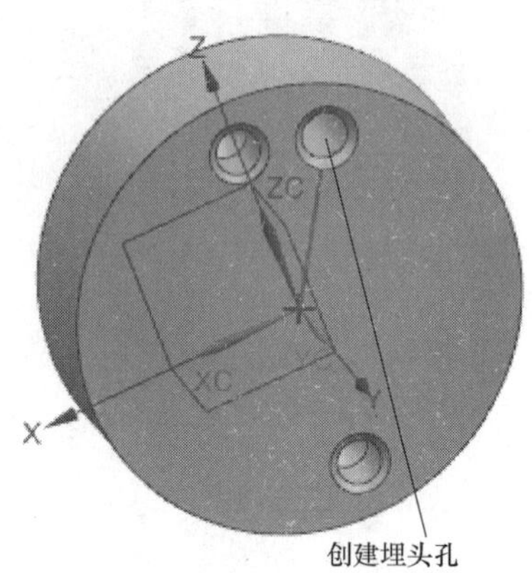

图 8-17

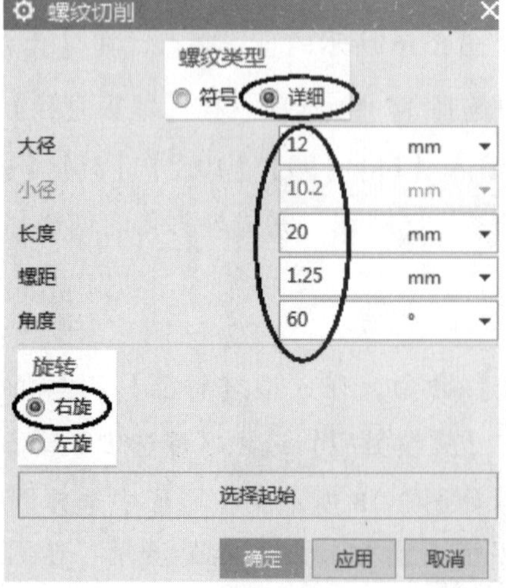

图 8-18

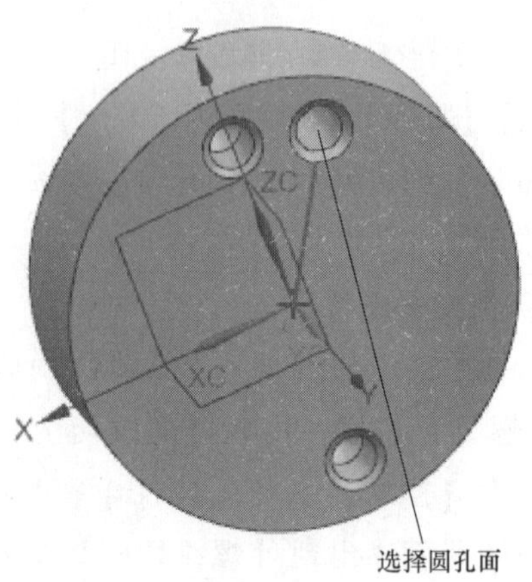

图 8-19

图 8-20

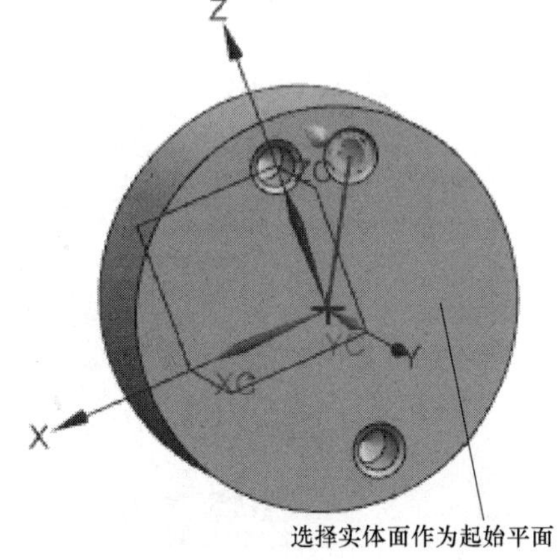

图 8-21

系统出现确认【螺纹切削】轴方向对话框，如图 8-22 所示，单击 确定 按钮，系统返回【螺纹】对话框，在【螺纹】对话框中的【大径】【长度】【螺距】【角度】文本框中分别输入【12】【20】【1.25】【60】，如图 8-18 所示，最后单击 确定 按钮，完成螺纹特征的创建，结果如图 8-23 所示。

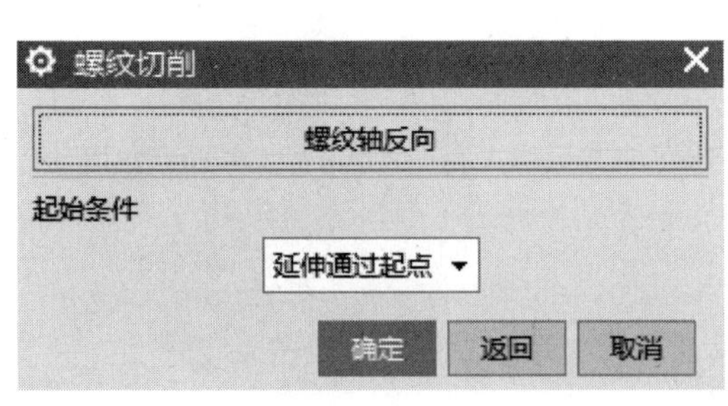

图 8-22

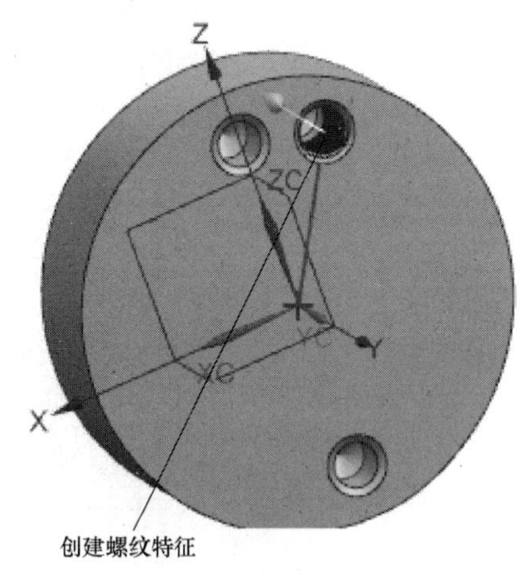

图 8-23

6. 创建阵列特征（圆形阵列）

选择菜单中的【插入】/【关联复制】/【阵列特征(A)...】命令或在【特征】工具条中单击 （阵列特征）按钮，出现【阵列特征】对话框，如图 8-24 所示，在部件导航器中选择图 8-25 所示的埋头孔、螺纹特征，在【布局】列表框中选择 圆形 选项，在【指定矢量】列表框中选择 YC 选项，在【指定点】列表框中选择 （圆弧中心/椭圆中心/球心）选项，在图形中选择图 8-26 所示的实体圆弧边，在【间距】列表框中选择数量和间隔选项，在【数量】【节距角】文本框中分别输入【3】【-50】，单击 确定 按钮，完成阵列特征的创建，结果如图 8-27 所示。

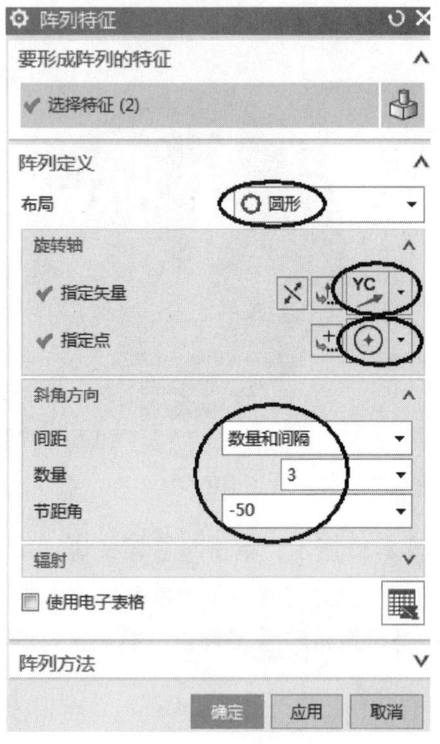

图 8-24

图 8-25

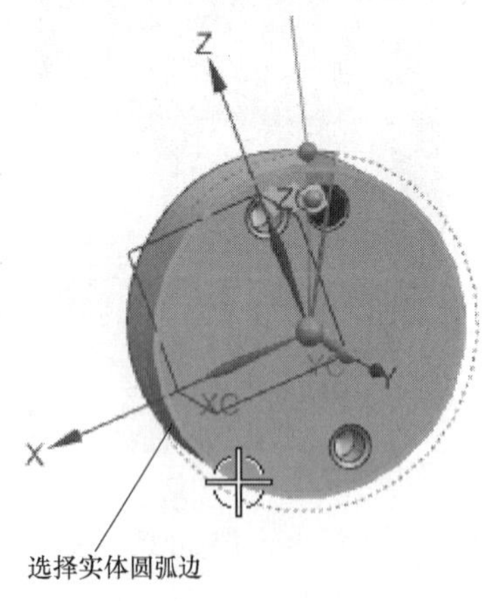

图 8-26

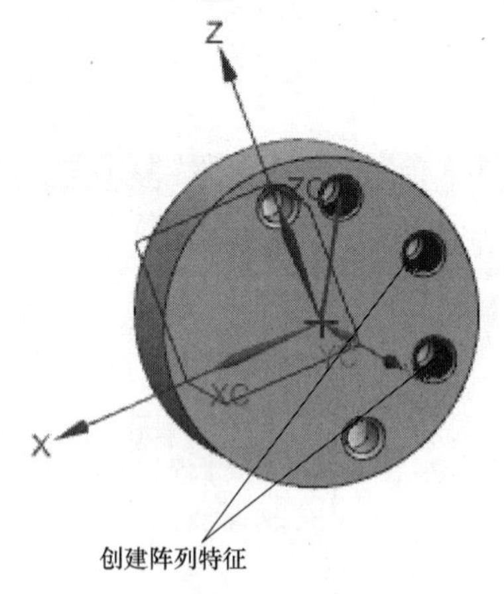

图 8-27

7. 创建镜像特征

选择菜单中的【插入】/【关联复制】/【镜像特征(R)...】命令或在【特征】工具条中单击（镜像特征）按钮，出现【镜像特征】对话框，如图 8-28 所示，在部件导航器中选择图 8-29 所示的 3 个特征，在【镜像特征】对话框【平面】列表框中选择现有平面选项，在图形中选择图 8-30 所示的 Y-Z 基准平面，单击确定按钮，完成镜像特征的创建，结果如图 8-31 所示。

图 8-28

图 8-29

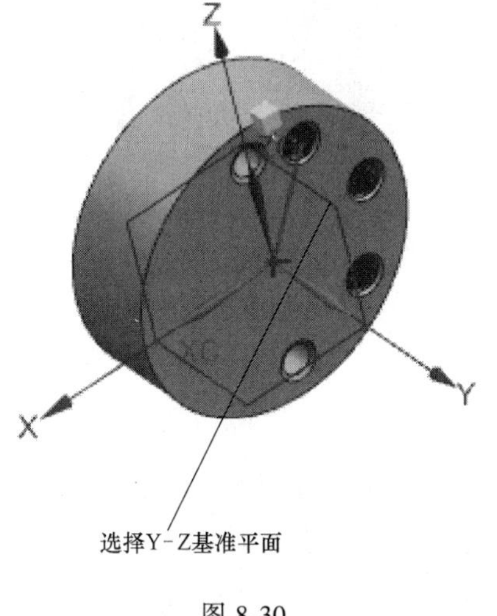

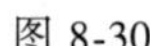

图 8-30

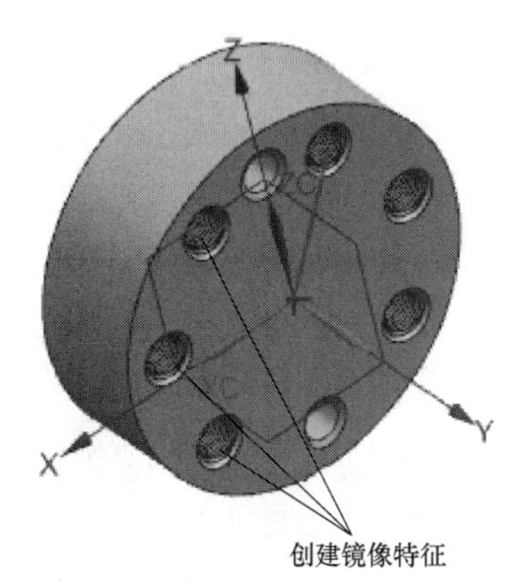

图 8-31

8. 创建圆柱特征

选择菜单中的【插入】/【设计特征】/【圆柱(C)...】命令或在【特征】工具条中单击（圆柱）按钮，出现【圆柱】对话框，在【类型】列表框中选择轴、直径和高度选项，如图 8-32 所示，在【指定矢量】列表框中选择YC选项，出现矢量方向，在【指定点】列表框中选择（圆弧中心/椭圆中心/球心）选项，在图形中选择图 8-33 所示的实体圆弧边，在【直径】【高度】文本框中分别输入【85】【36】，在【布尔】列表框中选择合并选项，单击确定按钮，完成圆柱特征的创建，如图 8-34 所示。

9. 草绘曲轴右端孔截面

选择菜单中的【插入】/【草图】或在【直接草图】工具条中单击（草图）按钮，出现【创建草图】对话框，如图 8-35 所示，在图形中选择图 8-36 所示的 Y-Z 基准平面作为草图平面，单击确定按钮，出现草图绘制区。

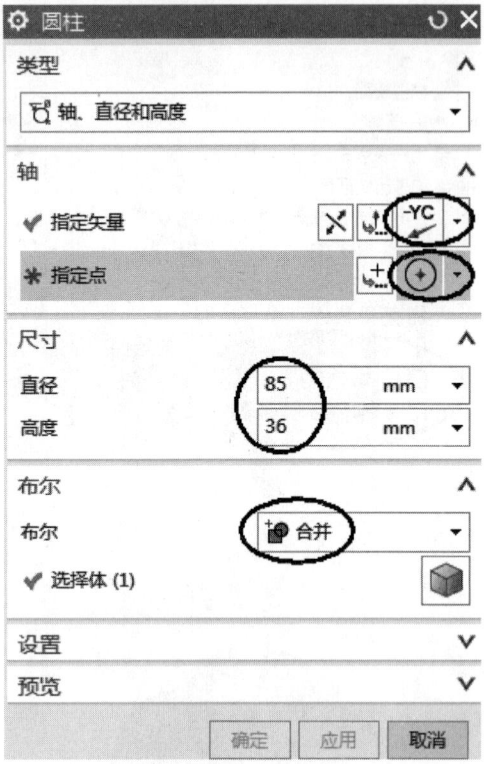

圆柱
类型
轴、直径和高度
轴
指定矢量 -YC
指定点
尺寸
直径 85 mm
高度 36 mm
布尔
布尔 合并
选择体 (1)
设置
预览
确定 应用 取消

图 8-32

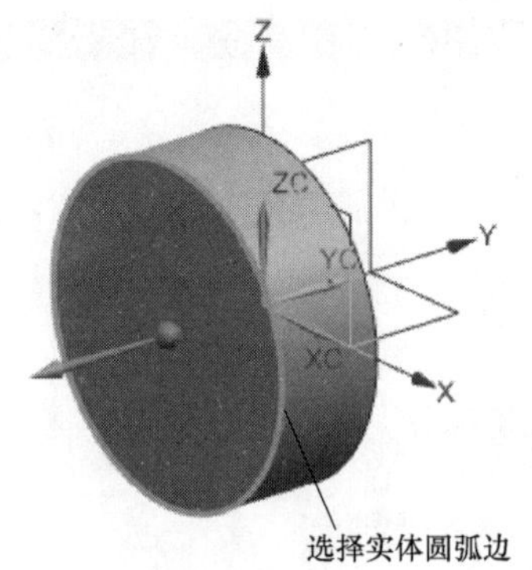

图 8-33

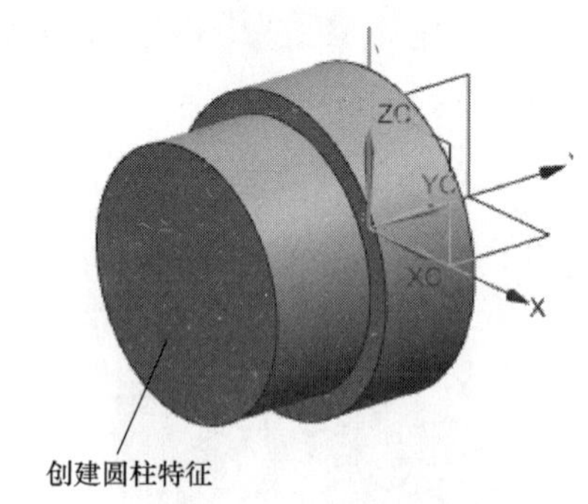

图 8-34

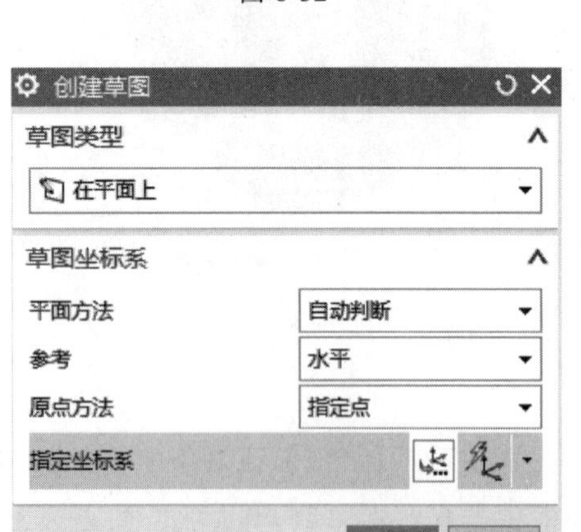

图 8-35

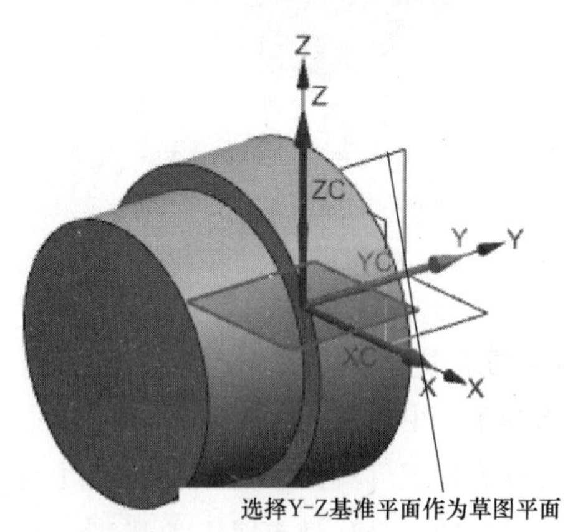

图 8-36

在【直接草图】工具条中单击（轮廓）按钮，在主界面捕捉点工具条中单击（现有点）按钮，适时单击（点在曲线上）按钮，按照图 8-37 所示绘制相连的截面线。

在【直接草图】工具条中单击（几何约束）按钮，出现【几何约束】对话框，单击（共线）按钮，如图 8-38 所示，在图形中选择图 8-39 所示直线与 Y 轴，约束其共线，约束的结果如图 8-40 所示。在【直接草图】工具条中单击（显示草图约束）按钮，使图形中的约束显示出来。

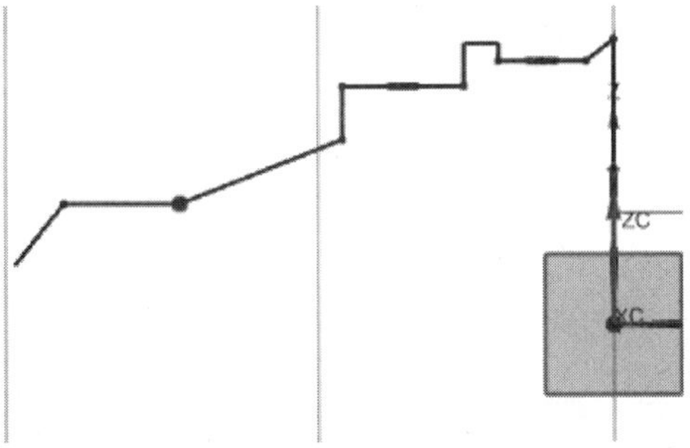

图 8-37

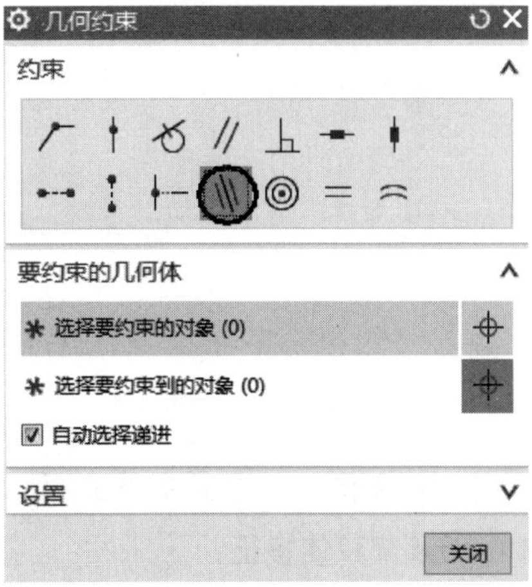

图 8-38

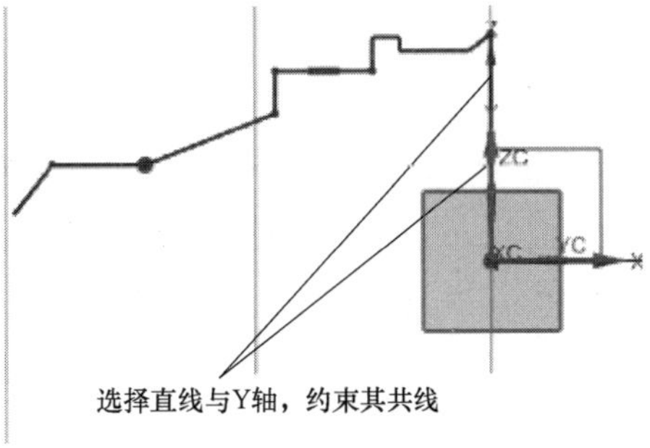

选择直线与Y轴，约束其共线

图 8-39

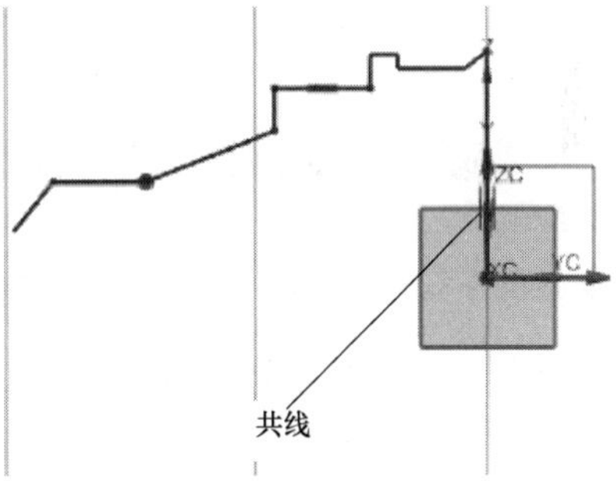

共线

图 8-40

在【几何约束】对话框中单击（点在曲线上）按钮，在图形中选择图 8-41 所示 X 轴和直线端点，约束其点在曲线上，约束的结果如图 8-42 所示。在【直接草图】工具条中单击（显示草图约束）按钮，使图形中的约束显示出来。

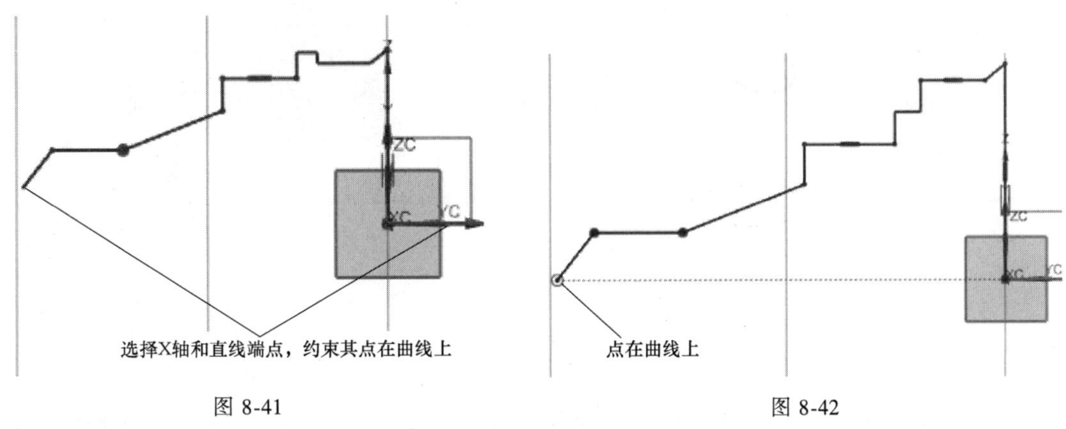
选择X轴和直线端点，约束其点在曲线上
点在曲线上

图 8-41

图 8-42

在【直接草图】工具条中单击（快速尺寸）按钮，按照图 8-43 所示的尺寸进行标注。此时直接草图已经转换成绿色，表示已经完全约束。

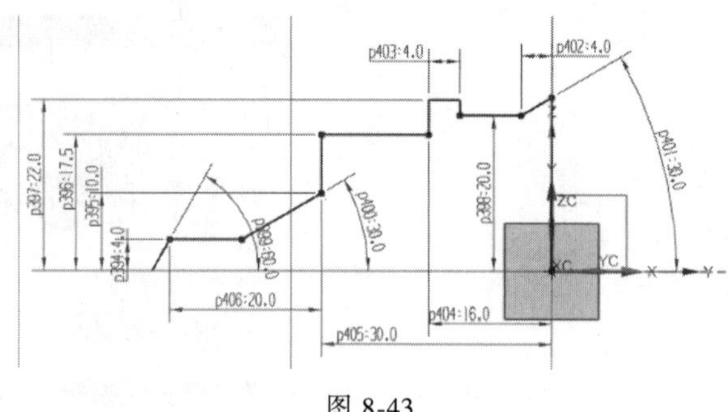

图 8-43

在【直接草图】工具条中单击完成草图按钮，回到建模界面。

10. 创建旋转体特征

选择菜单中的【插入】/【设计特征】/【旋转(R)...】命令或在【特征】工具条中单击(旋转）按钮，出现【旋转】对话框，如图 8-44 所示。在主界面曲线规则列表框中选择自动判断曲线选项，在图形中选择图 8-45 所示截面线作为旋转对象。

图 8-44

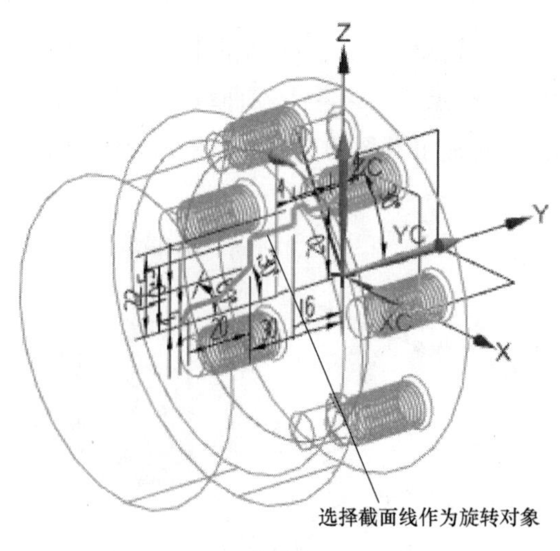

图 8-45

在【旋转】对话框的【指定矢量】列表框中选择（自动判断的矢量）选项，然后在图形中选择图 8-46 所示的 Y 轴作为旋转轴，在开始【角度】文本框和结束【角度】文本框中分别输入【0】【360】，在【布尔】列表框中选择减去选项，如图 8-44 所示，单击

确定按钮，完成旋转体特征的创建，结果如图 8-47 所示。

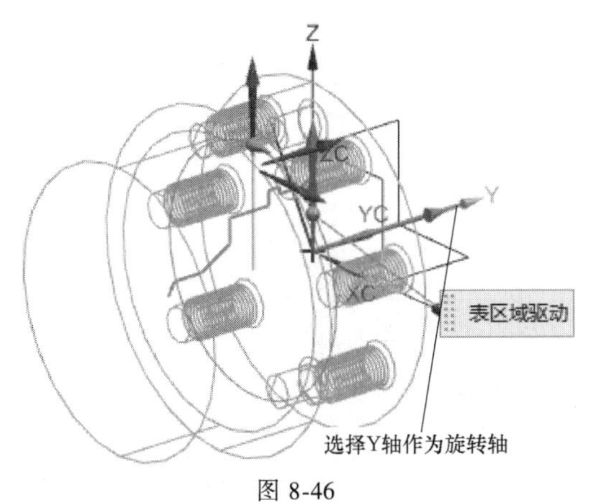

图 8-46

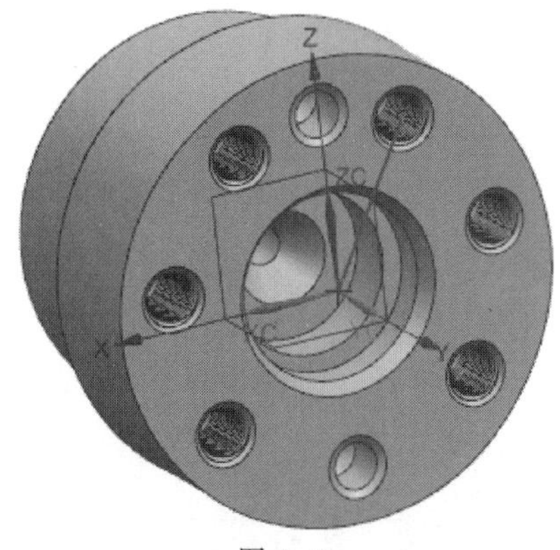

图 8-47

11. 将曲线移至 255 工作层

选择菜单中的【格式】/【移动至图层】命令或在【实用工具】工具条中单击（移动至图层）按钮，选择辅助曲线，将其移动至 255 工作层（步骤略）。

8.3　创建第一缸曲拐结构

1. 草绘缸曲拐截面

选择菜单中的【插入】/【草图】或在【直接草图】工具条中单击（草图）按钮，出现【创建草图】对话框，如图 8-48 所示，在【平面方法】列表框中选择自动判断选项，在图形中选择图 8-49 所示实体平面作为草图平面，单击确定按钮，出现草图绘制区。

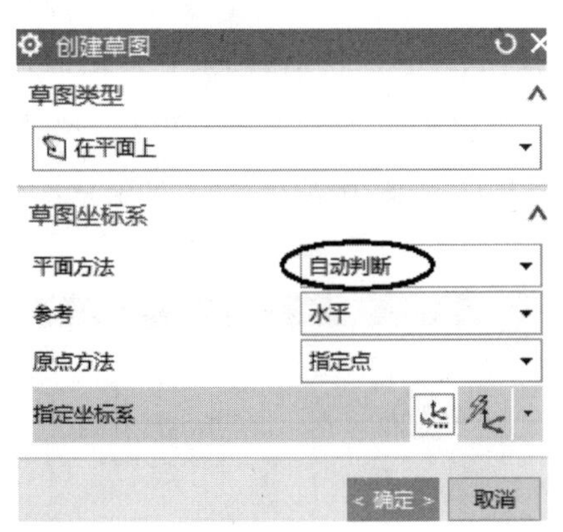

图 8-48

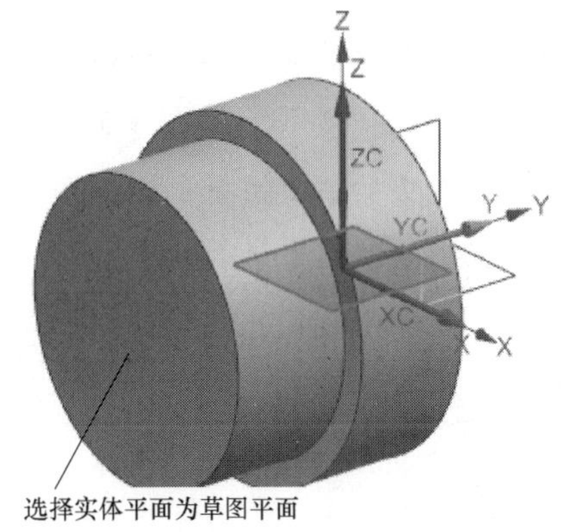

图 8-49

在【直接草图】工具条中单击（圆）按钮，在【圆】浮动工具栏中单击（圆心和直径定圆）按钮，在主界面捕捉点工具条中单击（圆弧中心）按钮，按照图 8-50 所示适当位置绘制 2 个圆。

在【直接草图】工具条中单击（直线）按钮，在主界面捕捉点工具条中单击（点在曲线上）按钮，按照图 8-51 所示绘制 2 条切线。

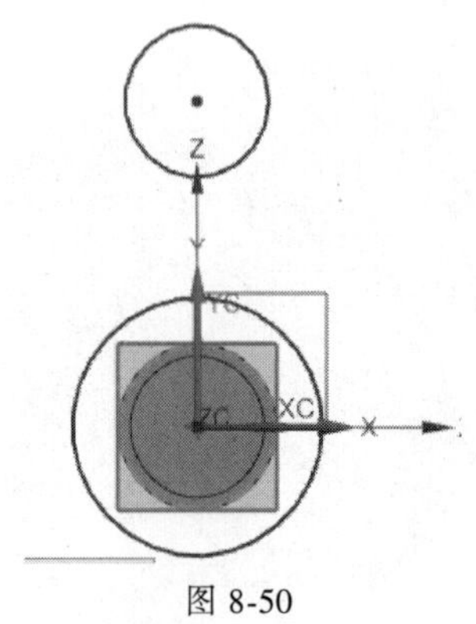

图 8-50

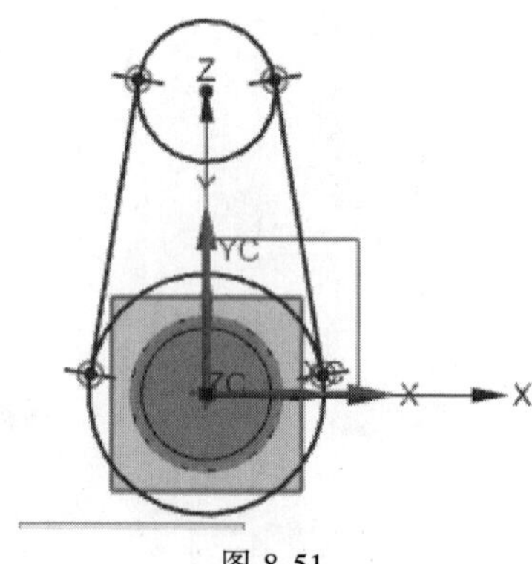

图 8-51

在【直接草图】工具条中单击（快速修剪）按钮，出现【快速修剪】对话框，如图 8-52 所示，然后在图形中选择图 8-53 所示的圆弧进行修剪，修剪结果如图 8-54 所示。

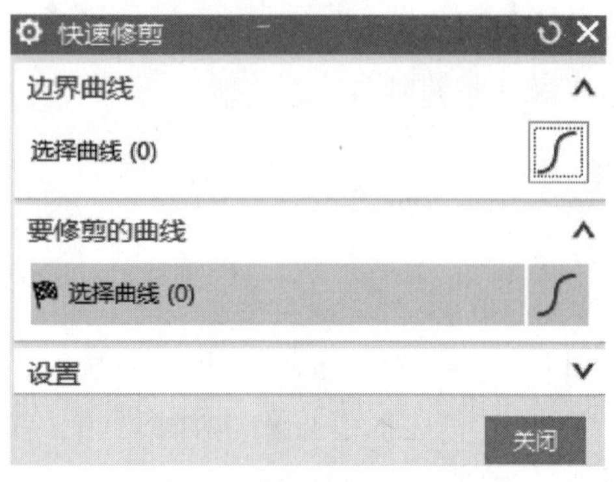

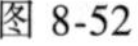

图 8-52

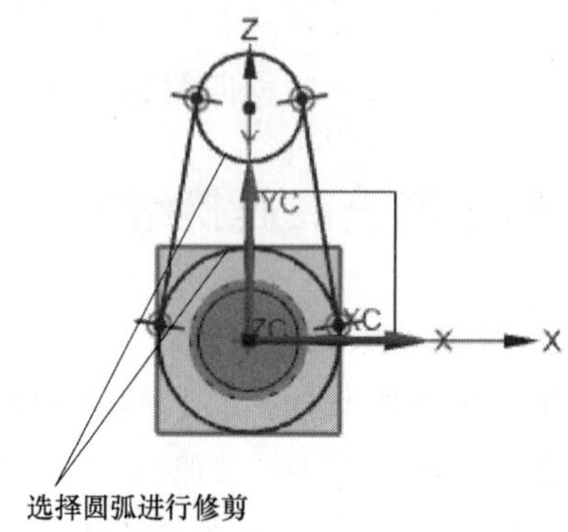

图 8-53

在【直接草图】工具条中单击（几何约束）按钮，出现【几何约束】对话框，单击（点在曲线上）按钮，如图 8-55 所示，在图形中选择图 8-56 所示 Y 轴和圆心，约束其点在曲线上。约束的结果如图 8-57 所示。在【直接草图】工具条中单击（显示草图约束）按钮，使图形中的约束显示出来。

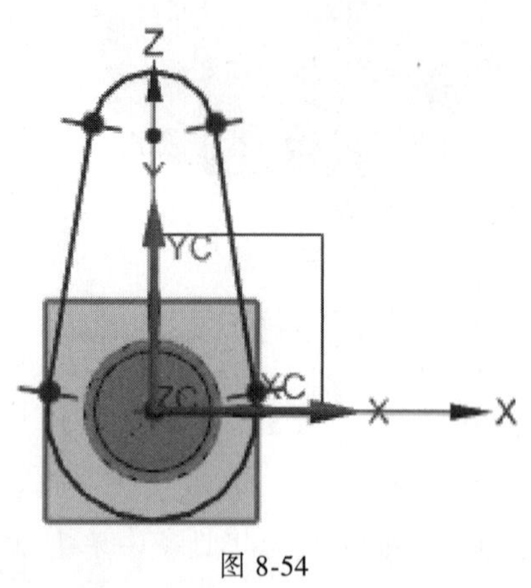

图 8-54

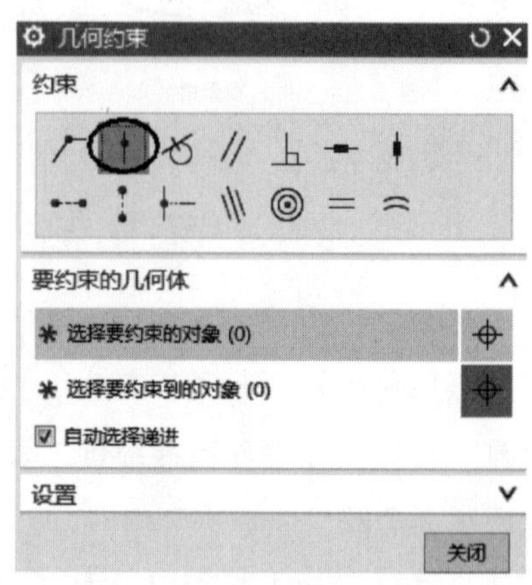

图 8-55

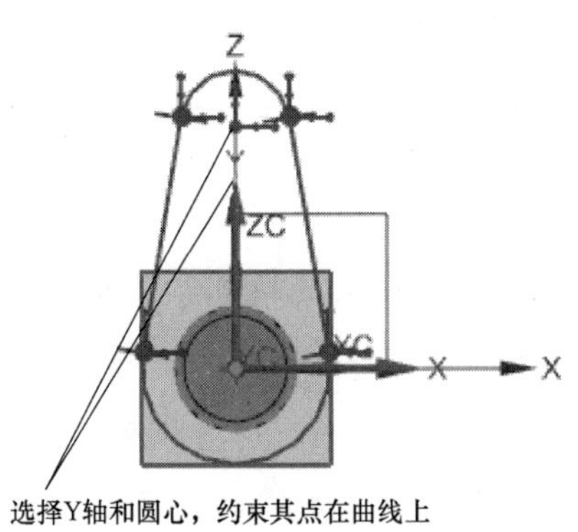

图 8-56

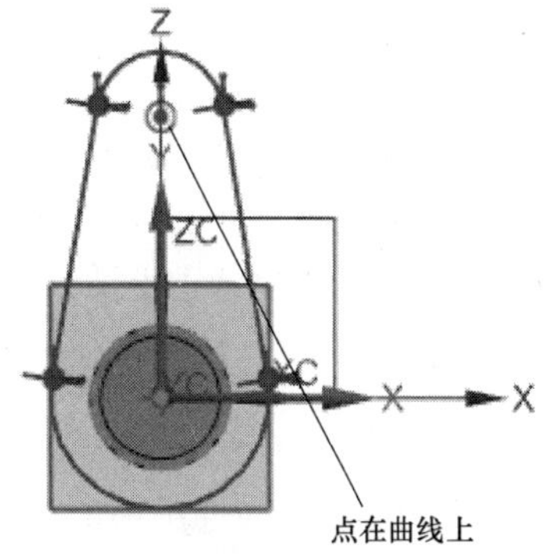

图 8-57

在【直接草图】工具条中单击（快速尺寸）按钮，按照图 8-58 所示的尺寸进行标注。此时直接草图已经转换成绿色，表示已经完全约束。

在【直接草图】工具条中单击完成草图按钮，回到建模界面。

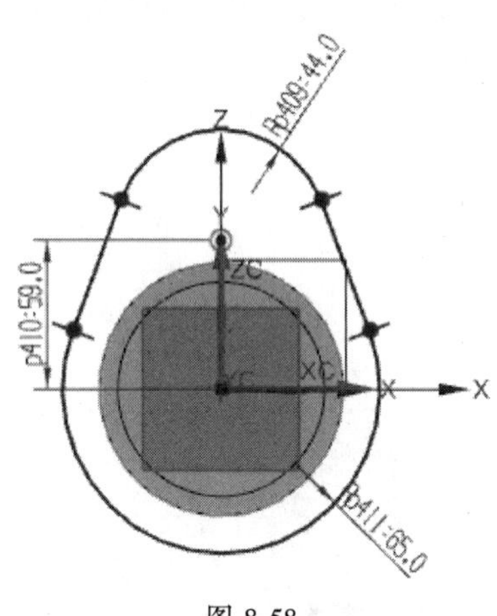

图 8-58

2. 创建拉伸特征

选择菜单中的【插入】/【设计特征】/【拉伸(X)...】命令或在【特征】工具条中单击（拉伸）按钮，出现【拉伸】对话框，如图 8-59 所示，在主界面曲线规则列表框中选择相连曲线选项，在图形中选择图 8-60 所示截面线作为拉伸对象，出现图 8-60 所示的拉伸方向。

拉伸
表区域驱动
选择曲线 (4)
指定原始曲线
方向
指定矢量
限制
开始　值
距离　1.8　mm
结束　值
距离　26.2　mm
开放轮廓智能体
布尔
布尔　无
确定　应用　取消

图 8-59

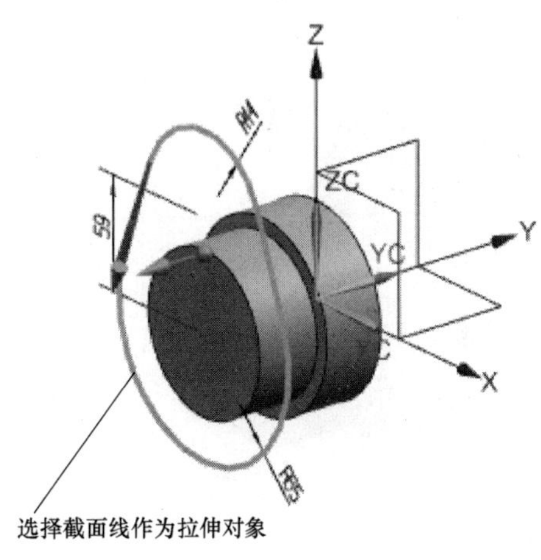

图 8-60

在【拉伸】对话框的开始【距离】文本框和结束【距离】文本框中分别输入【1.8】【26.2】，在【布尔】列表框中选择无选项，如图 8-59 所示，单击确定按钮，完成拉伸特征的创建，结果如图 8-61 所示。

3. 创建圆柱特征

选择菜单中的【插入】/【设计特征】/【圆柱(C)...】命令或在【特征】工具条中单击（圆柱）按钮，出现【圆柱】对话框，在【类型】列表框中选择轴、直径和高度选项，如图 8-62 所示，在【指定矢量】列表框中选择YC选项，出现矢量方向，在【指定点】列表框中选择（圆弧中心/椭圆中心/球心）选项，在图形中选择图 8-63 所示的实体圆弧边，在【直径】【高度】文本框中分别输入【105】【1.8】，在【布尔】列表框中选择合并选项，在图形中选择图 8-63 所示的实体，然后单击确定按钮，完成圆柱特征的创建，结果如图 8-64 所示。

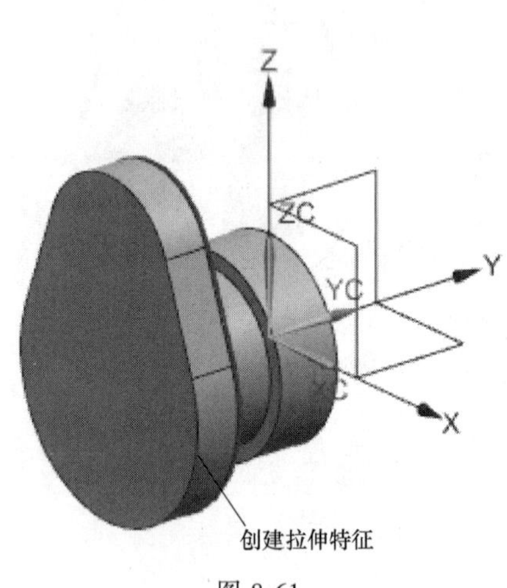

图 8-61

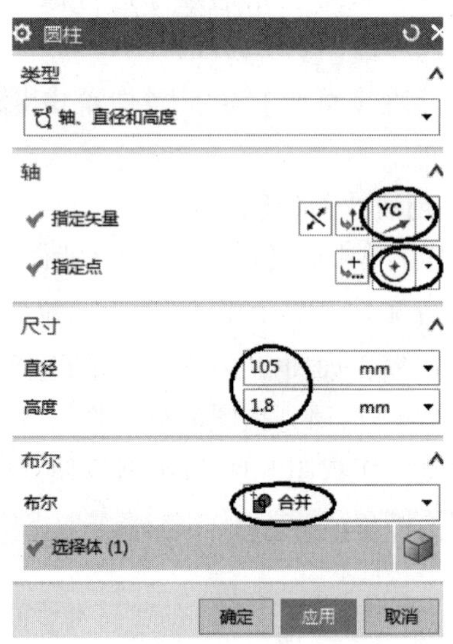

图 8-62

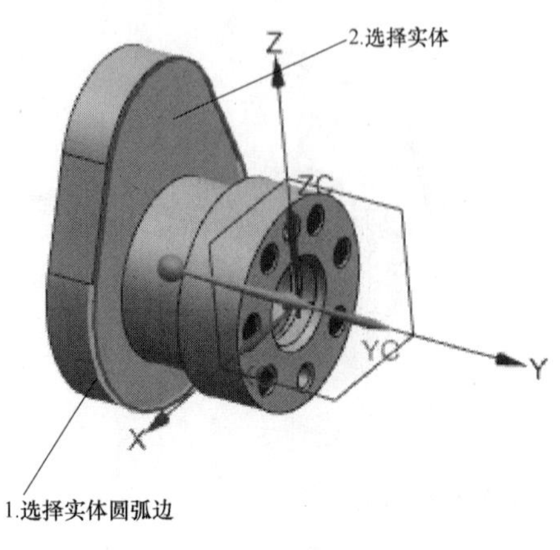

图 8-63

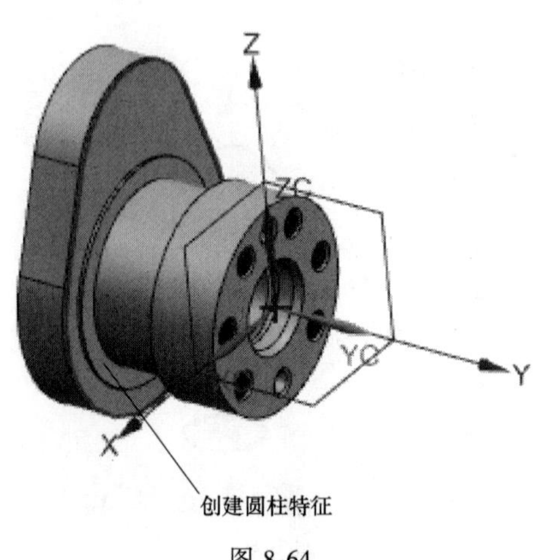

图 8-64

在【指定矢量】列表框中选择 -YC 选项，出现矢量方向，在【指定点】列表框中选择 ⊙（圆弧中心/椭圆中心/球心）选项，如图 8-65 所示，在图形中选择图 8-66 所示的实体圆弧边，在【直径】【高度】文本框中分别输入【88】【1.8】，在【布尔】列表框中选择 YC 选项，在图形中选择图 8-66 所示的实体，然后单击 确定 按钮，完成圆柱特征的创建，结果如图 8-67 所示。

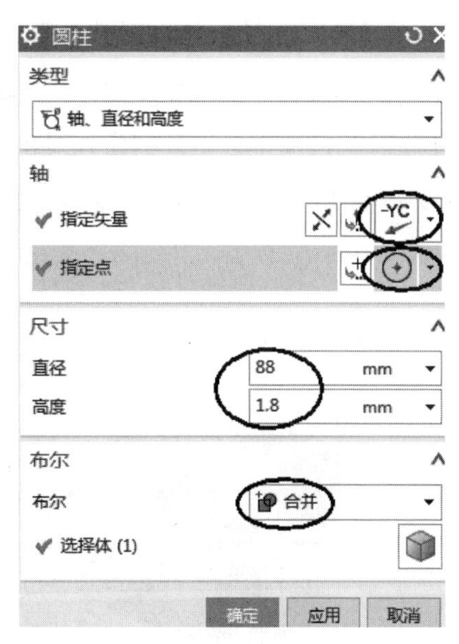

图 8-65

在【指定矢量】列表框中选择 -YC 选项，出现矢量方向，在【指定点】列表框中选择 ⊙（圆弧中心/椭圆中心/球心）选项，在图形中选择图 8-68 所示的实体圆弧边，在【直径】【高度】文本框中分别输入【70】【40】，在【布尔】列表框中选择 合并 选项，在图形中选择图 8-68 所示的实体，然后单击 确定 按钮，完成圆柱特征的创建，结果如图 8-69 所示。

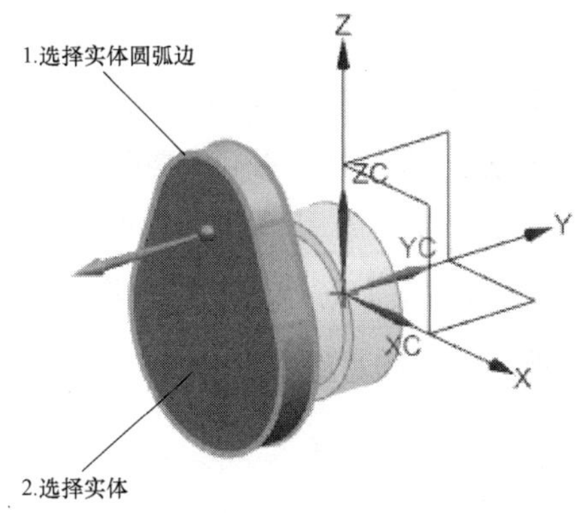

图 8-66

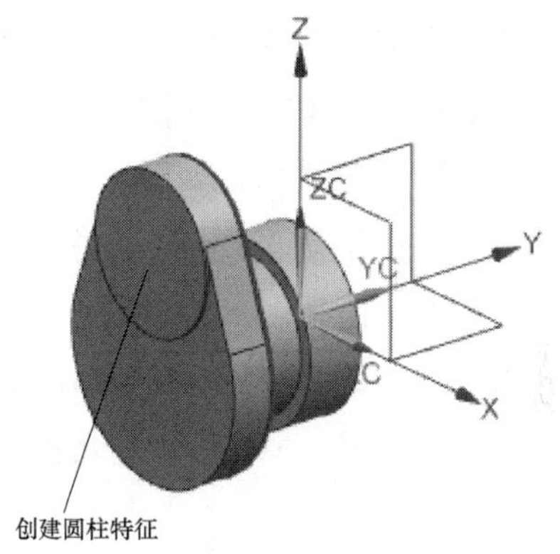

图 8-67

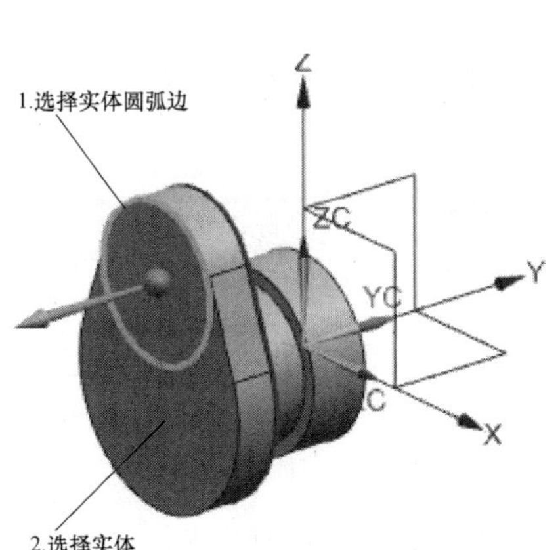

图 8-68

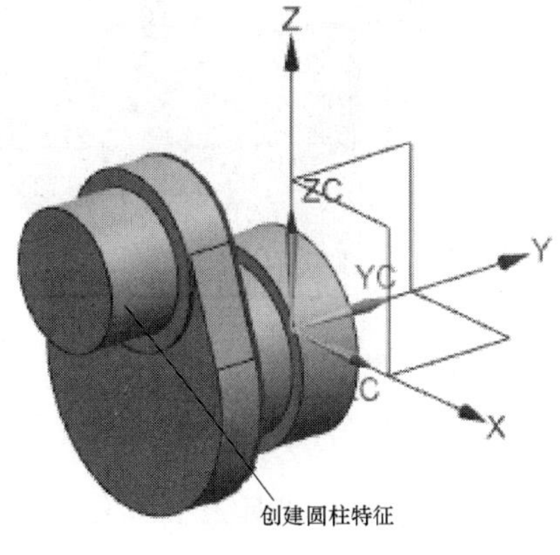

图 8-69

在【指定矢量】列表框中选择 -YC 选项，出现矢量方向，在【指定点】列表框中选择（圆弧中心/椭圆中心/球心）选项，在图形中选择图 8-70 所示的实体圆弧边，在【直径】【高度】文本框中分别输入【88】【1.8】，在【布尔】列表框中选择合并选项，在图形中选择图 8-70 所示的实体，然后单击确定按钮，完成圆柱特征的创建，结果如图 8-71 所示。

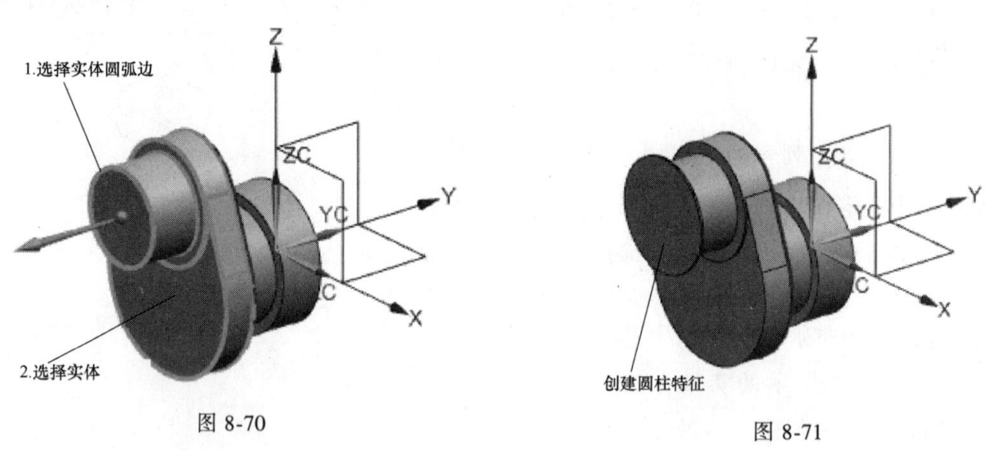

图 8-70

图 8-71

4. 草绘缸曲拐截面

选择菜单中的【插入】/【草图】或在【直接草图】工具条中单击（草图）按钮，出现【创建草图】对话框，如图 8-48 所示，在【平面方法】列表框中选择自动判断选项，在图形中选择图 8-72 所示实体平面作为草图平面，单击确定按钮，出现草图绘制区。

在【直接草图】工具条中单击（轮廓）按钮，在【轮廓】浮动工具栏中单击（圆弧）按钮，适时单击（直线）按钮，按照图 8-73 所示绘制相连的截面线。

需要注意的是，所有曲线都和相邻曲线相切。

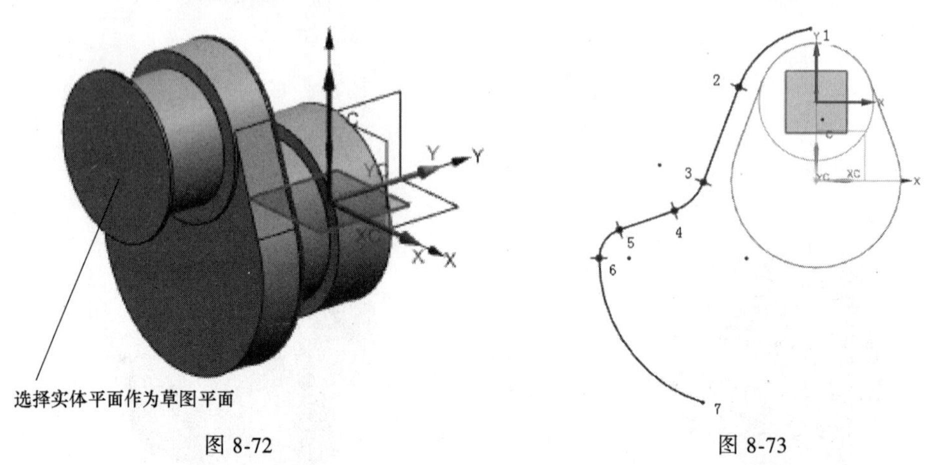

图 8-72

图 8-73

在【直接草图】工具条中单击（几何约束）按钮，出现【几何约束】对话框，单击（点在曲线上）按钮，如图 8-74 所示，在图形中选择图 8-75 所示直线 45 和圆心，约束其

点在曲线上，约束的结果如图 8-76 所示。在【直接草图】工具条中单击（显示草图约束）按钮，使图形中的约束显示出来。

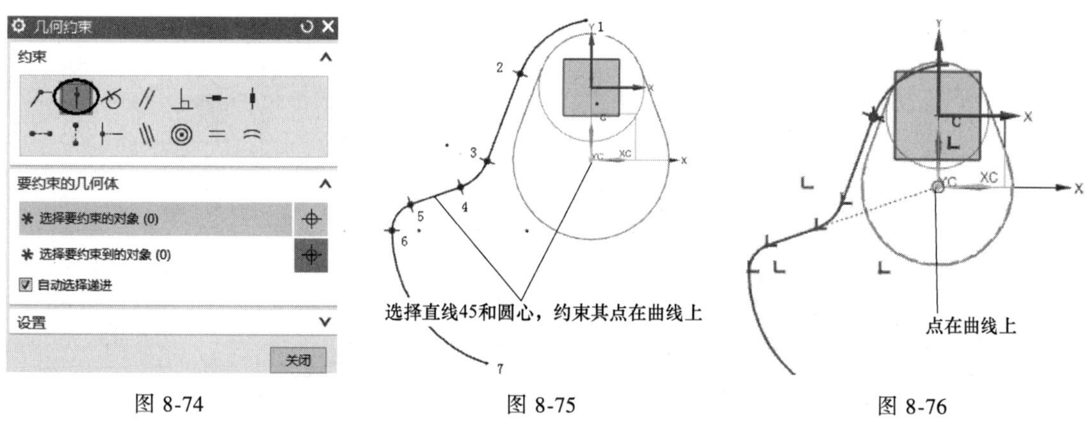

图 8-74　　图 8-75　　图 8-76

选择图 8-77 所示的 Y 轴和圆心，约束其点在曲线上，约束的结果如图 8-78 所示。在【直接草图】工具条中单击（显示草图约束）按钮，使图形中的约束显示出来。

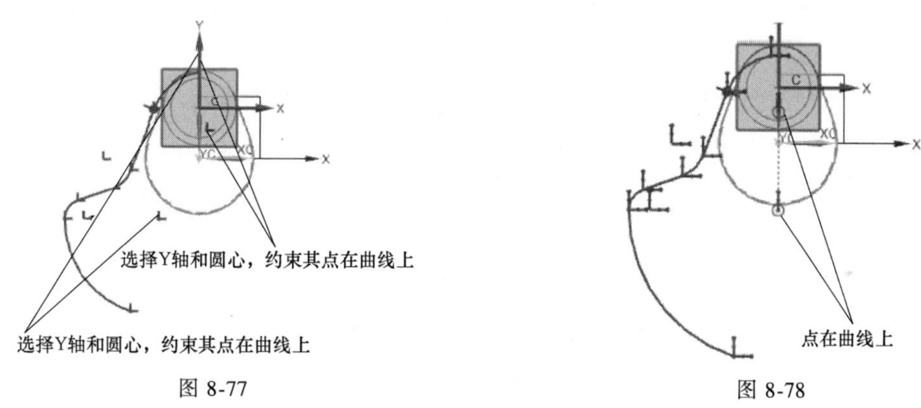

图 8-77　　图 8-78

选择图 8-79 所示的 Y 轴和圆弧端点，约束其点在曲线上，约束的结果如图 8-80 所示。在【直接草图】工具条中单击（显示草图约束）按钮，使图形中的约束显示出来。

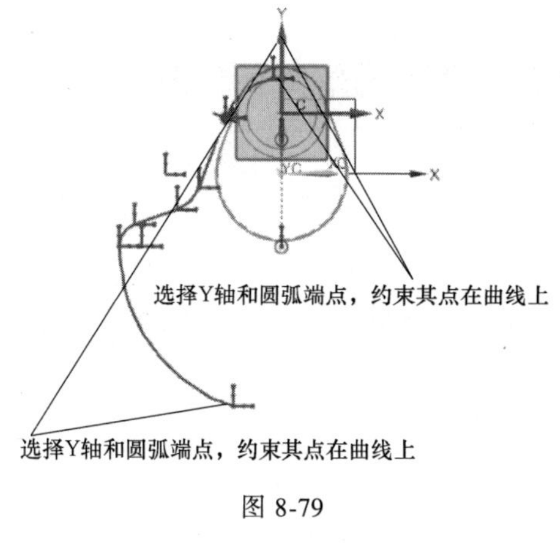

图 8-79

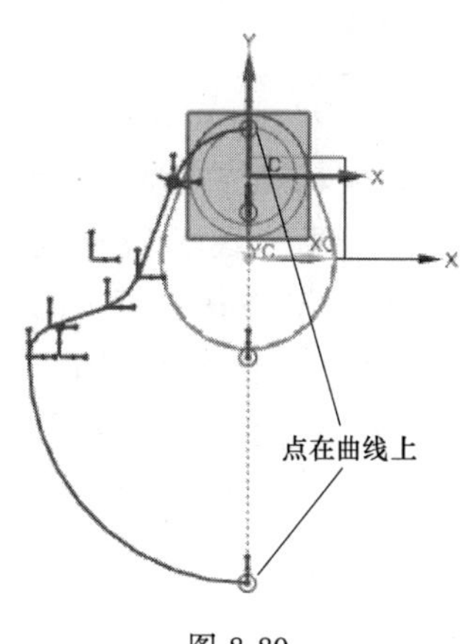

图 8-80

单击（同心）按钮，在图形中选择图 8-81 所示圆弧与实体圆弧边，约束其同心，约束的结果如图 8-82 所示。在【直接草图】工具条中单击（显示草图约束）按钮，使图形中的约束显示出来。

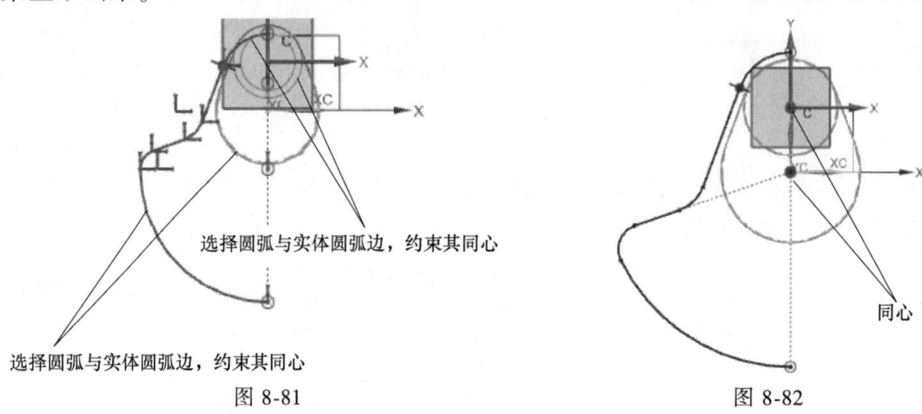

图 8-81　　　　图 8-82

单击（相切）按钮，在图形中选择图 8-83 所示直线与实体圆弧边，约束其相切，约束的结果如图 8-84 所示。在【直接草图】工具条中单击（显示草图约束）按钮，使图形中的约束显示出来。

在【直接草图】工具条中单击（快速尺寸）按钮，按照图 8-85 所示的尺寸进行标注。此时直接草图已经转换成绿色，表示已经完全约束。

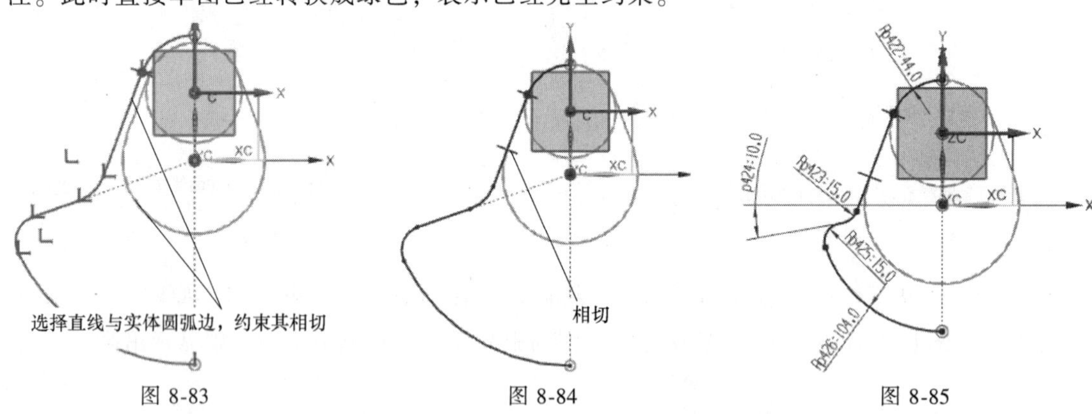

图 8-83　　　　图 8-84　　　　图 8-85

在【直接草图】工具条中单击（镜像曲线）按钮，出现【镜像曲线】对话框，如图 8-86 所示，在主界面曲线规则列表框中选择相连曲线选项，在图形中选择图 8-87 所示的曲线作为要镜像的曲线，然后在【镜像曲线】对话框的【中心线】选项区域单击（中心线）按钮，再选择图 8-87 所示的 Y 轴作为镜像中心线，最后单击确定按钮，完成镜像曲线的操作，如图 8-88 所示。

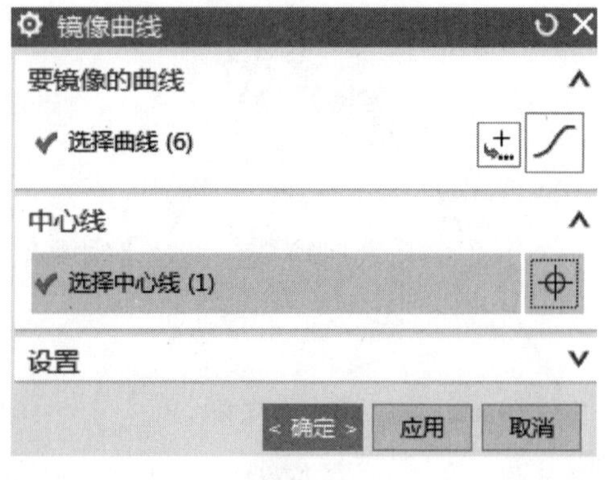

图 8-86

在【直接草图】工具条中单击完成草图按钮，回到建模界面。

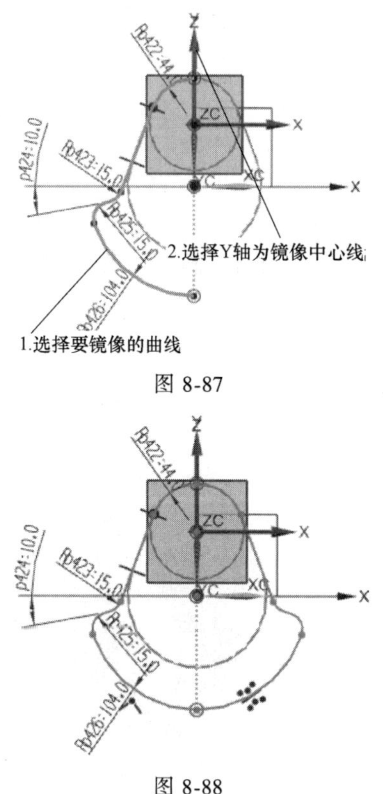

图 8-87

图 8-88

图 8-89

5. **创建拉伸特征**

选择菜单中的【插入】/【设计特征】/【拉伸(X)...】命令或在【特征】工具条中单击（拉伸）按钮，出现【拉伸】对话框，如图 8-89 所示，在主界面曲线规则列表框中选择相连曲线选项，在图形中选择图 8-90 所示截面线作为拉伸对象，出现图 8-90 所示的拉伸方向。

在【拉伸】对话框的开始【距离】文本框和结束【距离】文本框中分别输入【0】【24.4】，在【布尔】列表框中选择合并选项，如图 8-89 所示，在图形中选择图 8-90 所示的实体，单击确定按钮，完成拉伸特征的创建，结果如图 8-91 所示。

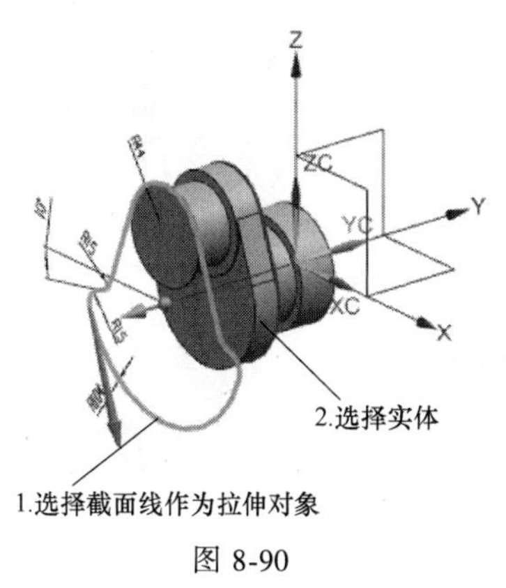

图 8-90

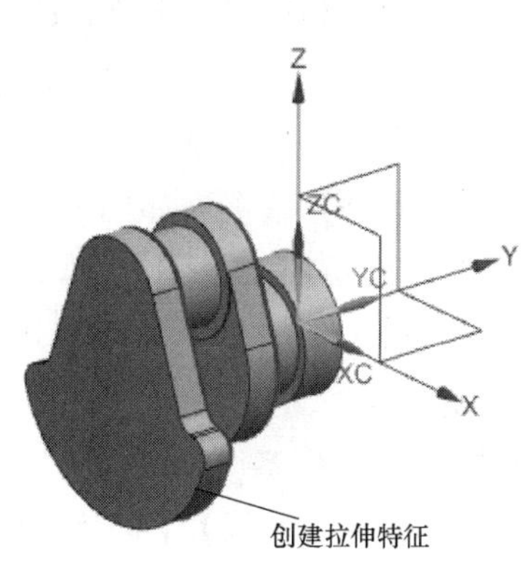

图 8-91

6. **创建圆柱特征**

选择菜单中的【插入】/【设计特征】/【圆柱(C)...】命令或在【特征】工具条中单击（圆柱）按钮，出现【圆柱】对话框，在【类型】列表框中选择轴、直径和高度选项，如图 8-92 所示，在【指定矢量】列表框中选择-YC选项，出现矢量方向，在【指定点】列表框中选择（圆弧中心/椭圆中心/球心）选项，在图形中选择图 8-93 所示的实体圆弧边，在【直径】【高度】文本框中分别输入【105】【1.8】，在【布尔】列表框中选择合并选项，在图形中选择图 8-93 所示的实体，然后单击确定按钮，完成圆柱特征的创建，结果如图 8-94 所示。

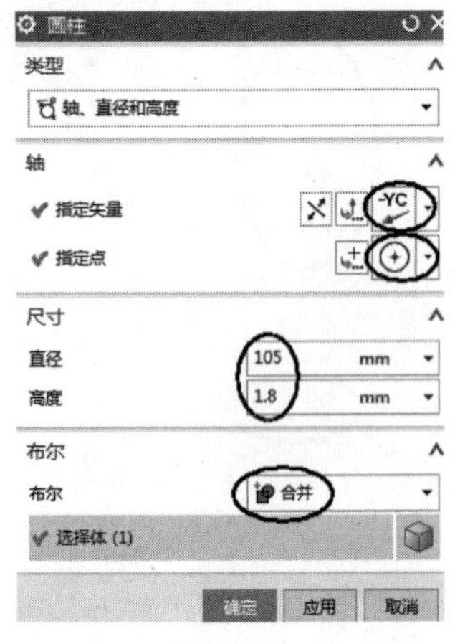

图 8-92

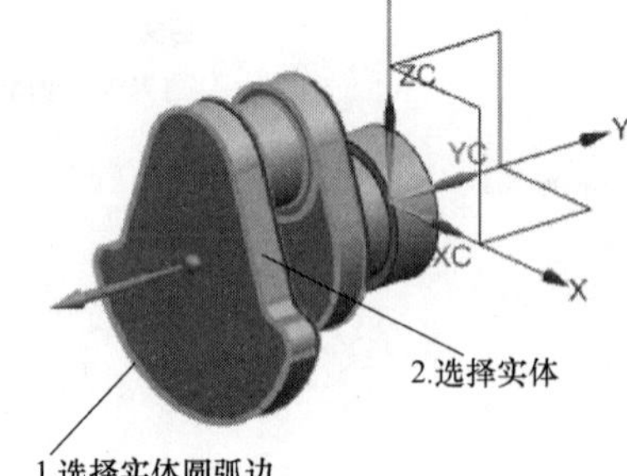

图 8-93

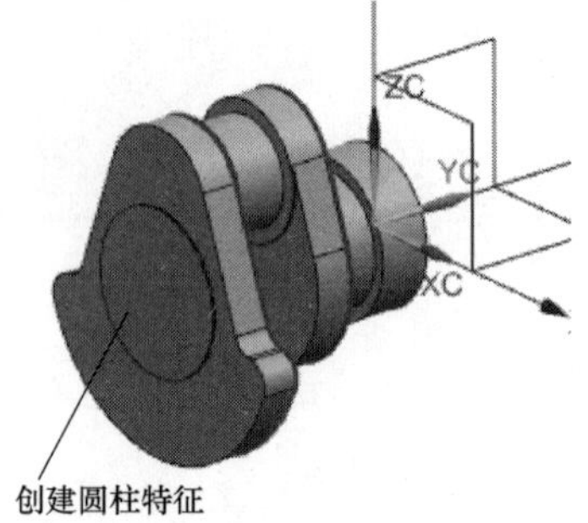

图 8-94

7. **将曲线移至 255 工作层**

选择菜单中的【格式】/【移动至图层】命令或在【实用工具】工具条中单击（移动至图层）按钮，选择辅助曲线，将其移动至 255 工作层（步骤略）。

8. **移动工作坐标系**

选择菜单中的【格式】/【WCS】/【原点(O)...】命令或在【实用工具】工具条中单击（WCS 原点）按钮，出现【点】对话框，在【类型】列表框中选择【象限点】选项，如图 8-95 所示，在图形中选择图 8-96 所示的实体圆弧边，然后单击确定按钮，将工作坐标系移至象限点，结果如图 8-97 所示。

图 8-95

9. **旋转工作坐标系**

选择菜单中的【格式】/【WCS】/【旋转】命令或在【实用工具】工具条中单击（旋转 WCS）

按钮，出现【旋转 WCS】工作坐标系对话框，如图 8-98 所示，选中◉ +XC 轴：YC --> ZC单选按钮，在旋转【角度】文本框中输入【90】，单击 应用 按钮，将坐标系转成图 8-99 所示样式。

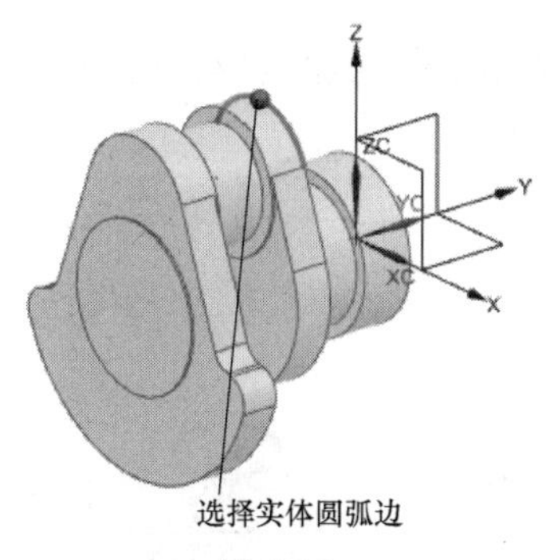

图 8-96

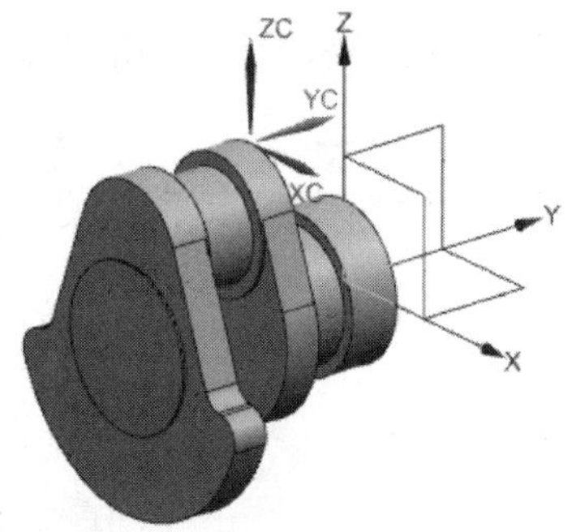

图 8-97

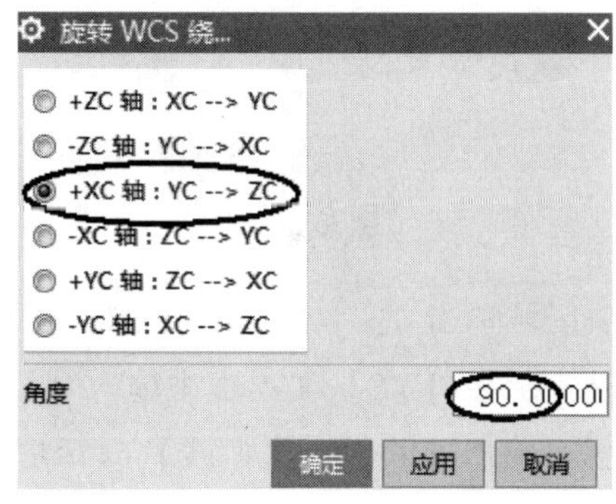

图 8-98

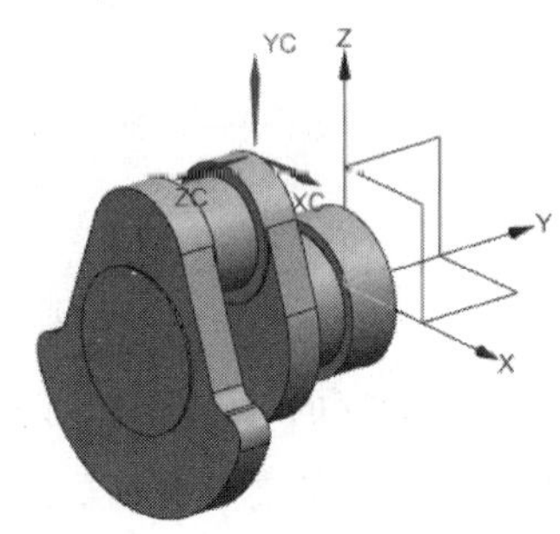

图 8-99

继续旋转工作坐标系，选中◉ +YC 轴：ZC --> XC单选按钮，在旋转【角度】文本框中输入【90】，如图 8-100 所示，单击 确定 按钮，将坐标系转成如图 8-101 所示样式。

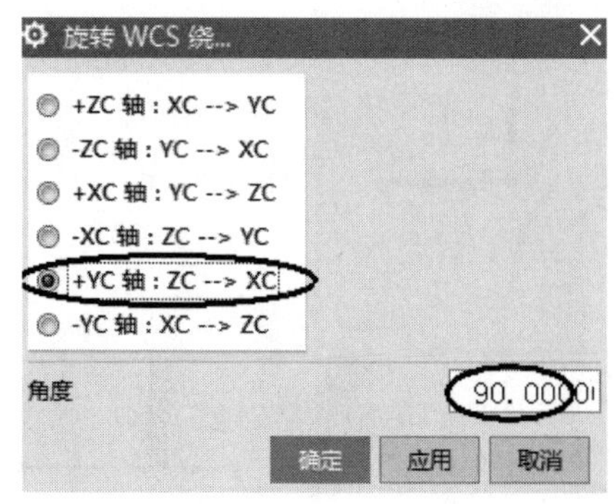

图 8-100

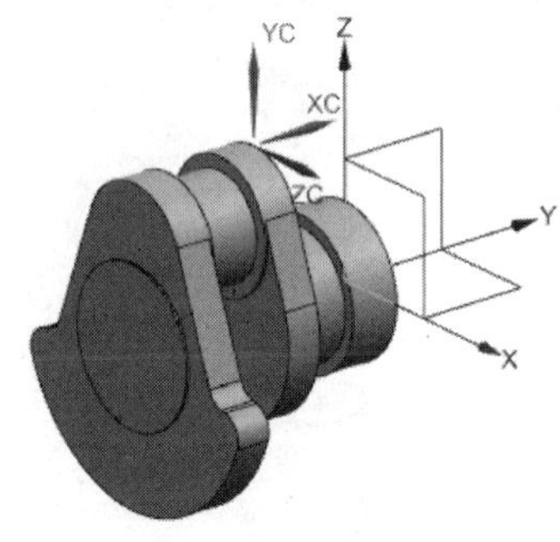

图 8-101

10. 创建一般二次曲线（圆锥曲线）

选择菜单中的【插入】/【曲线】/【一般二次曲线(G)...】命令或在【曲线】工具条中单击（一般二次曲线）按钮，出现【一般二次曲线】对话框，在【类型】列表框中选择 2 点，2 个斜率，Rho选项，如图 8-102 所示，在【指定起点】选项区域单击（点）按钮，出现【点】对话框，在此对话框的【参考】列表框中选择WCS选项，在【XC】文本框中输入【-20】，设置其余参数为0，如图8-103所示，单击 确定 按钮，返回【一般二次曲线】对话框。

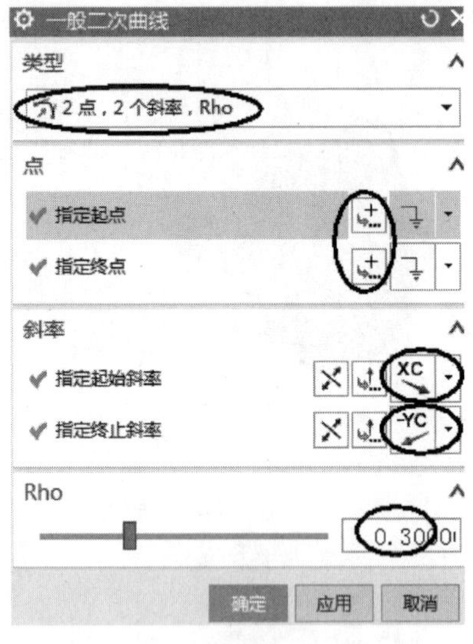

图 8-102

图 8-103

在【一般二次曲线】对话框的【指定终点】选项区域单击（点）按钮，出现【点】对话框，在此对话框的【参考】列表框中选择WCS选项，在【YC】文本框中输入【-35】，设置其余参数为0，如图8-104所示，单击 确定 按钮，返回【一般二次曲线】对话框，在【指定起始斜率】列表框中选择XC选项，在【指定终止斜率】列表框中选择-YC选项，在【Rho】文本框中输入【0.3】，单击 确定 按钮，完成一般二次曲线（圆锥曲线）的创建，结果如图8-105所示。

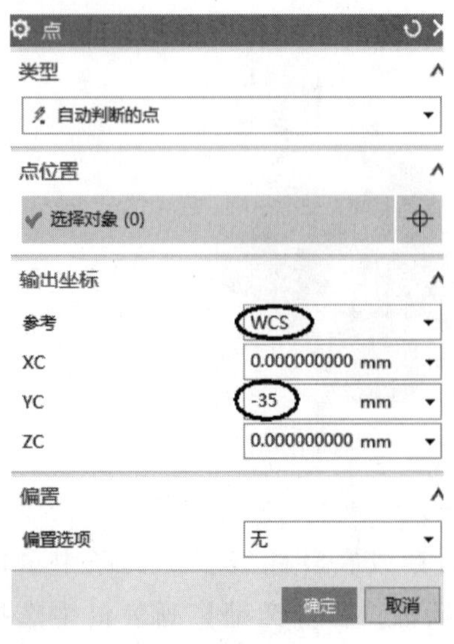

图 8-104

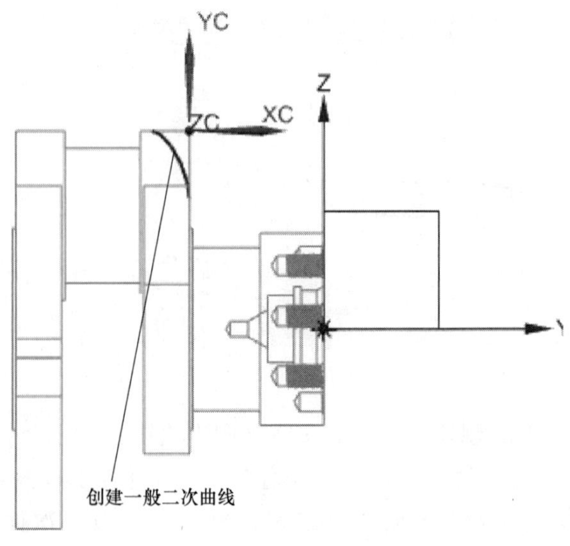

图 8-105

11. 创建拉伸特征

选择菜单中的【插入】/【设计特征】/【拉伸(X)...】命令或在【特征】工具条中单击（拉伸）按钮，出现【拉伸】对话框，如图8-106所示，在主界面曲线规则列表框中选择相连曲线选项，在图形中选择图8-107所示截面线作为拉伸对象。

在【拉伸】对话框的【结束】列表框中选择对称值选项，在【距离】文本框中输入【60】，在【布尔】列表框中选择无选项，如图8-106所示，单击确定按钮，完成拉伸特征的创建，结果如图8-108所示。

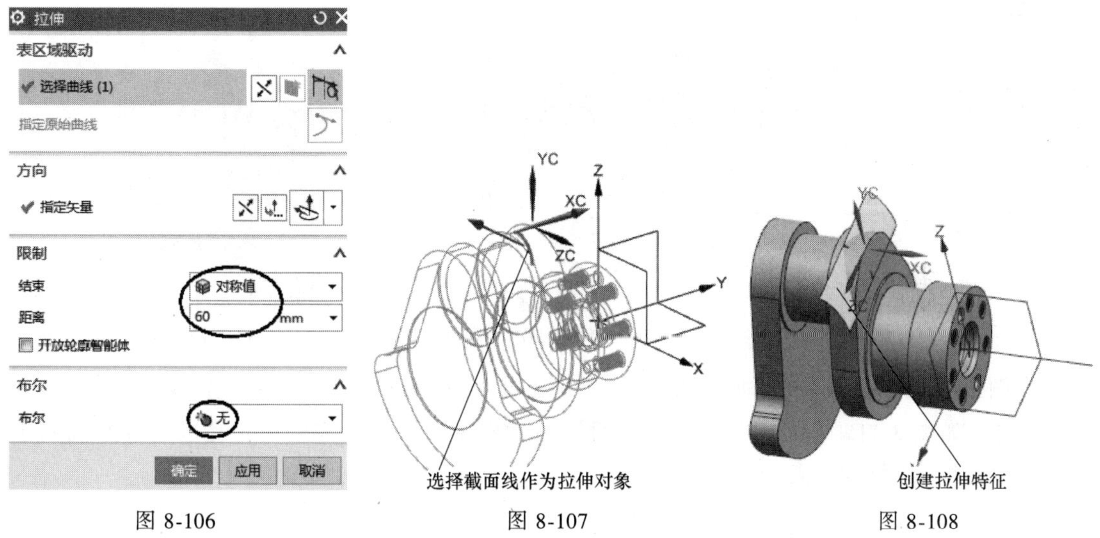

图8-106　　图8-107　　图8-108

12. 创建修剪体特征

选择菜单中的【插入】/【修剪】/【修剪体(T)...】命令或在【特征】工具条中单击（修剪体）按钮，出现【修剪体】对话框，如图8-109所示，系统提示选择目标体，在图形区选择图8-110所示的实体，然后在【修剪体】对话框的【工具选项】列表框中选择面或平面选项，在图形中选择图8-110所示的曲面，出现修剪方向，如图8-110所示，单击确定按钮，完成修剪体特征的创建，结果如图8-111所示。

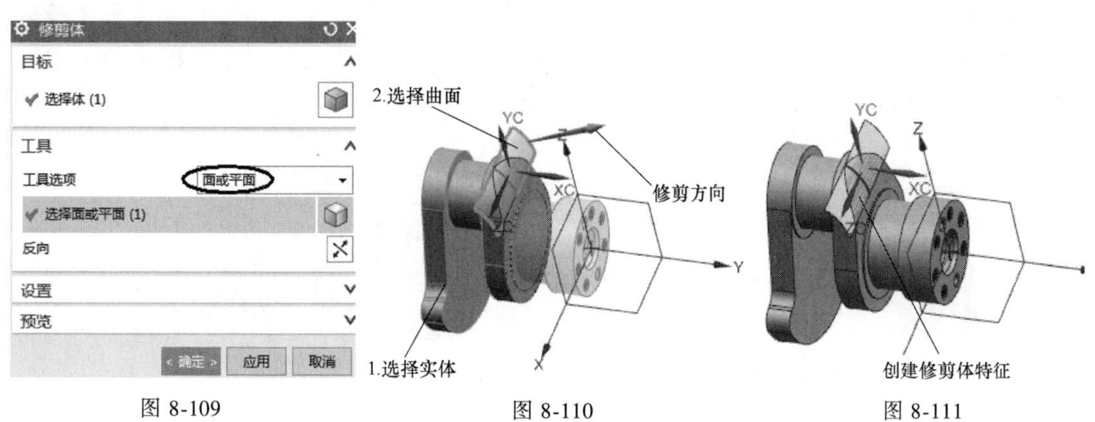

图8-109　　图8-110　　图8-111

13. 创建基准平面

选择菜单中的【插入】/【基准/点】/【基准平面(D)...】命令或在【特征】工具条中单击(基准平面)按钮，出现【基准平面】对话框，如图8-112所示，在【类型】列表框中选择自动判断选项，在图形中选择图8-113所示实体平面，出现偏置方向，在【距离】文本框中输入【20】，如图8-112所示，在【基准平面】对话框中单击应用按钮，完成基准平面的创建，结果如图8-114所示。

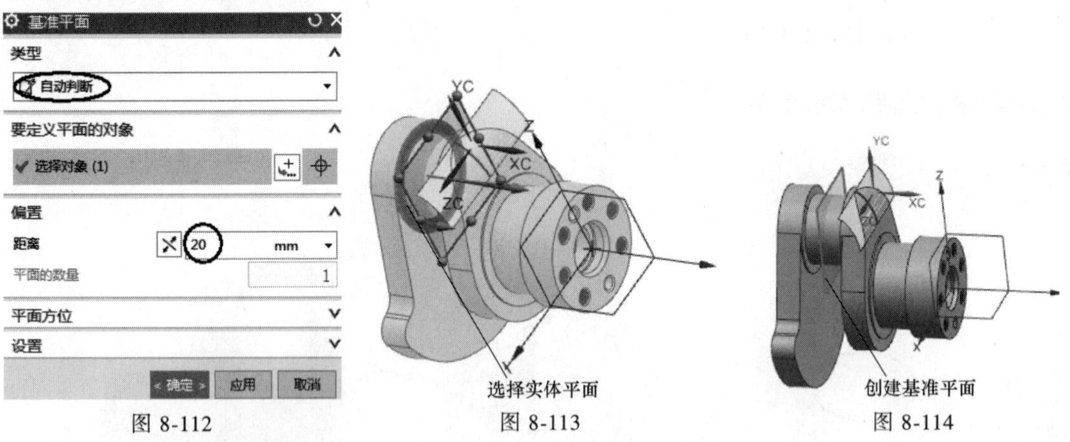

图 8-112 图 8-113 图 8-114

在图形中选择图8-115所示实体平面，出现偏置方向，在【距离】文本框中输入【-12.2】，如图8-115所示，在【基准平面】对话框中单击应用按钮，完成基准平面的创建，结果如图8-116所示。

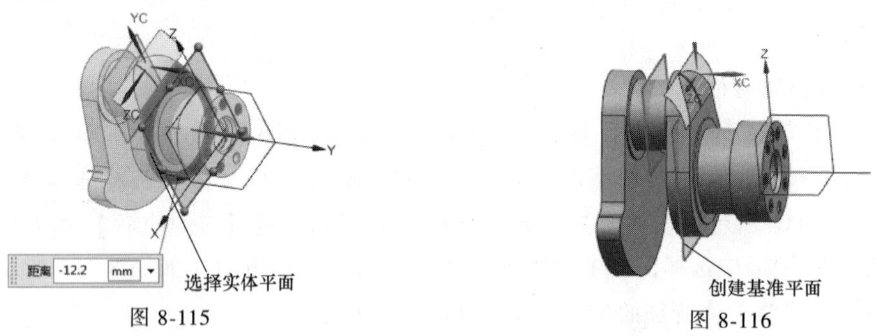

图 8-115 图 8-116

在图形中选择图8-117所示X-Y基准平面，出现偏置方向，在【距离】文本框中输入【19】，如图8-117所示，在【基准平面】对话框中单击确定按钮，完成基准平面的创建，结果如图8-118所示。

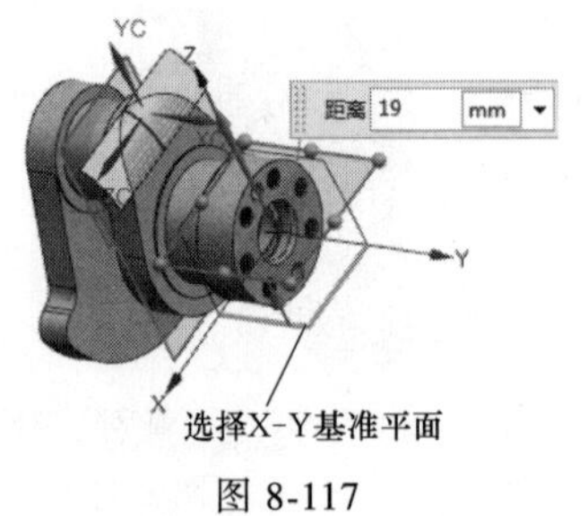

图 8-117

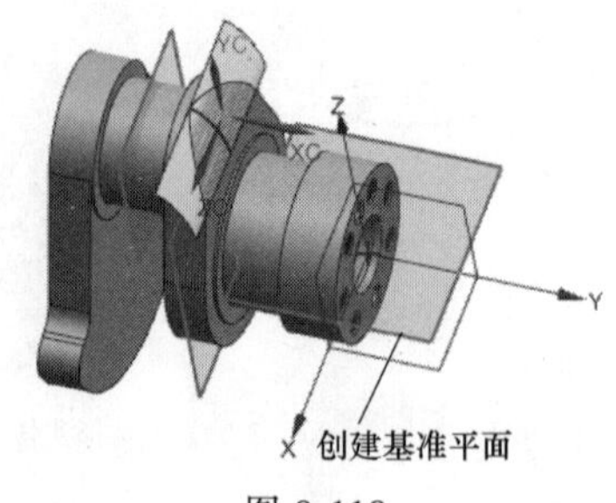

图 8-118

14. 创建镜像特征

选择菜单中的【插入】/【关联复制】/【镜像特征(R)...】命令或在【特征】工具条中单击（镜像特征）按钮，出现【镜像特征】对话框，如图 8-119 所示，在图形中选择图 8-120 所示的曲面，然后在【镜像特征】对话框的【平面】列表框中选择现有平面选项，在图形中选择图 8-120 所示的基准平面，单击 应用 按钮，完成镜像特征的创建，结果如图 8-121 所示。

图 8-119

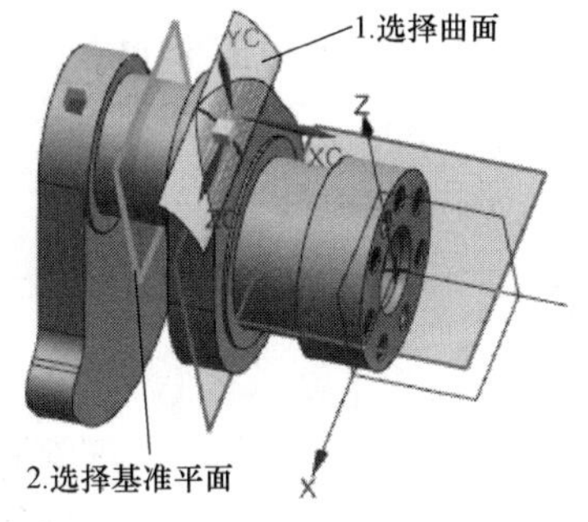

图 8-120

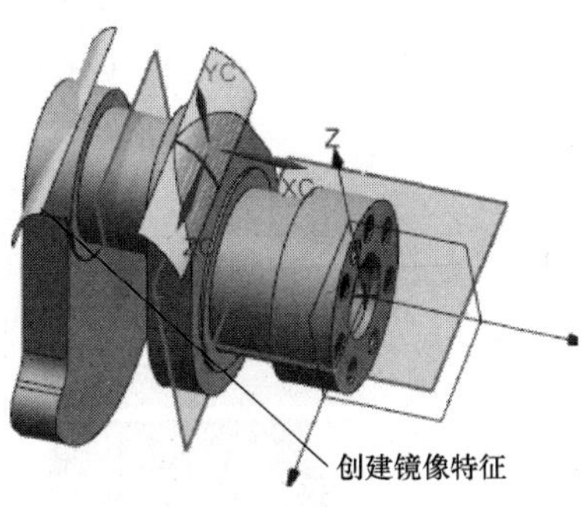

图 8-121

在图形中选择图 8-122 所示的曲面，然后在【镜像特征】对话框的【平面】列表框中选择现有平面选项，在图形中选择图 8-122 所示的基准平面，单击 应用 按钮，完成镜像特征的创建，结果如图 8-123 所示。

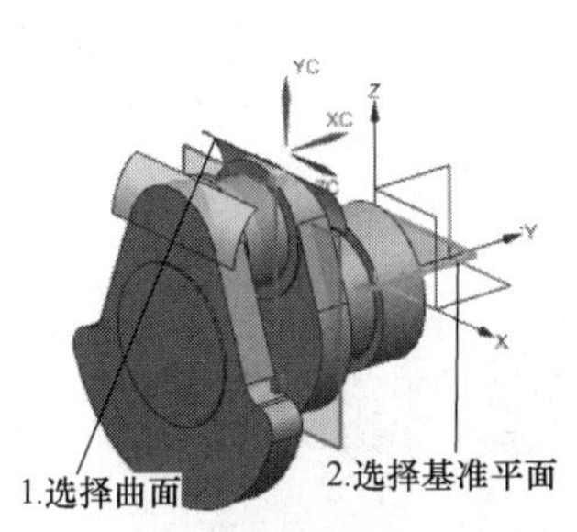

图 8-122

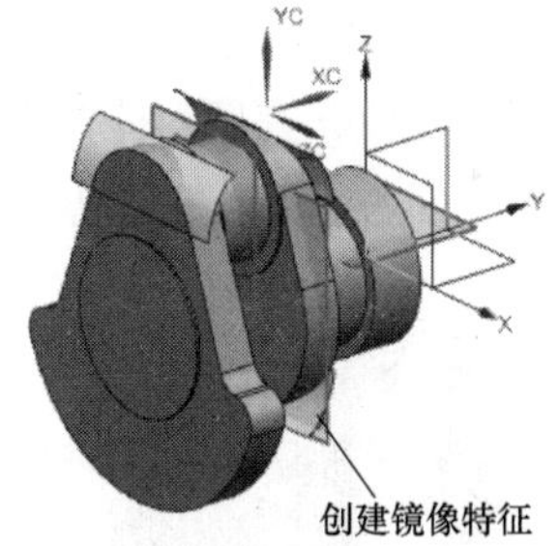

图 8-123

在图形中选择图 8-124 所示的曲面，然后在【镜像特征】对话框的【平面】列表框中选择现有平面选项，在图形中选择图 8-124 所示的基准平面，单击 应用 按钮，完成镜像特征的创建，结果如图 8-125 所示。

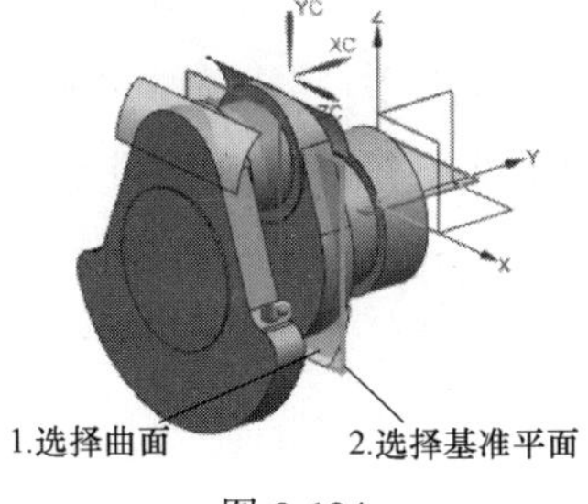

图 8-124

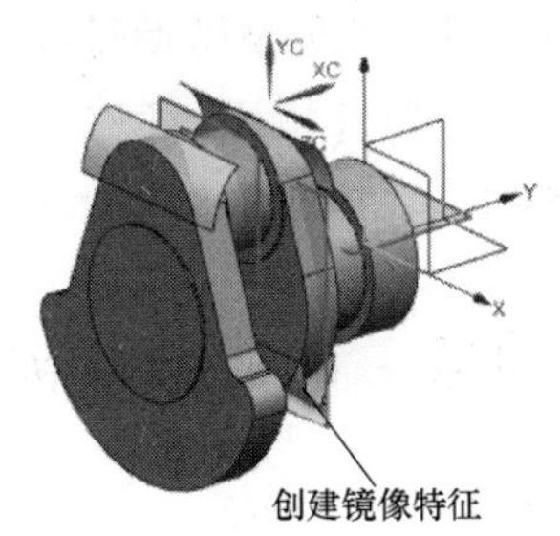

图 8-125

15. 创建修剪体特征

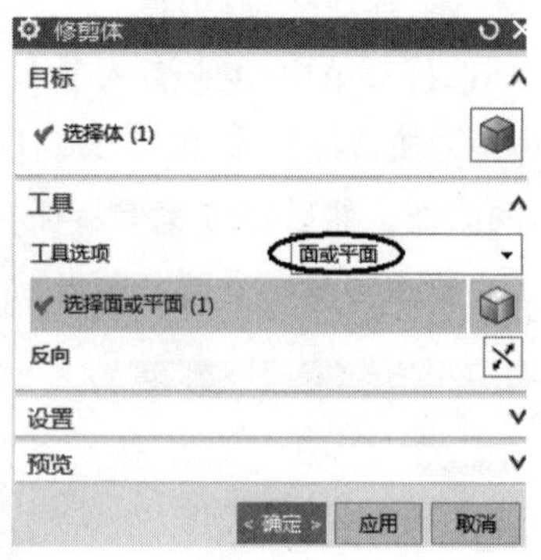

图 8-126

选择菜单中的【插入】/【修剪】/【修剪体(T)...】命令或在【特征】工具条中单击（修剪体）按钮，出现【修剪体】对话框，如图 8-126 所示，系统提示选择目标体，在图形区选择图 8-127 所示的实体，然后在【修剪体】对话框的【工具选项】列表框中选择面或平面选项，在图形中选择图 8-127 所示的曲面，出现修剪方向，如图 8-110 所示，单击 应用 按钮，完成修剪体特征的创建，结果如图 8-128 所示。

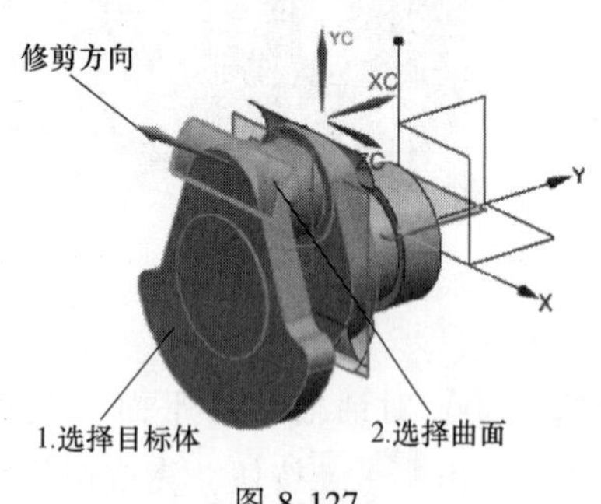

图 8-127

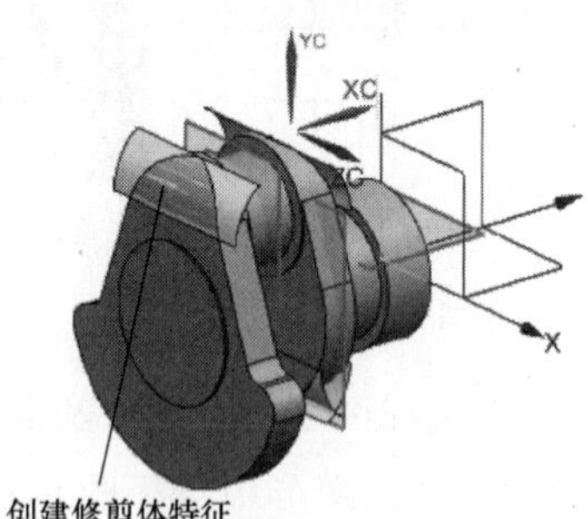

图 8-128

在图形区选择图 8-129 所示的实体，然后在【修剪体】对话框的【工具选项】列表框中选择面或平面选项，在图形中选择图 8-129 所示的曲面，出现修剪方向，如图 8-129 所示，单击 确定 按钮，完成修剪体特征的创建，结果如图 8-130 所示。

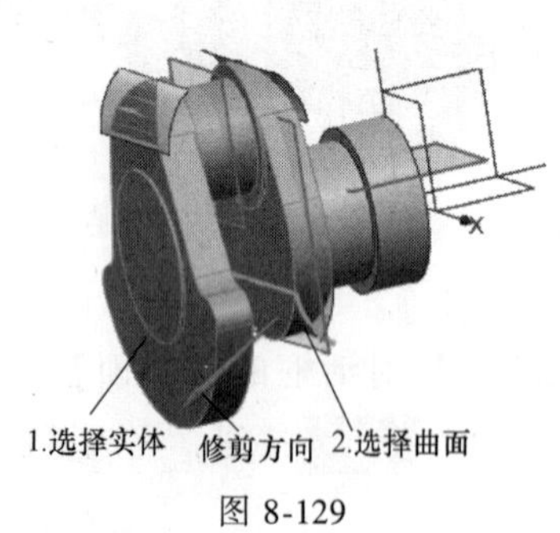

图 8-129

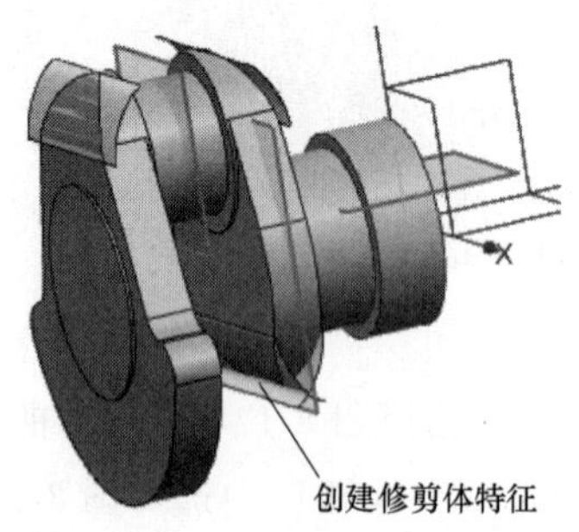

图 8-130

16. 将曲线、片体及辅助基准移至 255 工作层

选择菜单中的【格式】/【移动至图层】命令或在【实用工具】工具条中单击（移动至图层）按钮，选择曲线、片体及辅助基准，将其移动至 255 工作层（步骤略）。

8.4 创建第二缸曲拐结构

1. 创建阵列几何特征

选择菜单中的【插入】/【关联复制】/【阵列几何特征(T)...】命令或在【特征】工具条中单击

（阵列几何特征）按钮，出现【阵列几何特征】对话框，如图 8-131 所示，在图形中选择图 8-132 所示的第一缸曲拐实体，然后在【阵列几何特征】对话框中【布局】列表框中选择 线性选项，在【指定矢量】列表框中选择 -XC 选项，在【间距】列表框中选择数量和间隔选项，在【数量】【节距】文本框中分别输入【2】【132】，单击 确定 按钮，完成阵列几何特征的创建，结果如图 8-133 所示。

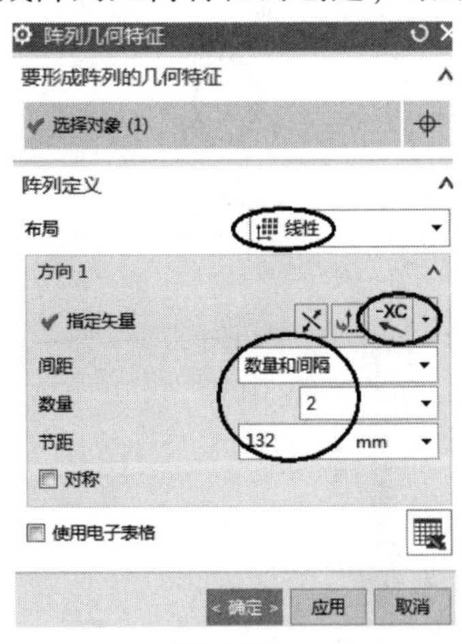

图 8-131

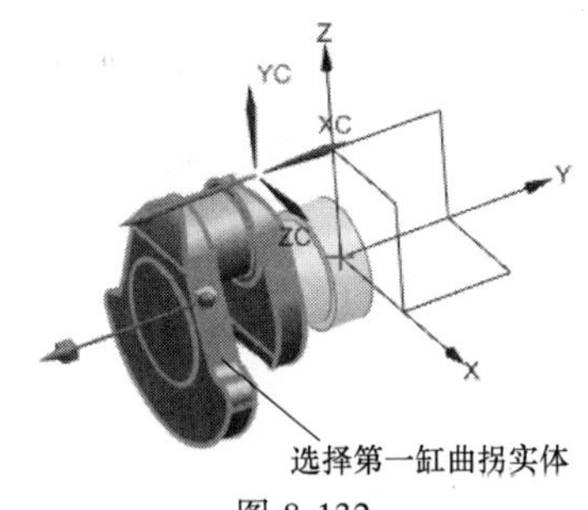

图 8-132

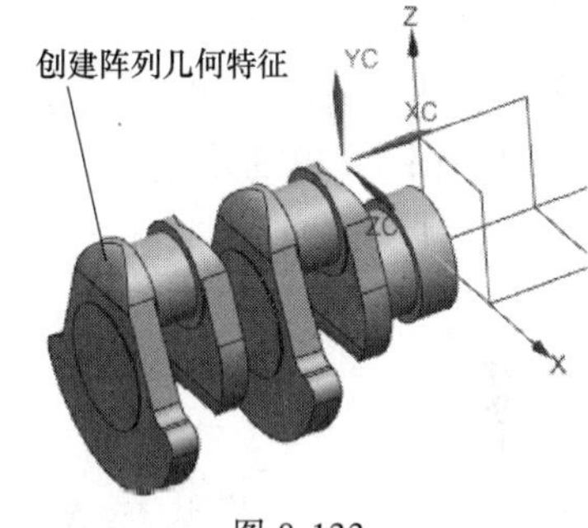

图 8-133

2. 创建移动对象特征

选择菜单中的【编辑】/【移动对象】命令或在【标准】工具条中单击（移动对象）按钮，出现【移动对象】对话框，如图 8-134 所示，在图形中选择图 8-135 所示的实体。在【移动对象】对话框的【运动】列表框中选择 角度选项，在【指定矢量】列表框中选择（自动判断的矢量）选项，在图形中选择图 8-135 所示的 Y 轴作为旋转轴，在【角度】文本框中输入【180】，在【结果】选项区域选中 移动原先的单选按钮，在【设置】选项区域取消选中 移动父项复选框，并选中 关联复选框，如图 8-134 所示，单击 确定 按钮，完成移动对象特征的创建，结果如图 8-136 所示。

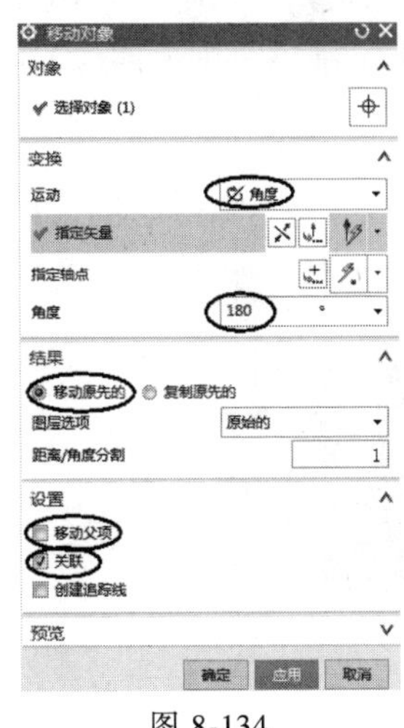

图 8-134

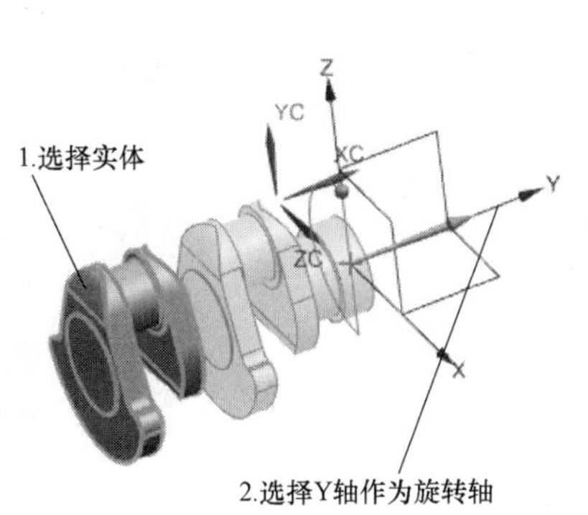

图 8-135

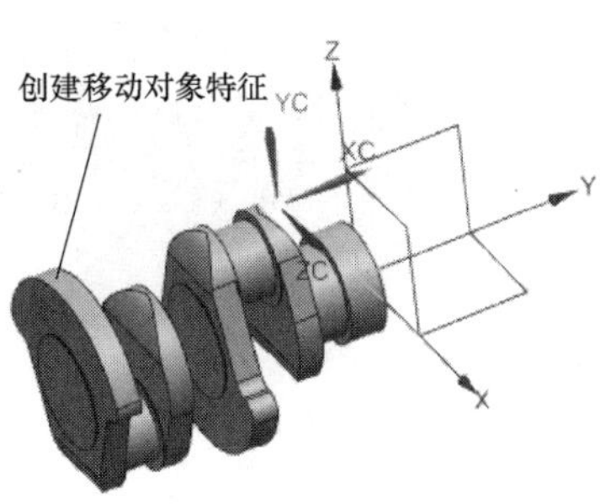

图 8-136

3. 创建圆柱特征

选择菜单中的【插入】/【设计特征】/【圆柱(C)...】命令或在【特征】工具条中单击（圆柱）按钮，出现【圆柱】对话框，在【类型】列表框中选择轴、直径和高度选项，如图8-137所示，在【指定矢量】列表框中选择-XC选项，出现矢量方向，在【指定点】列表框中选择（圆弧中心/椭圆中心/球心）选项，在图形中选择图8-138所示的实体圆弧边，在【直径】【高度】文本框中分别输入【85】【36】，在【布尔】列表框中选择合并选项，在图形中选择图8-138所示的实体，然后单击确定按钮，完成圆柱特征的创建，结果如图8-139所示。

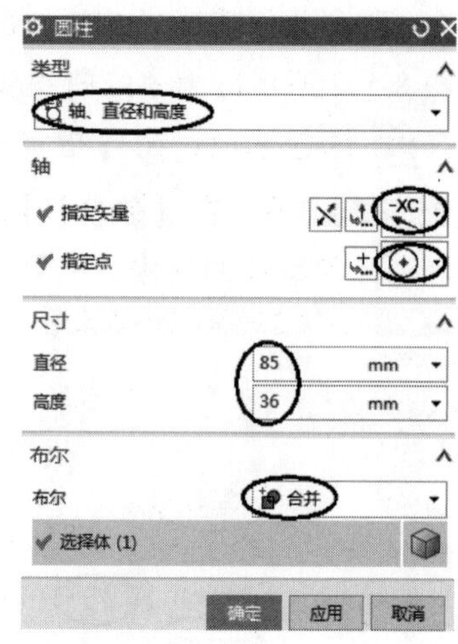

图 8-137

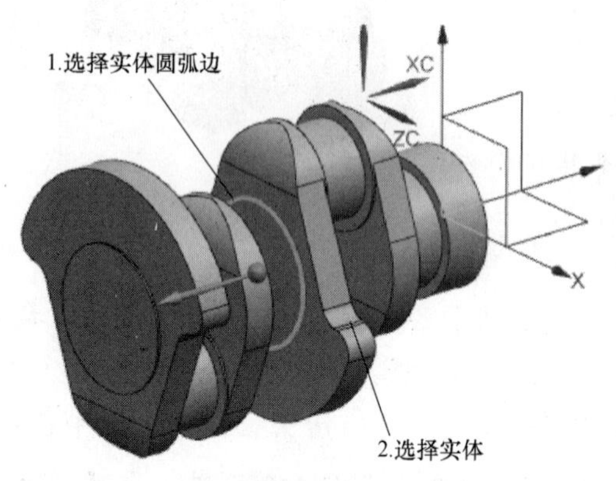

图 8-138

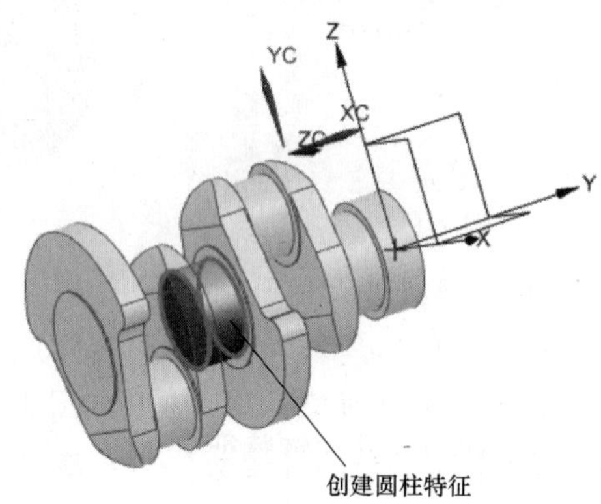

图 8-139

在【指定矢量】列表框中选择-XC选项，出现矢量方向，在【指定点】列表框中选择（圆弧中心/椭圆中心/球心）选项，在图形中选择图8-140所示的实体圆弧边，在【直径】【高度】文本框中分别输入【85】【44】，在【布尔】列表框中选择合并选项，在图形中选择图8-140所示的实体，然后单击确定按钮，完成圆柱特征的创建，结果如图8-141所示。

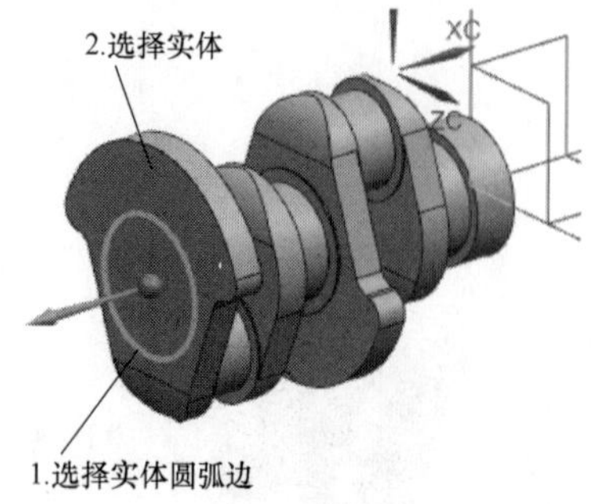

图 8-140

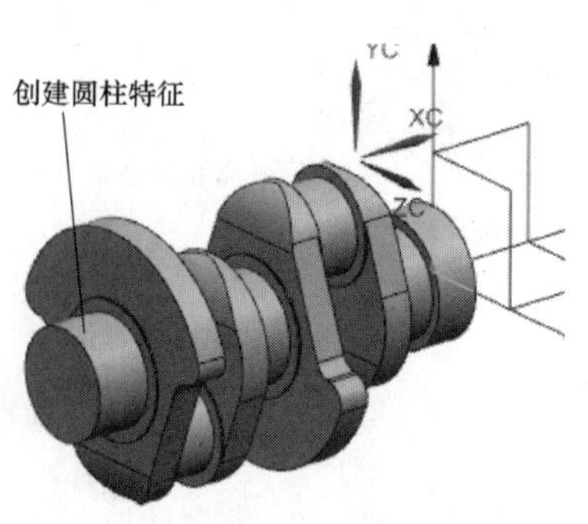

图 8-141

8.5　创建第三缸和第四缸曲拐结构

1. 创建基准平面

选择菜单中的【插入】/【基准/点】/【基准平面(D)...】命令或在【特征】工具条中单击(基准平面)按钮，出现【基准平面】对话框，如图8-142所示，在【类型】列表框中选择自动判断选项，在图形中选择图8-143所示实体平面，出现偏置方向，在【距离】文本框中输入【-22】，如图8-142所示，在【基准平面】对话框中单击应用按钮，完成基准平面的创建，结果如图8-144所示。

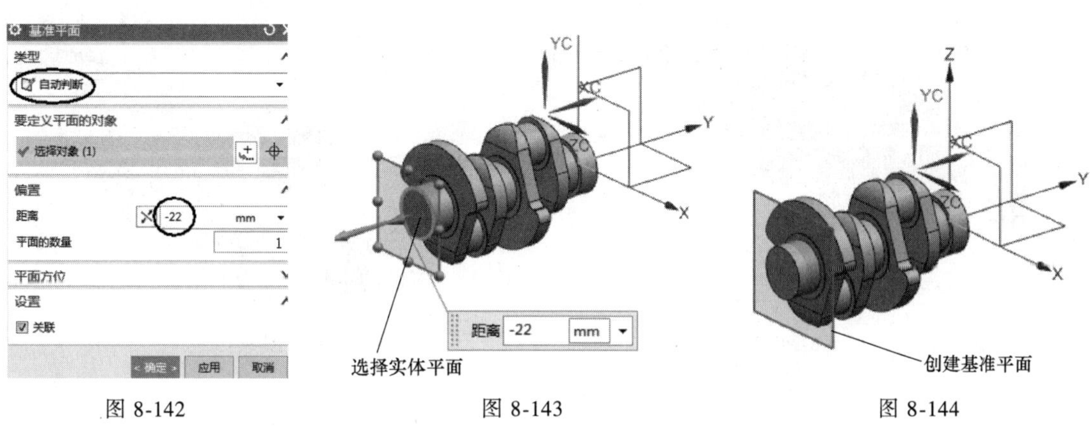

图 8-142　　图 8-143　　图 8-144

2. 创建镜像几何体特征

选择菜单中的【插入】/【关联复制】/【镜像几何体(G)...】命令或在【特征】工具条中单击(镜像几何体)按钮，出现【镜像几何体】对话框，如图8-145所示，在图形中选择图8-146所示的2个实体。在【镜像几何体】对话框的【指定平面】列表框中选择(自动判断)选项，在图形中选择图8-146所示的基准平面，如图8-145所示，单击确定按钮，完成镜像几何体特征的创建，结果如图8-147所示。

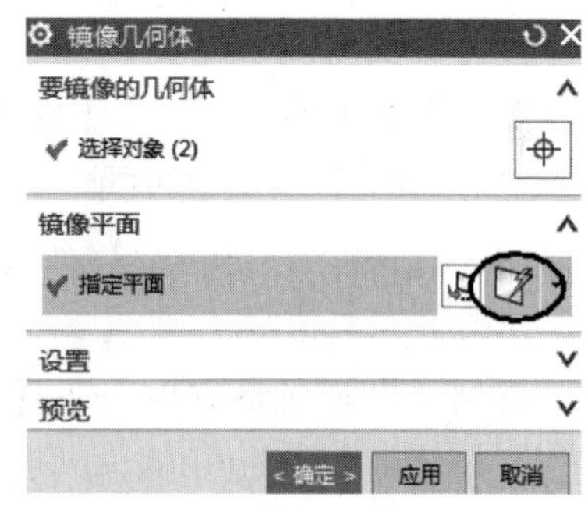

图 8-145

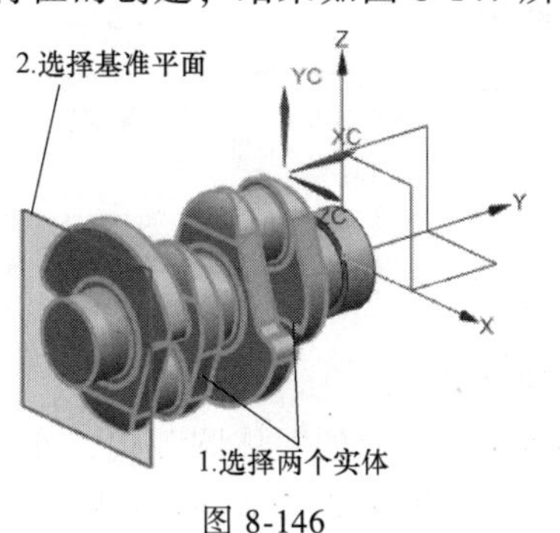

图 8-146

创建镜像几何体特征

图 8-147

3. 合并操作

图 8-148

选择菜单中的【插入】/【组合】/【合并】命令或在【特征】工具条中单击（合并）按钮，出现【合并】操作对话框，如图 8-148 所示，按照图 8-149 所示选择目标实体，然后框选图 8-149 所示工具实体，单击 确定 按钮，完成合并操作，结果如图 8-150 所示。

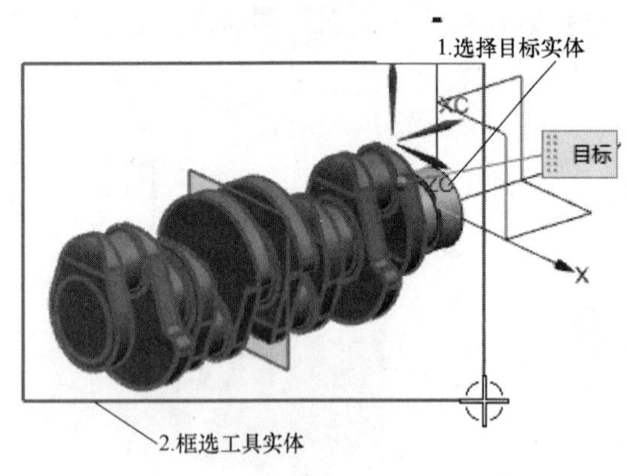

图 8-149

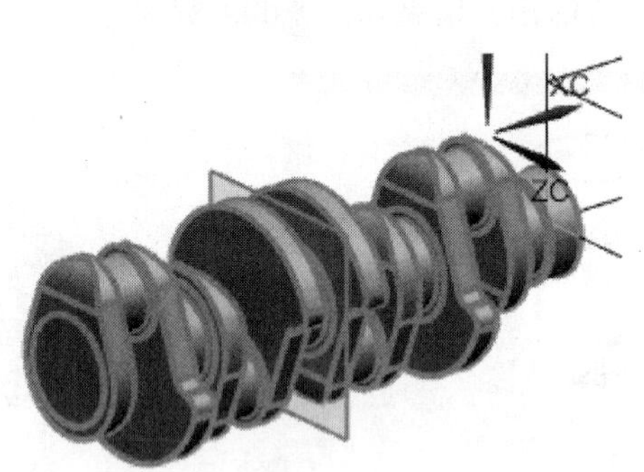

图 8-150

8.6 创建后输出轴颈

1. 创建圆柱特征

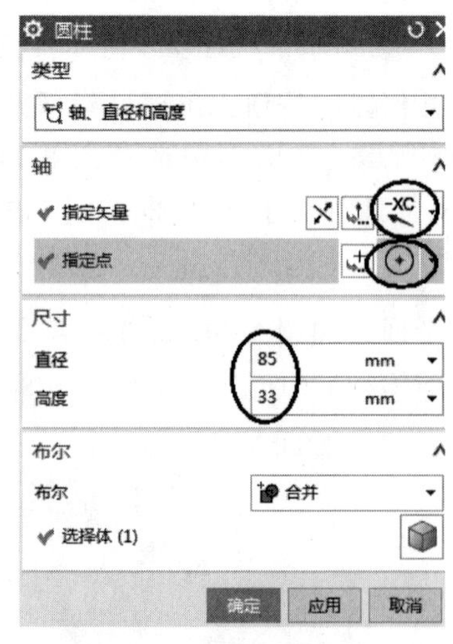

图 8-151

选择菜单中的【插入】/【设计特征】/【圆柱(C)...】命令或在【特征】工具条中单击（圆柱）按钮，出现【圆柱】对话框，在【类型】列表框中选择轴、直径和高度选项，如图 8-151 所示，在【指定矢量】列表框中选择 -XC 选项，出现矢量方向，在【指定点】列表框中选择（圆弧中心/椭圆中心/球心）选项，在图形中选择图 8-152 所示的实体圆弧边，在【直径】【高度】文本框中分别输入【85】【33】，在【布尔】列表框中选择合并选项，然后单击 确定 按钮，完成圆柱特征的创建，结果如图 8-153 所示。

在【指定矢量】列表框中选择 -XC 选项，出现矢量方向，在【指定点】列表框中选择（圆弧中心/椭圆中心/球心）选项，如图 8-154 所示，在图形中选择图 8-155 所示的实体圆弧边，在【直径】【高度】文本框中分别输入【65】【5】，在【布尔】列表框中选择合并选项，然后单击

确定按钮，完成圆柱特征的创建，结果如图 8-156 所示。

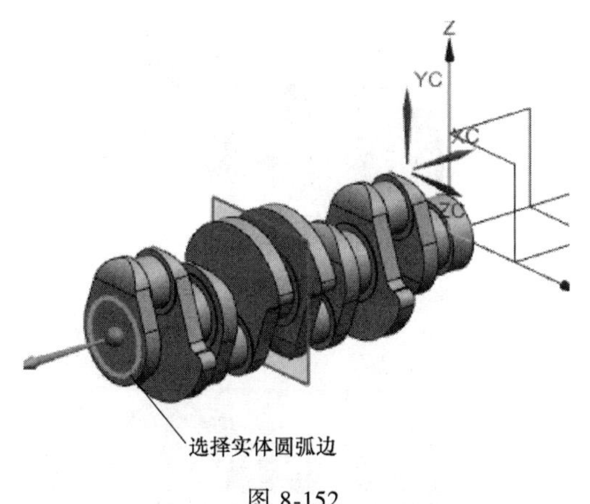

图 8-152

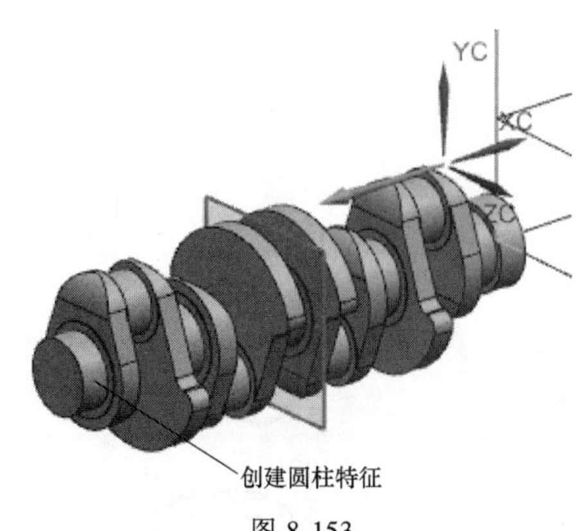

图 8-153

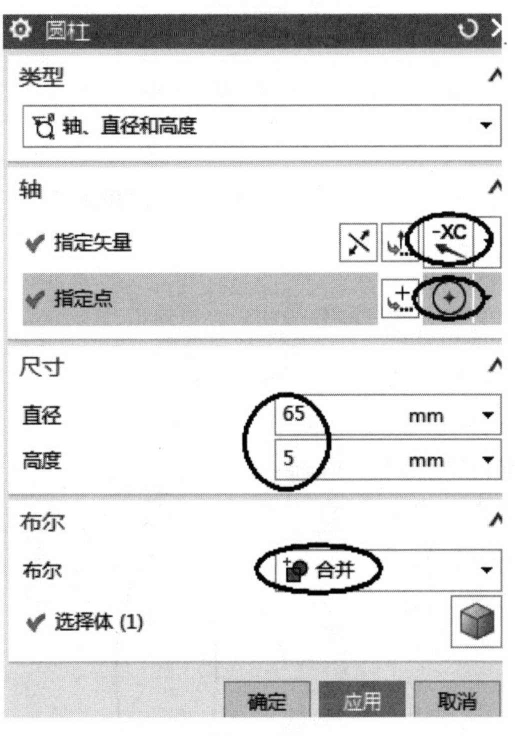

图 8-154

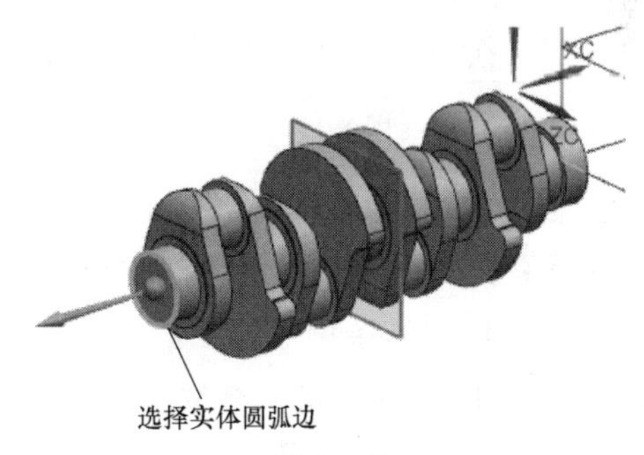

图 8-155

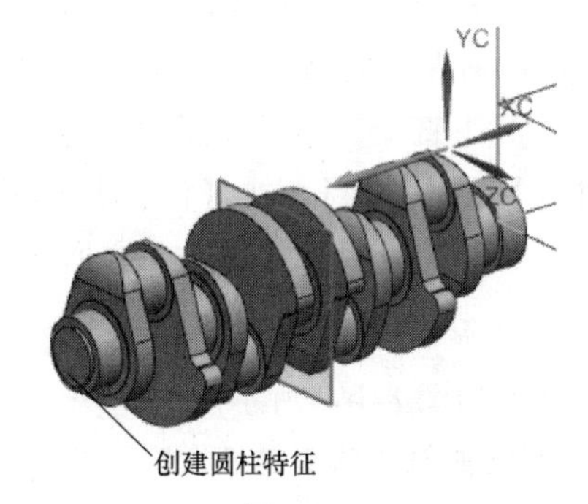

图 8-156

在【指定矢量】列表框中选择 -XC 选项，出现矢量方向，在【指定点】列表框中选择 ⊙（圆弧中心/椭圆中心/球心）选项，如图 8-157 所示，在图形中选择图 8-158 所示的实体圆弧边，在【直径】【高度】文本框中分别输入【45】【80】，在【布尔】列表框中选择合并选项，然后单击确定按钮，完成圆柱特征的创建，结果如图 8-159 所示。

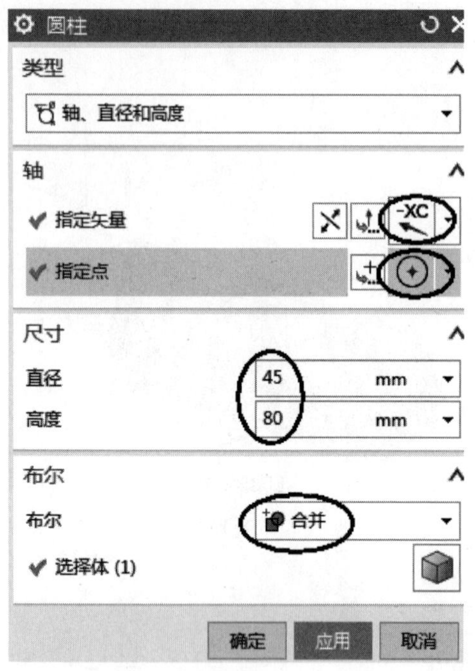

图 8-157

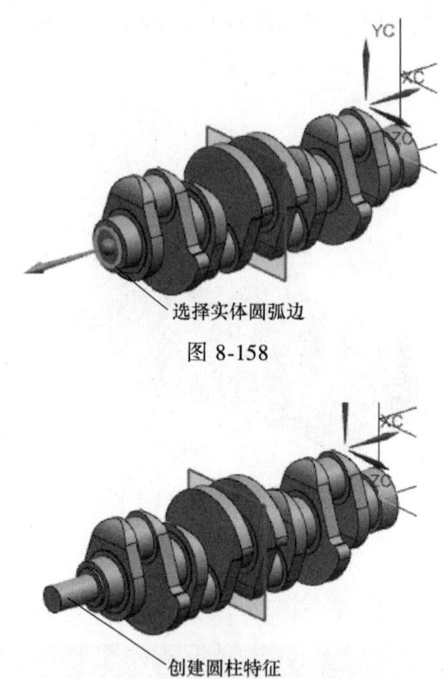

图 8-158

创建圆柱特征

图 8-159

2. 创建沉头孔

选择菜单中的【插入】/【设计特征】/【孔(H)...】命令或在【特征】工具条中单击（孔）按钮，出现【孔】对话框，如图 8-160 所示，系统提示选择孔放置点，在主界面捕捉点工具条中单击（圆弧中心）按钮，然后在图形中选择图 8-161 所示的实体圆弧边。在【孔方向】列表框中选择垂直于面选项，在【成形】列表框中选择沉头选项，在【沉头直径】【沉头深度】【直径】文本框中分别输入【28】【7】【24】，在【深度】【顶锥角】文本框中分别输入【45】【120】，如图 8-160 所示，在【布尔】列表框中选择减去选项，最后单击应用按钮，完成沉头孔的创建，结果如图 8-162 所示。

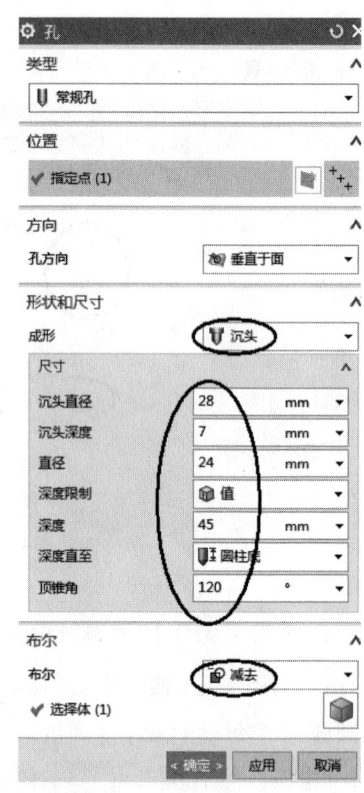

图 8-160

3. 草绘曲轴左端孔截面

选择菜单中的【插入】/【草图】或在【直接草图】工具条中单击（草图）按钮，出现【创建草图】对话框，在图形中选择图 8-163 所示 Y-Z 基准平面作为草图平面，单击确定按钮，出现草图绘制区。

在【直接草图】工具条中单击（轮廓）按钮，按照图 8-164 所示绘制相连的截面线。

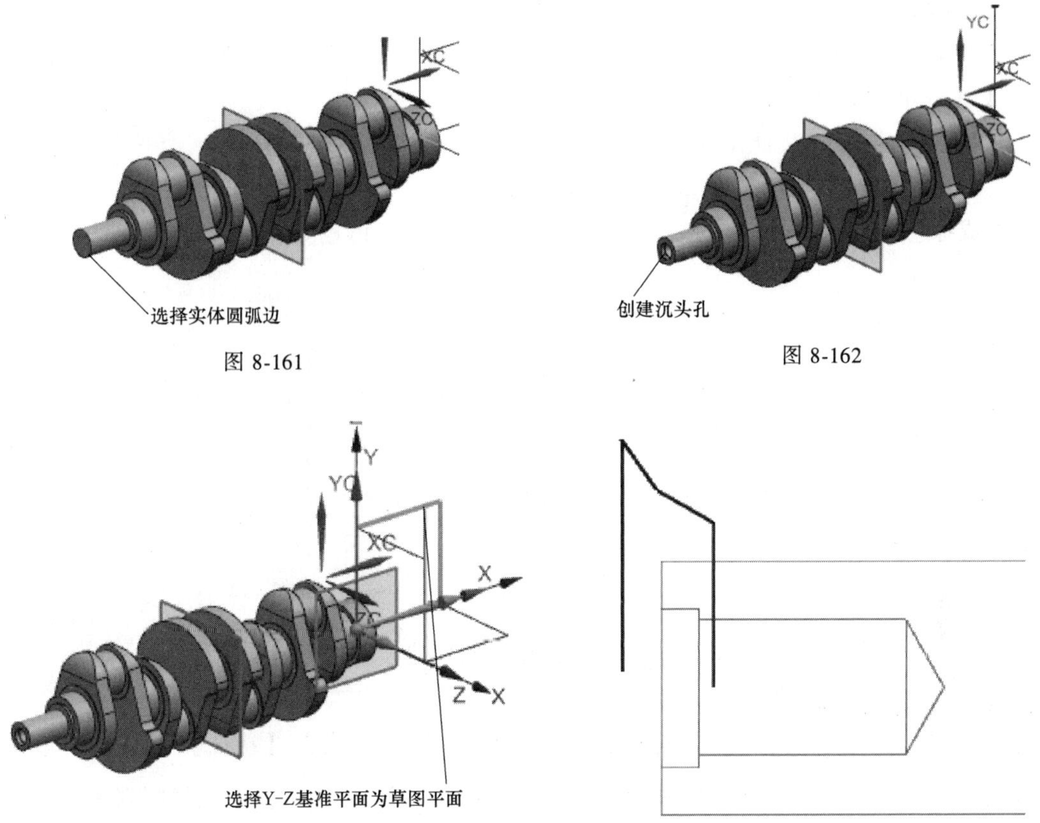

图 8-161　　图 8-162

图 8-163　　图 8-164

在【直接草图】工具条中单击（几何约束）按钮，出现【几何约束】对话框，单击（重合）按钮，如图 8-165 所示，在图形中选择图 8-166 所示直线端点与圆心，约束其重合，约束的结果如图 8-167 所示。在【直接草图】工具条中单击（显示草图约束）按钮，使图形中的约束显示出来。

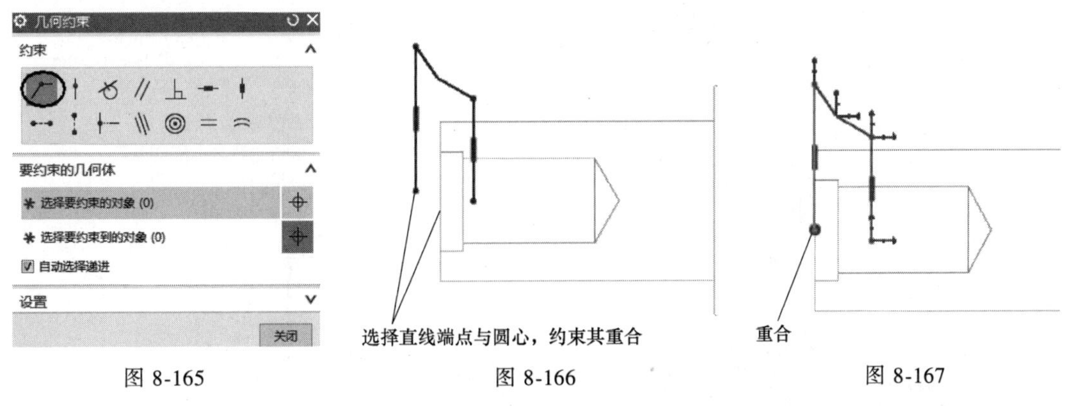

图 8-165　　图 8-166　　图 8-167

在【几何约束】对话框中单击（点在曲线上）按钮，在图形中选择图 8-168 所示 X 轴和直线端点，约束其点在曲线上，约束的结果如图 8-169 所示。在【直接草图】工具条中

单击 ⊥（显示草图约束）按钮，使图形中的约束显示出来。

在【直接草图】工具条中单击（快速尺寸）按钮，按照图 8-170 所示的尺寸进行标注。此时直接草图已经转换成绿色，表示已经完全约束。

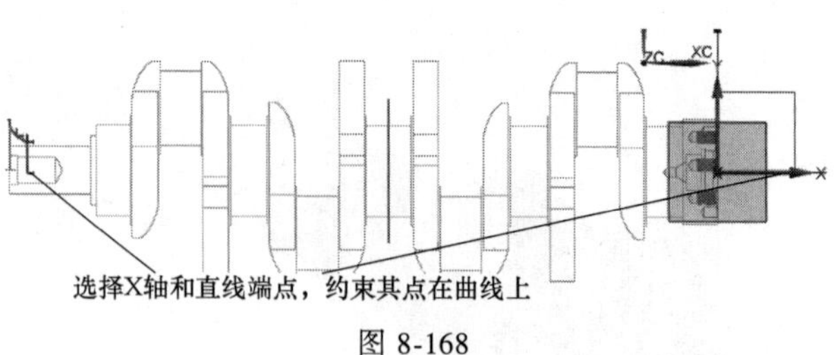

图 8-168

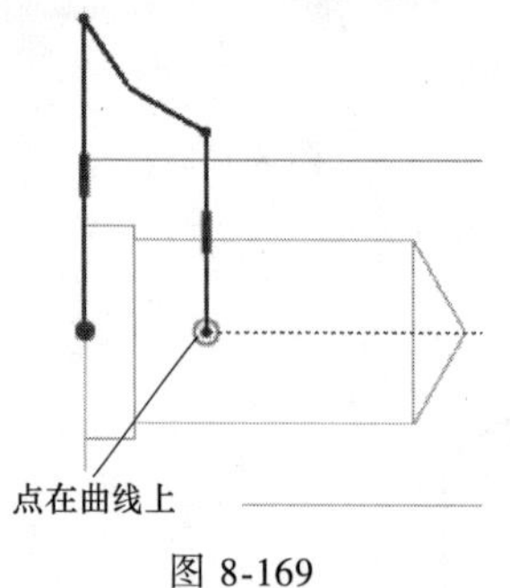

图 8-169

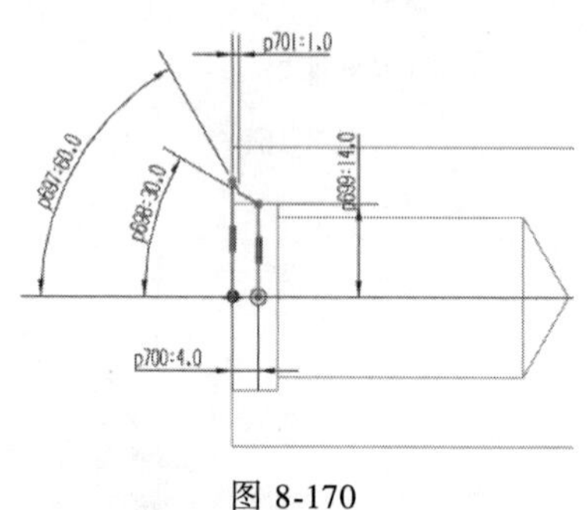

图 8-170

在【直接草图】工具条中单击 完成草图按钮，回到建模界面。

4. 创建旋转体特征

选择菜单中的【插入】/【设计特征】/【 旋转(R)...】命令或在【特征】工具条中单击（旋转）按钮，出现【旋转】对话框，如图 8-171 所示。在主界面曲线规则列表框中选择 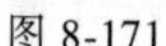 自动判断曲线 选项，在图形中选择图 8-172 所示截面线作为旋转对象。

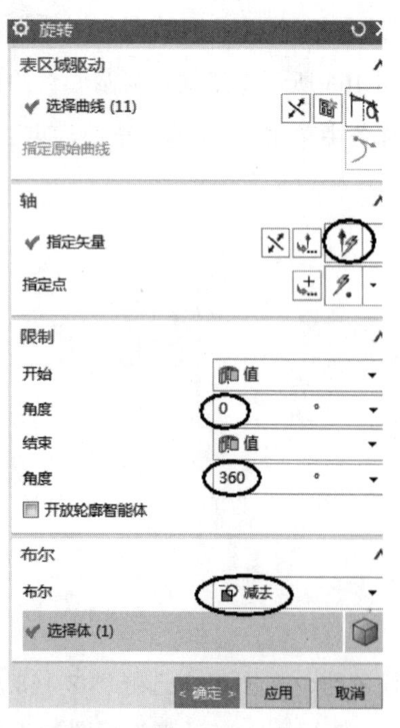

图 8-171

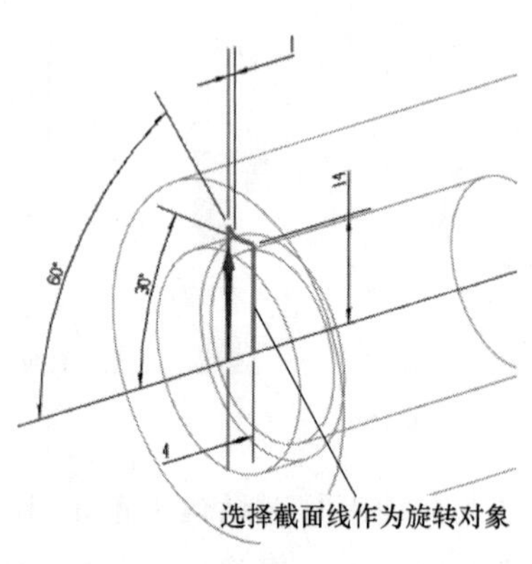

图 8-172

在【旋转】对话框的【指定矢量】列表框中选择 ▾（自动判断的矢量）选项，在图形中选择图 8-173 所示的 Y 轴作为旋转轴，在开始【角度】文本框和结束【角度】文本框中分别输入【0】【360】，在【布尔】列表框中选择 减去选项，如图 8-171 所示，单击 确定 按钮，完成旋转体特征的创建，结果如图 8-174 所示。

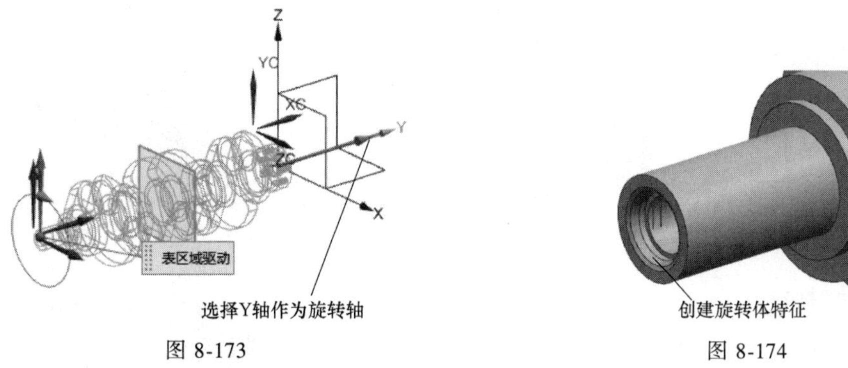

图 8-173　　图 8-174

5. 将曲线、辅助基准平面移至 255 工作层

选择菜单中的【格式】/【移动至图层】命令或在【实用工具】工具条中单击 （移动至图层）按钮，选择曲线、辅助基准平面，将其移动至 255 工作层（步骤略）。

6. 创建倒斜角特征

选择菜单中的【插入】/【细节特征】/【 倒斜角(M)...】命令或在【特征】工具条中单击 （倒斜角）按钮，出现【倒斜角】对话框，如图 8-175 所示，在图形中选择图 8-176 所示实体圆弧边，在对话框中【距离】文本框中输入【2】，单击 确定 按钮，完成倒斜角特征的创建，结果如图 8-177 所示。

图 8-175

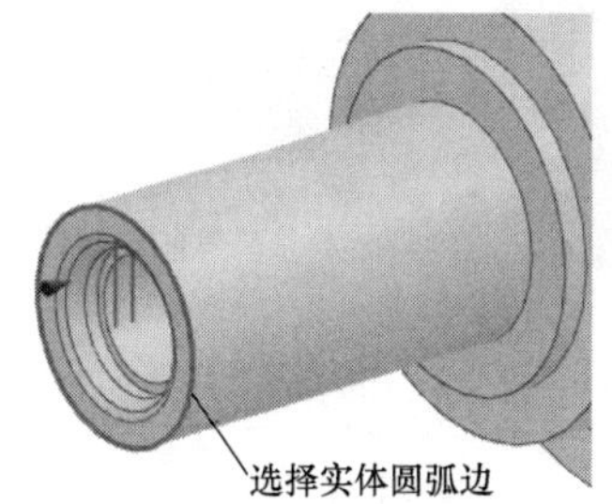

图 8-176

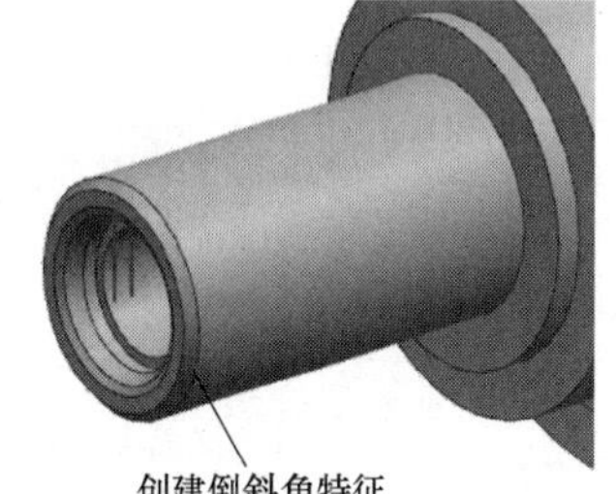

图 8-177

7. 创建基准平面

选择菜单中的【插入】/【基准/点】/【 基准平面(D)...】命令或在【特征】工具条中单击 （基准平面）按钮，出现【基准平面】对话框，如图 8-178 所示，在【类型】列表框中选择 自动判断选项，在图形中选择图 8-179 所示 X-Y 基准平面，出现偏置方向，在【距离】文本框中输入【22.5】，如图 8-178 所示，在【基准平面】对话框中单击 确定 按钮，完成基

准平面的创建，结果如图 8-180 所示。

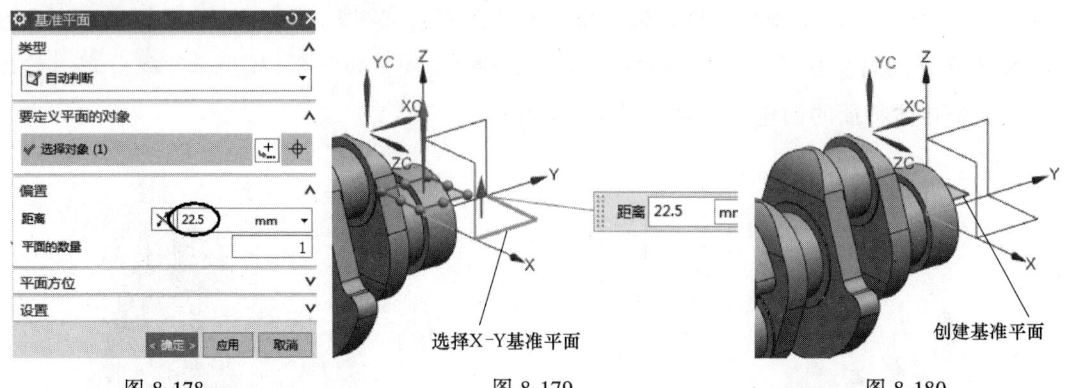

图 8-178　　图 8-179　　图 8-180

8. 创建键槽特征

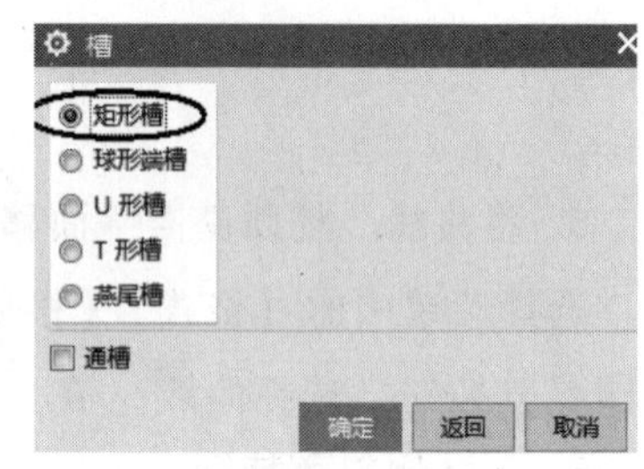

图 8-181

选择菜单中的【插入】/【设计特征】/【键槽(原有)(L)...】命令，出现【槽】对话框，选中矩形槽单选按钮，如图 8-181 所示，单击确定按钮，出现【矩形槽】选择放置面对话框，如图 8-182 所示，在图形中选择图 8-183 所示的基准平面作为放置面。系统出现图 8-184 所示对话框，提示选择特征边，单击接受默认边按钮，出现图 8-185 所示对话框，系统提示选择目标实体，在图形中选择图 8-186 所示的实体。系统出现【水平参考】选择对话框，如图 8-187 所示。

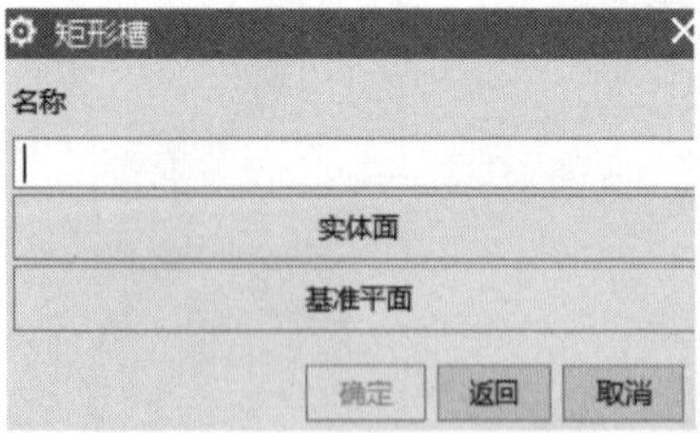

图 8-182

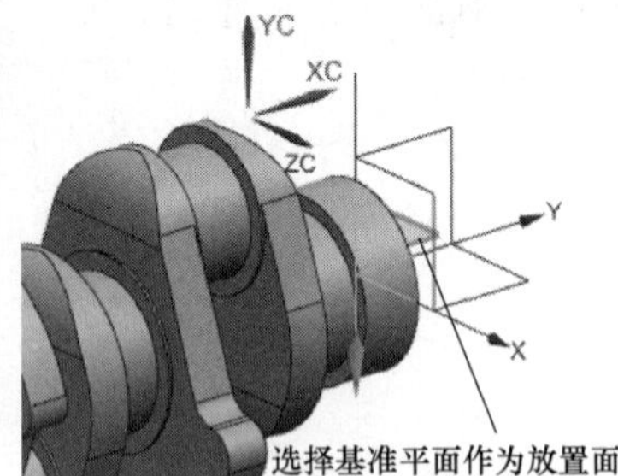

图 8-183

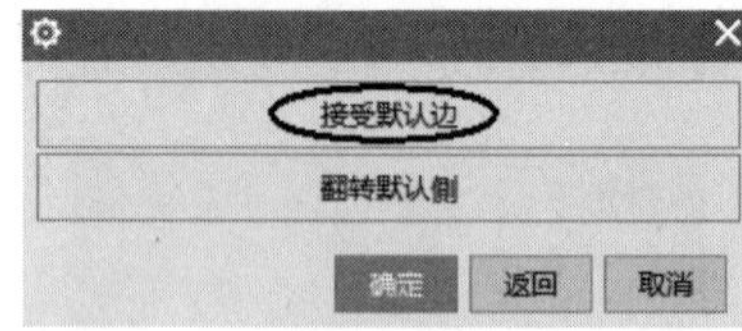

图 8-184

图 8-185

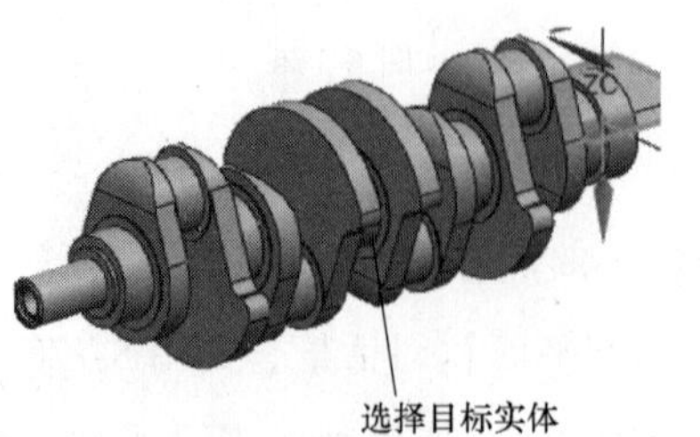

图 8-186

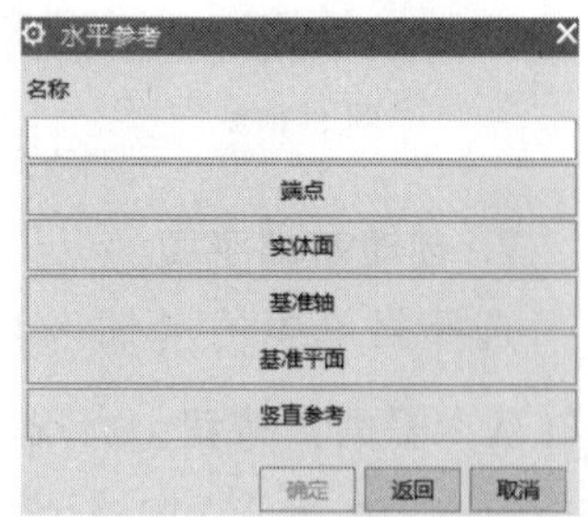

图 8-187

在图形中选择图 8-188 所示的圆柱面作为水平参考，系统出现【矩形槽】参数对话框，如图 8-189 所示，在【长度】【宽度】【深度】文本框中分别输入【146】【12】【4.5】，单击 确定 按钮，出现矩形键槽【定位】对话框，如图 8-190 所示，单击 （水平）按钮，出现【水平】定位选择目标对象对话框，如图 8-191 所示，在图形中选择图 8-192 所示的实体圆弧边，出现【设置圆弧的位置】对话框，如图 8-193 所示，单击 圆弧中心 按钮。系统出现【水平】定位选择刀具边对话框，如图 8-194 所示，在图形中选择图 8-195 所示的键槽竖直中心线。出现【创建表达式】对话框，如图 8-196 所示，在【p711】文本框中（读者的变量名可能不同）输入【0】，然后单击 确定 按钮。

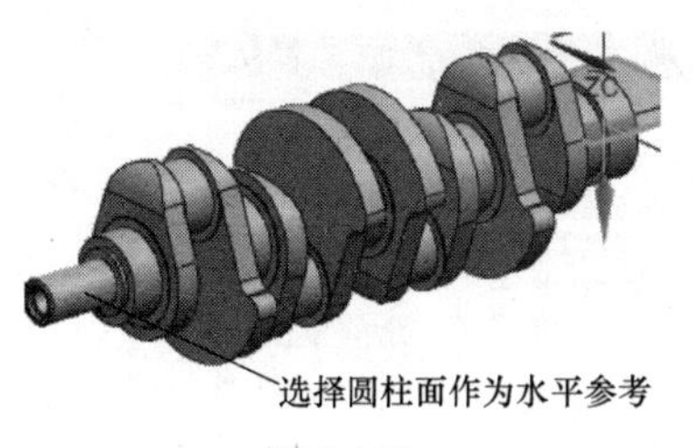

图 8-188

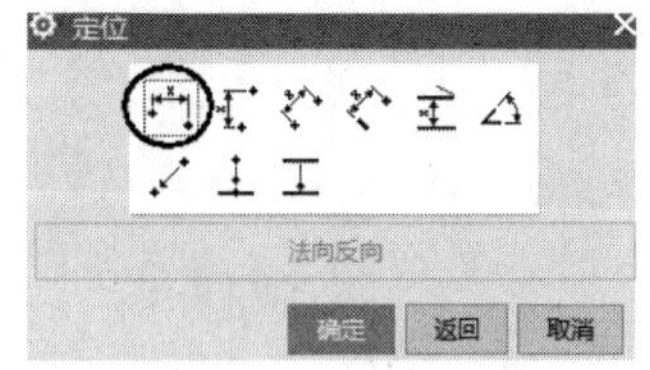

图 8-189

图 8-190

图 8-191

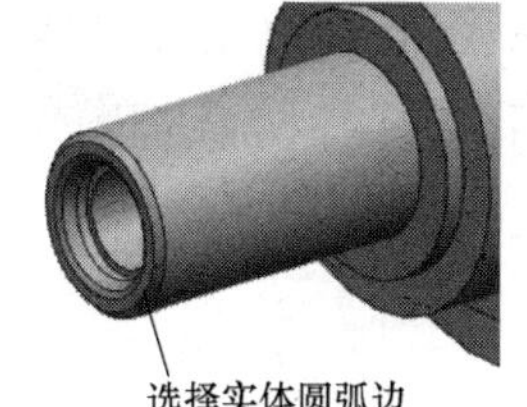

图 8-192

图 8-193

图 8-194

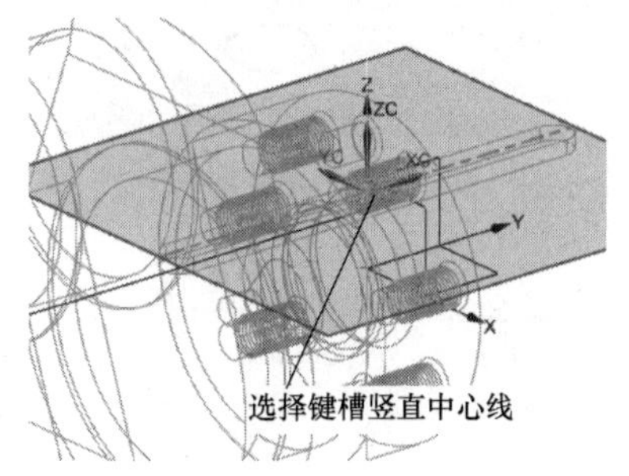

图 8-195

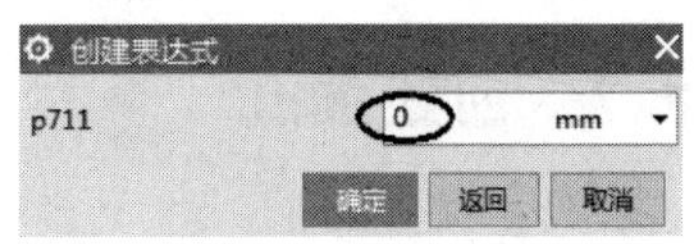

图 8-196

系统返回矩形键槽【定位】对话框，单击 （竖直）按钮，如图 8-197 所示，系统出现【竖直】定位选择目标对象对话框，如图 8-198 所示，在图形区选择图 8-199 所示的实体圆弧边作为竖直参考目标对象。出现【设置圆弧的位置】对话框，如图 8-200 所示，单击 圆弧中心 按钮，出现【竖直】定位选择刀具边对话框。

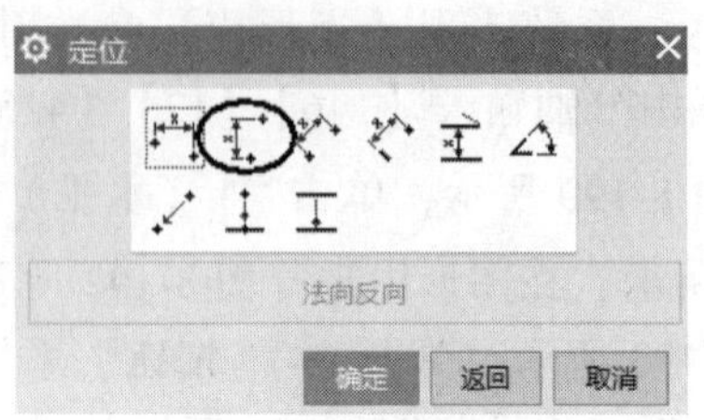

图 8-197

图 8-198

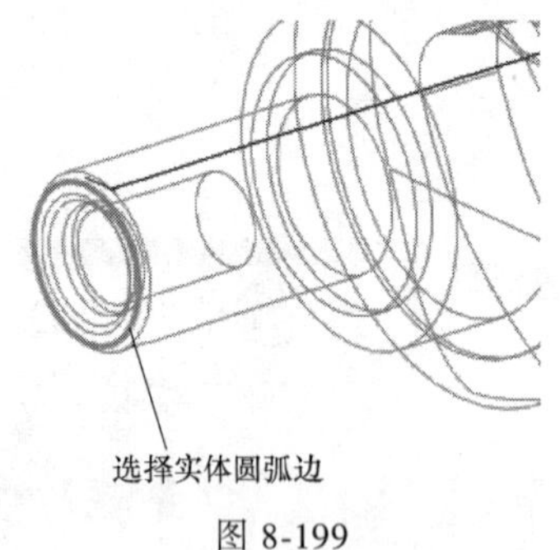

图 8-199

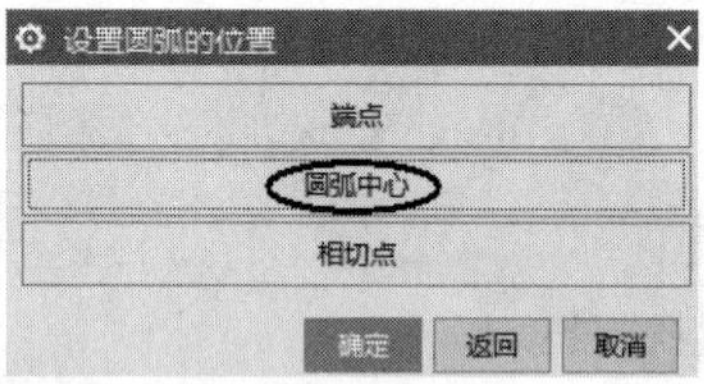

设置圆弧的位置

端点

圆弧中心

相切点

确定 返回 取消

图 8-200

在图形中选择图 8-201 所示的键槽水平中心线，出现【创建表达式】对话框，如图 8-202 所示，在【p712】文本框中（读者的变量名可能不同）输入【0】，然后单击 确定 按钮。返回矩形键槽【定位】对话框，单击 确定 按钮，完成键槽特征的创建，结果如图 8-203 所示。

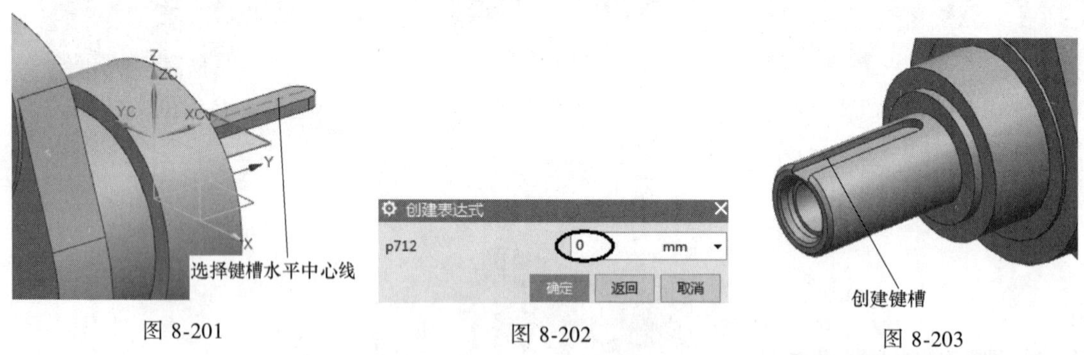

图 8-201　　图 8-202　　图 8-203

8.7 创建油孔

1. 取消跟踪设置

如果用户已经设置取消跟踪，可以跳过这一步，选择菜单中的【首选项】/【用户界面】命令，出现【用户界面首选项】对话框，在【选项】页面取消选中 跟踪光标位置 复选框，然后单击 确定 按钮，完成取消跟踪设置。

2. 移动工作坐标系

选择菜单中的【格式】/【WCS】/【原点(O)...】命令或在【实用工具】工具条中单击（WCS 原

点）按钮，出现【点】对话框，在【类型】列表框中选择【⊙ 圆弧中心/椭圆中心/球心】选项，如图 8-204 所示，在图形中选择图 8-205 所示的实体圆弧边，然后单击 确定 按钮，将工作坐标系移至圆心，结果如图 8-206 所示。

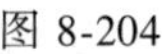
图 8-204

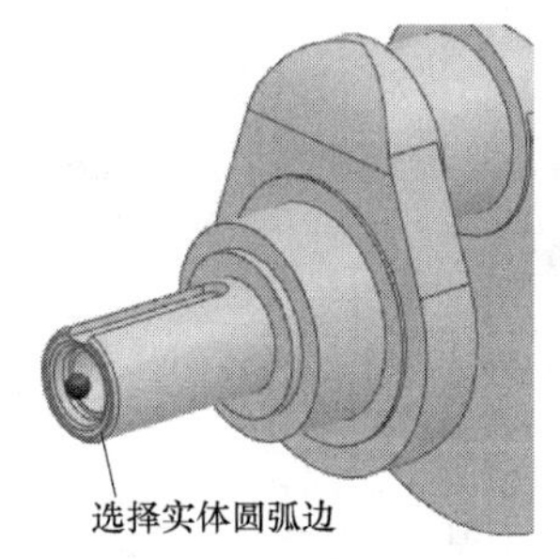

图 8-205

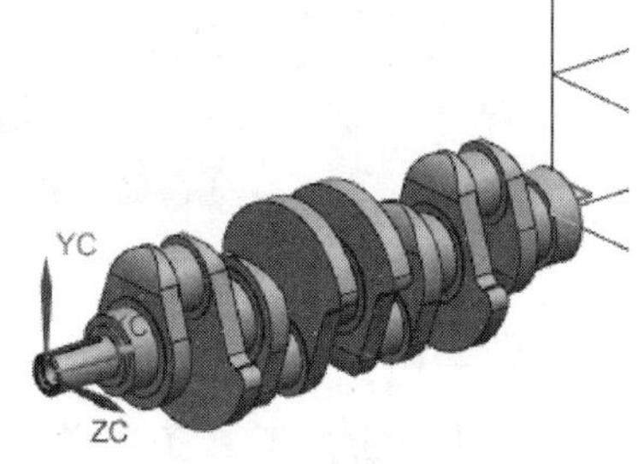

图 8-206

3. 绘制直线

在【曲线】工具条中单击（基本曲线）按钮，出现【基本曲线】对话框，选择（直线）按钮，取消选中 线串模式 复选框，如图 8-207 所示，在下方的【跟踪条】里的【XC】【YC】【ZC】文本框中分别输入【100】【-20】【-37.5】，如图 8-208 所示，然后按<Enter>键，在【跟踪条】里的（长度）文本框中输入【100】，在（角度）文本框中输入【57】，如图 8-209 所示，然后按<Enter>键，完成直线的绘制，结果如图 8-210 所示。

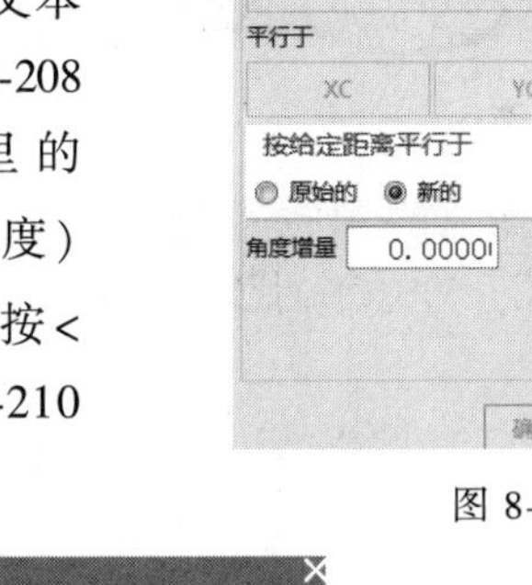

图 8-207

跟踪条
XC 100.000 YC -20.000 ZC -37.500 0.000 0.000 1.000

图 8-208

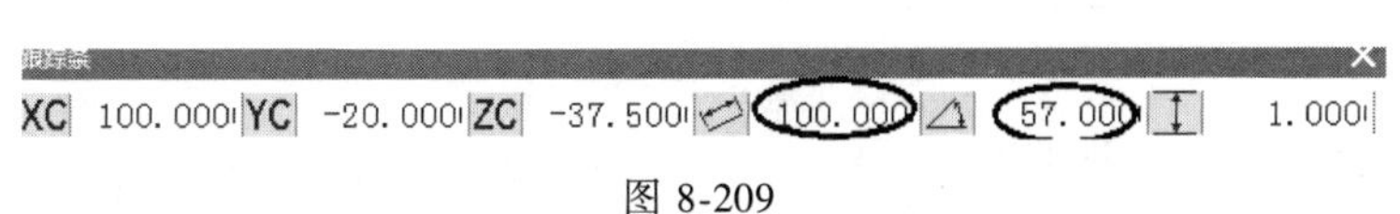

图 8-209

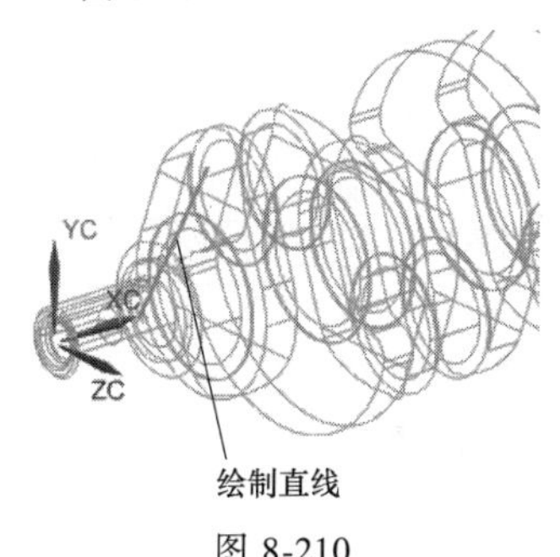

图 8-210

4. 旋转工作坐标系

选择菜单中的【格式】/【WCS】/【旋转】命令或在【实用工具】工具条中单击（旋转

WCS）按钮，出现【旋转 WCS】工作坐标系对话框，如图 8-211 所示，选中 -YC 轴 : XC --> ZC单选按钮，在旋转【角度】文本框中输入【90】，单击 确定 按钮，将坐标系转成图 8-212 所示样式。

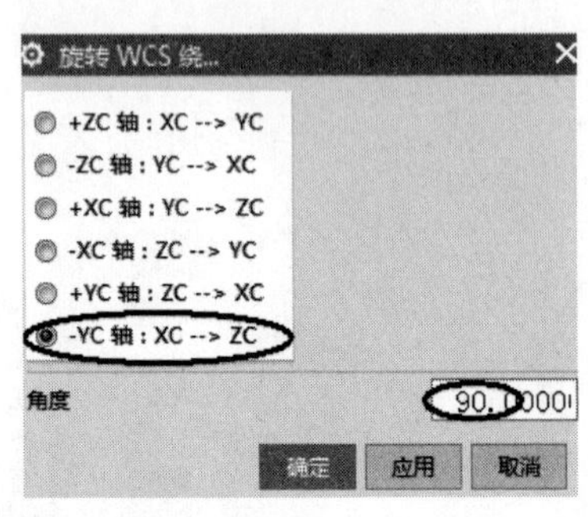

图 8-211

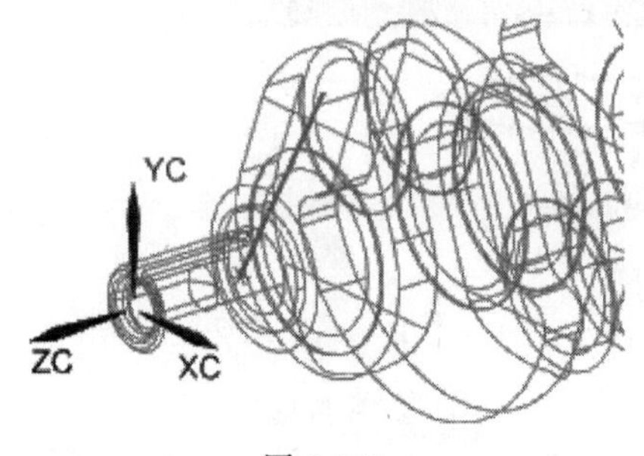

图 8-212

5. 绘制直线

在【曲线】工具条中单击（基本曲线）按钮，出现【基本曲线】对话框，单击（直线）按钮，取消选中 线串模式复选框，在下方的【跟踪条】里的【XC】【YC】【ZC】文本框中分别输入【-37.5】【-20】【-100】，如图 8-213 所示，然后按<Enter>键，在【跟踪条】里的（长度）文本框中输入【100】，在（角度）文本框中输入【58】，如图 8-214 所示，然后按<Enter>键，完成直线的绘制，结果如图 8-215 所示。

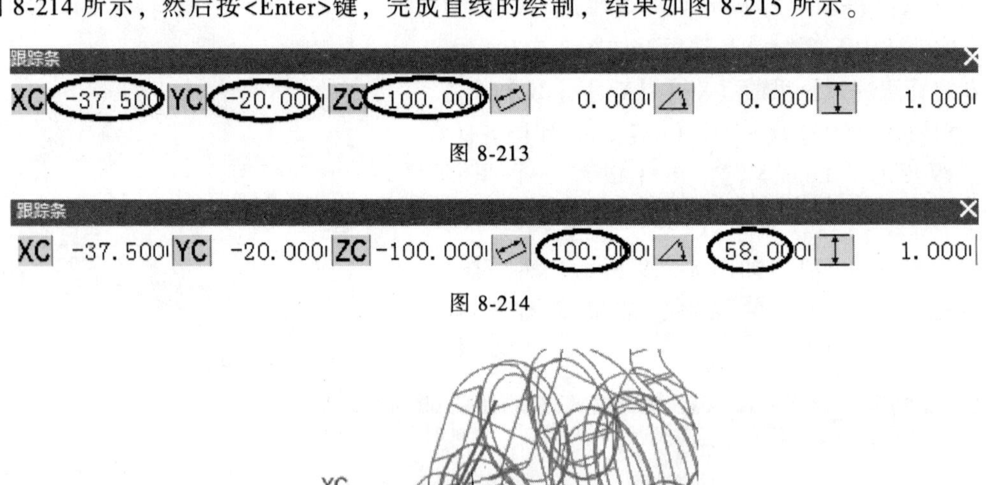

图 8-213

图 8-214

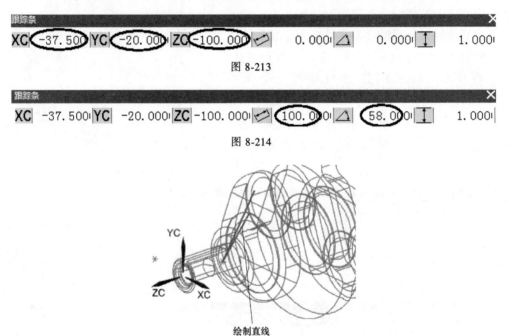

图 8-215

继续绘制直线，在下方的【跟踪条】里的【XC】【YC】【ZC】文本框中分别输入【-37.5】【-20】【-100】，如图 8-216 所示，然后按<Enter>键，在【跟踪条】里的（长

度）文本框中输入【100】，在（角度）文本框中输入【0】，如图 8-217 所示，然后按 <Enter>键，完成直线的绘制，结果如图 8-218 所示。

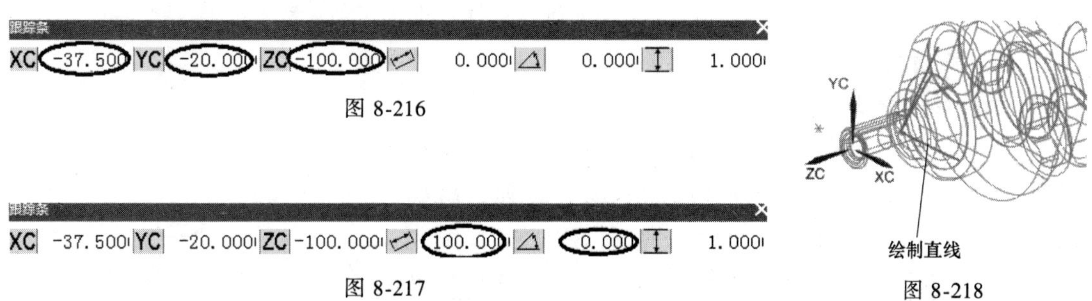

图 8-216

图 8-217

图 8-218

6. 创建组合投影曲线

选择菜单中的【插入】/【派生曲线】/【组合投影(C)...】命令或在【曲线】工具条中单击（组合投影）按钮，出现【组合投影】对话框，如图 8-219 所示，根据系统提示选择图 8-220 所示第一曲线串，在【曲线 2】选项区域单击（曲线）按钮，在图形中选择图 8-220 所示第二曲线串，在【投影方向 1】选项区域的【投影方向】列表框中选择【沿矢量】选项，在【指定矢量】列表框中选择XC选项，在【投影方向 2】选项区域的【投影方向】列表框中选择【沿矢量】选项，在【指定矢量】列表框中选择-ZC选项，最后单击确定按钮，完成组合投影曲线的创建，结果如图 8-221 所示。

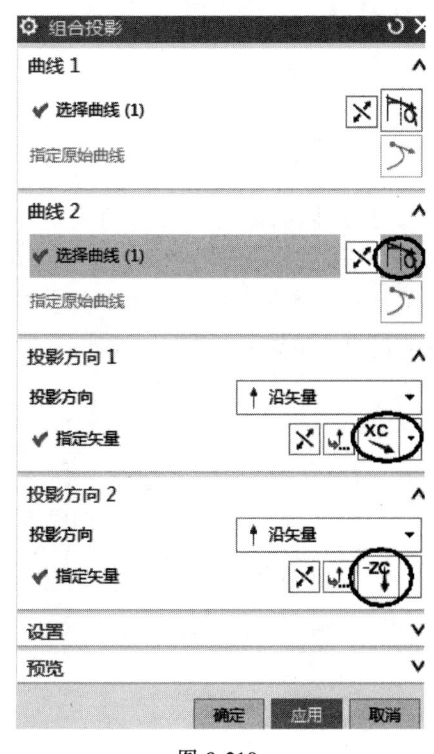

图 8-219

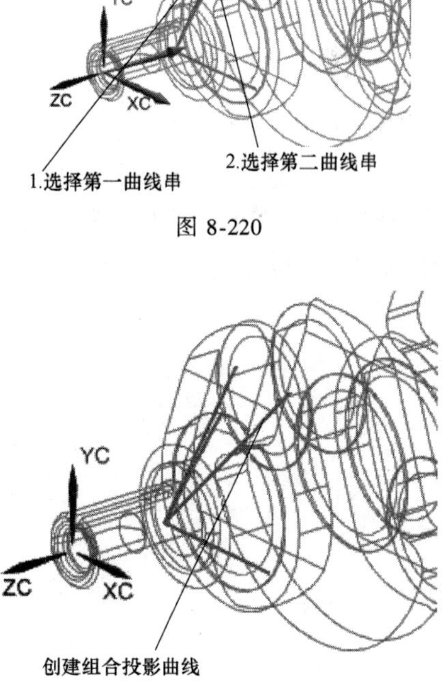

图 8-220

图 8-221

7. 将辅助曲线移至 255 工作层

选择菜单中的【格式】/【移动至图层】命令或在【实用工具】工具条中单击（移动至图层）按钮，选择辅助曲线，将其移动至 255 工作层（步骤略）。

8. 创建延伸曲线

选择菜单中的【编辑】/【曲线】/【长度(L)...】命令或在【编辑曲线】工具条中单击（曲线长度）按钮，出现【曲线长度】对话框，如图 8-222 所示，在图形中选择图 8-223 所示的直线，在【曲线长度】对话框的【长度】列表框中选择总数选项，在【侧】列表框中选择对称选项，在【方法】列表框中选择自然选项，在【限制】选项区域中的【总数】文本框中输入【200】，在【设置】选项区域中的【输入曲线】列表框中选择隐藏选项，最后单击应用按钮，完成延伸曲线的创建，结果如图 8-224 所示。

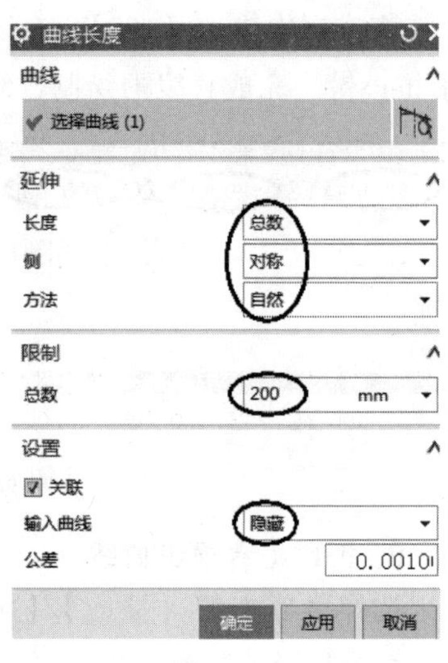

图 8-222

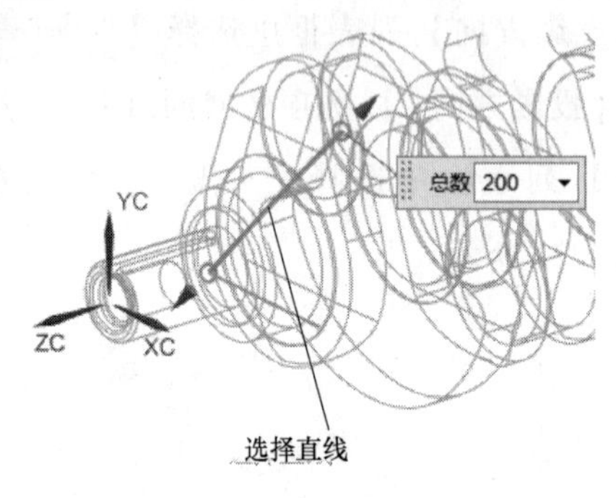

图 8-223

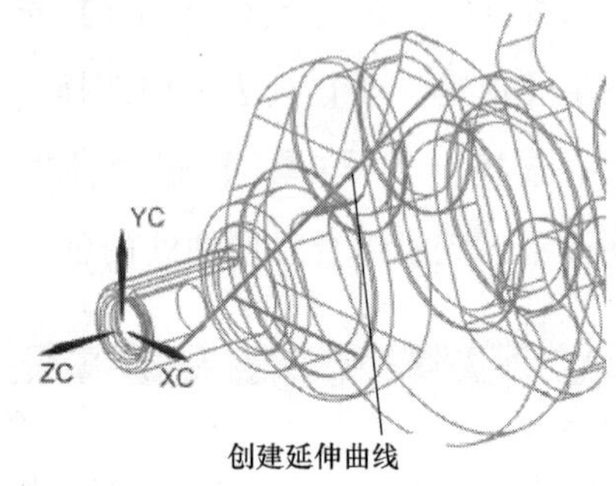

图 8-224

在图形中选择图 8-225 所示的直线，在【曲线长度】对话框的【长度】列表框中选择总数选项，在【侧】列表框中选择对称选项，在【方法】列表框中选择自然选项，在【限制】选项区域中的【总数】文本框中输入【200】，在【设置】选项区域中的【输入曲线】列表框中选择隐藏选项，最后单击确定按钮，完成延伸曲线的创建，结果如图 8-226 所示。

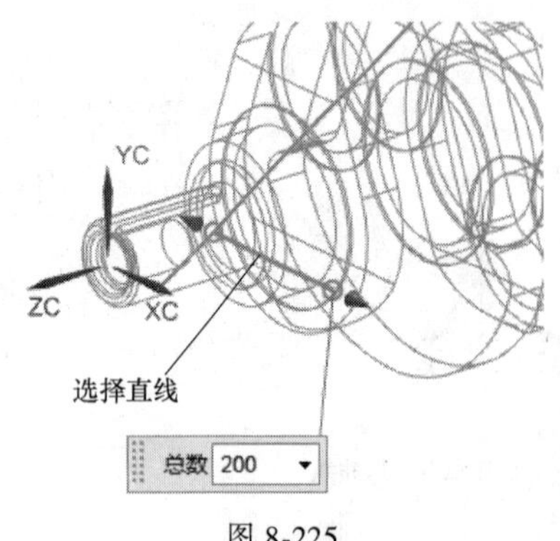

图 8-225

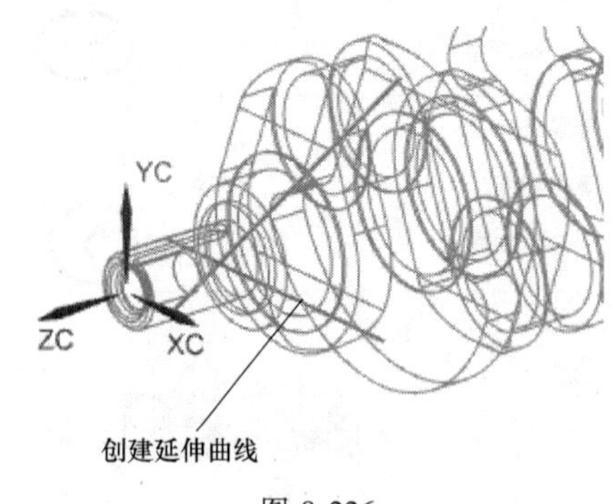

图 8-226

9. 创建油孔

选择菜单中的【插入】/【扫掠】/【管(T)...】命令或在【曲面】工具条中单击（管）按钮，出现【管】对话框，如图 8-227 所示，在图形中选择图 8-228 所示的直线作为路径，在【外径】【内径】文本框中分别输入【6】【0】，在【布尔】列表框中选择减去选项，如图 8-227 所示，单击 应用 按钮，完成油孔的创建，结果如图 8-229 所示。

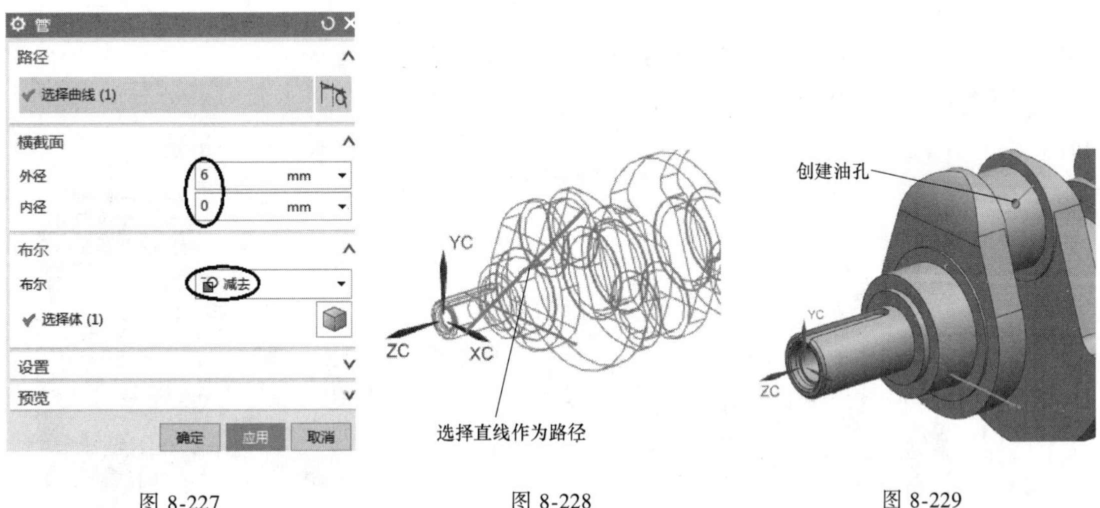

图 8-227　　图 8-228　　图 8-229

在图形中选择图 8-230 所示的直线作为路径，在【外径】【内径】文本框中分别输入【6】【0】，在【布尔】列表框中选择减去选项，单击 确定 按钮，完成油孔的创建，结果如图 8-231 所示。

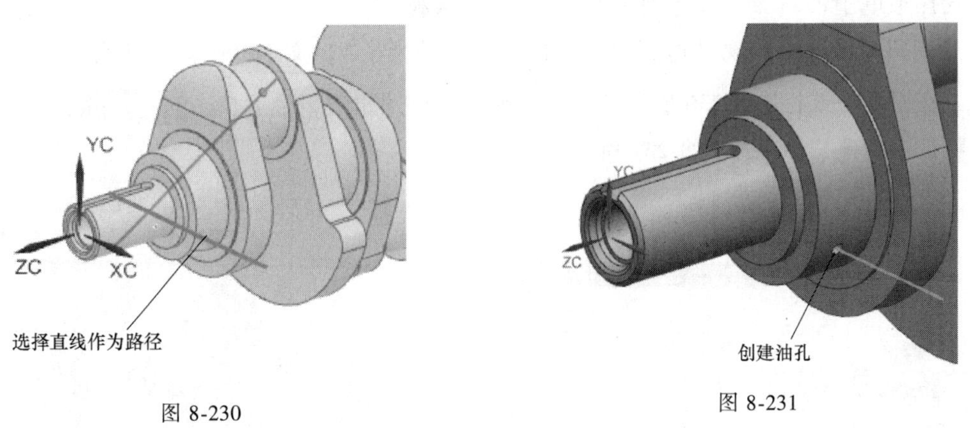

图 8-230　　图 8-231

10. 将曲线移至 255 工作层

选择菜单中的【格式】/【移动至图层】命令或在【实用工具】工具条中单击（移动至图层）按钮，选择辅助曲线，将其移动至 255 工作层（步骤略）。

8.8 创建工艺倒角和倒圆角

1. 创建倒斜角特征

选择菜单中的【插入】/【细节特征】/【倒斜角(M)...】命令或在【特征】工具条中单击（倒斜角）按钮，出现【倒斜角】对话框，如图 8-232 所示，在图形中选择实体圆弧边，如图 8-233 所示，在对话框的【距离】文本框中输入【1】，单击 确定 按钮，完成倒斜角特征的创建，结果如图 8-234 所示。

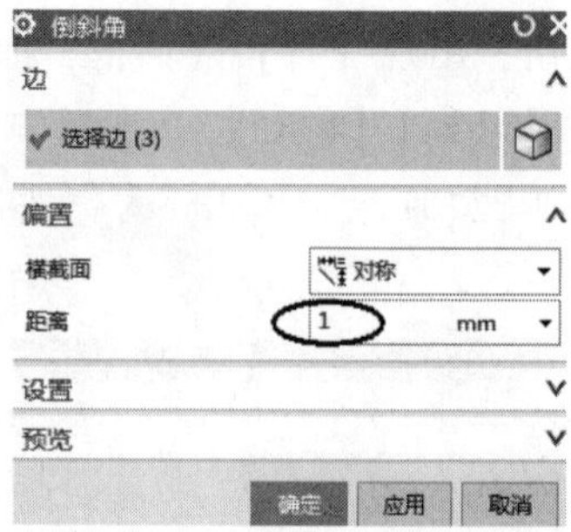

图 8-232

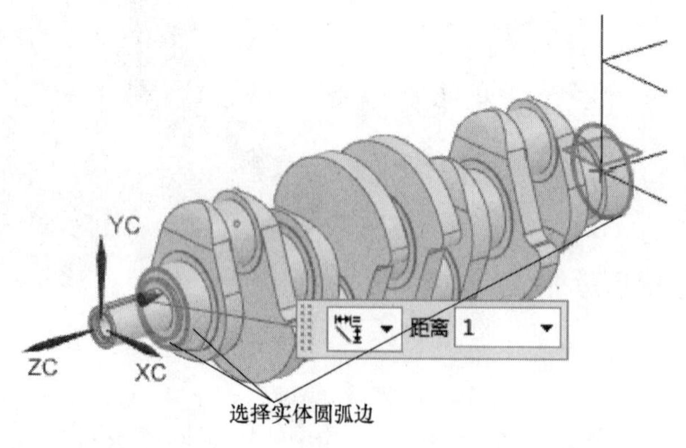

图 8-233

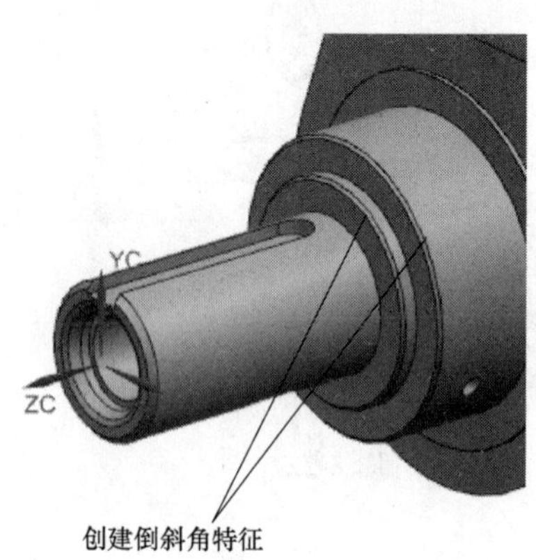

图 8-234

2. 创建边倒圆特征

选择菜单中的【插入】/【细节特征】/【边倒圆(E)...】命令或在【特征】工具条中单击（边倒圆）按钮，出现【边倒圆】对话框，在【半径 1】文本框中输入【4】，如图 8-235 所示，在图形中选择图 8-236 所示的实体边线作为倒圆角边，最后单击 确定 按钮，完成倒圆角特征的创建，结果如图 8-237 所示。

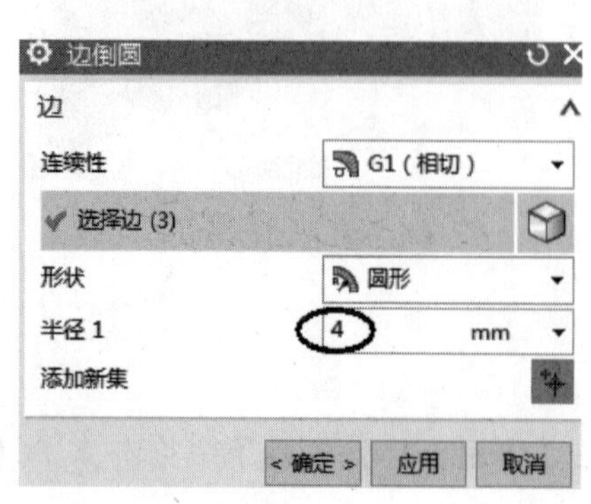

图 8-235

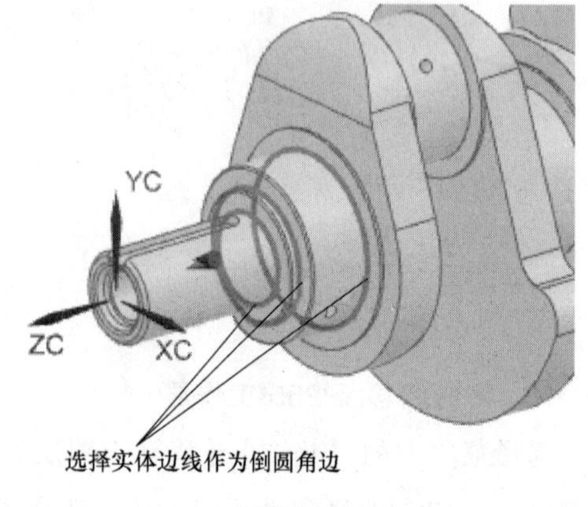

图 8-236

在所有连接板与圆台之间，圆台与轴颈之间创建倒圆角特征，设置【半径】为 4，最后完成如图 8-237 所示。

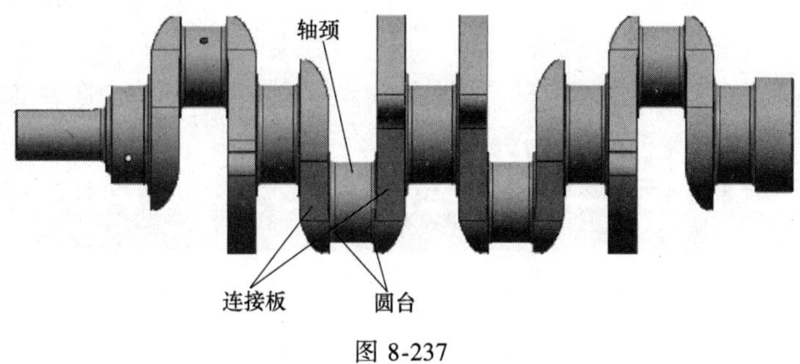

图 8-237

8.9　曲轴 3D 打印切片流程

曲轴 3D 打印切片流程详见本书 4.3.4 内容，此处不赘述。

第9章

摩托车反光镜三维逆向反求设计与3D打印

【实例说明】

本章主要讲述摩托车反光镜三维逆向反求设计与3D打印。其思路为：分析数据采集点的组成，绘制摩托车反光镜外形轮廓曲线，通过曲线组曲面、扫掠曲面及面倒圆等特征，生成摩托车反光镜外壳轮廓面；通过旋转特征，创建摩托车反光镜安装圆柱体；通过缝合曲面特征，创建摩托车反光镜实体，并与安装圆柱体合并，进行抽壳，并创建安装圆柱孔；对模型进行3D分层切片及3D打印，效果如图9-1所示。

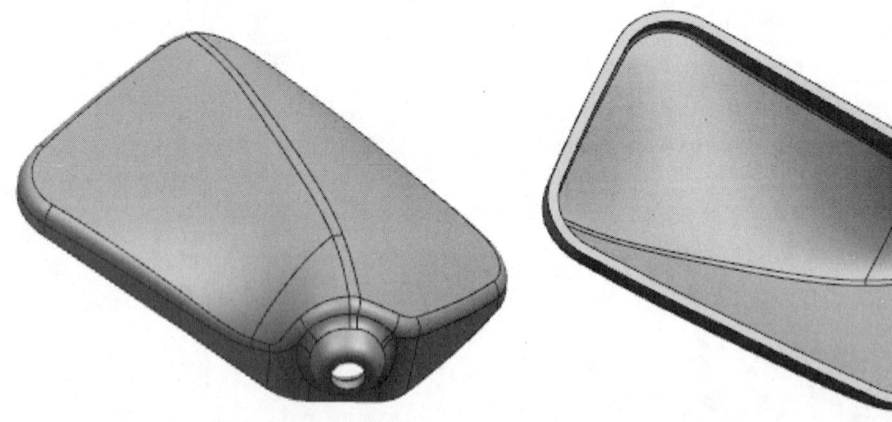

三维数字模型

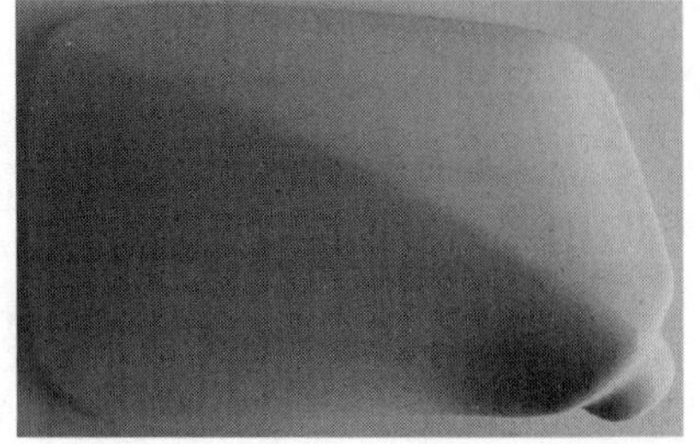

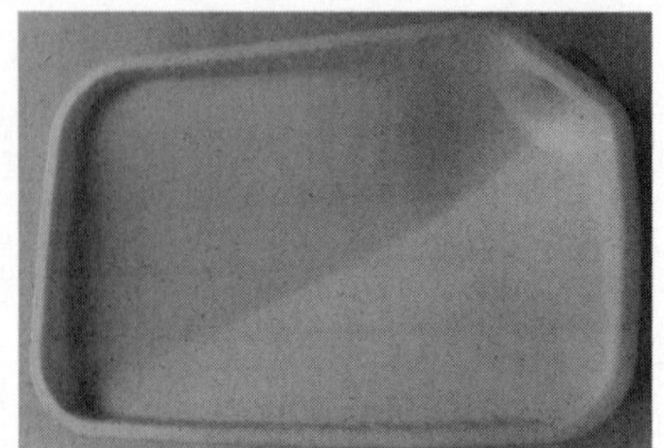

3D打印模型

图 9-1

【学习目标】

通过该实例的练习，读者能熟练掌握逆向反求造型的基本方法，开拓创建思路及提高片体的修剪和编辑能力。熟练掌握通过曲线组曲面、扫掠曲面、通过曲线网格曲面、面倒圆、修剪片体、抽壳等特征的创建方法与技巧。

9.1　打开练习文件

选择菜单中的【文件】/【打开】命令或单击(New 建立新文件)按钮，出现【打开部件文件】部件对话框，在练习文件夹选择【dzx/8/fgj. prt】文件，单击 OK 按钮，打开文件名为fgj. prt 的文件，如图 9-2 所示。

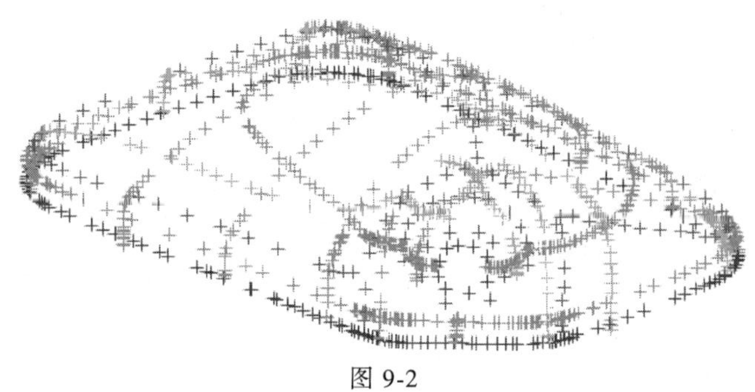

图 9-2

9.2　绘制摩托车反光镜轮廓线

1. 绘制直线

选择菜单中的【插入】/【曲线】/【直线】命令或在【曲线】工具条中单击（直线）按钮，出现【直线】对话框，如图 9-3 所示。

在主界面捕捉点工具条中选择（现有点）选项，在图形中选择图 9-4 所示的 2 个绿色点，在【直线】对话框中取消选中 关联复选框，单击应用按钮，完成直线的绘制，结果如图 9-5 所示。

按照上述方法，在图形中选择图 9-6 所示的 2 个绿色点，在【直线】对话框中取消选中 关联复选框，单击应用按钮，完成直线的绘制，结果如图 9-7 所示。

按照上述方法，选择右侧一排的 2 个绿色点，完成直线的绘制，结果如图 9-7 所示。

按照上述方法，在图形中分别选择图 9-8 所示的另一侧的 3 组绿色点，每组 2 个绿色点，完成 3 条直线的绘制，结果如图 9-9 所示。

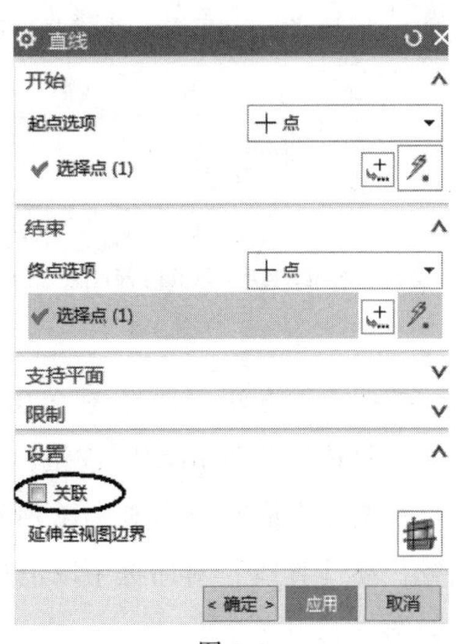

图 9-3

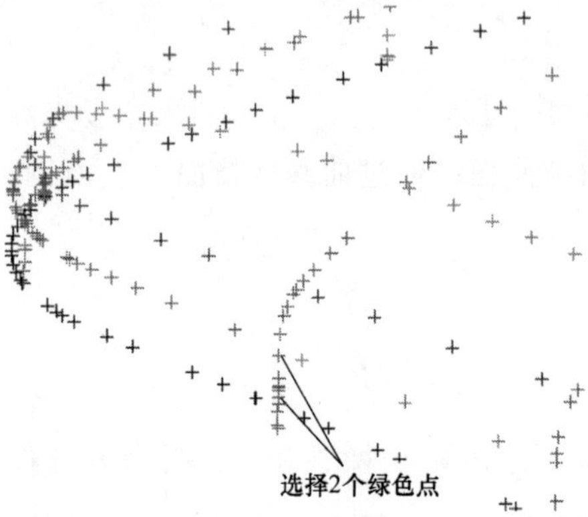

选择2个绿色点

图 9-4

放大

图 9-5

选择2个绿色点

图 9-6

绘制直线

图 9-7

分别选择3组绿色点，每组2个绿色点

图 9-8

创建3条直线

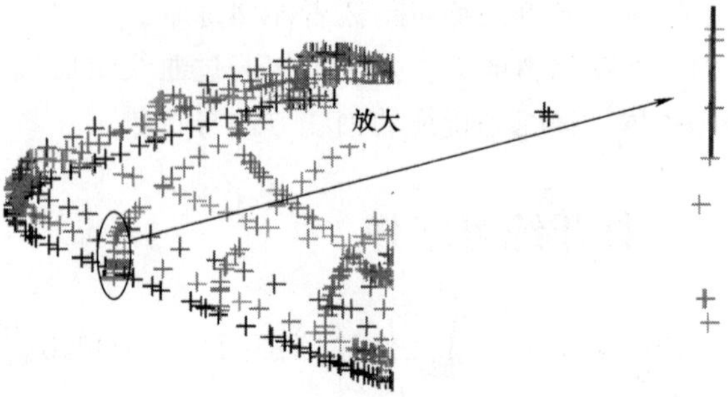

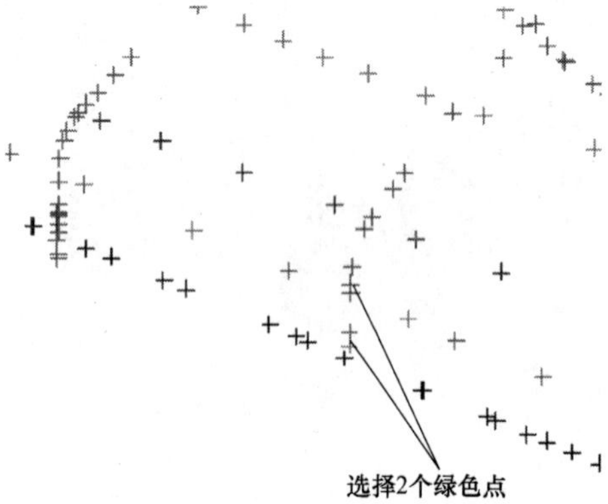

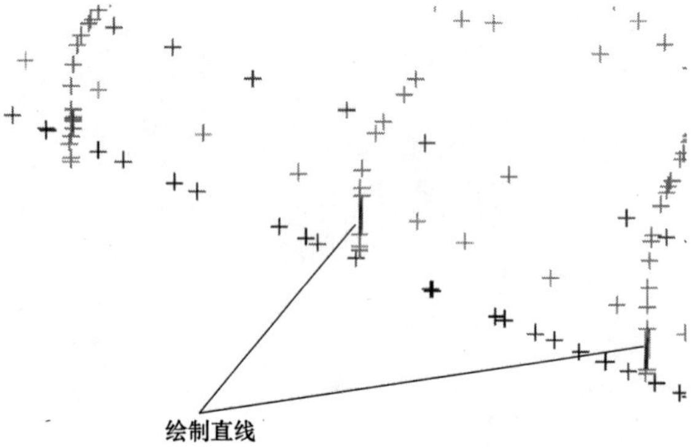

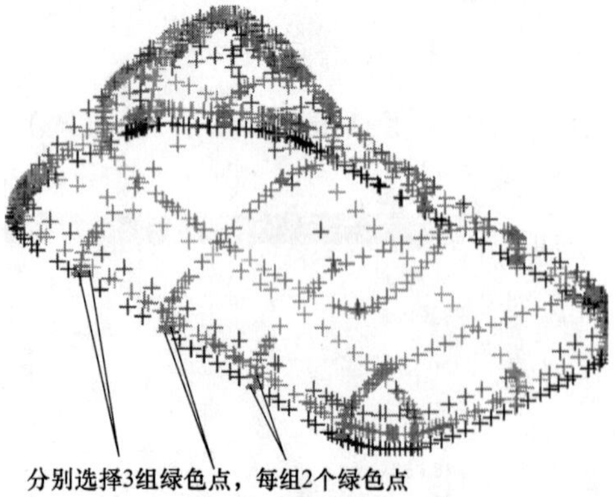

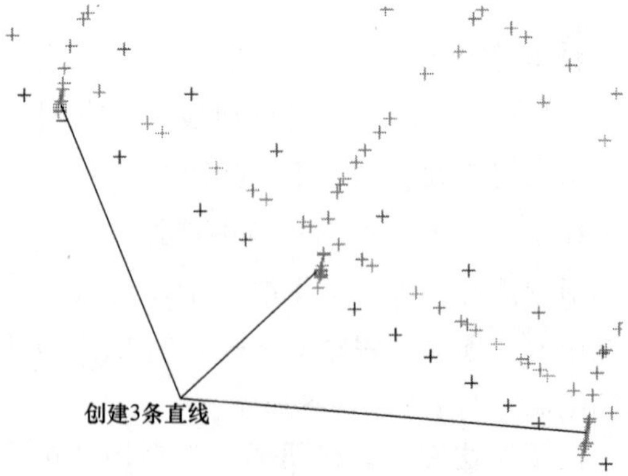

图 9-9

按照上述方法，选择图 9-10 所示的 2 个淡蓝色点，在【直线】对话框中取消选中 关联复选框，单击 应用 按钮，完成直线的绘制，结果如图 9-11 所示。

在图形中依次选择图 9-12 所示的 2 个土黄色点，在图形中拖动黄色箭头和圆球至适当位置，在【直线】对话框中取消选中 关联复选框，单击 应用 按钮，完成直线的绘制，结果如图 9-13 所示。

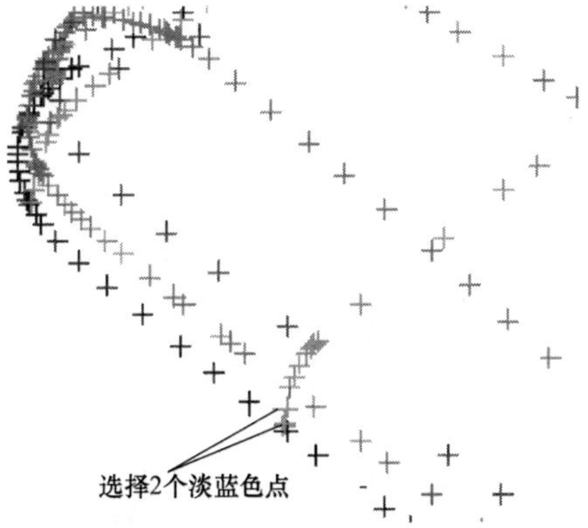

选择2个淡蓝色点

图 9-10

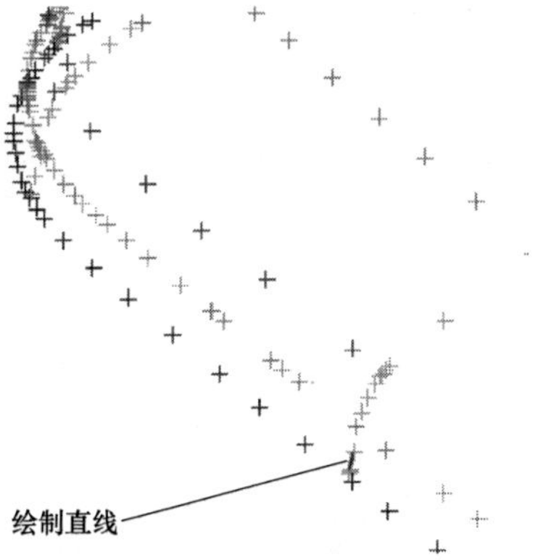

绘制直线

图 9-11

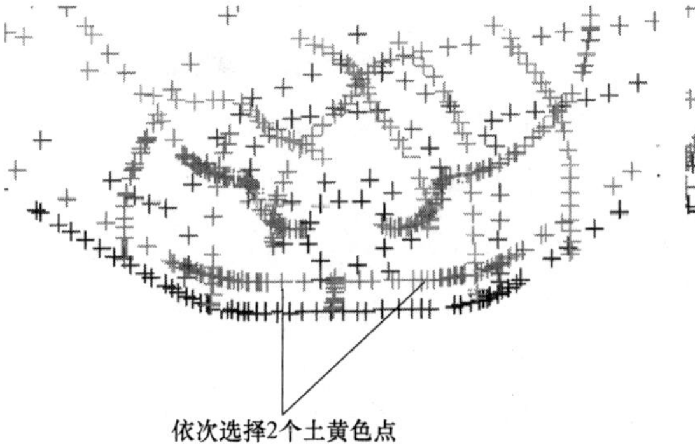

依次选择2个土黄色点

图 9-12

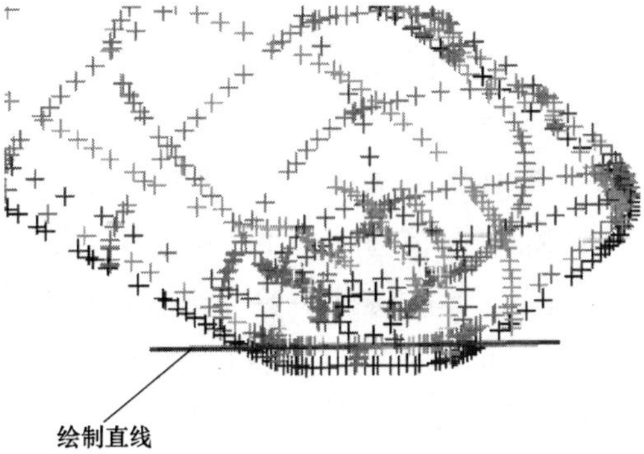

绘制直线

图 9-13

按照上述方法，在图形中依次选择图 9-14 所示的 2 个绿色点，在图形中拖动黄色箭头和圆球至适当位置，在【直线】对话框中取消选中 关联复选框，单击 应用 按钮，完成直线的绘制，结果如图 9-15 所示。

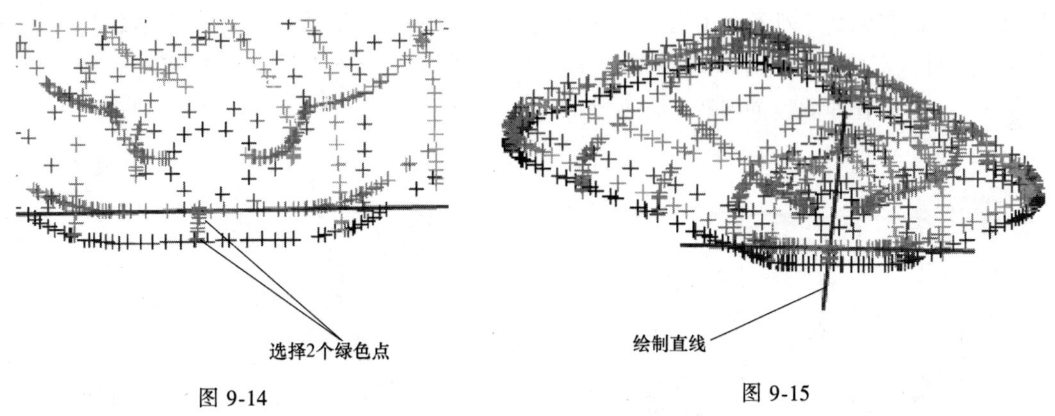

图 9-14

图 9-15

在图形中依次选择图 9-16 所示的 2 个淡蓝色点，在图形中拖动黄色箭头和圆球至适当位置，在【直线】对话框中取消选中 关联复选框，单击 应用 按钮，完成直线的绘制，结果如图 9-17 所示。

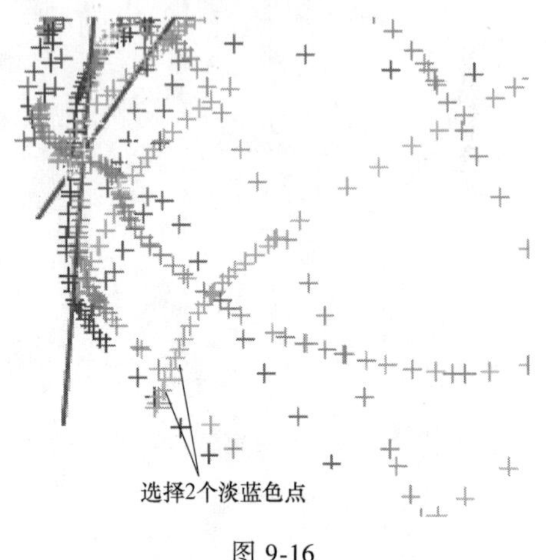

图 9-16

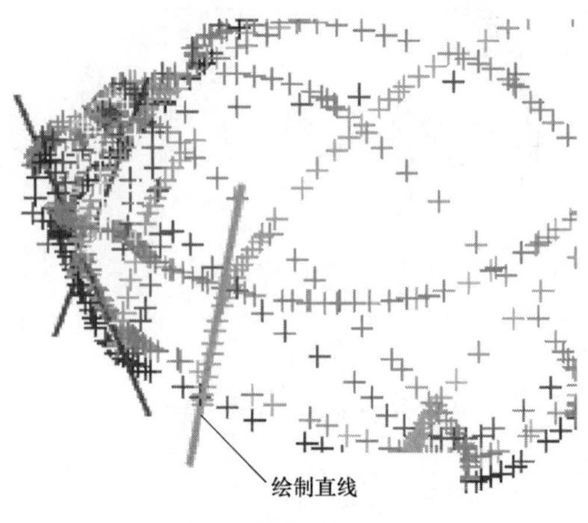

图 9-17

2. 绘制圆弧

选择菜单中的【插入】/【曲线】/【圆弧/圆】命令或在【曲线】工具条中单击（圆弧/圆）按钮，出现【圆弧/圆】对话框，取消选中关联复选框，如图 9-18 所示。在主界面捕捉点工具条仅选择（现有点）选项，然后在图形中依次选择图 9-19 所示的 3 个土黄色点，拖动黄色箭头和圆球至适当位置，单击应用按钮，完成圆弧的绘制，结果如图 9-20 所示。

图 9-18

3. 编辑曲线长度

选择菜单中的【编辑】/【曲线】/【长度】命令或在【编辑曲线】工具条中单击（曲线长度）按钮，出现【曲线长度】对话框，如图 9-21 所示，在图形中选择图 9-22 所示的直线，在【延伸】选项区域中的【长度】列表框中选择总数选项，在【侧】列表框中选择对称选项，在【方法】列表框中选择自然选项，在【限制】选项区域中的【总数】文本框中输入【60】，取消选中关联复选框，在【输入曲线】列表框中选择替换选项，最后单击应用按钮，完成延伸曲线的操作，结果如图 9-23 所示。

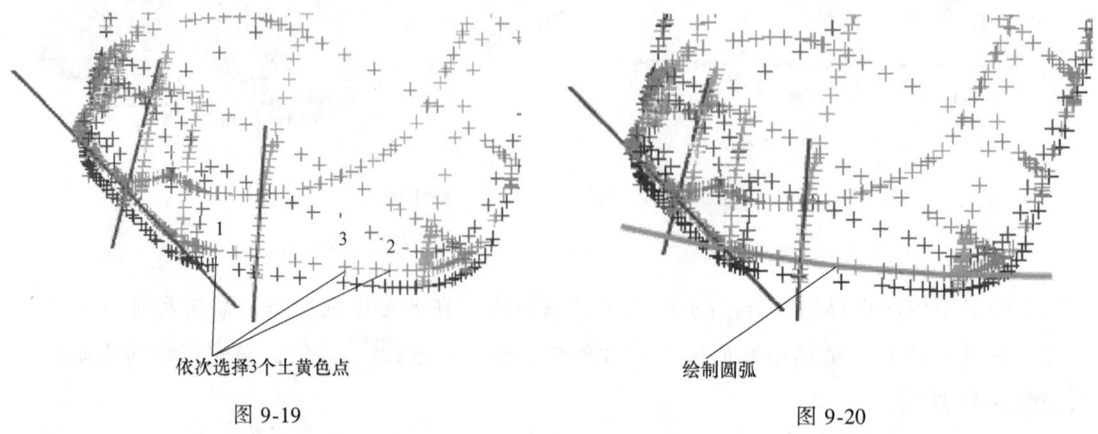

图 9-19　　图 9-20

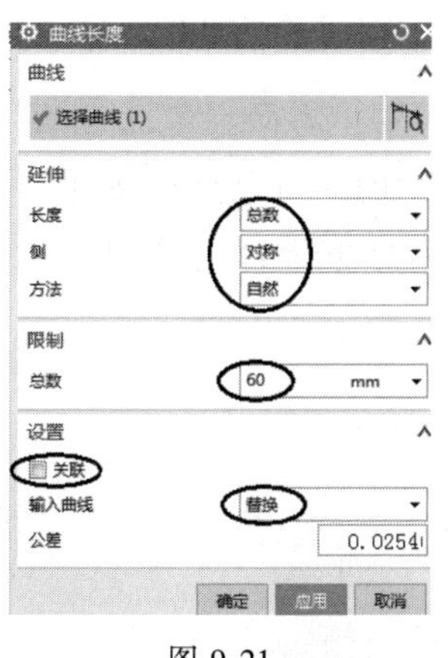

图 9-21

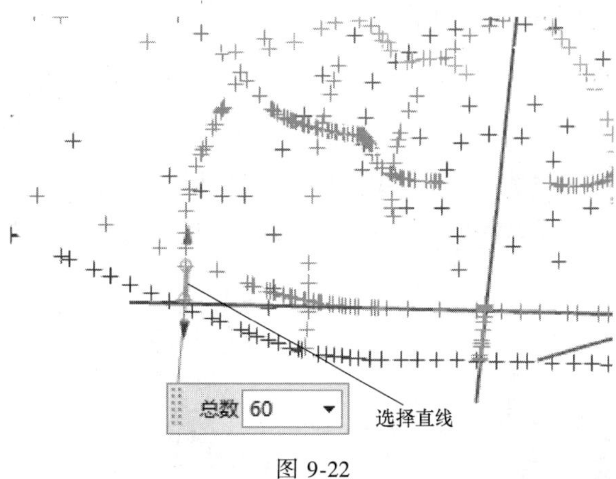

图 9-22

按照上述方法，在图形中依次选择图 9-24 所示的 6 条直线，参数设置同上，完成延伸曲线的操作，结果如图 9-25 所示。

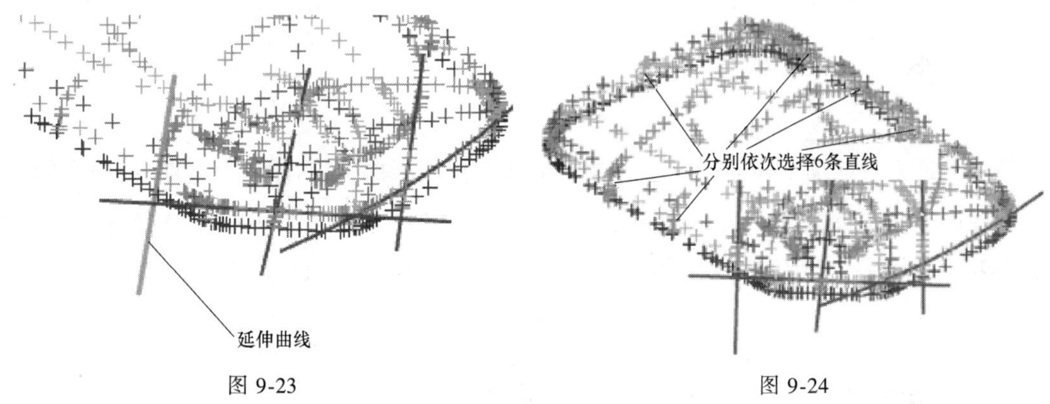

图 9-23　　　　图 9-24

4. 移动对象（平移曲线）

选择菜单中的【编辑】/【移动对象】命令或在【标准】工具条中单击（移动对象）按钮，出现【移动对象】对话框，如图 9-26 所示，在图形中选择图9-27 所示的曲线。在

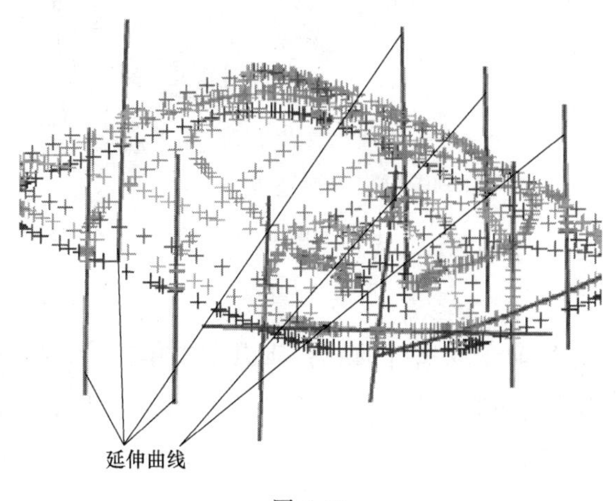

图 9-25

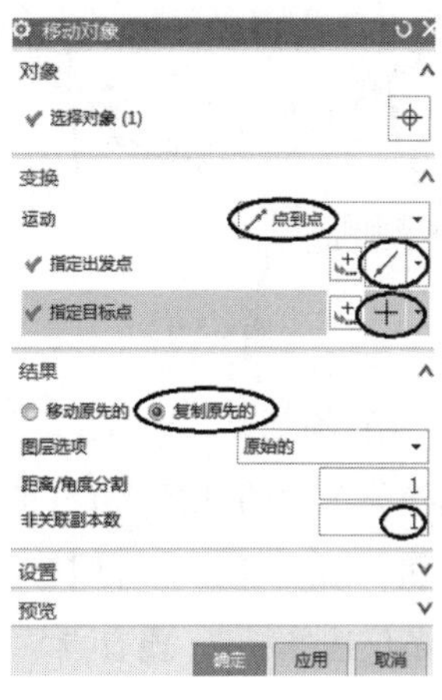

图 9-26

【移动对象】对话框的【运动】列表框中选择 点到点选项，在【指定出发点】列表框中选择（曲线/边上的点）选项，在图形中选择图 9-28 所示的线上点，在【指定目标点】列表框中选择（现有点）选项，在图形中选择图 9-28 所示的土黄色点，在【结果】选项区域中选中 复制原先的单选按钮，在【非关联副本数】文本框中输入【1】，如图 9-26 所示，单击 确定 按钮，完成平移曲线的操作，结果如图 9-29 所示。

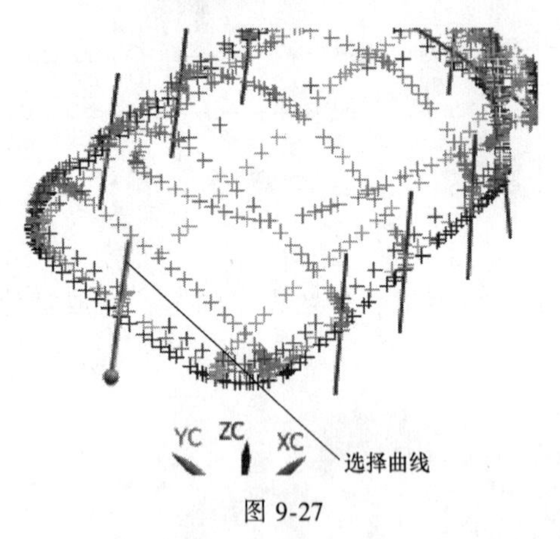

图 9-27

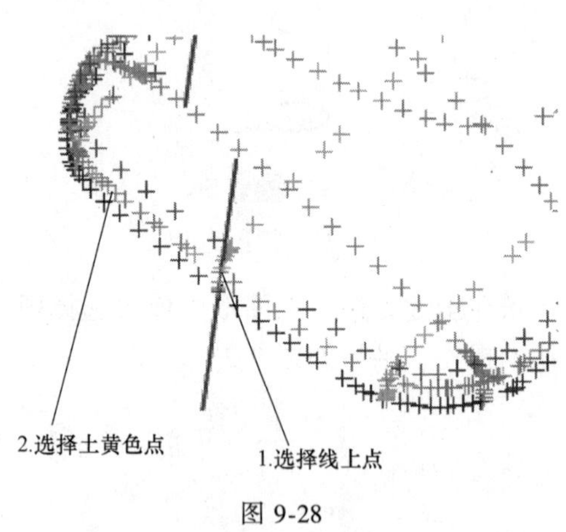

图 9-28

按照上述方法继续平移曲线。在【指定出发点】列表框中选择（曲线/边上的点）选项，在图形中选择图 9-30 所示的线上点，在【指定目标点】列表框中选择（现有点）选项，在图形中选择图 9-30 所示的土黄色点，完成平移曲线的操作，结果如图 9-31 所示。

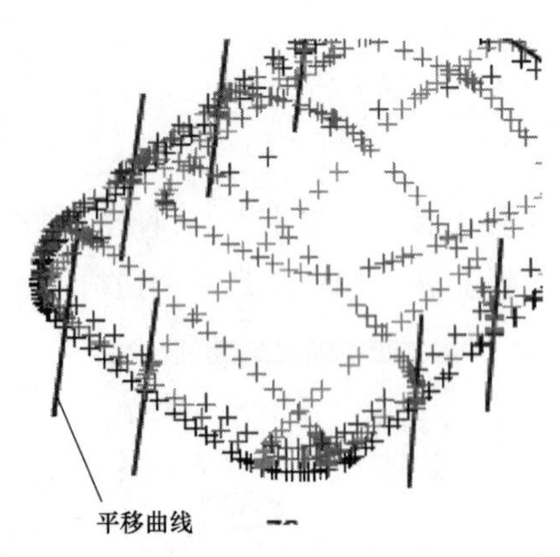

图 9-29

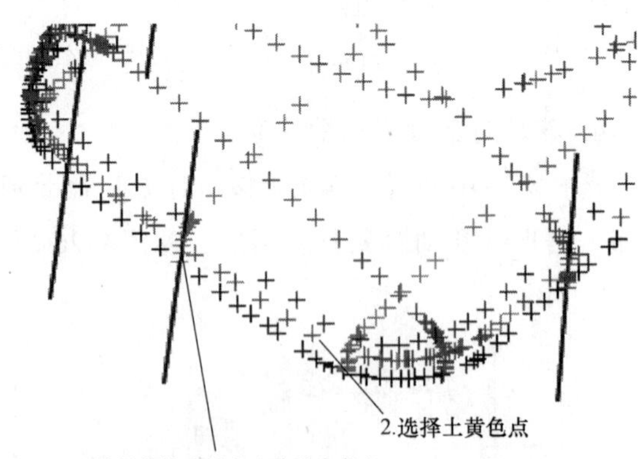

图 9-30

5. 绘制圆弧

选择菜单中的【插入】/【曲线】/【圆弧/圆】命令或在【曲线】工具条中单击（圆弧/圆）按钮，出现【圆弧/圆】对话框，取消选中 关联复选框，如图 9-32 所示。在主界面捕捉点工具条仅选择（现有点）选项，在图形中依次选择图 9-33 所示的 3 个绿色点，拖动黄色箭头和圆球至适当位置，单击 应用 按钮，完成圆弧的绘制，结果如图 9-34 所示。

按照上述方法继续绘制圆弧。依次选择图 9-35 所示的 3 个绿色点，在【圆弧/圆】对话框中单击 应用 按钮，完成圆弧的绘制，结果如图 9-36 所示。

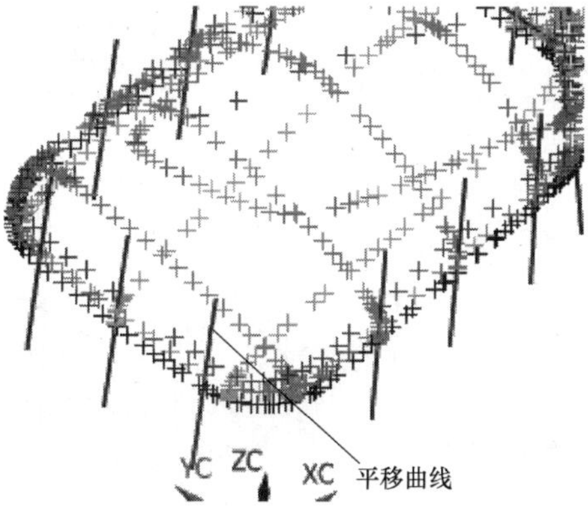

图 9-31

图 9-32

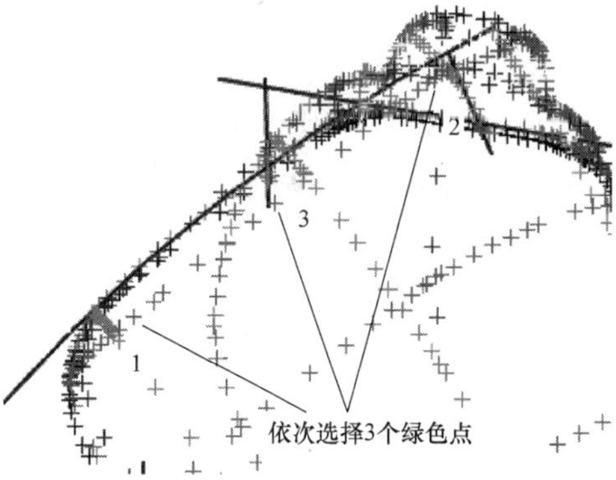

图 9-33

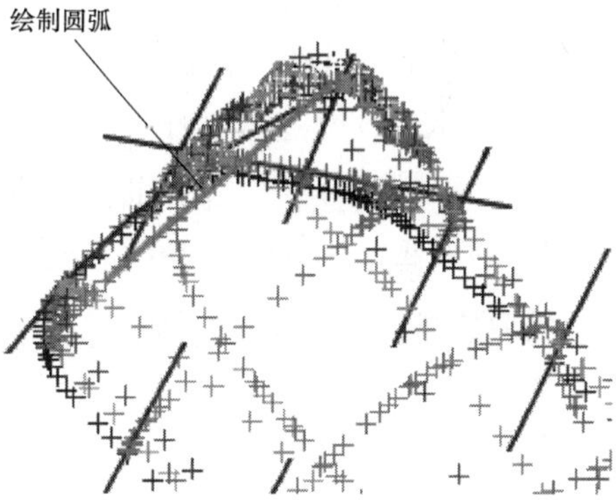

图 9-34

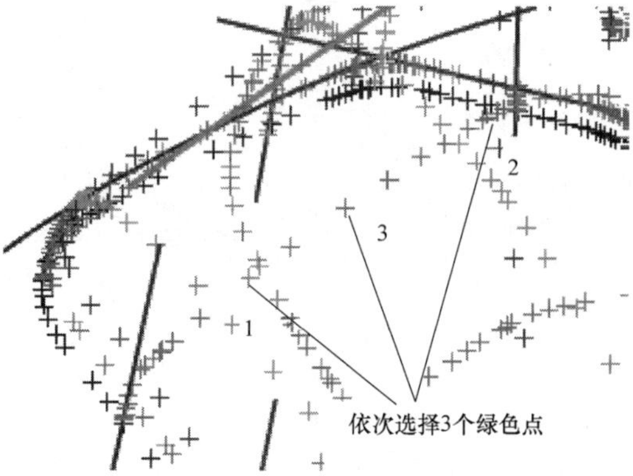

图 9-35

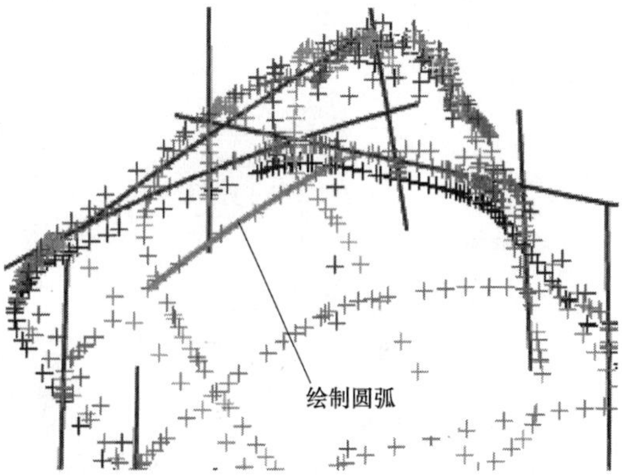

图 9-36

按照上述方法继续绘制圆弧。依次选择右侧三排 3 组绿色点，然后在【圆弧/圆】对话框中单击 应用 按钮，完成 3 条圆弧的绘制，结果如图 9-37 所示。

将图形旋转 180°，分别从左侧开始依次选择 4 排 4 组绿色点，完成 4 条圆弧的绘制，结果如图 9-38 所示。

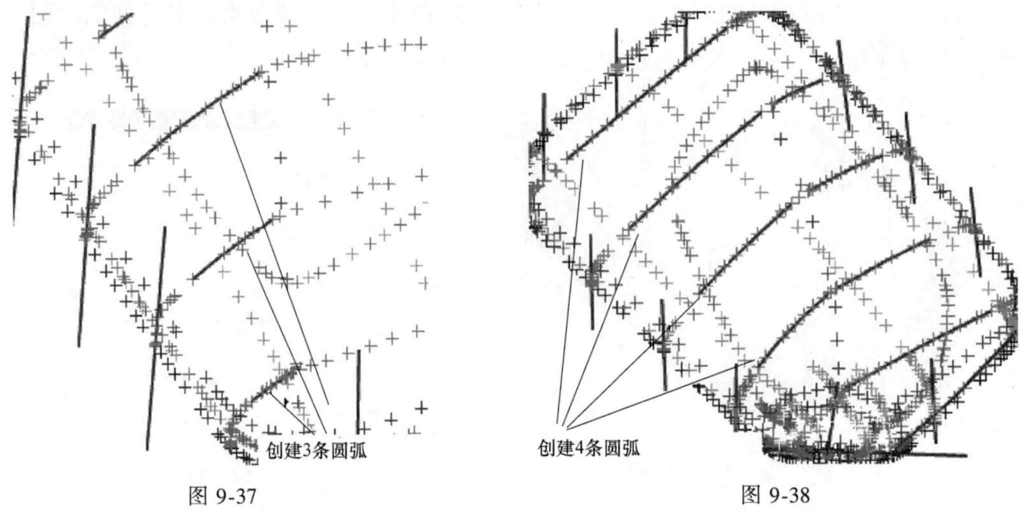

图 9-37　　　　图 9-38

6. 创建拟合曲线

选择菜单中的【插入】/【曲线】/【拟合曲线】命令或在【曲线】工具条中单击（拟合曲线）按钮，出现【拟合曲线】对话框，如图 9-39 所示。在主界面捕捉点工具条仅选择（现有点）选项，在图形中依次选择图 9-40 所示的 5 个红色点，单击确定按钮，完成拟合曲线的创建，结果如图 9-41 所示。

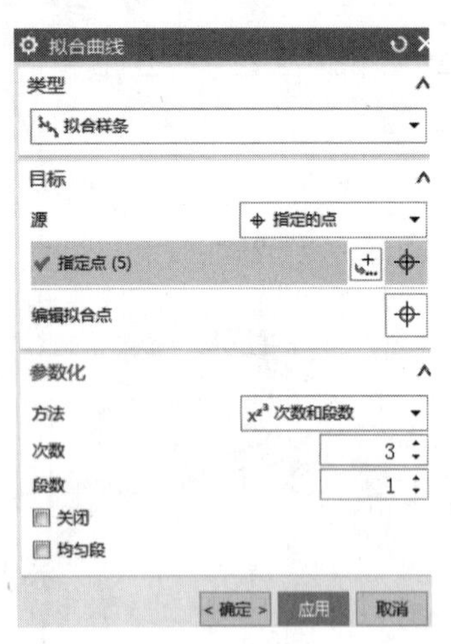

图 9-39

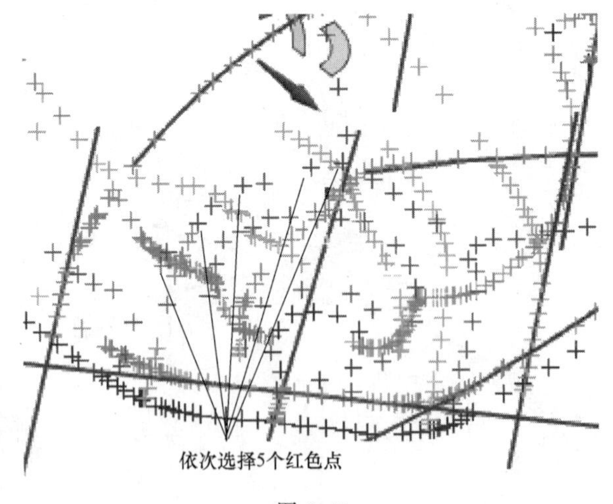

图 9-40

7. 编辑曲线长度

选择菜单中的【编辑】/【曲线】/【长度】命令或在【编辑曲线】工具条中单击（曲线长度）按钮，出现【曲线长度】对话框，如图 9-42 所示，在图形中选择图 9-43 所示的曲线，在【延伸】选项区域中的【长度】列表框中选择**增量**选项，在【侧】列表框中选择**对称**选项，在【方法】列表框中选择**自然**选项，在【限制】选项区域中的【开始】文本框中输入【20】，取消选中**关联**复选框，在【输入曲线】列表框中选择**替换**选项，最后单击应用按钮，完成延伸曲线的操作，结果如图 9-44 所示。

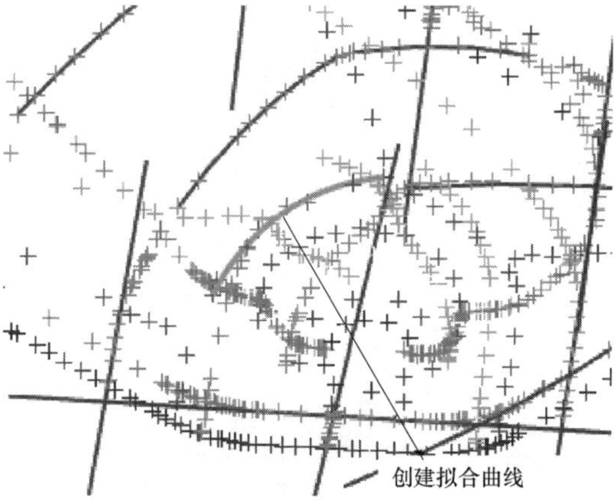

创建拟合曲线

图 9-41

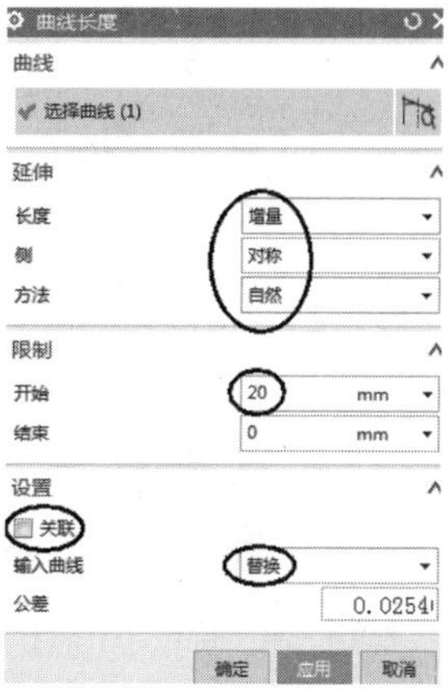

曲线长度

曲线

选择曲线 (1)

延伸

长度 增量

侧 对称

方法 自然

限制

开始 20 mm

结束 0 mm

设置

关联

输入曲线 替换

公差 0.0254

确定 应用 取消

图 9-42

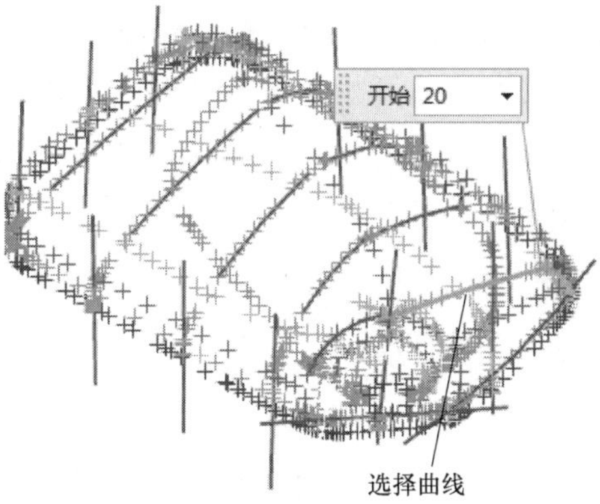

开始 20

选择曲线

图 9-43

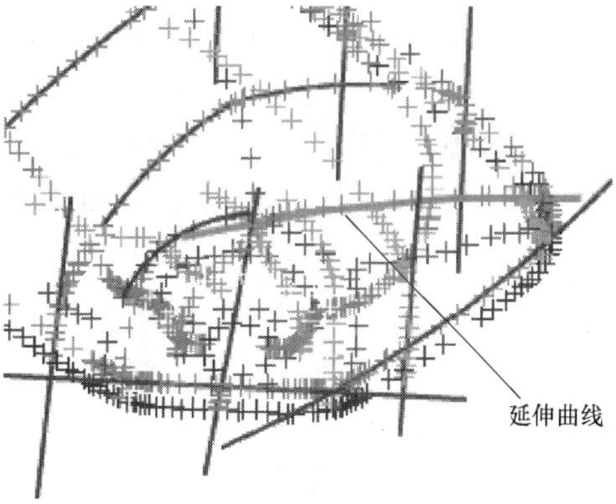

延伸曲线

图 9-44

按照上述方法继续延伸曲线。在图形中选择图 9-45 所示的圆弧，参数设置同上，完成延伸曲线的操作，结果如图 9-46 所示。

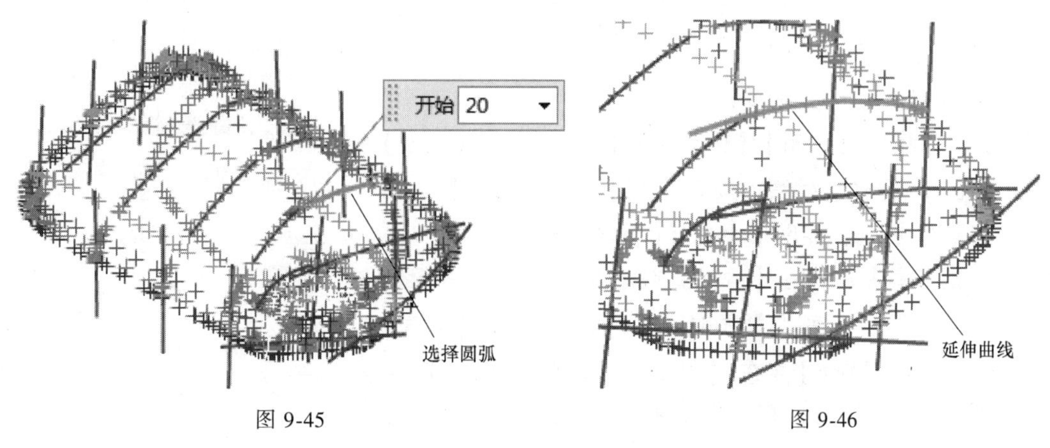

图 9-45

图 9-46

按照上述方法继续延伸曲线。在图形中分别选择图 9-47 所示的 7 条圆弧，参数设置同上，完成延伸曲线的操作，结果如图 9-48 所示。

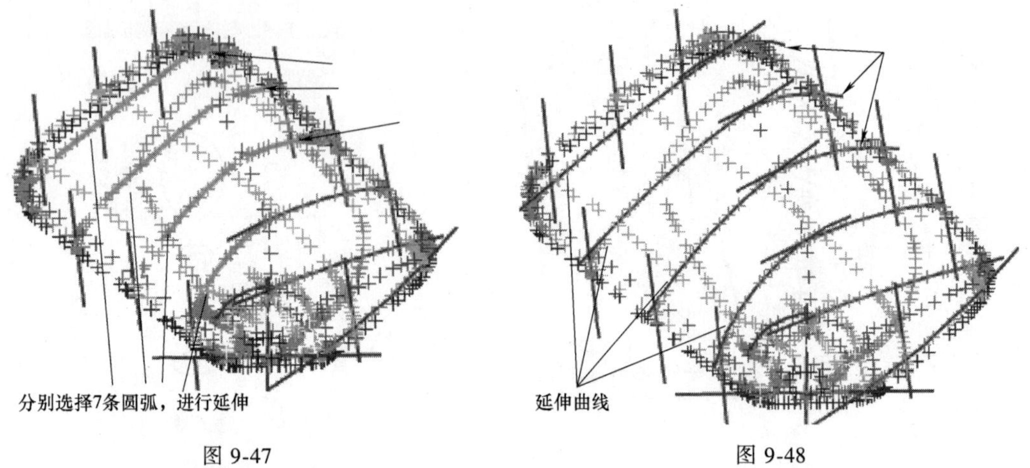

图 9-47　　　　图 9-48

按照上述方法继续延伸曲线。在图形中选择图 9-49 所示的曲线的右侧，在【延伸】选项区域中的【长度】列表框中选择**增量**选项，在【侧】列表框中选择**起点和终点**选项，在【方法】列表框中选择**自然**选项，在【限制】选项区域中的【开始】文本框和【结束】文本框中分别输入【14】【5】，取消选中 **关联**复选框，在【输入曲线】列表框中选择**替换**选项，最后单击 应用 按钮，完成延伸曲线的操作，结果如图 9-50 所示。

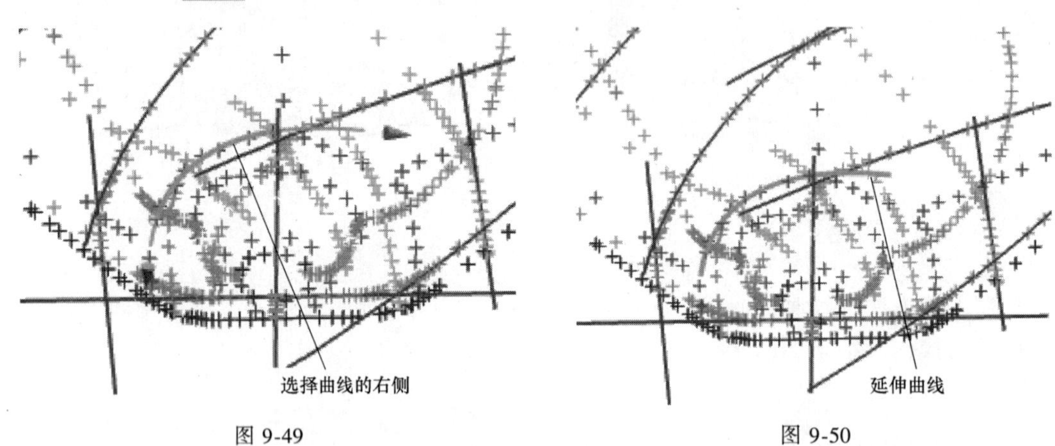

图 9-49　　　　图 9-50

8. 移动对象（平移曲线）

选择菜单中的【编辑】/【移动对象】命令或在【标准】工具中单击 （移动对象）按钮，出现【移动对象】对话框，如图 9-51 所示，在图形中选择图 9-52 所示的曲线。在【移动对象】对话框中的【运动】列表框中选择 **距离**选项，在【指定矢量】列表框中选择 ZC 选项，在【距离】文本框中输入【0.6】，在【结果】选项区域中选中 **移动原先的**单选按钮，在【非关联副本数】文本框中输入【1】，如图 9-51 所示，单击 确定 按钮，完成平移曲线的操作，结果如图 9-53 所示。

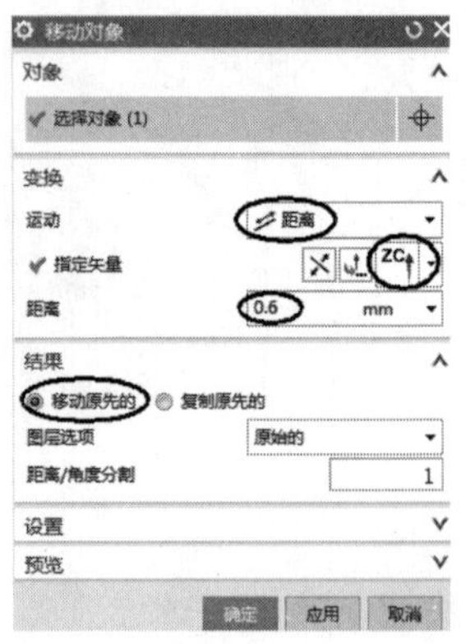

图 9-51

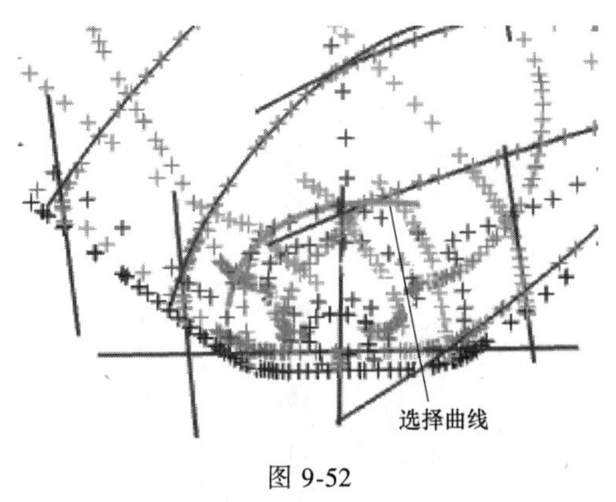

图 9-52

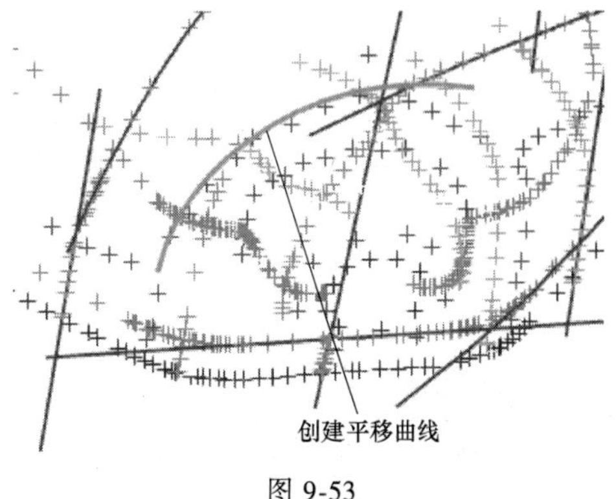

图 9-53

9.3　创建摩托车反光镜轮廓面

1. 创建通过曲线组曲面

选择菜单中的【插入】/【网格曲面】/【通过曲线组】曲面命令或在【曲面】工具条中单击 (通过曲线组) 按钮，出现【通过曲线组】曲面对话框，如图 9-54 所示，在图形中依次选择图 9-55 所示的 3 条曲线作为截面曲线。需要注意的是，选择每条截面曲线后，按下鼠标中键确认选择。

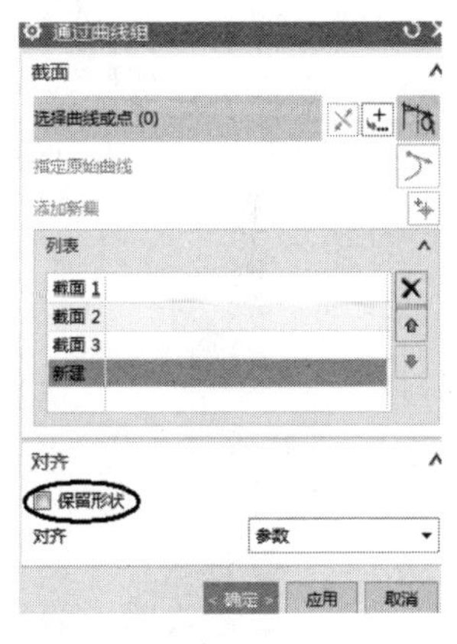

图 9-54

在【通过曲线组】曲面对话框中取消选中 保留形状复选框，单击应用按钮，完成通过曲线组曲面的创建，结果如图 9-56 所示。

按照上述方法继续创建通过曲线组曲面。在图形中依次选择图 9-57 所示的 3 条直线作为截面曲线，选择每条截面曲线后，按下鼠标中键确认选择。

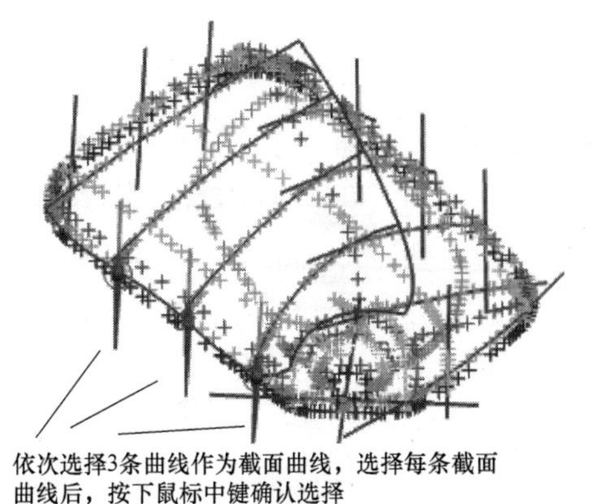

图 9-55

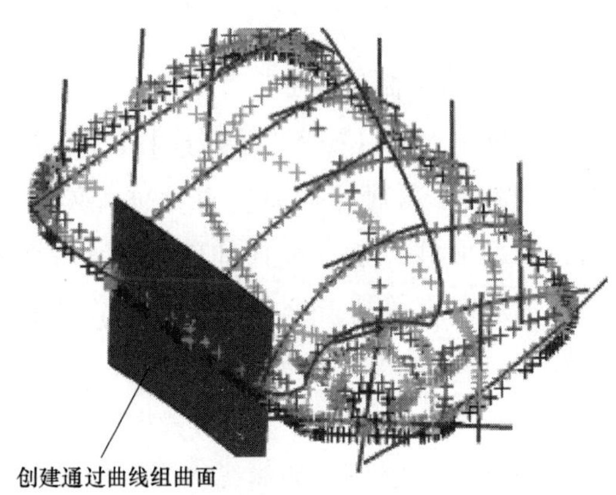

图 9-56

在【通过曲线组】曲面对话框中单击应用按钮，完成通过曲线组曲面的创建，结果如图 9-58 所示。

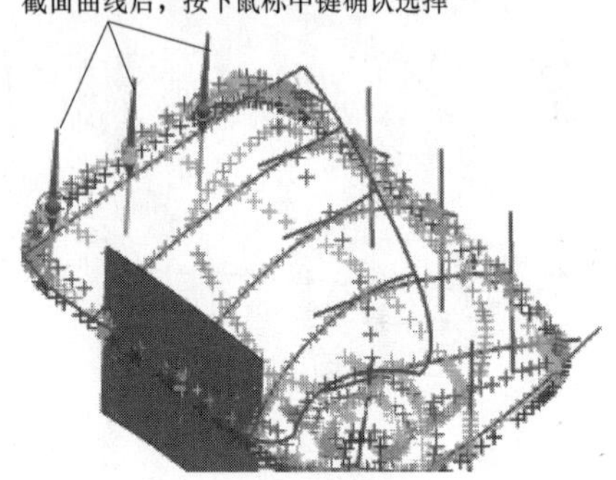

图 9-57

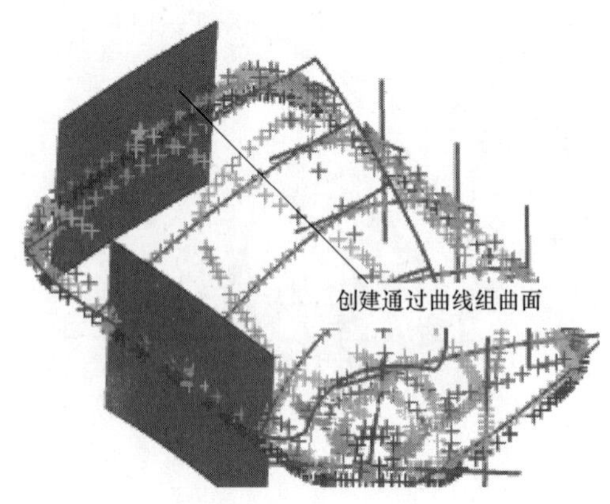

图 9-58

按照上述方法继续创建通过曲线组曲面，在图形中依次选择图 9-59 所示的 3 条直线作为截面曲线，选择每条截面曲线后，按下鼠标中键确认选择。

在【通过曲线组】曲面对话框中单击 应用 按钮，完成通过曲线组曲面的创建，结果如图 9-60 所示。

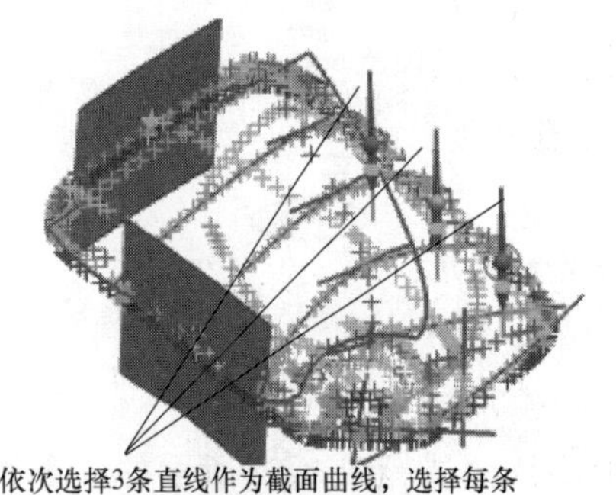

图 9-59

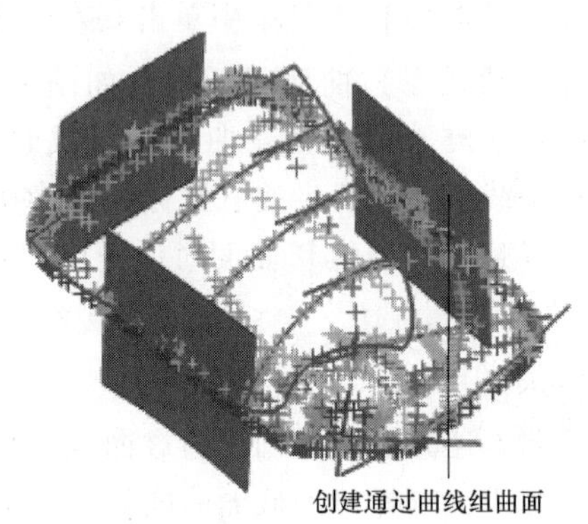

图 9-60

2. 创建扫掠曲面特征

选择菜单中的【插入】/【扫掠】/【扫掠(S)...】命令或在【曲面】工具条中单击（扫掠）按钮，出现【扫掠】对话框，如图 9-61 所示，系统提示选择截面曲线，在主界面曲线规则列表框中选择 单条曲线 选项，在图形中选择图 9-62 所示的曲线作为截面曲线，在对话框中单击（引导线）按钮或直接按下鼠标中键确认完成截面曲线的选择，在主界面曲线规则列表框中选择 相切曲线 选项，在图形中选择图 9-62 所示的曲线作为引导线。

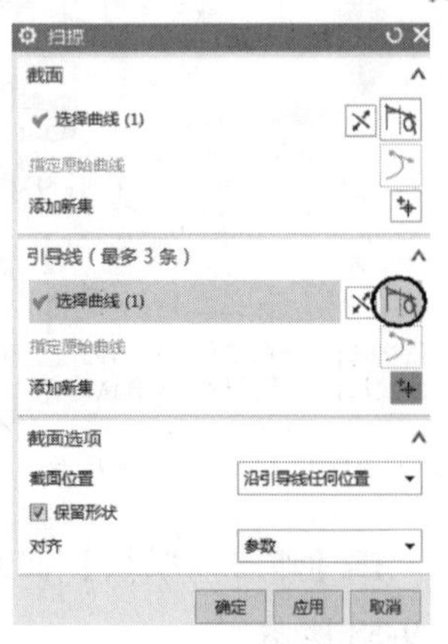

图 9-61

在【扫掠】对话框中单击 确定 按钮，完成扫掠曲面特征的创建，结果如图 9-63 所示。

按照上述方法继续创建扫掠曲面特征。在图形中选择图 9-64 所示的曲线作为截面曲线，按下鼠标中键确认选择。

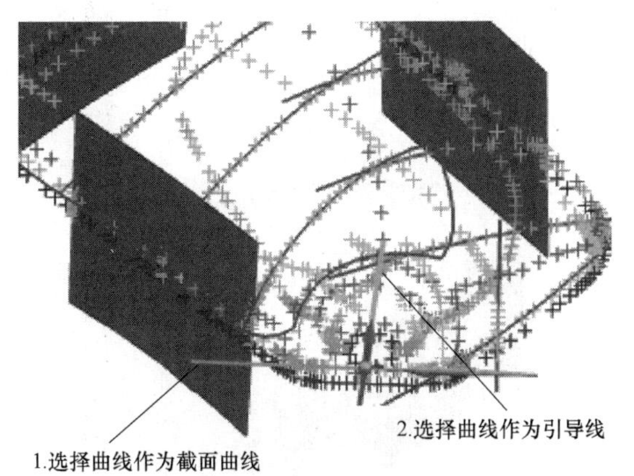

图 9-62

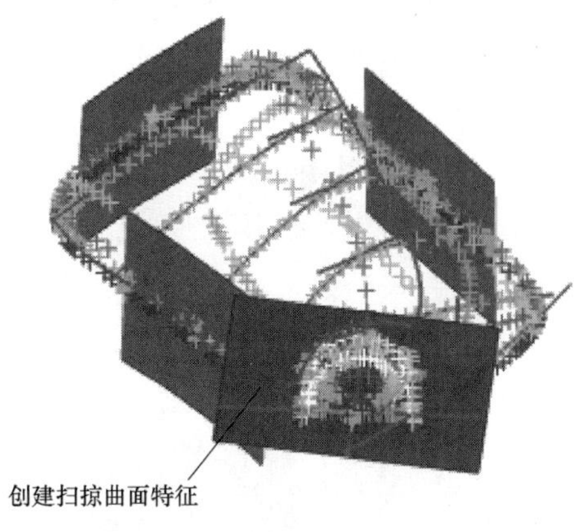

图 9-63

在对话框中单击（引导线）按钮或直接按下鼠标中键确认完成截面曲线的选择，在主界面曲线规则列表框中选择**相切曲线**选项，在图形中选择图 9-64 所示的曲线作为引导线。

在【扫掠】对话框中单击 确定 按钮，完成扫掠曲面特征的创建，结果如图 9-65 所示。

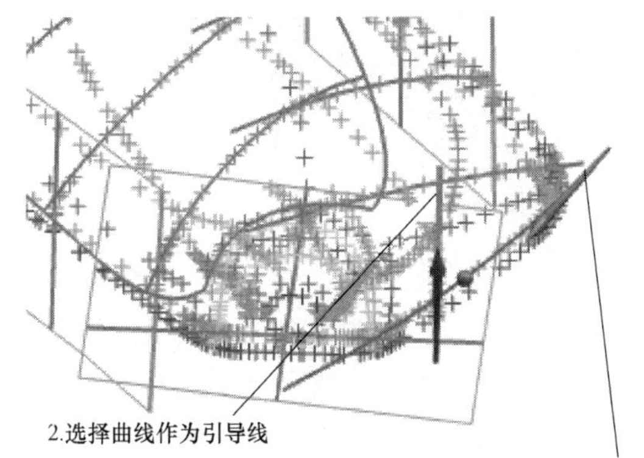

图 9-64

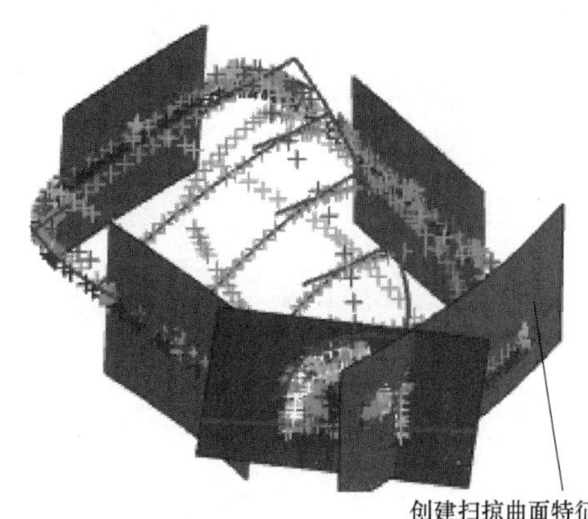

图 9-65

3. 创建延伸片体特征

选择菜单中的【插入】/【修剪】/【延伸片体】命令或在【特征】工具条中单击（延伸片体）按钮，出现【延伸片体】特征对话框，如图 9-66 所示，在图形中选择图 9-67 所示的片体边缘，在【限制】列表框中选择**偏置**选项，在【偏置】文本框中输入【40】，在【曲面延伸形状】列表框中选择**自然曲率**选项，单击 应用 按钮，完成延伸片体特征的创建，结果如图 9-68 所示。

按照上述方法继续延伸片体的操作。选择图 9-69 所示的曲面边缘进行延伸，完成延伸片体特征的创建，结果如图 9-70 所示。

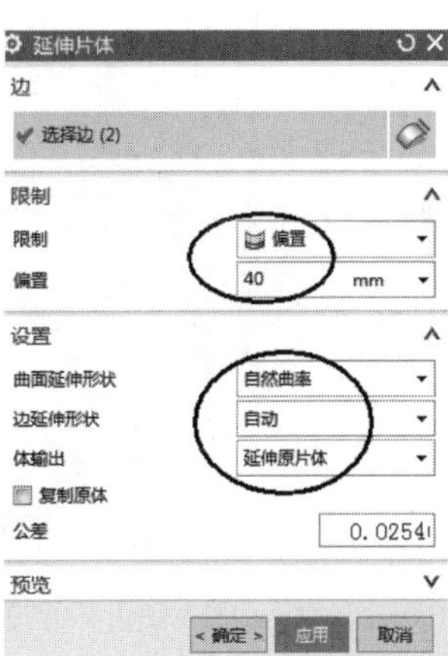

图 9-66

按照上述方法继续延伸片体的操作。选择图 9-71 所示的片体边缘进行延伸，完成延伸片体特征的创建，结果如图 9-72 所示。

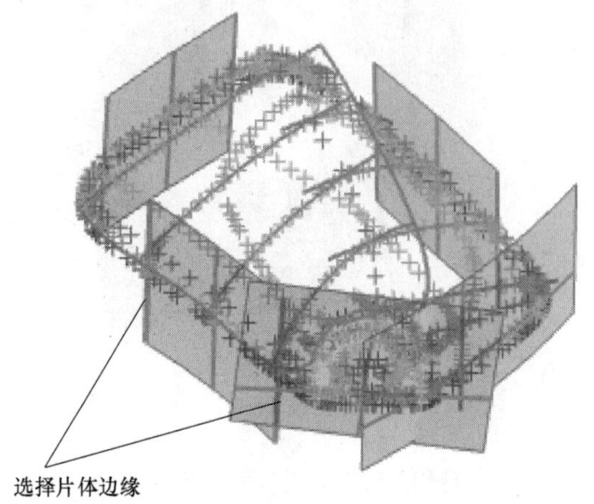

图 9-67

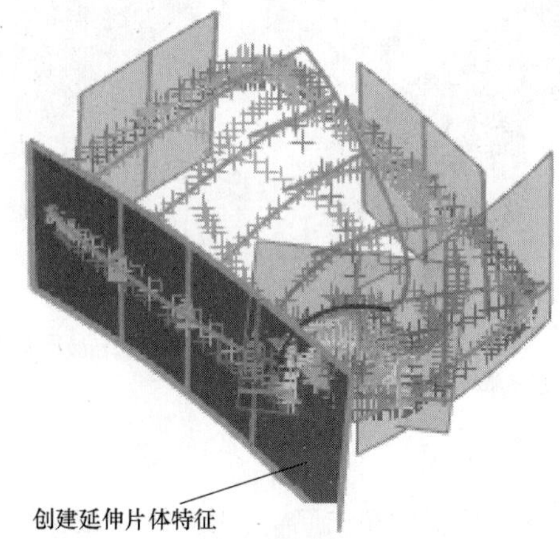

图 9-68

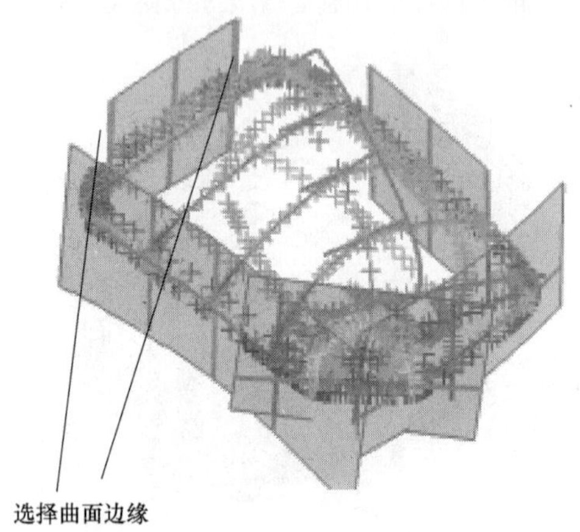

图 9-69

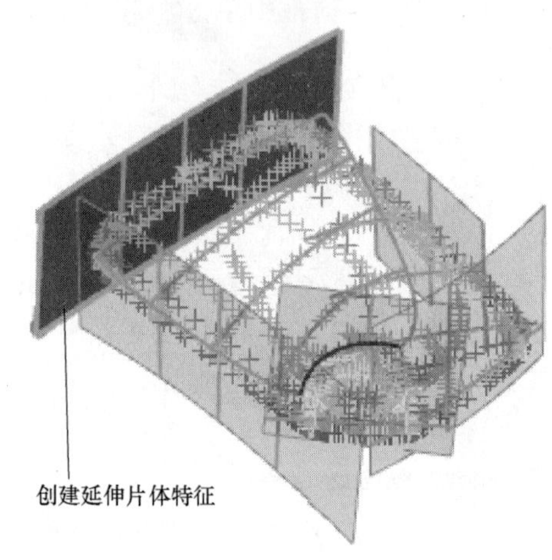

图 9-70

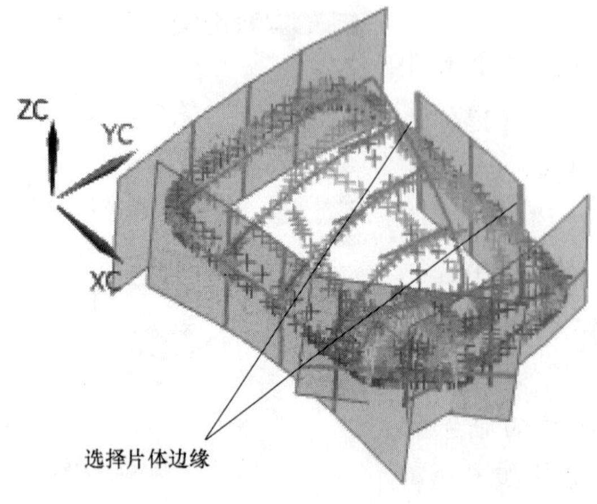

图 9-71

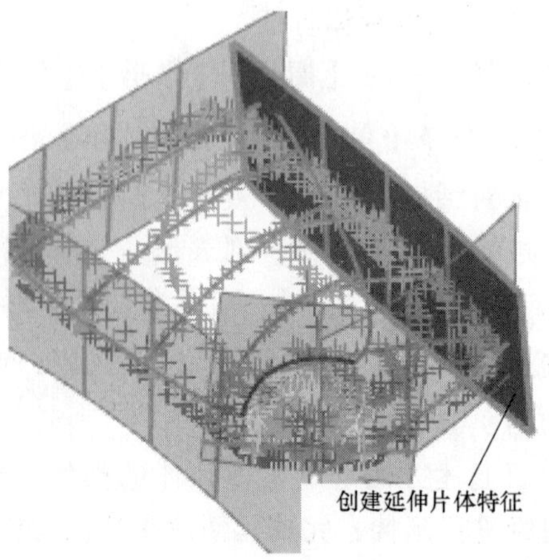

图 9-72

4. 创建面倒圆特征

选择菜单中的【插入】/【细节特征】/【面倒圆】命令或在【特征】工具条中单击（面倒圆）按钮，出现【面倒圆】对话框，如图 9-73 所示，在图形中选择图 9-74 所示的曲面作为第一组倒圆面，系统出现图示圆心指向，如果与图示箭头方向相反，则单击（反向）按钮，在【面倒圆】对话框中的【选择面 2】选项区域中单击（面）按钮，在图形中选择图 9-74 所示的曲面作为第二组倒圆面，系统出现图示圆心指向，如果与图示箭头方向相反，则单击（反向）按钮，如图 9-74 所示。

图 9-73

在对话框的【半径】文本框中输入【20】，在【修剪圆角】列表框中选择**至全部**选项，并选中☑ **修剪要倒圆的体**复选框，如图 9-73 所示，单击 应用 按钮，完成面倒圆特征的创建，结果如图 9-75 所示。

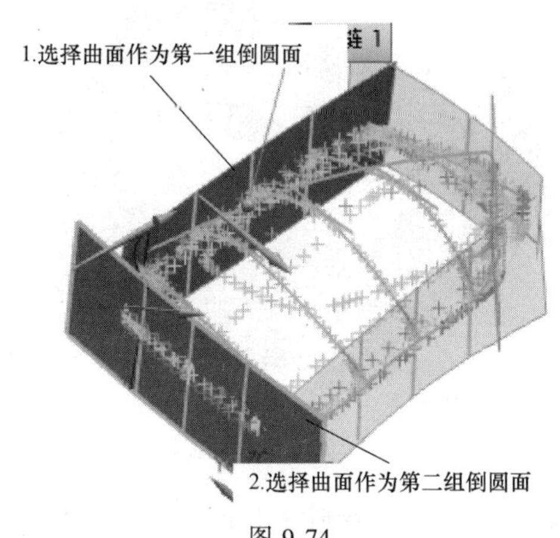

图 9-74

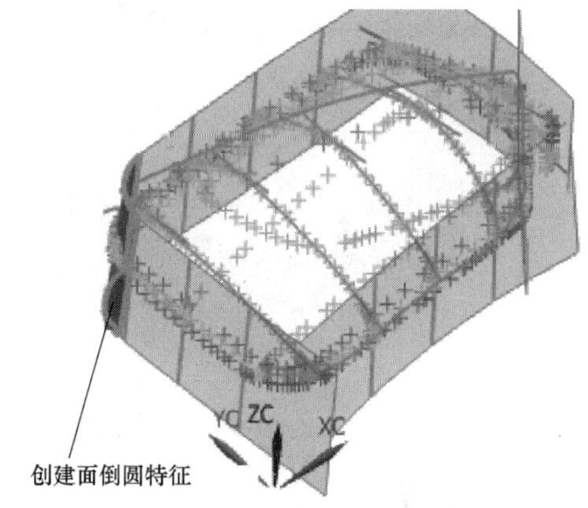

图 9-75

按照上述方法继续进行面倒圆的操作。在图形中选择图 9-76 所示的曲面作为第一组倒圆面，系统出现图示圆心指向，如果与图示箭头方向相反，则单击（反向）按钮，在【面倒圆】对话框中的【选择面 2】选项区域单击（面）按钮，在图形中选择图 9-76 所示的曲面作为第二组倒圆面，系统出现图示圆心指向，如与图示箭头方向相反，则单击（反向）按钮，如图 9-76 所示。

在对话框的【半径】文本框中输入【22】，在【修剪圆角】列表框中选择**至全部**选项，并选中☑ **修剪要倒圆的体**复选框，单击 应用 按钮，完成面倒圆特征的创建，结果如图 9-77 所示。

按照上述方法继续进行面倒圆的操作。在图形中选择图 9-78 所示的曲面作为第一组倒圆面，系统出现图示圆心指向，如与图示箭头方向相反，则单击（反向）按钮，在【面倒圆】对话框中的【选择面 2】选项区域中单击（面）按钮，在图形中选择图 9-78 所示的曲面作为第二组倒圆面，系统出现图示圆心指向，如果与图示箭头方向相反，则单击（反向）按钮，如图 9-78 所示。

在对话框的【半径】文本框中输入【18】，在【修剪圆角】列表框中选择至全部选项，并选中☑ 修剪要倒圆的体复选框，单击应用按钮，完成面倒圆特征的创建，结果如图9-79所示。

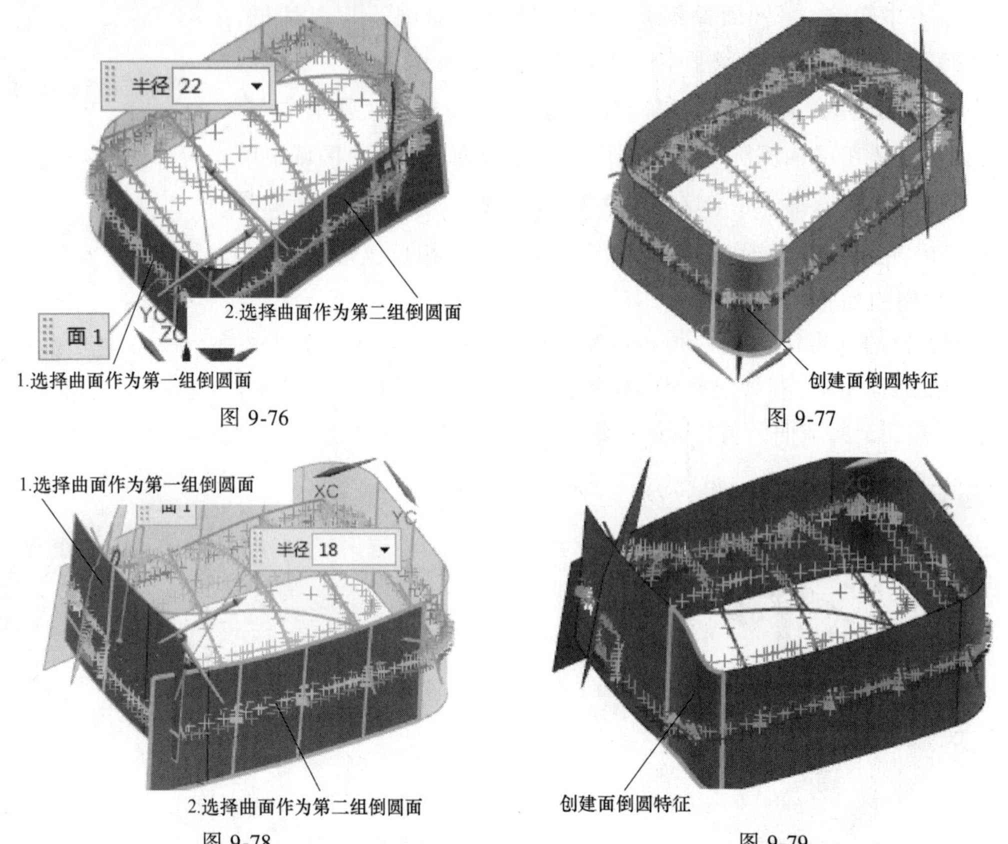
半径 22
面 1
2.选择曲面作为第二组倒圆面
1.选择曲面作为第一组倒圆面
创建面倒圆特征
1.选择曲面作为第一组倒圆面
半径 18
2.选择曲面作为第二组倒圆面
创建面倒圆特征

图 9-76　　图 9-77

图 9-78　　图 9-79

按照上述方法继续进行面倒圆的操作。在图形中选择图9-80所示的曲面作为第一组倒圆面，系统出现图示圆心指向，如果与图示箭头方向相反，则单击 ✕（反向）按钮，在【面倒圆】对话框中的【选择面2】选项区域单击（面）按钮，在图形中选择图9-80所示的曲面作为第二组倒圆面，系统出现图示圆心指向；如果与图示箭头方向相反，则单击 ✕（反向）按钮，如图9-80所示。

在对话框中的【半径】文本框中输入【13.2】，在【修剪圆角】列表框中选择至全部选项，并选中☑ 修剪要倒圆的体复选框，单击应用按钮，完成面倒圆特征的创建，结果如图9-81所示。

按照上述方法继续进行面倒圆的操作。在图形中选择图9-82所示的曲面作为第一组倒圆面，系统出现图示圆心指向，如果与图示箭头方向相反，则单击 ✕（反向）按钮，在【面倒圆】对话框中的【选择面2】选项区域中单击（面）按钮，在图形中选择图9-82所示的曲面作为第二组倒圆面，系统出现图示圆心指向，如果与图示箭头方向相反，则单击 ✕（反向）按钮，如图9-82所示。

在对话框的【半径】文本框中输入【18】，在【修剪圆角】列表框中选择至全部选项，并选中☑ 修剪要倒圆的体复选框，单击应用按钮，完成面倒圆特征的创建，结果如图9-83所示。

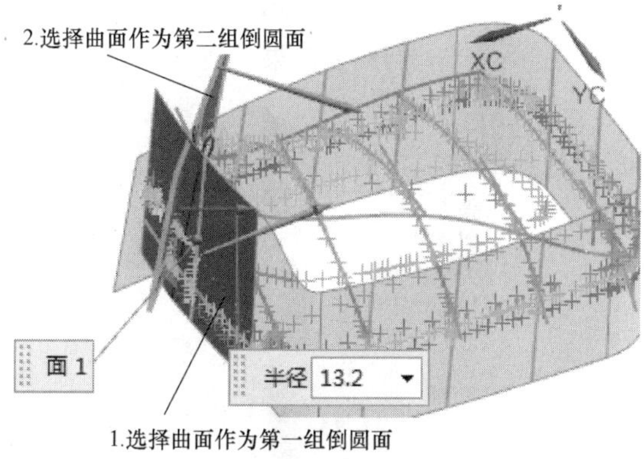

2.选择曲面作为第二组倒圆面
XC
YC
面 1
半径 13.2
1.选择曲面作为第一组倒圆面

图 9-80

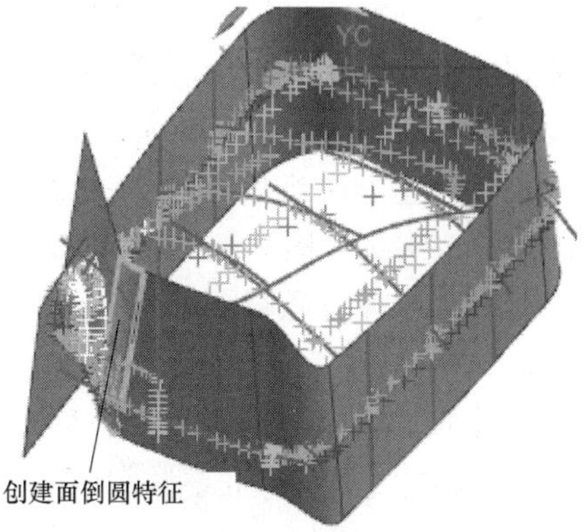

YC
创建面倒圆特征

图 9-81

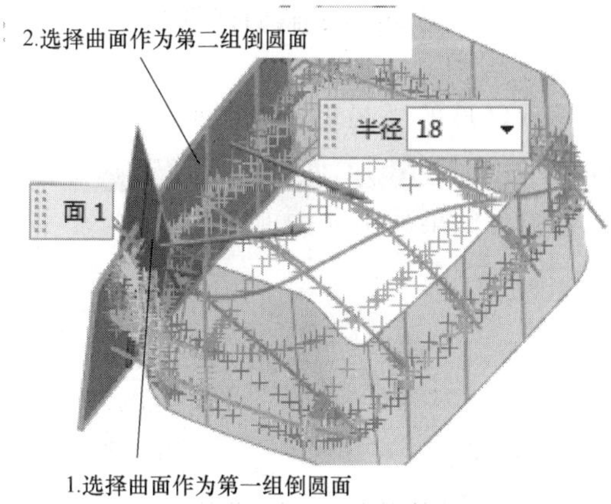

2.选择曲面作为第二组倒圆面
半径 18
面 1
1.选择曲面作为第一组倒圆面

图 9-82

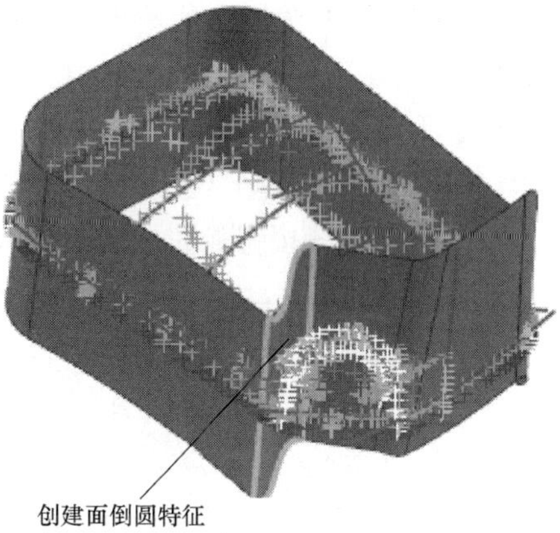

创建面倒圆特征

图 9-83

5. 创建通过曲线组曲面

选择菜单中的【插入】/【网格曲面】/【通过曲线组】曲面命令或在【曲面】工具条中单击 （通过曲线组）按钮，出现【通过曲线组】曲面对话框，如图 9-84 所示，在图形中依次选择图 9-85 所示的 5 条曲线作为截面曲线，选择每条截面曲线后，按下鼠标中键确认选择。

通过曲线组
截面
选择曲线 (1)
指定原始曲线
添加新集
列表
截面 2
截面 3
截面 4
截面 5
对齐
保留形状
对齐
参数
< 确定 >
应用
取消

图 9-84

YC
依次选择5条曲线作为截面曲线，选择每条截面曲线后，
按下鼠标中键确认选择

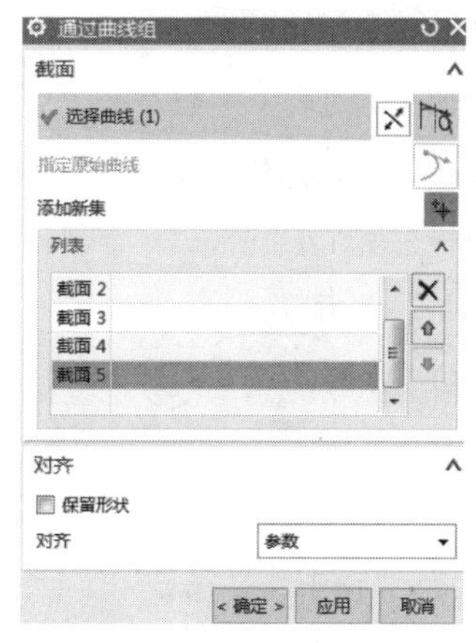

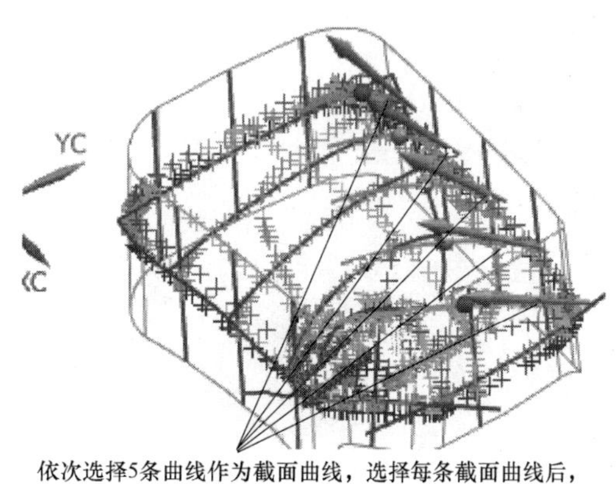

图 9-85

在【通过曲线组】曲面对话框中取消选中▢ **保留形状**复选框，单击 应用 按钮，完成通过曲线组曲面的创建，结果如图 9-86 所示。

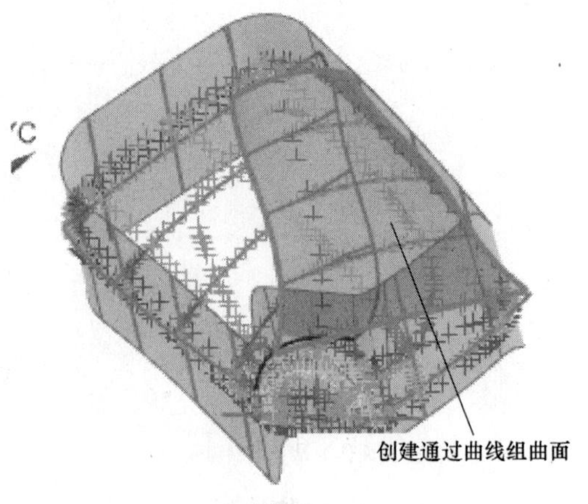
创建通过曲线组曲面

图 9-86

按照上述方法继续创建通过曲线组曲面。在图形中依次选择图 9-87 所示的 2 条曲线作为截面曲线，选择每条截面曲线后，按下鼠标中键确认选择。

在【通过曲线组】曲面对话框中取消选中▢ **保留形状**复选框，单击 应用 按钮，完成通过曲线组曲面的创建，结果如图 9-88 所示。

按照上述方法继续创建通过曲线组曲面。在图形中依次选择图 9-89 所示的 4 条曲线作为截面曲线，选择每条截面曲线后，按下鼠标中键确认选择。

在【通过曲线组】曲面对话框的【连续性】选项区域的【最后一个截面】列表框中选择**G1（相切）**选项，如图 9-90 所示，在图形中选择图 9-91 所示的曲面，取消选中▢ **保留形状**复选框，单击 应用 按钮，完成通过曲线组曲面的创建，结果如图 9-92 所示。

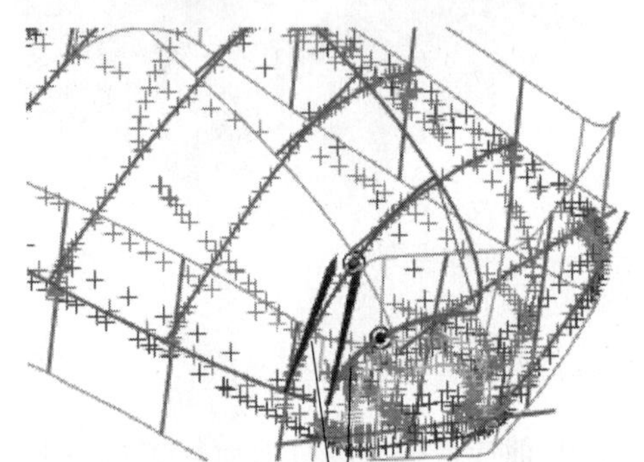
依次选择2条曲线作为截面曲线，选择
每条截面曲线后按下鼠标中键确认选择

图 9-87

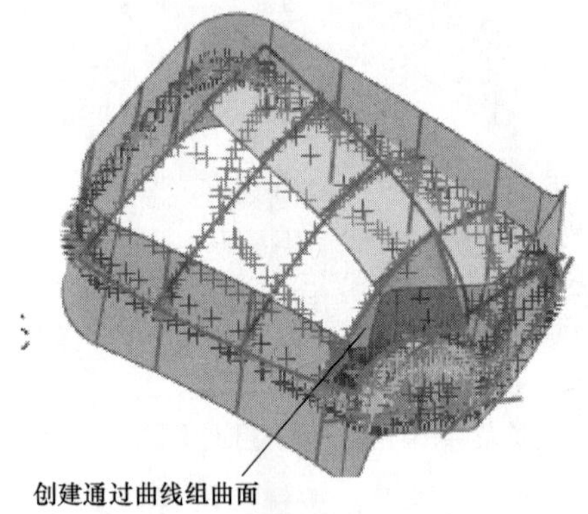
创建通过曲线组曲面

图 9-88

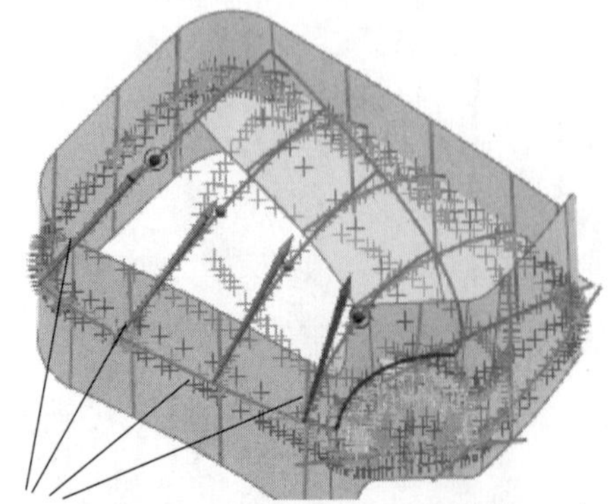
依次选择4条曲线作为截面曲线，选择每条截面
曲线后，按下鼠标中键确认选择

图 9-89

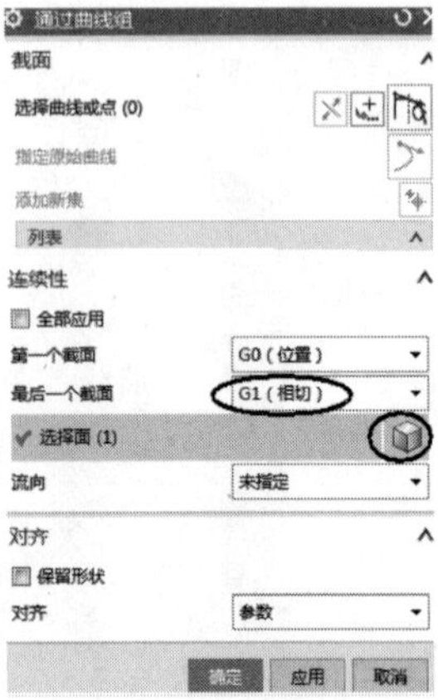

通过曲线组
截面
选择曲线或点 (0)
指定原始曲线
添加新集
列表
连续性
▢ 全部应用
第一个截面 G0（位置）
最后一个截面 G1（相切）
✔ 选择面 (1)
流向 未指定
对齐
▢ 保留形状
对齐 参数
确定 应用 取消

图 9-90

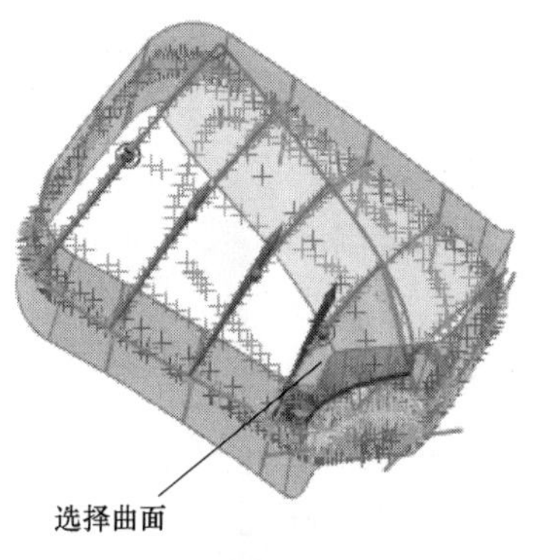

图 9-91

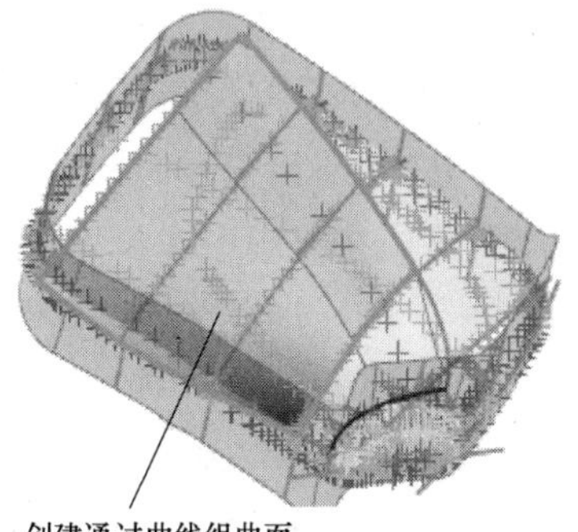

图 9-92

6. 创建延伸片体特征

选择菜单中的【插入】/【修剪】/【延伸片体】命令或在【特征】工具条中单击（延伸片体）按钮，出现【延伸片体】特征对话框，如图 9-93 所示，在图形中选择图 9-94 所示的片体边缘，在【限制】列表框中选择偏置选项，在【偏置】文本框中输入【15】，在【曲面延伸形状】列表框中选择自然曲率选项，单击应用按钮，完成延伸片体特征的创建，结果如图 9-95 所示。

图 9-93

按照上述方法继续延伸片体操作，分别选择如图 9-96 所示的曲面边缘进行延伸，完成延伸片体特征的创建，结果如图 9-97 所示。

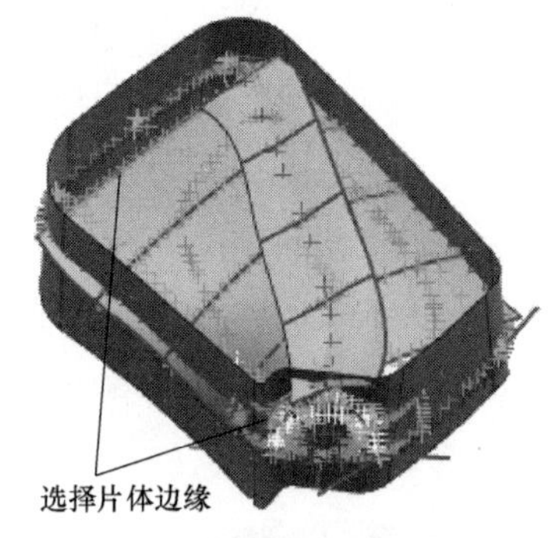

图 9-94

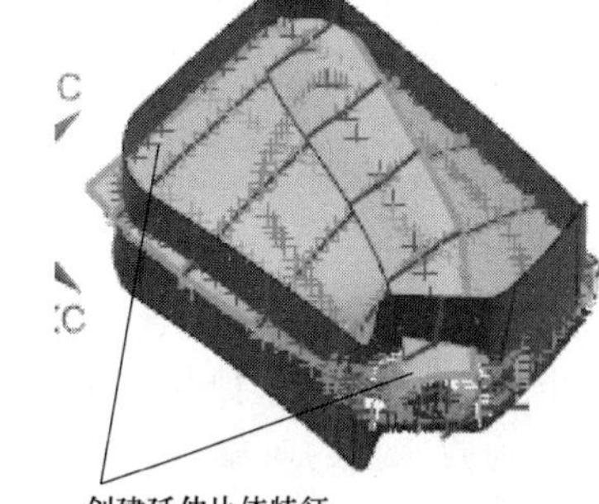

图 9-95

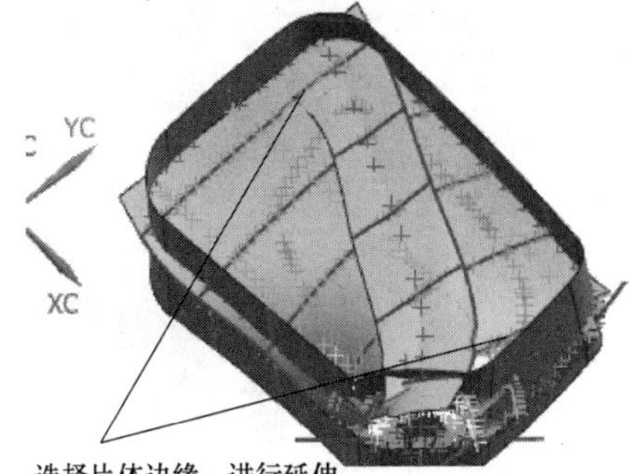

图 9-96

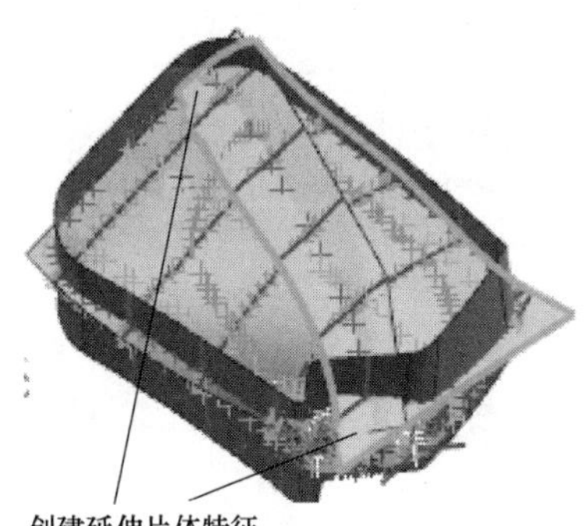

图 9-97

7. 创建面倒圆特征

图 9-98

选择菜单中的【插入】/【细节特征】/【面倒圆】命令或在【特征】工具条中单击（面倒圆）按钮，出现【面倒圆】对话框，如图 9-98 所示，在图形中选择图 9-99 所示的曲面作为第一组倒圆面，系统出现图示圆心指向，如果与图示箭头方向相反，则单击（反向）按钮，在【面倒圆】对话框中的【选择面 2】选项区域单击（面）按钮，在图形中选择图 9-99 所示的曲面作为第二组倒圆面，系统出现图示圆心指向，如果与图示箭头方向相反，则单击（反向）按钮，如图 9-99 所示。

在对话框中的【半径】文本框中输入【8】，在【修剪圆角】列表框中选择无选项，如图 9-98 所示，单击应用按钮，完成面倒圆特征的创建，结果如图 9-100 所示。

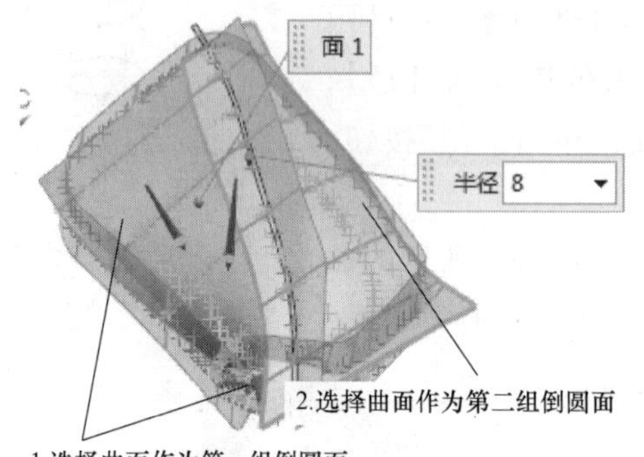

图 9-99

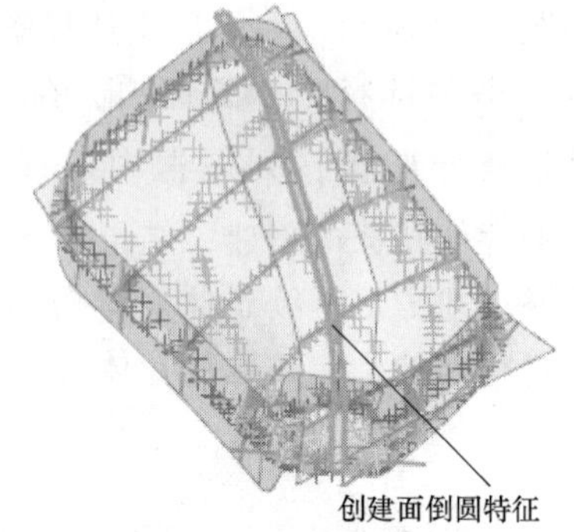

图 9-100

8. 创建修剪片体特征

选择菜单中的【插入】/【修剪】/【修剪片体】命令或在【特征】工具条中单击（修剪片体）按钮，出现【修剪片体】特征对话框，如图 9-101 所示，在图形中选择图 9-102 所示的曲面作为要修剪的对象。

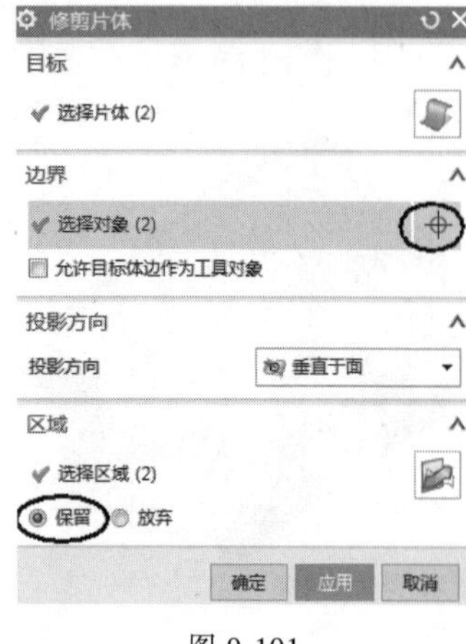

图 9-101

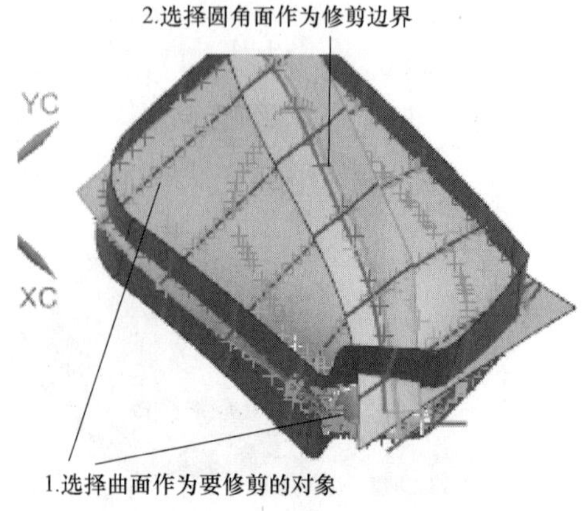

图 9-102

在对话框中的【区域】选项区域选中◉ 保留单选按钮，在【边界对象】选项区域单击⊕（对象）按钮，在图形中选择图 9-102 所示的圆角面作为修剪边界，单击应用按钮，完成修剪片体特征的创建，结果如图 9-103 所示。

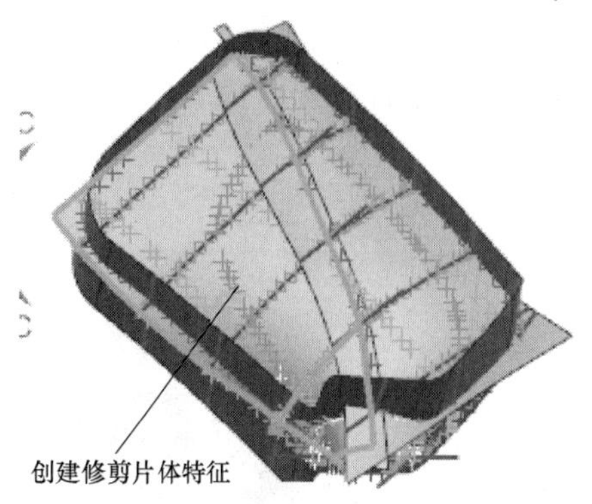
创建修剪片体特征
图 9-103

按照上述方法继续进行修剪片体的操作。在图形中选择图 9-104 所示的曲面作为要修剪的对象，在对话框中的【区域】选项区域选中◉ 保留单选按钮，在【边界对象】选项区域单击⊕（对象）按钮，在图形中选择图 9-104 所示的圆角面作为修剪边界，单击应用按钮，完成修剪片体特征的创建，结果如图 9-105 所示。

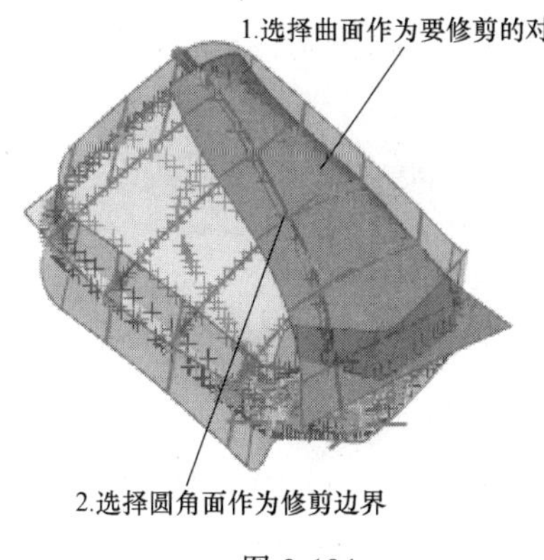
1.选择曲面作为要修剪的对象
2.选择圆角面作为修剪边界
图 9-104

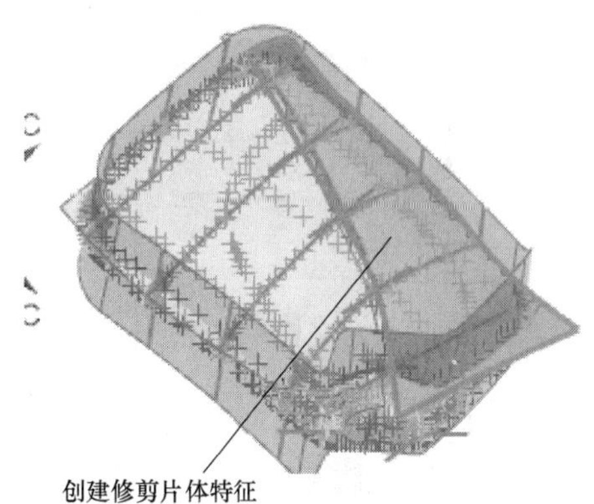
创建修剪片体特征
图 9-105

9. 创建面倒圆特征

选择菜单中的【插入】/【细节特征】/【面倒圆】命令或在【特征】工具条中单击（面倒圆）按钮，出现【面倒圆】对话框，如图 9-106 所示，在图形中选择图 9-107 所示的一组侧面作为第一组倒圆面，系统出现图示圆心指向，如果与图示箭头方向相反，则单击（反向）按钮，在【面倒圆】对话框中的【选择面 2】选项区域单击（面）按钮，在图形中选择图 9-107 所示的一组顶面作为第二组倒圆面，系统出现图示圆心指向，如果与图示箭头方向相反，则单击（反向）按钮，如图 9-107 所示。

图 9-106

在对话框的【半径】文本框中输入【5】，在【修剪圆角】列表框中选择无选项，如图 9-106 所示，单击应用按钮，完成面倒圆特征的创建，结果如图 9-108 所示。

10. 创建修剪片体特征

选择菜单中的【插入】/【修剪】/【修剪片体】命令或在【特征】工具条中单击（修

剪片体）按钮，出现【修剪片体】特征对话框，如图 9-109 所示，在图形中选择图 9-110 所示的一组侧面作为要修剪的对象。

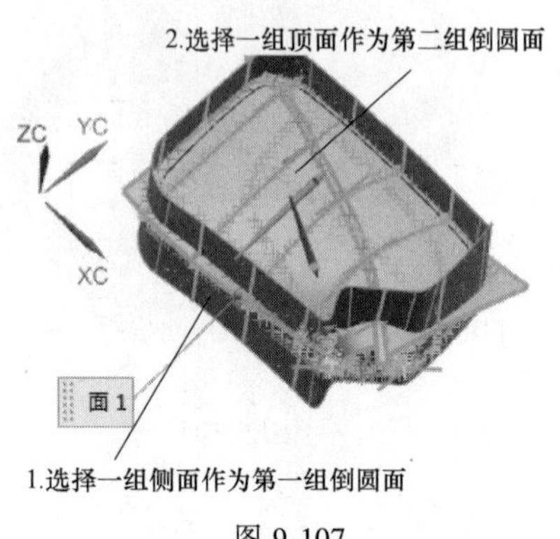

图 9-107

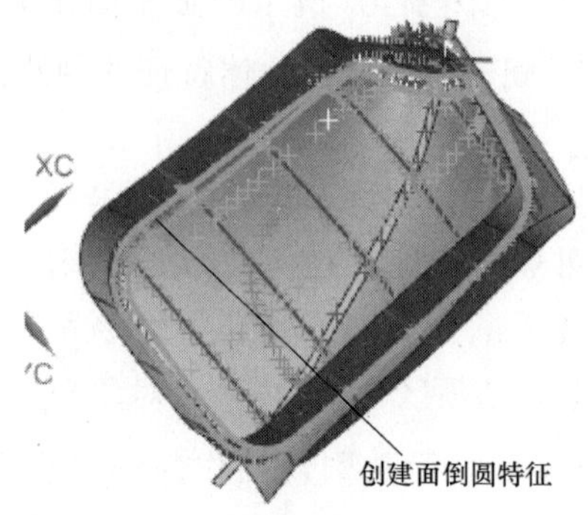

图 9-108

图 9-109

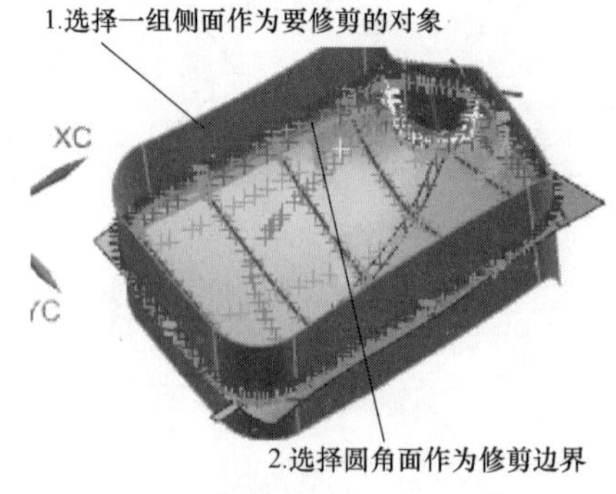

图 9-110

在对话框的【区域】选项区域中选中◉ 保留单击按钮，在【边界对象】选项区域中单击 ⊕ （对象）按钮，在图形中选择图 9-110 所示的圆角面作为修剪边界，单击 应用 按钮，完成修剪片体特征的创建，结果如图 9-111 所示。

按照上述方法继续进行修剪片体的操作。在图形中选择图 9-112 所示的一组顶面作为要修剪的对象，在对话框的【区域】选项区域选中◉ 保留单选按钮，在【边界对象】选项区

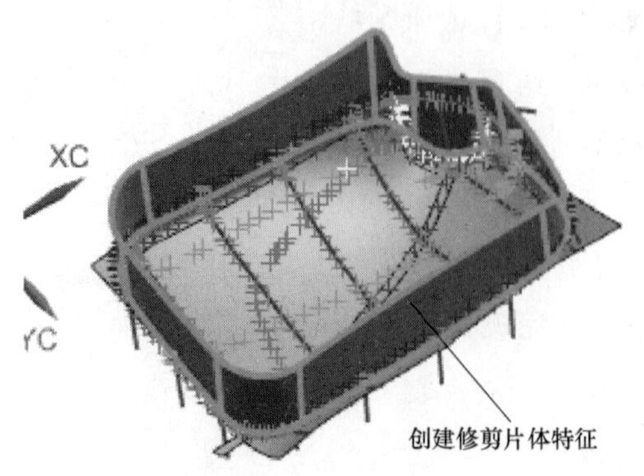

图 9-111

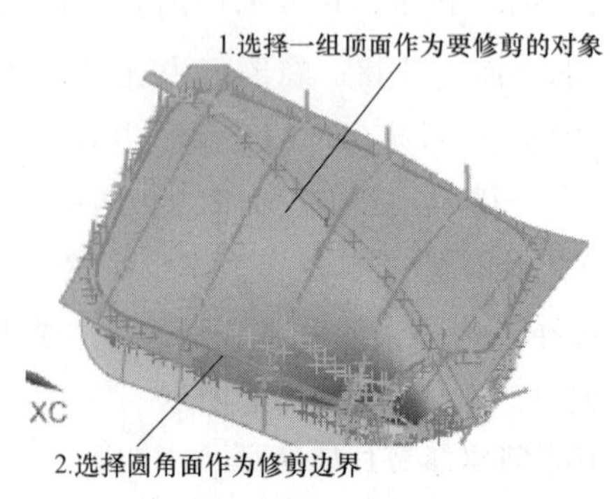

图 9-112

域单击 ⊕ （对象）按钮，在图形中选择图 9-112 所示的圆角面作为修剪边界，单击 应用 按钮，完成修剪片体特征的创建，结果如图 9-113 所示。

11. 移动至 255 工作层

将所有辅助曲线移动至 255 工作层（步骤略），图形更新为图 9-114 所示样式。

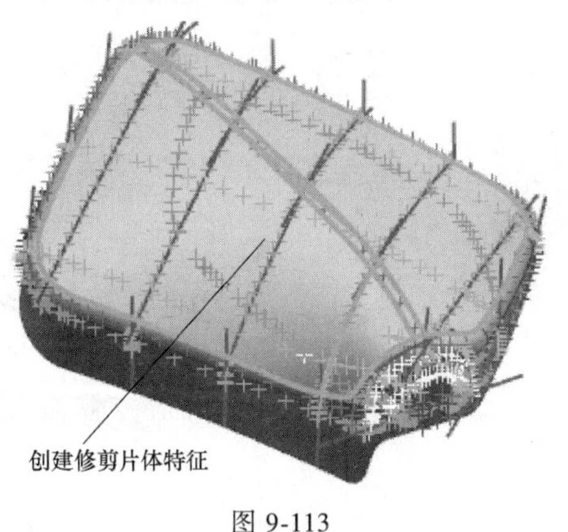

图 9-113

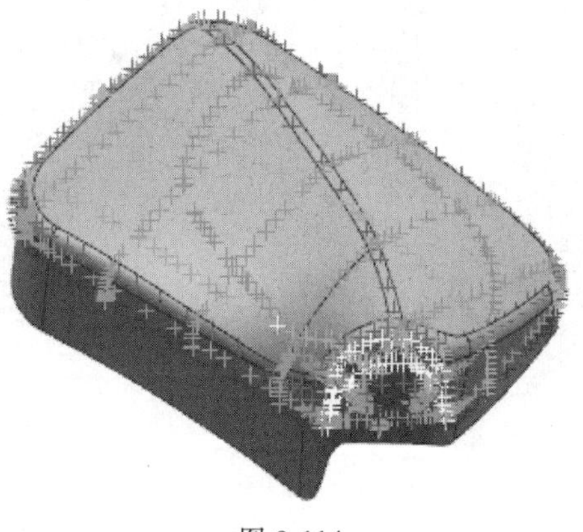
图 9-114

9.4　绘制摩托车反光镜安装孔

1. 绘制圆

选择菜单中的【插入】/【曲线】/【圆弧/圆】命令或在【曲线】工具条中单击 （圆弧/圆）按钮，出现【圆弧/圆】对话框，取消选中 关联复选框，如图 9-115 所示。在主界面捕捉点工具条中选择 （现有点）选项，在图形中依次选择图 9-116 所示的 3 个红色点，单击 应用 按钮，完成圆的创建，结果如图 9-117 所示。

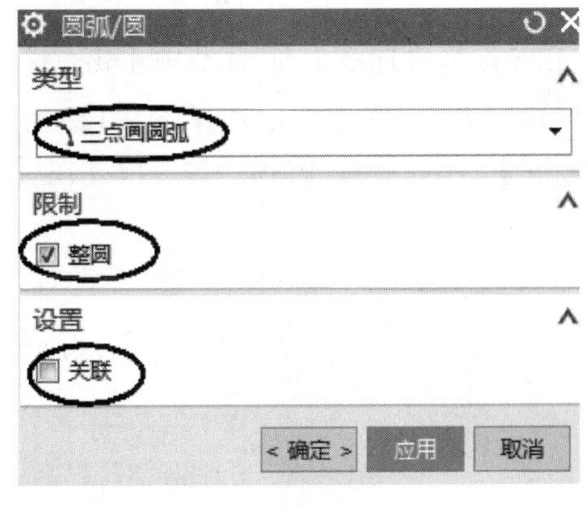

图 9-115

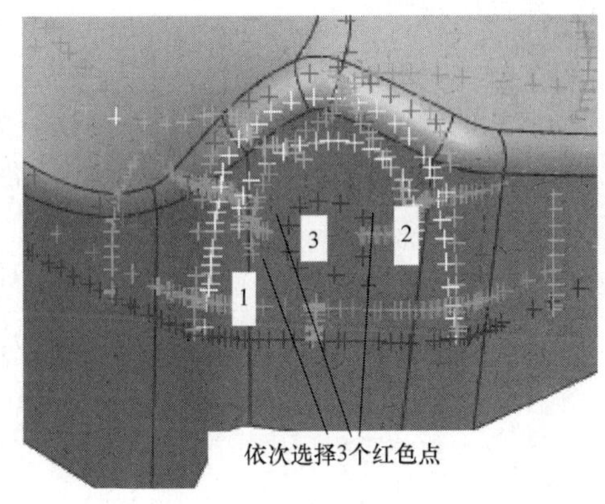

图 9-116

2. 创建艺术样条曲线

选择菜单中的【插入】/【曲线】/【艺术样条】命令或在【曲线】工具条中单击 （艺术样条）按钮，出现【艺术样条】对话框，在【类型】列表框中选择 通过点选项，在

【次数】文本框中输入【3】，取消选中 封闭复选框，如图 9-118 所示。在主界面捕捉点工具条仅选择（现有点）选项，在图形中依次选择图 9-119 所示 7 个土黄色点，单击 确定 按钮，完成艺术样条曲线的创建，结果如图 9-120 所示。

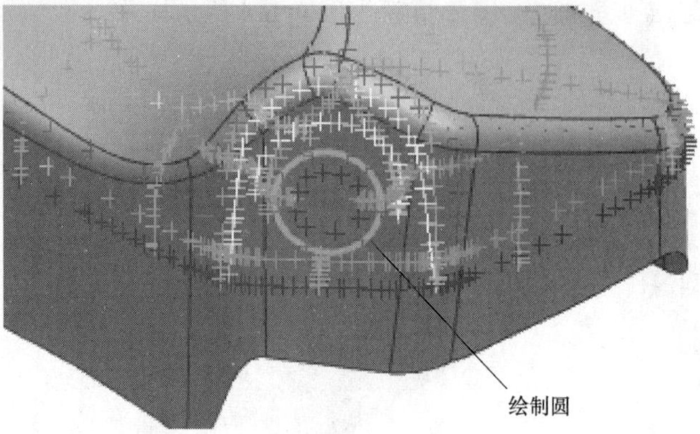

图 9-117

图 9-118

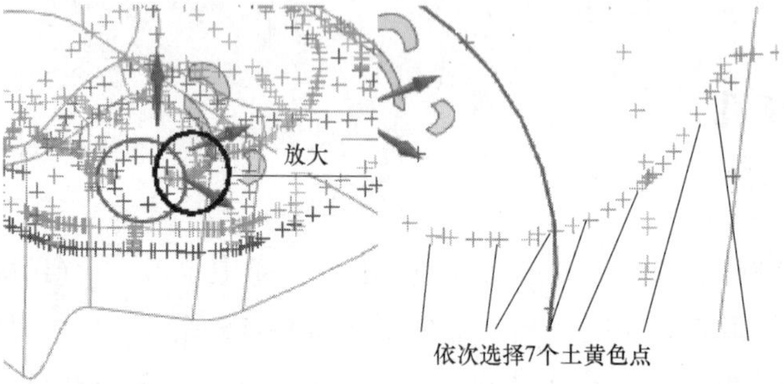

图 9-119

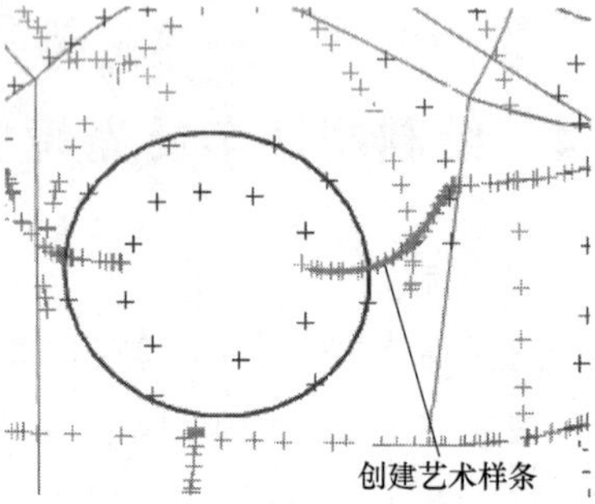

图 9-120

3. 编辑曲线长度

选择菜单中的【编辑】/【曲线】/【长度】命令或在【编辑曲线】工具条中单击（曲线长度）按钮，出现【曲线长度】对话框，如图 9-121 所示，在图形中选择图 9-122 所示的艺术样条曲线的右侧，在【延伸】选项区域的【长度】列表框中选择总数选项，在【侧】

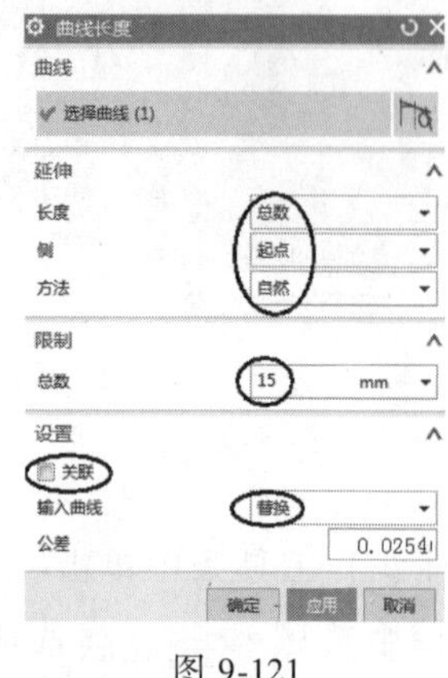

图 9-121

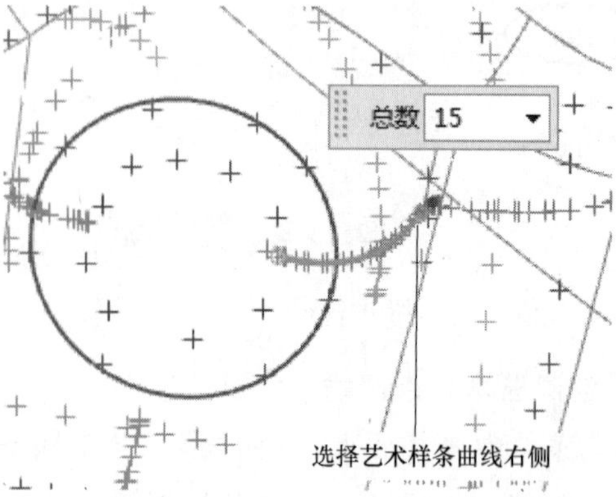

图 9-122

列表框中选择起点选项，在【方法】列表框中选择自然选项，在【限制】选项区域的【总数】文本框中输入【15】，取消选中关联复选框，在【输入曲线】列表框中选择替换选项，最后单击应用按钮，完成延伸曲线的操作，结果如图 9-123 所示。

4. 创建旋转特征

选择菜单中的【插入】/【设计特征】/【旋转(R)...】命令或在【特征】工具条中单击(旋转)按钮，出现【旋转】对话框，如图 9-124 所示。在主界面曲线规则列表框中选择自动判断曲线选项，在图形中选择图 9-125 所示的艺术样条曲线作为旋转对象。

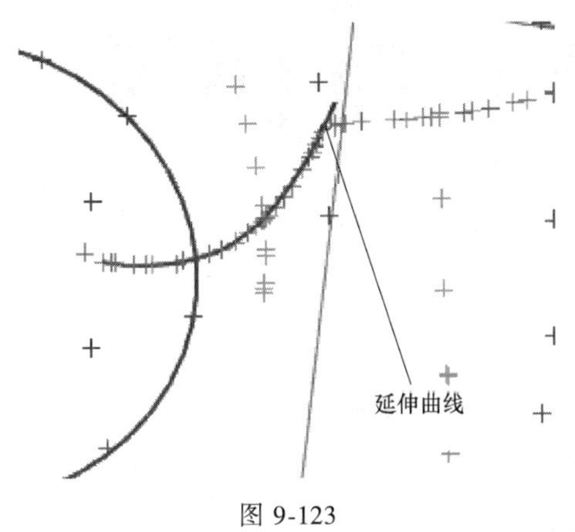

图 9-123

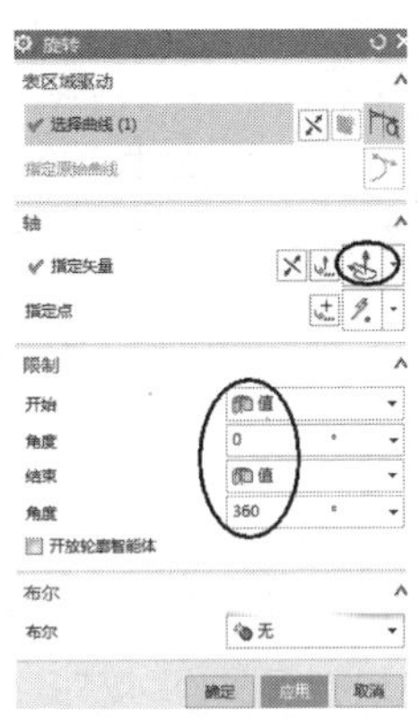

图 9-124

在【旋转】对话框的【指定矢量】列表框中选择(曲线/轴矢量)选项，在图形中选择图 9-125 所示的圆，在开始【角度】文本框和结束【角度】文本框中分别输入【0】【360】，在【布尔】列表框中选择无选项，如图 9-124 所示，单击确定按钮，完成旋转体特征的创建，结果如图 9-126 所示。

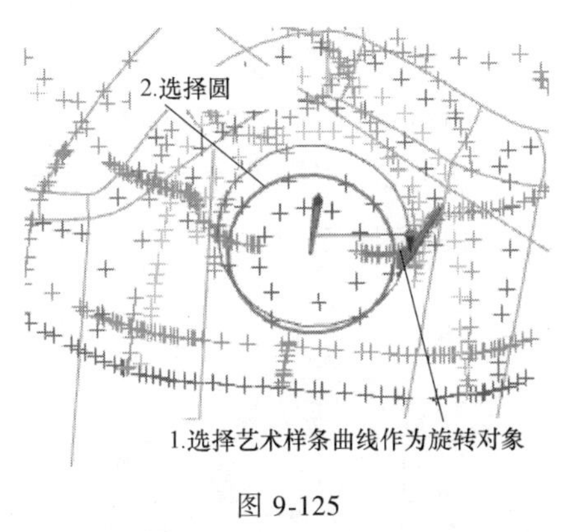

图 9-125

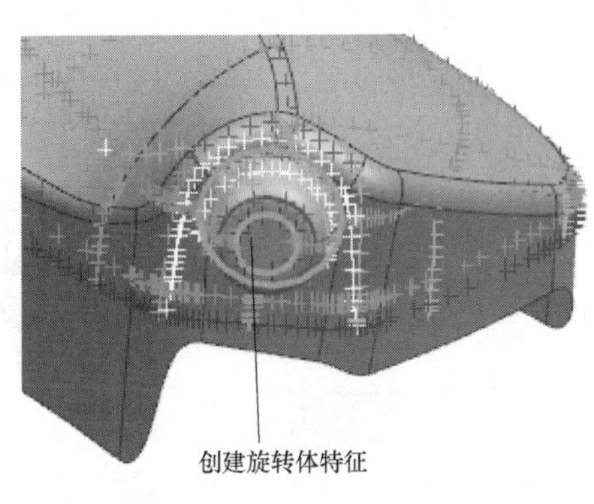

图 9-126

9.5 创建摩托车反光镜实体

1. 创建缝合曲面特征

选择菜单中的【插入】/【组合】/【缝合】曲面命令或在【特征】工具条中单击(缝合)

曲面按钮，出现【缝合】曲面对话框，如图9-127所示，在图形中选择图9-128所示的曲面作为要缝合的对象，框选图9-128所示的面作为工具面，单击 确定 按钮，完成缝合曲面特征的创建。

图 9-127

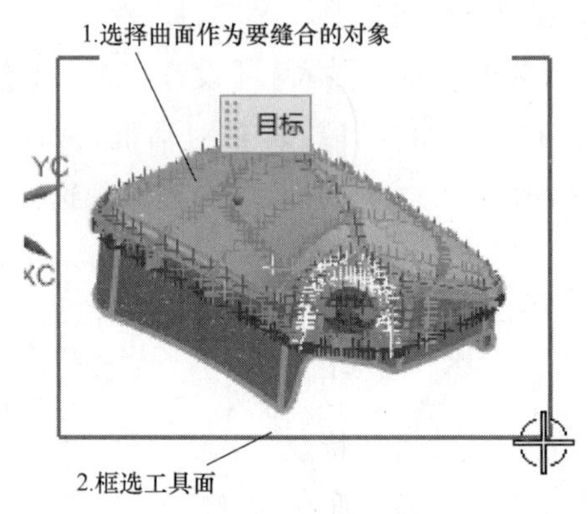

图 9-128

2. 绘制直线

选择菜单中的【插入】/【曲线】/【直线】命令或在【曲线】工具条中单击（直线）按钮，出现【直线】对话框，如图9-129所示。在主界面捕捉点工具条仅选择（现有点）选项，在图形中选择图9-130所示的蓝色点，在【直线】对话框的【终点选项】列表框中选择XC 沿 XC选项，在图形中拖动黄色箭头和圆球至适当位置，在【直线】对话框中取消选中 关联复选框，单击 确定 按钮，完成直线的创建，结果如图9-131所示。

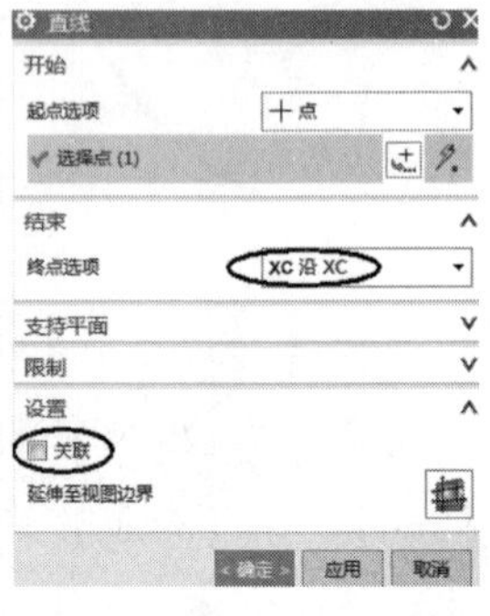

图 9-129

3. 创建拉伸片体特征

选择菜单中的【插入】/【设计特征】/【 拉伸(X)...】命令或在【特征】工具条中单击（拉伸）按钮，出现【拉伸】对话框，如图9-132所示，选择图9-133所示的直线作为拉伸对象，在【拉伸】对话框的【指定矢量】列表框中选择 YC 选项，在开始【距离】文本框和结束【距离】文本框中分别输入【-10】【100】，在【布尔】列表框中选择 无选项，如图9-132所示，单击 确定 按钮，完成拉伸特征的创建，结果如图9-134所示。

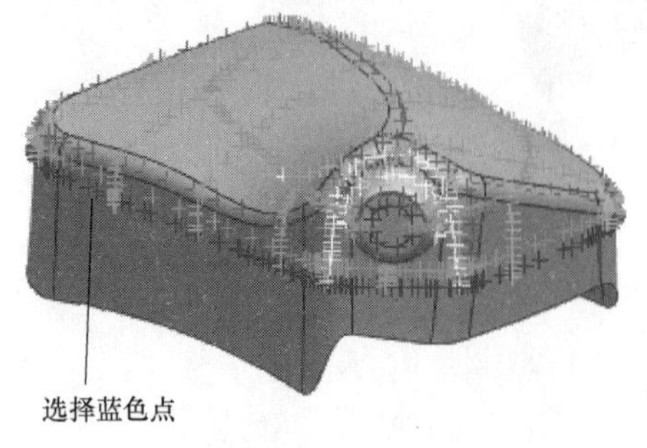

图 9-130

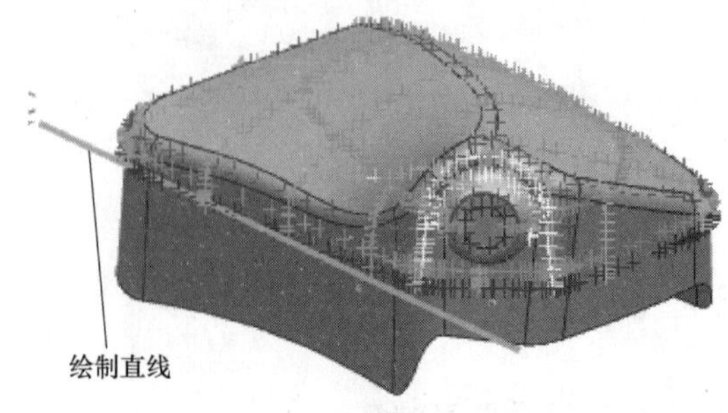

图 9-131

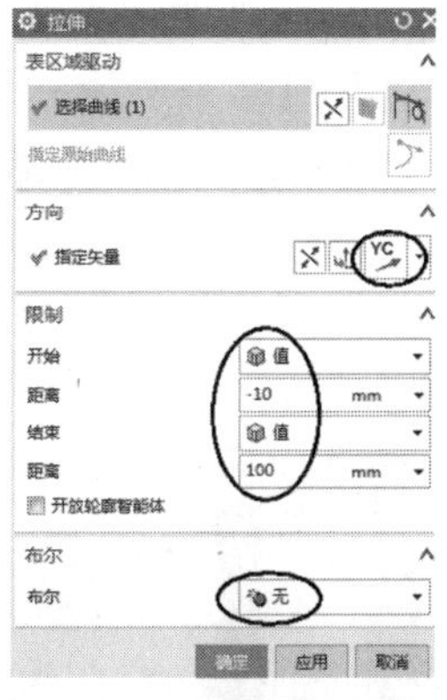

图 9-132

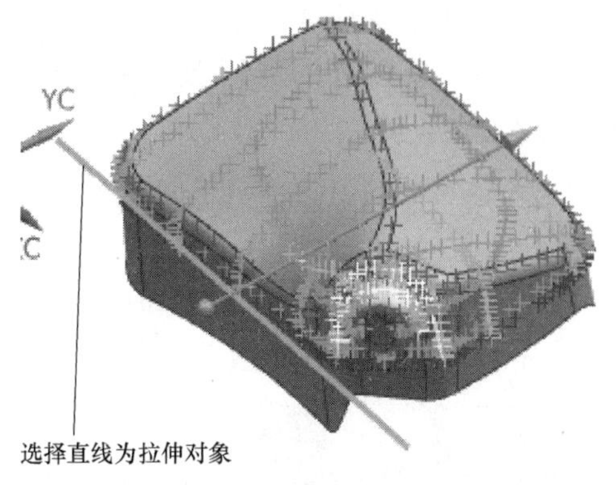

图 9-133

4. 创建修剪片体特征

选择菜单中的【插入】/【修剪】/【修剪片体】命令或在【特征】工具条中单击（修剪片体）按钮，出现【修剪片体】特征对话框，如图 9-135 所示，在图形中选择图 9-136 所示的曲面作为要修剪的对象。

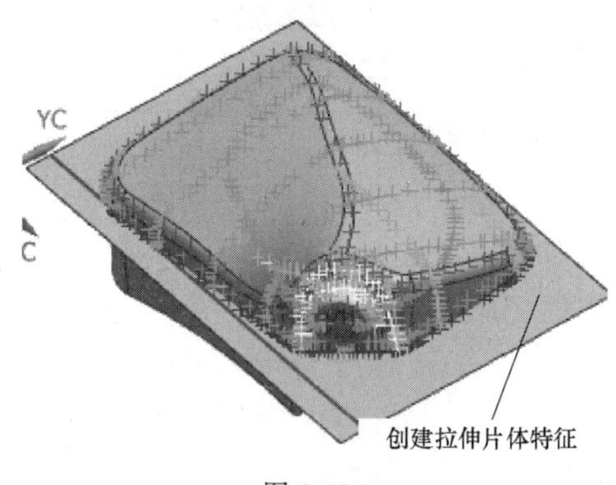

图 9-134

图 9-135

在对话框的【区域】选项区域选中◉ 保留单选按钮，在【边界对象】选项区域单击（对象）按钮，在图形中选择图 9-136 所示的平面作为修剪边界，单击 应用 按钮，完成修剪片体特征的创建，结果如图 9-137 所示。

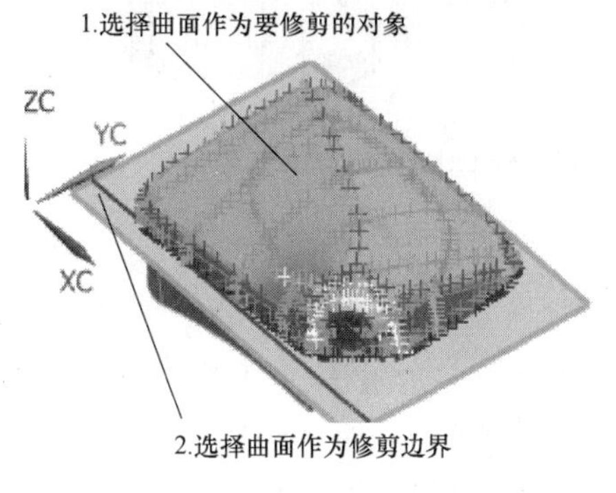

图 9-136

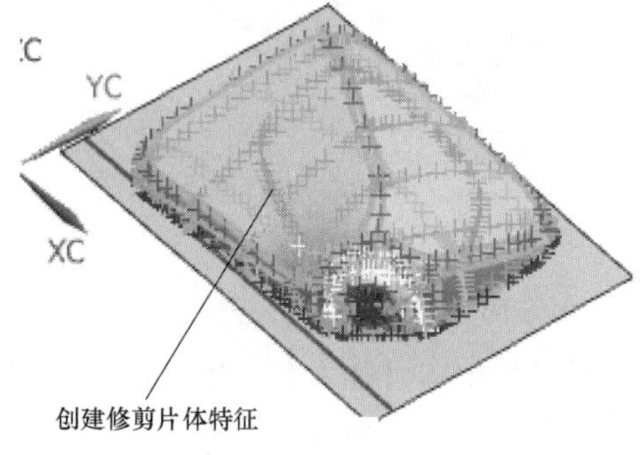

图 9-137

按照上述方法继续进行修剪片体的操作。在图形中选择图 9-138 所示的平面作为要修剪的对象，在对话框的【区域】选项区域选中◉ 保留单选按钮，在【边界对象】选项区域中单击⊕（对象）按钮，在图形中选择图 9-138 所示的曲面作为修剪边界，单击 应用 按钮，完成修剪片体特征的创建，结果如图 9-139 所示。

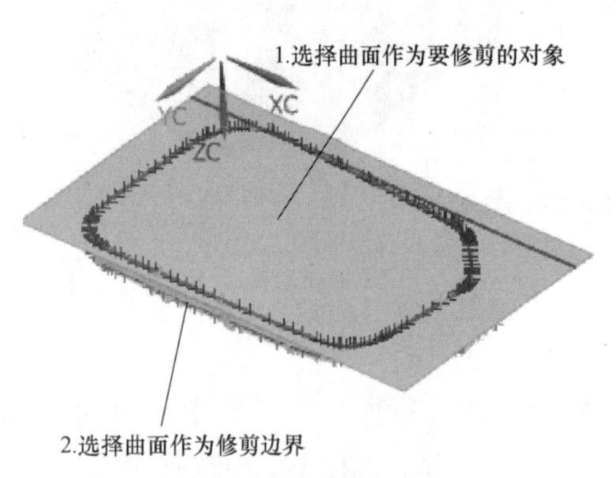

图 9-138

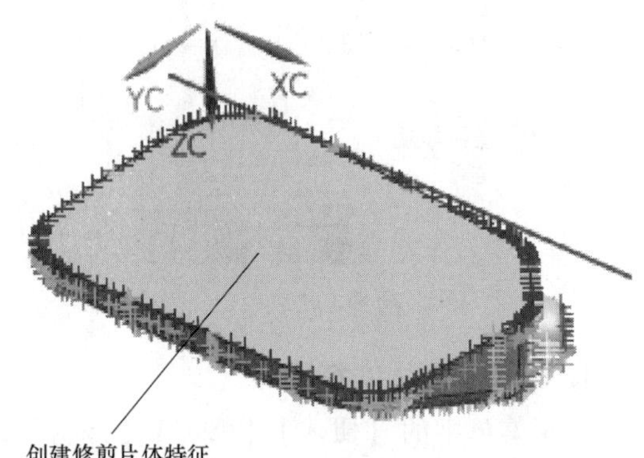

图 9-139

5. 创建缝合曲面特征

选择菜单中的【插入】/【组合】/【缝合】曲面命令或在【特征】工具条中单击（缝合）曲面按钮，出现【缝合】曲面对话框，如图 9-140 所示，在图形中选择图 9-141 所示的曲面作为要缝合的对象，框选图 9-141 所示的面作为工具面，单击 确定 按钮，完成缝合曲面特征的创建（此时模型已经缝合成实体），结果如图 9-142 所示。

缝合
类型
片体
目标
选择片体 (1)
工具
选择片体 (1)
设置
预览
确定 应用 取消

图 9-140

6. 移动至 255 工作层

将所有辅助曲线移动至 255 工作层（步骤略）。

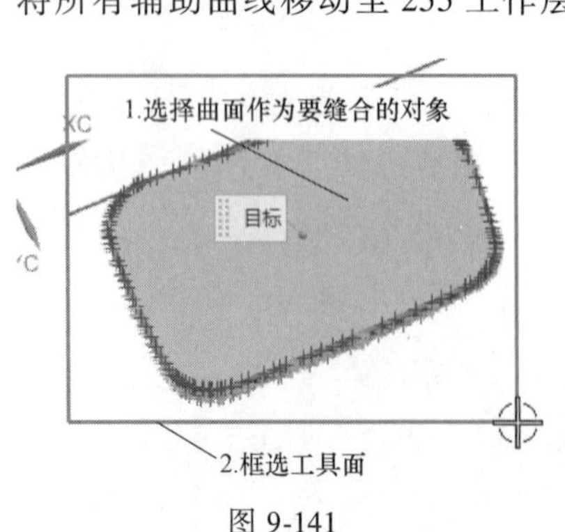

图 9-141

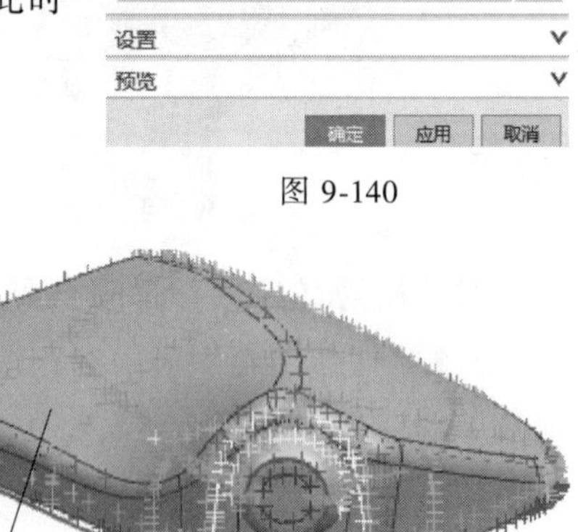

图 9-142

7. 合并操作

选择菜单中的【插入】/【组合】/【合并】命令或在【特征】工具条中单击（合并）按钮，出现【合并】操作对话框，如图 9-143 所示，按照图 9-144 所示选择目标实体，选择图 9-144 所示工具实体，单击 确定 按钮，完成合并操作，结果如图 9-145 所示。

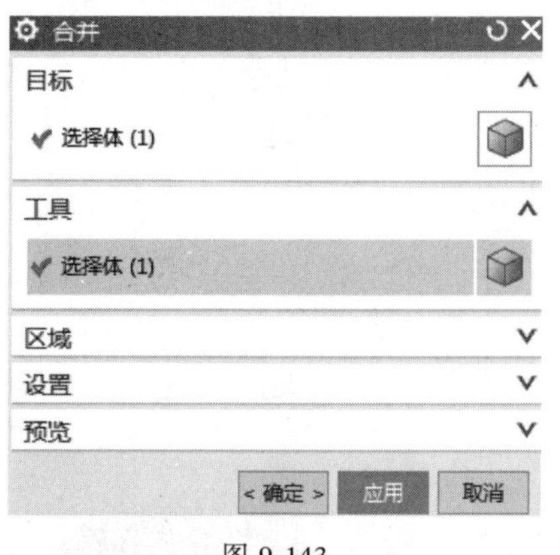

图 9-143

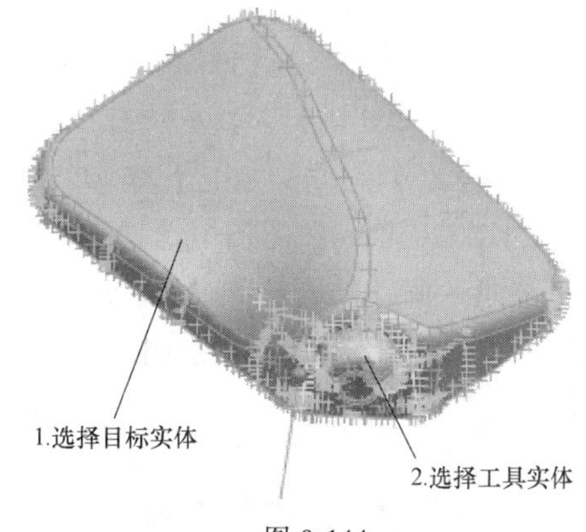

图 9-144

8. 创建边倒圆特征

选择菜单中的【插入】/【细节特征】/【边倒圆(E)...】命令或在【特征】工具条中单击（边倒圆）按钮，出现【边倒圆】对话框，在【半径 1】文本框中输入【5】，如图 9-146 所示，在图形中选择图 9-147 所示的实体边线作为倒圆角边，单击 确定 按钮，完成边倒圆特征的创建，结果如图 9-148 所示。

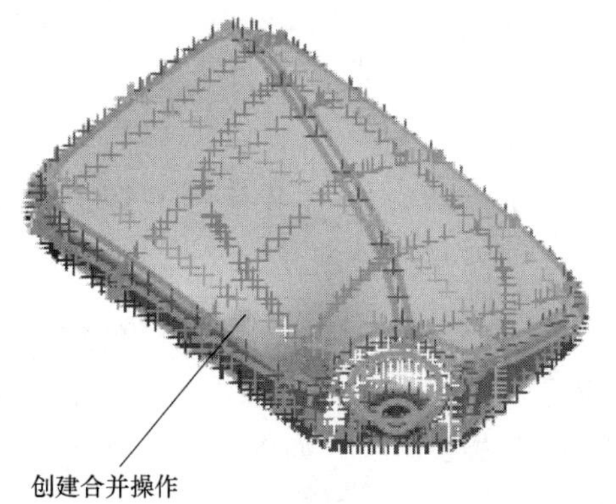

图 9-145

图 9-146

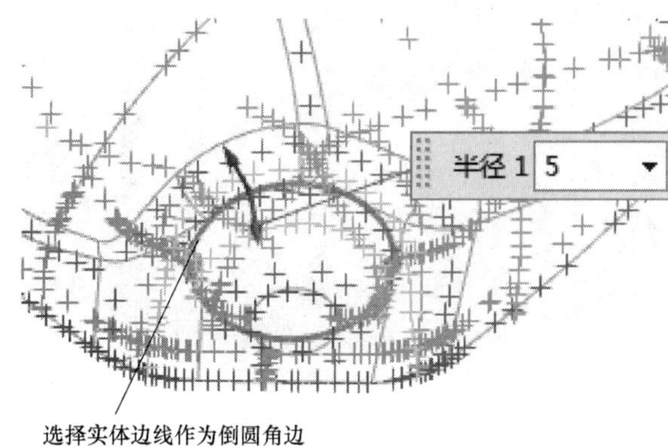

图 9-147

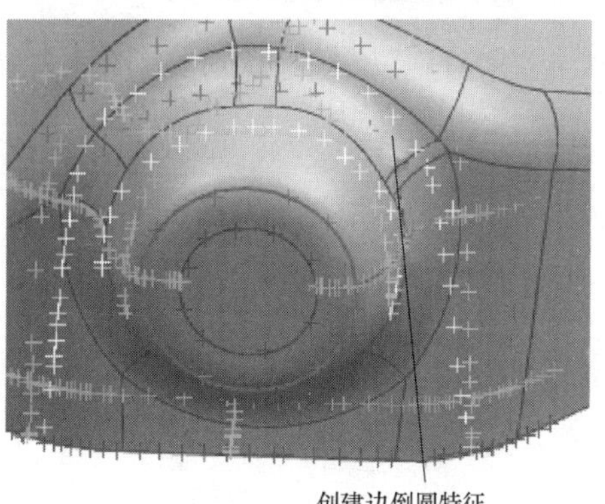

图 9-148

9. 创建抽壳特征

选择菜单中的【插入】/【偏置/缩放】/【抽壳】命令或在【特征】工具条中单击（抽壳）按钮，出现【抽壳】对话框，如图 9-149 所示，在【类型】列表框中选择 **移除面，然后抽壳**选项，在图形中选择图 9-150 所示的底面作为要抽壳的面，在【抽壳】对话框的【厚度】文本框中输入【3.5】，单击 确定 按钮，完成抽壳特征的创建，结果如图 9-151 所示。

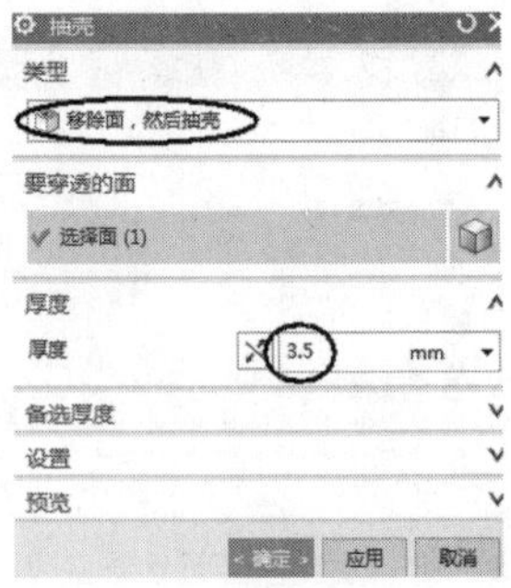

图 9-149

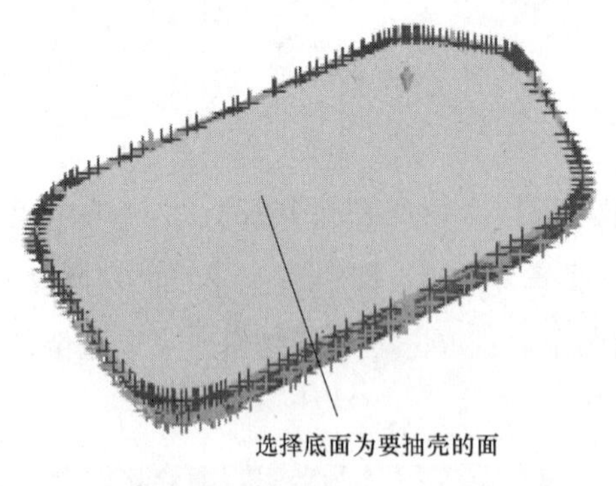

图 9-150

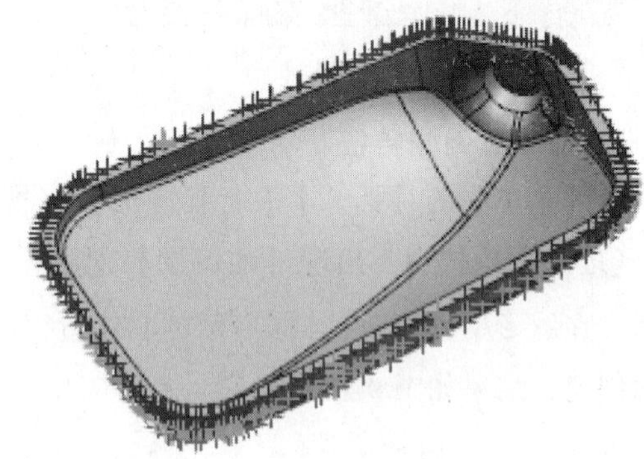

图 9-151

10. 创建拉伸特征

选择菜单中的【插入】/【设计特征】/【拉伸(X)...】命令或在【特征】工具条中单击（拉伸）按钮，出现【拉伸】对话框，如图 9-152 所示，选择图 9-153 所示的边线作为拉伸对象，在【拉伸】对话框的【指定矢量】列表框中选择（自动判断的矢量）选项，在图形中选择图 9-153 所示的实体面，在【结束】列表框中选择 **对称值**选项，在【距离】文本框中输入【5】，在【布尔】列表框中选择 **减去**选项，如图 9-152 所示，单击 确定 按钮，完成拉伸特征的创建，结果如图 9-154 所示。

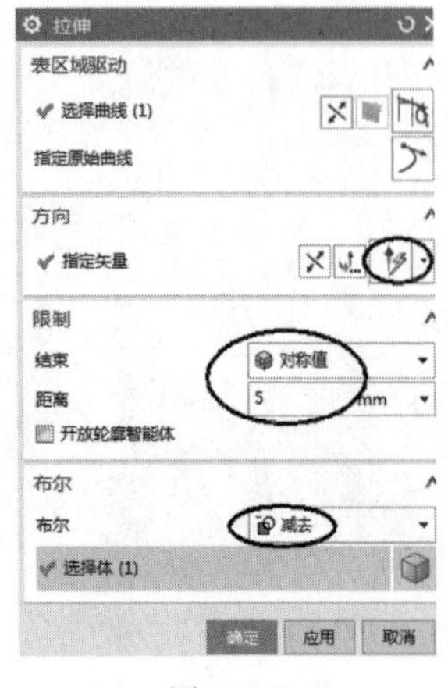

图 9-152

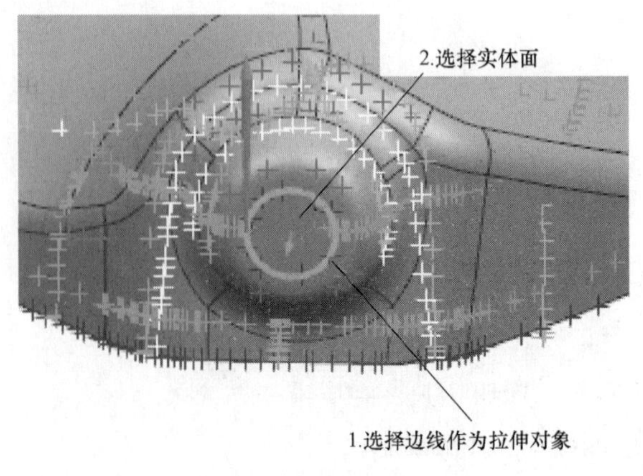

图 9-153

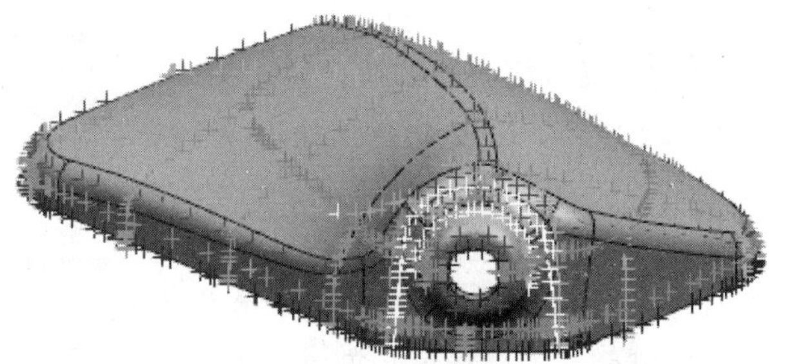

图 9-154

9.6　摩托车反光镜 3D 打印切片流程

1. 输出模型

将 UG 软件中的 . prt 格式的模型输出为 . stl 格式。

1）选择菜单中的【文件】/【导出】/【STL】命令，如图 9-155 所示。

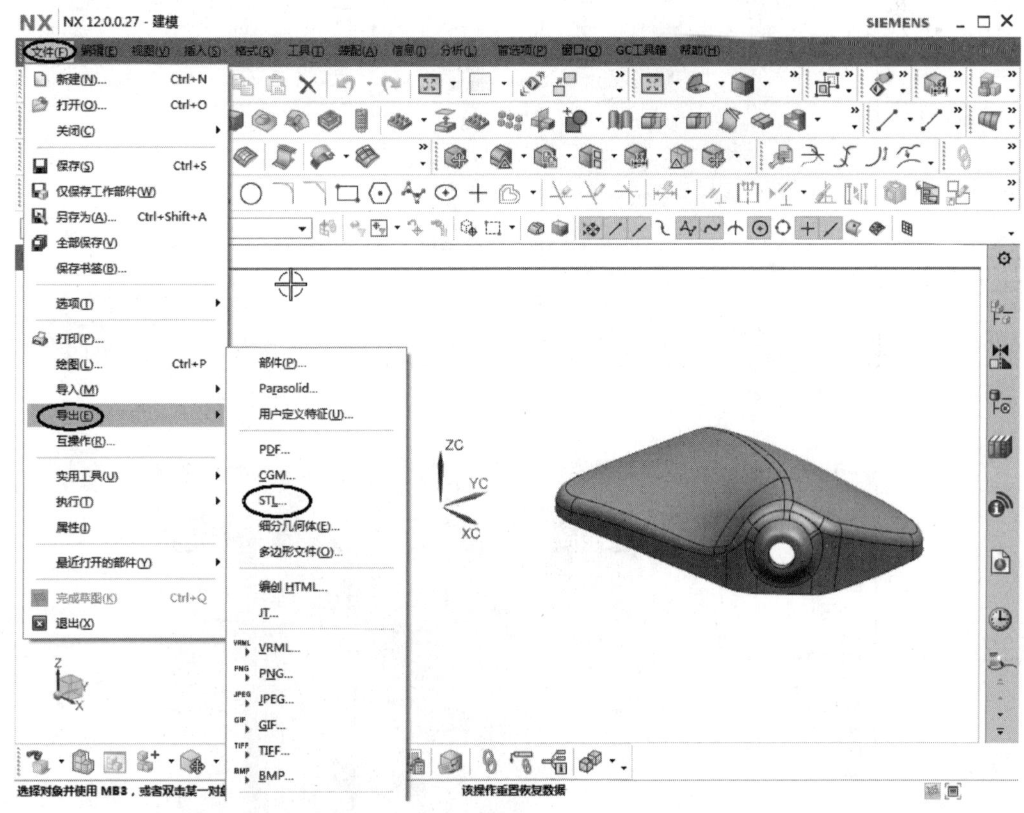

图 9-155

2）系统出现【STL 导出】对话框，如图 9-156 所示，指定导出文件夹及文件名，在图形中选择要导出的模型，其他采用系统默认参数，单击【确定】按钮，完成输出 . stl 格式文件。

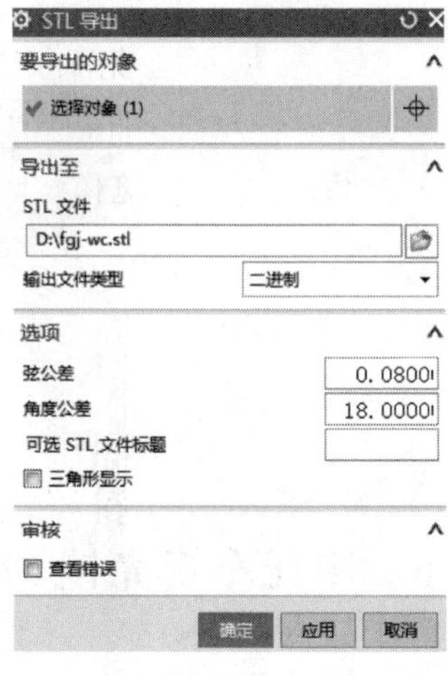

图 9-156

2. 导入模型

打开 Cura 软件，单击（导入模型）按钮，如图 9-157 所示，选择【fgj-wc. stl】文件导入 Cura 软件，如图 9-158 所示。

3. 缩放模型

由于模型比较大，超过打印机平台行程，需要对模型进行缩小，双击模型，然后单击（缩放模型）按钮，在出现的对话框中单击（模型最大化）按钮，使模型符合打印机平台行程。如图 9-159 所示界面，左边为参数设置界面，右边为模型视图界面，视图界面显示模型打印方向、对应的模型打印时间、耗材数量以及成品重量，其数值随着切片参数和打印方向的改变而改变。

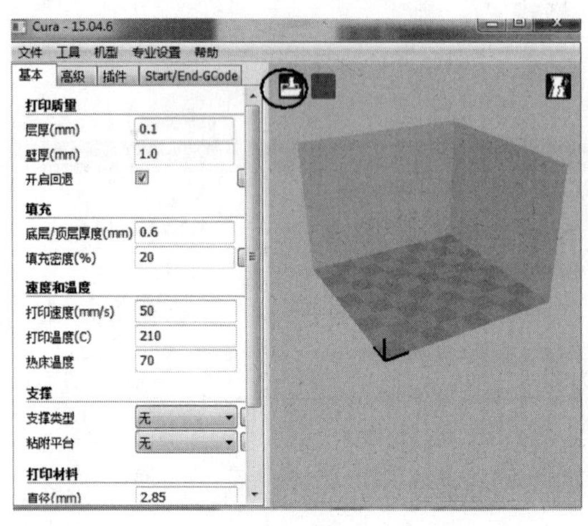

图 9-157

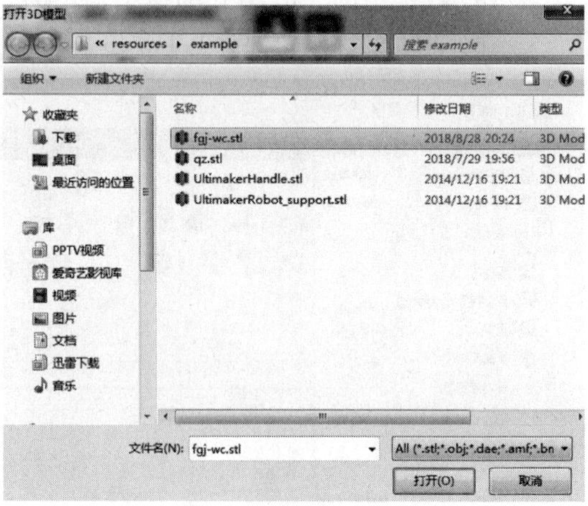

图 9-158

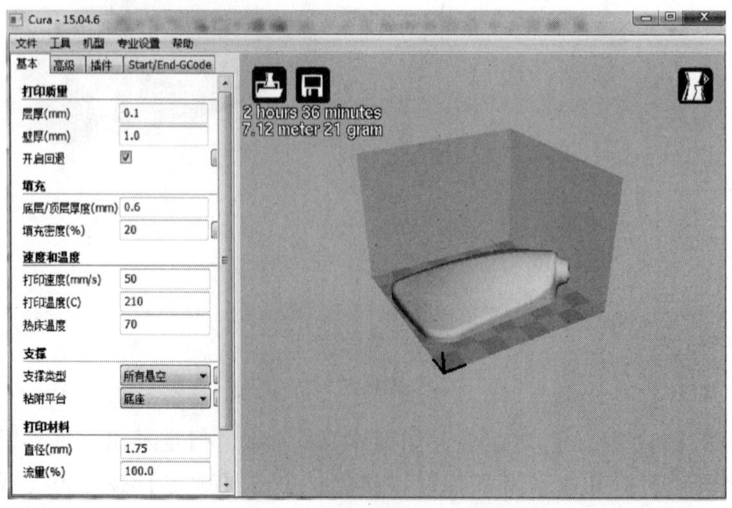

图 9-159

4. 施加必要支撑

反光镜的打印避免不了支撑的添加，运用的是PLA材料FDM工艺成型，没有粉末材料的支撑，所以切片软件会自行生成必要的支撑。打印完成后外部支撑很容易去除。在模型视图界面单击（预览模式），在弹出的按钮里单击Layers（层模式）按钮，确认切片正确，如图9-160所示。

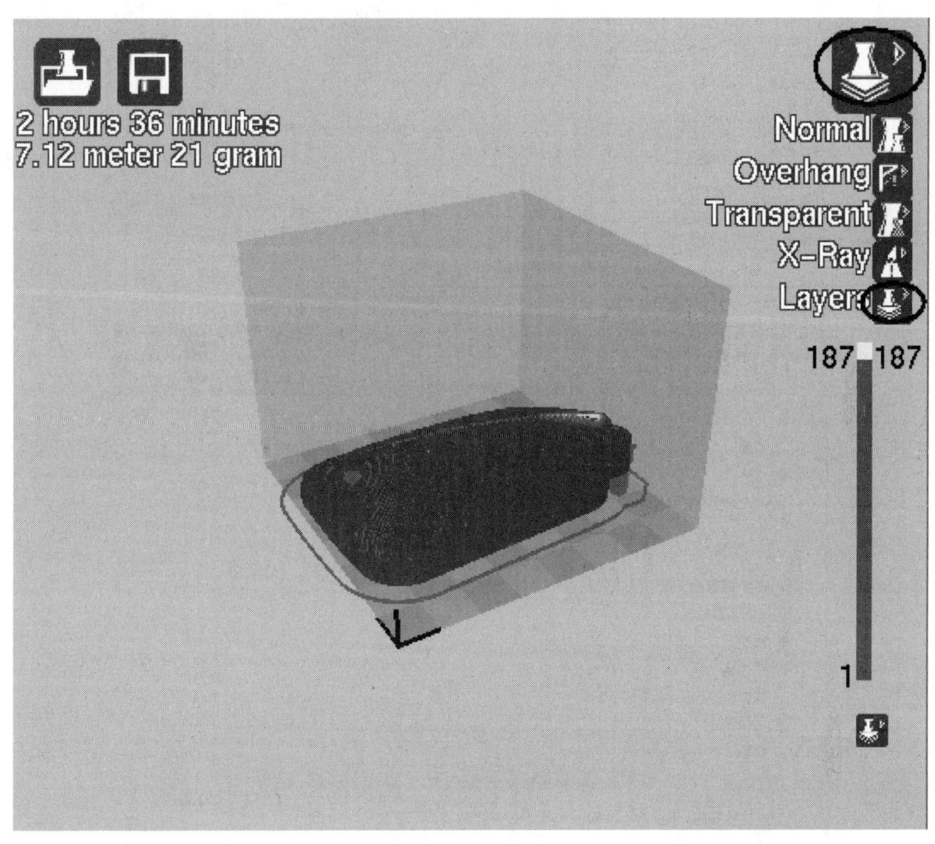

图9-160

5. 设置切片参数

由于打印反光镜模型较小，精度要求一般，所以设置打印层厚为0.2mm。打印反光镜模型不投入使用，因此打印填充率为20%（100%为打印实心），打印速度为50mm/s。支撑类型为所有悬空，粘附平台为底座，使用材料直径为1.75mm，流量为100%，如图9-161所示，设置完成后视图界面显示预计打印时间为93min，打印耗材为7.12m。

6. 切片并转化格式

选择菜单中的【文件】/【Save gcode】命令，出现图9-162所示对话框，设置文件名为【fgj-wc.gcode】，转化为G代码并存入打印机SD卡，完成切片，准备下一步打印工作。

7. 模型打印

将SD卡插入3D打印机，进行反光镜的打印。打印前经过打印机的调试、热床和喷头的预热，然后按照设计好的模型开始打印，期间系统自动添加支撑，运行平稳，反光镜3D打印效果如图9-163所示。

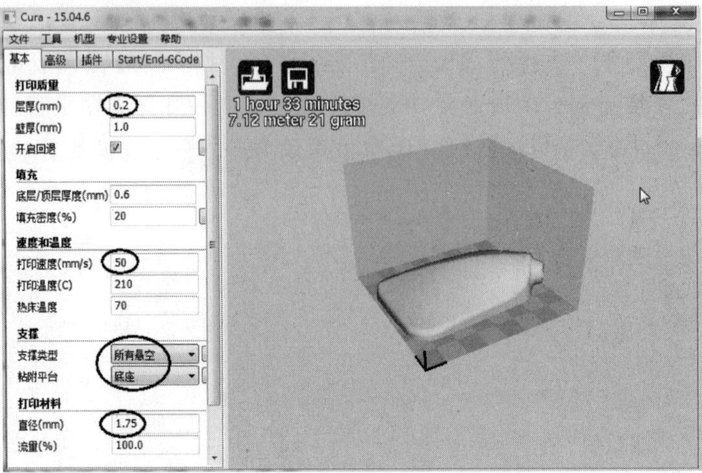

图 9-161

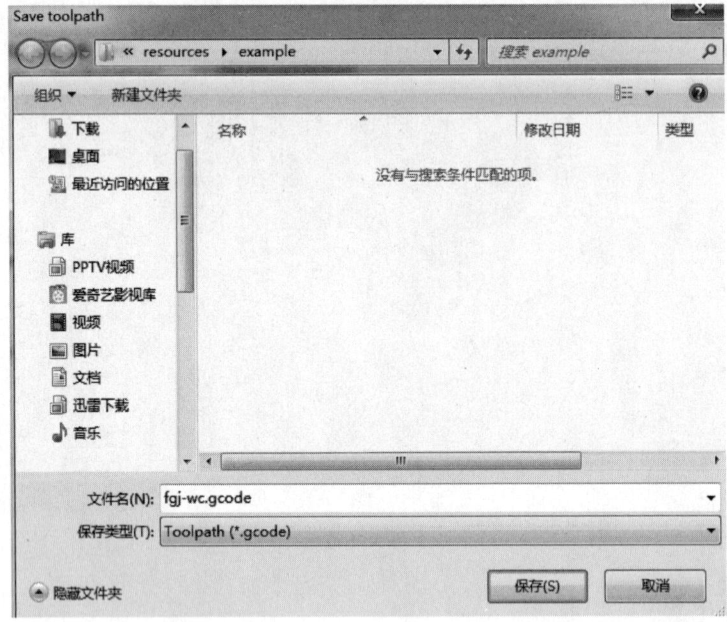

图 9-162

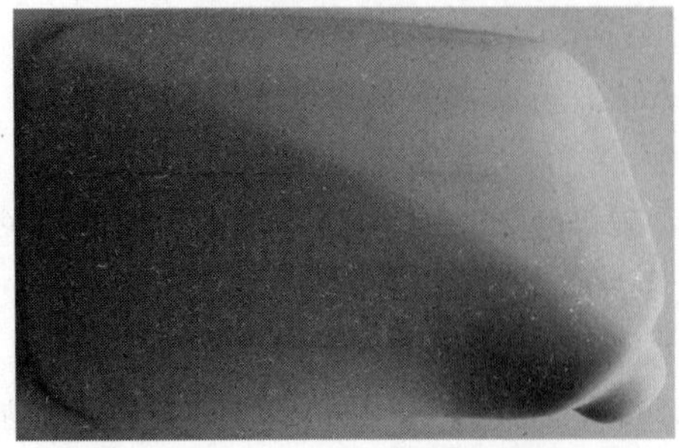

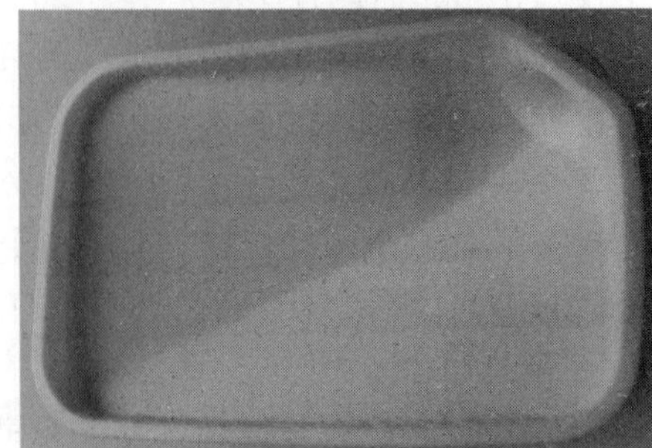

图 9-163

参考文献

[1] 卢秉恒，李涤尘. 增材制造（3D打印）技术发展 [J]. 机械制造与自动化，2013，42（4）：1-4.

[2] 宗立成，任斌. 基于计算机辅助设计的文物数字化方法研究 [J]. 计算机工程与应用，2017（15）：250-254.

[3] 申发明. 不锈钢丝基激光增材制造成形工艺研究 [D]. 哈尔滨：哈尔滨工业大学，2015.

[4] 王栋，陈岁元，魏明炜，等. 激光3D打印用TC21钛合金粉末制备及其成形性研究 [J]. 热加工工艺，2016，45（22）：1-2.

[5] 王华明. 高性能金属构建增材制造技术，开启国防制造新篇章 [J]. 国防制造技术，2013，6（3）：5.

[6] 李小丽，马剑雄，李萍，等. 3D打印技术及应用趋势 [J]. 自动化仪表，2014，35（1）：1-5.

[7] 王忠宏，李扬帆，张曼茵. 中国3D打印产业的现状及发展思路 [J]. 经济纵横，2013（1）：90-93.

[8] 王月圆，杨萍. 3D打印技术及其发展趋势 [J]. 印刷杂志，2013（4）：10-12.

[9] 罗涛. 美国的3D打印产业 [J]. 高科技与产业化，2013（4）：58-59.

[10] 袁锋. UG逆向工程实例教程 [M]. 北京：机械工业出版社，2014.

[11] 袁锋. UG机械设计工程范例教程：CAD数字化建模课程设计篇 [M]. 2版. 北京：机械工业出版社，2015.